UTB 8312

Eine Arbeitsgemeinschaft der Verlage

Böhlau Verlag Köln · Weimar · Wien
Verlag Barbara Budrich Opladen · Farmington Hills
facultas.wuv Wien
Wilhelm Fink München
A. Francke Verlag Tübingen und Basel
Haupt Verlag Bern · Stuttgart · Wien
Julius Klinkhardt Verlagsbuchhandlung Bad Heilbrunn
Lucius & Lucius Verlagsgesellschaft Stuttgart
Mohr Siebeck Tübingen
C. F. Müller Verlag Heidelberg
Orell Füssli Verlag Zürich
Verlag Recht und Wirtschaft Frankfurt am Main
Ernst Reinhardt Verlag München · Basel
Ferdinand Schöningh Paderborn · München · Wien · Zürich
Eugen Ulmer Verlag Stuttgart
UVK Verlagsgesellschaft Konstanz
Vandenhoeck & Ruprecht Göttingen
vdf Hochschulverlag AG an der ETH Zürich

Thomas Schildbach
Carsten Homburg

Kosten- und Leistungsrechnung

10., bearbeitete Auflage

Lucius & Lucius · Stuttgart

WISU-TEXTE sind die Lehrbuchreihe der Zeitschrift WISU – DAS WIRTSCHAFTSSTUDIUM
(www.wisu.de)

Anschrift der Autoren

Prof. Dr. Carsten Homburg
Seminar für ABWL und Controlling
Universität zu Köln
Albertus-Magnus-Platz
50923 Köln

Prof. Dr. Thomas Schildbach
Lehrstuhl für Betriebswirtschaftslehre
mit dem Schwerpunkt
Revision und Unternehmensrechnung
Universität Passau
94030 Passau

Bibliographische Information der Deutschen Nationalbibliothek

Die Deutsche Nationalbibliothek verzeichnet diese Publikation in der Deutschen Nationalbibliographie; detaillierte bibliographische Daten sind im Internet über http://dnb.ddb.de abrufbar

ISBN 978-3-8282-0444-7 (Lucius)
ISBN 978-3-8252-8312-4 (UTB)

© Lucius & Lucius Verlagsgesellschaft mbH · Stuttgart · 2009
Gerokstraße 51 · D-70184 Stuttgart · www.luciusverlag.com

Eine Lange Publikation

Satz: Sibylle Egger, Stuttgart

Druck und Einband: Triltsch, Ochsenfurt-Hohestadt

Printed in Germany

UTB-Bestellnummer: ISBN 978-3-8252-8312-4

Vorwort zur 10. Auflage

Die 9., aktualisierte und erweiterte Auflage unseres Lehrbuches wurde sehr positiv auf-genommen, was es uns ermöglichte, relativ zügig eine neue Auflage zu präsentieren. Wir haben die erfolgreiche Grundkonzeption beibehalten und uns auf die Korrektur der Fehler beschränkt, die sich nach der umfangreichen Bearbeitung der 8. Auflage einge-schlichen hatten. Den Lesern, die uns auf Ungenauigkeiten hingewiesen haben, möch-ten wir an dieser Stelle danken. Ebenso danken wir Dipl.-Kff. Ute Bonenkamp, Dipl.-Kfm. Michael Lorenz und dem Tutorenteam der Universität zu Köln für ihre kritische Durchsicht des Manuskriptes.

Mit dieser 10. Auflage sind Josef Kloock und Günter Sieben, zwei Autoren der „ersten Stunde", aus dem Autorenteam ausgeschieden. Sie haben den Inhalt und damit auch das Ansehen des Buches entscheidend mitgeprägt. Die von ihnen miterarbeitete Grundkon-zeption des Buches hat sich – was auch diese Neuauflage wieder beweist – bis heute bewährt. Ihr Beitrag wird auch in Zukunft erhalten bleiben, selbst wenn sie nicht mehr als Autoren genannt werden.

Thomas Schildbach
Carsten Homburg

Vorwort zur 1. Auflage

Das vorliegende Buch soll eine aufgabenorientierte Kosten- und Leistungsrechnung präsentieren. Die wichtigsten Rechnungssysteme werden an ihrer Fähigkeit gemessen, zur Erfüllung der typischen Aufgabenstellungen der Kosten- und Leistungsrechnung wie der Kontrolle, der Planung und der extern orientierten Information oder Dokumentation beizutragen. Der Istkostenrechnung wird trotz der an ihr geübten Kritik der größte Raum gewidmet, weil sie im Verhältnis zu den übrigen Kostenrechnungssystemen in der Praxis am weitesten verbreitet ist.

Außer dem Ziel, eine aufgabenorientierte Betrachtung der Kosten- und Leistungsrechnung zu fördern, soll mit diesem Buch der leistungsorientierte Aspekt von Produktionsprozessen bewusst gemacht werden. Die häufig auch in neueren Publikationen noch anzutreffende einseitige Abbildung des betrieblichen Geschehens durch die Verzehrsseite von Produktionsfaktoren beeinträchtigt den Blick für die Zusammenhänge mit der Gütererstellung. Parallel zur Kostenrechnung wird deshalb jeweils die Leistungsrechnung dargestellt. Die engen Verbindungen zwischen der Kosten- und Leistungsrechnung werden besonders herausgearbeitet.

Das Buch ist zur Unterstützung des Grundstudiums und Hauptstudiums gedacht. Der Anfänger kann sich zunächst damit begnügen, die in die Istkosten- und Istleistungsrechnung einführenden Kapitel (I, C, E, F und II) zu lesen. Der Konzeption der Textbuchreihe für Wirtschaftsstudenten folgend, kann er dabei – wie überhaupt bei der Lektüre des ganzen Buches – über Kontrollfragen und die im Anhang des Buches gegebenen Antworten seinen jeweiligen Wissensstand selbst überprüfen. Diese Konzeption wird durch die Formulierung von Lernzielen ergänzt. Die klein gedruckten Passagen des Buches tragen Exkurscharakter und sind für das Verständnis des übrigen Stoffes keine Voraussetzung.

Darüber hinaus soll das Buch auch dem Praktiker Anregungen vermitteln. Für ihn kann es Unterlage bei der Einführung von Kosten- und Leistungsrechnungssystemen sein, möglicherweise auch Anstöße zum kritischen Überdenken praktizierter Systeme geben.

Für zahlreiche konstruktive Diskussionsbeiträge schulden die Verfasser den Herren Dipl.-Math. A. Hieronimus und Dr. M. Conrads Dank. Der Dank gilt auch allen sonstigen Mitarbeitern des Lehrstuhls für Allgemeine Betriebswirtschaftslehre und Unternehmensrechnung sowie des Seminars für Allgemeine Betriebswirtschaftslehre und für Wirtschaftsprüfung, die durch ihre Mitwirkung am Manuskript, bei der Erstellung des Stichwortverzeichnisses und beim Korrekturlesen zur Fertigstellung des Buches beigetragen haben.

Josef Kloock
Günter Sieben
Thomas Schildbach

Inhaltsverzeichnis

Abbildungsverzeichnis

Tabellenverzeichnis

Abkürzungsverzeichnis

AA	Andersaufwendungen	GDB	Gesamtdeckungsbeitrag
Abs.	Absatz	GE	Geldeinheiten
AE	Anderserträge	GEBERA	Gesellschaft für betriebswirt-
AG	Aktiengesellschaft		schaftliche Beratung mbH
AK	Anderskosten	GmbH	Gesellschaft(en) mit beschränkter
AktG	Aktiengesetz		Haftung
AL	Andersleistungen	GmbHG	GmbH-Gesetz
Allg-KS	Allgemeine Hilfskostenstellen	GuV	Gewinn und Verlust
AO	Abgabenordnung		
		HGB	Handelsgesetzbuch
BAB	Betriebsabrechnungsbogen	HK	Herstellkosten
BDI	Bundesverband der Deutschen In-	hrsg.	herausgegeben
	dustrie e.V.		
BGHZ	amtliche Sammlung der Entschei-	IAS	International Accounting Stan-
	dung des Bundesgerichtshofs in		dards
	Zivilsachen	i.e.S.	im engeren Sinne
BiRiLiG	Bilanzrichtliniengesetz	IFRS	International Financial Reporting
BPEM	Brutto-Planeinzelmaterialmenge		Standards
BStBl	Bundessteuerblatt	IKR	Industrie-Kontenrahmen
bzw.	beziehungsweise	i.w.S.	im weiteren Sinne
const.	konstant	Jg.	Jahrgang
dgl.	dergleichen	KG	Kommanditgesellschaft
d.h.	das heißt	kg	Kilogramm
Diss.	Dissertation	KHBV	Krankenhaus-Buchführungsver-
			ordnung
EDV	Elektronische Datenverarbeitung	kW	Kilowatt
EK	Eigenkapital		
EStG	Einkommensteuergesetz	LE	Listungseinheiten
EStR	Einkommensteuer-Richtlinien	LIFO	Last In First Out
e.V.	eingetragener Verein	LKW	Lastkraftwagen
		LSP	Leitsätze für die Preisermittlung
f.	folgende Seite		aufgrund von Selbstkosten
ff.	fortfolgende Seiten		
F-E-KS	Forschungs- und Entwicklungs-	Max	Maximum
	stellen	ME	Mengeneinheiten
FH-KS	Fertigungshilfsstellen	MG	Maschinengruppen
FiBu	Finanzbuchhaltung	Min.	Minuten
FIFO	First In First Out	M-KS	Materialstellen
F-KS	Fertigungshauptstellen		
FL	Fertigungslohn	Nr.	Nummer
FM	Fertigungsmaterial		
		OHG	offene Handelsgesellschaft
		PKW	Personenkraftwagen
		PublG	Publizitätsgesetz

R	Richtlinie der EstR	u.Ä.	und Ähnliches
REFA	Verband für Arbeitsgestaltung, Betriebsorganisation und Unternehmensentwicklung e.V.	US	United States
		US-GAAP	US-Generally Accepted Accounting Principles
RK I	Rechnungskreis I (Finanzbuchhaltung)		
		vgl.	vergleiche
RK II	Rechnungskreis II (Kosten- und Leistungsrechnung)	VO PR	Verordnung Prüfung Nr. 30/53 über die Preise bei öffentlichen
RStBl	Reichssteuerblatt		Aufträgen 1953 in der Fassung vom 12. Dezember 1967, zuletzt
s.	siehe		geändert durch Prüfung Nr. 1/89
S.	Seite		vom 13. Juni 1989
Sek.	Sekunden	VT-KS	Vertriebsstellen
Sp.	Spalte	VW-KS	Verwaltungsstellen
SV	Sachvermögen, sachzielnotwendiges Vermögen		
		WP	Wirtschaftsprüfer
t	Tonne	ZA	Zusatzaufwendungen
TKG	Telekommunikationsgesetz	ZE	Zeiteinheiten
Tz.	Textziffer	z.B.	zum Beispiel
		ZK	Zusatzkosten
u.	und	ZL	Zusatzleistungen
u.a.	und andere	zugl.	zugleich

Symbolverzeichnis

a	Abschreibungsbetrag (Zurechnungsprinzipien)
a	Parameter (quadratische Kostenfunktion)
a_{ij}	Anteil an Gütern der j-ten Kostenstelle, den die i-te Stelle von der j-ten Stelle erhält
a_n	Abschreibung für n-tes Produkt
a_n	Absatzmenge der n-ten (fertigen) Erzeugnisart einer Periode (kurzfristige Erfolgsrechnung)
a_t	Abschreibungsbetrag der t-ten Periode
A	Anschaffungspreis (gegebenenfalls erweitert um primäre Anschaffungsnebenkosten)
ASV	sachzielnotwendiges Vermögen am Anfang einer Periode
b	Parameter (quadratische Kostenfunktion)
b_i	gesamte Bezugsgrößenmenge des i-ten Kalkulationsobjektes (Durchschnittsprinzip)
b_i	verfahrensabhängiger Einsatzfaktor für i-te Bearbeitungsstufe (Produktionskoeffizient im Rahmen der mehrstufigen Divisionskalkulation)
b_n	verbrauchte Menge der n-ten unfertigen Erzeugnisart (kurzfristige Erfolgsrechnung)
B	kalkulatorisches Betriebsergebnis (Abgrenzungsrechnung)
B	Betriebszeit (Zurechnungsprinzipien)
$\hat{B}$	eine beliebige Betriebszeit
$\bar{B}$	maximale Betriebszeit
BzG	Schlüsselgröße, Bezugsgrundlage
c	Parameter (quadratische Kostenfunktion)
c	Planpreise (Periodenerfolgsrechnung)
d	Degressionsbetrag (arithmetisch-degressives Abschreibungsverfahren)
d	binärer Kosteneinflussfaktor (Periodenerfolgsrechnung nach Laßmann)
d^{max}	Oberschranke des Degressionsbetrags (digitales Abschreibungsverfahren)
DSK	durchschnittliches sachzielnotwendiges Kapital oder zu verzinsendes Kapital
DSV	durchschnittliches sachzielnotwendiges Vermögen
e	konstanter Betrag, um den die arithmetisch-progressive Abschreibung von Periode zu Periode steigt
E	Gesamterlös
E_i	Endkosten der i-ten Kostenstelle (Kostenstellenausgleichsverfahren)
E_n	Erlös des n-ten Produktes
E_i^*	primäre Kosten der i-ten Produktionsstufe (mehrstufige Divisionskalkulation)
ESV	sachzielnotwendiges Vermögen am Ende einer Periode
G	Erfolg nach Gewinn- und Verlustrechnung
G^G, G^U	sachzielbezogener Erfolg einer Periode nach dem Gesamt- bzw. Umsatzkostenverfahren

GK	Grundkosten
GL	Grundleistung
h_n	(gesamte) Herstellkosten pro Einheit von fertigen oder unfertigen Erzeugnissen der n-ten Art einer Periode (kurzfristige Erfolgsrechnung)
i, j	Index für Kalkulationsobjekt, Kostenstelle bzw. Produktionsstufe
I	Anzahl der Kalkulationsobjekte (Durchschnittsprinzip)
I	Anzahl der Kostenstellen bzw. Bearbeitungsstufen (Divisionskalkulation)
J	Anzahl der Hilfskostenstellen (Kostenstellenausgleichsverfahren)
k	Stückkosten (bezüglich aller Kostenarten oder einer Kostenart)
k_f	fixe Stückkosten
k, k_i, k_n	Stückkosten der i-ten Kostenstelle oder der n-ten Produktart; diese Stückkosten werden nicht durch zusätzliche Symbole unterschieden, da im Text das jeweilige Bezugsobjekt stets klar erkennbar ist
kK	kalkulatorische Kosten
kL	kalkulatorische Leistungen
k_v	variable Stückkosten
K	Gesamtkosten (bzgl. einer oder aller Kostenarten einer Periode)
K'	Grenzkosten
K^P	Plankosten
K^r	Istkosten
K_f	fixe Kosten
K_i	Gesamtkosten der i-ten Kostenstelle
K_i	dem i-ten Kalkulationsobjekt zugerechnete Kosten (Durchschnittsprinzip)
K_L	Leerkosten
K_m	primäre Kosten der m-ten Kostenart einer Periode (Gesamtkostenverfahren)
$K_m^{V\&V}$	Verwaltungs- und Vertriebskosten der m-ten Kostenart
K_{mi}^{Soll}	Sollkosten bei Istbeschäftigung (Abweichungsanalyse)
K_n	Kosten des n-ten Produktes
K_N	Nutzkosten
K_v	variable Kosten
K_v'	variable Grenzkosten
K_V, K_W, K_X, K_Y	dem Produkt V, W, X bzw. Y zugerechneter Anteil des Abschreibungsbetrags nach dem Beanspruchungsprinzip
$K_{VW}, K_{X,Y}$	der Produktgruppe V, W bzw. X, Y zugerechneter Anteil des Abschreibungsbetrags nach dem Kostentragfähigkeitsprinzip
KE	Kostenelastizität (auch Erfahrungsfaktor)
KF_{mi}^P	mit Planpreisen bewertete fixe Plangemeinkosten der Art m in der Kostenstelle i
KS_i	i-te Kostenstelle
KV_{mi}^P	mit Planpreisen bewertete variable Plangemeinkosten bei Planbeschäftigung der Art m in der Kostenstelle i

LA	Lagrangesche Funktion
m	Index für die Faktorart
m_{i-1}	Gütermenge, die in ihrer Art unfertigen Erzeugnissen der (i-1)-ten Stufe gleicht und in der betrachteten Periode auf der i-ten Stufe eingesetzt wird (mehrstufige Divisionskalkulation)
M	Anzahl der primären Kostenarten (kurzfristige Erfolgsrechnung)
M*	Anzahl der verschiedenen Verwaltungs- und Vertriebskostenarten (kurzfristige Erfolgsrechnung)
n	Index für die Produktart
N	Anzahl der fertigen Erzeugnisarten (kurzfristige Erfolgsrechnung)
$\bar{N}$	Gesamtanzahl der Erzeugnisarten (kurzfristige Erfolgsrechnung)
NA	neutraler Aufwand
NE	neutraler Ertrag
p	Index für Plangröße (Abweichungsanalyse)
p	1-Degressionsfaktor α (Buchwertabschreibungsverfahren)
pa	Stückerlös bzw. Absatzpreis
pa_i	Stückerlös bzw. Absatzpreis der i-ten Produktart
p_n	Stückerlös für das (fertige) Erzeugnis der n-ten Art einer Periode (kurzfristige Erfolgsrechnung)
PK_i	primäre Gemeinkosten der i-ten Kostenstelle
q	$1/\alpha$ (geometrisch-degressives Abschreibungsverfahren)
q	Verrechnungssatz für eine Mengeneinheit der Güterart der j-ten Hilfskostenstelle (Kostenausgleichsverfahren)
q_m	Preis des Produktionsfaktors m
r	Index für Istgröße
R	Restwert von Betriebsmitteln am Ende der Nutzungszeit
R_t	Buchwert von Betriebsmitteln am Ende der t-ten Nutzungsperiode mit $R_0 = A$ und $R_T = R$
s_n	Selbstkosten pro Einheit des Erzeugnisses der n-ten Art
S_n	Sorte der n-ten Art
SK_i	sekundäre Gemeinkosten der i-ten Kostenstelle
SV	sachzielnotwendiges Vermögen
t	Periodenindex (Abschreibungsverfahren)
t	Fertigungszeitbedarf (Periodenerfolgsrechnung nach Laßmann)
t_0, t_1, t_2	Zeitpunkte (Kapitalwert und Lücke-Theorem)
T	Anzahl der gesamten Nutzungsperioden (Nutzungsdauer)
u_i	Primärkosten der i-ten Kostenstelle
v	Kostengütereinsatz (Periodenerfolgsrechnung nach Laßmann)
v_{mi}	Verbrauch des Produktionsfaktors m je Einheit des Beschäftigungsmaßes in der Stelle i (Produktionskoeffizient bei der Planung der Gemeinkosten)

v_{mn}^p	Brutto-Planeinzelmaterialmenge der Fertigungsmaterialart m je Einheit des Produkts n (Produktionskoeffizient bei der Planung des Fertigungsmaterials)
VM_m^r	Ist-Verbrauchsmenge an Fertigungsmaterial der Art m
VM_{mi}^r	Ist-Verzehrsmenge des Gemeinkostenfaktors m in der Kostenstelle i
w	Rohstoffbedarf (Periodenerfolgsrechnung nach Laßmann)
w_{i-1}	Wertansatz für die in die i-te Produktionsstufe eingehenden unfertigen Erzeugnisse (mehrstufige Divisionskalkulation)
x	produzierte Menge
x^*, x^{**}	Ausbringungsmenge mit minimalen Stückkosten; optimale Ausbringungsmenge
$\bar{x}$	gesamtes Nutzungspotenzial (mengenorientierte Abschreibung)
x_i	Beschäftigung in der i-ten Kostenstelle
x_i, x_n, x_t	Ausbringungsmenge der i-ten Kostenstelle, der n-ten Erzeugnisart oder t-ten Periode; diese Ausbringungsmengen werden nicht durch zusätzliche Symbole unterschieden, da im Text das Bezugsobjekt Periode, Art oder Kostenstelle stets eindeutig erkennbar ist
x_j	gesamte Güter- bzw. Leistungsmenge der j-ten Hilfskostenstelle (Kostenstellenausgleichsverfahren)
x_{ji}	von der j-ten Hilfskostenstelle an die i-te Kostenstelle abgegebene Güter- bzw. Leistungsmenge (Kostenstellenausgleichsverfahren)
y	Produktionsmenge einer Verfahrensalternative (Periodenerfolgsrechnung nach Laßmann)
y_n	Produktionsmenge der n-ten unfertigen Erzeugnisart (kurzfristige Erfolgsrechnung)
Z	Anzahl der Verdopplung der Produktionsmenge (Stückkosten bei Lerneffekt)
z_n	Äquivalenzziffer der n-ten Produktart (Sorte)
Z_p	pagatorischer Erfolg (pagatorischer Kostenbegriff)
Z_w	wertmäßiger Erfolg (wertmäßiger Kostenbegriff)
ZwE	Zweckertrag
ZwA	Zweckaufwand
Ø	Durchschnittsgröße
α	vorgegebener Bruchteil des aktuellen Güterverzehrs verglichen mit dem der Vorperiode (geometrisch-degressives Abschreibungsverfahren)
α	Winkel zwischen verrechneten Plankosten und Abszisse (Gemeinkostenplanung und -kontrolle)
α	Lernrate
β	vorgegebenes Ausmaß, um das der Güterverzehr der Vorperiode überschritten wird (geometrisch-progressives Abschreibungsverfahren)
γ	Anteilsfaktor der Zeitabschreibung an der Gesamtabschreibung bei Kombination von Zeitabschreibung und mengenorientiertem Abschreibungsverfahren
λ	Langrangescher Multiplikator
Δ	Differenzgröße, Deltagröße, Abweichung
ΔK	Kostenabweichung, Differenz zwischen Ist- und Plankosten $(K^r - K^p)$

Δq	Preisabweichung, Differenz zwischen Ist- und Planpreis $(q^r - q^p)$
Δq_m	Differenz zwischen Ist- und Planpreis bei Materialart m $(q_m^r - q_m^p)$
Δq_m^{FM}	Preisabweichung bei den Fertigungsmaterialkosten der Materialart m auf der Basis der Istverbrauchsmengen
Δq_{mi}^{GK}	Preisabweichung bei den Gemeinkosten der Art m in der i-ten Kostenstelle
Δv	Verbrauchsabweichung
Δv_{mi}	Differenz zwischen Ist- und Planproduktionskoeffizient bezüglich der Materialart m in der i-ten Kostenstelle $(v_{mi}^r - v_{mi}^p)$
Δv_m^{FM}	Verbrauchsabweichung bei den Fertigungsmaterialkosten der Materialart m
Δv_{mi}^{GK}	Verbrauchsabweichung bei den Gemeinkosten der Art m in der Kostenstelle i
Δx	Beschäftigungsabweichung
Δx_i	Differenz zwischen Ist- und Planbeschäftigung in der Stelle i $(x_i^r - x_i^p)$
Δx_{mi}^{GK}	Beschäftigungsabweichung bei den Gemeinkosten der Art m in der Kostenstelle i (Leerkosten bzw. zu viel verrechnete Fixkosten)

I Grundlagen der Kosten- und Leistungsrechnung

A Das Wirtschaftsgeschehen eines Unternehmens und seine Abbildung im betrieblichen Rechnungswesen

Lernziel: *Sie sollen das betriebliche Rechnungswesen als vereinfachtes Abbild des Wirtschaftsgeschehens in der Realität verstehen lernen.*

1 Ein einfaches Modell der Beziehungen des Unternehmens zur Umwelt

Unternehmen bzw. **Betriebe** als vom Menschen geschaffene, soziale, produktive Systeme besitzen keinen Selbstzweck. Sie sind Instrumente der Menschen und dienen den an ihnen direkt oder indirekt (über andere Unternehmen oder Institutionen) **beteiligten Personen (Stakeholdern)** zur **Realisation ihrer wirtschaftlichen Ziele.** Der instrumentale Charakter des Unternehmens besteht darin, dass das Unternehmen Stakeholdern die Möglichkeit eröffnet, eigene Leistungsbeiträge an das Unternehmen **(Beiträge)** gegen Leistungsbeiträge des Unternehmens an die Beteiligten **(Anreize)** einzutauschen, wobei der Beteiligte die Anreize des Unternehmens mindestens ebenso hoch einschätzt wie seine dem Unternehmen erbrachten Beiträge. (Personen, welche ihre potenziellen Beiträge an das Unternehmen höher bewerten als die vom Unternehmen zu erwartenden Anreize, werden sich am Unternehmen nicht beteiligen bzw. ihre bisherige Beteiligung auflösen.)

Auf der Grundlage des Charakters ihrer dem Unternehmen typischerweise erbrachten Beiträge kann man die Unternehmensbeteiligten in verschiedene Gruppen einteilen. Die wichtigsten Gruppen von Beteiligten umfassen jeweils die Eigner **(Shareholder)**, die Gläubiger, die Kunden, die Arbeitnehmer, die Unternehmensleiter, die Lieferanten und die Öffentlichkeit, repräsentiert etwa durch Staatsorgane wie das Finanzamt. Manche Unternehmen (speziell Kreditinstitute) haben auch Schuldner. Die von den Mitgliedern der einzelnen Gruppen von Beteiligten dem Unternehmen typischerweise gelieferten Beiträge und die im Austausch dafür erwarteten Anreize nennt Tabelle 1.

Tabelle 1 zählt allerdings nicht alle möglichen und für die Beteiligten relevanten Anreize und Beiträge auf. So fehlen z.B. Anreize wie Mitspracherechte bei Entscheidungen, ein sicherer Arbeitsplatz, ein gutes Betriebsklima, eine geringe Umweltbelastung oder ein ausgeprägter Unfallschutz, und es fehlen Beiträge wie der persönliche Einsatz zur Schaffung eines guten Betriebsklimas, die Bereitstellung der Infrastruktur oder etwa die Beratungsleistungen externer Eigner und Gläubiger. Tabelle 1 beschränkt sich auf Sachverhalte, die unter den traditionellen wirtschaftlichen Zielen wertvoll erscheinen (Geldbeträge, reale Güter, Arbeitskraft), und vernachlässigt darüber hinausgehende Ziele. Für die folgende Untersuchung erscheint diese Einschränkung allerdings unschädlich, da sich auch die Kosten- und Leistungsrechnung auf traditionelle wirtschaftliche Ziele konzentriert.

Tab. 1: Anreize und Beiträge der Beteiligten (Stakeholder)

Beteiligte Gruppen	Anreize	Beiträge
Eigner	Gewinne, eventuell Kapitalrückzahlung	Eigenkapital (unter Umständen auch Arbeitskraft und dispositive Fähigkeiten)
Gläubiger	Zinsen, Kapitalrückzahlung	Fremdkapital
Arbeitnehmer und Unternehmensleiter	Löhne und Gehälter	Arbeitskraft und dispositive Fähigkeiten
Lieferanten	Entgelt für Lieferungen	Roh-, Hilfs- und Betriebsstoffe, Waren sowie Betriebsmittel
Kunden	Produkte	Entgelt für Produkte
Öffentlichkeit einschließlich Staat	Steuern, Gebühren	Subventionen
Schuldner	Darlehen	Zinsen, Kapitalrückzahlung

Die Beziehungen zwischen den Unternehmensbeteiligten einerseits und dem Unternehmen andererseits werden wahrscheinlich plastischer als in der vorigen Tabelle, wenn berücksichtigt wird, dass Anreize und Beiträge größtenteils auf Märkten ausgetauscht werden. Das Unternehmen erscheint dann eingebettet in verschiedene Märkte, die es mit seinen Beteiligten verbindet. Auf dem **Beschaffungsmarkt** tauscht es Anreize (Geldzahlungen) gegen die Beiträge der Lieferanten (Roh-, Hilfs- und Betriebsstoffe, Waren sowie Maschinen), der Arbeitnehmer und eventuell auch von angestellten Unternehmensleitern (Arbeitskraft, dispositive Fähigkeiten). Auf dem **Absatzmarkt** erhält das Unternehmen von den Kunden Beiträge in Form von Erlösen und erbringt Anreize in Form von Absatzgütern. Der **Geld- und Kapitalmarkt** verbindet das Unternehmen mit den Eignern, Gläubigern und eventuell noch mit Schuldnern. Von Eignern und Gläubigern bekommt es Eigen- und Fremdkapital; für dieses Kapital fallen Zinszahlungen und gegebenenfalls Kapitalrückzahlungen an. Hat das Unternehmen Schuldner, so erhält es von diesen Kapitalrückzahlungen und Zinsen für die geleisteten Darlehen. Der **Staat** endlich stellt dem Unternehmen Infrastruktur (z.B. Straßen, Ausbildungsstätten, Rechtsordnung) zur Verfügung und zahlt zusätzlich gegebenenfalls Subventionen. An den Staat führt das Unternehmen Steuern und Gebühren ab. (Dieser Güteraustausch soll in einem gesonderten, einem Markt ähnlichen Gebilde zusammengefasst gedacht werden, damit er sich in das Schema der Märkte einfügt.) Wird noch berücksichtigt, dass der Austausch von Anreizen und Beiträgen des Unternehmens mit Beteiligten durch einen Kombinationsprozess der Beiträge im Unternehmen ergänzt wird und dass alles dies von Informationsflüssen begleitet wird, so lassen sich die Beziehungen eines Unternehmens mit seiner Umwelt und der Kombinationsprozess im Unternehmen durch die Abbildung 1 in groben Zügen wiedergeben (vgl. auch Busse von Colbe/Laßmann 1991, S. 21; Menrad 1978, S. 36).

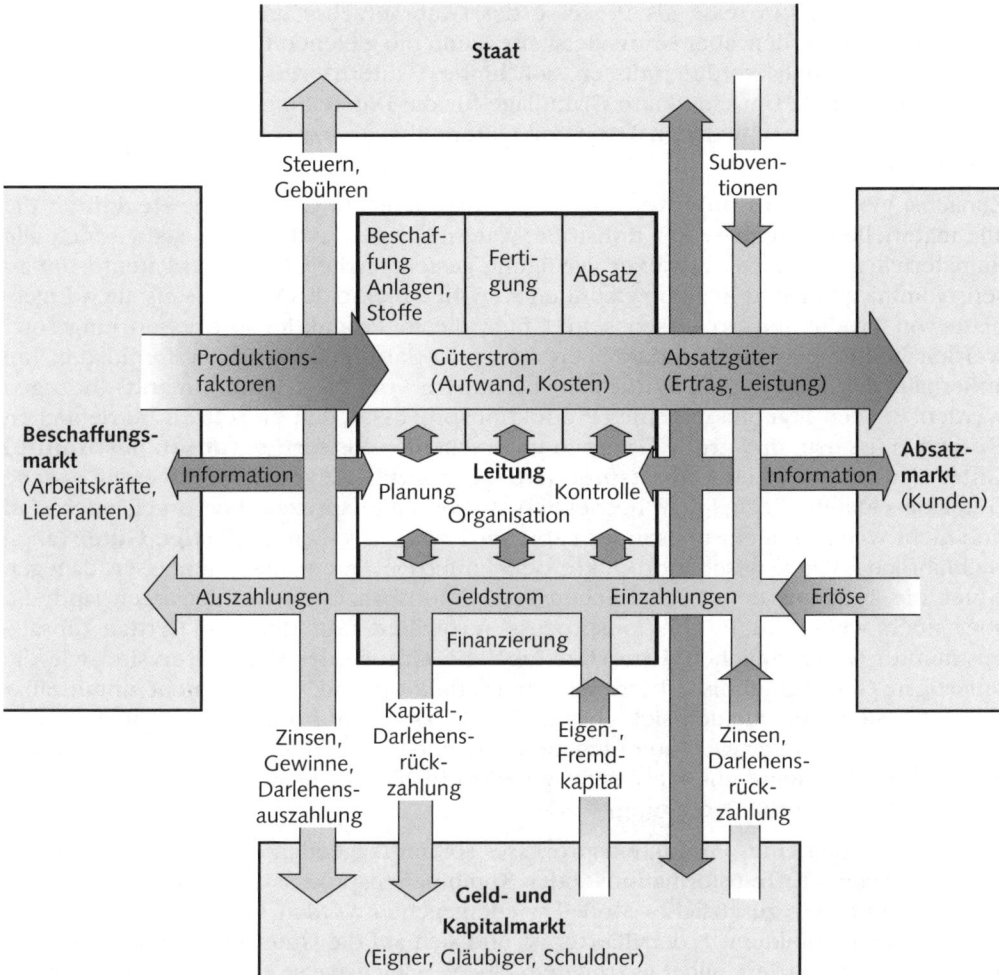

Abb. 1: Unternehmen und Märkte

2 Ein einfaches Modell des Güterverzehrs- und Gütererstellungsprozesses in Unternehmen

Die Beziehungen eines Unternehmens zu seinen Beteiligten und zu den Märkten sind auch für das Verständnis der Kosten- und Leistungsrechnung wichtig. So orientiert sich die Kosten- und Leistungsrechnung bei der Erfassung der Kosten und Leistungen nach Menge und Wert häufig an den im Rahmen der Beziehungen eines Unternehmens zu seinen Stakeholdern ausgetauschten Anreizen und Beiträgen. Die Kosten- und Leistungsrechnung in diesem Buch konzentriert sich hingegen auf die Analyse von **innerbetrieblichen** Prozessen des Güterverzehrs und der Gütererstellung.

In Abbildung 1 sind diese innerbetrieblichen Produktionsprozesse nur pauschal dargestellt worden. Weil sie für die Kosten- und Leistungsrechnung im Zentrum des Interesses stehen, sollen sie durch weitere Schaubilder genauer beschrieben werden.

Wenn Produktionsprozesse als Prozesse des Güterverzehrs und der Gütererstellung charakterisiert werden, aber sinnvollerweise kaum die gleichen Güter verzehrt werden, die auch hergestellt werden, müssen sich hinter „Gütern" verschiedene Sachverhalte verbergen können. Um eine klare Grundlage für die Darstellung zu gewinnen, werden daher vorab die verschiedenen Arten von Gütern abgegrenzt (vgl. Kosiol 1979, S. 23 f.; s. Abbildung 2).

Zunächst gibt es **Nominalgüter** (Geld und Ansprüche auf Geld) sowie **Realgüter**, die alle materiellen Güter, wie z.B. Rohstoffe, Waren, Anlagen und Gebäude, aber auch alle immateriellen Güter, wie etwa zur Verfügung gestellte Arbeitskraft und Patente, umfassen. Nominalgüter und Realgüter können sowohl Objekte des Verzehrs als auch Ergebnisse von Produktionsprozessen sein. Güter, die in Produktionsprozessen eingesetzt werden, heißen **Produktionsfaktoren** oder kurz **Faktoren**, sofern sie fremd, d.h. von außerhalb des Unternehmens (also insbesondere vom Beschaffungsmarkt), bezogen werden. Bei den Ergebnissen eines Produktionsprozesses, den **erstellten** betrieblichen **Gütern**, muss man drei große Gruppen unterscheiden. Als **fertige (absatzbestimmte) Güter** (auch Absatzgüter, Absatzprodukte oder fertige Erzeugnisse) werden solche Güter bezeichnet, die aus dem betrieblichen Produktionsprozess hervorgegangen sind und nicht weiter umgeformt, sondern abgesetzt werden sollen. **Unfertige Güter** (auch Halbfabrikate, Vor-, Zwischenprodukte oder unfertige Erzeugnisse) umfassen dagegen Güter, die zwar aus dem betrieblichen Produktionsprozess hervorgegangen sind, die aber noch weiter im Produktionsprozess verbleiben und direkt in fertige (absatzbestimmte) Güter eingehen. **Innerbetriebliche Güter** oder **Hilfsgüter** sind wie die unfertigen Güter Ergebnisse betrieblicher Produktion und werden nicht unmittelbar abgesetzt. Sie unterscheiden sich aber dadurch, dass sie nur indirekt in fertige (absatzbestimmte) oder unfertige Güter eingehen. Wie noch zu erläutern sein wird, wirft diese Abgrenzung Probleme auf. Sie besitzt gleichwohl für die Kosten- und Leistungsrechnung große praktische Bedeutung.

Zur Beschreibung eines Produktionsprozesses soll im Folgenden der Güterfluss und der in ihn eingebettete Transformations- oder Kombinationsprozess innerhalb eines Unternehmens durch ein zusätzliches Modell wiedergegeben werden. Obwohl dieses Modell, verglichen mit Abbildung 1, detaillierter ist und sich auf die Gütertransformation im Unternehmen konzentriert, bildet es trotzdem eine vergleichsweise einfache Produktion ab.

Das in Abbildung 3 dargestellte Modell zeigt ein Unternehmen, das aus Produktionsfaktoren, die es als Beiträge einiger Beteiligter vom Beschaffungsmarkt bezieht, in einem mehrstufigen Prozess zwei verschiedene, auf dem Absatzmarkt absetzbare Produkte fertigt. Die zwei aus dem Unternehmen auf den Absatzmarkt weisenden Pfeile sollen diese beiden **absatzbestimmten betrieblichen Güter** (Produkte, fertige Erzeugnisse) kennzeichnen. Die rechteckigen Kästen KS_1 bis KS_6 in Abbildung 3 geben die einzelnen Produktionsstufen (produktive Einheiten oder Produktionsstellen) wieder, in denen Produktionsfaktoren (z.B. Arbeitskraft, dispositive Fähigkeiten, Maschinen, Gebäude sowie Roh-, Hilfs- und Betriebsstoffe) verbraucht und zu fertigen oder unfertigen Erzeugnissen kombiniert werden **(Kostenstellen)**. Die Mehrstufigkeit des Produktionsprozesses kommt in dem Schaubild dadurch zum Ausdruck, dass bei der Fertigung und dem Absatz der beiden absatzbestimmten Produkte nicht nur Produktionsfaktoren (in Abbildung 3 durch senkrechte, gestrichelte Pfeile gekennzeichnet) eingesetzt werden. Fast alle Kostenstellen übernehmen auch Ergebnisse von Faktorkombinationsprozessen anderer Kostenstellen. So setzen die Kostenstellen KS_1 Güter von KS_2, KS_2 Güter von KS_1, KS_3 Güter von KS_1 und KS_2, KS_5 Güter von KS_1, KS_2, KS_3 und von KS_4 sowie KS_6 Güter

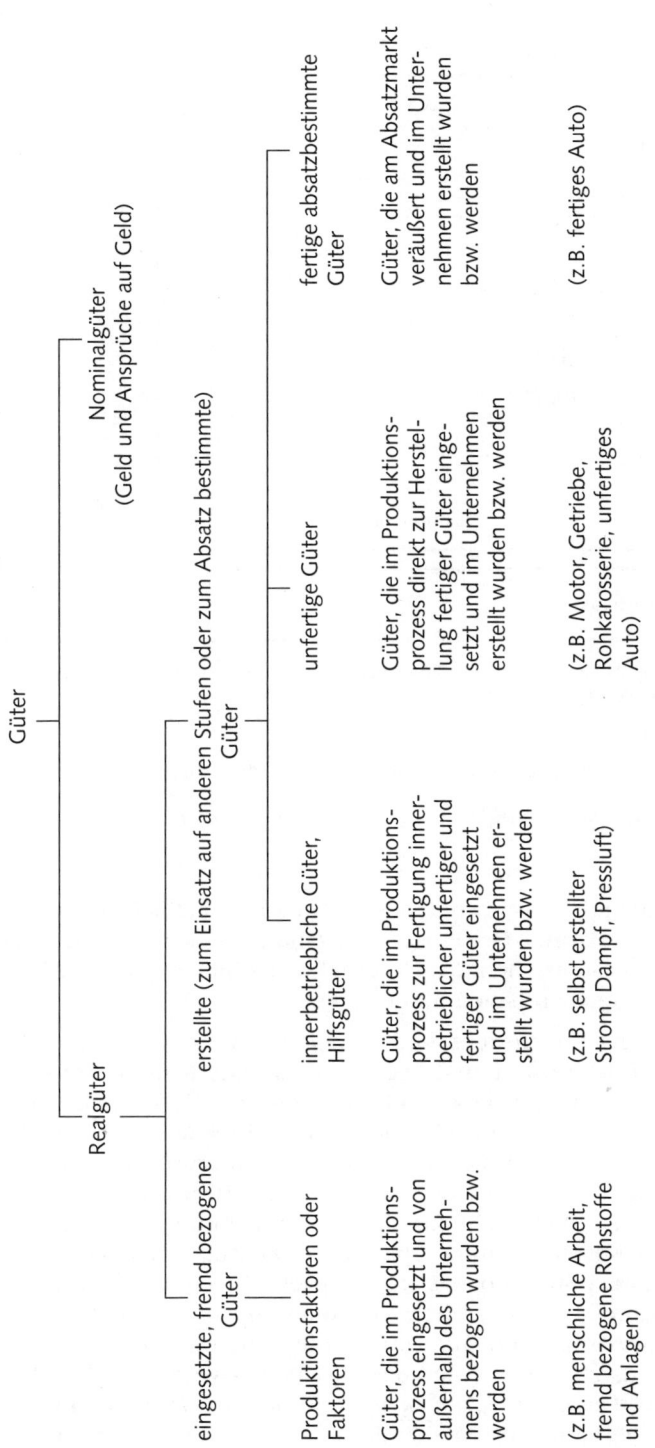

Abb. 2: Güterarten

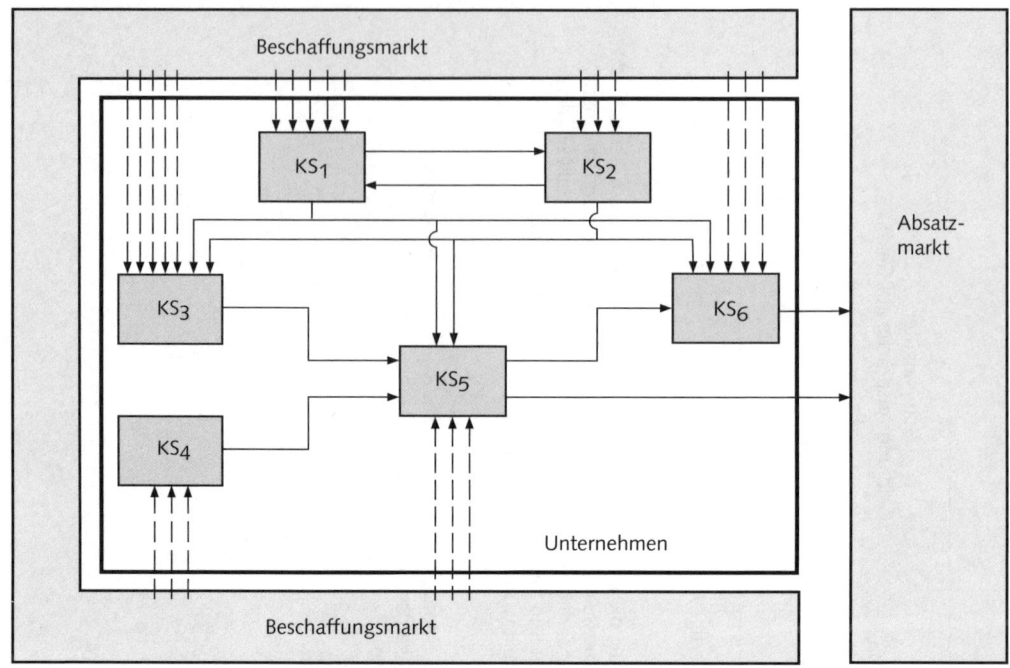

Flüsse von erstellten betrieblichen Gütern (absatzbestimmte Güter unterschiedlicher Grade der Fertigstellung und innerbetriebliche Güter)

Flüsse von Produktionsfaktoren

KS   Kostenstellen (Produktionsstufen, produktive Einheiten oder Produktionsstellen)

Abb. 3: Erstes Modell der Güterflüsse im Unternehmen sowie von und zu den Märkten

von KS_1, KS_2 und KS_5 ein. Lediglich die Kostenstelle KS_4 erhält ausschließlich von außen bezogene Güter, also Produktionsfaktoren. Der Einsatz von Gütern, welche das Ergebnis von Kombinationsprozessen in Kostenstellen des Unternehmens bilden, wird in Abbildung 3 durch Pfeile mit durchgezogenen Linien beschrieben.

Der Güterfluss, wie er in Abbildung 3 dargestellt wird, erscheint plausibel. Es liegt damit auch nahe anzunehmen, dass in der Kosten- und Leistungsrechnung Kosten analog zu dieser Darstellung abgerechnet werden, also dass beispielsweise die Kostenstellen KS_1 und KS_2 ihre Kosten sich gegenseitig und den Stellen KS_3, KS_5 und KS_6 anlasten oder die Kostenstellen KS_3 und KS_4 ihre Kosten auf die Kostenstelle KS_5 überwälzen. Eine Weiterwälzung der Kosten in Analogie zur Abbildung 3 kennzeichnet zwar etwa die mehrstufige Divisionskalkulation, sie ist aber nicht für die Kostenrechnung allgemein typisch. Um andere Verfahren der Kostenrechnung, speziell die Zuschlagskalkulation auf der Grundlage eines Betriebsabrechnungsbogens (vgl. Betriebsabrechnungsbogen bei Mellerowicz 1974, S. 454 f.), später besser verstehen zu können, erscheint es daher sinnvoll, den Fluss von Produktionsfaktoren und Gütern im Unternehmen, wie er in Abbildung 3 gezeigt wurde, anders darzustellen. (Die angesprochenen Verfahren der Divisions- und Zuschlagskalkulation werden Sie später kennen lernen. Zum Verständnis der Abbildungen selbst, um die es hier geht, müssen Sie mit ihnen nicht vertraut sein.)

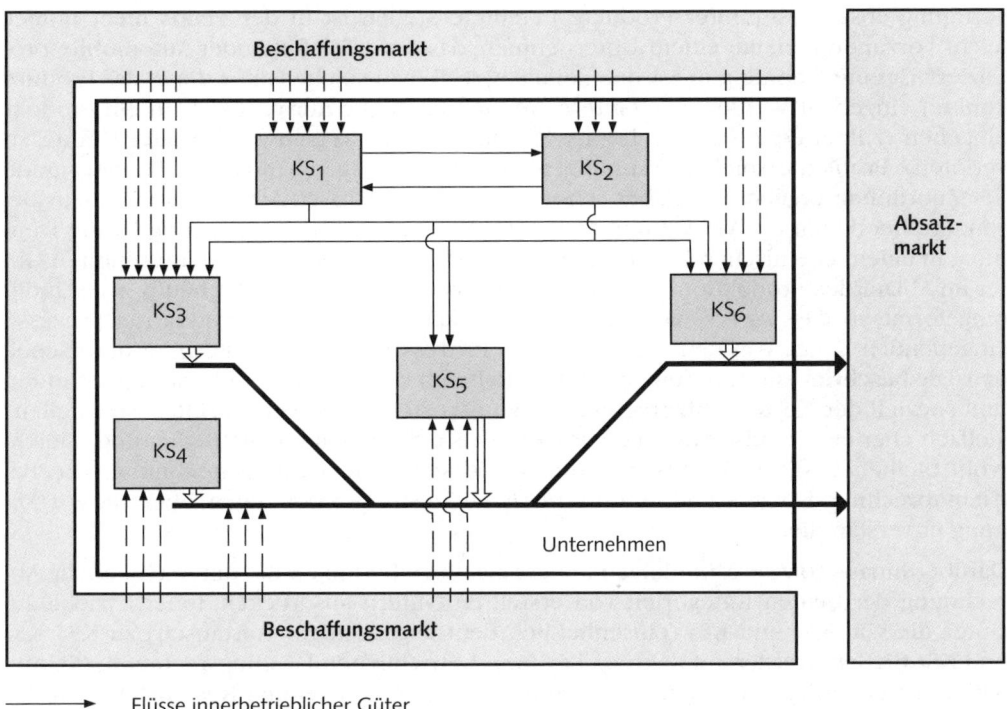

Flüsse innerbetrieblicher Güter

Flüsse von Produktionsfaktoren

Flüsse absatzbestimmter Güter unterschiedlicher Grade der Fertigstellung (in Pfeilrichtung nimmt der Grad der Fertigstellung zu)

Beiträge von Kostenstellen, die unmittelbar an der Fertigstellung absatzbestimmter Güter beteiligt sind, zur Fertigung absatzbestimmter Güter

Abb. 4: Zweites Modell der Güterflüsse im Unternehmen sowie von und zu den Märkten

Abbildung 4 unterscheidet sich durch wichtige Details von der Abbildung 3. Zunächst sind die in den Kostenstellen gefertigten Güter in zwei Kategorien aufgeteilt. Die erste Kategorie umfasst die absatzbestimmten Güter (unfertige und fertige Erzeugnisse) in den verschiedenen Stadien ihrer Bearbeitung durch die Kostenstellen KS_3 bis KS_6. (Die absatzbestimmten Güter sind in Abbildung 4 mit fetten schwarzen Pfeilen gekennzeichnet, wobei in Pfeilrichtung der Grad der Fertigstellung zunimmt und fertige absatzbestimmte Güter vorliegen, nachdem diese Güter die letzte sie bearbeitende Kostenstelle passiert haben.) In der zweiten Kategorie werden Güter von Kostenstellen zusammengefasst, die nicht unmittelbar, sondern nur mittelbar nach der Transformation durch andere Kostenstellen in die absatzbestimmten Güter eingehen. Zu den Gütern dieser zweiten Kategorie gehören in einem Unternehmen, das keine Energie am Markt anbietet, beispielsweise selbst erstellter Strom oder Dampf (in der Abbildung die Güter von KS_1 und KS_2, die infolgedessen innerbetriebliche Güter sind).

Die Trennung der erstellten Güter eines Produktionsprozesses in absatzbestimmte Güter unterschiedlicher Grade der Fertigstellung einerseits und in innerbetriebliche Güter andererseits und damit auch der Kostenstellen in unmittelbar oder nur mittelbar an der

Fertigung absatzbestimmter Produkte beteiligte Stellen ist in der Praxis nicht immer leicht vorzunehmen. Bei einem Unternehmen, das etwa Telefone oder Automobile produziert, ist eine Trennung meist noch einfach, weil man solche Güter, die in das Produkt konkret eingebaut werden, von Gütern trennen kann, die nur mittelbar in ein Produkt eingehen (z.B. Energie, um Blech zu verformen und zu verschweißen oder Drähte zu verlöten). Probleme solcher Trennungen und daraus folgend mögliche Freiheitsgrade der Zuordnung ergeben sich aber schon bei den dispositiven Arbeitsleistungen, insbesondere bei denen der Verwaltung sowie des Vertriebs. Ähnlich schwierig ist die Trennung in einem chemischen Unternehmen. Denn dort werden die absatzbestimmten Güter im Ablauf des Produktionsprozesses in den verschiedenen Stufen häufig vollständig umgeformt, so dass es beispielsweise schwer fällt, die in solche Produktionsprozesse eingehenden Güter von den „mittelbar" am Prozess beteiligten Gütern zu unterscheiden. Die beschriebene Trennung besitzt im Rahmen der Kosten- und Leistungsrechnung und speziell der Kostenstellenrechnung (Hauptkostenstellen versus Hilfskostenstellen) vielfach eher eine **traditionell gewachsene** als eine fundamentale Bedeutung. Gleichwohl bleiben traditionelle Instrumente der Kosten- und Leistungsrechnung, wie Betriebsabrechnungsbogen und innerbetriebliche Leistungsrechnungen, ohne diese Trennung unverständlich.

Darüber hinaus soll die Abbildung 4 anders als die Abbildung 3 die unterschiedliche Abrechnung der beiden Kategorien von erstellten Gütern ausdrücken. Innerbetriebliche Güter, die von KS_1 und KS_2 (einschließlich dem gegenseitigen Austausch) zu KS_3, KS_5 und KS_6 fließen, werden im Rahmen der innerbetrieblichen Leistungsrechnung (Sekundärkostenrechnung) zwischen den leistenden und empfangenden Kostenstellen in der Regel vollständig abgerechnet, indem die liefernden Stellen ihre Kosten den empfangenden Stellen anlasten. Der Produktionsfortschritt der absatzbestimmten Güter führt dagegen nicht zu Abrechnungen zwischen den Kostenstellen. Wenn eine Kostenstelle eine Einheit des unfertigen absatzbestimmten Produktes an eine andere Stelle weitergibt – wie etwa die Stelle KS_3 an KS_5 –, so belasten ihre Kosten nicht die empfangende Stelle, sondern das absatzbestimmte Gut. In Abbildung 4 wird dieses unterschiedliche Vorgehen dadurch verdeutlicht, dass Ströme innerbetrieblicher Güter durch Pfeile zwischen den Kostenstellen, Mitwirkungen an der Fertigung absatzbestimmter Güter dagegen durch senkrechte Blockpfeile beschrieben werden, die die Kostenstellen mit dem fetten schwarzen Pfeilschema verbinden, das den Produktionsfortschritt von den unfertigen bis zu den fertigen absatzbestimmten Gütern kennzeichnet.

Das Modell eines Produktionsprozesses aus der Sicht einer speziellen (auf Betriebsabrechnungsbogen und Zuschlagskalkulation gegründeten) Kosten- und Leistungsrechnung kann noch dadurch vervollständigt werden, dass einige der Produktionsfaktoren nicht den Kostenstellen, sondern unmittelbar den absatzbestimmten Gütern zugerechnet werden (in Abbildung 4 gekennzeichnet durch drei senkrecht gestrichelte Pfeile, die unmittelbar in die Flüsse absatzbestimmter Güter einmünden). Damit wird den später noch zu erörternden **Einzelkosten** Rechnung getragen.

3 Abbildung des Wirtschaftsgeschehens im betrieblichen Rechnungswesen

Jedes Unternehmen ist in den Geld-(Nominalgüter-) und Güter-(Realgüter-)Kreislauf einer Volks- oder Weltwirtschaft, auch als Umwelt des Unternehmens bezeichnet, eingebettet (vgl. Abbildung 1 auf S. 3). Diese vielfältigen Nominal- und Realgüterbeziehungen entsprechend den Zielsetzungen der Beteiligten am Unternehmen zu steuern, ist als grundlegende Aufgabe jeder Unternehmensführung anzusehen. Zur Lösung dieser Aufgaben sind außer Informationen über das vergangene Wirtschaftsgeschehen insbesondere Informationen über das künftige Wirtschaftsgeschehen, das sich zwischen dem Unternehmen und den Beteiligten am Unternehmen sowie innerhalb des Unternehmens vollzieht, erforderlich.

Um die benötigten Informationen zu erhalten, besitzen die Unternehmen neben informellen Informationssystemen (z.B. Unterhaltungen zwischen den Mitarbeitern, Überlegungen des Leiters der Vertriebsabteilung zu möglichen Werbemaßnahmen) ein **institutionalisiertes Informationssystem**, das **betriebliches Rechnungswesen** oder **Rechnungswesen** genannt wird. Es kann als „die Gesamtheit aller wirtschaftlich auswertbaren und sich auf Datenträgern niederschlagenden Akte der Informationsgewinnung und Informationsverarbeitung einer Unternehmung" (Coenenberg 1980, Sp. 1996) oder als der „Bereich der numerischen Informationen auf der Erfassungs- und Aufbereitungsebene, soweit es sich um ökonomische Ausdrücke handelt" (Szyperski 1981, Sp. 1428), definiert werden. Aufgrund beider (als gleichwertig angesehener) Definitionen fällt beispielsweise in den Aufgabenbereich des Rechnungswesens die Erforschung der Kundenpotenziale auf dem Absatzmarkt, die Beobachtung der Gesetzgebung hinsichtlich künftig zu erwartender, für das Unternehmen relevanter Gesetze und Gesetzesänderungen, die Analyse der Bedingungen auf den Beschaffungsmärkten (zu welchen Konditionen kann das Unternehmen etwa bestimmte Rohstoffe beschaffen?), die Untersuchung der Konditionen der Geld- und Kapitalmärkte sowie die Vorgabe von Beschaffungs-, Produktions- und Absatzmengen an die entsprechenden Stellen des Unternehmens.

Darüber hinaus besitzt ein so definiertes Rechnungswesen die grundlegende Aufgabe, sowohl die Güterbeziehungen zwischen dem Unternehmen und seinen Stakeholdern als auch die unternehmensinternen Prozesse der Lagerung und Transformation der Produktionsfaktoren vereinfacht, aber doch so vollständig abzubilden, wie es die Aufgaben der Unternehmenssteuerung (Kontrolle, Planung und Publikation, vgl. zu diesen Aufgaben auch Kloock 1978, S. 494) erfordern. Die Beschränkung auf ein vereinfachtes Abbild der Realität ist aus wirtschaftlichen Gründen notwendig. Der Nutzenzuwachs durch Abbildungen der Realität zum Zwecke verbesserter Entscheidungen sollte größer als die durch die Abbildung ausgelöste Nutzenabnahme sein. Die Nutzenabnahme besteht darin, dass Güter verzehrt werden, die ansonsten nicht in Anspruch genommen werden müssten oder als zusätzliche Anreize verteilt werden könnten. Die Art der Vereinfachung von Abbildungen wird außerdem durch die Ziele der Beteiligten, insbesondere der Unternehmensleitung, und daraus abgeleitet von den Aufgaben bestimmt, die mithilfe des Rechnungswesens zielentsprechend zu lösen sind. Da die Beteiligten mehrere und untereinander oft unterschiedliche Ziele verfolgen, wobei die einzelnen Ziele häufig an das Rechnungswesen noch jeweils mehrere voneinander abweichende Anforderungen stellen, muss das Rechnungswesen viele verschiedene Aufgaben übernehmen, die insgesamt nur von verschiedenen Zweigen des Rechnungswesens erfüllt werden können.

In der Abbildung 1 auf S. 3 wird das Rechnungswesen als institutionalisiertes Informationssystem durch ein gesondertes Schema von Pfeilen beschrieben. Es verbindet durch Informationsflüsse die verschiedenen Stakeholder miteinander, wobei die an sie fließenden Informationen von unterschiedlicher Art und unterschiedlichem Umfang sind.

B Gliederung des betrieblichen Rechnungswesens gemäß den Informationsanforderungen

Lernziel: *Sie sollen erkennen, dass unterschiedliche Informationsanforderungen verschiedene Rechnungssysteme bedingen.*

Gemäß der sehr weit gefassten Rechnungswesendefinition (vgl. zur Kritik Schneider 1989, S. 633 f.) erfordert das betriebliche Rechnungswesen die Wiedergabe einer äußerst komplexen, nur schwer zu strukturierenden Vielfalt von quantitativen und nicht quantitativen Informationen. Bei einem Versuch, diese Vielfalt von Rechnungsweseninformationen zu präzisieren und zu ordnen, lassen sich erstens Rechnungen, die das vergangene und/oder das künftige Wirtschaftsgeschehen (welches sich zwischen Unternehmen und Umwelt sowie innerhalb des Unternehmens vollzieht) nur durch **Mengen**größen abbilden, und zweitens Rechnungen, die dieses Wirtschaftsgeschehen primär durch einzahlungs- und auszahlungsorientierte **Wert**größen abbilden, voneinander unterscheiden. Dabei werden Rechnungen, die zahlungsorientierte Wertgrößen und Mengengrößen in einem Kalkül verschmelzen, in die Gruppe von Rechnungen mit zahlungsorientierten Wertgrößen einbezogen.

Die erste, im Folgenden nicht näher betrachtete Gruppe der **Mengenrechnungen** umfasst beispielsweise Bestandsrechnungen, in denen die Bestandsmengen an Anlagegütern, fertigen und unfertigen Erzeugnissen oder Rohstoffen aufgezeichnet werden. Zu dieser Gruppe zählen auch Statistiken der Absatzmengen, der Maschinenauslastung und des Personalbestandes. Mengenrechnungen erfüllen verschiedene Aufgaben. Zunächst sollen sie, wie etwa die Statistik des Personalbestandes, vergangenes Geschehen dokumentieren. Daneben dienen sie im Rahmen von Planungsprozessen dazu, über wichtige Beschränkungen zu informieren, denen die Planung unterliegt. So kann der jeweilige Personalbestand laut Personalstatistik oder der Bestand an Anlagegütern die im Rahmen einer kurzfristigen Planung ins Auge zu fassenden alternativ möglichen Handlungen des Unternehmens auf solche begrenzen, die mit diesen Beständen realisierbar sind. Mengenrechnungen werden auch als Basis zur Prognose des künftigen Wirtschaftsgeschehens herangezogen. Beispielsweise lässt sich aus einer Absatzstatistik der künftig zu erwartende Absatz näherungsweise vorhersagen. Darüber hinaus bilden Mengenrechnungen die Grundlage für Rechnungen mit einzahlungs- und auszahlungsorientierten Wertgrößen. Das gilt dann, wenn die Rechnungen mit Wertgrößen die abzubildenden Werte als Produkte aus Mengen und Wertgrößen je Mengeneinheit (Preisen) erfassen. Soweit einzelne Gruppen von Beteiligten am Unternehmen Ziele verfolgen, die auf Mengengrößen gerichtet sind – wie etwa die Ziele der Arbeitszeitverkürzung, der Reduzierung der Umweltbelastung aufgrund von Verunreinigungen der Luft oder von Abwässern –, können Mengenrechnungen auch den Grad der Zielrealisation beschreiben. (Bei der späteren Darstellung von Rechnungen mit zahlungsorientierten Wertgrößen wird – falls auf die als Basis erforderlichen Mengenrechnungen nicht näher eingegangen wird – unterstellt, die den Werten zugrunde liegenden Mengen seien in gesonderten Mengenrechnungen bestimmt worden und die Ergebnisse dieser Mengenrechnungen seien bekannt.)

Die Aufgaben der verschiedenen Rechnungen der zweiten Gruppe, also der mit **einzahlungs-** und **auszahlungsorientierten Wertgrößen,** sollen näher erörtert werden. Diese Erörterung ist erforderlich, weil die in diesem Buch zu behandelnde Kosten- und Leistungsrechnung zu den Rechnungen mit einzahlungs- und auszahlungsorientierten Wertgrößen zählt. Darüber hinaus eröffnet diese Erörterung die Möglichkeit, die Kosten- und Leistungsrechnung von weiteren Rechnungen mit zahlungsorientierten Wertgrößen abzugrenzen, welche andere Aufgaben als die Kosten- und Leistungsrechnung erfüllen (vgl. zu den verschiedenen zahlungsorientierten Rechnungssystemen auch Weber/Rogler 2004, S. 25 ff.).

Wenn ein Unternehmen weiter bestehen will, muss es seine **Liquidität** an jedem Tag wahren. Es muss in der Lage sein, die an es gerichteten Zahlungsanforderungen aus vorhandenen Beständen liquider Mittel (Bargeld, jederzeit verfügbare Guthaben, Schecks und Wechsel) und aus hereinfließenden Zahlungsmitteln (Einzahlungen) zu erfüllen. Da eine Unternehmensauflösung wegen Illiquidität die Anreize der Beteiligten meist erheblich mindert, sind diese stets an der Erhaltung der Liquidität interessiert. Um die Liquidität zu gewährleisten, werden sie folglich nicht nur eine Rechnung für notwendig erachten, die frühere Zahlungsvorgänge sowie die daraus resultierenden Bestände liquider Mittel abbildet, sondern die darüber hinaus geeignet ist, auch die künftig erwarteten Ein- und Auszahlungen zu erfassen und diese zusammen mit den jeweiligen Beständen liquider Mittel einander für künftige Zeiträume gegenüberzustellen. Aus einer solchen Rechnung **(Finanzrechnung)** lassen sich dann drohende Gefahren für die Liquidität unmittelbar ablesen und gegebenenfalls abwenden. Die beschriebenen Finanzrechnungen gehören zu einem ersten Zweig der Rechnungen mit zahlungsorientierten Wertgrößen, nämlich den **Rechnungen auf der Basis von Ein- und Auszahlungen** (einschließlich Geldbestandsrechnungen). Diese Rechnungen bilden allein den Zahlungsstrom des Unternehmens und dessen Resultat in Form von Beständen liquider Mittel ab.

Das Rechnungswesen umfasst noch weitere Rechnungen auf der Basis von Ein- und Auszahlungen. Außer für die Aufrechterhaltung der Liquidität muss ein Unternehmen dafür Sorge tragen, dass es seinen Beteiligten auch in Zukunft die jeweils erwünschten Anreize bieten kann. Da die Beteiligten auch danach streben, Anreize in Form von Zahlungen aus dem Unternehmen zu erhalten, erwarten sie von der Unternehmensleitung insbesondere solche Aktionen, die den Strom künftiger Zahlungen an die Beteiligten möglichst günstig gestalten. **Investitionsrechnungen,** mit deren Hilfe mögliche Handlungen anhand der von ihnen ausgelösten künftigen Ein- und Auszahlungen beurteilt werden, dienen der Auswahl möglichst vorteilhafter Aktionen und gehören ebenfalls zum ersten Zweig des Rechnungswesens.

Ein anderer Zweig der Rechnungen mit zahlungsorientierten Wertgrößen umfasst Rechnungen, die statt auf Ein- und Auszahlungen auf **Aufwendungen und Erträgen** basieren. Diese Rechnungen orientieren sich nicht primär an den Zahlungen des Unternehmens – diese dienen oft nur als Anhaltspunkte zur Bewertung der mit den Zahlungen verbundenen Güterbewegungen –, sondern an den Güterbewegungen innerhalb des Unternehmens sowie zwischen Unternehmen und Umwelt. Sie sind insbesondere auf die Abbildung der Prozesse des Faktorverzehrs und des Entstehens betrieblicher Güter ausgerichtet. Diese Güterverbräuche und Gütererstellungen von z.B. Produktionsfaktoren bzw. Absatzprodukten werden jedoch nicht mengenmäßig, sondern wertmäßig auf der Basis von mit Preisen bewerteten Mengen abgebildet.

Für Rechnungen mit Aufwendungen und Erträgen existieren **Richtlinien und gesetzliche Vorschriften,** die festlegen, was unter Aufwendungen (bewerteter Verzehr von

Gütern) und Erträgen (bewertete Erstellung von Gütern) zu verstehen ist. Solche Gesetze und Richtlinien (z.B. HGB, AktG, AO, EStG, IAS/IFRS, US-GAAP) schreiben vor, die Mengenkomponente von Aufwands- und Ertragsrechnungen an den effektiv verzehrten bzw. erstellten Mengen und die Wertkomponente an den Preisen zu orientieren, die für die verbrauchten Faktoren effektiv bezahlt bzw. für die abgesetzten Produkte effektiv erzielt wurden.

Zu den Rechnungen auf der Basis von Aufwendungen und Erträgen können auch (bilanzielle) Bestandsrechnungen gezählt werden, die die Vermögensbestände aller bewerteten Güter eines Unternehmens (wie z.B. von Produktionsfaktoren, Produkten), welche erst in späteren Perioden zu Aufwendungen und Erträgen führen, sowie die Kapitalbestände aufzeichnen. Infolgedessen gehören außer den **Gewinn- und Verlustrechnungen** als Aufwands- und Ertragsrechnungen auch die **Bilanzen** als Bestandsrechnungen zu diesem Zweig des Rechnungswesens.

Die Verbindung dieser Rechnungen zu den Zielen der Stakeholder und ihre daraus resultierenden Aufgaben sollen hier kurz angedeutet werden (bezüglich einer ausführlichen Darstellung vgl. Schildbach 1975). Bei einem Unternehmen mit Stakeholdern, die unterschiedliche Ziele verfolgen, entsteht das Problem, wie die Entscheidungen im Unternehmen den Zielen aller Beteiligten angepasst werden können. Dieses Problem ist nicht dadurch lösbar, dass man aus den Zielen aller Stakeholder eine Gesamtzielfunktion als so genannte Sozialwahlfunktion ableitet, weil sich der Bildung von Sozialwahlfunktionen schwerwiegende prinzipielle Schwierigkeiten entgegenstellen. Das Problem wird auch nicht dadurch gelöst, dass man einigen wenigen Beteiligten – etwa der Unternehmensleitung – ohne Einschränkungen das Recht gibt, die Entscheidungen derart zu fällen, wie sie es für richtig halten. Die einzige praktikable Lösung kann nur darin bestehen, verschiedenen Gruppen von Beteiligten jeweils spezifisch abgegrenzte Entscheidungskompetenzen zu übertragen, die sie in Anlehnung an die eigenen Ziele ausfüllen können. Im Rahmen der Abgrenzung der Entscheidungskompetenzen der Beteiligten spielt dann die Frage eine große Rolle, was als „Überschüsse" des Unternehmens definiert und folglich an Eigner und Fiskus anteilig ausgeschüttet werden darf. Diese Definition bestimmt nicht nur für Unternehmenseigner und Fiskus die unmittelbare Höhe ihrer finanziellen Zielerreichung, sondern legt indirekt auch fest, welche Beträge nicht ausgeschüttet werden dürfen, was etwa Gläubiger, Arbeitnehmer, Kunden und Lieferanten, aber auch langfristig sich beteiligende Eigner und den Fiskus interessiert, da von diesen Beträgen die Fähigkeit des Unternehmens abhängt, auch in Zukunft finanzielle Anreize zu bieten. Die Überschussdefinitionen werden durch die Rechnungen auf der Basis von Aufwendungen und Erträgen festgelegt. So werden den Ausschüttungen an die Eigner in der Aktiengesellschaft z.B. durch den **handelsrechtlichen Jahresabschluss** Schranken auferlegt; die Ausschüttungen an den Fiskus werden mithilfe der **Steuerbilanz** ermittelt. Die gesetzlichen Beschränkungen von Ausschüttungen an Eigner und Fiskus können nur dann restriktiv wirken, wenn die Abbildungsmöglichkeiten der Realität durch diese Rechnungen aufgrund gesetzlicher Normen begrenzt sind. Es kann daher nicht verwundern, dass die Wertansätze in Rechnungen mit Aufwendungen und Erträgen durch Gesetze mehr oder weniger festgelegt werden.

Rechnungen mit Aufwendungen und Erträgen dienen aber nicht allein der **Überschussbemessung im Sinne einer Kompetenzabgrenzung zwischen den Beteiligten,** sie stellen auch **Informationsinstrumente** dar, die die Beteiligten, sofern sie nicht zur Unternehmensführung gehören, über das Unternehmen unterrichten. Auch bezüglich der Informationen dieser Beteiligten ergeben sich aus ihrer Interessenvielfalt

Abbildungsprobleme. Aus wirtschaftlichen Gründen ist es unmöglich, jedem Stakeholder die speziell von ihm gewünschten Informationen bereitzustellen. Zudem muss bei einer großzügigen Informationspolitik erwartet werden, dass die Informationen die Konkurrenz erreichen. Die Konkurrenz kann aber aus zu umfassenden Informationen Konsequenzen ziehen, die ihr nutzen und dem informierenden Unternehmen schaden. Großzügige Informationspolitik mindert so indirekt die Zielerreichung der Beteiligten. Konkurrenzüberlegungen sprechen also für eine Beschränkung der zu veröffentlichenden Informationen. Die vom Gesetzgeber gewünschte Informationspolitik wird in der Bundesrepublik durch spezielle Gesetze und Richtlinien (HGB, AktG, IAS/IFRS) erreicht, die festlegen, welche Informationen im Jahresabschluss und gegebenenfalls im Anhang auszuweisen und – je nach Rechtsform und Größe – offen zu legen sind.

Außer den weiteren auf **Einnahmen und Ausgaben** basierenden Rechnungen (vgl. Weber/Rogler 2004, S. 39 ff.; Hummel/Männel 1999, S. 64) verbleiben als letzter Zweig von Rechnungen mit zahlungsorientierten Wertgrößen **Kosten- und Leistungsrechnungen** einschließlich (kalkulatorischer) Bestandsrechnungen. Dieser Zweig des Rechnungswesens dient fast ausschließlich der unternehmensinternen Abbildung von Güterverzehrs- und Gütererstellungsprozessen und ist insoweit an gesetzliche Auflagen nicht gebunden. Kosten- und Leistungsrechnungen sind Instrumente der an der Unternehmensführung Beteiligten, die ihnen im Rahmen ihrer Kompetenzen helfen sollen, den Prozess der Faktorkombination zielentsprechend abzubilden, zu gestalten und zu kontrollieren (zu einem Überblick s. Tabelle 2).

C Aufgaben der Kosten- und Leistungsrechnung

Lernziel: *Sie sollen erfahren, für welche Aufgabenstellungen die Kosten- und Leistungsrechnung eingesetzt werden kann.*

Die Kosten- und Leistungsrechnungen sind zur Erfüllung verschiedener Aufgaben konzipiert worden, die sich in den folgenden drei Aufgabengruppen zusammenfassen lassen. Historisch gesehen wurden Kosten- und Leistungsrechnungen zuerst für die Lösung von **Kontrollaufgaben** (zunächst mithilfe der Nachkalkulation), dann von **Erfolgskontrollaufgaben** und endlich für die Lösung von **Planungsaufgaben** entwickelt (vgl. Kilger/Pampel/Vikas 2007, S. 8). Darüber hinaus dienen sie der Erfüllung von **Publikationsaufgaben** als extern orientierte **Informations- oder Dokumentationsaufgaben**.

1 Kontrollaufgaben

Die Kosten- und Leistungsrechnungen sollen die Unternehmensleitung in die Lage versetzen, zumindest kurzfristig die unternehmerischen Prozesse von Faktorkombinationen zielentsprechend zu steuern. Die Unternehmensleitung lenkt die Prozesse von Faktorkombinationen zunächst dadurch, dass sie den Fertigungsstellen Produktionsanweisungen erteilt. Aufgrund verschiedener Ursachen – wie etwa von Missverständnissen, Materialknappheit, Maschinenausfällen oder Nachlässigkeit der Beschäftigten – werden nicht alle diese Anweisungen in das von der Unternehmensleitung erwartete Ergebnis umgesetzt. Um den nicht gewünschten oder nicht erwarteten Entwicklungen möglichst schnell entgegentreten und damit den Prozess der Faktorkombination wieder in die ge-

Tab. 2: Rechnungssysteme und deren Aufgaben

Kategorie der Rechnung	Objekte der Rechnungen Stromgrößen	Bestandsgrößen	Rechnungsbezeichnungen	Aufgaben der Rechnungen
Mengenrechnungen	Mengenzu- und -abgänge	Mengenbestände	■ Lager- oder Materialbuchhaltung ■ Absatzstatistiken ■ Personalstatistiken	■ Dokumentation vergangenen Geschehens ■ Grundlage für Wertrechnungen ■ Informationen für Planungs- und Prognoseaufgaben
Wertrechnungen	Ein- und Auszahlungen	Geldbestände	■ Finanzrechnungen ■ Investitionsrechnungen ■ Kapitalflussrechnungen	■ Darstellung, Kontrolle und Planung der Liquidität ■ Kapitalfondsplanung ■ Kapitalbedarfsplanung ■ Planungsaufgaben für Investitionsentscheidungen ■ Investitionskontrolle
	Einnahmen und Ausgaben	Geld- und Kreditbestände	■ relative Einzelkosten- und Einzelerlösrechnung	■ Kontrollaufgaben ■ kurzfristige (oder langfristige) Planungsaufgaben ■ Darstellung der Finanzlage
	Erträge und Aufwendungen	Vermögens- und Kapitalbestände	■ Handelsbilanz ■ Gewinn- und Verlustrechnung als handelsrechtliche Jahreserfolgsrechnung ■ Steuerbilanz ■ Steuerliche Gewinn- und Verlustrechnung	■ Information der Unternehmensleitung ■ Publikationsaufgaben zur Information der Eigner, Gläubiger, Arbeitnehmer, Lieferanten, Kunden, Öffentlichkeit ■ Publikationsaufgaben zur Bemessung der Ausschüttungen an Eigner und Fiskus (Steuerbilanz)
	Leistungen und Kosten	kalkulatorische Vermögens- und Kapitalbestände	■ kurzfristige (kalkulatorische) Erfolgsrechnungen oder Kostenträgerzeitrechnungen ■ Deckungsbeitragsrechnungen	■ Kontrollaufgaben ■ kurzfristige Planungsaufgaben ■ spezifische Publikationsaufgaben

planten Bahnen lenken zu können, benötigt die Unternehmensleitung im Rahmen ihrer Steuerungsaufgabe möglichst aktuelle Informationen **(Kontrollinformationen)** darüber, was in den Fertigungsstellen tatsächlich geschieht. Ein rasches Erkennen von Abweichungen zwischen der von ihr beabsichtigten und der tatsächlichen Entwicklung versetzt die Unternehmensleitung meist in die Lage, die Ursachen für die abweichende Entwicklung zu erkennen und durch korrigierende Anweisungen das effektive Geschehen zielentsprechend zu gestalten.

Kontrollrechnungen im Rahmen der Kosten- und Leistungsrechnung dienen den Kontrollaufgaben dadurch, dass sie zunächst das tatsächliche Geschehen im Unternehmen abbilden. Diese Abbildungen in Form von Istberichten setzen die Unternehmensleitung in die Lage, die erreichten **Istgrößen** mit **Maßgrößen (Sollgrößen)** zu konfrontieren, um aus den Abweichungen zwischen Maß- und Istgrößen Schlüsse auf die **Abweichungsursachen** zu ziehen sowie Maßnahmen zur Beseitigung dieser Ursachen zu ergreifen. Wenn Kostenrechnungen in Form von Istkosten nur Auskunft über das effektive Geschehen geben, überlassen sie allerdings einen Großteil der Kontrollarbeit der Unternehmensleitung. Die Unternehmensleitung muss dann nämlich selbst Vorstellungen darüber entwickeln, wie hoch die Kosten bei zielentsprechendem, wirtschaftlichem Verhalten sein dürfen (Maßgrößen, Sollgrößen). Sie muss ferner Istgrößen und Maßgrößen vergleichen.

Um Unternehmensleitungen von möglichst viel Routinearbeit zu entlasten, werden demzufolge Kontrollrechnungen meist um den Vergleich zwischen den ermittelten Istgrößen und vorgegebenen Maßgrößen erweitert, so dass der Unternehmensleitung lediglich Abweichungen übermittelt werden, die diese dann veranlassen, nach Ursachen und Maßnahmen zu ihrer Behebung zu suchen.

Kontrollrechnungen der zuletzt genannten Art liegen dann vor, wenn den einzelnen Kostenstellen eines Unternehmens zum Zweck der **Wirtschaftlichkeitskontrolle** jeweils aus den Plankosten abgeleitete Maßkosten oder Sollkosten vorgegeben werden, die auf mengenwirtschaftlichen, technischen Analysen beruhen und die mit den effektiven Istkosten verglichen werden. Diese Kosten- oder Wirtschaftlichkeitskontrolle setzt in den Kostenstellen an, weil sich für Kostenstellen noch vergleichsweise leicht sinnvolle Sollgrößen ermitteln lassen und weil die Unternehmensleitung bei gewissen Abweichungen zwischen Soll- und Istgrößen nicht nur den Kostenstellenleiter verantwortlich machen, sondern bei ihm auch Hilfe erwarten kann, die Ursachen für die Unwirtschaftlichkeit zu finden und abzustellen.

Zur Kontrolle unternehmerischer Erfolge kann die **Kostenträgerzeitrechnung** oder die **kurzfristige Erfolgsrechnung** herangezogen werden, die wöchentlich, monatlich oder vierteljährlich den Erfolg eines Unternehmens als Leistung minus Kosten ausweist. Durch die kurzfristige Erfolgsrechnung wird die Unternehmensleitung in die Lage versetzt, in kürzeren Zeitabständen die effektive Entwicklung des Erfolges und ihre Vorstellungen über eine mögliche Erfolgsentwicklung zu vergleichen (um daraus Schlüsse zu ziehen), als das bei der durch Gesetze vorgeschriebenen jährlichen Rechnung bzw. Erfolgsrechnung auf der Basis von Aufwendungen und Erträgen möglich ist. Weil die kurzfristige Erfolgsrechnung mit Kosten und Leistungen rechnet, wird sie außerdem nicht durch Erfolge beeinflusst, die außerhalb des angestrebten Absatzprogramms (des Sachzielprogramms oder eigentlichen Betriebszwecks) liegen (etwa bei einem Bergwerk durch Gewinne aus Grundstücksveräußerungen), periodenfremd oder außerordentlich sind und die in den Aufwands- und Ertragsrechnungen mit den Erfolgen der Betriebstätigkeit verschmolzen werden. Für Erfolge, die von Bestandteilen bereinigt sind, die nicht mit der Fertigung des Absatzprogramms in Verbindung stehen, die keinen periodenfremden und außerordentlichen Einflüssen unterliegen, lassen sich leichter Sollvorstellungen entwickeln als für Erfolge, in denen sich alle erfolgswirksamen Einflüsse mischen. Darüber hinaus würde der kurzfristige Erfolgsvergleich durch die Einbeziehung von z.B. periodenfremden oder außerordentlichen Erfolgen gegebenenfalls Abweichungen ausweisen, die zu falschen Schlüssen führen können (vgl. auch S. 36 f.).

2 Planungsaufgaben

Wenn die Unternehmensleitung nicht nur auf bereits eingetretene Entwicklungen reagieren will, muss sie im Rahmen ihrer Steuerungsaufgaben versuchen, Vorstellungen darüber zu gewinnen, wie das Wirtschaftsgeschehen bezüglich eines Unternehmens in Zukunft ablaufen soll und kann; sie muss das künftige Geschehen **planen.** Zur Erfüllung dieser **Planungsaufgabe** sind von der Unternehmensleitung zahlreiche Informationen heranzuziehen und zu verknüpfen. Diese Informationen umfassen mögliche **Handlungsalternativen** der Unternehmensleitung und die Prognose der künftigen Konsequenzen dieser Handlungen. Bei der Prognose der Konsequenzen versucht die Unternehmensleitung, das künftige, für die Zielerreichung des Unternehmens relevante Geschehen für die jeweiligen Handlungsalternativen möglichst zutreffend vorherzusagen. Das wird ihr nur gelingen, wenn sie die Einflüsse berücksichtigt, die außer der eigenen Entscheidung das künftige Geschehen prägen und auf deren Entwicklung sie keinen direkten Einfluss hat (z.B. die Konjunkturentwicklung, die gesetzlichen Vorschriften sowie deren mögliche Veränderungen, das Verhalten der Nachfrage und der konkurrierenden Anbieter). Die Informationen über mögliche Handlungsalternativen und deren Konsequenzen werden mit Informationen über die Ziele des Unternehmens verknüpft. Diese Verknüpfung erlaubt die Auswahl derjenigen Handlungsalternative, die den Zielsetzungen – soweit sie in den Informationen beschrieben wurden – am besten entspricht **(Entscheidung).** Infolgedessen sind die Entscheidungen zentraler Bestandteil jeder Planung. Wenn in späteren Abschnitten dieses Buches die Planungsaufgaben der Kosten- und Leistungsrechnung konkret angesprochen werden, interessiert primär, wie mittels der Kosten- und Leistungsrechnung im Rahmen von **Planungsprozessen** Entscheidungsgrundlagen zu erarbeiten sind.

Da detaillierte Planungen, die das künftige Geschehen in allen Bereichen des Unternehmens sowohl für die unmittelbare als auch für die weiter entfernte Zukunft steuern sollen, bei der Fülle der zu diesem Zweck zu beschaffenden und zu verarbeitenden Informationen praktisch nicht möglich sind, stellt die Unternehmensleitung vielfach mehrere komplementäre Pläne auf. Diese Pläne unterscheiden sich hinsichtlich ihrer zeitlichen Reichweite (kurz-, mittel- und langfristige Pläne), hinsichtlich des geplanten Bereichs (Beschaffungs-, Produktions-, Absatzbereich und einzelne zusammengefasste Bereiche des Unternehmens) sowie hinsichtlich der Präzision ihrer Aussagen (Grobplanung, Detailplanung).

Die (entscheidungsbezogene) Kosten- und Leistungsrechnung soll die Planungsaufgaben der Unternehmensleitung dadurch unterstützen, dass sie Informationen bereitstellt, auf deren Basis Entscheidungen gefällt werden können. Die Kosten- und Leistungsrechnung zur Lösung von Planungsaufgaben ist in erster Linie ein Instrument für **kurzfristige Entscheidungen,** weil in sie nur die Konsequenzen der möglichen Handlungen für eine Periode eingehen. Sie unterscheidet sich daher von der Investitionsrechnung, in der für jede mögliche Handlungsalternative die Konsequenzen über mehrere Perioden Berücksichtigung finden. Teilweise wird die kurzfristig ausgerichtete Kosten- und Leistungsrechnung auch zur Fundierung längerfristig wirksamer Entscheidungen herangezogen, und zwar wenn der Planende entweder glaubt, die Konsequenzen der Alternativen in einer Periode seien repräsentativ für alle Perioden, in denen die Alternativen jeweils Konsequenzen hervorrufen, oder meint, die Konsequenzen der Alternativen in den Perioden, die auf die Betrachtungsperiode folgen, könnten vernachlässigt oder durch die Konsequenzen der Betrachtungsperiode antizipiert werden (vgl. hierzu die Prozesskostenrechnung in Abschnitt II.D.4.e auf S. 166). Die Kosten- und Leistungsrechnung zur Lösung von Planungsaufgaben gleicht der Investitionsrechnung im Hinblick auf den als erstrebenswert angesehenen Zielinhalt insofern, als beiden in der Regel **zahlungsorientierte Erfolgsziele** (Gewinnziele) zugrunde liegen.

Unter Berücksichtigung der verschiedenen zu planenden Bereiche eines Unternehmens lassen sich die Planungsaufgaben der Kosten- und Leistungsrechnung folgendermaßen gliedern (zu jedem Bereich werden beispielhaft spezifische Entscheidungsprobleme genannt, die vielfach im Rahmen der Planungen für diese Bereiche gelöst werden müssen und zu deren Lösung die Kosten- und Leistungsrechnung die erforderlichen Informationen liefern soll) (vgl. Riebel 1994, S. 19):

1) Aufgaben der Kosten- und Leistungsrechnung im Rahmen der Planung des **Beschaffungsbereiches:** Bereitstellung von Informationen für die Wahl zwischen verschiedenen Bezugsquellen oder Beschaffungswegen, für die Wahl einer optimalen Beschaffungsmenge sowie für die Bestimmung von Preisobergrenzen für Produktionsfaktoren.

2) Aufgaben der Kosten- und Leistungsrechnung im Rahmen der Planung des **Produktionsbereiches:** Bereitstellung von Informationen für die Bestimmung des optimalen Produktionsprogramms, für die Wahl des optimalen Produktionsverfahrens oder Rohstoffes, für die Bestimmung der optimalen Größe von Produktionsaufträgen, für die Wahl der Beschäftigungsanpassung sowie für die Wahl der günstigsten Verwendung knapper Rohstoffe, Zwischenprodukte, Arbeitskräfte oder Betriebsmittel.

3) Aufgaben der Kosten- und Leistungsrechnung im Rahmen der Planung des **Absatzbereiches:** Bereitstellung von Informationen für die Wahl der Vertriebsmethode, des zu bevorzugenden Kundenkreises und der Absatzwege, für die Wahl geeigneter Werbemaßnahmen sowie für die Bestimmung von Preisuntergrenzen für Produkte.

4) Aufgaben der Kosten- und Leistungsrechnung im Rahmen der **Integration verschiedener Bereiche des Unternehmens:** Bereitstellung von Informationen als Grundlagen für die Wahl zwischen Eigenfertigung und Fremdbezug, für die Wahl geeigneter Transportmittel und für die Bestimmung innerbetrieblicher Verrechnungspreise.

3 Publikationsaufgaben

Im Rahmen dieser dritten Aufgabengruppe (zu einer Übersicht vgl. Kloock 1996, S. 4 ff.) leistet die Kosten- und Leistungsrechnung primär den auf Aufwendungen und Erträgen basierenden Rechnungen, einschließlich bilanzieller Bestandsrechnungen wie handelsrechtlicher Jahresabschluss und Steuerbilanz, **Hilfestellung bei der Erfassung und Bewertung** fertiger und unfertiger Erzeugnisse des Umlaufvermögens sowie selbst errichteter bzw. gefertigter Gebäude, Maschinen oder Werkzeuge und aktivierungsfähiger oder aktivierungspflichtiger Großreparaturen des Anlagevermögens. Da die in der Kosten- und Leistungsrechnung zu ermittelnden Wertansätze in Rechnungen verwendet werden sollen, in denen Werte bestimmten vorgegebenen gesetzlichen Auflagen genügen müssen, ist auch die Kosten- und Leistungsrechnung bei der Erfüllung dieser Aufgabe solchen Auflagen zu unterwerfen. Sie muss daher für die Bestimmung der zur Bewertung z.B. im handelsrechtlichen Jahresabschluss heranzuziehenden **Herstellungskosten** die effektiven Verbrauchsmengen und deren Preise, welche für die bei der Fertigung der zu bewertenden Güter verbrauchten Faktoren angefallen sind, erfassen. Damit wird zur Erfüllung dieser Aufgabe die Kosten- und Leistungsrechnung zum Teil einer Rechnung mit Aufwendungen und Erträgen angeglichen. (Herstellungskosten müssten mithin systematisch richtig Herstellungsaufwendungen heißen. Für eine Auflistung der zur Ermittlung der Herstellungskosten einzubeziehenden Pflicht- und Wahlbestandteile vgl. Coenenberg 2005, S. 97 ff. Insbesondere werden dort unterschiedliche Bestandteile der Herstellungskosten gemäß Handels- und Steuerrecht sowie IAS/IFRS und US-GAAP erläutert.)

Zu den Publikationsaufgaben zählt auch die Selbstkostenermittlung im Rahmen der **LSP** (Leitsätze für die Preisermittlung aufgrund von Selbstkosten als Anlage zur Verordnung über die Preise bei öffentlichen Aufträgen **[VO PR]).** Für die Vergabe öffentlicher Aufträge ist in der VO PR geregelt, wann ausnahmsweise (anstatt der sonst üblichen Marktpreise) Preise auf der Basis von Selbstkosten vereinbart werden dürfen. Für diese Ausnahmefälle legen die LSP fest, welche Kosten in die Selbstkostenpreise einzubeziehen sind. Liefert ein Unternehmen einem öffentlichen Auftraggeber ein Produkt, für das sich der Preis an den Selbstkosten orientieren soll, ist es Aufgabe der Kosten- und Leistungsrechnung, diese Selbstkosten gemäß den LSP zu bestimmen und zu dokumentieren. Erneut unterliegt die Kostenrechnung gesetzlichen Auflagen bezüglich des Umfangs der zu berücksichtigenden Güterverzehre und bezüglich der zugelassenen Wertansätze. Die Auflagen der LSP unterscheiden sich aber von denjenigen, die bei der Ermittlung von Herstellungskosten für Bilanzen gelten (zur Kalkulation öffentlicher Aufträge vgl. ausführlich Coenenberg/Fischer/Günther 2007, S. 125 f.).

Ein weiteres Beispiel dafür, dass der Kosten- und Leistungsrechnung vom Gesetz- und Verordnungsgeber auch Publikationsaufgaben zugedacht werden, liefert § 8 KHBV (Krankenhaus-Buchführungsverordnung in der Fassung vom 24. 03. 1987). Nach dieser Vorschrift müssen Krankenhäuser durch eine Kosten- und Leistungsrechnung externen Prüfungsinstanzen die Beurteilung ihrer Wirtschaftsführung ermöglichen. Zugleich hat die Kostenrechnung im Krankenhaus (gemäß § 8 Satz 1 KHBV) die Funktion, die zur Erstellung des **Kosten- und Leistungsnachweises** notwendigen Daten bereitzustellen (vgl. Sieben 1986, S. 11 f. und S. 230 ff.). Der Kosten- und Leistungsnachweis stellt in den Verhandlungen zwischen den Krankenhäusern und den Krankenkassen die Grundlage für die Einigung über das flexible Budget dar. Die allgemeinen Krankenhausleistungen werden durch das flexible Budget vergütet.

Der Kosten- und Leistungsrechnung kommt auch in anderen regulierten Bereichen eine Publikationsaufgabe zu. So haben sich aufgrund von § 24 TKG beispielsweise die Entgelte der Deutsche Telekom AG für die Gewährung von Netzzugängen an den Kosten der effizienten Leistungserstellung zu orientieren. Die Kosten sind der Regulierungsbehörde für Telekommunikation und Post zu dokumentieren. Diese trifft dann eine Preisfestsetzung, gegen die nur noch gerichtlich vorgegangen werden kann.

Darüber hinaus können der Kosten- und Leistungsrechnung weitere Publikationsaufgaben übertragen werden, beispielsweise wenn im Rahmen einer Beantragung eines Kredits spezielle Kosteninformationen gewünscht werden oder wenn gegenüber der Öffentlichkeit Rechenschaft über Absatzpreise abgelegt werden soll.

D Zum Problem der Bewertung im betrieblichen Rechnungswesen

Lernziel: *Sie sollen die Preise am Beschaffungs- und Absatzmarkt eines Unternehmens als Ausgangspunkte der Wertfindung im Rahmen des betrieblichen Rechnungswesens kennen lernen.*

Das Rechnungswesen bildet das Wirtschaftsgeschehen, das das Unternehmen mit der es umgebenden Umwelt verbindet und das sich im Unternehmen abspielt, nicht allein mit den beschafften, verzehrten, gefertigten, gelagerten oder abgesetzten **Gütermengen,** sondern auch mit deren **Werten** ab. Die Werte im Rechnungswesen geben dabei höchstens zufällig den subjektiven, individuellen **Nutzen** der bewerteten Güter für einen Entscheidungsträger wieder. Meist werden die Werte in **Geldgrößen** ausgedrückt und orientieren sich – sofern notwendig – an **Marktpreisen,** die etwa bei der Beschaffung von Gütern am Beschaffungsmarkt gezahlt werden müssen (Anschaffungspreise, Wiederbeschaffungspreise) oder die bei ihrer Veräußerung oder bei der Veräußerung der aus ihnen erstellten Absatzprodukte am (Absatz-)Markt erlöst werden können (Erlöse). Nominalgüter lassen sich allerdings ohne Rückgriff auf Marktpreise direkt als zahlungsorientierte Werte erfassen. Da Zahlungsvorgänge oder die daraus resultierenden Bestände an Zahlungsmitteln in Geldwerten definiert sind, bedarf ihre Abbildung in Geldwerte keiner Marktpreise und bereitet somit keine Schwierigkeiten.

Bei der **Bewertung** von **Produktionsfaktoren,** die das Unternehmen von der Umwelt bezieht, oder von **fertigen Erzeugnissen,** die an die Umwelt abgegeben werden, ergeben sich aber nur scheinbar keine Bewertungsprobleme. Zwar liegt es noch nahe, die Bewertung an den Preisen zu orientieren, die auf dem Markt gezahlt werden, von dem der Produktionsfaktor kommt bzw. auf dem das fertige Erzeugnis abgesetzt wird. Zwingend ist eine solche, am jeweiligen Markt orientierte Bewertung, wie später gezeigt wird, aber nicht. Offensichtliche Probleme bereitet jedoch die **Bewertung unfertiger Erzeugnisse, innerbetrieblicher Güter** und **des Verzehrs solcher Güter.** Zunächst sollen anhand der unfertigen Erzeugnisse im Folgenden mögliche Bewertungen analysiert werden. Zur Verdeutlichung wird dabei auf die Abbildung 4 von S. 7 zurückgegriffen.

Das mit fünf Produktionsfaktorarten in der Kostenstelle KS_3 hergestellte unfertige Erzeugnis kann nur dann entsprechend der oben beschriebenen Bewertung von Produktionsfaktoren und Absatzprodukten bewertet werden, wenn es selbst als Produktionsfaktor der Kostenstelle KS_5 käuflich oder als Produkt verkäuflich wäre. Trifft diese Annahme – wie im Folgenden in Übereinstimmung mit den meisten Fällen in der Realität unterstellt – nicht zu, müssen zur Bewertung andere Annahmen herangezogen werden.

Zunächst kann der Wert des unfertigen Erzeugnisses von KS_3 als die Summe der Werte der zu seiner Herstellung verbrauchten Produktionsfaktoren definiert werden, wobei die Produktionsfaktormengen mit Preisen des Beschaffungsmarktes zu bewerten sind **(beschaffungsmarktorientierter Wert** als Herstellungswert). Der Verbrauch dieses unfertigen Erzeugnisses in der nächsten Stelle oder besser sein Eingehen in das Erzeugnis der nächsten Stelle ist daher mit diesem Wert anzusetzen, so dass im Wert von unfertigen Erzeugnissen produktionstechnisch nachfolgender Kostenstellen nicht nur die

Werte der unmittelbar in dieser Stelle verbrauchten Produktionsfaktoren, sondern auch die Werte der in allen vorausgehenden Kostenstellen verbrauchten Produktionsfaktoren enthalten sind. Bei fertigen Erzeugnissen, also etwa beim Produkt der Stelle KS_6, existieren somit zwei Wertansätze: Neben dem schon bekannten Preis des Produkts auf dem Absatzmarkt (kann als **[rein] absatzmarktorientierte** Bewertung bezeichnet werden) tritt der beschaffungsmarktorientierte Wert als Summe der **(rein) beschaffungsmarktorientiert** bewerteten, zur Herstellung des Erzeugnisses in KS_6 verbrauchten Produktionsfaktoren. Tauchen in einem Zweig des Rechnungswesens für die gleichen Fertigprodukte zwei Werte auf, muss festgelegt werden, wann bei diesen Produkten welcher von beiden Werten anzusetzen ist.

Im Gegensatz zu der vorhin beschriebenen (rein) beschaffungsmarktorientierten Bewertung, bei der die Werte unfertiger und fertiger Erzeugnisse ausschließlich auf den Werten der zu ihrer Herstellung direkt oder indirekt über unfertige Erzeugnisse vorgelagerter Fertigungsstellen (bzw. indirekt über sonstige innerbetriebliche Güter) verbrauchten Produktionsfaktoren basieren, können auch unfertige Erzeugnisse **absatzmarktorientiert** bewertet werden. So lässt sich etwa der Wert des unfertigen Erzeugnisses von KS_3 als die Differenz zwischen dem Preis, den das Erzeugnis der Stelle KS_6 auf dem Absatzmarkt erreicht, und der Summe der Werte aller beschaffungsmarktorientiert bewerteten Produktionsfaktoren definieren, die mit dem unfertigen Erzeugnis von KS_3 noch kombiniert werden müssen, um aus ihm das Erzeugnis der Stelle KS_6 zu fertigen. In dieser Form der Bewertung liegt freilich insofern eine gewisse Willkür, als statt des Absatzpreises des Erzeugnisses von KS_6 und der zur Fertigstellung dieses Produktes erforderlichen Produktionsfaktoren auch z.B. die entsprechenden Größen des Erzeugnisses von KS_5 der Bewertung zugrunde gelegt werden können, denn das Erzeugnis von KS_5 lässt sich ja bereits auf dem Absatzmarkt verkaufen.

Wenn in einem Koordinatensystem auf der Abszisse die sukzessiv zu durchlaufenden Kostenstellen eines Produktes (vom Erzeugnis der Stelle KS_6 betrachten wir die sukzessiv zu durchlaufenden Stellen KS_3, KS_5 und KS_6) und auf der Ordinate die Werte der jeweiligen unfertigen oder fertigen Erzeugnisse abgetragen werden, lassen sich die beiden Bewertungsverfahren durch folgende Abbildungen beschreiben. In Abbildung 5 wird angenommen, für das Produkt könne am Absatzmarkt mehr erlöst werden als die Summe der beschaffungsmarktorientiert bewerteten, zu seiner Herstellung verbrauchten Produktionsfaktoren **[Gewinnfall]**; in der folgenden Abbildung 6 ist unterstellt, dass der Absatzpreis die Summe der beschaffungsmarktorientierten Werte der Produktionsfaktoren unterschreitet **[Verlustfall]**.

Das Verfahren der Bewertung unfertiger Erzeugnisse, ausgehend vom Absatzpreis des später aus dem unfertigen Erzeugnis entstehenden Absatzproduktes unter Berücksichtigung der noch benötigten Produktionsfaktoren, kann auch auf die Bewertung von Produktionsfaktoren übertragen werden. Ein Produktionsfaktor besitzt bei analoger Anwendung dieses Bewertungsverfahrens einen Wert, der dem Absatzpreis des unter seiner Verwendung erstellten Produktes, vermindert um die Summe der Beschaffungspreise aller übrigen zur Herstellung dieses Produktes benötigten Faktoren, entspricht.

Ein Problem dieser Vorgehensweise liegt darin, dass die **Wertdifferenz zwischen dem Absatzpreis eines Produktes und der Wertsumme aller zu seiner Herstellung verbrauchten Faktoren** (Gewinn oder Verlust des Absatzproduktes) **mehrfach** in die Werte von Produktionsfaktoren einbezogen wird, und zwar in den Wert eines jeden Faktors, so dass sich dessen Wert jeweils aus seinem Beschaffungspreis und der Wertdifferenz

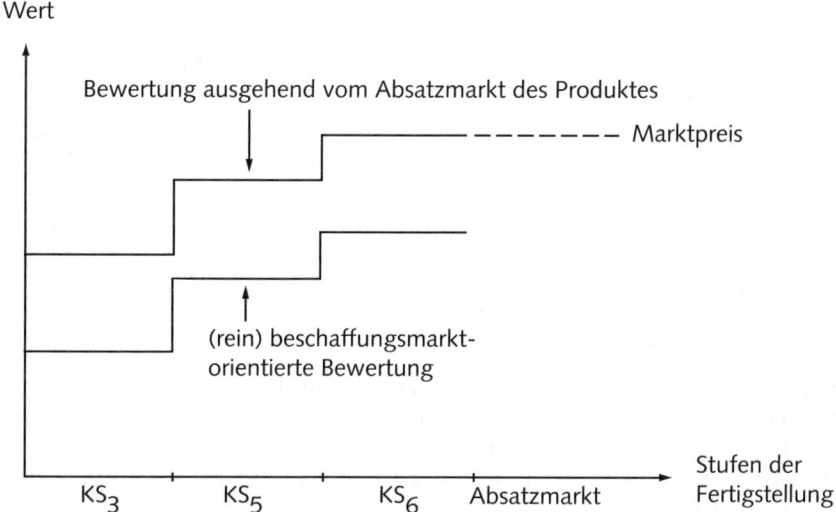

Abb. 5: Bewertungen im Gewinnfall

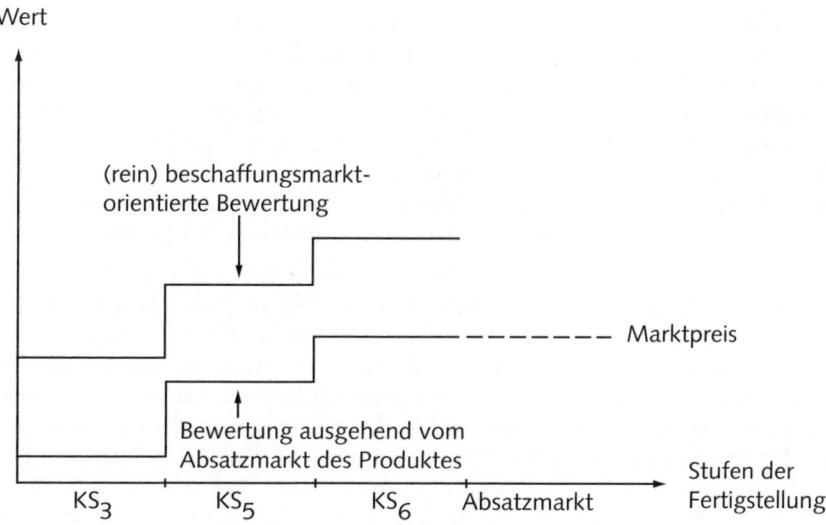

Abb. 6: Bewertungen im Verlustfall

zusammensetzt. Dieses Problem besteht auch bei der Bewertung von unfertigen Erzeugnissen. Im Beispiel der Abbildung 4 von S. 7 ist bei dieser Bewertung die Wertdifferenz des jeweils betrachteten fertigen Erzeugnisses in den Werten sowohl des unfertigen Erzeugnisses von KS_3 als auch des unfertigen Erzeugnisses von KS_4 je einmal enthalten.

Um dieses Problem zu umgehen, kann durch alternative Bewertungsverfahren versucht werden, die Wertdifferenz **aufzuteilen** oder im Grenzfall nur einem Faktor zuzuordnen. Eine spezielle Form der Aufteilung wird bei einer Bewertung erreicht, welche unfertige Erzeugnisse mit der Summe der (rein) beschaffungsmarktbezogenen Werte aller zu ihrer Erzeugung benötigten Produktionsfaktoren zuzüglich eines dem Grad der Fertigstellung entsprechenden Anteils an der Wertdifferenz ansetzt. Graphisch lässt sich diese Form der Bewertung im Gewinnfall wie in der folgenden Abbildung 7 darstellen (**percentage of completion-Methode).**

In der Werterhöhung z.B. von der Kostenstelle KS_3 auf die Stelle KS_5 kommen nicht nur die Werte der in der Stelle KS_5 eingesetzten Produktionsfaktoren und der durch ihren Einsatz der Stelle KS_5 zuzuordnende Anteil an der Wertdifferenz zum Ausdruck, sondern auch die Werte der Produktionsfaktoren der Stelle KS_4 und der ihrem Einsatz zuzuordnende Teil der Wertdifferenz.

Die Zuordnung der Wertdifferenz zu Produktionsfaktoren oder zu unfertigen Erzeugnissen setzt die Festlegung von Produktionsfaktoren oder unfertigen Erzeugnissen voraus, denen diese Wertdifferenz zugeordnet werden soll. Als Kriterium kann die Frage herangezogen werden, ob die Faktoren zu den angegebenen Preisen des Beschaffungsmarktes unbegrenzt oder nur beschränkt beschafft werden können. In dem Ausnahmefall, in dem ein für die Produktion benötigter Produktionsfaktor in einer Periode nur in einer bestimmten Menge beschafft werden kann (**knapper Faktor),** während alle anderen zur Produktion benötigten Faktoren in sehr großen Mengen zu den jeweils angegebenen Preisen verfügbar sind, besteht die Möglichkeit, die Wertdifferenz allein dem knappen Faktor zuzuordnen. Gehen in ein Produkt mehrere knappe Faktoren ein, so wäre die Wertdifferenz auf alle knappen Faktoren zu verteilen, wobei die Bestimmung der Anteile für die verschiedenen knappen Faktoren Schwierigkeiten bereitet.

Beispielsweise lassen sich die Anteile für die verschiedenen Faktoren durch die Wertdifferenzabnahme bestimmen, die bei Nichtverfügbarkeit der jeweils letzten Einheit der einem Unternehmen in einer Periode zur Verfügung stehenden Produktionsfaktoren und bei günstigster Verwendung der verfügbaren Produktionsfaktoren zur Fertigung der vom Unternehmen (mit mehr oder weniger großen Wertdifferenzen) absetzbaren Produkte für die gesamte Wertdifferenz eintritt. Die gesamte Wertdifferenz (gesamter Gewinn oder Verlust) bezeichnet dabei die Summe aller Wertdifferenzen aus den von einem Unternehmen in einer Periode hergestellten und abgesetzten Produktarten. Ein produzierendes Unternehmen erzielt aus der Entstehung einer Wertdifferenz zwischen dem Absatzpreis eines erstellten Produkts und den Beschaffungspreisen der zu seiner Fertigung erforderlichen Produktionsfaktoren monetären Nutzen. Somit kann speziell die Bewertung von Produktionsfaktoren mit ihren Beschaffungspreisen zuzüglich anteiliger Wertdifferenzen als auf den monetären Nutzen bezogene Bewertung oder – da sie an die Konsequenzen der Nichtverfügbarkeit der jeweils **letzten** Faktoreinheiten bei optimalem Faktoreinsatz anknüpft – als **Bewertung mit monetärem Grenznutzen** bezeichnet werden. Der Beschaffungspreis je Faktoreinheit zuzüglich anteiliger Wertdifferenz je Faktoreinheit – **Grenzgewinn** oder **Opportunitätskosten** je Faktoreinheit – ergibt den monetären Grenznutzen je Faktoreinheit. Infolgedessen lässt sich der Grenz-

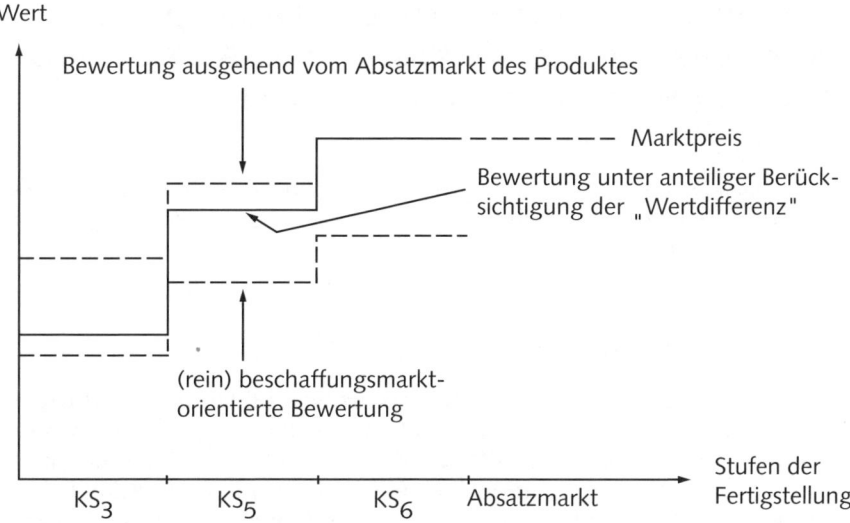

Abb. 7: Bewertung unter anteiliger Berücksichtigung der Wertdifferenz

nutzen bei einem knappen Produktionsfaktor durch dessen Beschaffungspreis und die Wertabnahme der gesamten Wertdifferenz, die sich aufgrund der günstigsten Verwendung der um eine Einheit geringer zur Verfügung stehenden Faktormenge ergibt, bestimmen.

Die aufgeführten Bewertungsverfahren, von denen keines als allgemein gültig, sondern die höchstens unter dem einen oder anderen Aspekt als zweckmäßig angesehen werden können, umfassen keineswegs die einzig möglichen, sondern allenfalls einige der im Rechnungswesen wichtigsten Bewertungsverfahren. In späteren Abschnitten werden weitere Bewertungsverfahren behandelt, die allerdings das Problem der Zuordnung der Wertdifferenz ähnlich lösen. Sie unterscheiden sich von den bisherigen dadurch, dass man bei ihnen beispielsweise Beschaffungs- und Absatzpreise nicht direkt dem Markt entnimmt, sondern mit Durchschnitts- oder Verrechnungspreisen arbeitet (Normalkosten- oder Plankostenrechnungen) und/oder die Güterverbräuche genauer im Hinblick auf ihre Vermeidbarkeit bei Einschränkung der Produktion differenziert (Teilkosten- im Gegensatz zu Vollkostenrechnungen).

E Herleitung der Begriffe Kosten und Leistung unter Einbeziehung der Begriffe Auszahlung, Ausgabe und Aufwand sowie Einzahlung, Einnahme und Ertrag

Lernziel: *Sie sollen sich mit den Grundbegriffen der verschiedenen Rechnungssysteme, insbesondere denen einer Kosten- und Leistungsrechnung, und deren Abgrenzungen vertraut machen.*

1 Auszahlung und Einzahlung

Auszahlungen und Einzahlungen als **Cashflow-Größen** bilden den **Zahlungsverkehr** eines Unternehmens ab. Ihre Gegenüberstellung im Rahmen von Finanzrechnungen soll nicht nur die Geldbestände eines Unternehmens und seine Liquidität im Zeitablauf aufzeigen, sondern auch bei Investitionsvorhaben Auskunft über die Fähigkeit dieser Investitionen geben, Zahlungsüberschüsse, auch **Cashflows** genannt, zu erwirtschaften. Damit die Zahlungsgrößen diese Aufgaben erfüllen können, lassen sie sich wie folgt definieren:

Auszahlungen umfassen alle **Abnahmen des Bestandes (Fonds) an liquiden Mitteln** eines Unternehmens.

Einzahlungen umfassen alle **Erhöhungen des Bestandes (Fonds) an liquiden Mitteln** eines Unternehmens.

Dabei zählen zu den **liquiden Mitteln** das Bargeld (Münzen oder Banknoten) und das Buchgeld (täglich fällige Guthaben bei Kreditinstituten einschließlich der Bestände an Schecks und fälligen Wechseln).

2 Ausgabe und Einnahme

Über die Inhalte von Ausgaben und Einnahmen herrscht in der wirtschaftswissenschaftlichen Literatur und in der Praxis keine Einigkeit. Die eine Richtung setzt – nicht zuletzt in Anlehnung an den Sprachgebrauch – Ausgaben mit Auszahlungen und Einnahmen mit Einzahlungen gleich. In den letzten Jahren findet allerdings eine zweite Richtung zunehmend Anklang, die im Rahmen von Finanzierungsrechnungen durch Ausgaben und Einnahmen außer dem Zahlungsverkehr auch **Kreditvorgänge** abbildet. In Anlehnung an diese Richtung sollen Ausgaben und Einnahmen folgendermaßen definiert werden:

Ausgaben umfassen alle **Abnahmen des Fonds „liquide Mittel plus Forderungen abzüglich Verbindlichkeiten" (Geldvermögen)** eines Unternehmens.

Einnahmen umfassen alle **Erhöhungen des Fonds „liquide Mittel plus Forderungen abzüglich Verbindlichkeiten"** eines Unternehmens.

Die Unterschiede zwischen Auszahlungen und Ausgaben einerseits sowie zwischen Einzahlungen und Einnahmen andererseits können durch die folgenden Abbildungen 8 und 9 verdeutlicht werden:

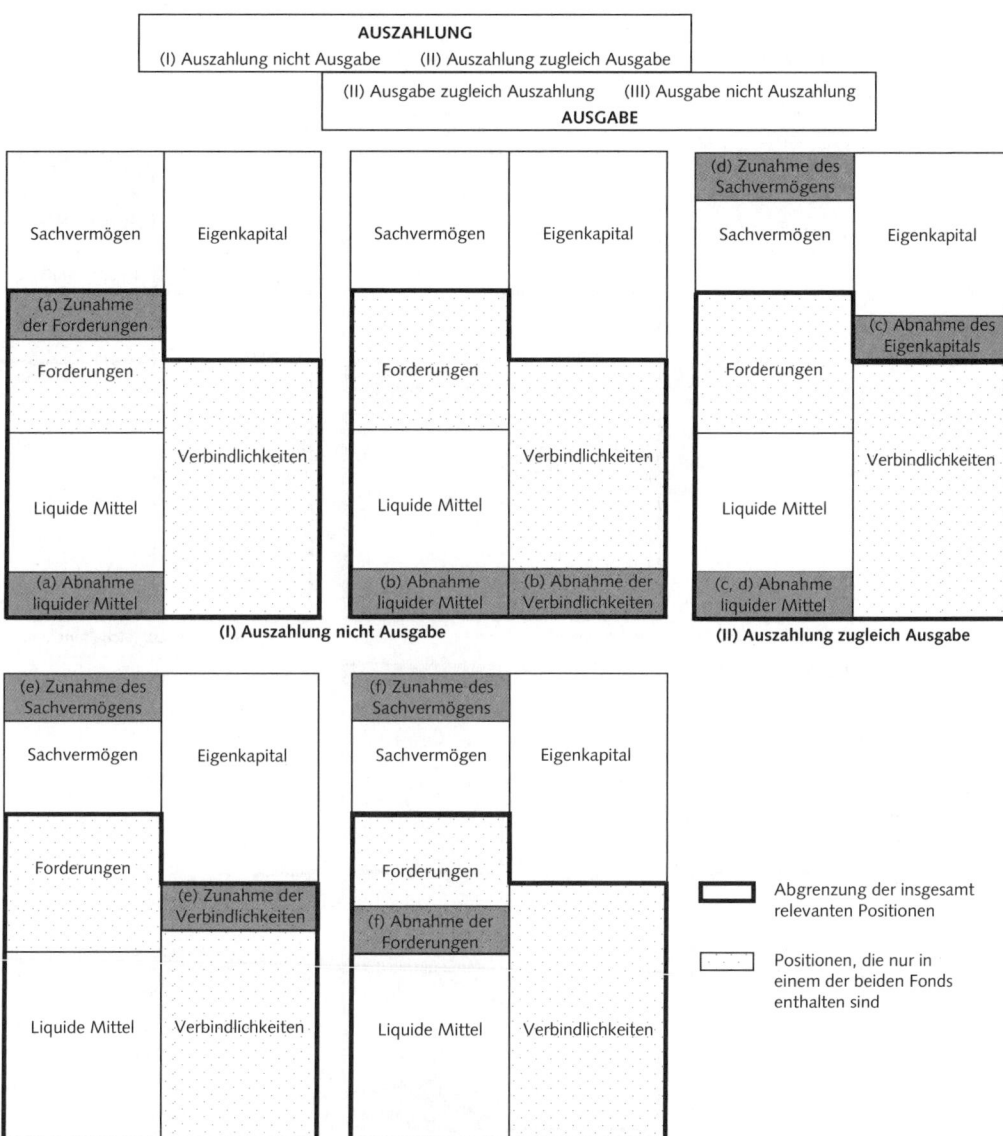

Abb. 8: Abgrenzung von Auszahlung und Ausgabe

Auszahlungen, die nicht zugleich Ausgaben sind, liegen vor, wenn sich der Bestand an liquiden Mitteln des Unternehmens verringert, zugleich aber der zusammengefasste Bestand von liquiden Mitteln und Forderungen abzüglich Verbindlichkeiten unverändert bleibt. Ein solcher Fall tritt ein, wenn etwa (a) das betrachtete Unternehmen einem anderen Unternehmen einen Kredit gewährt, wobei sowohl von Bearbeitungsgebühren als auch von einem eventuellen Disagio abstrahiert wird. Der Bestand an liquiden Mitteln des den Kredit gewährenden Unternehmens sinkt, es tätigt also eine Auszahlung. Eine Ausgabe liegt jedoch nicht vor, weil gleichzeitig die Forderungen um denselben Be-

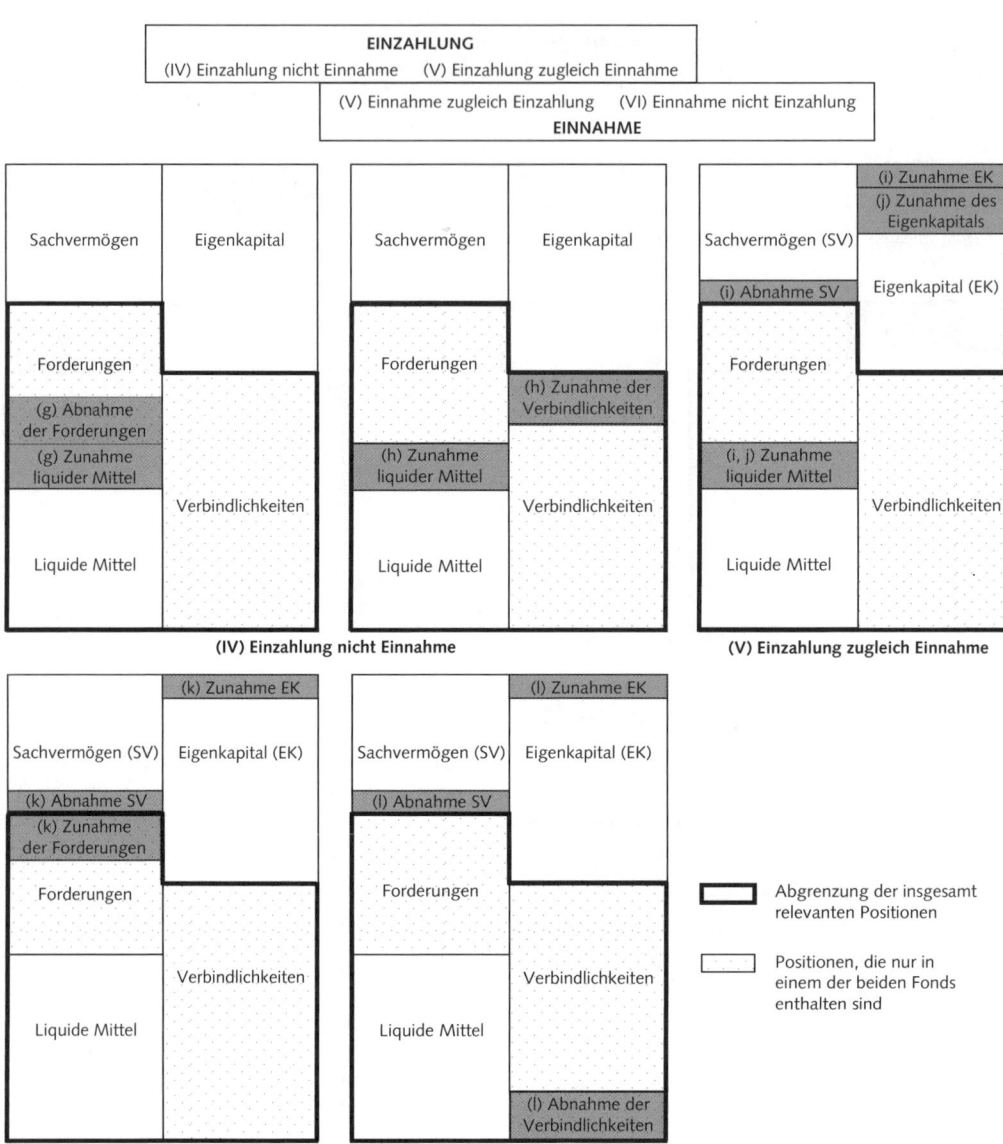

Abb. 9: Abgrenzung von Einzahlung und Einnahme

trag ansteigen. Die Verminderung liquider Mittel wird somit exakt durch einen entsprechenden Anstieg der Forderungen kompensiert. Ein anderes Beispiel (b) liegt vor, wenn ein Unternehmen, das früher Werkstoffe auf Kredit gekauft hatte, durch Barzahlung seiner Verpflichtung nachkommt. Auch in diesem Fall sinkt der Bestand an liquiden Mitteln, das Unternehmen tätigt eine Auszahlung. Eine Ausgabe entsteht aber nicht, weil die Verminderung liquider Mittel hier durch eine Verminderung der Verbindlichkeiten genau kompensiert wird.

Ausgaben, die zugleich Auszahlungen sind (oder Auszahlungen, die zugleich Ausgaben sind), liegen vor, wenn ein Unternehmen den Bestand seiner liquiden Mittel verringert, indem es beispielsweise (c) Löhne bezahlt oder (d) eine Maschine durch Barzahlung, Banküberweisung oder Scheck kauft. Ausgaben, die nicht (zugleich) Auszahlungen sind, stammen aus einem Kreditgeschäft, wenn etwa (e) eine Maschine auf Kredit (**Schuldenzunahme**) oder unter (f) Aufrechnung von Forderungen gegenüber einem Lieferanten (**Forderungsabnahme**) gekauft wird.

Einzahlungen, die nicht zugleich Einnahmen sind, werden erzielt, wenn der Bestand an liquiden Mitteln des Unternehmens zunimmt, gleichzeitig aber der aus liquiden Mitteln und Forderungen abzüglich Verbindlichkeiten zusammengefasste Bestand unverändert bleibt. Begleicht beispielsweise (g) ein Kunde, der von dem betrachteten Unternehmen Ware gegen Kredit gekauft hat, seine Verbindlichkeiten durch Barzahlung, so hat das Unternehmen zwar eine Einzahlung, jedoch keine Einnahme erzielt, da sich die Erhöhung des Geldbestandes und die Verminderung des Forderungsbestandes genau ausgleichen. Im Fall (h) einer Kreditaufnahme erhöhen sich die liquiden Mittel und die Verbindlichkeiten um den gleichen Betrag, so dass auch hier eine Einzahlung aber keine Einnahme vorliegt.

Einnahmen, die zugleich Einzahlungen sind (oder Einzahlungen, die zugleich Einnahmen sind), entstehen, wenn der Bestand liquider Mittel in einem Unternehmen steigt, indem beispielsweise (i) ein Kunde Produkte gegen Barzahlung, durch Überweisung oder mit einem Scheck kauft, wobei hier unterstellt wird, dass der erzielte Preis oberhalb der Kosten für die Herstellung der verkauften Produkte liegt. Alternativ könnte auch (j) der Staat eine hier als erfolgswirksam angenommene Subvention überweisen. Einnahmen, die nicht (zugleich) Einzahlungen sind, beruhen auf Kreditgeschäften. Sie entstehen, wenn ein Kunde (k) Waren gegen Kredit (**Forderungszunahme**) oder unter (l) Aufrechnung gegen Verbindlichkeiten (**Schuldenabnahme**) kauft, wobei auch in diesen beiden Fällen unterstellt wird, dass der erzielte Preis die Kosten für die Herstellung der verkauften Produkte übersteigt.

Aufgrund der Definition von Einnahmen und Ausgaben stellen die Beschaffungs- oder Kaufpreise als (rein) beschaffungsmarktorientierte Wertansätze oder als Beschaffungswerte (vgl. Kilger 1992, S. 19 ff.) stets Ausgaben und die Absatz- oder Verkaufspreise als (rein) absatzmarktorientierte Wertansätze oder als Erlöse (Umsätze) (vgl. Kilger 1992, S. 28 ff.) stets Einnahmen dar.

3 Aufwand und Ertrag

Aufwendungen bzw. Erträge sollen pro Periode den gesamten bewerteten Verzehr bzw. die gesamte bewertete Erstellung von Gütern in einem Unternehmen abbilden. Für diese Abbildung ist man an Regeln aus Gesetzen (z.B. HGB oder EStG) und aus den Grundsätzen ordnungsmäßiger Buchführung oder internationaler Rechnungslegungsnormen (IAS/IFRS, US-GAAP) gebunden. Wie schon dargelegt, verlangen diese Regeln, dass sich Aufwendungen bzw. Erträge bei der Bewertung der heterogenen Güterverbräuche bzw. Güterentstehungen an den effektiv anfallenden Beschaffungspreisen (Ausgaben) bzw. effektiv anfallenden Absatzpreisen (Einnahmen) orientieren. Werden in einer Periode allerdings Güter erstellt und nicht abgesetzt, so sind diese Güter mangels sicherer Kenntnis der auf dem Absatzmarkt zu erwartenden Preise auf der Basis der Anschaffungspreise der zu ihrer Erstellung verbrauchten Faktoren zu bewerten (beschaffungsmarktorientierte Bewertung, vgl. S. 19 f.), wenn erwartet werden darf, dass der Absatzpreis diese Summe

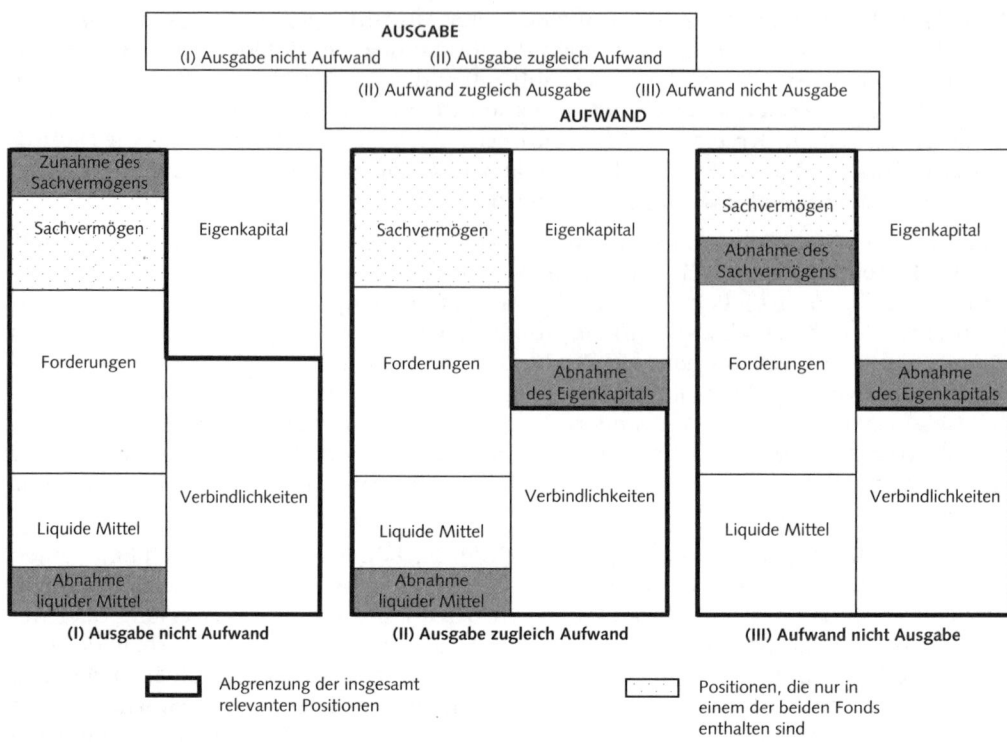

Abb. 10: Abgrenzung von Ausgabe und Aufwand

der Anschaffungspreise der verbrauchten Faktoren übersteigen wird **(Realisations-prinzip).** Unterschreitet dagegen der erwartete Absatzpreis eines unverkauften Absatz-produktes die Summe der Anschaffungspreise der zu seiner Erstellung verbrauchten Fak-toren, so ist als Ertrag für dieses Produkt der zu erwartende Absatzpreis anzusetzen ([rein] absatzmarktorientierte Bewertung, vgl. S. 20). Erstellte Halbfabrikate solcher wahrscheinlich zu Verlusten führenden Absatzprodukte sind mit den zu erwartenden Ab-satzpreisen der aus ihnen entstehenden Produkte abzüglich der Anschaffungspreise der bis zu ihrer Fertigstellung noch benötigten Faktoren zu bewerten (absatzmarktorien-tierte Bewertung, vgl. S. 20) **(Imparitätsprinzip)**. Ohne hierzu weitere Bewertungsre-geln des Handels- oder Steuerrechts eingehend darzustellen, können Aufwendungen und Erträge folgendermaßen definiert werden (vgl. im Einzelnen hierzu Kloock 1996, S. 102 ff.):

Aufwand ist der entsprechend gesetzlichen Regeln meist mit (rein) beschaffungsmarkt-orientierten Wertansätzen (Ausgaben) bewertete Güterverzehr eines Unternehmens einer Periode (= Abnahme des **Eigenkapitalfonds** mit Ausnahme von Eignerauszah-lung).

Ertrag ist die entsprechend gesetzlichen Regeln mit (rein) absatzmarktorientierten Wertansätzen (Einnahmen) oder mit Herstellungskosten bewertete Gütererstellung ei-nes Unternehmens einer Periode (= Erhöhung des **Eigenkapitalfonds** mit Ausnahme von Eignereinzahlung).

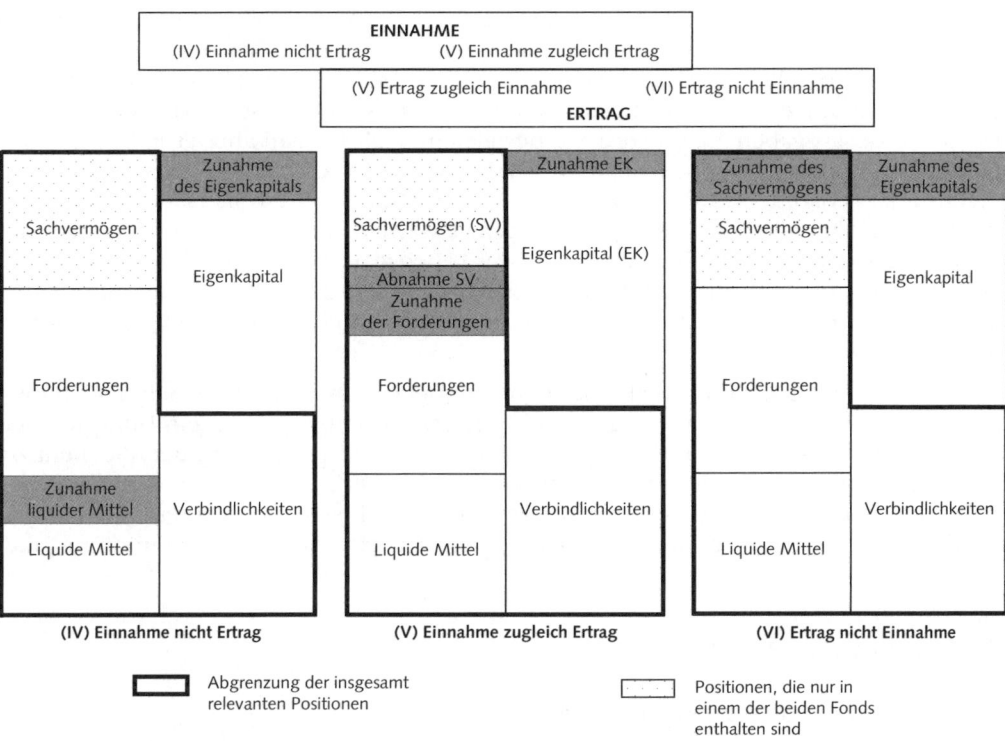

Abb. 11: Abgrenzung von Einnahme und Ertrag

Unter Verwendung des Eigenkapitalfonds kann man die Begriffe Aufwendungen und Erträge dementsprechend wie folgt definieren:

Aufwendungen umfassen alle **Abnahmen des Fonds „liquide Mittel plus Forderungen plus Sachvermögen abzüglich Verbindlichkeiten zuzüglich Eignerauszahlung"** eines Unternehmens.

Erträge umfassen alle **Erhöhungen des Fonds „liquide Mittel plus Forderungen plus Sachvermögen abzüglich Verbindlichkeiten abzüglich Eignereinzahlung"** eines Unternehmens.

Die Unterschiede zwischen Ausgaben und Aufwendungen einerseits sowie Einnahmen und Erträgen andererseits werden durch die Abbildungen 10 und 11 für einige mögliche Situationen veranschaulicht.

Der Kaufpreis für ein Grundstück, das ein Unternehmen etwa gegen Barzahlung kauft, ist Ausgabe, aber nicht Aufwand. Diese Ausgabe wird auch in späteren Perioden nicht anteilig zu Aufwand, sofern das Grundstück nicht durch den Abbau genutzt wird (z.B. Steinbruch) und bis zum Verkaufszeitpunkt keinen Wertverlust erleidet. Der Kaufpreis für Rohstoffe, die ein Unternehmen am Jahresende z.B. gegen Barzahlung beschafft und noch nicht verbraucht hat, ist ebenfalls Ausgabe, aber nicht Aufwand; jedoch wird die Ausgabe in den folgenden Perioden über die Rohstoffverbräuche zu Aufwand. Ausgaben zugleich Aufwendungen (oder Aufwendungen zugleich Ausgaben) liegen vor, wenn ein

Unternehmen in einer Periode Löhne, Gehälter, Zinsen, Mieten oder Energieverbräuche bezahlt, deren Güterverbräuche in der gleichen Periode angefallen sind, oder wenn es Rohstoffe verbraucht, die in der gleichen Periode gekauft wurden. Beim Kauf einer Maschine fallen im Jahr ihres Kaufs Ausgaben in Höhe des Kaufpreises zuzüglich eventuell fälliger Nebenausgaben an. Als Aufwand des gleichen Jahres wird aber grundsätzlich nur ein Bruchteil dieser Ausgaben in Höhe des bewerteten (geschätzten) Verschleißes verrechnet (so genannte Abschreibung), weil die Maschine mehrere Jahre nutzbar ist und die Ausgaben auf alle Jahre der Nutzung verteilt werden sollen. In den Jahren nach der Anschaffung der Maschine bis zum Ende ihrer Lebensdauer entstehen dann Aufwendungen (Abschreibungen), aber keine Ausgaben. Werden gekaufte Rohstoffe erst in den folgenden Perioden verbraucht, so entstehen in diesen Perioden Aufwendungen, die keine Ausgaben sind.

Bei einer Eignereinzahlung wird eine Einnahme jedoch kein Ertrag erzielt. Einnahmen zugleich Erträge (oder Erträge zugleich Einnahmen) liegen vor, wenn ein Unternehmen die von ihm produzierten Produkte beispielsweise auf Ziel verkauft. Erträge, die nicht zugleich Einnahmen sind, können dadurch entstehen, dass ein Unternehmen erstellte Produkte auf Lager nimmt oder – da sie, wie etwa eine Drehbank in einer Maschinenfabrik, für die eigene Fertigung benötigt werden – in das Anlagevermögen übernimmt und aktiviert.

4 Kosten und Leistung

a) Betriebswirtschaftliche Kostenbegriffe

Über den Kostenbegriff herrscht in der Betriebswirtschaftslehre keine einheitliche Auffassung. Wenn man sich auf die Kostenbegriffe beschränkt, die in den letzten Jahren intensiv diskutiert wurden, weniger beachtete Kostendefinitionen also unberücksichtigt lässt, müssen zumindest zwei Kostenbegriffe behandelt werden. Dem **wertmäßigen Kostenbegriff,** der stark durch Schmalenbach geprägt wurde, steht der **pagatorische Kostenbegriff** gegenüber. Im Folgenden sollen beide Kostenbegriffe erörtert werden (vgl. auch Homburg 2002).

Wenn man **Kosten** allgemein als **den bewerteten sachzielbezogenen Güterverzehr einer Periode** definiert, werden Kosten durch drei Merkmale geprägt: durch Verzehr, Sachzielbezogenheit und Bewertung. Bezüglich zweier dieser im Folgenden näher zu erläuternden Merkmale stimmen wertmäßiger und pagatorischer Kostenbegriff überein (Verzehr, Sachzielbezogenheit), während sie sich bezüglich der Bewertung unterscheiden.

Güterverzehr: Kosten setzen einen (mengenmäßigen) Verzehr von Realgütern (Produktionsfaktoren, innerbetrieblichen Gütern) voraus. Dieser Verzehr muss nicht nur in der Form stattfinden, dass Einzelteile in ein Produkt unmittelbar eingehen oder Arbeitskraft und elektrische Energie bei der Produktion verbraucht werden, er kann sich auch langfristiger vollziehen, etwa durch Abnutzung eines Gebäudes oder einer Maschine. Außerdem wird der Gebrauch in Form der Nutzung z.B. von bereitgestellter Infrastruktur einschließlich Rechtsordnung dem Verzehr gleichgestellt, was die Einbeziehung von Steuern in die Kosten ermöglicht. Für die Nutzungszeit von zur Verfügung stehendem Kapital ist eine zeitabhängige Gebühr als Zinsen fällig, die den Ansatz von Zinskosten für die Inanspruchnahme bzw. den Verbrauch dieser Nutzungszeit erfordert.

Sachzielbezogenheit: Vorab muss festgestellt werden, dass das Merkmal der Sachzielbezogenheit in der Kostendefinition im Grunde nicht ausreicht. Eigentlich wären zwei Merkmale zu nennen, die ein Güterverzehr aufweisen muss, wenn er zu Kosten führen soll. Der Güterverzehr muss nämlich nicht nur sachzielbezogen, sondern auch ordentlich (d.h. im Rahmen des üblichen Betriebsablaufs zu erwarten) sein. (Auf das letzte Merkmal und die Periodenbezogenheit des Güterverzehrs wird später noch genauer eingegangen, vgl. S. 37 f.)

Güterverzehr ist sachzielbezogen, wenn er in unmittelbarem Zusammenhang mit dem unternehmerischen Sachziel steht. Außer dem **Formalziel** eines Unternehmens, das die Zielinhalte unternehmerischer Zielsetzungen (z.B. Erfolg oder Gewinn) wiedergibt, ist oft auch das Sachziel eines Unternehmens vorgegeben, um unternehmerische Planungsaufgaben lösen zu können. Das **Sachziel** eines Unternehmens gibt dabei Art und Zeitpunkt bzw. Zeiträume von zu fertigenden sowie abzusetzenden betrieblichen Gütern an (z.B. für eine Automobilfabrik die Produktion und den Absatz von Automobilen; für eine Bäckerei die Herstellung und den Vertrieb von Brötchen, Broten und Kuchen). Güterverbräuche sind somit „sachzielbezogen", wenn sie für die Erstellung von Gütern des unternehmerischen Sachzieles (von betrieblichen Gütern) anfallen. In der Literatur wird vielfach diese Abgrenzung des Güterverzehrs von dem gesamten unternehmerischen Güterverzehr mit den Begriffen „leistungsbezogener Güterverzehr" (vgl. zur Kritik dieses Begriffes Schweitzer/Küpper 1998, S. 20 f.) oder „Güterverzehr, der dem Betriebszweck dient" belegt. Zu beachten ist, dass die Realisation des Sachzieles nicht mit der Produktion im engeren Sinne und der Lagerung von Absatzprodukten erreicht ist, sondern auch den Absatz der erstellten Güter erfordert. Folglich kann Güterverzehr im Vertriebsbereich sachzielbezogen sein und somit zu Vertriebskosten führen. Bezüglich der Kennzeichnung sachzielbezogener Güterverbräuche wird es meist als nicht unbedingt notwendig angesehen, dass der Güterverzehr durch die sachzielbezogene Gütererstellung ursächlich hervorgerufen wird **(Kostenverursachungs- oder Verursachungsprinzip).** Es reicht vielmehr aus, wenn der Güterverzehr eine Voraussetzung für die Erstellung von Gütern des Sachziels ist, weil die entsprechenden Güter durch die Erstellung beansprucht werden **(Beanspruchungsprinzip).**

Bewertung: Kosten liegen erst dann vor, wenn die bisher erörterte Mengenkomponente (sachzielbezogener Güterverzehr) bewertet wird. Die Wahl des zur Bewertung heranzuziehenden Wertansatzes hängt dabei einerseits von dem Formalziel, das der Benutzer von Kosteninformationen verfolgt, und andererseits von der Art der Abbildung des Entscheidungsfeldes, das die möglichen Alternativen und deren Konsequenzen wiedergibt, ab (vgl. Homburg 2002, S. 1052 f.).

Die Abhängigkeit des Wertansatzes vom **Formalziel** des Benutzers der Kosteninformationen kann leicht durch ein Beispiel verdeutlicht werden. So ist etwa für eine Person, die nach Beschäftigung möglichst vieler Arbeitnehmer im eigenen Unternehmen strebt, der zusätzliche Einsatz einer Arbeitskraft anders zu bewerten als für eine Person, die Zahlungsüberschüsse wünscht. Bezüglich der Definition des pagatorischen und wertmäßigen Kostenbegriffs wird davon ausgegangen, dass die Benutzer von Kosteninformationen nach Zahlungsüberschüssen oder Gewinnen (monetäres Formalziel) streben. Eine solche Einschränkung auf monetäre Formalziele ist zwar für den wertmäßigen Kostenbegriff nicht notwendig, bietet sich jedoch aufgrund der Auffassung von Kostenrechnungen als Rechnungen mit zahlungsorientierten Wertgrößen (vgl. S. 10) an. Dementsprechend sind die Wertansätze beider Kostenbegriffe an Marktpreisen als den Zahlungen, die im Austausch für die Güter gezahlt werden, auszurichten.

Beide Kostenbegriffe unterscheiden sich durch die unterschiedliche Form der Berücksichtigung des **Entscheidungsfeldes** in der Wertkomponente der Kosten. Dieser Unterschied soll zunächst nur unter Rückgriff auf ein einfaches Beispiel umrissen werden. (Eine genauere Erläuterung liefert das anschließende Zahlenbeispiel.)

Weil es bereits seit vielen Jahren zu den verlässlichen Abnehmern zählt, wird ein Unternehmen von einem Lieferanten auch dann noch monatlich mit einer konstanten Menge eines Rohstoffes zu einem festen Vorzugspreis beliefert, als dieser Rohstoff bereits weltweit knapp geworden ist. Das Unternehmen verarbeitet diesen Rohstoff zu einem Produkt, von dem es bei gegebenem Marktpreis mehr absetzen als produzieren könnte. Dabei übersteigt der Marktpreis des Produktes die Summe der mit Beschaffungspreisen bewerteten Güterverzehre zur Herstellung des Produkts. Die zusätzlich zu dem betrachteten Rohstoff eingesetzten Produktionsfaktoren sind nicht knapp; sie können zu jeweils festen, vorgegebenen Marktpreisen in größeren als den benötigten Mengen beschafft werden.

Für den betrachteten Rohstoff gibt es nun zwei Wertansätze. Dabei sei unterstellt, das betrachtete Unternehmen strebe nur nach Gewinn. Einerseits kann versucht werden, im Wertansatz der Tatsache Rechnung zu tragen, dass aufgrund des beschriebenen Entscheidungsfeldes der betrachtete Rohstoff als einziger die Entstehung eines höheren Gewinns verhindert (vgl. Schmalenbach 1963, S. 176 f.; Mellerowicz 1973, S. 200 f.). Als Wert ist dann der **Grenznutzen** anzusetzen. Dieser umfasst außer dem Kaufpreis des Rohstoffes die Gewinnsteigerung, die durch die Verfügbarkeit der letzten Einheit des Rohstoffes erzielt wurde. (Die übrigen, nicht knappen Faktoren werden zum Zwecke der Ermittlung der Gewinnsteigerung mit Beschaffungspreisen bewertet.) Die beschriebene Bewertung mit dem Grenznutzen, der nur bei knappen Faktoren von Beschaffungspreisen abweicht, kennzeichnet den **wertmäßigen Kostenbegriff.** Die Bewertung integriert Informationen über das Entscheidungsfeld in den Wertansatz und erlaubt folglich Entscheidungen auch ohne zusätzliche Berücksichtigung des Entscheidungsfeldes (für lineare Entscheidungsmodelle ist diese Aussage einzuschränken). Wenn beispielsweise gefragt wird, welcher Preis je Einheit des Rohstoffes verlangt werden müsste, sofern dieser vor Weiterverarbeitung verkauft werden soll, oder welcher Preis für zusätzliche Mengen bezahlt werden kann, so geben die wertmäßigen Kosten darüber unmittelbar Aufschluss.

Andererseits ist es möglich, als Wert für den knappen Rohstoff ebenso wie für die nicht knappen Faktoren stets ausschließlich deren jeweilige **Preise am Beschaffungsmarkt** zu wählen. Diesen Weg schlägt der **pagatorische Kostenbegriff** ein. Sollen auf der Grundlage dieser Bewertung Entscheidungen gefällt werden, so muss neben den pagatorischen Kosten auch explizit das Entscheidungsfeld berücksichtigt werden. Der beim Kauf weiterer Einheiten des Rohstoffes maximal zu zahlende Preis etwa kann jetzt erst genannt werden, wenn zusätzlich zu den pagatorischen Kosten beachtet wird, dass allein dieser Rohstoff knapp ist und dass durch den Kauf des Rohstoffes bestimmte Zusatzgewinne erzielbar sind.

Die beiden Kostenbegriffe können daher wie folgt definiert werden:

Kosten (wertmäßige) sind bewertete sachzielbezogene Güterverbräuche einer Periode eines Unternehmens, wobei der Wertansatz auf dem (monetären) **Grenznutzen** basiert.

Kosten (pagatorische) sind bewertete sachzielbezogene Güterverbräuche einer Periode eines Unternehmens, wobei der Wertansatz auf **Preisen des Beschaffungsmarktes** (Ausgaben) basiert.

Zwischen beiden Kostenbegriffen besteht ein Zusammenhang bzw. eine Abhängigkeit, die sich unter der Annahme gleicher Ziel- oder Nutzenfunktionen und eines gleichen Entscheidungsfeldes ohne weiteres aufzeigen lässt. Zwar stellen die beiden Kostenbegriffe grundsätzlich verschiedene Ansätze zur Ermittlung von Kosten dar, ihre Abhängigkeit macht jedoch offenkundig, dass ihre theoretisch exakte Anwendung zur Lösung von unternehmerischen Aufgaben mittels der Kosten- und Leistungsrechnung stets zum gleichen Ergebnis führt. Folgendes Beispiel soll diesen Sachverhalt offen legen (vgl. Adam 1970, S. 44 ff.):

Ein Unternehmen kann die beiden Produktarten A und B fertigen und absetzen. Der Absatz der beiden Produkte ist nicht beschränkt, jedoch ist der Absatzpreis je Mengeneinheit (Einnahme oder Erlös je Mengeneinheit) von den angebotenen Mengeneinheiten x_1 für A und x_2 für B abhängig. Es mögen folgende beiden Beziehungen zwischen den Absatzpreisen und den Absatzmengen bestehen (**Preisabsatzfunktionen**):

$$pa_1 = 97 - 0,5 \cdot x_1 \quad \text{für A}$$
$$pa_2 = 200 - 0,25 \cdot x_2 \quad \text{für B.}$$

Die Ausgaben für Rohstoffe und Löhne je Mengeneinheit zur Produktion von A sollen 7 und von B 10 Geldeinheiten betragen. An Ausgaben, deren Höhe unabhängig von den gefertigten Mengeneinheiten der beiden Produkte ist, fallen 400 Geldeinheiten an. Für die Fertigung beider Produktarten steht eine Anlage zur Verfügung, deren Kapazität maximal 200 Zeiteinheiten pro Periode beträgt. Die Fertigung einer Mengeneinheit von A erfordert 0,5 Zeiteinheiten und von B genau 1 Zeiteinheit je Mengeneinheit. Für die Benutzung der Anlage sollen je Zeiteinheit 2 Geldeinheiten an Ausgaben anfallen (zeit- oder mengenabhängige Abschreibungen oder Mietausgaben). Insgesamt liegen somit folgende Daten vor (s. Tabelle 3):

Tab. 3: Daten für das Beispiel zur Erläuterung des Zusammenhangs zwischen pagatorischen und wertmäßigen Kosten

	Produktart A	Produktart B
Einnahmen je Mengen-einheit einer Periode [GE]	$pa_1 = 97 - 0,5 \cdot x_1$	$pa_2 = 200 - 0,25 \cdot x_2$
Ausgaben je Mengen-einheit einer Periode [GE]	$7 + 1 = 8$	$10 + 2 = 12$
sonstige Ausgaben [GE]	400	
Gesamterfolg = Einnahmen – Ausgaben einer Periode [GE]	$pa_1 \cdot x_1 + pa_2 \cdot x_2 - 8 \cdot x_1 - 12 \cdot x_2 - 400$ $= 97 \cdot x_1 - 0,5 \cdot x_1^2 - 8 \cdot x_1 + 200 \cdot x_2 - 0,25 \cdot x_2^2 - 12 \cdot x_2 - 400$	
Kapazitätsbeanspruchung [ZE]	0,5	1
zur Verfügung stehende Gesamtkapazität einer Periode [ZE]	200	

Unter der Annahme, den Gesamterfolg als Ziel- oder Nutzenfunktion zu maximieren, besteht die zu lösende Aufgabe darin, die Ausbringungsmengen x_1 und x_2 so zu bestimmen, dass der maximale Gesamterfolg erreicht wird (vgl. zu solchen Aufgaben auch S. 252 f.).

Bei Anwendung der pagatorischen Kostenkonzeption lautet somit die Ziel- oder Nutzenfunktion:

$$Z_p = \text{Erlöse} - \text{Kosten} = \text{Einnahmen} - \text{Ausgaben}$$

$$= 97 \cdot x_1 - 0,5 \cdot x_1^2 + 200 \cdot x_2 - 0,25 \cdot x_2^2 - 8 \cdot x_1 - 12 \cdot x_2 - 400$$

$$= 89 \cdot x_1 - 0,5 \cdot x_1^2 + 188 \cdot x_2 - 0,25 \cdot x_2^2 - 400.$$

Diese Funktion ist unter Berücksichtigung des Entscheidungsfeldes zu maximieren. Das Entscheidungsfeld, das die Menge aller möglichen Alternativen (x_1, x_2) wiedergibt, wird allein durch die nur 200 Zeiteinheiten zur Verfügung stehende Maschine determiniert, da im Übrigen keine Beschränkungen vorliegen sollen. Daher ist folgende (Neben-)Bedingung zu berücksichtigen:

$$0,5 \cdot x_1 + x_2 \leq 200.$$

Weil offensichtlich die Zielfunktion ihr Maximum bei voller Auslastung der Anlage annimmt (denn das absolute Maximum für Z_p liegt bei $x_1 = 89$ und $x_2 = 376$), braucht in der obigen (Neben-) Bedingung nur das Gleichheitszeichen berücksichtigt zu werden. Somit ergibt sich folgendes Optimierungsproblem:

$$Z_p = 89 \cdot x_1 - 0,5 \cdot x_1^2 + 188 \cdot x_2 - 0,25 \cdot x_2^2 - 400 \rightarrow \text{Max}$$

unter der (Neben-)Bedingung: $x_2 = 200 - 0,5 \cdot x_1$.

1. Lösungsweg mithilfe der Differentialrechnung:

In Z_p wird x_2 durch $200 - 0,5 \cdot x_1$ ersetzt, so dass gilt:

$$Z_p = 89 \cdot x_1 - 0,5 \cdot x_1^2 + 188 \cdot (200 - 0,5 \cdot x_1) - 0,25 \cdot (200 - 0,5 \cdot x_1)^2 - 400$$

$$= 45 \cdot x_1 - 0,5625 \cdot x_1^2 + 27.200$$

$$Z_p' = \frac{dZ_p}{dx_1} = 45 - 1,125 \cdot x_1 = 0 \quad \text{oder} \quad x_1 = \frac{45}{1,125} = 40.$$

Da $Z_p'' = -1,125 < 0$ ist, gibt $x_1 = 40$ ein relatives Maximum an, so dass $x_2 = 200 - 0,5 \cdot x_1 = 200 - 20 = 180$ gilt.

Die optimale Lösung lautet somit: $x_1 = 40, x_2 = 180$.

2. Lösungsweg mithilfe der Multiplikatorenregel von Lagrange (vgl. Müller-Merbach 1973, S. 65 ff.): Die Zielfunktion Z_p wird zur Lagrangeschen Funktion LA erweitert mit:

$$LA = Z_p - \lambda \cdot (0,5 \cdot x_1 + x_2 - 200)$$

$$= 89 \cdot x_1 - 0,5 \cdot x_1^2 + 188 \cdot x_2 - 0,25 \cdot x_2^2 - 400 - \lambda \cdot (0,5 \cdot x_1 + x_2 - 200).$$

Zur Bestimmung des Maximums von LA dienen folgende partielle Ableitungen:

$$\frac{\partial LA}{\partial x_1} = 89 - x_1 - 0,5 \cdot \lambda = 0$$

$$\frac{\partial LA}{\partial x_2} = 188 - 0,5 \cdot x_2 - \lambda = 0$$

$$\frac{\partial LA}{\partial \lambda} = 0,5 \cdot x_1 + x_2 - 200 = 0.$$

Die Lösung dieses linearen Gleichungssystems lautet: $x_1 = 40$, $x_2 = 180$, $\lambda = 98$.

Unter Anwendung der pagatorischen Kostenkonzeption lautet die optimale Lösung somit: Von Produktart A sind 40 und von B 180 Mengeneinheiten zu fertigen, die einen Gesamterfolg von $Z_p = 28.100$ Geldeinheiten erbringen.

Bei Anwendung der wertmäßigen Kostenkonzeption sind zunächst die wertmäßigen Kosten für A und B zu errechnen. Zur Ermittlung dieser Kosten ist, ausgehend von der optimal erzielbaren gesamten Wertdifferenz zwischen den Absatzpreisen und den (rein) beschaffungsmarktorientierten Werten aller erstellbaren Produkte, die Wertdifferenzabnahme bei günstigster Verwendung des um eine Zeiteinheit geringer zur Verfügung stehenden knappen Produktionsfaktors „Produktionszeit der vorhandenen Anlage" zu bestimmen. Diese Wertdifferenzabnahme lässt sich näherungsweise mittels des optimalen Gesamterfolges bei einer Kapazitätsschranke mit 199 Zeiteinheiten ermitteln (Ergebnis: $x_1 = 39,78$ und $x_2 = 179,11$, mit optimalem Gesamterfolg $= 28.001,78$ Geldeinheiten, oder als ganzzahliges Ergebnis: $x_1 = 40$ und $x_2 = 179$, mit optimalem Gesamterfolg $= 28.001,75$ Geldeinheiten). Aufgrund dieses Ergebnisses bringt die günstigste Verwendung des knappen Produktionsfaktors bei einer Abnahme von einer Zeiteinheit auf 199 Zeiteinheiten eine Gesamterfolgsabnahme bzw. Wertdifferenzabnahme je Zeiteinheit von 28.100 auf 28.001,78, also von 98,22 Geldeinheiten. Bei Berücksichtigung infinitesimal kleiner Zeiteinheiten ergibt sich als endgültige Abnahmerate für die gesamte optimale Wertdifferenz ein Betrag von $\lambda = 98$ Geldeinheiten (denn die Ableitung der Gesamterfolgsfunktion $Z_p = Z_p (x_1 (y), x_2 (y))$, wobei y die zur Verfügung stehende Kapazität und $(x_1 (y), x_2 (y))$ die optimale Lösung in Abhängigkeit von y bezeichnet, nach y lautet: $Z_p' = \lambda$). Hierbei gibt die Ableitung von Z_p nach y die Gesamterfolgsänderung in Abhängigkeit von der Kapazität, also der Lagrangesche Multiplikator λ den Grenzgewinn bzw. die Opportunitätskosten je genutzter Zeiteinheit der Anlage an (vgl. Adam 1970, S. 48). Die wertmäßigen Kosten (monetärer Grenznutzen) setzen sich aus den Ausgaben und dem anzulastenden Grenzgewinn je erstellter Mengeneinheit zusammen, so dass sie für A: $8 + 0,5 \cdot 98 = 57$ und für B: $12 + 1 \cdot 98 = 110$ Geldeinheiten betragen. Somit lautet die Zielfunktion Z_w bei Anwendung der wertmäßigen Kostenkonzeption:

$$Z_w = Erlöse - Kosten$$

$$= 97 \cdot x_1 - 0,5 \cdot x_1^2 + 200 \cdot x_2 - 0,25 \cdot x_2^2 - 57 \cdot x_1 - 110 \cdot x_2 - 400$$

$$= 40 \cdot x_1 - 0,5 \cdot x_1^2 + 90 \cdot x_2 - 0,25 \cdot x_2^2 - 400.$$

Diese Gewinnfunktion ist ohne Berücksichtigung des bisherigen Entscheidungsfeldes zu maximieren.

Lösungsweg mithilfe der Differentialrechnung:

$$\frac{\partial Z_w}{\partial x_1} = 40 - x_1 = 0 \qquad \text{oder } x_1 = 40$$

$$\frac{\partial Z_w}{\partial x_2} = 90 - 0,5 \cdot x_2 = 0 \quad \text{oder } x_2 = 180.$$

Diese Lösung gibt ein Maximum aufgrund des Existenzsatzes für (relative) Extrema an.

Es ergibt sich die gleiche optimale Lösung wie bei Anwendung der pagatorischen Kostenkonzeption.

Dieses Beispiel macht offenkundig, dass eine theoretisch exakte Ermittlung der Kosten gemäß der wertmäßigen Kostendefinition nur mittels der optimalen Lösung eines Ansatzes auf der Basis der pagatorischen Kostenkonzeption möglich ist. Bei bekannter optimaler Lösung kann jedoch auf den Ansatz der wertmäßigen Kostenkonzeption verzichtet werden (vgl. Hax 1965, S. 204 ff.). Infolgedessen kommt der wertmäßigen Kostenkonzeption für Planungsrechnungen bei bekanntem Entscheidungsfeld keine Bedeutung zu.

Wertmäßige Kosten werden nur dann angesetzt, wenn aus Gründen mangelnder Information oder aus Wirtschaftlichkeitsgründen (z.B. die Informationsbeschaffung ist zu teuer) Bedingungen des Entscheidungsfeldes bei der Lösung von Planungsaufgaben unberücksichtigt bleiben müssen. Zu beachten ist jedoch, dass in solchen Fällen der Grenznutzen zur Ermittlung der wertmäßigen Kosten nur näherungsweise bestimmt und dieser Ansatz niemals exakt überprüft werden kann (hierzu muss entsprechend dem obigen Beispiel das Entscheidungsfeld bekannt sein). Infolgedessen stützen sich die weiteren Ausführungen im Wesentlichen auf den pagatorischen Kostenbegriff. Auf Ausnahmen wird, soweit erforderlich, hingewiesen.

b) Abgrenzung von Kosten und Aufwand

Nach der eingehenden Auseinandersetzung mit den beiden Kostendefinitionen bleibt noch darzustellen, wie sich Kosten von Aufwendungen unterscheiden. Zur Erörterung dieser Unterschiede soll eine Abbildung herangezogen werden, die allerdings im Gegensatz zu den bisherigen Abbildungen zur Verdeutlichung von Begriffsunterschieden etwas komplexer ist, weil gerade zur Abgrenzung von Kosten und Aufwendungen Spezialbegriffe entwickelt wurden. Die Abgrenzung berücksichtigt beide Kostenbegriffe (s. folgende Abbildung 12).

Laut Definition verbirgt sich hinter den Aufwendungen der gesamte entsprechend gesetzlichen Regeln meist mit Ausgaben bewertete Güterverzehr eines Unternehmens in einer Periode. Dagegen erfassen Kosten den sachzielbezogenen, (zielorientiert) bewerteten Güterverzehr einer Periode, wobei das Merkmal der Sachzielbezogenheit den Ansatz von ordentlichem Güterverzehr erfordern kann, so dass der Güterverzehr, der sowohl sachzielbezogen als auch periodenbezogen und ordentlich ist, zu Kosten führt. Ein Vergleich der beiden Definitionen ergibt dann, dass unter die Aufwendungen, die nicht zugleich Kosten sind (neutrale Aufwendungen), alle diejenigen Aufwendungen fallen, die

- durch einen nicht sachzielbezogenen (sachzielfremden) Güterverzehr,
- durch einen nicht periodenzugehörigen (periodenfremden) Güterverzehr,
- durch einen nicht ordentlichen (außerordentlichen) Güterverzehr oder
- durch eine andere Bewertung des gleichen Güterverzehrs gekennzeichnet sind.

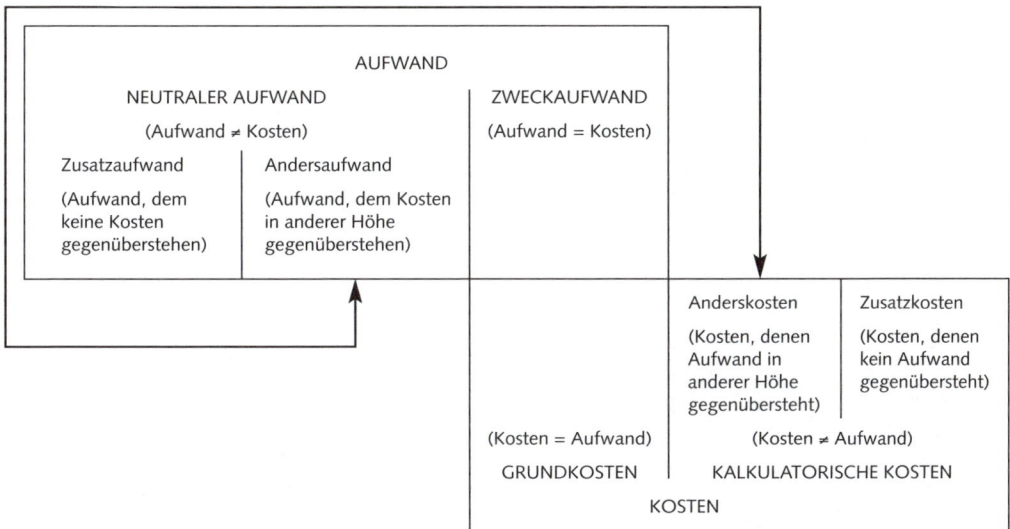

Abb. 12: Abgrenzung von Aufwand und Kosten

Soll Güterverzehr **kostenwirksam** sein, das heißt, im Unternehmen zu Kosten führen, muss er zunächst **sachzielbezogen** sein, also der Erstellung von Gütern des unternehmerischen Sachziels dienen. Sachzielfremder (betriebsfremder) Güterverzehr, wie beispielsweise der Güterverzehr zur Instandhaltung bezüglich der Realisation des Sachzieles nicht notwendiger Wohngebäude oder zur Verwaltung von nicht dem Sachziel des Unternehmens dienenden Wertpapieren, ruft keine Kosten hervor.

Weiterhin muss der in einem Unternehmen stattfindende Güterverzehr **periodenbezogen** sein, wenn er zu Kosten führen soll. Er soll durch die Erstellung von Gütern der betrachteten Periode verursacht oder zumindest durch die Erstellung von Gütern dieser Periode beansprucht sein. Periodenfremder Güterverzehr, wie etwa der Güterverzehr von Gewerbesteuernachzahlungen (Güterverzehr für abgelaufene Perioden, wobei unterstellt wird, dass der Verzehr von Infrastruktur und die Inanspruchnahme der Rechtsordnung durch die entstehende Steuerschuld einer Periode abgebildet wird), bewirkt keine Kosten.

Damit Güterverzehr Mengenkomponente von Kosten sein kann, muss er zudem **im Rahmen des üblichen Betriebsablaufes zu erwarten,** also ordentlich sein. Diese Forderung resultiert aus den Selbstkostenermittlungs- und Planungsaufgaben der Kostenrechnung (für die Lösung von Kontrollaufgaben muss diese Forderung nicht immer zweckmäßig sein, weil in die Istkosten als Kontrollobjekte auch die bewerteten außerordentlichen Güterverbräuche einzubeziehen sind, um sie im Rahmen der Kostenkontrolle explizit aufzudecken; für den einheitlichen Aufbau einer Kostenrechnung soll jedoch diese Forderung beibehalten werden). Wenn auch perioden- und sachzielbezogene Güterverbräuche, **die im Rahmen des üblichen Betriebsablaufes nicht zu erwarten** sind, in voller Höhe als Kosten angesetzt werden, würden Planung und Selbstkostenermittlung mithilfe der Kostenrechnung stark beeinträchtigt. Da diese Güterverbräuche, wie beispielsweise die Zerstörung einer Werkshalle durch Feuer oder der Totalschaden eines Dienstwagens des Unternehmens durch Unfall auf einer Dienst-

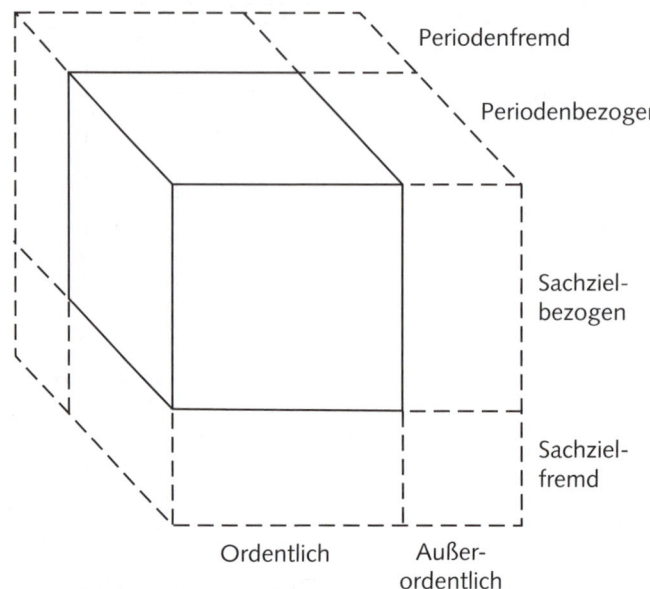

Periodenfremd

Periodenbezogen

Sachziel-
bezogen

Sachziel-
fremd

Ordentlich   Außer-
ordentlich

Abb. 13: Die Würfel des gesamten und des kostenwirksamen Güterverzehrs
(Dabei repräsentiert der große, mit unterbrochenen Linien begrenzte Würfel den ge-
samten Güterverzehr und der kleine, mit durchgezogenen Linien begrenzte Würfel den
Güterverzehr, der zu Kosten führt [kostenwirksamer Güterverzehr]. Der Teil des gesam-
ten Güterverzehrs, der nicht kostenwirksam ist [um den kleinen Würfel verkleinerter
großer Würfel], führt zu neutralem Aufwand.)

reise, ex definitione nicht vorhergesagt werden können, lassen sich höchstens durchschnittlich anfallende Güterverbräuche ansetzen. Im Rahmen der Ermittlung von Selbstkosten (LSP) stören unerwartet auftretende Güterverbräuche, weil ihre Berücksichtigung für den Ansatz kostenorientierter Preise zu stark schwankenden Kostenpreisen
führen würde. Anstatt solcher **außerordentlicher** Güterverbräuche, die in den neutralen Aufwendungen erfasst werden, unterstellt die Kostenrechnung durchschnittlich zu
erwartende Güterverzehrsmengen, von denen angenommen wird, dass sie über einen
längeren Zeitraum hinweg betrachtet genauso groß sein werden wie die im Zeitablauf
stark schwankenden außerordentlichen Güterverbräuche. Die unterstellten durchschnittlich zu erwartenden Güterverbräuche werden dann als kostenwirksam angesehen und führen dementsprechend zu Kosten (Anderskosten), z.B. **kalkulatorische Wagnisse.**

Durch die Abbildung 13 lässt sich die Forderung verdeutlichen, dass der Güterverzehr
drei Kriterien zugleich genügen muss, sofern er Kosten hervorrufen soll. Differenzen
zwischen Aufwendungen und Kosten können aber auch aus unterschiedlichen
Wertansätzen stammen. Im handelsrechtlichen Jahresabschluss und noch stärker in der
Steuerbilanz unterliegen die Wertansätze, beispielsweise die bilanziellen Abschreibungen, vorgegebenen gesetzlichen Vorschriften. So darf etwa nur vom Anschaffungswert
abgeschrieben werden. Für die Abschreibungen in der Kostenrechnung (kalkulatorische Abschreibungen) gelten die gesetzlichen Beschränkungen nicht. Aufwendungen,

bei denen der Wertansatz nicht mit dem der Kostenrechnung übereinstimmt, wie möglicherweise bilanzielle Abschreibungen, werden ebenfalls als **neutrale Aufwendungen** erfasst. Diesen Aufwendungen stehen stets **Anderskosten** als eine Form der kalkulatorischen Kosten gegenüber. In diesen Anderskosten ist also der Güterverzehr anders bewertet. (Zu beachten ist, dass letztlich als neutrale Aufwendungen im neutralen Betriebsergebniskonto nur die Differenzen zwischen solchen Aufwendungen und den Kosten bei der Bewertung des gleichen Güterverzehrs erfasst werden.) Wie weit die Bewertung der Kosten von derjenigen der Aufwendungen abweichen kann, hängt nicht zuletzt vom Kostenbegriff ab, den man zugrunde legt. Im Rahmen des **pagatorischen Kostenbegriffes** beschränken sich wertbezogene Differenzen auf den Unterschied zwischen Anschaffungs- und Wiederbeschaffungspreis. (Zum Problem der Kostenbewertung bei Inflation im Rahmen des pagatorischen Kostenbegriffs vgl. Koch 1966, S. 24 ff., insbesondere S. 33.) Bei Verwendung des **wertmäßigen** Kostenbegriffes können obendrein Bewertungsunterschiede dadurch entstehen, dass in den Wert außer dem Beschaffungspreis anteilige Wertdifferenzen (Grenzgewinne oder Opportunitätskosten) einbezogen werden.

Der Pfeil in der Abbildung 12 auf S. 37 von den Anderskosten zu den Andersaufwendungen soll auf die enge Verbindung zwischen diesen beiden Größen hinweisen. Beiden liegt entweder das gleiche Mengengerüst zugrunde, das dann nur unterschiedlich bewertet wird (Beispiel: kalkulatorische und bilanzielle Abschreibungen), oder beide bilden, zumindest über einen längeren Zeitraum hinweg betrachtet, einen gleich großen Güterverzehr ab, teilen ihn aber bei gleicher Bewertung unterschiedlich auf die Perioden auf (Beispiel: kalkulatorische und effektive Wagnisse).

Nach der Abgrenzung zwischen neutralen Aufwendungen und Kosten ist noch die Abgrenzung zwischen kalkulatorischen Kosten und Aufwendungen kurz zu diskutieren. Wenn man den **wertmäßigen** Kostenbegriff zugrunde legt, gibt es periodenbezogene, sachzielbezogene und ordentliche Güterverbräuche, die nicht zu (Zweck-)Aufwand führen. Hierzu zählen der Arbeitseinsatz eines Einzelkaufmanns, der sein Unternehmen leitet, und die Nutzung des Kapitals der Eigner eines Unternehmens. Da den aus diesem Güterverzehr resultierenden Kosten aufgrund gesetzlicher Vorschriften keine Aufwendungen gegenüberstehen (vgl. S. 86 f.), gehören sie zu den **Zusatzkosten.** Der Kostenansatz für solche Güterverbräuche orientiert sich nicht am **pagatorischen,** sondern am **wertorientierten** Kostenbegriff.

Aufwand, der zugleich Kosten ist – **Zweckaufwand** – (oder Kosten, die zugleich Aufwand sind – **Grundkosten** –), entsteht (entstehen) immer dann, wenn Kosten und Aufwand in Mengen- und Wertkomponenten des Güterverzehrs übereinstimmen, also beispielsweise bei der Entlohnung von Arbeitnehmern, die in der Produktion, in der Verwaltung oder im Vertrieb beschäftigt sind, oder beim Verbrauch von Roh-, Hilfs- und Betriebsstoffen in der Produktion, sofern die Bewertung jeweils auf Anschaffungspreisen (Ausgaben) basiert. Grundkosten können offensichtlich für Kosten auf der Basis der pagatorischen Kostendefinition, aber auch für Kosten auf der Basis der wertmäßigen Kostendefinition, sofern der Opportunitätskostenansatz gleich Null ist, auftreten.

c) Betriebswirtschaftliche Leistungsbegriffe

In den Leistungen soll die gesamte Werterstellung als Ausdruck der Entstehung bewerteter Güter eines Unternehmens erfasst werden, soweit diese Güter Ergebnisse des unternehmerischen Sachzieles, also sachzielbezogen (bzw. Ergebnisse des eigentlichen

Betriebszwecks) sind. Infolgedessen setzen sich Leistungen aus bewerteten sachzielbezogenen Gütererstellungen zusammen. Da sich Leistungen analog zu Kosten aus der Multiplikation von Menge und Wertansatz ergeben, können sie prinzipiell auf zwei Wegen erbracht werden. Zunächst liegen Leistungen dann vor, wenn ein Mehr an (bewerteten) Gütern entstanden ist. Allerdings muss dieses Mehr an Gütern dem Sachziel des Unternehmens entsprechen. Wenn beispielsweise eine Bäckerei innerhalb ihres Gebäudes anderen Geschäften Ladenlokale vermieten kann, steht diese Bereitstellung von Gütern (Verkaufsfläche) nicht in Beziehung zum Sachziel einer Bäckerei.

Leistungen können auch entstehen, wenn bei gleich bleibender Gütermenge nur der Wert dieser Güter gesteigert wird. Der Handel beispielsweise, der die meisten Produkte seiner Lieferanten seinen Kunden physisch unverändert weiterverkauft, erbringt seine Leistungen dadurch, dass er die Produkte dem Kunden räumlich leichter zugänglich macht, sie zu Sortimenten zusammenfasst und vorrätig hält, sie in kleineren Quantitäten verkauft und so ihren Wert für den Kunden steigert. Auch diese Wertsteigerung physisch unveränderter Produkte muss sachzielbezogen sein. Wenn die oben genannte Bäckerei nach einigen Jahrzehnten einen anderen Standort wählt und beim Verkauf des alten Grundstücks einen höheren als den historischen Kaufpreis erzielt, zählt diese Wertsteigerung nicht zu den Leistungen. Grundsätzlich werden mit **Leistungen** in diesem Buch stets **bewertete sachzielbezogene Gütererstellungen** eines Unternehmens pro Periode bezeichnet, so dass sie wie die Kosten durch drei Komponenten, nämlich die Gütererstellung, die Sachzielbezogenheit und die Bewertung, geprägt sind. Der Unterschied zwischen möglichen Leistungsdefinitionen besteht wie bei den Kostenbegriffen im Wertansatz. Zu beachten ist, dass unter **Leistungen** keine reine Mengengröße, sondern stets eine **bewertete Mengengröße** verstanden wird.

Gütererstellung: Leistungen setzen eine (mengenmäßige) Erstellung von Realgütern in einer Periode voraus. Eine solche Gütererstellung liegt auf jeden Fall dann vor, wenn ein Produkt in einer Periode gefertigt und abgesetzt worden ist. Jedoch auch die Fertigung von innerbetrieblichen Gütern, von unfertigen und fertigen, noch nicht abgesetzten Erzeugnissen fällt unter den Begriff der (noch nicht endgültig erbrachten) Gütererstellung. Als Ausnahmen umfassen Leistungen auch die Erstellung von Nominalgütern in Form der Bereitstellung von Kapital (z.B. bei Kreditinstituten).

Sachzielbezogenheit: Auch im Rahmen der Leistungsdefinition treten zu der Sachzielbezogenheit zwei weitere Kriterien, die eine Gütererstellung erfüllen muss, wenn sie zugleich Leistung sein soll. Analog zum Güterverzehr bei der Kostendefinition soll die Gütererstellung nämlich nicht nur sachzielbezogen, sondern auch ordentlich (im Rahmen des üblichen Betriebsablaufs zu erwarten) und periodenbezogen sein. (Auf die beiden zuletzt genannten Merkmale wird später genauer eingegangen, vgl. S. 42 f.)

Eine Gütererstellung ist sachzielbezogen, wenn es sich bei den erstellten Produkten um Güter des vorgegebenen unternehmerischen Sachziels, um innerbetriebliche Güter oder um unfertige Erzeugnisse handelt, die zur Erstellung von Gütern des Sachzieles erforderlich sind. In der Literatur wird vielfach diese Abgrenzung der sachzielbezogenen Gütererstellung von der gesamten Gütererstellung eines Unternehmens mit den Begriffen „leistungsbezogene Gütererstellung" (vgl. zur Kritik dieses Begriffes Schweitzer/Küpper 1998, S. 20 ff.) oder „Gütererstellung, die dem Betriebszweck dient" belegt.

Bewertung: Bezüglich der Bewertung lassen sich wie bei der Kostenkonzeption zwei verschiedene Wertansätze unterscheiden, die zu zwei verschiedenen Leistungsbegriffen führen. Als Wertansätze sowohl für gefertigte und abgesetzte Güter, also endgültig erstellte Güter, als auch für fertige, noch nicht abgesetzte Güter können die erzielten **Einnahmen** (erzielten **Erlöse**) oder die erzielbaren **Einnahmen** (erzielbaren **Erlöse**) angesetzt werden. Diese (rein) absatzmarktorientierte Bewertung führt zu Leistungen als mit Einnahmen bewerteten sachzielbezogenen Gütererstellungen und somit analog zur pagatorischen Kostenkonzeption zum **pagatorischen Leistungsbegriff.** In der Literatur ist es üblich, eine solche Leistungsrechnung auch als **Erlösrechnung** zu bezeichnen (vgl. Laßmann 1973, S. 11 ff.; Riebel 1974, S. 497 ff.; Schweitzer/Küpper 2003, S. 20 ff.).

Man kann ein erstelltes fertiges, unfertiges oder innerbetriebliches Gut aber auch mit der Summe der Werte aller zu seiner Herstellung erforderlichen Produktionsfaktoren und damit **kostenorientiert** bewerten. Dieser Wertansatz führt stets zu einer beschaffungsmarktorientierten Bewertung von Gütern, wenn die zur Erzeugung der jeweiligen Güter erforderlichen Produktionsfaktoren mit ihren Preisen auf dem Beschaffungsmarkt bewertet werden. Da diese Bewertung auf die pagatorischen Kosten zurückgreift, kann ihr Resultat als **kostenorientierte Leistung** bezeichnet werden, deren Wertansatz auf den angefallenen **pagatorischen Kosten** basiert. Kostenorientierte Leistungen müssen sich aber nicht unbedingt auf die pagatorischen Werte der Produktionsfaktoren stützen. Sie können auch als Summe der monetären Grenznutzen (Beschaffungspreis zuzüglich anteiliger Wertdifferenz) derjenigen Faktoren definiert sein, die zur Herstellung des der Leistung zugrunde liegenden Gutes erforderlich sind. Um die Verbindung zu den wertmäßigen Kosten deutlich zu machen, sind sie dann als **kostenorientierte Leistungen** zu bezeichnen, deren Wertansatz auf den **wertmäßigen Kosten** der verbrauchten Produktionsfaktoren basiert.

Die kostenorientierte Leistung auf der Basis der wertmäßigen Kosten kann bei einem fertigen Produkt unter bestimmten Umständen mit der pagatorischen Leistung (Erlös) dieses Produktes übereinstimmen. Das gilt nämlich dann, wenn dieses Produkt im optimalen Produktionsprogramm des betrachteten Unternehmens vertreten ist und wenn in die kostenorientierte Leistung auf Basis der wertmäßigen Kosten alle Wertdifferenzen knapper Einflussgrößen für dieses Produkt einbezogen sind (vgl. Löcherbach 1975, S. 39 ff.). Ist beispielsweise die Absatzmöglichkeit des Produktes beschränkt, so ist die Einflussgröße Absatz knapp. Genau wie den knappen Produktionsfaktoren, die neben ihren Beschaffungsausgaben eine ihrer Knappheit angemessene Wertdifferenz (Grenzgewinn, Opportunitätskosten) zugerechnet bekommen, muss dem knappen Absatz eine Wertdifferenz zugeordnet werden. Auch diese der knappen Einflussgröße Absatz zugeordnete Wertdifferenz ist in die kostenorientierte Leistung auf Basis der wertmäßigen Kosten einzubeziehen. (Die wertmäßigen Kosten der beiden im optimalen Produktionsprogramm vertretenen Produkte A und B aus dem Beispiel von S. 33 ff. stimmen deshalb nicht mit den Erlösen dieser Produkte überein, weil im Beispiel die Absatzmöglichkeiten nicht knapp sind, ihnen also keine Wertdifferenzen zugeordnet und diese Wertdifferenzen folglich auch nicht in die wertmäßigen Kosten einbezogen wurden. Absatzrestriktionen müssten bei der Lösung des Beispielfalles in die Zielfunktion und somit in den Ansatz des Entscheidungsmodells einbezogen werden.) Nicht nur wegen dieser, möglicherweise bei einigen Produkten gegebenen Übereinstimmung der Erlöse mit den kostenorientierten Leistungen auf Basis der wertmäßigen Kosten, sondern auch wegen ihres außerordentlich großen Einflusses auf das Entstehen und die Bestimmung von Wertdifferenzen (Grenzgewinnen, Opportunitätskosten) nimmt die pagatorische Leistung (der Erlös) ebenfalls im System wertmäßiger Kosten und Leistungen eine zentrale Stellung ein.

Die Wahl des anzusetzenden Wertansatzes für erstellte Güter hängt davon ab, in welcher Höhe, ob z.B. in Höhe der künftigen Erlöse, der bisher angefallenen pagatorischen oder wertmäßigen Kosten, man zu einzelnen möglichen Zeitpunkten (z.B. zum Zeitpunkt der Vollendung bestimmter Stufen der Fertigung, des Absatzes oder sogar des Zahlungseingangs von Absatzpreisen) eine Leistung als erbracht ansieht. Bezüglich dieser Zeitpunkte und der anzusetzenden Wertbeträge bestehen für eine Leistungsrechnung keine speziellen Vorschriften, so dass zu den jeweiligen Zeitpunkten theoretisch verschiedene mögliche Wertansätze gewählt und somit verschiedene Leistungsrechnungen konzipiert werden können. Letztlich wird die Wahl des Wertansatzes von den Aufgaben der Leistungsrechnung sowie von Wirtschaftlichkeitsüberlegungen bezüglich der Anwendung solcher Rechnungen bestimmt.

Von allen möglichen Leistungsbegriffen haben sich der pagatorische und der kostenorientierte als die wichtigsten und praktikabelsten erwiesen. Diese Leistungsbegriffe können abschließend wie folgt definiert werden:

Leistungen (pagatorische) sind bewertete sachzielbezogene Gütererstellungen einer Periode eines Unternehmens, wobei der Wertansatz auf **Preisen des Absatzmarktes** (Einnahmen bzw. Erlösen) basiert.

Leistungen (kostenorientierte) sind bewertete sachzielbezogene Gütererstellungen einer Periode eines Unternehmens, wobei der Wertansatz auf den für die Gütererstellungen angefallenen (wertmäßigen oder pagatorischen) **Kosten** basiert.

Wenn auch dem kostenorientierten Leistungsbegriff für die Kosten- und Leistungsrechnung grundlegende Bedeutung zukommt, so steht im Folgenden doch die pagatorische Leistungsdefinition im Vordergrund der zu erörternden Leistungsrechnung (bzw. Erlösrechnung) (vgl. S. 169 ff.).

d) Abgrenzung von Leistung und Ertrag

Die Abgrenzung von Leistung und Ertrag soll analog zur Abgrenzung von Kosten und Aufwand mit der folgenden Abbildung 14 verdeutlicht werden. Die Abgrenzung berücksichtigt sowohl den pagatorischen als auch den kostenorientierten Leistungsbegriff.

Erträge, die nicht zugleich Leistungen sind, umfassen die Erträge, die durch eine nicht sachzielbezogene (sachzielfremde) Gütererstellung, nicht periodenzugehörige (periodenfremde) Gütererstellung, nicht ordentliche (außerordentliche) Gütererstellung oder durch eine andere Bewertung der gleichen Gütererstellung als in der Leistungsrechnung hervorgerufen werden. Die Abgrenzung der Gütererstellung, die zu Leistungen führt, der **leistungswirksamen** Gütererstellung, von der nicht leistungswirksamen Gütererstellung kann analog zur Abgrenzung von Güterverbräuchen durchgeführt werden.

Die Gütererstellung eines Unternehmens muss drei Bedingungen erfüllen, um zu Leistungen zu führen. Sie soll sowohl sachziel- als auch periodenbezogen und ordentlich sein. Sachzielfremde (betriebsfremde) Gütererstellung (Überlassung von Mietwohnungen, wobei Wohnraumvermietung nicht das Sachziel des Unternehmens darstellt, oder Erzielung von Einnahmeüberschüssen durch Wertpapiergeschäfte mit nicht dem Sachziel dienenden Wertpapieren) und periodenfremde bewertete Gütererstellung (Gewerbesteuerrückerstattungen für abgelaufene Perioden, vgl. die analogen Überlegungen auf S. 36) sind nicht leistungswirksam, und ihre Bewertung bzw. ihr Ansatz führt daher zu neutralen Erträgen.

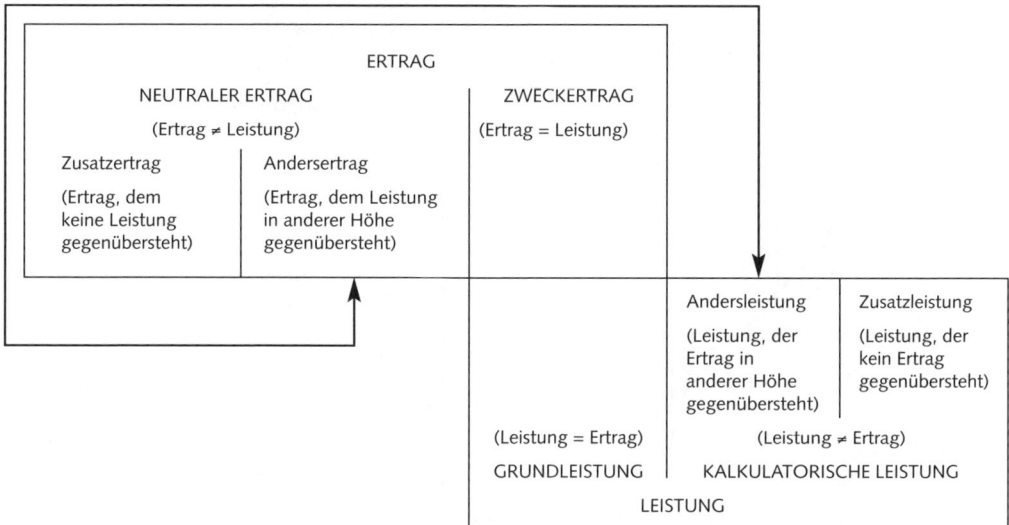

Abb. 14: Abgrenzung von Ertrag und Leistung
(Der Pfeil in Abb. 14 soll analog zum Pfeil in Abb. 12 für die Abgrenzung von Auf-
wand und Kosten die enge Verbindung der beiden Größen kennzeichnen.)

Darüber hinaus werden oft sachziel- und periodenbezogene Gütererstellungen, die **außerordentlich,** d.h. **im Rahmen des üblichen Betriebsablaufes nicht zu erwarten** sind, nicht als Leistungen, sondern als neutrale Erträge angesehen. Dafür, dass außerordentliche Gütererstellungen nicht in die Leistungen einbezogen werden, sind die Aufgaben verantwortlich, die mit der Kosten- und Leistungsrechnung zu lösen sind. Analog zur Kostenrechnung erfordern die Aufgaben der Erfolgsermittlung und Planung einer Leistungsrechnung, dass anstelle der außerordentlichen, also im Zeitablauf stark schwankenden Gütererstellung, eine durchschnittlich zu erwartende Fertigungsmenge für die Leistungsermittlung anzusetzen ist (wie z.B. selbst erstellte und abgesetzte Patente von Forschungsabteilungen, die als Nebenprodukte der Forschung nicht periodisch anfallen). Für diese Fälle ist die bewertete außerordentliche (sachziel- und periodenbezogene) Gütererstellung neutraler Ertrag, dem Leistungen auf der Basis durchschnittlich erwarteter Fertigungsmengen **(Andersleistungen)** gegenüberstehen. Diese Abgrenzung zwischen Leistungen und Erträgen gilt sowohl für Leistungen auf der Basis der pagatorischen als auch der kostenorientierten Leistungskonzeption.

Durch die folgende Abbildung 15 lässt sich die Forderung verdeutlichen, dass die Gütererstellung drei Kriterien zugleich genügen muss, sofern sie Leistungen hervorrufen soll. Differenzen zwischen Erträgen und Leistungen können aber auch aus unterschiedlichen Wertansätzen folgen. Im handelsrechtlichen Jahresabschluss und auch für die Steuerbilanz unterliegen die Wertansätze, wie beispielsweise für fertige, noch nicht abgesetzte Güter, gesetzlichen Vorschriften. So dürfen für solche Güter nur die für ihre Erstellung angefallenen Ausgaben, die Herstellungskosten (oder der niedrigere Absatzpreis), angesetzt werden. Für die Bewertung in der Leistungsrechnung gelten solche Vorschriften (Realisations- oder Imparitätsprinzip als inhaltliche Ausprägung des Vorsichtsprinzips) nicht. (Im Rahmen internationaler bzw. US-amerikanischer Rechnungs-

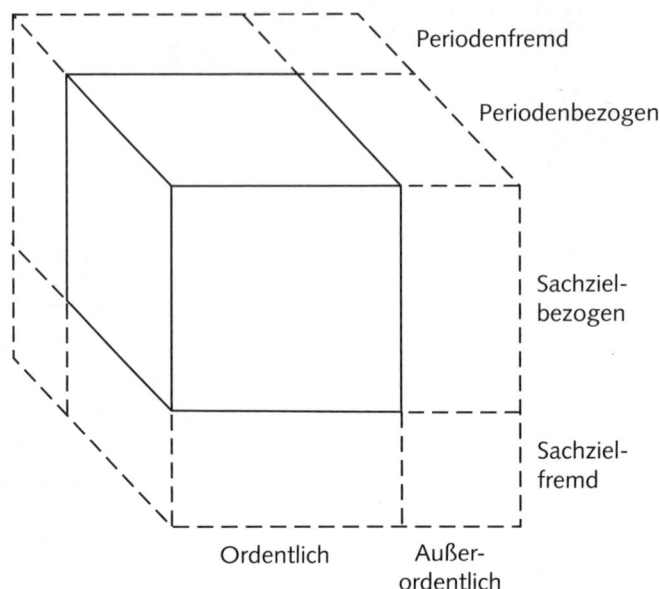

Abb. 15: Die Würfel der gesamten und der leistungswirksamen Gütererstellung
(Der große, mit unterbrochenen Linien begrenzte Würfel stellt dabei die gesamte
Gütererstellung dar, während sich unter dem kleinen, mit durchgezogenen Linien
begrenzten Würfel die Gütererstellung verbirgt, die zu Leistungen führt [leistungswirk-
same Gütererstellung]. Der Teil der gesamten Gütererstellung, der nicht leistungswirk-
sam ist, und folglich zu neutralen Erträgen führt, wird durch das Gebilde dargestellt,
das sich ergibt, wenn der große Würfel um den kleinen Würfel verkleinert wird.)

legungsnormen, wie IAS/IFRS und US-GAAP, kommt dem Vorsichtsprinzip keine herausgehobene Bedeutung wie im HGB zu. Daher werden hier gegebenenfalls auch mit gewisser Wahrscheinlichkeit realisierbare zukünftige Erträge erfasst.) Eine Bewertung dieser Güter mit künftigen Einnahmen (oder anhand der wertmäßigen Kosten) führt daher zu kalkulatorischen Leistungen. Erträge, bei denen der Wertansatz nicht mit dem der Leistungsrechnung übereinstimmt, wie möglicherweise für fertige, noch nicht abgesetzte Güter, stellen ebenfalls **neutrale Erträge** dar. Solchen Erträgen stehen stets **Andersleistungen** als eine Form der kalkulatorischen Leistungen gegenüber. In diesen Andersleistungen ist die Gütererstellung anders bewertet worden. (Zu beachten ist, dass letztlich als neutrale Erträge im neutralen Betriebsergebniskonto nur die Differenzen zwischen solchen Erträgen und Leistungen bei Bewertung der gleichen Gütererstellung erfasst werden.)

Leistungen, die nicht zugleich Ertrag sind, werden kalkulatorische Leistungen genannt. Sie gliedern sich in zwei Teile. Der eine Teil, die Andersleistung, erfasst diejenigen bewerteten Gütererstellungen, denen in den neutralen Erträgen zwar Erträge gegenüberstehen, die jedoch auf einer anderen Mengenstruktur basieren oder deren Mengenkomponenten anders bewertet worden sind; zu den Ersteren können selbst erstellte und abgesetzte Patente, deren Erstellung nicht periodisch anfällt, zu den Letzteren fertige und unfertige, noch nicht abgesetzte Güter zählen, wenn sie in der Kosten- und Leistungsrechnung mit Erlösen, die die Herstellungskosten übersteigen, oder mit wertmäßigen

Kosten bewertet werden, was weder im handelsrechtlichen Jahresabschluss noch für die Steuerbilanz erlaubt ist. Dem anderen Teil der kalkulatorischen Leistungen, den **Zusatzleistungen,** stehen keine Erträge gegenüber. Zu den Zusatzleistungen können selbst geschaffene, nicht abgesetzte Patente gehören, für die im aktienrechtlichen Jahresabschluss und in der Steuerbilanz keine Ertragsgrößen angesetzt werden dürfen. Bei Anwendung der kostenorientierten Leistungsdefinition ist der Ansatz von Zusatzleistungen ohne weiteres möglich, bei Anwendung der pagatorischen dann nicht, wenn Leistungen entsprechend dem gesetzlich fixierten (auch an Einnahmen orientierten) Ertragsbegriff angesetzt werden.

Ertrag, der zugleich Leistung ist – **Zweckertrag** – (oder Leistung, die zugleich Ertrag ist – **Grundleistung** –), entsteht für alle Güter des unternehmerischen Sachzieles, die in der gleichen Periode gefertigt und abgesetzt (verkauft) worden sind oder werden. Offensichtlich ergeben sich solche Grundleistungen für Leistungen auf der Basis der pagatorischen Leistungsdefinition. Bei Anwendung des kostenorientierten Leistungsbegriffs können Grundleistungen für fertige und unfertige, noch nicht abgesetzte Erzeugnisse oder auch für innerbetriebliche Güter dann anfallen, wenn der kostenorientierte Wertansatz für die erstellten Güter nur auf dem pagatorischen Kostenbegriff oder auf dem wertmäßigen mit Opportunitätskosten in Höhe von Null basiert.

e) Erfolgs- oder Gewinnbegriffe der Kosten- und Leistungsrechnung

Mithilfe der Kosten- und Leistungsbegriffe lassen sich nun die kalkulatorischen Erfolgs- oder Gewinnbegriffe der Kosten- und Leistungsrechnung festlegen. Allgemein kann der **kalkulatorische Erfolg** (Gewinn oder Verlust als negativer Gewinn) der Kosten- und Leistungsrechnung durch die Differenz zwischen Leistung und Kosten definiert werden. Einer solchen Erfolgsdefinition liegt entweder ein pagatorischer Leistungs-(Erlös-) oder ein kostenorientierter Leistungsbegriff zugrunde. Beim Ansatz der pagatorischen Leistung (Erlös) hängen die Höhe und auch die Aussagefähigkeit des kalkulatorischen Erfolgs davon ab, ob der Erlös mit den pagatorischen oder ob er mit den wertmäßigen Kosten verglichen wird. Sollen für Planungsaufgaben Entscheidungen auf Erfolge als Differenzen zwischen Erlösen und pagatorischen Kosten gestützt werden, so ist zu beachten, dass pagatorische Kosten das Entscheidungsfeld nur unvollständig berücksichtigen. Neben derartigen Erfolgen (etwa des Unternehmens oder einzelner Produkte des Unternehmens) werden zur Entscheidungsfindung folglich umfassende Informationen über das Entscheidungsfeld benötigt. Erfolge als Differenzen zwischen Erlösen und wertmäßigen Kosten tragen dagegen dem Entscheidungsfeld schon weitgehend Rechnung, denn die in den wertmäßigen Kosten enthaltenen Grenzgewinne oder Opportunitätskosten erfassen einen Teil oder gegebenenfalls alle Informationen des Entscheidungsfeldes. Werden also solche Erfolge zur Entscheidungsfindung herangezogen, kann auf zusätzliche Informationen über das Entscheidungsfeld teilweise oder eventuell völlig verzichtet werden (vgl. zu den obigen Aussagen auch das Beispiel auf S. 33 ff.).

Im Fall des Ansatzes der kostenorientierten Leistung stimmen Leistung und Kosten stets überein, sofern beide auf dem wertmäßigen oder beide auf dem pagatorischen Ansatz basieren. Der kalkulatorische Erfolg als Differenz zwischen Leistung und Kosten ist somit in diesem Fall grundsätzlich gleich Null.

5 Abgrenzungsrechnung

Mit den Begriffen Ertrag und Aufwand auf der einen Seite und den Begriffen Leistung und Kosten auf der anderen Seite lassen sich zwei unterschiedliche Erfolgskonzepte definieren. Das Erfolgskonzept des externen Rechnungswesens basiert auf dem ersten Begriffspaar. Der Erfolg ergibt sich hier als Differenz von Ertrag und Aufwand, die einen Gewinn (positive Differenz) oder Verlust (negative Differenz) ausweist. Während dieses Konzept in der (externen) Gewinn- und Verlustrechnung zum Tragen kommt, versteht man unter dem **(kalkulatorischen) Betriebsergebnis** der Kosten- und Leistungsrechnung die Differenz aus Leistung und Kosten. Hier ergibt sich entsprechend ein kalkulatorischer Gewinn oder Verlust, der, wie oben erläutert, natürlich vom zugrunde liegenden Kosten- und Leistungsbegriff abhängt. Im Rahmen des **Zweikreissystems des Industriekontenrahmens** (1971 vom Bundesverband der Deutschen Industrie herausgegeben) gehören die beiden Erfolgskonzepte zu unterschiedlichen Rechnungskreisen. Die GuV-Rechnung gehört zum Rechnungskreis I (RK I) der Finanzbuchhaltung, während das Betriebsergebnis dem Rechnungskreis II (RK II) der Kosten- und Leistungsrechnung zuzuordnen ist. Wie in Abbildung 16 veranschaulicht, bildet die **Abgrenzungsrechnung** die Schnittstelle beider Rechnungskreise (vgl. zur Abgrenzungsrechnung auch Schmolke/Deitermann 2002, S. 345 ff.). Sie filtert die Differenzen beider Rechnungskreise heraus und mündet im **Abgrenzungsergebnis.** Differenzen ergeben sich dabei einerseits aufgrund neutraler Aufwendungen und kalkulatorischer Kosten und andererseits aufgrund neutraler Erträge und kalkulatorischer Leistungen (vgl. Abschnitt I.E.4.b und I.E.4.d).

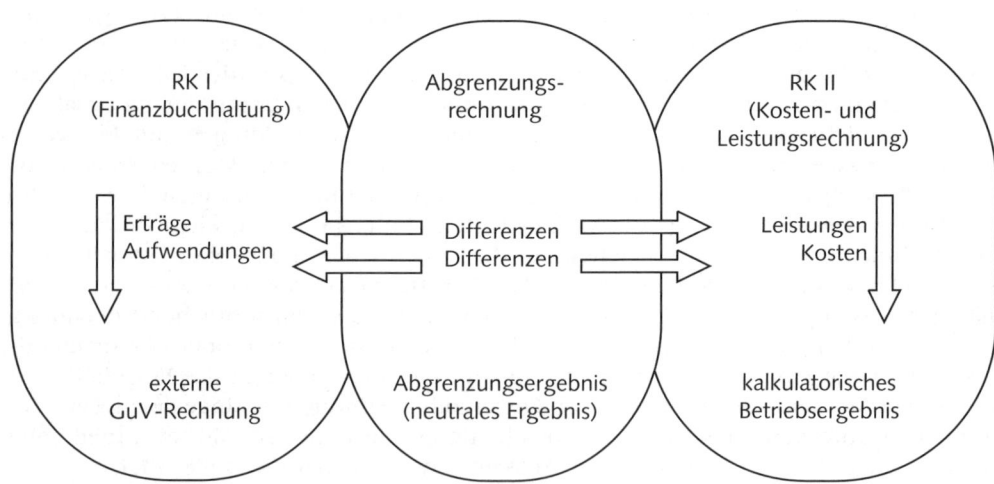

Abb. 16: Abgrenzungsrechnung

Unter Verwendung der Symbole

G:	Erfolg nach Gewinn- und Verlustrechnung	GL:	Grundleistung (= ZwE)
B:	kalkulatorisches Betriebsergebnis	GK:	Grundkosten (= ZwA)
NE:	neutraler Ertrag	kL:	kalkulatorische Leistungen
NA:	neutraler Aufwand	kK:	kalkulatorische Kosten
ZwE:	Zweckertrag	Δ_1:	NE – kL
ZwA:	Zweckaufwand	Δ_2:	NA – kK

erhält man den folgenden Zusammenhang:

$$
\begin{aligned}
G &= \text{Ertrag} - \text{Aufwand} \\
&= (NE + ZwE) - (NA + ZwA) \\
&= (NE - NA) + \underbrace{(ZwE - ZwA)}_{= GL - GK}
\end{aligned}
$$

und damit wegen

$$
NE - NA = \underbrace{kL + \Delta_1}_{NE} - \underbrace{(kK + \Delta_2)}_{NA}
$$

die Beziehung

$$
\begin{aligned}
G &= kL + \Delta_1 - \left(kK + \Delta_2\right) + GL - GK \\
&= \underbrace{kL + GL - (kK + GK)}_{B} + \underbrace{(\Delta_1 - \Delta_2)}_{\text{Abgrenzungsergebnis}}.
\end{aligned}
$$

Die Differenz $\Delta_1 - \Delta_2$ stellt gerade das Abgrenzungsergebnis der Abgrenzungsrechnung dar und kann zwei verschiedene Ursachen haben. Zum einen kommt es immer dann zu Unterschieden zwischen dem Erfolg nach Gewinn- und Verlustrechnung einerseits und dem Betriebsergebnis andererseits, wenn in einem von beiden Rechnungskreisen Komponenten berücksichtigt werden, die keine Entsprechung im jeweils anderen Rechnungskreis besitzen. Diese Komponenten werden somit in dem einen Rechnungskreis zusätzlich zu jenen Komponenten berücksichtigt, die in beiden Rechnungskreisen enthalten sind – im externen Rechnungswesen handelt es sich hierbei um Zusatzerträge und Zusatzaufwendungen, im internen Rechnungswesen handelt es sich um Zusatzleistungen und Zusatzkosten. Zum anderen können Unterschiede zwischen den Ergebnissen beider Rechnungskreise darin begründet sein, dass Geschäftsvorfälle, die für beide Rechnungskreise relevant sind, unterschiedlich bewertet werden. Die Geschäftsvorfälle werden somit in dem einen Rechnungskreis abweichend vom anderen Rechnungskreis berücksichtigt. Dies gilt für Anderserträge und Andersaufwendungen bzw. für Andersleistungen und Anderskosten. (Vgl. hierzu auch Abbildung 12 in Abschnitt I.E.4.b und Abbildung 14 in Abschnitt I.E.4.d.) Berücksichtigt man zudem, wie sich jede einzelne dieser Positionen bei isolierter Betrachtung auf die Differenz zwischen Erfolg nach Gewinn- und Verlustrechnung und Betriebsergebnis auswirkt, erkennt man leicht, dass sich das Abgrenzungsergebnis wie folgt zusammensetzt:

Abgrenzungsergebnis =

$$
\left.\begin{array}{l}
\text{Zusatzerträge – Zusatzaufwendungen} \\
\text{+ Zusatzkosten – Zusatzleistungen}
\end{array}\right\}
\begin{array}{l}
\text{Ansatzbedingte} \\
\text{Abgrenzung}
\end{array}
$$

$$
\left.\begin{array}{l}
\text{+ Anderskosten – Andersaufwendungen} \\
\text{+ Anderserträge – Andersleistungen}
\end{array}\right\}
\begin{array}{l}
\text{Bewertungsbedingte} \\
\text{Abgrenzung}
\end{array}
$$

Komponenten, die nur in einem von beiden Rechnungskreisen enthalten sind bzw. angesetzt werden, können in der **ansatzbedingten Abgrenzung** erfasst werden. Demgegenüber werden Komponenten, die in beiden Rechnungskreisen unterschiedlich bewertet werden, in der **bewertungsbedingten Abgrenzung** erfasst. Damit ergibt sich das Abgrenzungsschema der Tabelle 4.

Tab. 4: Struktur einer Abgrenzungsrechnung (in Kontendarstellung)

Finanzbuchhaltung (RK I)		Abgrenzungsrechnung				Kosten- und Leistungsrechnung (RK II)	
Aufwendungen	Erträge	Ansatzbedingte Abgrenzung		Bewertungsbedingte Abgrenzung		Kosten	Leistungen
		ZL und ZA	ZE und ZK	AL und AA	AE und AK		
Ergebnis der GuV-Rechnung =		Abgrenzungsergebnis			+	Betriebsergebnis	

AA: Andersaufwendungen, AE: Anderserträge, AK: Anderskosten, AL: Andersleistungen, ZA: Zusatzaufwendungen, ZE: Zusatzerträge, ZK: Zusatzkosten, ZL: Zusatzleistungen

Zur Veranschaulichung dient das folgende Beispiel einer Personengesellschaft aus dem Produktionsbereich, die folgende, handelsrechtlich relevante Erträge und Aufwendungen erzielt hat:

Umsatzerlöse	3.000.000 €
Mieterträge	15.000 €
Aufwendungen für Roh-, Hilfs- und Betriebsstoffe	550.000 €
Löhne & Gehälter	300.000 €
Soziale Abgaben	100.000 €
Abschreibungen	250.000 €
Betriebliche Steuern	35.000 €

Die Mieterträge resultieren aus der Vermietung eines Lagergebäudes. Die Abschreibungen für dieses Lagergebäude beliefen sich auf 75.000 €. Dieser Betrag ist in den oben angegebenen Abschreibungen enthalten. Ebenfalls im Zusammenhang mit dem vermieteten Gebäude stehen Grundsteuern in Höhe von 10.000 €, die in der Position „Betriebliche Steuern" enthalten sind.

Diesen Erträgen und Aufwendungen stehen im internen Rechnungswesen die folgenden Leistungen und Kosten gegenüber:

Umsatzerlöse	3.000.000 €
selbst erstellte Software	30.000 €
Kosten für Roh-, Hilfs- und Betriebsstoffe	600.000 €

Löhne & Gehälter	300.000 €
Soziale Abgaben	100.000 €
Abschreibungen	200.000 €
Betriebliche Steuern	25.000 €
Kalkulatorischer Unternehmerlohn	80.000 €

Die Software wurde von den Mitarbeitern des Unternehmens ausschließlich für die eigene betriebliche Nutzung entwickelt, weil am Markt kein für das Unternehmen geeignetes Programm beschafft werden konnte.

In einem ersten Schritt soll die ansatzbedingte Abgrenzung durchgeführt werden – es müssen somit alle Positionen herausgefiltert werden, die entweder nur in der handelsrechtlichen Finanzbuchhaltung (FiBu) oder nur in der Kostenrechnung berücksichtigt werden. Hier gibt es mit den Mieterträgen, den Abschreibungen auf das vermietete Gebäude und den Grundsteuern für das vermietete Gebäude insgesamt drei Positionen, die nur in der FiBu, nicht jedoch in der Kosten- und Leistungsrechnung enthalten sind: Für jede dieser drei Positionen ist bei einem Produktionsunternehmen das für das Vorliegen von Leistungen oder Kosten relevante Kriterium des Sachzielbezugs verletzt. Die Mieterträge können somit als Zusatzertrag identifiziert werden, während die Abschreibungen auf das vermietete Gebäude und die Grundsteuern jeweils einen Zusatzaufwand darstellen. Gleichzeitig gibt es mit der selbst erstellten Software, der aufgrund des handelsrechtlichen Aktivierungsverbotes für nicht entgeltlich erworbene immaterielle Vermögensgegenstände (§ 248 II HGB) keine entsprechende Position im handelsrechtlichen Jahresabschluss gegenübersteht, und dem kalkulatorischen Unternehmerlohn zwei Positionen, die nur in der Kosten- und Leistungsrechnung berücksichtigt werden und somit eine Zusatzleistung bzw. Zusatzkosten darstellen. Damit ergibt sich in diesem Beispiel folgendes Ergebnis aus ansatzbedingter Abgrenzung:

Mieterträge (Zusatzertrag)	(+) 15.000 €
Kalkulatorischer Unternehmerlohn (Zusatzkosten)	(+) 80.000 €
Abschreibungen für das vermietete Gebäude (Zusatzaufwand)	(–) 75.000 €
Betriebliche Steuern für das vermietete Gebäude (Zusatzaufwand)	(–) 10.000 €
Leistung für selbst erstellte Software (Zusatzleistung)	(–) 30.000 €
Ergebnis aus ansatzbedingter Abgrenzung	(–) 20.000 €

Das Ergebnis aus ansatzbedingter Abgrenzung ist kleiner als Null, der Erfolg nach Gewinn- und Verlustrechnung ist somit bei Vernachlässigung der bewertungsbedingten Abgrenzung um 20.000 € geringer als das Betriebsergebnis, und es liegt ein Verlust aus ansatzbedingter Abgrenzung vor. Führen hingegen Ansatzunterschiede dazu, dass der Erfolg nach Gewinn- und Verlustrechnung bei Vernachlässigung der bewertungsbedingten Abgrenzung höher ist als das Betriebsergebnis, spricht man von einem Gewinn aus ansatzbedingter Abgrenzung.

In einem zweiten Schritt wird nun die bewertungsbedingte Abgrenzung durchgeführt. Hier sind jetzt alle Positionen zu erfassen, die zwar in beiden Rechnungssystemen vorhanden sind, jedoch mit unterschiedlichen Werten berücksichtigt werden. In vorliegendem Beispiel ist dies für zwei Positionen erfüllt: Die Aufwendungen für Roh-, Hilfs- und Betriebsstoffe werden mit 550.000 € bewertet, während die korrespondierenden Kosten 600.000 € betragen. Darüber hinaus weist die Position „Abschreibungen" unterschiedliche Werte im externen und im internen Rechnungswesen auf: Verringert man die in der Gewinn- und Verlustrechnung ausgewiesenen Abschreibungen von insgesamt 250.000 € um den bereits bei der ansatzbedingten Abgrenzung berücksichtigten Zusatzaufwand für die Abschreibung auf das vermietete Gebäude, erhält man handelsrechtlich eine betriebsbedingte Abschreibung von 175.000 €. Diese Position steht in der Kostenrechnung ein Wert von 200.000 € gegenüber. Entsprechend ergibt sich das Ergebnis aus bewertungsbedingter Abgrenzung als:

Kosten für Roh-, Hilfs- und Betriebsstoffe (Anderskosten)	(+) 600.000 €
Abschreibungen (Anderskosten)	(+) 200.000 €
Aufwand für Roh-, Hilfs- und Betriebsstoffe (Andersaufwand)	(−) 550.000 €
Abschreibungen (Andersaufwand)	(−) 175.000 €
Ergebnis aus bewertungsbedingter Abgrenzung	(+) 75.000 €

Das resultierende Ergebnis aus bewertungsbedingter Abgrenzung ist positiv, und der Erfolg nach Gewinn- und Verlustrechnung ist bei Vernachlässigung der ansatzbedingten Abgrenzung somit um 75.000 € höher als das Betriebsergebnis. Entsprechend liegt hier ein Gewinn aus bewertungsbedingter Abgrenzung vor, während im umgekehrten Fall – wiederum bei Vernachlässigung der ansatzbedingten Abgrenzung – ein Verlust aus bewertungsbedingter Abgrenzung vorläge.

Diese Überlegungen führen unter Verwendung des in Tabelle 4 allgemein dargestellten Abgrenzungsschemas zu folgender Tabelle:

Tab. 5: Beispiel einer Abgrenzungsrechnung (in Kontendarstellung)

Aufwen-dungen	Erträge	ZL und ZA	ZE und ZK	AL und AA	AE und AK	Kosten	Leistungen
	3.000.000						3.000.000
		30.000					30.000
	15.000		15.000				
550.000				550.000	600.000	600.000	
300.000						300.000	
100.000						100.000	
250.000		75.000		175.000	200.000	200.000	
35.000		10.000				25.000	
			80.000			80.000	
Gewinn nach GuV		Verlust aus ansatz-bedingter Abgrenzung		Gewinn aus bewertungsbedingter Abgrenzung		Betriebsergebnis	
(+) 1.780.000 =		(−) 20.000 +		(+) 75.000 +		(+) 1.725.000	
		Abgrenzungsergebnis = (+) 55.000					

Die Gründe, auf die ansatzbedingte oder bewertungsbedingte Abgrenzungen zurückgeführt werden können, sind vielfältig. Insbesondere die für das externe Rechnungswesen geltenden gesetzlichen Vorschriften, denen die Kostenrechnung ja nicht unterliegt, spielen hier eine zentrale Rolle. Neben den bereits in obigem Beispiel berücksichtigten Positionen zeigt Tabelle 6 darüber hinaus einige weitere wichtige Positionen, die zu Unterschieden in beiden Rechnungskreisen führen können.

Tab. 6: Beispiele für Abgrenzungspositionen

ZA	ZE	ZL	ZK	AA	AK	AL	AE
Instandhaltung für vermietete Gebäude oder Maschinen	Erträge aus vermieteten Gebäuden oder Maschinen	Selbstentwickelte Software für internes Informationssystem	Kalkulatorische Zinsen auf Eigenkapital	Bilanzielle Abschreibungen	Kalkulatorische Abschreibungen	Bewertung von Produkten auf Lager zu Verkaufspreisen	Bewertung von Produkten auf Lager zu Herstellungskosten
Abschreibungen auf sachzielfremd genutzte Vermögensgegenstände	Zuschreibungen	Patente aus eigener Forschung	Kalkulatorischer Unternehmerlohn	Verluste aus eingetretenen Schadensfällen	Kalkulatorische Wagniskosten		
Verluste aus Wertpapier-Geschäften	Spekulationsgewinne aus Wertpapier-Geschäften			Bilanzielle Bewertung von Ressourcenverbräuchen	Kalkulatorische Bewertung von Ressourcenverbräuchen		

F Gliederungen von Kosten und Leistungen

Lernziel: *Sie sollen einen Überblick über mögliche Kosten- und Leistungsgliederungen erhalten, die von grundlegender Bedeutung für Kosten- und Leistungsrechnungen sind. Zur Erfüllung der ihr gestellten Aufgaben muss die Kosten- und Leistungsrechnung unter anderem Kosten bzw. Leistungen Perioden, Kostenstellen und Kostenträgern zuordnen. Darüber hinaus sollen Ihnen die Prinzipien vermittelt werden, nach denen die Kosten- und Leistungsrechnung diese Zuordnung vornimmt (Zurechnungsprinzipien).*

1 Gliederung der Kosten und Leistungen nach ihrem Verhalten bei Beschäftigungsänderungen

a) Gliederung der Kosten nach ihrem Verhalten bei Beschäftigungsänderungen

Für die Lösung der verschiedenen unternehmerischen Aufgaben mittels der Kosten- und Leistungsrechnung besitzt die Kenntnis über die Zusammenhänge zwischen dem Kostenverlauf und den erstellten Produktionsmengen oder dem Beschäftigungsgrad grundlegende Bedeutung. Ohne Kenntnis dieser Zusammenhänge können Kosten nicht sinnvoll kontrolliert und geplant werden. Für die Kontrollaufgaben würde die Möglichkeit fehlen, Kostenvorgaben zu bestimmen, die der jeweiligen Beschäftigung gerecht werden. Unkenntnis dieser Zusammenhänge verhindert auch die Lösung von Planungsaufgaben, weil beispielsweise solchen Aktionen, die zu unterschiedlichen Produktionsmengen oder Beschäftigungsgraden führen, keine Kosten (Leistungen) als Konsequenzen von Aktionen zugeordnet werden können.

Aussagen über den Zusammenhang zwischen den Produktionsmengen einerseits und den zur Produktion einzusetzenden Gütermengen sowie den aus den Güterverbrauchsmengen durch Bewertung resultierenden Kosten andererseits erarbeitet man in der Produktions- und Kostentheorie, einem Zweig der Betriebswirtschaftslehre, auf den hier nicht eingegangen werden soll (vgl. z.B. Kloock 1969, S. 67 ff.; Schweitzer/Küpper 1997, S. 59 ff.; Heinen 1983, S. 131 ff.; Gutenberg 1983, S. 298 ff.; Kloock 1998, S. 293 ff.). Im Folgenden interessieren nur die aufgrund der Zusammenhänge von Produktionsmenge bzw. Beschäftigung und Kosten möglichen Kostenverläufe.

Kosten können auf unterschiedliche Grundlagen bezogen werden. Zunächst beziehen sie sich entsprechend ihrer Definition auf eine Periode. Zu den Kosten eines Unternehmens gehören dann alle Kosten einer Periode. Diese gesamten Kosten einer Periode werden als **Gesamtkosten** bezeichnet und mit dem Symbol K belegt.

Es lassen sich aber auch die Gesamtkosten für eine Güterart ermitteln. Man spricht dann von **Kostenarten.** Beispiele solcher Kostenarten sind Kosten für den Verzehr von Rohstoffen oder Arbeitskraft, (kalkulatorische) Zinsen oder (kalkulatorische) Abschreibungen. Gesamtkosten einer Kostenart geben dann die insgesamt in einer Periode von dieser Kostenart angefallenen Kosten an.

Betrachtet man zur Vereinfachung ein Einproduktunternehmen, wie etwa ein Wasserwerk oder ein Elektrizitätswerk, mit der Ausbringungsmenge x, so setzen sich die Gesamtkosten aus einem beschäftigungsunabhängigen (fixen) Anteil K_f und einem beschäftigungsabhängigen Anteil K_v (x) zusammen:

$$K(x) = K_f + K_v(x).$$

Während für die **fixen Kosten** stets K_f = const. gilt, sind **variable Kosten** i.w.S. durch $K_v(x) \neq$ const. charakterisiert. Liegt zudem eine proportionale Abhängigkeit zwischen der Ausbringung und den variablen Kosten vor, so spricht man von variablen Kosten i.e.S. (vgl. Abbildung 17).

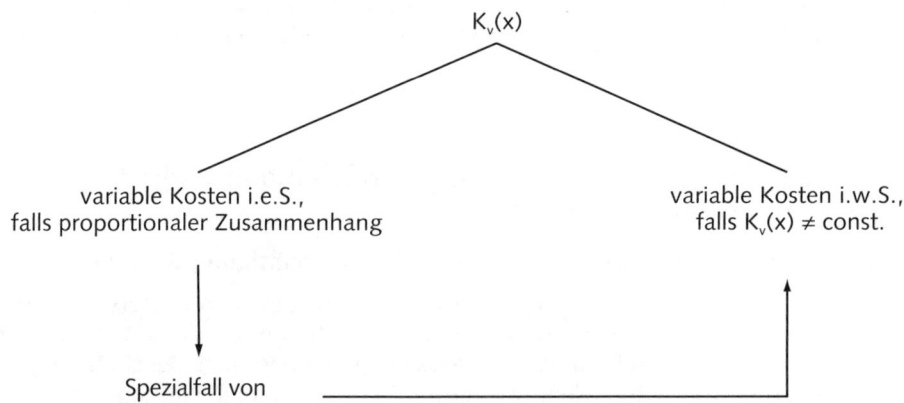

Abb. 17: Variable Kosten im engeren Sinne und im weiteren Sinne

Auf Basis der Kostenfunktion K(x) lassen sich nun weitere Kenngrößen ermitteln. Die **Stück- bzw. Durchschnittskosten** geben die **(durchschnittlichen) Kosten** pro Produkteinheit an:

$$k(x) = \frac{K(x)}{x}.$$

Diese Kenngröße dient eher der langfristigen Beurteilung von Produkten, da bei der Ermittlung die Fixkosten K_f eingehen. Da die Höhe der Fixkosten kurzfristig nicht beeinflusst werden kann, sind sie nur bei einer langfristigen Betrachtung entscheidungsrelevant. Kurzfristig reicht die Deckung der variablen, von der Beschäftigung abhängigen Kosten aus. Dementsprechend dienen die **variablen Stückkosten**

$$k_v(x) = \frac{K_v(x)}{x}$$

der kurzfristigen Beurteilung, wohingegen die **fixen Stückkosten**

$$k_f(x) = \frac{K_f}{x}$$

den pro Produkteinheit (langfristig) zu tragenden **Fixkostenanteil** angeben. Schließlich erkennt man an den **Grenzkosten**

$$K'(x) = \frac{\partial K(x)}{\partial x} = \frac{\partial K_v(x)}{\partial x} = K_v'(x),$$

wie sich die Gesamtkosten bei einer geringfügigen Veränderung der Ausbringung (kurzfristig) ändern.

Die eingeführten Konzepte sollen anhand einiger spezieller Kostenverläufe veranschaulicht werden (vgl. z.B. Fandel et al. 2004, S. 24 ff.). In Abbildung 18 liegt der Fall fixer Gesamtkosten K(x) = K_f vor. Zinsen, Zeitlöhne, Gehälter, Versicherungsbeiträge und zeitabhängig ermittelte kalkulatorische Abschreibungen sind Beispiele für fixe Kostenarten.

Gesamtkosten K
Fixkosten K_f

Stückkosten k
Fixe Stückkosten k_f

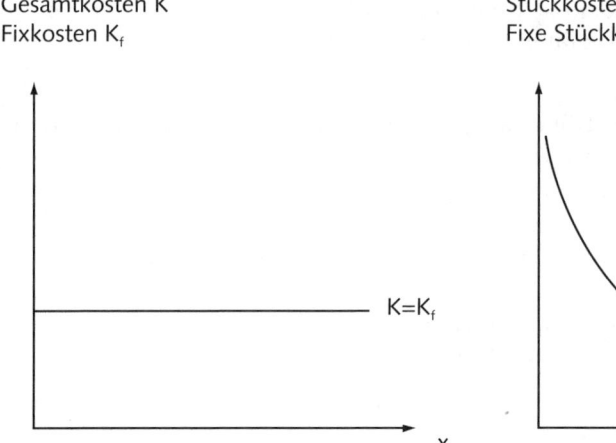
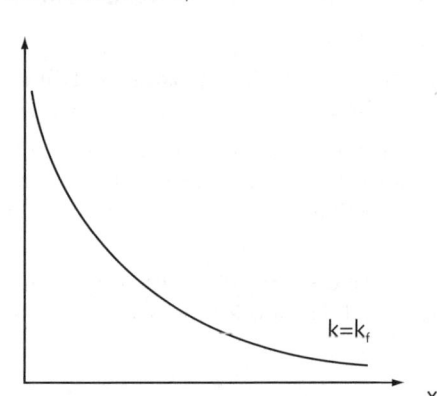

Abb. 18: Fixkosten

Im vorliegenden Fall fixer Gesamtkosten stimmen die Stückkosten und die fixen Stückkosten überein, und die Funktion der Stückkosten bildet einen Hyperbelast. Mit zunehmender Ausbringung x nähern sich die (fixen) Stückkosten dem Wert Null an.

Sinkende Produktionsmengen gehen hingegen immer mit steigenden (fixen) Stückkosten einher. Variable Stückkosten und Grenzkosten nehmen hier unabhängig von der Ausbringungsmenge den Wert Null an, da $K_v(x) = 0$ unterstellt wird und dementsprechend $K = K_f$ gilt.

In Abbildung 19 liegen hingegen **proportionale Gesamtkosten** $K(x) = K_v(x)$ vor, d.h. variable Kosten i.e.S. Ein solcher Kostenverlauf gilt typischerweise für Fertigungsmaterialkosten, die durch den Verbrauch von Rohstoffen und fertig bezogenen Bauteilen entstehen, wobei Rohstoffe und Bauteile wie z.B. Bleche, Kunststoffinnenkästen, Kompressorkapseln oder Thermostate in einer Kühlschrankfabrik als wichtige Bestandteile in das zu erstellende Produkt eingehen.

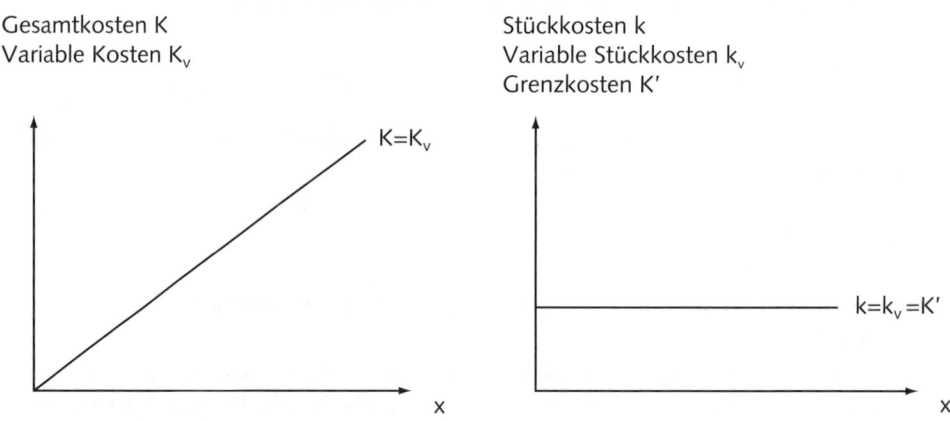

Abb. 19: Proportionale Kosten

Im Fall proportionaler Gesamtkosten stimmen offensichtlich die Stückkosten mit den variablen Stückkosten überein. Damit gilt für die Gesamtkosten

$$K(x) = k_v \cdot x,$$

und man erhält Grenzkosten in Höhe der (variablen) Stückkosten. Fixe Kosten fallen hier nicht an.

Da sich die insgesamt pro Periode anfallenden Gesamtkosten aus der Summe der Gesamtkosten über alle Kostenarten eines Unternehmens ergeben, lassen sich aus den Kostenverläufen je Kostenart entsprechende Kostenverläufe für das Unternehmen ableiten.

Beispielsweise resultiert aus der Kombination fixer und proportionaler Kosten die im linken Teil der Abbildung 20 dargestellte **lineare Kostenfunktion** $K(x) = K_f + k_v \cdot x$.

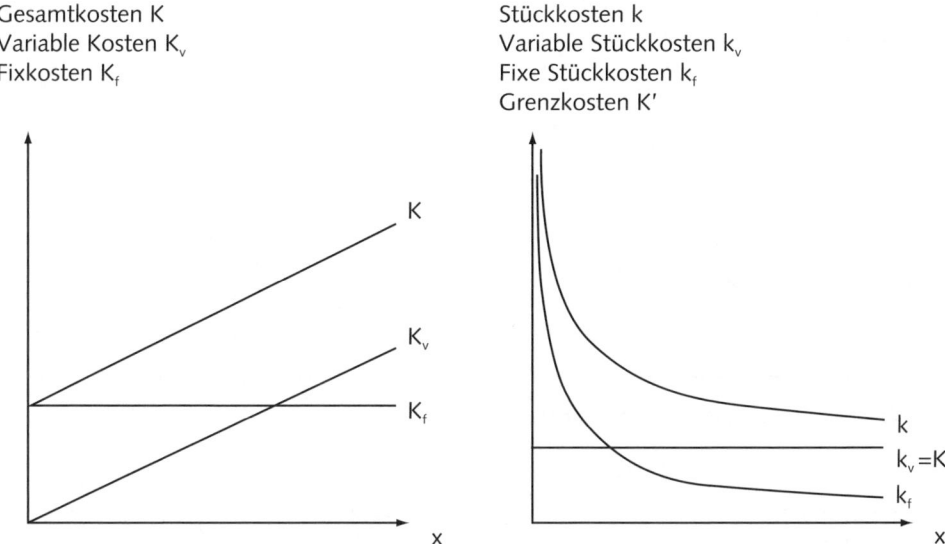

Abb. 20: Kostenverläufe bei linearer Kostenfunktion

Der rechte Teil der Abbildung verdeutlicht, dass sich die Stückkosten mit zunehmender Ausbringungsmenge den variablen Stückkosten annähern. Die fixen Stückkosten liegen stets unterhalb der Stückkosten und streben mit zunehmender Ausbringung gegen Null.

Abbildung 21 und Abbildung 22 zeigen die Situationen **progressiver Gesamtkosten** ohne bzw. mit Fixkosten aufgrund einer quadratischen Kostenfunktion $K(x) = ax^2 + bx + c$ (mit $a, b > 0$ und $c = K_f \geq 0$). Bei Fixkosten $K_f = 0$ liegt hier ein **überproportionaler Anstieg** der Gesamtkosten vor. Bei einer Verdoppelung der Ausbringung nehmen die Gesamtkosten beispielsweise um mehr als das Zweifache zu, was zur Folge hat, dass die Grenzkosten (hier im Sonderfall linearer Grenzkosten) stets oberhalb der variablen Stückkosten liegen, es gilt also $K'(x) > k(x) = k_v(x)$. Die Gesamtkosten verlaufen konvex ($K'' > 0$), die Stückkosten steigen an. Betrachtet man progressive Gesamtkosten mit Fixkosten $K_f > 0$ wie in Abbildung 22, so sind die Aussagen entsprechend anzupassen: So bezieht sich wegen $K_f > 0$ der überproportionale Kostenanstieg hier nur noch auf die variablen Kosten $K_v(x)$ und nicht mehr auf die Gesamtkosten. Zudem ändert sich etwa der Verlauf der Stückkosten, die sich nun aus variablen und fixen Stückkosten zusammensetzen. Progressive Kosten entstehen beispielsweise im Rahmen der Lohnkosten, wenn die Steigerung der Ausbringung nur dadurch möglich ist, dass Überstunden eingeführt werden. Die Überstundenzuschläge lassen die Kosten progressiv ansteigen.

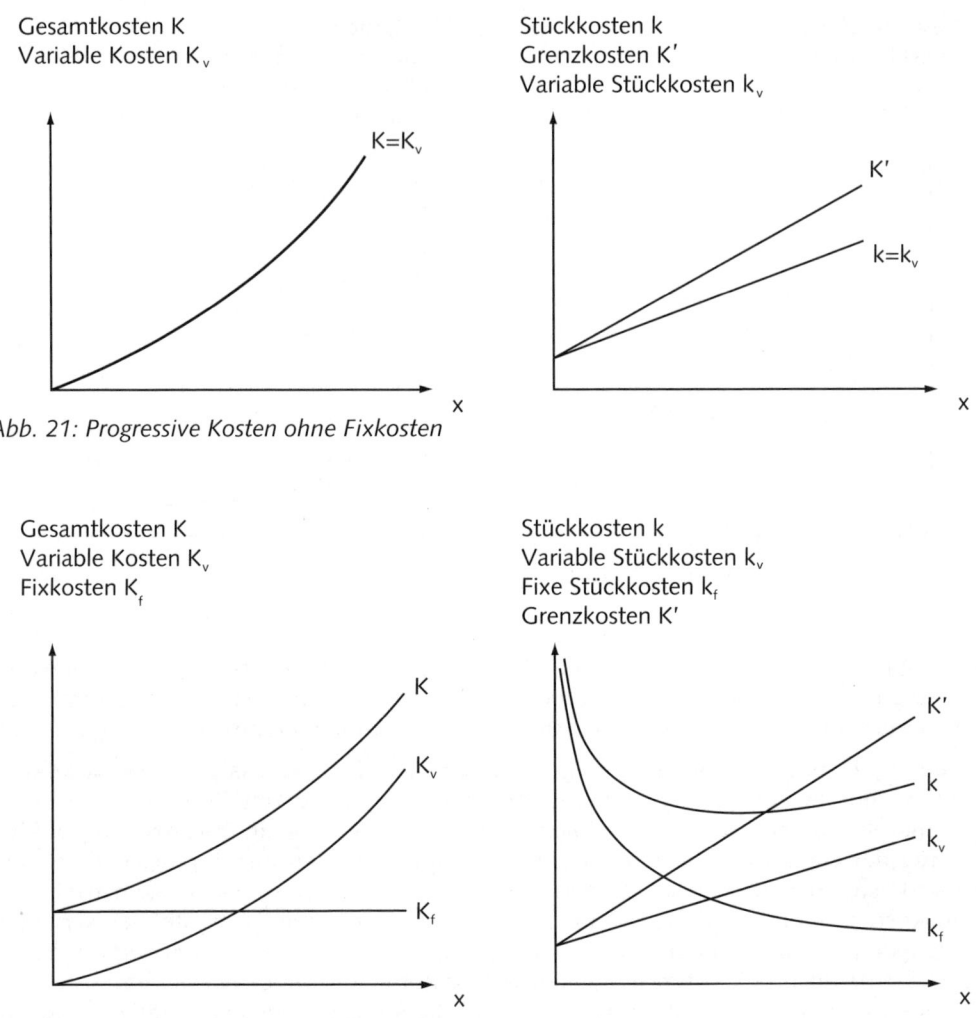

Gesamtkosten K
Variable Kosten K_v

$K=K_v$

x

Stückkosten k
Grenzkosten K'
Variable Stückkosten k_v

K'

$k=k_v$

x

Abb. 21: Progressive Kosten ohne Fixkosten

Gesamtkosten K
Variable Kosten K_v
Fixkosten K_f

K

K_v

K_f

x

Stückkosten k
Variable Stückkosten k_v
Fixe Stückkosten k_f
Grenzkosten K'

K'

k

k_v

k_f

x

Abb. 22: Progressive Kosten mit Fixkosten

Bei **degressiven Kosten** ohne Fixkosten (Abbildung 23) nehmen die Gesamtkosten unterproportional zu und die Grenzkosten liegen stets unterhalb der (variablen) Stückkosten. Die Gesamtkosten verlaufen konkav ($K'' < 0$). Die Stückkosten fallen, ausgehend von einem festen endlichen Wert, langsam ab. Wiederum sind die Aussagen bei degressiven Kosten mit Fixkosten $K_f > 0$ entsprechend zu modifizieren (Abbildung 24).

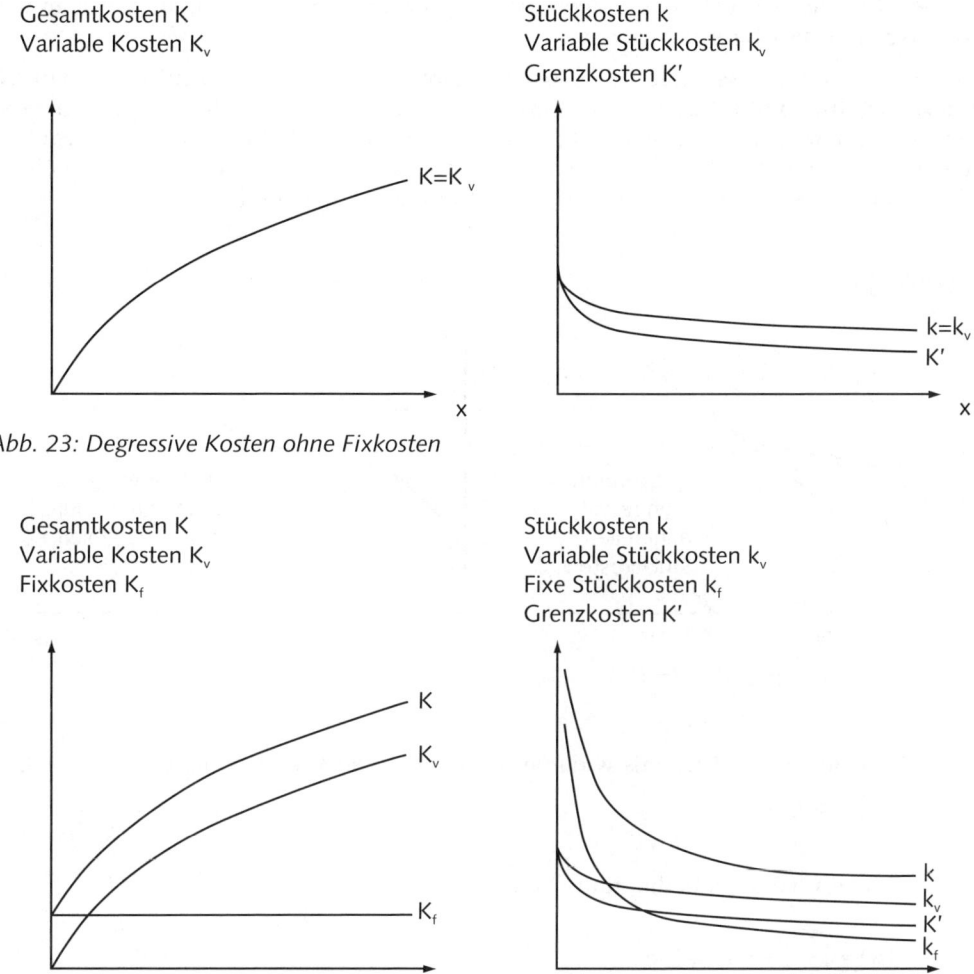

Abb. 23: Degressive Kosten ohne Fixkosten

Abb. 24: Degressive Kosten mit Fixkosten

Degressive Kosten entstehen, wenn sich ein Zeitlohnarbeiter in die Bearbeitung von zu erstellenden Produkten einarbeiten muss. Wegen seiner geringen Erfahrung braucht er anfangs zur Fertigung einer Einheit viel Zeit und verursacht relativ hohe Stückkosten. Die benötigte Zeit und die daraus resultierenden Lohnkosten pro Stück werden dann mit zunehmender Stückzahl durch einen „Lerneffekt" sinken (vgl. grundlegend Henderson 1984, S. 19 ff.).

Schließlich sind auch Kostenverläufe denkbar, bei denen zunächst ein unterproportionaler Kostenanstieg zu beobachten ist und dann ab einer gewissen „kritischen Produktionsmenge" ein überproportionaler Anstieg. Ein solcher Effekt könnte etwa dadurch zu erklären sein, dass bei einem Mitarbeiter mit zunehmender Ausbringung erst wünschenswerte Lerneffekte auftreten, die dann jedoch in eine unerwünschte Überlastung des Mitarbeiters und einen damit einhergehenden erhöhten Ressourcenverbrauch umschlagen. Bei dieser Kombination degressiver und progressiver Kosten spricht man von **S-förmigen Gesamtkosten.**

Abbildung 25 zeigt, dass dann die Ausbringungsmenge x^* (x^{**}) mit **minimalen (minimalen variablen) Stückkosten** stets im „progressiven Bereich" liegt. So erhält man x^* graphisch, indem man die Tangente durch den Ursprung an die Kostenfunktion legt. Die links von x^* liegenden Ausbringungsmengen, z.B. x_1 und x_2, führen offensichtlich zu höheren Stückkosten, die mit den jeweiligen Geradensteigungen übereinstimmen.

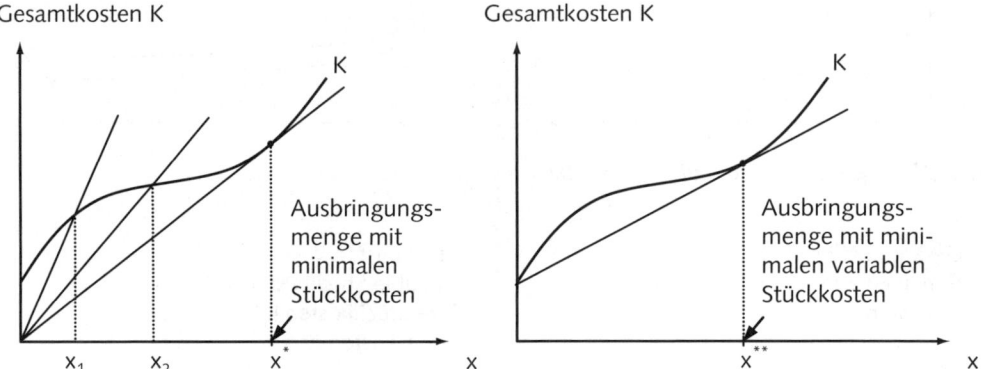

Abb. 25: S-förmiger Kostenverlauf

Formal lässt sich dieses Ergebnis wie folgt bestätigen: Die Minimierung der Stückkosten

$$k(x) = \frac{K(x)}{x}$$

führt auf die notwendige Bedingung

$$k'(x) = \left(\frac{K(x)}{x}\right)' = 0,$$

das heißt

$$\frac{K'(x) \cdot x - K(x)}{x^2} = 0.$$

Hieraus erhält man die Forderung

$$K'(x) = \frac{K(x)}{x} = k(x),$$

was bedeutet, dass an der Stelle x^* mit minimalen Stückkosten die Grenzkosten mit den Stückkosten übereinstimmen müssen. Betrachtet man nun zudem die hinreichende Bedingung $k''(x^*) > 0$, so erhält man wegen

$$k''(x) = \left(\frac{K(x)}{x}\right)'' = \frac{K''(x) \cdot x^2 - 2 \cdot K'(x) \cdot x + 2 \cdot K(x)}{x^3} \quad \text{und} \quad K'(x^*) = \frac{K(x^*)}{x^*}$$

die Aussage $K''(x^*) > 0$. Damit ist auch formal gezeigt, dass die minimalen Stückkosten immer im progressiven Bereich S-förmiger Gesamtkosten angenommen werden. Die Ausbringungsmenge x^{**} mit minimalen variablen Stückkosten ist analog zu ermitteln, wobei $x^{**} < x^*$ gilt.

Abschließend wird noch auf den in Abbildung 26 veranschaulichten Fall **sprungfixer Kosten** eingegangen. Sie ergeben sich in der Regel dann, wenn aufgrund höherer Ausbringungen erforderliche **Kapazitätsanpassungen** nur in groben Schritten vorgenommen werden können. Dies ist etwa bei den Personalkosten der Fall, wo Neueinstellungen zu einem sprunghaften Anstieg der Fixkosten führen. Als weiteres Beispiel kann die Ausweitung der Fertigungskapazität durch die Anschaffung weiterer Produktionsanlagen genannt werden, sofern diese zeitabhängig abgeschrieben werden.

Genau genommen sind sprungfixe Kosten dabei nur „innerhalb einer Stufe" wirklich fix. Über mehr als eine Stufe gesehen, bilden sie variable Kosten i.w.S.

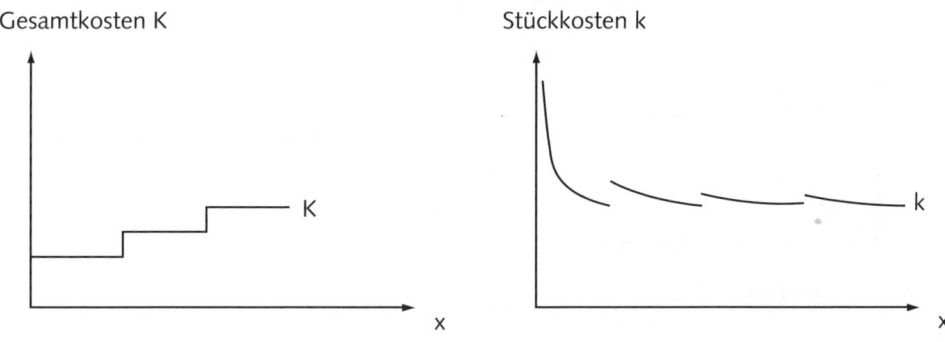

Abb. 26: Sprungfixe Kosten

b) Gliederung der Leistungen nach ihrem Verhalten bei Beschäftigungsänderungen

Um der Frage nachzugehen, wie sich Leistungen bei Beschäftigungsänderungen verhalten, werden die Leistungen in zwei Gruppen aufgeteilt. In der ersten Gruppe sollen dabei die Gütererstellungen erfasst werden, die mit den für ihre Fertigung angefallenen Kosten bewertet worden sind (kostenorientierte Leistungen). In diese Gruppe fallen meist Leistungen, die sich bei der Bewertung innerbetrieblicher Güter (innerbetrieblicher Leistungen) sowie unfertiger und fertiger, aber noch nicht abgesetzter Produkte ergeben. Leistungen dieser Gruppe reagieren auf Beschäftigungsänderungen genau wie die Kosten, mit denen sie übereinstimmen. Bezüglich dieser Gruppen genügt also ein Verweis auf die vorangegangene Darstellung von Kostenverläufen bei Beschäftigungsänderungen.

Die zweite Gruppe der Leistungen, in der diejenigen Gütererstellungen zusammengefasst werden, deren Bewertung auf den Preisen des Absatzmarktes basiert (pagatorische Leistungen oder Erlöse), bedarf einer gesonderten Analyse. In diese Gruppe fallen die Leistungen bzw. Erlöse aufgrund erstellter Absatzprodukte. Ob die Erstellung mit dem Absatz der Produkte schon endgültig abgeschlossen ist, bleibt hierbei offen.

Die folgenden Beispiele für Erlösverläufe sollen lediglich einige typische Verläufe aufzeigen. Analog zu den Kosten ist auch bei den Erlösen zwischen dem Gesamterlös E für alle

Produkteinheiten einer Produktart **(Umsatz- oder Erlösfunktionen)** und dem **Stückerlös** pa pro erstellter Produkteinheit **(Preisabsatzfunktion,** vgl. Gutenberg 1984, S. 181 ff.; Haberstock 1982, S. 35 ff.) zu unterscheiden mit:

$$pa = \frac{E}{x}.$$

1) **Proportionaler Erlös:** Der Gesamterlös E nimmt mit steigender Ausbringungsmenge x proportional zu, er steigt im gleichen Verhältnis wie die Ausbringungsmenge. Der Stückerlös pa bleibt unabhängig von der Ausbringungsmenge konstant.

Proportionale Erlöse ergeben sich, wenn ein Unternehmen für jede Einheit einer Produktart den gleichen Preis erhält.

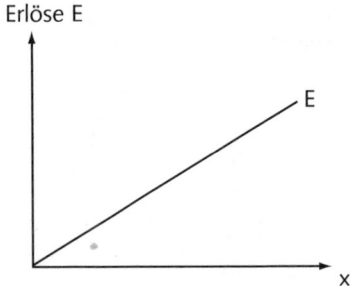 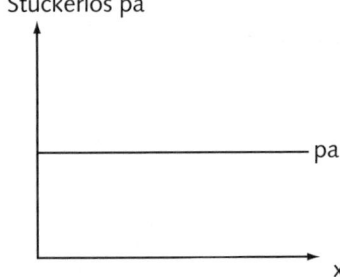

Abb. 27: Proportionale Erlöse

2) **Abschnittsweise proportionaler Erlös:** Der Gesamterlös E nimmt innerhalb von Intervallen mit steigender Ausbringungsmenge proportional zu, von Intervall zu Intervall nehmen die Steigerungsraten aber ab. Da die Gesamterlöse in allen Intervallen linear homogen verlaufen (graphisch äußert sich das darin, dass alle Abschnitte der Erlöskurve auf Geraden durch den Ursprung liegen), ergeben sich an den Intervallgrenzen (x_1 oder x_2) Unstetigkeitsstellen. Der Stückerlös pa verläuft abschnittsweise konstant, wobei die Höhe der Stückerlöse von Abschnitt zu Abschnitt sinkt.

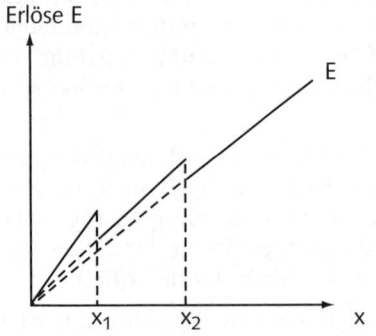 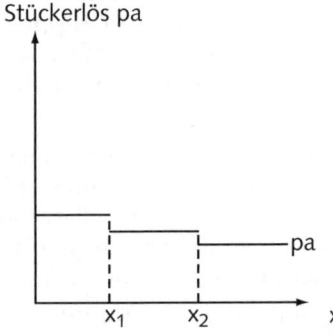

Abb. 28: Abschnittsweise proportionale Erlöse

Abschnittsweise proportionale Erlöse erzielt z.B. ein Unternehmen von einem Kunden, das seine Produkte unter Gewährung von gestaffelten Mengenrabatten verkauft, also beispielsweise bis zur Ausbringungsmenge x_1 keinen Rabatt einräumt, von der Menge x_1 bis zur Menge x_2 ($x_1 < x_2$) einen Rabatt von 10 % gewährt und bei Ausbringungsmengen über x_2 hinaus sogar 20 % Rabatt zubilligt.

3) Fixer Erlös: Der Gesamterlös E bleibt bei Veränderung der Ausbringungsmenge konstant. Der Stückerlös pa nimmt mit steigender Ausbringungsmenge stark ab und nähert sich bei sehr großer Ausbringungsmenge dem Wert Null.

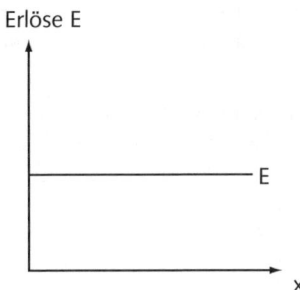 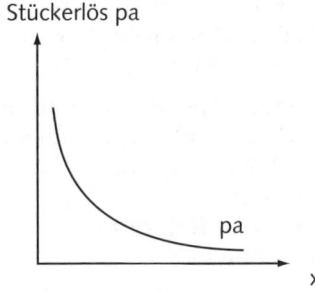

Abb. 29: Fixe Erlöse

Fixe Gesamterlöse entstehen z.B. in einer Bar, die ihren Kunden für einen Festpreis erlaubt, so viel zu trinken, wie sie wollen. Auch die monatlichen Gebühren für einen Telefonanschluss bringen den Netzbetreibern fixe Gesamterlöse bezüglich der Grundgebühr. Sieht man als Ausbringungsmengen die zur Verfügung gestellten Getränke bzw. die möglichen Telefongespräche (gemessen in Zeiteinheiten) an, so sind offensichtlich die Gesamterlöse der Bar für eine feste Zahl von Kunden und die Gesamterlöse der Netzbetreiber bezüglich der Grundgebühr für eine feste Zahl von Kunden in Abhängigkeit der jeweiligen Ausbringungsmenge fix. Solche fixen Erlöse, die bei Änderungen der Kundenzahlen variieren, unterscheiden sich grundsätzlich nicht von den fixen Kosten. Denn fixe Kosten sind ebenfalls, z.B. durch Anpassungen von Personal- oder Maschinenbeständen, veränderbar, also nie absolut fix.

Wenn sich die Gesamterlöse eines Unternehmens, wie z.B. die Erlöse der Netzbetreiber für Telefonnutzungen, aus verschiedenen Komponenten zusammensetzen, kann es notwendig sein, sie analog zu den Gesamtkosten als Summe aller Erlösarten eines Unter-

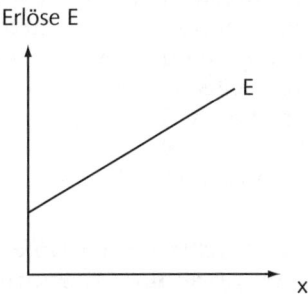 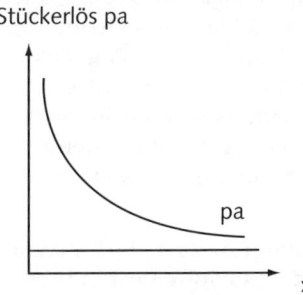

Abb. 30: Fixe und proportionale Erlöse

nehmens auszuweisen. Abbildung 30 zeigt Erlösverläufe, bei denen sich die Erlöse eines Unternehmens – wie etwa die der Netzbetreiber für Telefonnutzungen – aus fixen und proportionalen Erlösbestandteilen zusammensetzen.

2 Zurechnungsprinzipien und Gliederung der Kosten und Leistungen nach der Form der Zurechnung

a) Zurechnungsprinzipien

Damit die Kostenrechnung ihre Aufgaben erfüllen kann, müssen Kosten erfasst und einzelnen **Kalkulationsobjekten** (auch als **Bezugsobjekte** oder als **Zurechnungsobjekte** bezeichnet) wie z.B.

- **Kostenträgern,** d.h. unfertigen oder fertigen Gütern (Produkten) sowie ausschließlich zum innerbetrieblichen Verbrauch bestimmten Leistungen,
- **Produktgruppen,**
- **Kunden,**
- **Kostenstellen oder**
- **Perioden**

zugeordnet (zugerechnet) werden. Sowohl zur Erfassung als auch zur Zuordnung von Kosten werden **Zurechnungs-** oder **Zuordnungsprinzipien** benötigt, d.h. grundsätzliche Vorgehensweisen bei der Kostenzurechnung.

Die Notwendigkeit von Zuordnungsprinzipien für die Kostenerfassung mag überraschen. Sie ergibt sich aber daraus, dass einige Güterverbräuche von sich aus mehrere Perioden betreffen, Kosten aber gemäß ihrer Definition stets auf eine Periode bezogen sind („bewerteter, sachzielbezogener Güterverzehr *einer* Periode"). So kann genau genommen etwa bei Nutzung einer Anlage der Verzehr lediglich den Perioden gemeinsam zugerechnet werden, in denen die Anlage zur Verfügung stand. Soll allerdings die Anlagennutzung Ausdruck in Kosten finden, so müssen jeweils die bewerteten Anteile am Verzehr isoliert werden, die einzelnen Perioden zuzurechnen sind. Kostenerfassung bedeutet in diesem Fall also zugleich Zurechnung von Teilen des bewerteten Gesamtverzehrs der Anlage auf einzelne Abrechnungsperioden.

Es liegt nahe, beim Versuch der Zuordnung von Kosten zu Perioden, zu Kostenstellen und zu Kostenträgern auf das in der Kostendefinition enthaltene Begriffsmerkmal der **Sachzielbezogenheit** zurückzugreifen, das die Entstehung von Kosten an die Erstellung sachzielbezogener Güter bindet. Wenn Kosten allein durch den Güterverzehr zur Erstellung sachzielbezogener Güter anfallen, müsste die Möglichkeit bestehen, die Kosten auch demjenigen sachzielbezogenen Produkt zuzuordnen, für dessen Erstellung der jeweilige Güterverzehr angefallen ist. Ferner sollte eine Zuordnung von Kosten zu allen Produkten einer Kostenstelle und damit zu einer Kostenstelle oder zu allen Produkten einer Periode möglich sein. Bedauerlicherweise können aber zwischen dem sachzielbezogenen Güterverzehr einerseits und der Gütererstellung andererseits verschiedenartige Verbindungen bestehen, was unterschiedliche Grundlagen für die Zurechnung erfordert.

Die Zurechnung erscheint problemlos zu sein, wenn sachzielbezogener Güterverzehr durch die Erstellung bestimmter, sachzielbezogener Güter **ursächlich hervorgerufen** wird. Daran knüpft das **Kostenverursachungsprinzip** oder **Verursachungsprinzip** an. Verursachungsgerecht kann bewerteter Güterverzehr beispielsweise einem Produkt (Kostenträger) immer dann zugerechnet werden, wenn der Verzehr durch die Herstellung dieses Produkts in dem Sinne ursächlich hervorgerufen wurde, dass ohne die Herstellung des Produkts der Verzehr vermieden worden wäre. Diese Bedingung ist z.B. für die bei der Kraftfahrzeugproduktion anfallenden Kosten für Karosseriebleche, Tachometer oder Reifen erfüllt. Dabei wird angenommen, dass diese Materialien und Teile, soweit sie vom Unternehmen bereits gekauft oder fest bestellt wurden, beim Verzicht auf die Produktion des betrachteten Automobils weiterhin – etwa für andere Automobile – nutzbar bleiben und somit nicht wertlos werden.

Das Verursachungsprinzip besitzt für die Kostenzurechnung einen großen Vorzug. Es beinhaltet eine **hervorragende Rechtfertigung** für die Kostenzurechnung, weil die mit seiner Hilfe zugerechneten Kosten nur dann entstehen, wenn das Zurechnungsobjekt realisiert wird, weil also zwischen Kosten und Zurechnungsobjekt in der Tat sehr enge Verbindungen bestehen.

Verursachungsgerecht lassen sich Kosten nicht immer denjenigen Objekten zurechnen, die in der Kostenrechnung regelmäßig betrachtet werden, nämlich insbesondere Kostenträgern, aber auch Kostenstellen und sogar Perioden. So wird ein Großteil der Kosten durch die Nutzung von Gütern hervorgerufen, die aus Entscheidungen über die Bereitstellung von Potenzialfaktoren als mehrfach nutzbare Güter resultieren, wie etwa die Gründung eines Unternehmens, den Kauf von Anlagen und Gebäuden oder die Einstellung von Arbeitskräften. Durch derartige Entscheidungen werden in Form von Nutzungspotenzialen die Voraussetzungen dafür geschaffen, sachzielbezogene Güter herstellen zu können. Offensichtlich führt der mit der tatsächlichen Nutzung dieser Potenziale im Rahmen der sachzielbezogenen Gütererstellung einhergehende Potenzialverbrauch zu Kosten, allerdings entstehen zum Teil auch dann Kosten, wenn die Potenziale nicht in Anspruch genommen werden: Beispielsweise muss die durch die Einstellung eines Mitarbeiters bereitgestellte Arbeitszeit aufgrund von Kündigungsfristen auch dann bezahlt werden, wenn diese Arbeitszeit überhaupt nicht für Zwecke der sachzielbezogenen Gütererstellung in Anspruch genommen wird.

Solche Kosten, die zwar der Erstellung sachzielbezogener Güter dienen, jedoch auch dann anfallen, wenn auf die Produktion von Gütern verzichtet wird, können mangels eines unmittelbaren, ursächlichen Zusammenhangs zwischen Kostenentstehung und Produktion den Produkten nicht anhand des Verursachungsprinzips zugerechnet werden. Will man diese Kosten dennoch Kalkulationsobjekten zurechnen, kann dies unter Verwendung des **Beanspruchungsprinzips** erfolgen, dessen Grundidee darin besteht, Kosten entsprechend der Beanspruchung des zugrunde liegenden Güterverzehrs durch die Kalkulationsobjekte aufzuteilen. In diesem Sinne zielt das Beanspruchungsprinzip auf eine beanspruchungsgerechte Kostenzuordnung ab. Dieser Idee folgend, hängt beispielsweise der Umfang der den Kalkulationsobjekten zurechenbaren Kosten für die Arbeitszeit eines an der Produktion der Kalkulationsobjekte beteiligten Mitarbeiters von der Höhe des Lohns einerseits und von der Dauer der Bearbeitung der einzelnen Kalkulationsobjekte andererseits ab; analog könnten auch die Mindestlöhne und gegebenenfalls darüber hinausgehende Zusatzlöhne zugerechnet werden. Im Sinne einer beanspruchungsgerechten Zurechnung könnte es auch sein, die Mietkosten für ein Gebäude, das mehrere Kostenstellen beherbergt, nicht gleichmäßig auf alle Kostenstellen zu verteilen, sondern die Höhe der den einzelnen Kostenstellen zuzurechnenden Kosten proportional zur Raumgröße der Kostenstellen zu bestimmen. Zusätzlich ließe sich durch Gewichtung der Raumgrößen mit geeigneten Gewichten noch den eventuell unterschiedlichen Raumqualitäten (Tageslicht, Tragfähigkeit der Böden, Frischluftzufuhr u. Ä.) Rechnung tragen.

Mithilfe des Beanspruchungsprinzips können außerdem das Gehalt eines nur in einer Kostenstelle tätigen Meisters, die Lohnkosten eines nur in einer Kostenstelle arbeitenden Hilfsarbeiters oder die Kosten für die Schmiermittel einer in einer Kostenstelle installierten Maschine den in dieser Stelle erzeugten Produkten und damit dieser Kostenstelle direkt zugeordnet werden. Allen in einer Periode erzeugten Produkten gemeinsam und damit einer Periode lassen sich auf der Grundlage des Beanspruchungsprinzips etwa Zinskosten oder die Versicherungsprämie für eine Betriebs-Unterbrechungsversicherung direkt zurechnen. (Von den Zinsen und Versicherungsprämien muss dabei allerdings angenommen werden, dass sie für jede Abrechnungsperiode gesondert und unabhängig erhoben werden.)

Da dem Beanspruchungsprinzip eine hohe Bedeutung zukommt, soll seine Anwendung durch ein Beispiel weiter veranschaulicht werden. Zusätzlich soll im Rahmen des Beispiels die Problematik der Kosten für ungenutzte Ressourcen, der so genannten **Leerkosten,** angeschnitten werden.

Beispiel:

Ein Unternehmen produziert die vier Produkte V, W, X und Y. Man stehe nun vor dem Problem, die zeitmäßigen Abschreibungen a der Periode für eine Maschine auf die Produkte aufzuteilen. Die Maschine werde ausschließlich durch die Produkte X und Y genutzt. Eine theoretisch denkbare Möglichkeit der Kostenzurechnung bestünde nun darin, sowohl X als auch Y die zeitmäßigen Abschreibungen in voller Höhe anzulasten. In diesem Fall würde allerdings

$$\sum_{n=V}^{Y} K_n = 2 \cdot a > a, \text{ mit } K_V = K_W = 0,$$

gelten. Es käme zu einer Doppelverrechnung von Kosten, was nicht im Sinne einer beanspruchungsgerechten Zurechnung sein kann.

Eine beanspruchungsgerechte Zurechnung setzt vielmehr die Kenntnis darüber voraus, wie sich die Betriebszeit der Maschine auf X und Y verteilt. Werden etwa 1/3 der Betriebszeit zur Produktion von X und 2/3 zur Produktion von Y benötigt, so entspricht es dem Grundgedanken einer beanspruchungsgerechten Verrechnung, dem Produkt X Abschreibungen in Höhe von $K_X = \dfrac{1}{3} \cdot a$ und dem Produkt Y Abschreibungen von $K_Y = \dfrac{2}{3} \cdot a$ anzulasten.

Liegt im vorliegenden Beispiel die zur Produktion von X und Y insgesamt genutzte Betriebszeit B unterhalb der verfügbaren Kapazität (maximale Betriebszeit $\bar{B}$), so kommt es durch die beschriebene Anwendung des Beanspruchungsprinzips zu einer Zurechnung von Kosten, ohne dass die hinter diesen Kosten stehenden Ressourcen tatsächlich vollständig in Anspruch genommen wurden – den Kostenträgern werden Leerkosten zugerechnet, wobei die Leerkosten durch Multiplikation des Anteils ungenutzter Kapazität mit den Fixkosten resultieren, d.h. im vorliegenden Fall

$$K_L = \left(1 - \frac{B}{\bar{B}}\right) \cdot a.$$

Bezeichnet man den verbleibenden Anteil der Fixkosten als **Nutzkosten,** hier

$$K_N = \frac{B}{\overline{B}} \cdot a,$$

so ergibt sich die in Abbildung 31 dargestellte Situation.

Leer- und Nutzkosten

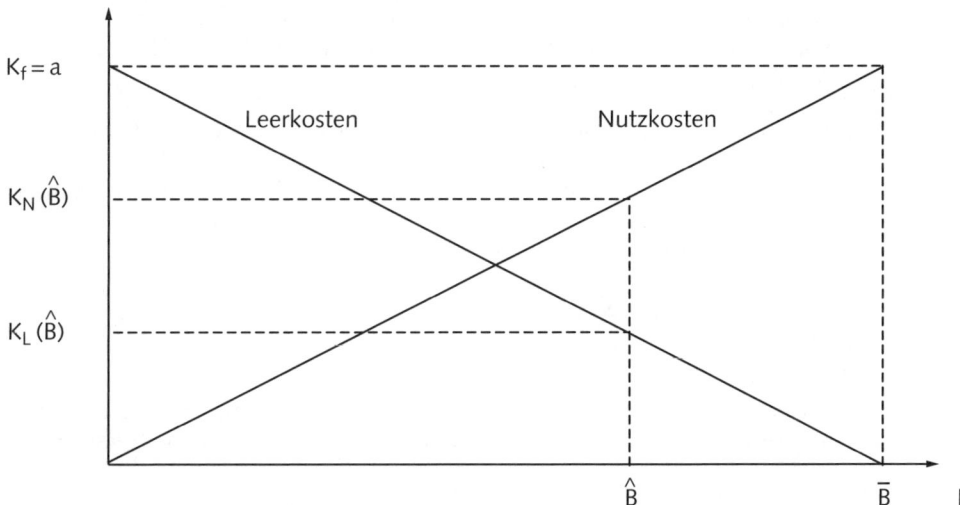

Abb. 31: Leer- und Nutzkosten

Für eine beliebige Betriebszeit $\hat{B}$ gilt offensichtlich

$$K_L(\hat{B}) + K_N(\hat{B}) = a.$$

Die Zurechnung von Leerkosten ist vermeidbar, wenn man den Anteil ungenutzter Kapazität kennt. Dann lässt sich der auf die ungenutzte Kapazität entfallende Fixkostenanteil vor Anwendung des Beanspruchungsprinzips herausrechnen. Werden im Beispiel

etwa nur $\frac{B}{\overline{B}} = 80\%$ der verfügbaren Kapazität genutzt, so könnte man den Produkten

lediglich die Abschreibungen $K_X = \frac{1}{3} \cdot 0{,}8 \cdot a$ bzw. $K_Y = \frac{2}{3} \cdot 0{,}8 \cdot a$ anlasten.

Auch bei einer Auslastung < 100 % muss die Verrechnung des vollen Abschreibungsbetrags allerdings keineswegs unsinnig sein, im Gegenteil: Zum einen muss stets der Rechnungszweck der Kalkulation berücksichtigt werden, zudem sollte der **„Charakter der Leerkosten"** analysiert werden – Leerkosten, die darin begründet sind, dass die nicht vollständige Nutzung der Maschinenkapazität problemlos hätte vermieden werden können, sind sicherlich anders zu behandeln als Leerkosten, die unvermeidbar sind.

Schließlich sei auch die Möglichkeit genannt, die Leerkosten zwar nicht den einzelnen Produkten, wohl aber der Produktgruppe X,Y als **neuem Kalkulationsobjekt** zuzurechnen. Für die der Produktgruppe X,Y angelasteten Abschreibungen gilt dann

$$K_{XY} = \underbrace{K_X + K_Y}_{K_N} + K_L = \frac{1}{3} \cdot 0,8 \cdot a + \frac{2}{3} \cdot 0,8 \cdot a + 0,2 \cdot a = a.$$

Die Zurechnung der Leerkosten wird damit gleichsam im Rahmen eines übergeordneten Zurechnungsproblems der **Produktgruppenebene** beanspruchungsgerecht gelöst.

Das Verursachungs- und das Beanspruchungsprinzip sind im Allgemeinen nicht in der Lage, das Zurechnungsproblem vollständig zu lösen. Daher existieren weitere Zurechnungsprinzipien. Bei Anwendung des **Kostentragfähigkeitsprinzips,** das insbesondere bei der Kalkulation von Kuppelprodukten verwendet wird (vgl. S. 152), hängt die Zurechnung von Absatzpreisen ab, also von Wertgrößen wie Erlös oder Erfolg.

Fortsetzung des Beispiels:

Im Rahmen des obigen Beispiels sollen annahmegemäß für die vier Produkte Erlöse in Höhe von E_V, E_W, E_X und E_Y anfallen. Bezeichnet man mit $E = \sum\limits_{n=V}^{Y} E_n$ den Gesamterlös, so entspricht die Aufteilung des Abschreibungsbetrages

$$K_n = \frac{E_n}{E} \cdot a \text{ für } n = V, W, X, Y$$

dem Kostentragfähigkeitsprinzip.

Mit den beiden Produktgruppen V, W und X, Y erhält man für die Lösung des Zurechnungsproblems auf der Produktgruppenebene über das Kostentragfähigkeitsprinzip

$$K_{V,W} = \frac{E_V + E_W}{E} \cdot a \text{ und } K_{X,Y} = \frac{E_X + E_Y}{E} \cdot a.$$

Wie die beiden obigen Beispiele zeigen, ist dem Beanspruchungs- und dem Tragfähigkeitsprinzip in struktureller Hinsicht gemein, dass ein Kostenblock K proportional zu einer **Bezugsgröße** aufgeteilt wird:

$$K_i = \frac{b_i}{\sum\limits_{i=1}^{I} b_i} \cdot K = b_i \cdot \frac{K}{\sum\limits_{i=1}^{I} b_i}, \text{ mit}$$

K: zu verteilende Kosten
K_i: Kalkulationsobjekt i zugerechnete Kosten
b_i: gesamte Bezugsgrößenmenge des Kalkulationsobjektes i
I: Anzahl der Kalkulationsobjekte.

Dieses grundsätzliche Vorgehen der Zurechnung bezeichnet man als **Durchschnittsprinzip**. Beanspruchungs- und Kostentragfähigkeitsprinzip stellen in der Regel konkrete Ausgestaltungsmöglichkeiten dieser Vorgehensweise dar, die ja noch nichts über die anzuwendenden **Schlüsselgrößen** sagt.

Eine verursachungsgerechte Zurechnung ist stets auch beanspruchungsgerecht, das Verursachungsprinzip kann somit als ein Spezialfall des Beanspruchungsprinzips aufgefasst werden. Ebenso stellen das Beanspruchungs- und das Kostentragfähigkeitsprinzip Spezialfälle des Durchschnittsprinzips dar, **wenn man sie über die Proportionalisierung mittels geeigneter Schlüssel umsetzt** (vgl. Abbildung 32).

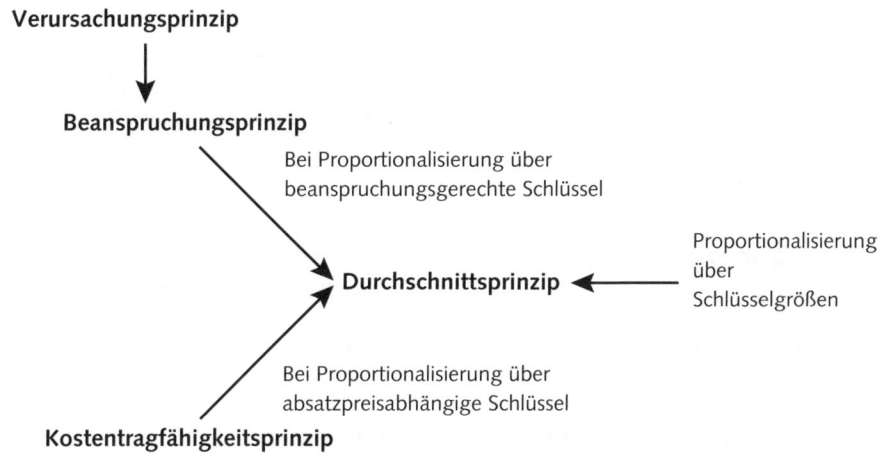

Abb. 32: Zurechnungsprinzipien und ihre Verbindungen

In der **Leistungsrechnung** kommt den am Beispiel der Kostenrechnung entwickelten Zurechnungsprinzipien ebenfalls Bedeutung zu. Soweit sachzielbezogene Gütererstellungen einer Periode mit den zu ihrer Erstellung aufgewendeten Kosten bewertet werden, ist ihre Bedeutung offensichtlich. Die Prinzipien, welche der Zurechnung von Kosten zu sachzielbezogenen Gütererstellungen zugrunde liegen, beeinflussen notwendigerweise auch diesen Teil der Leistungsrechnung.

Am Beispiel der Erlösrechnung als Leistungsrechnung, die sich aus der Bewertung sachzielbezogener Gütererstellungen mit Preisen des Absatzmarktes ergibt, soll die Bedeutung von Zurechnungsprinzipien ebenfalls nachgewiesen werden. Wenn bei konstanten Preisen für Absatzprodukte der zusätzliche Absatz einer Produkteinheit zu einer Erhöhung der Erlöse des Unternehmens führt, kann diese Erlössteigerung der erstellten Produkteinheit und somit der erstellten Produktart direkt zugerechnet werden. Denn diese Erlössteigerung ist durch den zusätzlichen Absatz des Produktes verursacht worden, so dass ohne diesen Absatz (ohne Gütererstellung) die Erlössteigerung nicht eingetreten wäre **(Verursachungsprinzip)**. Nicht immer sind jedoch die Erlöse verschiedener Absatzprodukte voneinander unabhängig. Beispielsweise erzielt ein Unternehmen, das verschiedene Werkzeuge herstellt und sie zusammen in Werkzeugkästen veräußert, nur Erlöse für Produktbündel. Auch Erlösminderungen, wie beispielsweise Boni, die einem Kunden in Abhängigkeit von dem während einer Periode mit ihm erreichten Umsatz gewährt werden (ebenfalls Treue- oder Umsatzrabatte) können für verschiedene Produktarten gemeinsam anfallen. In diesen Fällen lassen sich Erlöse bzw. Erlösminderungen den einzelnen Produktarten nicht verursachungsgerecht zuordnen, weil die einzelnen Produktarten diese Erlöse (Erlösminderungen) nicht hervorgerufen haben. Die Produkte haben das Entstehen von Erlösen nur gemeinsam verursacht. Für die Zurechnung solcher Erlöse (oder Erlösminderungen) bedient man sich des Durchschnittsprinzips. Häufig werden dabei keine beanspruchungsgerechten Schlüsselgrößen angewendet.

Beispiel:

Die beiden Produkte X und Y eines Unternehmens lassen sich nur als Bündel absetzen. Insgesamt kann hierdurch ein Erlös in Höhe von E erzielt werden. Werden nun X und Y Kosten in Höhe von K_X bzw. K_Y zugerechnet, so lässt sich die Erlösaufteilung

$$E_X = \frac{K_X}{K_X + K_Y} \cdot E \text{ und } E_Y = \frac{K_Y}{K_X + K_Y} \cdot E$$

durch das Tragfähigkeitsprinzip begründen. Dabei wird im vorliegenden Beispiel der Erlös E für das Bündel X, Y so aufgeteilt, dass die Einzelprodukte im Sinne einer identischen Gewinnmarge von $\frac{E - K}{K}$ gleich erfolgreich sind.

b) Gliederung der Kosten nach der Form ihrer Zurechnung

Eine strenge und konsequente Gliederung der Kosten nach der Form ihrer Zurechnung auf einzelne Kalkulationsobjekte unter Bezugnahme auf das Verursachungsprinzip führt zu zwei Kostengruppen. Zur ersten Gruppe gehören nur **(strenge) Einzelkosten** als diejenigen Kosten, die durch genau ein Kalkulationsobjekt verursacht werden und sich diesem direkt zurechnen lassen. Alle übrigen Kosten bilden im Rahmen dieser Gliederung bezogen auf das jeweilige Kalkulationsobjekt **Gemeinkosten (im strengen Sinne)** und fallen somit in die zweite Kostengruppe.

Eine solche strenge Trennung ist allerdings nicht kennzeichnend für die traditionelle Istkostenrechnung und die daraus abgeleitete Normalkostenrechnung. Im Rahmen dieser Rechnungen greift man bei der Gliederung der Kosten nach der Form ihrer Zurechnung zu Kostenstellen oder Kostenträgern zwei Kriterien auf. Zunächst wird gefragt, ob Kosten einer Kostenstelle oder einem Kostenträger zurechenbar sind, weil sie von den Gütern genau einer Kostenstelle bzw. von genau einem Kostenträger beansprucht werden. Bei diesen Kosten handelt es sich dann um Einzelkosten (nach der weiten Definition). Kosten, die nicht beanspruchungsgerecht genau einem Kalkulationsobjekt zugerechnet werden können, besitzen damit echten Gemeinkostencharakter.

Unter den **direkt zurechenbaren Kosten** befinden sich jedoch Kosten, bei denen eine direkte Zurechnung aufgrund direkter Erfassung **nicht lohnt**, obwohl sie prinzipiell möglich ist. Bezüglich der Zurechnung zu Kostenstellen handelt es sich hierbei beispielsweise um Strom- oder Heizungskosten, deren Mengenkomponenten durch gesonderte (Strom-) Zähler bzw. Kalorienmesser in jeder Kostenstelle direkt erfasst werden könnten, die aber zwecks Einsparung hoher Kosten für die zur Erfassung erforderlichen Messeinrichtungen meist nach dem Durchschnitts- bzw. Beanspruchungsprinzip auf der Basis der installierten kW bzw. der Größe der Heizkörper verteilt werden. Bezüglich der Zurechnung zu Kostenträgern fallen hierunter z.B. die Kosten für Kleinteile wie Schrauben, Nägel, Nieten oder Farbe, bei denen man den Fehler bei einer Schlüsselung nach dem Durchschnittsprinzip auf der Grundlage etwa der den Kostenträgern direkt zugerechneten Kosten oder der gesamten Produktionsmenge für weniger wichtig hält als die zusätzlichen Kosten für eine möglichst genaue, direkte Erfassung und somit direkte Zurechnung (Prinzip der **Wirtschaftlichkeit der Kostenrechnung**). Ein zweites Kriterium trennt also die direkt zurechenbaren Kosten in solche, bei denen von der Möglichkeit einer direkten Zurechnung Gebrauch gemacht wird (diese Kosten haben **Ein-**

zelkostencharakter), und solche, bei denen meist aus Gründen der Wirtschaftlichkeit der Kostenrechnung dies nicht geschieht (diese Kosten besitzen **unechten Gemein-kostencharakter**).

Die herausgearbeiteten möglichen Eigenschaften von Kosten sind **relative Eigenschaften,** und zwar relativ bezogen auf die verschiedenen möglichen Bezugsobjekte. Tabelle 7 soll die **Relativität von Einzel- und Gemeinkosten** vor dem Hintergrund von Kostenträgern, Kostenstellen und Perioden verdeutlichen.

Wie das Beispiel des Gehalts eines nur in einer Kostenstelle tätigen Meisters zeigt, das zugleich unter die Kostenstelleneinzelkosten und unter die (echten) Gemeinkosten einzuordnen ist, überschneiden sich die dargestellten Gliederungskriterien. Da Kostenträgereinzelkosten unmittelbar den absatzbestimmten Kostenträgern zugeordnet werden können, wird **in der Regel** auf ihre Zurechnung auf Kostenstellen, in denen sie gefertigt werden – obwohl grundsätzlich möglich – verzichtet. Die Zurechnung der Kostenträgereinzelkosten auf Kostenstellen ist nämlich überflüssig, soweit die Stellen dazu dienen sollen, die ihnen angelasteten Kosten auf die Kostenträger zu überwälzen. Für die Kontrollrechnung ist jedoch eine Zurechnung zu empfehlen. Kostenstellen sollen daher zunächst nur echte und unechte Kostenträgergemeinkosten zugeordnet werden, wobei diese Gemeinkosten teilweise den Kostenstellen direkt zurechenbare und direkt zugerechnete Kosten (Kostenstelleneinzelkosten) sind, teilweise aber auch nur mithilfe des Durchschnittsprinzips auf die Kostenstellen verteilt werden können (echte und unechte Kostenstellengemeinkosten).

c) Gliederung der Leistungen (Erlöse) nach der Form ihrer Zurechnung

Die Gliederung der Leistungen nach der Form ihrer Zurechnung beschränkt sich auf diejenigen Leistungen, die sich aus der Bewertung absatzbestimmter Produkte mit Marktpreisen ergeben (Erlöse). Als Objekte der Zurechnung sollen wie bei den Kosten nicht nur Kostenträger berücksichtigt werden. Vielmehr können auch **Erlösstellen,** definiert als Gruppen von Produktarten, als räumlich-geographische Teilmärkte, als Zusammenfassungen bestimmter Kundengruppen (Großkunden, Kleinkunden) oder als Repräsentanten für die verschiedenen Absatzwege (z.B. über Versandhandel, über Großhandel, über Einzelhandel) und Perioden, weitere wichtige Kalkulationsobjekte sein.

Analog zu der Gliederung von Kosten in (strenge) Einzelkosten und Gemeinkosten soll als Gliederungskriterium lediglich das **Verursachungsprinzip** dienen. Mit dem Begriff „einzel" werden daher nur solche Erlöse gekennzeichnet, die einem Bezugsobjekt wie z.B. Mengeneinheiten einer abgesetzten Produktart oder einer Gruppe von abgesetzten Produktarten oder allgemein einer Erlösstelle, die etwa alle auf einem räumlich-geographischen Teilmarkt abgesetzten Produkte zusammenfasst, direkt zuzurechnen sind, weil sie allein von diesem Bezugsobjekt verursacht werden, wobei hier unterstellt wird, dass sie auch direkt zugerechnet werden. Alle übrigen Erlöse oder Erlösschmälerungen, die sich Produkten oder Produktgruppen nicht verursachungsgerecht zurechnen lassen, erhalten bezogen auf das jeweilige Bezugsobjekt den Begriff „gemein" (zu einer möglichen Einteilung der Gemeinerlöse in echte und unechte Gemeinerlöse vgl. Riebel 1994, S. 763).

Tab. 7: Definitionen und Beispiele für Einzel- und Gemeinkosten verschiedener Bezugsgrößen

Kostencharakter / Bezugsgröße	Kosten mit Einzelkostencharakter	Kosten mit unechtem Gemeinkostencharakter	Kosten mit echtem Gemeinkostencharakter
Kostenträger	*Einzelkosten* (den absatzbestimmten Kostenträgern direkt zurechenbare und auch direkt zugerechnete Kosten)	*unechte Gemeinkosten* (den absatzbestimmten Kostenträgern direkt zurechenbare, aber nicht direkt zugerechnete Kosten)	*echte Gemeinkosten* (den absatzbestimmten Kostenträgern nicht direkt zurechenbare Kosten)
	Beispiel: reine Akkordlöhne (ohne Zusatz- oder Mindestlöhne) für ein Produkt; Kosten für wertvolle Bauteile, die in das Produkt eingebaut werden	Beispiel: Kosten für geringwertige Teile wie Schrauben, Nägel und Nieten	Beispiel: Gehalt eines Meisters
Kostenstellen	*Kostenstelleneinzelkosten* (den Kostenstellen direkt zurechenbare und auch direkt zugerechnete Kosten)	*unechte Kostenstellengemeinkosten* (den Kostenstellen direkt zurechenbare, aber nicht direkt zugerechnete Kosten)	*echte Kostenstellengemeinkosten* (den Kostenstellen nicht direkt zurechenbare Kosten)
	Beispiel: Gehalt eines nur in einer Kostenstelle tätigen Meisters	Beispiel: Kosten für Strom	Beispiel: Mietkosten für ein Gebäude, das mehrere Kostenstellen beherbergt
Perioden	*Periodeneinzelkosten* (den Perioden direkt zurechenbare und auch direkt zugerechnete Kosten)	*unechte Periodengemeinkosten* (den Perioden direkt zurechenbare, aber nicht direkt zugerechnete Kosten)	*echte Periodengemeinkosten* (den Perioden nicht direkt zurechenbare Kosten)
	Beispiel: Löhne, Gehälter, Rohstoffverbräuche und Zinsen	Beispiel: Kosten aus Mietverträgen für mehrere Perioden, wobei Miete und Nebenkosten aus Vereinfachungsgründen nach dem Durchschnittsprinzip auf die Perioden verteilt werden	Beispiel: zeitabhängige Abschreibungen

Eine Gliederung der Erlöse (Erlösschmälerungen) führt dann zu folgenden Erlösgruppen:

1) **Einzelerlöse** sind den Produkten einer Art (nur auf Basis des Verursachungsprinzips) direkt zurechenbare (und auch direkt zugerechnete) Erlöse; Beispiel: Erlös aus dem Verkauf eines Produktes mit konstantem, unabhängig von anderen Produkten allein für dieses Produkt zu erzielendem Preis.

2) **Gemeinerlöse** sind den Produkten einer Art (nur auf Basis des Verursachungsprinzips) nicht direkt zurechenbare Erlöse; Beispiele: Erlöse für einen Werkzeugkasten sowie um Boni verminderte Erlöse.

Bezogen auf Erlösstellen als Bezugsobjekte ergeben sich folgende Erlösgruppen:

1) **Stelleneinzelerlöse** sind den in einer Erlösstelle zusammengefassten Produkten (nur auf der Basis des Verursachungsprinzips) direkt zurechenbare Erlöse; Beispiele im Fall einer räumlich-geographischen Erlösstelle: Erlöse aus allen (kleinen und großen) Aufträgen eines Kunden auf einem räumlich-geographischen Marktsegment sowie um Boni verminderte Erlöse des Kunden.

2) **Stellengemeinerlöse** sind den in einer Erlösstelle zusammengefassten Produkten (nur auf der Basis des Verursachungsprinzips) nicht direkt zurechenbare Erlöse; Beispiel im Fall einer räumlich-geographischen Erlösstelle: Erlöse aus Gesamtaufträgen verschiedener Unternehmen eines (eventuell multinationalen) Konzerns, der mit seinen Aktivitäten die Grenzen der räumlich-geographischen Marktsegmente überschreitet.

Wenn Perioden als Bezugsobjekte für die Erlöse gewählt werden, lautet die Einteilung:

1) **Periodeneinzelerlöse** sind den Perioden (nur auf der Basis des Verursachungsprinzips) direkt zurechenbare Erlöse, weil sie durch den Absatz von Produkten in dieser Periode verursacht sind; Beispiel im Fall des Kalenderjahres als Periode: Prämie, die eine Versicherung aus einer Sachversicherung für den Zeitraum 1.1. bis 31.12. erhält.

2) **Periodengemeinerlöse** sind den Perioden (nur auf der Basis des Verursachungsprinzips) nicht direkt zurechenbare Erlöse, weil sie nicht allein durch den Absatz von Produkten dieser Periode verursacht sind; Beispiele im Fall des Kalenderjahres als Periode: Prämie aus einer Sachversicherung für den Zeitraum 1.7. bis 30.6., Abschlussgebühr für einen Bausparvertrag bei einer Bausparkasse.

d) Divisions- und Zuschlagsrechnung

In der Kostenrechnung kann aufbauend auf der Gliederung der Kosten in direkt zurechenbare und direkt zugerechnete, in direkt zurechenbare, aber nicht direkt zugerechnete, und in nicht direkt zurechenbare Kosten untersucht werden, wie sich die Kosten zusammensetzen, die einer Kostenstelle oder einem Kostenträger anzulasten sind (vgl. Conrads/Kloock 1973, S. 407 ff.). Werden alle Kosten nach Maßgabe des Durchschnittsprinzips auf ein Kalkulationsobjekt verteilt, so wird das als **Divisionsrechnung** bezeichnet. **Zuschlagsrechnungen** liegen demgegenüber dann vor, wenn einem Kalkulationsobjekt zuerst Einzel- bzw. Stelleneinzelkosten direkt und dann der verbleibende Gemeinkosten- bzw. Stellengemeinkostenanteil indirekt nach Maßgabe des Durchschnittsprinzips angelastet werden.

Bezüglich der Zurechnung von Kosten zu Kostenträgern (Kostenträgerstückrechnung, Kalkulation) besitzt diese Unterscheidung besondere Bedeutung. So basieren z.B. die beiden Hauptgruppen der Kalkulationsverfahren, die **Divisionskalkulation** und **Zuschlagskalkulation**, auf dieser Unterscheidung.

Im Rahmen der Leistungsrechnung als Erlösrechnung kann analog zur Kostenrechnung zwischen **Divisions-** und **Zuschlagsrechnung** unterschieden werden. Eine Divisionsrechnung wird in der Erlösrechnung immer dann angewendet, wenn einem Kalkulationsobjekt die Erlöse nicht direkt, sondern indirekt mithilfe des Durchschnitts- oder **Erlöstragfähigkeitsprinzips** zugeordnet werden. Sollen etwa den zusammen in einem Werkzeugkasten verkauften einzelnen Werkzeugen Erlöse zugeordnet werden, so kann das nur mithilfe der Divisionsrechnung geschehen, weil diese Werkzeuge keine Einzelerlöse erwirtschaften. Bei einer Zuschlagsrechnung hingegen ordnet man Bezugsobjekten zunächst Einzel- oder Stelleneinzelerlöse direkt zu (beispielsweise den Marktsegmenten die zugehörigen Stelleneinzelerlöse) und rechnet nur die dann noch verbleibenden Gemein- oder Stellengemeinerlöse auf die Kalkulationsobjekte (im Beispiel die Stellengemeinerlöse aus Gesamtaufträgen des die Marktgrenzen überschreitenden Konzerns) indirekt mithilfe des Durchschnittsprinzips zu.

3 Gliederung der Kosten nach der Herkunft der ihnen zugrunde liegenden verbrauchten Güter (primäre und sekundäre Kosten)

Die durch die Kosten erfassten Güter können vom Unternehmen selbst erstellt sein oder von außerhalb des Unternehmens beispielsweise von fremden Unternehmen stammen. Durch die **primären Kosten** wird der bewertete Verbrauch von solchen Gütern eines Unternehmens wiedergegeben, die Quellen außerhalb des Unternehmens, also seine Umwelt, zur Verfügung stellen. **Primäre Kosten** entstehen daher z.B. bei der Inanspruchnahme von Fremdreparaturen, fremd bezogenem Strom, Wasser und Gas sowie beim Verbrauch von fremd bezogenen Roh-, Hilfs- und Betriebsstoffen. Der Verbrauch der in Abbildung 4 auf S. 7 durch senkrecht gestrichelte Pfeile gekennzeichneten, vom Beschaffungsmarkt bezogenen Faktoren führt zu primären Kosten. **Sekundäre Kosten** erfassen den bewerteten Verbrauch von Gütern, die im Unternehmen selbst erstellt werden (innerbetriebliche Güter). Die Inanspruchnahme von Reparaturen durch eigene Reparaturabteilungen, von selbst erzeugtem Strom, Wasser und Gas sowie von eigenen Transportleistungen führt zu sekundären Kosten. Der Verbrauch der in Abbildung 4 auf S. 7 durch einfache durchgezogene Pfeile beschriebenen, in Kostenstellen gefertigten Güter bewirkt z.B. **sekundäre Kosten**.

Soweit diese sekundären Kosten (rein) beschaffungsmarktorientiert, also in Anlehnung an die Beschaffungsmarktpreise der für die Erstellung der innerbetrieblichen Güter verzehrten Produktionsfaktoren bewertet werden, sind sie letztlich nur eine jeweils spezifische Zusammenfassung primärer Kosten. Sollen in einer Kostenrechnung zunächst einmal alle in einer Periode entstandenen Kosten ohne Doppelzählungen erfasst werden, wie es in der Kostenartenrechnung geschieht, so muss diese auf die Wiedergabe der primären Kosten beschränkt bleiben. Eine Einbeziehung sekundärer Kosten, die sich aus bereits erfassten primären Kosten zusammensetzen, führt zu Doppelzählungen.

Aus Zweckmäßigkeitsgründen werden teilweise selbst erstellte innerbetriebliche Güter wie fremd bezogene Güter und somit ihr bewerteter Verzehr wie primäre Kosten behandelt. Bei einer erstellten Maschine z.B., die vom Unternehmen selbst zu Produktionszwecken übernommen, im Anlagevermögen aktiviert und während der späteren Jahre der Nutzung abgeschrieben wird, führen die die Nutzung ausdrückenden Abschreibungen zu Kosten, die als primäre Kosten in die Kostenrechnung einzubeziehen sind. Eine Doppelzählung der Kosten dieser selbst erstellten Anlage (als effektive Kosten im Jahr der Herstellung, als Abschreibung in den Jahren der Nutzung) wird dadurch vermieden, dass die Übernahme ins Anlagevermögen im Jahr der Übernahme als Leistung (bewertete Bestandszunahme) angesetzt wird, die die Kosten der Herstellung genau kompensiert.

G Systeme der Kosten- und Leistungsrechnung

Lernziel: *Sie sollen eine Übersicht der in diesem Buch dargestellten Systeme der Kosten- und Leistungsrechnung erhalten.*

Alle Systeme der Kosten- und Leistungsrechnung basieren auf Kosten als bewerteten sachzielbezogenen Verbräuchen von Gütern und auf Leistungen als bewerteten sachzielbezogenen Erstellungen von Gütern. Ansätze für Kosten und Leistungen sind jedoch aus verschiedenen Perspektiven möglich bzw. erforderlich.

1 Ist-, Normal- und Plankostenrechnungen

Zunächst kann versucht werden, die betrachteten Kosten aus den effektiv verbrauchten Verzehrsmengen abzuleiten und diese Mengen mit den effektiv beim Kauf dieser Faktoren bezahlten Preisen zu bewerten. Dieser Weg, Mengen- und Wertgerüst der Kosten weitgehend an dem tatsächlich abgelaufenen Wirtschaftsgeschehen zu orientieren, charakterisiert die ältesten Ansätze der Kostenrechnung, die **Istkostenrechnung.** Istkostenrechnungen können zugleich die Basis für die Entwicklung anderer Kostenrechnungssysteme bilden. In der Regel ist es üblich, Kostenrechnungen, bei denen zumindest das Mengengerüst weitgehend auf Istgrößen basiert, noch als Istkostenrechnungen zu bezeichnen.

Statt von den einzelnen, effektiv verbrauchten Mengen, bewertet mit den jeweils effektiv dafür bezahlten Preisen, auszugehen, kann man in der Kostenrechnung auch durchschnittlich in der Vergangenheit verbrauchte Mengen und durchschnittlich dafür entrichtete Preise ansetzen. Kostenrechnungen, die mit solchen durchschnittlichen oder normalisierten Kosten arbeiten, werden **Normalkostenrechnungen** genannt.

Letztlich kann man sich in der Kostenrechnung völlig von den in der Vergangenheit konkret stattgefundenen Verbräuchen und den historischen Preisen, ob effektiv angefallene oder durch Durchschnittsbildung normalisierte, lösen und mit geplanten, künftig erwarteten Verbrauchsmengen und geplanten Preisen rechnen. Die Zugrundelegung von Kosten, die auf Planungsüberlegungen basieren, kennzeichnet die **Plankostenrechnungen.**

2 Vollkosten- und Teilkostenrechnungen

Außer der Unterscheidung von Kostenrechnungssystemen anhand des Zeitbezugs des erfassten bewerteten Güterverzehrs (Ist-, Normal- und Plankostenrechnung) können Systeme der Kostenrechnung nach dem Kriterium des Umfangs der den einzelnen absatzbestimmten Kostenträgern zugerechneten Kosten in Vollkostenrechnungen und Teilkostenrechnungen eingeteilt werden.

Bei **Vollkostenrechnungen** ist man bestrebt, speziell den einzelnen absatzbestimmten Kostenträgern **sämtliche** Kosten der sachzielbezogenen Güterverbräuche zuzuordnen. Vollkostenrechnungen bleiben folglich nicht darauf beschränkt, den Kostenträgern diejenigen Kosten zuzurechnen, die durch ihre jeweilige Entstehung verursacht werden. Ihr Anliegen besteht auch darin, Kosten zuzuordnen, die in Verbindung mit der Erstellung anderer Kostenträger (teilweise sogar in verschiedenen Perioden und in verschiedenen Kostenstellen) angefallen sind. Vollkostenrechnungen sind wegen der Zurechnung **aller** Kosten zu den absatzbestimmten Kostenträgern durch Verwendung des Durchschnittsprinzips gekennzeichnet.

Bei Anwendung von **Teilkostenrechnungen** werden hingegen speziell den absatzbestimmten Kostenträgern nur Teile der insgesamt entstandenen Kosten zugerechnet. Sie beschränken sich beispielsweise auf die Zuordnung von solchen Kosten zu Kostenträgern, die bei Veränderung der Ausbringungsmenge von Produkten variieren (also nur variablen oder proportionalen Kosten) oder die durch die Produktion des jeweiligen absatzbestimmten Kostenträgers unmittelbar verursacht werden (also auf strenge Einzelkosten). Ist- und Normalkostenrechnungen werden in der zumeist praktizierten Form der Vollkostenrechnung dargestellt, so dass die wichtige Unterscheidung in Voll- und Teilkostenrechnungen erst im Rahmen der Plankostenrechnungssysteme relevant wird. Darüber hinaus lassen sich Vollkosten- und Teilkostenrechnungen nach einzelnen sachzielorientierten Unternehmens- bzw. Prozesstätigkeiten weiter klassifizieren (vgl. S. 139 ff.).

3 Erfolgsrechnungen als kombinierte Kosten- und Leistungsrechnungen

Die Ergänzung von Kostenrechnungssystemen um entsprechende Istleistungs- bzw. Planleistungsrechnungen als Erlösrechnungen (Normalleistungsrechnungen kommt keine Bedeutung zu, vgl. S. 205) führt zu **Isterfolgs- bzw. Planerfolgsrechnungssystemen.** Der Erfolg ergibt sich aus der Differenz der jeweilig angesetzten Leistungen und Kosten. Istleistungen basieren auf den effektiv erstellten Gütern und den effektiv beim Verkauf dieser Güter erzielten Preisen. Gegebenenfalls spricht man auch dann noch von Istleistungen, wenn zumindest dem Mengengerüst der Leistungen Istgrößen zugrunde liegen. Bei Planleistungen setzen sich die Leistungen aus den geplanten zu erstellenden Gütermengen und geplanten Absatzpreisen zusammen.

Erfolgsrechnungen können anhand der zugrunde liegenden Ist- oder Plangrößen sowie der zugerechneten Kosten (Teilkosten- oder Vollkostenrechnungen) gegliedert werden. (Eine Gliederung anhand der zugerechneten Erlöse [Erlösminderungen] in Teilerlös- und Vollerlösrechnungen ist in der Literatur nicht üblich.) Welches Erfolgsrechnungssystem zur Lösung von Kontroll- sowie Planungsaufgaben (gegebenenfalls auch Publikationsaufgaben) eingesetzt wird, hängt von den einzelnen Aufgaben sowie Wirtschaftlichkeitsüberlegungen bezüglich der Konzeption und des Einsatzes solcher Rechnungen ab. **Isterfolgsrechnungen auf der Basis von Vollkostenrechnungen** (vgl. Umsatzkostenverfahren auf S. 186 f.) dienen vielfach zur Lösung von Erfolgskontrollaufgaben (z.B. kurzfristige Erfolgsrechnung) oder zur Bereitstellung von Isterfolgen für Vergleiche zwischen Soll- und Isterfolgen. Für die Lösung von Planungsaufgaben werden meist **(Plan-)Erfolgsrechnungen auf der Basis von Teilkostenrechnungen** (in der Regel **[Plan-] Deckungsbeitragsrechnungen** genannt) herangezogen, wobei der jeweilige Teilkostenansatz von der zu lösenden Aufgabe und den jeweiligen Prämissen solcher Teilkostenrechnungssysteme abhängig ist.

Kosten- und Leistungsrechnungen – nach welchen Systemen auch immer konzipiert – müssen die ihnen übertragenen Aufgaben der **Kontrolle,** der **Planung** und somit der **Unterstützung von Entscheidungen** sowie der **Publikation** erfüllen können. Im Folgenden wird bei der Erörterung der einzelnen Kosten- und Leistungsrechnungssysteme zunächst angenommen, dass jedes System auf die Erfüllung aller dieser drei Aufgaben ausgerichtet ist. Diese Annahme erfordert nach der Darstellung eines jeden Systems, dieses System daraufhin kritisch zu untersuchen, inwieweit es den gestellten Aufgaben tatsächlich gerecht wird.

Kontrollfragen

1. Unternehmen dienen den an ihnen Beteiligten (Personen oder anderen Unternehmen) zur Realisation wirtschaftlicher Ziele. Durch welche Anreize und Beiträge sind Unternehmen mit diesen Stakeholdern verbunden?
2. Wie lassen sich Güter im Hinblick auf ihre Herkunft und Bestimmung aus der Sicht eines Unternehmens gliedern?
3. Was versteht man unter dem Begriff Rechnungswesen?
4. In welche Rechnungssysteme lässt sich das Rechnungswesen gliedern?
5. Für welche Aufgaben können die verschiedenen Rechnungssysteme des Rechnungswesens eingesetzt werden?
6. Wie lässt sich
   a) die beschaffungsmarktorientierte Bewertung und
   b) die absatzmarktorientierte Bewertung von Gütern charakterisieren?
7. Wodurch unterscheiden sich Auszahlungen und Einzahlungen von Ausgaben und Einnahmen?
8. Wie sind Kosten definiert?
9. Welche Bedingungen muss der Güterverzehr in einem Unternehmen erfüllen, damit er zu Kosten führt (damit er kostenwirksam ist)?
10. Was sind kalkulatorische Kosten und wie lassen sie sich unter Berücksichtigung ihres Verhältnisses zum Aufwand gliedern?
11. Was sind Leistungen?
12. Wie unterscheiden sich Leistung und Ertrag?
13. Welche Fälle sind zu unterscheiden, wenn man Kosten nach ihrem Verhalten bei Beschäftigungsänderungen gliedert, und wie können sich die Gesamtkosten sowie die Stückkosten in diesen Fällen entwickeln, wenn die Beschäftigung zunimmt?
14. Müssen sich Erlöse immer proportional zur Menge abgesetzter Produkte verhalten?
15. Welche Bedingungen muss ein Güterverzehr erfüllen, damit die daraus entstehenden Kosten gemäß dem Beanspruchungsprinzip einem Objekt zugerechnet werden können?
16. Welche Kosten und welche Erlöse dürfen nach dem Verursachungsprinzip einem Kostenträger zugerechnet werden?
17. Was sind
    a) Einzelkosten,
    b) unechte Gemeinkosten,
    c) (echte) Gemeinkosten?
18. Wodurch unterscheiden sich Divisions- und Zuschlagsrechnung?
19. Wie lassen sich Kosten unter Berücksichtigung der Herkunft der ihnen zugrunde liegenden verbrauchten Gütermengen gliedern?

Die Antworten zu den Kontrollfragen finden Sie auf den Seiten 299 ff.

II Istkosten- und Istleistungsrechnung

A Grundlegende Gestaltungskriterien der Istkosten- und Istleistungsrechnung

Lernziel: *Sie sollen die wenig einheitlichen Grundeigenschaften der Istkosten- und Istleistungsrechnung sowie die spezifischen Aufgaben aus dem allgemeinen Aufgabenkatalog (Kontrolle; Planung; Publikation) kennen lernen, auf die diese Rechnungen ausgerichtet sind.*

Istkosten- und Istleistungsrechnungen sind nicht streng an einem vorgegebenen und geschlossenen System von Gestaltungskriterien ausgerichtet und wurden dementsprechend nicht quasi „am Reißbrett konstruiert". Sie sind historisch gewachsen als praktikable Lösungen für verschiedene, im Zeitablauf erkennbar gewordene Probleme. Sie beinhalten dementsprechend eine Vielzahl von Kompromissen, die aufgrund der Heterogenität der Aufgaben sowie der Diskrepanz zwischen der Komplexität der Realität einerseits und dem Wunsch nach **Wirtschaftlichkeit** der Rechnung andererseits erforderlich wurden.

Was Istkosten- und Istleistungsrechnungen gegenüber anderen Kosten- und Leistungsrechnungen auszeichnet, lässt sich nicht eindeutig fixieren. Ausgehend von der Tatsache, dass sowohl Kosten als auch Leistungen eine Mengen- und Wertkomponente enthalten, gilt zwar, dass in Istkosten- und Istleistungsrechnungen bezüglich der **Mengenkomponenten** sehr weitgehend auf tatsächlich verbrauchte bzw. tatsächlich erstellte Gütermengen zurückgegriffen wird; ganz konsequent wird aber schon dieser Grundsatz nicht eingehalten. Obwohl der Name „Istkostenrechnung" die Erwartung nahe legt, dort werde ausgewiesen, was effektiv verbraucht worden ist, finden sich in ihr Güterverbräuche, die sich aus Planungsüberlegungen ergeben. Abschreibungen beispielsweise lassen sich schon in der Istkostenrechnung nur ansetzen, wenn sowohl Nutzungsdauer und Restwert als auch die Verteilung des Anlageverzehrs auf die verschiedenen Abrechnungsperioden geplant werden. Eine Abkehr von effektiven Verbrauchsmengen wird zudem aufgrund der Kostendefinition erforderlich. Effektiv eingetretene, aber außerordentliche, im Rahmen des üblichen Betriebsablaufs nicht vorhersehbare Güterverbräuche werden nicht in die Kosten einbezogen. Sie müssen vielmehr durch fiktive, im Zeitablauf gleich bleibende Güterverbräuche derart ersetzt werden, dass, über lange Zeiträume hinweg betrachtet, effektive und fiktive Verbräuche einander entsprechen (vgl. S. 36 f.).

Im Hinblick auf die **Wertkomponente** der Kosten und Leistungen weichen Istkosten- und Istleistungsrechnung noch stärker von dem Gebot ab, das sie ihrem Namen entsprechend eigentlich erfüllen sollten, nämlich dass sie sich bei der Bewertung an den effektiv gezahlten Preisen bzw. an den tatsächlich erzielten Preisen orientieren. Statt der Anschaffungspreise werden beispielsweise häufig **Wiederbeschaffungspreise** (fiktive Preise bezogen auf den Zeitpunkt des Güterverzehrs oder den Zeitpunkt der Neubeschaffung) angesetzt. Bei Produktionsfaktoren wie Schrauben oder Heizöl, die in vielen Unternehmen in größeren Mengen vorrätig gehalten werden und deren Bestand durch Auffüllen der Vorräte und Entnahmen aus den Vorräten verändert wird, lassen sich praktisch meist keine effektiven Anschaffungspreise der verbrauchten Einheiten bestimmen. Regelmäßig verändern sich die Preise der Faktoren im Zeitablauf, und solange Bestandszugänge, die zu unterschiedlichen Preisen beschafft werden, nicht getrennt oder mit Preismarkierungen versehen gelagert werden, was aus Gründen der Wirtschaftlichkeit der Lagerhaltung vermieden wird, kann von einzelnen Entnahmemengen nicht der effektiv gezahlte Preis ermittelt werden. Die Istkostenrechnung muss das Bewertungsproblem mithilfe von Durchschnittsbildungen oder Fiktionen lösen (vgl. S. 91). Auch Verbräuche von Produktionsfaktoren, deren Anschaffungspreise sich innerhalb einer Abrechnungsperiode ändern, bei denen es aber möglich bleibt, den einzelnen Verzehrsmengen ihre effektiven Preise zuzuordnen (z.B. Löhne, Gehälter, Stromtarife), werden häufig nicht mit tatsächlich entstandenen Preisen bewertet. Statt der effektiven, im Zeitablauf unterschiedlichen Preise werden der Bewertung konstante Verrechnungspreise zugrunde gelegt. Diese **Verrechnungspreise**, die so gewählt werden, dass auf lange Sicht die zu Verrechnungspreisen angesetzten Güterverbräuche den mit Anschaffungs- oder Wiederbeschaffungspreisen bewerteten Güterverbräuchen möglichst nahe kommen, können Durchschnitte nur aus Anschaffungspreisen (anschaffungspreisorientierte Verrechnungspreise) oder aus Anschaffungs- und Wiederbeschaffungspreisen (wiederbeschaffungspreisorientierte Verrechnungspreise) sein. Vom Ansatz solcher Verrechnungspreise erhofft man sich nicht nur eine größere Einfachheit und Wirtschaftlichkeit der Rechnung, man erwartet auch, dass die Istkosten- und Istleistungsrechnung dadurch ihren Aufgaben besser gerecht wird.

Während Istkosten- und Istleistungsrechnungen lediglich ungenau charakterisiert werden können, weil sie nur zum Teil an effektiven Güterverzehrs- bzw. Gütererstellungsmengen und ebenfalls nur partiell an effektiv gezahlten bzw. erlösten Marktpreisen ausgerichtet werden, lassen sie sich eindeutig als **Rechnungen mit Vollkosten und Vollerlösen** kennzeichnen. Grundsätzlich werden im Rahmen von Istkosten- und Istleistungsrechnungen alle angefallenen primären Kosten und alle Erlöse (einschließlich der Erlösminderungen) den Kostenträgern direkt oder indirekt zugerechnet.

Die zuvor umrissenen grundlegenden Gestaltungskriterien der Istkosten- und Istleistungsrechnung sollen diese Rechnungen in die Lage versetzen, insbesondere die folgenden **Aufgaben** bzw. **Zwecke** zu erfüllen:

1. Kontrollaufgaben:

   a) Bereitstellung von Istkosten- und Istleistungsinformationen als Istgrößen zur Kontrolle der Abweichungen zwischen periodisch angefallenen Istgrößen (Ist-Ist-Vergleich) oder zwischen Soll- und Istgrößen (Soll-Ist-Vergleich),

   b) Bereitstellung von Istkosten- und Istleistungsgrößen zur Ermittlung des kurzfristigen Erfolges, um periodische Erfolgskontrollen auf der Basis von periodischen Isterfolgsgrößen (Ist-Ist-Vergleich) oder anhand von Abweichungen zwischen Sollerfolgs- und Isterfolgsgrößen (Soll-Ist-Vergleich) durchzuführen.

2. Planungsaufgaben:

   Bereitstellung von Istkosten- und Istleistungsinformationen als Näherungsgrößen für künftig zu erwartende Kosten und Leistungen oder als Ausgangsgrößen für eine Prognose künftiger Kosten und Leistungen im Rahmen unterschiedlicher Planungsaufgaben.

3. Publikationsaufgaben:

   a) Bereitstellung von Istkosteninformationen für Handels- und Steuerbilanzen und nach internationalen Richtlinien erstellten Bilanzen,

b) Bereitstellung von Istkosten- und Istleistungsinformationen für Selbstkostenermittlungen etwa gemäß LSP oder KHBV,

c) Bereitstellung von Istkosten- und Istleistungsinformationen für sonstige Zwecke (z.B. Rechenschaftslegung über Entgelte im regulierten Bereich).

Inwieweit diese Aufgaben tatsächlich erfüllt werden können, wird im Anschluss an die detaillierte Darstellung der Istkosten- und Istleistungsrechnung eingehend geprüft.

Zusammenfassend kann daher festgehalten werden, dass die Ausgestaltung der Istkosten- und Istleistungsrechnung an den Aufgaben der Unternehmensführung, an den Erfassungs- und Verrechnungsmöglichkeiten der Istmengen- und Wertkomponenten, an den aufgabenabhängigen Wertkomponenten sowie am Wirtschaftlichkeitsprinzip auszurichten ist. Die grundlegenden Probleme der Istmengen- und Wertkomponentenerfassung sowie deren Verrechnung werden in erster Linie anhand der Aufgaben der kurzfristigen Erfolgsrechnung und Kostenkontrolle durch Ist-Ist-Vergleich diskutiert. Aber der Einfluss der zu lösenden Aufgaben soll auch für Kontrollaufgaben durch Soll-Ist-Vergleich, Planungs- und Publikationsaufgaben, so weit wie notwendig, aufgezeigt werden.

B Kostenartenrechnung

Lernziel: *Die Kostenartenrechnung schafft die Basis für die Zurechnung von Kosten auf Kostenstellen und Kostenträger. Sie sollen sich mit den Problemen der Erfassung von Mengen- und Wertkomponenten primärer Kosten und der Lösung dieser Probleme befassen.*

1 Grundlagen der Kostenartenrechnung

a) Aufgaben der Kostenartenrechnung

Die Aufgaben der Kostenartenrechnung auf Istkostenbasis sind an den Aufgaben der Istkostenrechnung auszurichten. Alle Aufgaben erfordern eine vollständige Erfassung der gesamten angefallenen Kosten einer betrachteten Periode und ihre zweckentsprechende Gliederung in einzelne **Kostenarten,** d.h. in bewertete Verbräuche einzelner Güterarten. Dieser Aufgabe dient die **Kostenartenrechnung,** indem mit ihrer Hilfe die **primären Kosten** einer Periode, also alle bewerteten sachzielbezogenen Verbräuche von Real- und gegebenenfalls Nominalgütern, die die Umwelt dem Unternehmen zur Verfügung stellt, erfasst und zweckentsprechend gegliedert werden. Gemäß der Definition der Kosten als bewerteter sachzielbezogener Güterverzehr müssen somit die Wert- und Mengenkomponenten der primären Kosten einer Abrechnungsperiode in die Kostenartenrechnung eingehen. Da sich jedoch der sachzielbezogene Verzehr von Güterarten über mehrere Abrechnungsperioden erstreckt (z.B. Verzehr von Anlagen) und sich der Wertansatz einzelner Güterarten im Zeitablauf ändern kann (z.B. Preisänderungen bei Rohstoffen), erfordert die Erfassung der primären Kostenarten eine Zurechnung bzw. Verteilung primärer Kosten auf einzelne Abrechnungsperioden. Diese Zurechnungsprobleme werden vielfach mithilfe des Durchschnittsprinzips auf der Basis der Divisionsrechnung gelöst und verdeutlichen, dass in der Kostenartenrechnung auf Istkostenbasis nicht nur „reine" Istkosten erfasst werden können.

Insgesamt ergeben sich folgende grundlegende Aufgaben der Kostenartenrechnung:

1. Zweckentsprechende Gliederung der primären Kostenarten als bewertete sachziel-bezogene Güterverzehrsarten,

2. Erfassung der Mengenkomponenten aller primären Kostenarten,

3. Erfassung der Wertkomponenten aller primären Kostenarten.

Da eine systematische Erfassung der einzelnen primären Kostenarten ein Gliederungs-schema erfordert, sind zunächst Gliederungsmöglichkeiten für Kostenarten sowie deren Vor- und Nachteile zu diskutieren.

b) Gliederungsmöglichkeiten der primären Kostenarten

Die primären Kostenarten können anhand zahlreicher Einteilungskriterien gegliedert werden. Für die Wahl der Einteilungskriterien ist zu beachten, dass Umfang und Tiefe der Gliederung primärer Kostenarten außer an den Aufgaben der Istkostenrechnung stets an dem Prinzip der Wirtschaftlichkeit auszurichten sind. Die durch eine stärkere Gliederung möglicherweise steigende Information muss in einem vertretbaren Verhält-nis zu den dadurch ausgelösten Verwaltungskosten stehen.

Wird die Kostenartenrechnung beispielsweise in enger Anlehnung an die Finanzbuch-haltung durchgeführt, so bietet sich entsprechend dem Gemeinschafts-Kontenrahmen der Industrie von 1949 eine Gliederung anhand der Kostenhauptgruppen der Konten-klasse 4 an: 40 Fertigungsmaterial (Einzelstoffkosten), 41 Gemeinkostenmaterial, 42 Brennstoffe, Energie u. dgl., 43 Löhne und Gehälter, 44 Sozialkosten, 45 Instandhaltung, verschiedene Leistungen u. dgl., 46 Steuern, Gebühren, Beiträge, Versicherungsprämien u. dgl., 47 Mieten, Verkehrs-, Büro-, Werbekosten (verschiedene Kosten) usw., 48 Ab-schreibungen (kalkulatorische Kosten) und 49 Sondereinzelkosten. (Im der Abgren-zungsrechnung in Abschnitt I.E.5 zugrunde liegenden Industriekontenrahmen von 1971, herausgegeben vom Betriebswirtschaftlichen Ausschuss des Bundesverbandes der Deut-schen Industrie, ist auf die Festlegung einer spezifischen Kostenartengliederung – in der Kontenklasse 9 – verzichtet worden, vgl. Angermann 1975, S. 104 ff.; BDI 1986.) Dem Gemeinschafts-Kontenrahmen liegen die Gliederungskriterien Einzel- und Ge-meinkosten, aufwandsgleiche Kosten (Grundkosten) und kalkulatorische Kosten sowie eine Gliederung nach einzelnen Güterarten zugrunde. Hiermit sind die drei wichtigsten Gliederungskriterien aufgezählt, die gegebenenfalls um eine Klassifikation in fixe und variable Kosten oder fixe und proportionale Kosten erweitert werden können.

Dient die Istkostenrechnung in erster Linie der Ermittlung des kurzfristigen Erfolges, werden die Kostenarten vielfach in Abgrenzung zur Finanzbuchhaltung zunächst in die beiden Kategorien Grundkosten und kalkulatorische Kosten gegliedert, ehe man mit den weiteren Kriterien zusätzliche Untergliederungen nach Güterarten sowie in Einzel- und Gemeinkosten vornimmt. Eine Ausgestaltung der Istkostenrechnung und somit der Kos-tenartenrechnung auf Istkostenbasis für Kostenkontrollzwecke auf der Basis von Soll-Ist-Vergleichen dürfte sich in der Hauptsache an Gliederungskriterien der Plankostenrech-nung und somit der Kostenartenrechnung auf Plankostenbasis orientieren. Entsprechend den Ansätzen der flexiblen Plankostenrechnung etwa werden dann die Gliederungskrite-rien Einzel- und Gemeinkosten oder fixe und proportionale Kosten zuerst verwendet, während eine Einteilung nach Güterarten der weiteren Untergliederung dient.

Weitere Gliederungsvorschläge für die Kostenarten wie eine Einteilung in primäre und sekundäre Kosten, nach einzelnen Funktionsbereichen eines Unternehmens in Beschaffungs-, Fertigungs-, Forschungs- und Entwicklungs-, Verwaltungs- sowie Vertriebskosten und in Kosten einzelner absatzbestimmter Produkte sind für die Kostenartenrechnung ohne Bedeutung; denn die Ermittlung der sekundären Kosten und der Kosten einzelner Funktionsbereiche ist Aufgabe der Kostenstellenrechnung, während die Kosten absatzbestimmter Produkte in der Kostenträgerrechnung ermittelt werden.

Für die Aufstellung eines Kostenartenplanes, durch den die anzuwendenden Gliederungskriterien der primären Kostenarten festgelegt werden, ist grundsätzlich von den individuellen Gegebenheiten eines Unternehmens sowie den jeweiligen Zwecken der Istkostenrechnung auszugehen (von diesen Überlegungen geht auch der Industriekontenrahmen von 1971 aus). Ein allgemein gültiges Gliederungsschema kann somit nicht angegeben werden.

Für die Diskussion der einzelnen primären Kostenarten wird im Folgenden zunächst von einer Einteilung nach Güterarten ausgegangen. Entsprechend den Güterarten, die die einzelnen Gruppen von Koalitionsteilnehmern eines Unternehmens zum Verzehr bereitstellen, ergibt sich nachstehende Gliederung (s. Tabelle 8).

Diese einzelnen Kostenarten können nach den Klassifikationskriterien Einzel- und Gemeinkosten oder fixe und variable (proportionale) Kosten weiter untergliedert werden.

Die in der Literatur vielfach gesondert erörterten Wagniskosten sind bei einer Gliederung nach Güterarten den einzelnen bewerteten Güterarten zu subsumieren. Inwieweit eine solche Subsumtion notwendig ist und welche Arten von Wagniskosten daher in der Kostenartenrechnung zu berücksichtigen sind, soll im Folgenden näher analysiert werden.

Mit dem Erwerb und dem Einsatz von Produktionsfaktoren zur Realisation des unternehmerischen Sachziels setzt sich ein Unternehmen der Gefahr „unproduktiver",

Tab. 8: Kostenarten und Koalitionsteilnehmer, die die zugrunde liegenden Güter bereitstellen

	... Eigner	... Arbeit-nehmer	... Gläu-biger	... Lieferanten (gegebenen-falls Gläubi-ger)	... staat-liche Behör-den	... sonstige Öffent-lichkeit
Arbeitskosten für Beiträge der ...	X	X				
Sachkosten (z.B. Werkstoffkosten und Betriebsmittelkosten) für Beiträge der ...	X			X		
Dienstleistungskosten für Beiträge der ...				X		
Kapitalkosten für Beiträge der ...	X		X	X		
Kosten aufgrund von Gebühren und Steuern, Umweltschutzkosten für Beiträge oder als Forde-rungen des bzw. der ...					X	X

einschließlich außerordentlicher, Güterverbräuche (Risiko oder Wagnis) aus. Es können vor, bei oder nach dem Produktionsprozess Güter verzehrt (vernichtet) werden, ohne dass diese Verbräuche zur Fertigung von absatzbestimmten Produkten beitragen. „Unproduktive" Güterverbräuche lassen sich zur Realisation des unternehmerischen Sachziels nicht immer vermeiden und sind somit in der Kostenrechnung stets zu berücksichtigen. Da solche sachzielbezogenen Güterverluste oft unregelmäßig und in unterschiedlicher Höhe auftreten, werden sie in der Istkostenrechnung für Zwecke der Kostenkontrolle, Planungsvorbereitung und Selbstkostenermittlung durch so genannte **Wagniskosten** berücksichtigt, die den pro Periode durchschnittlich anfallenden bewerteten „unproduktiven", sachzielbezogenen Güterverzehr wiedergeben. Solche Wagniskosten sind aufwandsgleich, also Grundkosten, wenn das Risiko des Eintritts „unproduktiver" Güterverbräuche durch eine Versicherungsgesellschaft getragen wird. In diesem Fall sind die Wagniskosten gleich den gezahlten Versicherungsprämien. Andernfalls liegen kalkulatorische Wagniskosten vor, da nur effektiv anfallende Güterverluste als (neutrale) Aufwendungen erfasst werden dürfen. Diese Wagniskosten sind als periodische Versicherungsprämien einer unternehmerischen Eigenversicherung aufzufassen und zu berechnen.

Wagniskosten können einerseits durch den Einsatz von Gütern im Produktionsprozess, der nicht zu den erstrebten Ergebnissen führt (z.B. Feuerschäden bei eingesetzten Anlagen, die Fertigung von Ausschuss oder von Produkten mit Qualitätseinbußen und fehlgeschlagene Entwicklungsarbeiten), andererseits durch die Lagerung bzw. die Bereitstellung von einzelnen Güterarten für den Produktionsprozess (z.B. Schwund von Vorräten, Feuerschäden bei stillstehenden Anlagen und Lohn- sowie Sozialkosten für kranke Arbeitskräfte) hervorgerufen werden. Insgesamt lassen sich die Wagnisse, denen ein Unternehmen infolge der Realisation des unternehmerischen Sachziels ausgesetzt ist, vielfach auch als **Einzelwagnisse** oder **Einzelrisiken** bezeichnen, wie in der folgenden Abbildung 33 gliedern.

Außer diesen Einzelwagnissen setzen sich die Unternehmer bzw. die Eigner von Unternehmen der Gefahr aus, dass das eingesetzte Kapital (Eigenkapital) sich nicht verzinst oder eventuell sogar teilweise oder ganz verloren geht. Dieser als **allgemeines Unternehmerwagnis** bezeichneten Gefahr steht die Chance gegenüber, dass sich das eingesetzte Eigenkapital mindestens im gewünschten Sinne verzinsen lässt. Da Verluste und Gewinne als Ausdruck des allgemeinen Unternehmerwagnisses sowie der Gewinnchance eines Unternehmens stets Ergebnisse des Vergleichs von Leistungen (Erlösen) und Kosten sind, können sie nicht zugleich in die Kosten und Leistungen einbezogen werden. Das allgemeine Unternehmerwagnis findet somit keine explizite Berücksichtigung in der Kostenrechnung. Implizit kann sich dessen Ausmaß allerdings in der Höhe der gewünschten Kapitalverzinsung und damit in den Kapitalkosten widerspiegeln. So geht ein hohes allgemeines Unternehmerwagnis meist Hand in Hand mit hohen Kapitalkosten.

Die beiden Gruppen von **Einzelwagnissen, fertigungsabhängige Wagnisse** einerseits und **bereitstellungsabhängige Wagnisse** andererseits, unterscheiden sich hinsichtlich der zu ihrer Erfassung notwendigen Methoden. Effektive fertigungsabhängige Wagnisse, die sich beispielsweise in einem Mehrverbrauch von Werkstoffen und Arbeitszeit im Rahmen der Fertigung äußern, werden wie der Normalverbrauch von Gütern ermittelt, also beispielsweise auf der Basis von Entnahmescheinen bei Werkstoffen oder von Lohnscheinen bei Löhnen. Häufig fällt es allerdings schwer, den wagnisbedingten Mehrverbrauch vom Normalverbrauch zu trennen, weil lediglich die Faktorverbräuche

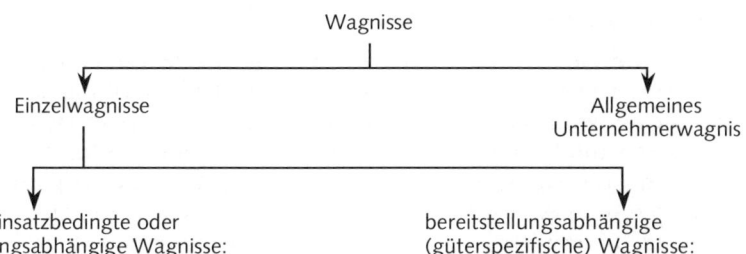

Wagnisse

Einzelwagnisse | Allgemeines Unternehmerwagnis

gütereinsatzbedingte oder fertigungsabhängige Wagnisse:

1) *Mehrkostenwagnisse* erfassen die Güterverbräuche, die zu keinem Ergebnis oder zu Ausschuss führen sowie zusätzliche Güterverbräuche, die für Nacharbeit an schon gefertigten Produkten anfallen

2) *Gewährleistungswagnisse* erfassen die zusätzlichen Güterverbräuche, die aufgrund von gewährten Garantien und Gewährleistungen zur Nacharbeit schon abgesetzter Produkte anfallen, jedoch nicht Preisnachlässe (Leistungs- bzw. Erlösminderungen) für nicht eingehaltene Garantiezusagen (vgl. zu ihrer Erfassung S. 173 f.)

3) *Entwicklungswagnisse* erfassen alle Güterverbräuche, die für fehlgeschlagene Entwicklungsarbeiten anfallen

bereitstellungsabhängige (güterspezifische) Wagnisse:

1) *Arbeitswagnisse* erfassen den Güterverzehr für ausgefallene Arbeitskräfte

2) *Beständewagnisse* erfassen die Güterverbräuche aufgrund von Schwund, Qualitätsminderung und Vernichtung von Lagerbeständen an Werkstoffen wie Roh-, Betriebsstoffen sowie an Zwischen- und Absatzprodukten

3) *Betriebsmittelwagnisse* erfassen die Güterverbräuche für Schäden oder Vernichtung bei nicht genutzten Betriebsmitteln, für Überholung infolge des technischen Fortschritts, für wirtschaftliche Überholung und die aufgrund zu hoher oder zu geringer Abschreibungen auszugleichenden Güterverbräuche für den Betriebsmitteleinsatz (vgl. hierzu S. 113 f.)

Abb. 33: Wagnisse

selbst, nicht aber ihre Ursachen festgehalten werden. In diesen Fällen können die fertigungsabhängigen Wagnisse durch Vergleiche der technisch notwendigen Faktorverbräuche mit den effektiv zur Fertigung verbrauchten Faktormengen ermittelt werden. Schwanken die effektiven fertigungsabhängigen Wagnisse im Zeitablauf kaum, so entfällt oft die Notwendigkeit zur Ermittlung bzw. zum Ausweis kalkulatorischer fertigungsabhängiger Wagniskosten. Dieser wagnisbedingte Verzehr kann zusammen mit dem technisch notwendigen Verzehr erfasst werden. Aus diesem Grunde sollen im Folgenden fertigungsabhängige Wagnisse nicht gesondert erörtert werden.

Effektive bereitstellungsabhängige Wagnisse fallen unabhängig von den Güterverbräuchen der Fertigungsprozesse selbst an und müssen daher gesondert ermittelt werden. Ihre Höhe schwankt häufig im Zeitablauf. Sie sind somit in der Kostenrechnung durch normalisierte kalkulatorische bereitstellungsabhängige Wagniskosten abzubilden. Aus diesen Gründen sind kalkulatorische bereitstellungsabhängige Wagniskosten als primäre Kosten gesondert zu diskutieren und zu erfassen.

c) Wertansätze der Kostenartenrechnung

Die Festlegung der Wertansätze für verzehrte Güter ist an den Aufgaben der Istkostenrechnung auszurichten. Für die Zwecke der Publikation, der Ermittlung des kurzfristigen Erfolges und der Kostenkontrolle soll die Istkostenrechnung in erster Linie die angefallenen Istkosten erfassen. Infolgedessen sind als Wertansätze für die primären Kosten einer Kostenartenrechnung auf Istkostenbasis die historischen **Anschaffungspreise,** in Ausnahmefällen auch die **Wiederbeschaffungspreise** zu wählen. Schon die Ermittlung der weitgehend objektiv überprüfbaren Anschaffungspreise bereitet jedoch Schwierigkeiten, wenn diese für einzelne Güterarten während eines (mehrperiodigen) Zeitraumes nicht konstant bleiben. Für diese in der Praxis aufgrund der Inflation oder des technischen Fortschritts vielfach auftretenden Fälle erweist es sich als zweckmäßig, von **Verrechnungspreisen** als Durchschnittswerten auszugehen. Da alle Kosten, bei denen weitgehend die Mengenkomponente aus Istgrößen besteht, stets noch als Istkosten bezeichnet werden, liegt auch bei Anwendung von Verrechnungspreisen ein **Istkostenansatz** vor. Ebenfalls bleibt bei Verwendung von Wiederbeschaffungspreisen, z.B. für Kalkulationen nach LSP und für die Lösung von Planungsaufgaben mithilfe der Istkostenrechnung, definitionsgemäß der Istkostenansatz gewahrt.

2 Zur Erfassung von Arbeitskosten

Die **Arbeitskosten** entstehen aufgrund der Bereitstellung von Arbeitskraft durch die Arbeitnehmer eines Unternehmens für die Realisation des unternehmerischen Sachzieles. Zu ihnen zählen somit die nach arbeitsrechtlichen Aspekten getrennten Entlohnungsarten: Löhne für Arbeiter und Gehälter für Angestellte einschließlich gezahlter Urlaubs- und Feiertagslöhne. Darüber hinaus sind jedoch auch alle für die Arbeitnehmer zu leistenden gesetzlichen und freiwilligen Sozialabgaben, wie Arbeitslosen-, Angestellten-, Arbeiterrenten-, Kranken- sowie Unfallversicherungsbeiträge, Ausbildungsbeihilfen, Weihnachtsgratifikationen, persönliche Essenszuschüsse und Beiträge zur Vermögensbildung, so genannte **Sozialkosten,** den Arbeitskosten zuzurechnen.

a) Verfahren der Arbeitskostenerfassung

Für die Erfassung der Mengen- und Wertkomponenten von Arbeitskosten sind zwei Entlohnungsarten zu unterscheiden:

1. **Zeitlöhne oder Gehälter,** bei denen die Arbeitnehmer proportional zur Arbeitszeit oder pauschal entlohnt werden,

2. **Akkordlöhne,** bei denen die Arbeitnehmer proportional zur erbrachten Arbeitsmenge, in der Regel gemessen durch die erstellten Zwischen- oder Absatzprodukte, entlohnt werden, gegebenenfalls ergänzt durch **Zusatzlöhne** für unverschuldete Wartezeiten oder **gesetzliche Mindestlöhne.**

Die Mengenkomponente von Zeitlöhnen oder Gehältern ist die Arbeitszeit, die in der Regel durch die Anwesenheitszeit am Arbeitsplatz ermittelt wird. Als Wertkomponente sind die tariflich festgelegten oder übertariflich vereinbarten Lohnzahlungen pro Stunde oder Gehaltszahlungen pro Monat anzusetzen. Die Sozialkosten werden durch einen Anteilssatz am Stunden- oder Monatslohn (vgl. z.B. zu den Kosten der betrieblichen Altersversorgung Scheffler 1991, S. 242 ff.) und die Urlaubsgelder durch einen weiteren Anteilssatz am Stunden- oder Monatslohn erfasst. Zur Ermittlung dieser Mengen- und Wertkomponenten der Arbeitskosten kann auf die Ergebnisse der Lohnbuchhaltung zurückgegriffen werden, die die Bruttolöhne, die gesetzlichen und freiwilligen Sozialabgaben, die Art der Arbeit und die beschäftigende Kostenstelle erfasst, während die Anteilssätze für die Erfassung der Sozialkosten gesondert zu ermitteln sind. Gegebenenfalls sind zur Ermittlung der gesamten Lohnkosten auch noch sekundäre Sozialkosten, die z.B. durch eine Kantine als Sozialkostenstelle anfallen, zu berücksichtigen. Insgesamt erhält man die primären Zeitlohn- und Gehaltskosten pro Periode durch den Ansatz:

	Zahl der Arbeitszeiteinheiten pro Periode	×	Bruttolohn oder Bruttogehalt pro Arbeitszeiteinheit gemäß Tarif oder außertariflicher Vereinbarung
+	Zahl der Arbeitszeiteinheiten pro Periode	×	Anteilssätze am Bruttolohn oder Bruttogehalt für gesetzliche Sozialkosten, für freiwillige primäre Sozialkosten, für Urlaubslöhne und gegebenenfalls für Überstunden, Feiertags- oder Nachtschicht (Mehrarbeitszuschläge)

= primäre Arbeitskosten für Zeitlöhne und Gehälter pro Periode

Ändern sich die Wertkomponenten aufgrund neuer Tarifabschlüsse oder die Anteilssätze an den Lohn- und Gehaltszahlungen für die Erfassung der Sozialkosten während einer Periode, so empfiehlt sich aus Wirtschaftlichkeitsgründen, entweder mit den neuen Wertansätzen oder mit Verrechnungspreisen, die durch (gewogene) Mittelbildung aus den alten und neuen Wertansätzen entstehen, die primären Istarbeitskosten zu erfassen. Im ersten Fall treten nur bis zum Inkrafttreten der neuen Tarifabschlüsse oder neuen Anteilssätze Arbeitskostendifferenzen zwischen den in der Finanzbuchhaltung erfassten und in der Kostenrechnung angesetzten Arbeitskosten auf. Sie werden auf ein Lohn- oder Gehaltsdifferenzkonto gebucht und gehen in das neutrale Ergebnis im Rahmen der Abgrenzungsrechnung (vgl. Abschnitt I.E.5) ein. Beim Ansatz von Verrechnungspreisen treten diese Arbeitskostendifferenzen auch nach dem Inkrafttreten der neuen Tarifabschlüsse oder neuen Anteilssätze auf, gleichen sich jedoch über die gesamte Periode weitgehend aus. In der Regel entscheidet man sich für den Ansatz von während eines längeren Zeitraumes konstant gehaltenen Verrechnungspreisen, wenn die Prozentsätze der Lohn- oder Gehaltserhöhungen zu Beginn eines Wirtschaftsjahres noch nicht exakt bekannt sind.

Bei Akkordlöhnen unterscheidet man Zeit- (Stückzeit-) und Geldakkord. Bemessungsgrundlagen für den Zeitakkord sind die erstellten Produktmengen (z.B. gemessen in Stückzahlen bzw. ME), die Vorgabezeit, in der eine ME zu fertigen ist (gemessen in ZE/ME), und der Minuten- oder Geldfaktor als Lohn je ZE der Vorgabezeit (gemessen in GE/ZE). Insgesamt ergibt sich somit folgender Ansatz des **Zeitakkordlohnes:**

Produktmenge [ME] × Vorgabezeit [ZE/ME] × Geldfaktor [GE/ZE]

Wird der Akkordlohn direkt in Abhängigkeit von den erstellten Produktmengen als Geldakkord (Vorgabezeit × Geldfaktor) angegeben, so erhält man den **Geldakkordlohn** durch:

Produktmenge [ME] × Geldakkord [GE/ME]

Den auf Akkordlöhne entfallenden Anteil der Arbeitskosten ermittelt man somit anhand der pro Periode erstellten ME wie folgt:

> Produktmenge pro Periode [ME] × Vorgabezeit [ZE/ME] × Geldfaktor [GE/ZE]
> + Produktmenge pro Periode [ME] × Geldakkord [GE/ME]
> + Sozialkosten je Periode der im Akkordlohn stehenden Arbeiter
> + gegebenenfalls Zusatzlöhne (oder tarifliche Mindestlohnanteile)
>
> = primäre Arbeitskosten für Akkordlöhne pro Periode

Änderungen der Vorgabezeiten oder Geldfaktoren (des Geldakkordes) können analog zu Änderungen der Tariflöhne berücksichtigt werden.

Zur Erfassung dieser Arbeitskosten verwendet man vielfach Akkordlohnscheine, die die erforderlichen Daten wie erstellte Produktart, Produktmenge, Vorgabezeit, Geldfaktor oder Geldakkord je Arbeitnehmer und Kostenstelle festhalten.

b) Erfassung des (kalkulatorischen) Unternehmerlohns

In die Kosten als bewerteter Güterverzehr zur Erreichung des unternehmerischen Sachzieles sind auch die Kosten für die eingesetzte Arbeitskraft eines Eigners in seinem Unternehmen einzubeziehen. Bei den Kapitalgesellschaften, wie z.B. GmbH und AG, die eine eigene Rechtspersönlichkeit besitzen, können die (Anteils-)Eigner mit den geschäftsführenden Organen der Gesellschaft rechtlich gültige Arbeitsverträge abschließen, in denen Arbeitszeit und Arbeitsentlohnung festgelegt sind. Diese **Arbeitskosten** lassen sich ohne weiteres anhand der Arbeitszeiten und der vertraglich vereinbarten Entlohnung als **Grundkosten** erfassen. Aufgrund eines Urteils des Bundesgerichtshofes (BGHZ, Bd. 56, 1971, S. 97) kann bei einer Einmann-GmbH, deren Eigner gleichzeitig Geschäftsführer der GmbH ist, der Geschäftsführer mit sich selbst als Eigner der GmbH einen rechtsgültigen Arbeitsvertrag abschließen. Die Ermittlung der Arbeitskosten von Eignern bereitet also bei Kapitalgesellschaften keine Schwierigkeiten und kann entsprechend der im vorigen Abschnitt dargestellten Arbeitskostenerfassung erfolgen.

Bei Einzelunternehmen und Personengesellschaften, wie z.B. OHG und KG, arbeiten vielfach auch Eigner im Unternehmen mit. Die von ihnen geleistete Arbeit für die Erreichung des unternehmerischen Sachzieles führt gleichfalls zu Arbeitskosten, deren Ermittlung jedoch Schwierigkeiten bereitet. Denn gemäß den Grundsätzen ordnungsmäßiger Buchführung darf der Güterverzehr aufgrund geleisteter Arbeit von Eignern eines Einzelunternehmens oder einer Personengesellschaft bei fehlenden Dienstleistungsverträgen zwischen den Gesellschaftern nicht als Aufwand erfasst werden; vielmehr ist die geleistete Arbeit durch den gegebenenfalls erzielten Gewinn zu vergüten. So hat beispielsweise der Reichsfinanzhof (RStBl. 1930, S. 347) in einem Urteil vom 6.2.1930 ausgeführt: „Weder nach den **Grundsätzen der ordnungsmäßigen Buchführung** noch nach dem Einkommensteuerrecht darf der Wert dieser Arbeitsleistung (Anmerkung der Verfasser: d.h. eigene geleistete Arbeit eines Eigners eines Einzelunternehmens) in Rechnung gestellt werden." (Anmerkung der Verfasser: d.h. als Aufwand in die Personal- oder Herstellungskosten [Herstellungsaufwendungen] einbezogen werden.) Infolgedessen liegt auch dann, wenn die Eigner von Einzelunternehmen oder Personengesellschaften (bei fehlenden Dienstleistungsverträgen) Zahlungen dieser Unternehmen an sich selbst (gemäß der Definition von S. 24 handelt es sich um Ausgaben) als Entgelt für erbrachte Arbeit ansehen sollten, kein Aufwand (bzw. keine Betriebsausgabe als steuerrechtlich anerkannter Aufwand, vgl. Herrmann/Heuer/Raupach 2004, § 6 EStG, Anmerkung 460) vor. Der **Unternehmerlohn** (der bewertete sachzielorientierte Arbeitseinsatz von **Eignern bei Einzelunternehmen** und **Personenge-**

sellschaften mit fehlenden Dienstleistungsverträgen) führt daher zu **kalkulatorischen Kosten** (vgl. auch Hummel/Männel 1999, S. 71).

Die Wertkomponente oder simultan die Wert- und Mengenkomponenten für kalkulatorische Arbeitskosten, also für den kalkulatorischen Unternehmerlohn, können (auf der Basis wertmäßiger Kosten) theoretisch durch Grenzgewinne oder Opportunitätskosten als Zusatzkosten bestimmt werden. Als Grenzgewinne für die Arbeitskraft eines Unternehmers sind entsprechend der Bewertung knapper Produktionsfaktoren die dieser Arbeitskraft zuzurechnenden Anteile am maximalen Erfolg eines Unternehmens anzusetzen (vgl. S. 22). Ist die Arbeitskraft eines Unternehmers der einzige knappe Produktionsfaktor, so wird diese Arbeitskraft entsprechend der wertmäßigen Kostendefinition mit dem gesamten Erfolgsanteil bewertet, um den der maximale Erfolg bei Reduzierung der Arbeitszeit des Unternehmers sinkt. Wenn die Arbeitskraft eines Unternehmers nicht knapp ist, ergibt sich der andere Extremfall: Grenzgewinn und somit kalkulatorischer Unternehmerlohn als Zusatzkosten sind Null. In der Regel wird jedoch der Arbeitseinsatz des Unternehmers weder der einzig knappe Faktor noch ein Faktor sein, der unbegrenzt zur Verfügung steht, also niemals knapp ist. Um in diesem Falle Schwierigkeiten bei der Ermittlung von Grenzgewinnen der verschiedenen knappen Faktoren zu umgehen und um gleichwohl einen Wertansatz für den kalkulatorischen Unternehmerlohn zu finden, wird angenommen, dass das Unternehmen als Ersatz für den Unternehmer eine vergleichbare Führungskraft einstellen kann. Diese Führungskraft soll dabei die Aufgaben des Unternehmers derart erfüllen, dass sich bei ihrer Einstellung und beim gleichzeitigen Ausscheiden des Unternehmers der Gewinn des Unternehmers nicht verändert. Da in diesem Falle beim Ausscheiden des Unternehmers der Gewinn des Unternehmens um das Gehalt geschmälert wird, das diese vergleichbare Führungskraft beansprucht, gibt dieses Gehalt den Grenzgewinn an und kann als Näherungsgröße für den gesuchten Unternehmerlohn angesetzt werden.

Vielfach trifft man in der Literatur die Argumentation, die Opportunitätskosten für den Unternehmerlohn entsprächen dem maximal erreichbaren Gehalt eines Unternehmers außerhalb seines Unternehmens als entgangener Gewinn (Erfolg) der besten Arbeitsalternative außerhalb seines Unternehmens. Diese Argumentation basiert auf einem in diesem Buch nicht verwendeten Opportunitätskostenbegriff, der nicht immer zum gleichen Opportunitätskostenansatz wie gemäß der wertmäßigen Kostendefinition führen muss (vgl. auch Beispiele bei Löcherbach 1975, S. 258 ff.).

Für die Lösung von Planungsaufgaben sind also aufgrund der obigen Überlegungen die Gehälter von gleich befähigten Führungskräften anzusetzen. In die Istkostenrechnung können dann diese Planungsansätze für den Unternehmerlohn übernommen werden.

Da vielfach leitende Angestellte auch am Umsatz oder Gewinn beteiligt werden, findet man in der Literatur auch folgenden sehr problematischen Vorschlag (z.B. dargestellt bei Huch 1986, S. 54):

$$\text{Unternehmerlohn einer Periode} = 18 \times \sqrt{\text{Umsatz einer Periode}}$$

Anhand solcher Planungswerte für die Wertkomponente und der Istwerte für die Mengenkomponente (Istarbeitszeit) lassen sich dann die kalkulatorischen Unternehmerarbeitskosten für Einzelunternehmen und Personengesellschaften ermitteln. Als Unternehmerlohn kann auch die im Gesellschaftsvertrag vereinbarte Geschäftsführervergütung angesetzt werden.

c) Erfassung der Arbeitswagniskosten

Die Erfassung von **Arbeitswagniskosten** kann sich auf die Arbeitswagniskosten für bereitstellungsabhängige (güterspezifische) Arbeitswagnisse beschränken (vgl. S. 82 f.). Diese Arbeitswagniskosten sind bei der Arbeits- bzw. Personalkostenerfassung, die für Zeitlöhne und Gehälter auf anwesende Zeiteinheiten sowie für Akkordlöhne auf erstellte Produkteinheiten ausgerichtet war, noch nicht berücksichtigt worden. Zeitlöhne, Gehälter und Akkordlöhne (Lohn- und Gehaltsfortzahlung im Krankheitsfall) und die meisten Sozialkosten (Ausnahmen: gegebenenfalls Essenszuschüsse) fallen auch dann an, wenn Arbeitskräfte wegen Krankheit oder Unfall ausfallen. Dieser „unproduktive" Güterverzehr, dessen pro Periode durchschnittlicher Anfall mithilfe des Ansatzes von Arbeitswagniskosten zu erfassen ist, führt zu Kosten. Diese Arbeitswagniskosten lassen sich z.B. mithilfe der bisher in einem Unternehmen durchschnittlich pro Periode auftretenden Krankheitstage, unterteilt nach einzelnen Lohn- und Gehaltsgruppen und multipliziert mit den Zeitlöhnen, Gehältern oder den bisher durchschnittlich gezahlten Akkordlöhnen pro Krankheitstag je Lohn- und Gehaltsgruppe sowie mit dem entsprechenden Anteilssatz für die Erfassung der weiterhin anfallenden Sozialkosten, ermitteln (vgl. hierzu jedoch im Gesetz über die Fortzahlung des Arbeitsentgelts im Krankheitsfalle [Lohnfortzahlungsgesetz] von 1969, zuletzt geändert durch Gesetz vom 23. Dezember 2003, den § 10 für Unternehmen mit höchstens 20 Arbeitnehmern, denen diese Kosten zu 80 % ersetzt werden). Bei diesen (kalkulatorischen) Arbeitswagniskosten handelt es sich jedoch nicht mehr um Istkosten, sondern um Normalkosten, sofern sie anhand der durchschnittlich anfallenden Krankheitstage abgelaufener Perioden, oder um Plankosten, sofern sie anhand künftig prognostizierter durchschnittlich anfallender Krankheitstage bestimmt werden.

d) Zur Gliederung der Arbeitskosten in Einzel- und Gemeinkosten

Die Arbeitskosten können weiter in Einzel- oder Gemeinkosten sowie die Gemeinkosten in Kostenstelleneinzel- oder Kostenstellengemeinkosten gegliedert werden. Im Hinblick auf die Zurechnung primärer Kosten auf Kostenstellen und Kostenträger leistet die Kostenartenrechnung mit einer solchen Klassifikation der primären Kosten wichtige Vorarbeiten zur Durchführung der **Kostenstellen- und Kostenträgerrechnung.** Anhand dieses Gliederungskriteriums lassen sich die gesamten Arbeitskosten wie folgt unterteilen:

(a) **Fertigungslöhne,** das sind Einzel-(Arbeits-)kosten, in der Regel Akkordlöhne, die den absatzbestimmten Kostenträgern direkt zurechenbar sind und in der Regel auch direkt zugerechnet werden,

(b) **Hilfslöhne** und **Gehälter,** das sind Gemein-(Arbeits-)kosten, in der Regel alle Gehälter, primäre Sozialkosten, aber auch Zeitlöhne, die den absatzbestimmten Kostenträgern nicht direkt zurechenbar sind.

3 Zur Erfassung von Werkstoffkosten

Werkstoffkosten geben die bewerteten sachzielbezogenen Verbräuche von Werkstoffen oder Materialien wieder. Dabei umfassen die **Werkstoffe** oder **Materialien** die wesentlichen Bestandteile der zu fertigenden Absatzprodukte, wie die **Rohstoffe** (bei einem Automobil z.B. die Bleche) und die fertig bezogenen, in das Absatzprodukt einzubauenden **Bauteile** (z.B. Reifen, Tachometer). Ferner umfassen sie die geringwertigen

Bestandteile der zu fertigenden Absatzprodukte, nämlich die **Hilfsstoffe** (z.B. Schrauben, Nieten), sowie die **Betriebsstoffe**, die nicht in die zu erstellenden Produkte eingehen, jedoch im Rahmen des Produktionsprozesses verbraucht werden (z.B. Strom, Kohle, Schmierstoffe und Reparaturmaterial für Anlagen). (Statt des Begriffes Werkstoffkosten läge es nahe, den Begriff **Materialkosten** zu verwenden. Der Begriff Materialkosten wird jedoch als Summe der Einzelmaterial- (Fertigungsmaterial) und Materialgemeinkosten festgelegt, so dass er zweckmäßigerweise in der Kostenartenrechnung nicht verwendet wird.)

a) Verfahren der Werkstoffkostenerfassung

Die für die Erfassung von Werkstoffkosten geeigneten Verfahren hängen davon ab, ob das Unternehmen ein Lager für die betrachteten Werkstoffe unterhält oder nicht. Werden Werkstoffe im Unternehmen nicht gelagert, weil sie von den Lieferanten stets entsprechend ihrem Verbrauch bereitgestellt werden, lassen sich die beispielsweise für den Verbrauch von Strom, Gas oder Wasser angefallenen Werkstoffkosten einer Periode ohne Schwierigkeiten ermitteln. Aus periodisch zugestellten Rechnungen der Lieferanten können die Mengen- und Wertkomponenten (Anschaffungspreise) solcher Werkstoffe für jede Periode direkt abgelesen werden. Bei nicht periodisch zugestellten Rechnungen oder bei pauschalierten Abrechnungsmethoden der Lieferanten müssen solche Werkstoffkosten allerdings zeitlich abgegrenzt werden. Bereitstellungsabhängige Wagniskosten können für solche Werkstoffe nicht anfallen.

Steuert ein Unternehmen den Werkstoffeinsatz hingegen über Werkstofflager, lässt sich die oben beschriebene Vorgehensweise nicht mehr anwenden, weil nicht jede beschaffte Mengeneinheit zwingend auch verbraucht worden sein muss. In dieser Situation stehen für die Erfassung der Ist-Mengenkomponenten der primären Werkstoffkosten folgende Verfahren zur Verfügung:

1. Skontrationsrechnung (Fortschreibungsrechnung),

2. Befundrechnung (Inventurmethode),

3. Rückrechnung (retrograde Erfassungsrechnung),

4. Schätzverfahren.

Bei der **Skontrationsrechnung** werden Lagerzugänge und Lagerabgänge von Werkstoffen vor dem oder beim Produktionsprozess laufend erhoben. Für die Abgänge erfolgt die laufende Fortschreibung mithilfe von Belegen, den so genannten **(Material-) Entnahmescheinen,** die Menge (gegebenenfalls Zahl), Art, eventuell Preis (Wertkomponente) des Werkstoffes, Entnahmetag, entnehmende Kostenstelle, gegebenenfalls Kostenträger oder bei Auftragsfertigung die Nummer des Auftrages, für den der Werkstoff entnommen wurde, angeben. Die Entnahmescheine dienen der Lager- oder Materialbuchhaltung als Unterlage für Entnahmebuchungen und erlauben derart die Feststellung der Istverzehrsmengen an Werkstoffen in einer Periode. Durch diese Erfassung der Istverbräuche mithilfe von Entnahmescheinen und der Istzugänge mithilfe von Belegen erhält man bei bekanntem Istanfangsbestand, der gleich dem Istendbestand der Vorperiode ist, den jeweiligen Istendbestand aufgrund der Beziehung:

Istendbestand einer Periode = Istanfangsbestand + Istzugang − Istverbrauch einer Periode

Die Skontrationsrechnung mit ihren sehr exakten Aufzeichnungen besitzt den Nachteil höherer Verwaltungskosten. Sie wird daher vielfach nur für wertvolle Werkstoffarten angewendet.

Bei Anwendung der **Befundrechnung** wird der Werkstoffverbrauch mithilfe einer periodisch durchgeführten Inventur ermittelt. Nachdem man aufgrund einer Inventur für jeden Werkstoff den Endbestand (Befund) einer Periode, der gleich dem Anfangsbestand der nächsten Periode ist, festgestellt hat, ergibt sich bei Erfassung der Istzugänge mithilfe von Belegen der Istverbrauch gemäß folgender Beziehung:

Istverbrauch einer Periode = Istanfangsbestand + Istzugang – Istendbestand einer Periode

Die Befundrechnung erfordert eine periodische Inventur und kann somit gegebenenfalls auch hohe Verwaltungskosten bedingen. Mit der Befundrechnung werden gleichzeitig die Verbräuche an Werkstoffen aufgrund des **bereitstellungsabhängigen (güterspezifischen) Werkstoffwagnisses** (Schwund, Qualitätsminderung und Vernichtung von Werkstofflagerbeständen) erfasst. Zur Bestimmung von Werkstoffkosten, die von Wagniseinflüssen frei sind, müssen folglich die mithilfe der Befundrechnung ermittelten Werkstoffkosten um diese Werkstoffwagniskosten vermindert werden. Aufgrund der notwendigen Eliminierung der Werkstoffwagniskosten wird die Befundrechnung teilweise als nicht geeignet für die Kostenrechnung angesehen. Da auch bei Anwendung der Skontrationsrechnung eine möglichst periodische Inventur zur Kontrolle des Schwundes, der Qualitätsminderung und der Vernichtung von Werkstofflagerbeständen erforderlich ist, verursacht die Befundrechnung weniger Verwaltungskosten als die Skontrationsrechnung. Der Nachteil der Befundrechnung besteht im Wesentlichen darin, dass vielfach eine nicht auf Aufschreibung gegründete, also indirekte Zurechnung primärer Werkstoffkosten auf Kostenstellen und Kostenträger erforderlich ist, weil diese Werkstoffkosten nicht wie bei der Skontrationsrechnung direkt als Einzel- oder Kostenstelleneinzelkosten mithilfe von Belegen erfasst werden.

Bei dem Verfahren der **Rückrechnung** wird der Werkstoffverbrauch aus den Zahlen der in einer Periode erstellten Produkte und deren Werkstoffzusammensetzung (in der Regel für Rohstoff- und Bauteilezusammensetzung) ermittelt. Anhand von **Stücklisten**, die den Werkstoffverbrauch pro Produkt je Werkstoffart wiedergeben, kann mithilfe der Zahlen der erstellten Produkte der Werkstoffverbrauch durch die Multiplikation von Verbrauch pro Stück gemäß Stückliste und Zahlen der erstellten Produkteinheiten direkt bestimmt werden. Die Stücklisten werden der Kostenrechnung von der Abteilung zur Verfügung gestellt, welche die Produkte konstruiert und ihre Zusammensetzung festgelegt hat. Dabei können in den Stücklisten pro Produkt unterschiedliche Werkstoffmengen angesetzt sein: erstens die Werkstoffmengen, die in das Produkt eingehen, zweitens die Werkstoffmengen, die in das Produkt eingehen zuzüglich derjenigen Abfallmengen, die aufgrund unterschiedlicher Abmessungen von Produkten und einzusetzenden Rohstoffen technisch unvermeidlich anfallen (z.B. bei Blechen, die nicht in beliebigen Abmessungen geliefert werden, entstehen bei der Herstellung von Deckeln und Böden von runden Dosen zwangsläufig Abfälle), oder drittens die Werkstoffmengen, die zusätzlich zu den bisher erfassten Mengenkomponenten noch den durchschnittlich zu erwartenden Mehrverbrauch aufgrund von Ausschuss oder Nacharbeit angeben. Im letzten Falle enthalten die mithilfe der Stückliste errechneten Verzehrsmengen von Werkstoffen auch die Verbräuche aufgrund fertigungsabhängiger Wagnisse. Da Beständewagnissen durch Schwund oder Verderb von Werkstoffen in Stücklisten regelmäßig nicht Rechnung getragen wird, werden bei der Rückrechnung wie bei der Skontrationsrechnung meist keine bereitstellungsabhängigen Werkstoffwagniskosten miterfasst.

Für geringwertige Werkstoffe wird aus Wirtschaftlichkeitsgründen vielfach auf **Schätzverfahren** zur Ermittlung des periodischen Werkstoffverbrauchs oder der periodischen

Inventurergebnisse zurückgegriffen. Bei weitgehend konstant bleibendem Lagerbestand kann der Werkstoffverbrauch unmittelbar als Istzugang der Periode angenommen werden. Bei sich periodisch ändernden Lagerbeständen ermittelt man den Verbrauch gemäß der Beziehung für die Istverbrauchsermittlung bei der Befundrechnung durch Schätzung der Lagerbestandsänderungen.

Probleme treten bei der Erfassung von Werkstoffkosten im Fall von Betriebsstoffen ein, deren Einsatz von Maschinenausfällen abhängt, wie z.B. beim Verbrauch von Ersatzteilen und Reparaturmaterial für Maschinen. Wenn der Verbrauch an solchen Reparatur- und Instandhaltungsmaterialien im Zeitablauf erheblich schwankt und damit die Bedingung eines **ordentlichen** Güterverzehrs nicht mehr erfüllt, wird in der Istkostenrechnung statt des effektiven Verzehrs der durchschnittlich pro Periode zu erwartende Verzehr angesetzt. (Da diese Betriebsstoffverbräuche vielfach mit dem Alter von Maschinen zunehmen, stimmt man häufig die Abschreibungen als Kosten für den Verzehr von Maschinen derart mit solchen Betriebsstoffkosten ab, dass die Summe aus beiden im Zeitablauf konstant bleibt [vgl. auch S. 111].)

Für Zwecke der kurzfristigen Erfolgsrechnung und der Kostenkontrollrechnung sind als Wertkomponenten des Werkstoffverbrauchs einer abgelaufenen Periode die Anschaffungspreise zu wählen, sofern sie konstant bleiben. Die Anschaffungspreise setzen sich zusammen aus dem Einkaufspreis (Rechnungspreis abzüglich Umsatzsteuer und Rabatte) und den sonstigen primären Beschaffungskosten wie z.B. Transport- oder Versicherungskosten. Insgesamt ergibt sich somit:

Einkaufspreis (abzüglich Umsatzsteuer und Rabatte)

+ primäre Beschaffungskosten

= Anschaffungspreis oder Einstandspreis frei Lager

(Die an Lieferanten gezahlte Umsatzsteuer wird nicht als Kostenbestandteil angesehen und bleibt daher unberücksichtigt, vgl. S. 118 f.)

Vielfach sind die Anschaffungspreise einzelner Werkstoffarten innerhalb einer betrachteten Periode oder während eines Wirtschaftsjahres nicht konstant. Der individuelle Anschaffungspreis zahlreicher Werkstoffarten ist dann bei gemeinsamer Lagerung gleicher Werkstoffe mit unterschiedlichen Anschaffungspreisen je Einheit eines Werkstoffes nicht mehr bekannt. Dieser Fall kann z.B. bei einer Schraube eines bestimmten Typs auftreten, die laufend für jedes zu fertigende Produkt gebraucht wird, sofern diese Schrauben in bestimmten Abständen immer wieder neu zu unterschiedlichen Preisen gekauft und die neuen Schrauben zusammen mit den früher gekauften gelagert werden. Von einem bestimmten Schraubenlos, das für ein zu fertigendes Produkt verwendet wird, kann dann nicht festgestellt werden, zu welchem Preis es beschafft wurde. Als Anschaffungspreise sind unter diesen Umständen Verrechnungspreise anzusetzen, die sich z.B. gemäß den Bewertungsvorschriften nach § 240 (3), (4) oder § 256 HGB ermitteln lassen.

Solche Verrechnungspreise sind etwa der aus dem Anfangsbestand und den Zugängen zu ermittelnde **gewogene Durchschnittspreis** oder der mit Zu- und Abgängen laufend erneut zu berechnende **gleitende Durchschnittspreis**. Ferner lassen sich Preise aufgrund von Fiktionen über die Verbrauchsfolge bilden. Wird angenommen, dass die Schrauben, die zuletzt angeschafft wurden, zuerst verbraucht werden, so sind die Preise der zuletzt gekauften Schrauben als Wertkomponenten anzusetzen; auf dieser Verbrauchsfolge basiert die **LIFO-Methode** (LIFO: Last In First Out; diese Methode gibt es

Tab. 9: Daten des Beispiels zur Ermittlung von Werkstoffkosten

01. 01.	Anfangsbestand	225 kg	à 55,00 € je kg
25. 01.	Zugang	375 kg	à 63,00 € je kg
07. 02.	Abgang	150 kg	
13. 07.	Zugang	300 kg	à 57,00 € je kg
16. 08.	Abgang	475 kg	
14. 10.	Zugang	225 kg	à 64,00 € je kg
25. 11.	Abgang	150 kg	

Tab. 10: Beispiel zur gewogenen Durchschnittsmethode

Gewogene Durchschnittsmethode: Ermittlung des Durchschnittspreises erfolgt am Ende der Periode			
Anfangsbestand	225 kg	à 55,00 €	= 12.375 €
+ Zugang	375 kg	à 63,00 €	= 23.625 €
+ Zugang	300 kg	à 57,00 €	= 17.100 €
+ Zugang	225 kg	à 64,00 €	= 14.400 €
=	**1.125 kg**		67.500 €
– Abgänge	775 kg	à 60,00 €	= 46.500 €
Endbestand	**350 kg**	à 60,00 €	= **21.000 €**

gewogener Durchschnittspreis:

$$\frac{67.500}{1.125} = 60,00 \; [€/kg]$$

gesamte Werkstoffkosten nach gewogener Durchschnittsmethode:
775 kg · 60,00 €/kg = 46.500 €

in den beiden Varianten der **Perioden-LIFO-** und der **permanenten LIFO-Methode**). Bei Anwendung der **FIFO-Methode** (FIFO: First In First Out; bei dieser Methode ist eine Unterscheidung zwischen Perioden-FIFO- und permanenter FIFO-Methode hinfällig) hingegen wird der umgekehrte Fall unterstellt: Die zuerst angeschafften Schrauben werden zuerst verbraucht, so dass deren Preise als Wertkomponenten angesetzt werden müssen. Die einzelnen Verfahren führen meist zu abweichenden Preisen. Wie bei Anwendung der einzelnen Verfahren vorzugehen ist, um die Verrechnungspreise, die Werkstoffkosten und den Wert des Endbestandes zu ermitteln, zeigen die in Tabelle 10 bis Tabelle 13 dargestellten Rechnungen, denen jeweils die in Tabelle 9 angegebenen Lagerbewegungen zugrunde liegen.

Die oben dargestellten, handelsrechtlich und – bis auf die LIFO-Methode – nach internationalen Standards zulässigen Bewertungsmethoden von Werkstofflagerbeständen und somit auch von Werkstoffverbräuchen führen jedoch in der Regel zu periodisch schwankenden Verrechnungspreisen der Werkstoffverbräuche (vgl. Coenenberg 2005, S. 208 ff.; Schildbach 2004, S. 295 ff.; Kloock 1996, S. 64 ff.). Um solche Schwankungen der Wertkomponenten zu vermeiden, werden in der Kostenrechnung oft Verrechnungspreise gewählt, die über mehrere Perioden konstant gehalten werden und insgesamt zu möglichst geringen Differenzen zwischen Verrechnungs- und Anschaffungspreisen führen sollen. Derartige anschaffungs- oder wiederbeschaffungspreisorientierte Verrech-

Tab. 11: Beispiel zur gleitenden Durchschnittsmethode

Gleitende Durchschnittsmethode: Ermittlung des Durchschnittspreises erfolgt nach jedem Zugang					
01. 01.	Anfangsbestand	225 kg	à 55,00 €	=	12.375 €
25. 01.	+ Zugang	375 kg	à 63,00 €	=	23.625 €
	= Bestand	**600 kg**			36.000 €
	gleitender Durchschnittspreis:	$\dfrac{36.000}{600} = 60,00$ [€/kg]			
07. 02.	− Abgang	150 kg	à 60,00 €	=	9.000 €
	= Bestand	450 kg	à 60,00 €	=	27.000 €
13. 07.	+ Zugang	300 kg	à 57,00 €	=	17.100 €
	= Bestand	**750 kg**			44.100 €
	gleitender Durchschnittspreis:	$\dfrac{41.100}{750} = 58,80$ [€/kg]			
16. 08.	− Abgang	475 kg	à 58,80 €	=	27.930 €
	= Bestand	275 kg	à 58,80 €	=	16.170 €
14. 10.	+ Zugang	225 kg	à 64,00 €	=	14.400 €
	= Bestand	**500 kg**			30.570 €
	gleitender Durchschnittspreis:	$\dfrac{30.570}{500} = 61,14$ [€/kg]			
25. 11.	− Abgang	150 kg	à 61,14 €	=	9.171 €
	= Endbestand	**350 kg**	à 61,14 €	=	**21.399 €**
gesamte Werkstoffkosten nach gleitender Durchschnittsmethode: 9.000 € + 27.930 € + 9.171 € = 46.101 €					

nungspreise haben für Kontrollrechnungen des mengenmäßigen Verbrauchs den Vorteil, dass keine Preisabweichungen zu eliminieren sind, und für kurzfristige Erfolgsrechnungen den Vorteil, dass sie am ehesten auf aktuellen Marktpreisen als Anschaffungspreisen basieren, was z.B. bei Anwendung der FIFO-Methode nicht mehr stets gewährleistet ist. Verrechnungspreise werden mithilfe von Istpreisstatistiken, die die Istpreise früherer Perioden wiedergeben, ermittelt. Anhand der Zeitreihen von Istpreisstatistiken lassen sich dann mithilfe von Prognoseverfahren, wie z.B. Exponential Smoothing oder Methode der kleinsten Quadrate, die für mehrere Perioden festzuhaltenden Verrechnungspreise prognostizieren. Verwendet man in der Kostenrechnung solche (festen) Verrechnungspreise, so kommt es im Allgemeinen zu Preisdifferenzen, die im Rahmen der Abgrenzungsrechnung (vgl. Abschnitt I.E. 5) im Neutralen Ergebnis zu berücksichtigen sind (für ein Beispiel vgl. Kilger 1992, S. 90 ff.).

b) Erfassung der Werkstoffwagniskosten

Nur die bereitstellungsabhängigen (güterspezifischen) Werkstoffwagnisse sollen in der Kostenartenrechnung auf Istkostenbasis berücksichtigt werden, da die aufgrund fertigungsabhängiger Wagnisse entstehenden, während der gesamten Periode anfallenden Werkstoffkosten bei Anwendung der Skontrations- und Befundrechnung direkt sowie bei Anwendung der Rückrechnung gegebenenfalls schon indirekt erfasst worden sind.

Tab. 12: Beispiel zur LIFO-Methode

Perioden-LIFO-Methode: Bewertung des Werkstoffverbrauchs erfolgt am Ende der Periode				
Anfangsbestand	225 kg	à 55,00 €		
+ Zugang	375 kg	à 63,00 €		
+ Zugang	300 kg	à 57,00 €		
+ Zugang	225 kg	à 64,00 €		
	1.125 kg			
– Verbrauch	225 kg	à 64,00 €	=	14.400 €
	300 kg	à 57,00 €	=	17.100 €
	250 kg	à 63,00 €	=	15.750 €
	775 kg			
= Endbestand	125 kg	à 63,00 €	=	7.875 €
	225 kg	à 55,00 €	=	12.375 €
= Endbestand	**350 kg**			**20.250 €**
gesamte Werkstoffkosten nach Perioden-LIFO-Methode: 14.400 € + 17.100 € + 15.750 € = 47.250 €				

Permanente LIFO-Methode: Bewertung des Werkstoffverbrauchs erfolgt nach jeder Entnahme					
01. 01.	Anfangsbestand	225 kg	à 55,00 €	=	12.375 €
25. 01.	+ Zugang	375 kg	à 63,00 €	=	23.625 €
					36.000 €
07. 02.	– Abgang	150 kg	à 63,00 €	=	9.450 €
					26.550 €
13. 07.	+ Zugang	300 kg	à 57,00 €	=	17.100 €
					43.650 €
16. 08.	– Abgang	300 kg	à 57,00 €	=	17.100 €
	(insgesamt 475 kg)	175 kg	à 63,00 €	=	11.025 €
					15.525 €
14. 10.	+ Zugang	225 kg	à 64,00 €	=	14.400 €
					29.925 €
25.11.	– Abgang	150 kg	à 64,00 €	=	9.600 €
	= Endbestand	**350 kg**			**20.325 €**
gesamte Werkstoffkosten nach permanenter LIFO-Methode: 9.450 € + 17.100 € + 11.025 € + 9.600 € = 47.175 €					

Infolgedessen sind für die kurzfristige Erfolgsrechnung und Kostenkontrolle durch Ist-Ist-Vergleich als primäre Werkstoffwagniskosten die Werkstoffkosten anzusetzen, die den durchschnittlich pro Periode anfallenden Werkstoffverzehr durch Schwund, Qualitätsminderung und Vernichtung von Werkstofflagerbeständen wiedergeben. Bei Anwendung der Skontrationsrechnung und der Rückrechnung lässt sich dieser bereitstellungsbedingte Werkstoffverzehr durch die pro Periode durchschnittlich auftretende Differenz „Lagersollendbestand (ermittelt durch Istanfangsbestand gemäß Inventur + Istzugang – Istverbrauch gemäß Skontrations- oder Rückrechnung) minus Lageristendbestand gemäß Inventur" messen. Durch die Befundrechnung werden die bereitstel-

Tab. 13: Beispiel zur FIFO-Methode

FIFO-Methode				
Anfangsbestand	225 kg	à 55,00 €		
+ Zugang	375 kg	à 63,00 €		
+ Zugang	300 kg	à 57,00 €		
+ Zugang	225 kg	à 64,00 €		
	1.125 kg			
− Verbrauch	225 kg	à 55,00 €	=	12.375 €
	375 kg	à 63,00 €	=	23.625 €
	175 kg	à 57,00 €	=	9.975 €
	775 kg			
= Endbestand	125 kg	à 57,00 €	=	7.125 €
	225 kg	à 64,00 €	=	14.400 €
	350 kg			**21.525 €**
gesamte Werkstoffkosten nach FIFO-Methode: 12.375 € + 23.625 € + 9.975 € = 45.975 €				

lungsabhängigen Werkstoffwagniskosten direkt miterfasst. Ihre Höhe kann somit nur durch Abzug der bereitstellungswagnisunabhängigen Werkstoffkosten, bestimmt etwa mithilfe der Rückrechnung, von den gesamten Werkstoffkosten gemäß Befundrechnung ermittelt werden. Meist genügt es, die erforderliche Rückrechnung nur jährlich durchzuführen, um mit ihrer Hilfe die pro Periode durchschnittlich anzusetzenden bereitstellungsabhängigen (kalkulatorischen) Werkstoffwagniskosten zu bestimmen. Die Befundrechnung ist somit nur dann allein anwendbar, wenn den bereitstellungsabhängigen Werkstoffwagniskosten keine besondere Bedeutung zukommt oder Schwund, Qualitätsminderung sowie Vernichtung von Werkstofflagerbeständen weitgehend in gleicher Höhe in den einzelnen Perioden auftreten, so dass eine besondere Erfassung der primären Wagniskosten für Werkstoffe nicht erforderlich ist.

c) Zur Gliederung der Werkstoffkosten in Einzel- und Gemeinkosten

In der Kostenartenrechnung werden zur Vorbereitung der Kostenstellen- und Kostenträgerrechnung die primären Werkstoffkosten in Einzel- und Gemeinkosten sowie die Gemeinkosten in Kostenstelleneinzel- und Kostenstellengemeinkosten unterteilt. Direkt zurechenbare Kosten für fertig bezogene Bauteile werden den absatzbestimmten Kostenträgern oft direkt zugerechnet. Ihr Einsatz im Produktionsprozess führt daher zu **Einzelwerkstoffkosten,** die man meistens als **Einzel-Materialkosten** oder **Fertigungsmaterial** bezeichnet. Der bewertete Güterverzehr von Hilfs- und Betriebsstoffen stellt in der Regel Gemeinkosten dar, die Gemein(werkstoff)kosten oder Kosten für **Gemeinkostenmaterial** genannt werden (diese Kosten sind von den später noch zu erläuternden **Materialgemeinkosten** [vgl. S. 157] streng zu unterscheiden).

4 Zur Erfassung von Betriebsmittelkosten

Der Einsatz oder die Verwendung von **Betriebsmitteln** (Maschinen oder Anlagen, Gebäuden und Grundstücken) zur Realisation des unternehmerischen Sachzieles führt – von Ausnahmen abgesehen – nicht zu ihrem direkten vollständigen Verzehr; der Verzehr erstreckt sich vielmehr über mehrere Perioden (Jahre) wie bei Anlagen oder Gebäuden, oder es tritt kein Verzehr ein wie oft bei Grundstücken. Hieraus folgt, dass der bewertete Güterverzehr von Betriebsmitteln auf einzelne Abrechnungsperioden zu verteilen ist, wobei die Erfassung der Mengen- oder Wertkomponenten solcher Güter schwierige Ermittlungsprobleme aufwirft. Als Mengenkomponente kann einmal das jeweilige Betriebsmittel selbst angesehen werden, dessen Verzehr erst nach dem endgültigen Ausscheiden aus einem Unternehmen eintritt. In diesem Fall stecken die zu lösenden Probleme des Ansatzes von Betriebsmittelkosten (z.B. Bestimmung der Abschreibungsansätze einer Maschine für eine Periode) in der Ermittlung der Wertkomponenten, die die Wertabnahme durch Nutzung von Betriebsmitteln wiedergeben. Es bietet sich jedoch an, als Mengenkomponente das **Nutzungspotenzial** – gemessen z.B. durch die mögliche Ausbringungsmenge bei Anlagen oder bei auszubeutenden Grundstücken (Kiesgruben) oder durch die mögliche Nutzungszeit bei Anlagen oder Gebäuden – eines Betriebsmittels anzusetzen. **Die Abnahme des Nutzungspotenzials** stellt in diesem Fall den Güterverzehr eines Betriebsmittels dar, und in ihrer Erfassung liegen die zu lösenden Probleme des Ansatzes von Betriebsmittelkosten. Als Wertkomponente kann auf den **Anschaffungs- oder Wiederbeschaffungspreis** (gegebenenfalls um den **Restwert** am Ende der Nutzungszeit vermindert) zurückgegriffen werden. Die weiteren Ausführungen basieren auf dem zuerst genannten Ansatz.

a) Grundlagen der Erfassung von Betriebsmittelkosten

Durch den Einsatz bzw. die Verwendung eines Betriebsmittels (einer Anlage, eines Gebäudes oder gegebenenfalls eines Grundstücks wie einer Kiesgrube) im Produktionsprozess wird dessen Nutzungspotenzial verzehrt, verschlissen oder abgenutzt und somit seine Mengenkomponente verringert.

Der Verzehr, Verschleiß oder die Abnutzung von Betriebsmitteln ist auf verschiedene **Verzehrs-, Verschleiß-** oder **Abnutzungsursachen** zurückzuführen, die sich wie in der folgenden Abbildung 34 gliedern lassen.

In der Regel wird die Nutzungspotenzialabnahme, also der Güterverzehr von Betriebsmitteln, durch mehrere Verzehrsursachen hervorgerufen, ohne dass der Zusammenhang zwischen dem Verzehr und dessen Ursachen exakt oder annähernd bestimmt werden kann. Es sind infolgedessen Hypothesen über diesen Zusammenhang aufzustellen, die die weitgehend allein oder miteinander kombiniert auftretenden Verzehrsursachen und ihre Auswirkungen auf den Güterverzehr angeben. Hierbei bleiben Katastrophenverschleiß, Fristablaufverschleiß und unregelmäßig oder unerwartet auftretender Verschleiß als Ursachen unberücksichtigt, da der Katastrophenverschleiß und der unregelmäßige oder unerwartete Verschleiß nur die Höhe der Wagniskosten dieser Güter beeinflussen und der Fristablaufverschleiß bei der Erfassung der Kosten für gemietete Betriebsmittel direkt berücksichtigt wird. Die Hypothesen über den Zusammenhang zwischen Verzehrsursachen und Güterverzehr werden vielfach darin bestehen, dass erstens entweder nur der Einsatz bzw. die Verwendung von Betriebsmitteln oder nur der Zeitablauf oder beide Ursachen zusammen in einem bestimmten, nie direkt messbaren Ausmaß den Güterverzehr herbeiführen und zweitens das Ausmaß des Güterverzehrs konstant, zunehmend oder abnehmend in jeder Periode ist. Differenziertere Hypothesen dürften in der Regel kaum möglich sein. Mittels solcher Hypothesen werden die periodisch anzusetzenden bewerteten Nutzungspotenzialabnahmen, die bewerteten Güterverbräuche oder **Betriebsmittelkosten** einer Periode als **Abschreibungen** der Betriebsmittel bestimmt. Zur endgültigen Ermittlung der Abschreibungen sind darüber hinaus noch die **Nut-**

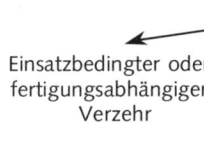

Mögliche Verzehrsursachen

Einsatzbedingter oder
fertigungsabhängiger
Verzehr

Zeitablaufbedingter Verzehr
(einschließlich des wirtschaftlich bedingten Verzehrs)

1) Verbrauchs- oder
Gebrauchsverschleiß
(technischer Verschleiß,
Substanzminderung)

2) einsatzbedingter
Katastrophenverschleiß
(Explosion oder Feuer
aufgrund des Betriebs-
mitteleinsatzes)

1) natürlicher Verschleiß
(Stillstandsverschleiß)

2) bereitstellungsab-
hängiger Katastro-
phenverschleiß

3) Verschleiß durch Frist-
ablauf von Konzes-
sionen, Miet- oder
Pachtverträgen (Leasing)

4) Verlust der Nutzungsfähigkeit
(Entwertung) durch technischen
Fortschritt im Zeitablauf
(vgl. Betz 1988, S. 193)

5) Verlust der Nutzungsfähigkeit
(Entwertung) durch wirtschaftliche Überholung (z.B. aufgrund
von Bedarfsverschiebungen,
Preisverfall und Kostensteigerungen) im Zeitablauf

Abb. 34: Mögliche Verzehrsursachen für Abschreibungen

zungszeit der Betriebsmittel zu prognostizieren (deren Länge ebenfalls von den einzelnen möglichen Verzehrsursachen abhängt) sowie der Ausgangswert, von dem jeweils abzuschreiben, und der **Restwert** nach Ablauf der Nutzungszeit, auf den abzuschreiben ist, festzulegen bzw. zu schätzen. Als Ausgangswert für eine Istkostenrechnung wird in der Regel der Anschaffungs- oder Einstandspreis frei Lager (die eventuell einzubeziehenden sekundären Beschaffungskosten bleiben jedoch in der Kostenartenrechnung unberücksichtigt, wie z.B. Errichtungskosten für Anlagen durch unternehmensinterne Baukolonnen) gewählt. Für Kontrollzwecke sowie Planungsaufgaben können anstelle von Anschaffungs- auch Wiederbeschaffungspreise zum Zeitpunkt des Gütereinsatzes oder der Wiederbeschaffung verwendet werden. Diese haben jedoch den Nachteil, dass sie nicht wie die Anschaffungspreise objektiv nachprüfbar sind, sondern sich vielfach nur schwierig ermitteln lassen und bei variierenden Marktpreisen den Ansatz konstanter Verrechnungspreise erfordern, um dauernde Änderungen des Ausgangswertes zu vermeiden.

b) Abschreibungsverfahren zur Erfassung von Betriebsmittelkosten

Mithilfe von **Abschreibungsverfahren** werden die periodisch anzusetzenden Abschreibungen ermittelt. Diese Verfahren legen fest, wie bei gegebenem Ausgangswert, geschätztem Restwert und geschätzter Nutzungszeit die Abschreibungsbeträge durch Verteilung von Anschaffungspreis abzüglich des Restwertes auf die Nutzungszeit oder die erstellten Produkte auszurechnen sind. Die Wahl des Abschreibungsverfahrens erfolgt anhand von Hypothesen über den Zusammenhang zwischen Verzehrsursachen und Güterverzehr im Sinne einer Nutzungspotenzialabnahme.

Zur Ermittlung der Abschreibungen wird im Folgenden mit A der Anschaffungspreis, eventuell erweitert um primäre (vgl. S. 72) Anschaffungsnebenkosten, mit R der Restwert am Ende der Nutzungszeit, mit T die Zahl der gesamten Nutzungsperioden (Nutzungszeit), mit $\bar{x}$ das gesamte Nutzungspotenzial, gemessen durch die gesamten Ausbringungsmengen, und mit a_t der Abschreibungsbetrag der t-ten Periode (t = 1,...,T) bezeichnet. Das Ziel jedes Abschreibungsverfahrens besteht darin, die **Abschreibungsbasis** A-R auf das gesamte Nutzungspotenzial so zu verteilen, dass der Abschreibungsbetrag jeder Periode den dieser Periode anzulastenden bewerteten Nutzungspotenzialverzehr angibt und für die Summe aller Abschreibungsbeträge

$$\sum_{t=1}^{T} a_t = A - R \qquad (1.1)$$

gilt.

Die weiteren Ausführungen dienen im Wesentlichen dem Zweck, die wichtigsten Abschreibungsverfahren systematisch in Abhängigkeit von ihren Prämissen darzustellen.

(1) Degressive Zeitabschreibungsverfahren

Die **degressiven Zeitabschreibungsverfahren** basieren neben (1.1) auf der zusätzlichen Hypothese, dass der Nutzungspotenzialverzehr allein vom Zeitablauf abhängt und sein Ausmaß von Periode zu Periode abnimmt, d.h.:

Verteilungsbasis ist die Nutzungszeit mit $a_{t+1} < a_t$ (1.2)

für $t = 1,...,T-1$ und $a_T > 0$.

Je nachdem wie das Ausmaß des periodischen Verzehrs konkret angesetzt wird, unterscheidet man folgende vier verschiedene degressive Zeitabschreibungsverfahren.

(1a) Arithmetisch-degressives Abschreibungsverfahren

Bei diesem Abschreibungsverfahren unterstellt man weiter, dass das Ausmaß des Güterverzehrs von Periode zu Periode um den gleichen Betrag sinkt, so dass die anzusetzenden Abschreibungsbeträge von Periode zu Periode um den gleichen Degressionsbetrag d abnehmen. Für z.B. d = 4.000 GE und einen Abschreibungsbetrag von 19.000 GE in der ersten Periode ergeben sich dann folgende Abschreibungen: a_1 = 19.000 GE, a_2 = 15.000 GE, a_3 = 11.000 GE, a_4 = 7.000 GE und a_5 = 3.000 GE.

Ausgehend von der Forderung, dass die Differenz zwischen den einzelnen Abschreibungsbeträgen stets konstant bleibt, gilt:

$$a_{t+1} = a_t - d \text{ für } t = 1,...,T-1 \text{ mit } d > 0. \qquad (1.2.a)$$

Der Abschreibungsbetrag a_t jeder Periode ergibt sich beim **arithmetisch-degressiven Abschreibungsverfahren** aus:

$$a_t = \frac{A-R}{T} + \frac{d}{2} \cdot (T - 2 \cdot t + 1) \text{ für } t = 1,...,T \text{ mit } 0 < d < \frac{2 \cdot (A-R)}{T \cdot (T-1)}.$$

Zur Herleitung von a_t wird mithilfe von (1.2.a) a_t in Abhängigkeit von a_T angegeben und in (1.1) eingesetzt:

$$a_t = d + a_{t+1} = 2 \cdot d + a_{t+2} = ... = (T-t) \cdot d + a_T \text{ für } t = 1,...,T \qquad (I)$$

$$A - R = \sum_{t=1}^{T} a_t = \sum_{t=1}^{T} \left[(T-t) \cdot d + a_T \right] = d \cdot \sum_{t=1}^{T} (T-t) + \sum_{t=1}^{T} a_T = d \cdot \sum_{t=1}^{T-1} t + T \cdot a_T$$

$$= d \cdot (T-1) \cdot \frac{T}{2} + T \cdot a_T = -\frac{d}{2} \cdot T \cdot (1-T) + T \cdot a_T$$

oder nach a_T aufgelöst:

$$a_T = \frac{A - R}{T} + \frac{d}{2} \cdot (1 - T).$$ (II)

Setzt man (II) in (I) ein, ergibt sich:

$$a_t = (T - t) \cdot d + \frac{A - R}{T} + \frac{d}{2} \cdot (1 - T) = \frac{A - R}{T} + \frac{d}{2} \cdot (T - 2 \cdot t + 1) \text{ für } t = 1, ..., T.$$

Wegen $a_T > 0$ und $d > 0$ muss d aus dem Bereich $0 < d < \dfrac{2 \cdot (A - R)}{T \cdot (T - 1)}$ gewählt werden.

Beim arithmetisch-degressiven Abschreibungsverfahren ist der mögliche Wertebereich von d nur eingeschränkt, aber nicht durch die bisherigen Hypothesen eindeutig festgelegt. Seine Anwendung erfordert daher, d entsprechend dem vermuteten Verlauf der Potenzialabnutzung zu schätzen.

(1b) Digitales Abschreibungsverfahren als Sonderfall des arithmetisch-degressiven Abschreibungsverfahrens

Dieses Abschreibungsverfahren geht als Sonderfall des arithmetisch-degressiven Abschreibungsverfahrens von den gleichen Hypothesen und somit von den gleichen Voraussetzungen (1.1), (1.2) und (1.2.a) aus. Darüber hinaus wird der anzusetzende Degressionsbetrag d eindeutig vorgegeben, indem man schätzt, dass $d = a_T$ ist. Aufgrund dieser weiteren Annahme folgt:

$$d = a_T = \frac{A - R}{T} + \frac{d}{2} \cdot (1 - T) \text{ oder}$$

$$d = \frac{2 \cdot (A - R)}{T \cdot (T + 1)} = \frac{A - R}{T \cdot (T + 1)/2} = \frac{A - R}{\sum\limits_{t=1}^{T} t}.$$ (1.2.b)

Mit dem fest vorgegebenen Degressionsbetrag d lässt sich a_t über (I) und (1.2.b) beim **digitalen Abschreibungsverfahren** wie folgt bestimmen:

$$a_t = (T - t) \cdot d + a_T = (T - t) \cdot d + d = (T - t + 1) \cdot d$$

$$= (T - t + 1) \cdot \frac{A - R}{\sum\limits_{t=1}^{T} t} \text{ für } t = 1, ..., T.$$

Dieses Abschreibungsverfahren kann lediglich dann verwendet werden, wenn die Hypothese, dass das Ausmaß des Güterverzehrs in jeder Periode um den gleichen Degressionsbetrag d gemäß (1.2.b) abnimmt, als akzeptabel gilt.

Nähert man sich beim arithmetisch-degressiven Abschreibungsverfahren der Oberschranke d^{max} für den Degressionsbetrag d an, so führt dieses wegen

$$d^{max} = \frac{2 \cdot (A - R)}{T \cdot (T - 1)} = \frac{A - R}{T \cdot (T - 1)/2} = \frac{A - R}{\sum\limits_{t=1}^{T-1} t}$$

quasi zu einer digitalen Abschreibung über $T-1$ Perioden. Für $d \approx 0$ erhält man hingegen näherungsweise konstante Abschreibungsbeträge, d.h. eine mehr oder weniger lineare Abschreibung (vgl. S. 104).

(1c) Geometrisch-degressives Abschreibungsverfahren

Bei diesem Abschreibungsverfahren nimmt man an, dass das Ausmaß des Güterverzehrs jeder Periode gleich einem vorgegebenen Bruchteil α ($0 < \alpha < 1$) des Güterverzehrs der jeweiligen Vorperiode ist. Entsprechend sinken dann die Abschreibungsbeträge, so dass sich beispielsweise für $\alpha = {}^2/_3$, $T = 5$ ZE und einen Abschreibungsbetrag in der ersten Periode von 90.000 GE folgende Abschreibungsbeträge ergeben: $a_1 = 90.000$ GE, $a_2 = 60.000$ GE, $a_3 = 40.000$ GE, $a_4 = 26.666,66$ GE und $a_5 = 17.777,78$ GE. Die Differenz zwischen den Abschreibungsbeträgen verringert sich also wegen $a_{t+1} = \alpha \cdot a_t$ um $(1 - \alpha) \cdot a_t$ für alle Perioden. Weiterhin folgt:

$$a_t = \frac{1}{\alpha} \cdot a_{t+1} = q \cdot a_{t+1} \text{ mit } q = \frac{1}{\alpha} \text{ und } 0 < \alpha < 1 \text{ für } t = 1,\ldots,T-1. \qquad (1.2.c)$$

Der Abschreibungsbetrag a_t jeder Periode ergibt sich für das **geometrisch-degressive Abschreibungsverfahren** aus:

$$a_t = (A - R) \cdot \frac{q^{T-t} \cdot (q - 1)}{q^T - 1} \text{ für } t = 1,\ldots,T.$$

Zur Herleitung von a_t wird durch sukzessive Anwendung von (1.2.c) a_t in Abhängigkeit von a_T ermittelt und in (1.1) eingesetzt:

$$a_t = q \cdot a_{t+1} = q^2 \cdot a_{t+2} = \ldots = q^{T-t} \cdot a_T \text{ für } t = 1,\ldots,T \qquad (III)$$

$$A - R = \sum_{t=1}^{T} a_t = a_T \cdot \sum_{t=1}^{T} q^{T-t} = a_T \cdot q^T \cdot \sum_{t=1}^{T} q^{-t} = a_T \cdot q^T \cdot \sum_{t=1}^{T} \left(\frac{1}{q}\right)^t$$

$$= a_T \cdot q^T \cdot \frac{1}{q} \cdot \frac{1 - \dfrac{1}{q^T}}{1 - \dfrac{1}{q}} = a_T \cdot \frac{q^T - 1}{q - 1}$$

oder nach a_T aufgelöst

$$a_T = \frac{A - R}{q^T - 1} \cdot (q - 1). \qquad (IV)$$

Setzt man (IV) in (III) ein, so ergibt sich:

$$a_t = q^{T-t} \cdot \frac{A - R}{q^T - 1} \cdot (q - 1) = (A - R) \cdot \frac{q^{T-t} \cdot (q - 1)}{q^T - 1} \text{ für } t = 1,\ldots,T$$

Wegen $0 < \alpha < 1$ folgt $q > 1$ und somit gilt wegen $A > R$, dass stets $a_T > 0$ ist.

Der mögliche Wertebereich von α ist nur eingeschränkt, jedoch nicht durch die bisherigen Hypothesen eindeutig bestimmt. Die Anwendung dieses Verfahrens – es basiert statt auf ohne weiteres einsichtigen Hypothesen über Beziehungen zwischen zeitablaufbedingten Verzehrsursachen und dem Ausmaß des Güterverzehrs in erster Linie auf mathematischen Ansätzen geometrischer Folgen- und Reihenrechnung – erfordert daher noch, die Größe α zu schätzen.

(1d) Buchwertabschreibungsverfahren als Sonderfall des geometrisch-degressiven Abschreibungsverfahrens

Das Buchwertabschreibungsverfahren als Sonderfall des geometrisch-degressiven Abschreibungsverfahrens basiert auf den gleichen Voraussetzungen (1.1), (1.2) und (1.2.c) wie das geometrisch-degressive. Durch eine zusätzliche Voraussetzung wird gleichzeitig der Ansatz für α und somit für q festgelegt, indem man für die Buchwerte eine (1.2.c) entsprechende Beziehung fordert:

$$R_{t+1} = \alpha \cdot R_t \text{ oder mit } q = \frac{1}{\alpha} \text{ die Beziehung } R_t = q \cdot R_{t+1} \qquad (1.2.d)$$

für $t = 0,...,T - 1$ mit R_t = Buchwert von Betriebsmitteln nach

t Nutzungsperioden, $R_0 = A$ und $R_T = R > 0$.

Diese zu den Abschreibungsbeträgen analoge Beziehung zwischen den Buchwerten führt zu einem eindeutigen Ansatz von α und somit von q. Denn aus (1.2.d) folgt durch sukzessives Einsetzen von R_t für $t = 0,...,T - 1$:

$$A = R_0 = q \cdot R_1 = q^2 \cdot R_2 = ... = q^T \cdot R_T = q^T \cdot R \text{ oder} \qquad (V)$$

$$q^T = \frac{A}{R} \text{ und daher } q = \sqrt[T]{\frac{A}{R}} \text{ oder } \alpha = \sqrt[T]{\frac{R}{A}} \text{ für } 0 < R < A$$

(für $R = 0$ ist q nicht definiert).

Der Abschreibungsbetrag der **Buchwertabschreibung** lautet für die einzelnen Perioden:

$$a_t = p \cdot R_{t-1} \text{ für } t = 1,...,T \text{ mit } p = 1 - \sqrt[T]{\frac{R}{A}} = 1 - \alpha \text{ und } 0 < R < A.$$

Zur Herleitung von a_t werden zunächst mithilfe von (V) und (1.2.d) $A - R$ sowie R_{t-1} in Abhängigkeit von R und q bestimmt:

$$A - R = q^T \cdot R - R = R \cdot \left(q^T - 1\right) \qquad (VI)$$

$$R_{t-1} = q \cdot R_t = q^2 \cdot R_{t+1} = ... = q^{T-t+1} \cdot R_{t+T-t} = q^{T-t+1} \cdot R_T = q^{T-t+1} \cdot R. \qquad (VII)$$

Durch Einsetzen von (VI) und (VII) in die Formel zur Ermittlung von a_t gemäß dem geometrisch-degressiven Abschreibungsverfahren folgt dann:

$$a_t = (A - R) \cdot \frac{q^{T-t} \cdot (q-1)}{q^T - 1} = R \cdot q^{T-t} \cdot (q-1) \quad \text{(nach Einsetzen von (VI))}$$

$$= R \cdot q^{T-t} \cdot q \cdot \left(1 - \frac{1}{q}\right) = R \cdot q^{T-t+1} \cdot \left(1 - \frac{1}{q}\right)$$

$$= R_{t-1} \cdot \left(1 - \frac{1}{q}\right) \quad \left(\text{nach Einsetzen von (VII)}\right) \text{ für } t = 1,...,T.$$

Mit $q = \sqrt[T]{\dfrac{A}{R}}$ lautet dann die Formel zur Ermittlung von a_t nach dem Buchwertabschreibungsverfahren:

$$a_t = \left(1 - \sqrt[T]{\frac{R}{A}}\right) \cdot R_{t-1} = p \cdot R_{t-1} \text{ für } t = 1,..., T \text{ mit } p = 1 - \sqrt[T]{\frac{R}{A}} = 1 - \alpha \text{ und } 0 < R < A.$$

Die Anwendung des Buchwertabschreibungsverfahrens (ihm kommt insbesondere nach Steuer- und Handelsrecht Bedeutung zu, wobei in § 7 EStG die Wahl von p [und somit von R] festgelegt ist) kann für die Kostenrechnung nur dann als sinnvoll angesehen werden, wenn das Ausmaß des Verzehrs in jeder Periode schätzungsweise gleich einem vorgegebenen Bruchteil $\alpha = \dfrac{1}{q} = \sqrt[T]{\dfrac{R}{A}}$ des Güterverzehrs der jeweiligen Vorperiode ist.

Folgendes Beispiel (s. Tabelle 14) soll die Anwendung der dargestellten degressiven Abschreibungsverfahren demonstrieren: Es seien A = 32.000 GE, R = 2.000 GE und T = 5 ZE, dann ergeben sich folgende Abschreibungsbeträge in Abhängigkeit von den verschiedenen degressiven Zeitabschreibungsverfahren (den verschiedenen Hypothesen über den Zusammenhang zwischen zeitablaufbedingten Verzehrsursachen und dem Güterverzehr eines Betriebsmittels).

Tab. 14: Degressive Abschreibungsverfahren

	Arithmetisch-degressives Abschreibungsverfahren mit d = 2.500 [GE]		Digitales Abschreibungsverfahren mit d = 2.000 [GE]		Geometrisch-degressives Abschreibungsverfahren mit $\alpha = 0{,}8$		Buchwertabschreibungsverfahren mit p = 0,42565	
	a_t [GE]	R_t [GE]	a_t [GE]	R_t [GE]	a_t [GE]	R_t [GE]	a_t [GE]	R_t [GE]
t = 1	11.000	21.000	10.000	22.000	8.924	23.076	13.621	18.379
t = 2	8.500	12.500	8.000	14.000	7.139	15.937	7.823	10.556
t = 3	6.000	6.500	6.000	8.000	5.712	10.225	4.493	6.063
t = 4	3.500	3.000	4.000	4.000	4.570	5.655	2.581	3.482
t = 5	1.000	2.000	2.000	2.000	3.655	2.000	1.482	2.000
$\sum_{t=1}^{5} a_t$	30.000		30.000		30.000		30.000	
R	2.000		2.000		2.000		2.000	
A	32.000		32.000		32.000		32.000	

Die Schaubilder auf S. 103 ff. charakterisieren die vier degressiven Zeitabschreibungsverfahren jeweils durch Wiedergabe des Verlaufs ihrer Abschreibungsbeträge und ihrer
Restwerte.

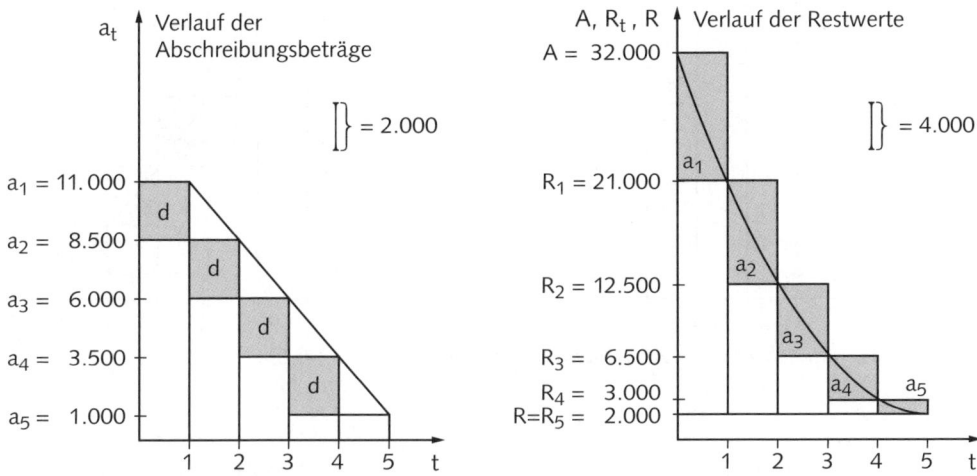

Abb. 35: Arithmetisch-degressives Abschreibungsverfahren (d = 2.500 GE)

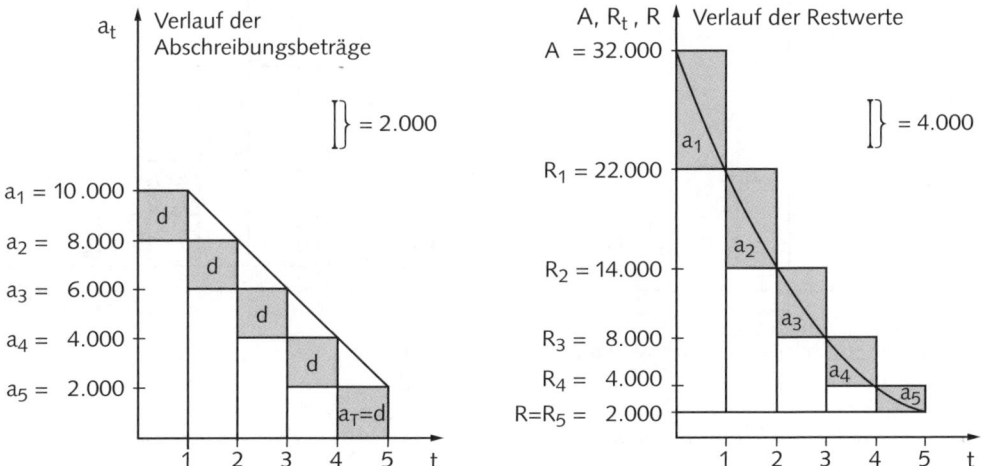

Abb. 36: Digitales Abschreibungsverfahren (d = 2.000 GE)

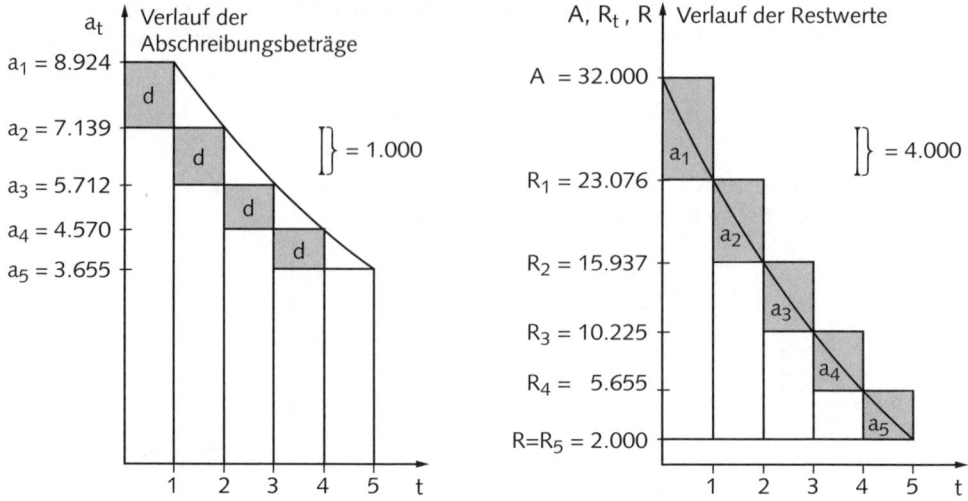

Abb. 37: Geometrisch-degressives Abschreibungsverfahren ($\alpha = 0,8$)

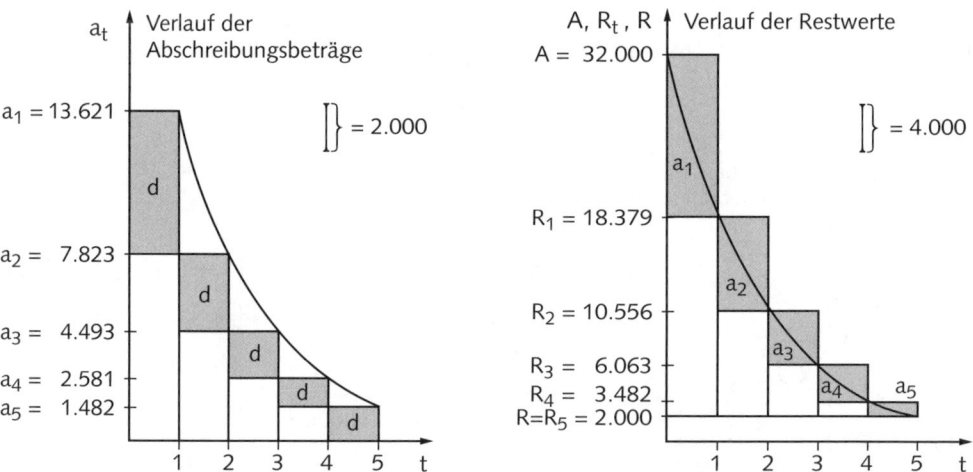

Abb. 38: Buchwertabschreibungsverfahren ($p = 0,42565$)

(2) Lineares Zeitabschreibungsverfahren

Dem linearen Zeitabschreibungsverfahren liegt die Hypothese zugrunde, dass der Nutzungspotenzialverzehr vom Zeitablauf abhängt und das Ausmaß des Verzehrs von Periode zu Periode gleich bleibt. Diese Hypothese, die letztlich ebenso wenig wie die der degressiven Abschreibungsverfahren überprüft werden kann, führt neben (1.1) zur Forderung:

Verteilungsbasis ist die Nutzungszeit mit $a_{t+1} = a_t > 0$ (2.1)

für $t = 1, \dots, T - 1$.

Da das Ausmaß des Verzehrs in jeder Periode gleich sein soll, ist der jeweils anzusetzende Abschreibungsbetrag eindeutig bestimmt. Denn der periodische Abschreibungsbetrag lässt sich für das **lineare Abschreibungsverfahren** ohne weiteres wie folgt ermitteln:

$$A - R = \sum_{t=1}^{T} a_t = T \cdot a_1 = T \cdot a_t \text{ wegen } a_1 = a_2 = ... = a_t = ... = a_T \text{ oder}$$

$$a_t = \frac{A - R}{T} \text{ für } t = 1,...,T.$$

(3) Progressive Zeitabschreibungsverfahren

Die progressiven Zeitabschreibungsverfahren basieren neben (1.1) auf der Hypothese, dass der Nutzungspotenzialverzehr vom Zeitablauf abhängt und das Ausmaß des Verzehrs von Periode zu Periode zunimmt:

Verteilungsbasis ist die Nutzungszeit mit $a_{t+1} > a_t$ (3)

für $t = 1,...,T - 1$ und $a_1 > 0$.

Je nachdem wie das Ausmaß des periodischen Verzehrs angesetzt wird, kann man verschiedene **progressive Zeitabschreibungsverfahren** unterscheiden.

(3a) Arithmetisch-progressive Abschreibungsverfahren

Bei diesen Abschreibungsverfahren nimmt man weiter an, dass das Ausmaß des Güterverzehrs von Periode zu Periode gleichmäßig steigt, so dass die anzusetzenden Abschreibungsbeträge von Periode zu Periode mit dem gleichen Betrag e zunehmen. Offensichtlich ist dann die Differenz zwischen den Abschreibungsbeträgen stets konstant. Es gilt also:

$$a_{t+1} = a_t + e \text{ für } t = 1,...,T - 1 \text{ mit } e > 0.$$ (3.a)

Der Abschreibungsbetrag a_t jeder Periode ergibt sich für das **arithmetisch-progressive Abschreibungsverfahren** aus:

$$a_t = \frac{A - R}{T} - \frac{e}{2} \cdot \left(T - 2 \cdot t + 1\right) \text{ für } t = 1,...,T.$$

Die Herleitung von a_t kann analog zum arithmetisch-degressiven Abschreibungsverfahren vorgenommen werden.

Damit stets $a_1 > 0$ gilt, muss die positive Größe e insgesamt aus dem Bereich

$$0 < e < \frac{2 \cdot \left(A - R\right)}{T \cdot \left(T - 1\right)}$$

gewählt werden.

Der Wertebereich von e wird durch die Voraussetzungen des Verfahrens zwar eingeschränkt, aber e wird nicht eindeutig bestimmt. Die Anwendung des Verfahrens erfordert daher, e entsprechend dem vermuteten Potenzialabnutzungsverlauf zu schätzen. Durch Festlegung von e entsprechend dem digitalen Abschreibungsverfahren, indem man $e = a_1$ setzt, ergibt sich als Sonderfall folgendes digital-progressive Abschreibungsverfahren (für das offenkundig $a_t = t \cdot e$ gelten muss).

Wegen

$$e = a_1 = \frac{A - R}{T} - \frac{e}{2} \cdot (T - 2 \cdot t + 1) \text{ oder } e = \frac{2 \cdot (A - R)}{T \cdot (T + 1)} = \frac{A - R}{\sum_{t=1}^{T} t}$$

lauten gemäß dem arithmetisch-progressiven Abschreibungsverfahren die periodischen Abschreibungen für das digital-progressive Abschreibungsverfahren:

$$a_t = \frac{A - R}{T} - \frac{e}{2} \cdot (T - 2 \cdot t + 1) = \frac{A - R}{T} - \frac{(A - R)}{T \cdot (T + 1)} \cdot (T - 2 \cdot t + 1)$$

$$= \frac{2 \cdot (A - R)}{T \cdot (T + 1)} \cdot t = t \cdot \frac{A - R}{\sum_{t=1}^{T} t} \quad \text{für } t = 1, \ldots, T.$$

Dieses Abschreibungsverfahren ist jedoch nur dann anwendbar, wenn die Hypothese, dass das Ausmaß des Verzehrs in jeder Periode um den gleichen Progressionsbetrag e zunimmt, akzeptabel ist.

(3b) Geometrisch-progressives Abschreibungsverfahren

Bei diesem Abschreibungsverfahren nimmt man an, dass das Ausmaß des Güterverzehrs jeder Periode ein fest vorgegebenes Vielfaches $\beta > 1$ des Güterverzehrs der jeweiligen Vorperiode ist. Entsprechend steigen dann die periodisch anzusetzenden Abschreibungsbeträge. Es gilt also:

$$a_{t+1} = \beta \cdot a_t \text{ für } t = 1, \ldots, T - 1 \text{ und } \beta > 1 \text{ oder} \tag{3.b}$$

$$a_t = r \cdot a_{t+1} \text{ für } t = 1, \ldots, T - 1 \text{ und } r = \frac{1}{\beta}.$$

Der Abschreibungsbetrag a_t jeder Periode ergibt sich für das **geometrisch-progressive Abschreibungsverfahren** aus:

$$a_t = (A - R) \cdot \frac{r^{T-t} \cdot (r - 1)}{r^T - 1} \text{ für } t = 1, \ldots, T.$$

Die Herleitung lässt sich wiederum völlig analog zum degressiven Fall durchführen.

Wegen $\beta > 1$ folgt $r < 1$ und somit für $A > R$, dass stets $a_1 > 0$ ist.

Der mögliche Wertebereich von β ist nur eingeschränkt, jedoch durch die bisherigen Hypothesen nicht eindeutig bestimmt. Die Anwendung dieses Verfahrens, das ebenfalls wie das geometrisch-degressive Abschreibungsverfahren in erster Linie auf mathematische Ansätze geometrischer Folgen- und Reihenrechnungen zurückgeht, erfordert daher noch, die Größe β zu schätzen.

Ein dem Buchwertabschreibungsverfahren analoges geometrisch-progressives Abschreibungsverfahren mit periodisch gleich bleibendem Buchwertabschreibungssatz kann es nicht geben, weil eine Buchwertabschreibung stets abnehmende Abschreibungsbeträge bedingt.

(4) Mengenorientiertes Abschreibungsverfahren

Dem **mengenorientierten Abschreibungsverfahren** (in der Literatur auch Leistungsabschreibungsverfahren mit Leistung als Mengenbegriff genannt) liegt die Hypothese zugrunde, dass hauptsächlich der Verbrauchs- oder Gebrauchsverschleiß den Nutzungspotenzialverzehr herbeiführt und somit das Ausmaß dieses Verzehrs durch die erstellten Produktmengen einer Periode determiniert wird. Da der Anteil am Güterverzehr jeder erstellten Produktmengeneinheit ohne weitere Differenzierungen der obigen Hypothese als gleich angesetzt werden kann, müssen sich die Abschreibungsbeträge verschiedener Perioden wie die Ausbringungsmengen dieser Perioden zueinander verhalten. Mit x_t als erstellte Produktmengeneinheiten der t-ten Periode und

$$\overline{x} = \sum_{t=1}^{T} x_t$$ (gesamtes Nutzungspotenzial oder Totalkapazität der Nutzungszeit von T

Perioden) basiert dieses Abschreibungsverfahren mit (1.1) auf der Annahme:

Verteilungsbasis sind die erstellten Produktmengen mit

$$\frac{a_t}{a_{t+1}} = \frac{x_t}{x_{t+1}} \text{ für } t = 1,\ldots, T-1.$$ (4)

Gemeinsam mit (1.1) ergibt sich damit für a_t beim **mengenorientierten Abschreibungsverfahren:**

$$a_t = (A - R) \cdot \frac{x_t}{\overline{x}} \text{ für } t = 1,\ldots, T.$$

Zur Herleitung von a_t wird mithilfe von (4) a_t in Abhängigkeit von a_T ermittelt und in (1.1) eingesetzt:

$$a_t = \frac{x_t}{x_{t+1}} \cdot a_{t+1} = \frac{x_t}{x_{t+2}} \cdot a_{t+2} = \ldots = \frac{x_t}{x_T} \cdot a_T \text{ für } t = 1,\ldots, T.$$

$$A - R = \sum_{t=1}^{T} a_t = \sum_{t=1}^{T} \frac{x_t}{x_T} \cdot a_T = \frac{a_T}{x_T} \sum_{t=1}^{T} x_t = \frac{a_T}{x_T} \cdot \overline{x} \text{ oder nach } a_T \text{ aufgelöst}$$

$$a_T = (A - R) \cdot \frac{x_T}{\overline{x}} \text{ und daher folgt nach Einsetzen in } a_t = \frac{x_t}{x_T} \cdot a_T:$$

$$a_t = (A - R) \cdot \frac{x_t}{\overline{x}} \text{ für } t = 1,\ldots, T.$$

Folgendes Zahlenbeispiel (s. Tabelle 15) soll die Anwendung des linearen, des mengenorientierten Abschreibungsverfahrens und der progressiven Abschreibungsverfahren demonstrieren.

Es seien A = 32.000 GE, R = 2.000 GE, T = 5 ZE und $\overline{x}$ = 5.000 ME (mit x_1 = 1.000 ME, x_2 = 1.200 ME, x_3 = 800 ME, x_4 = 900 ME sowie x_5 = 1.100 ME). Dann ergeben sich folgende Abschreibungsbeträge in Abhängigkeit vom linearen, von den verschiedenen progressiven Zeitabschreibungsverfahren und vom mengenorientierten Abschreibungsverfahren (oder mit anderen Worten in Abhängigkeit von den verschiedenen Hypothesen über den Zusammenhang zwischen zeitablauf- bzw. einsatzbedingten Verzehrursachen und dem Güterverzehr eines Betriebsmittels).

Tab. 15: Lineare, progressive und mengenorientierte Abschreibungsverfahren

	Lineares Abschreibungsverfahren		Arithmetisch-progressives Abschreibungsverfahren mit e = 2.500 [GE]		Digital-progressives Abschreibungsverfahren mit e = 2.000 [GE]		Geometrisch-progressives Abschreibungsverfahren mit β = 1,2		Mengenorientiertes Abschreibungsverfahren		
	a_t [GE]	R_t [GE]	a_t [GE]	R_t [GE]	a_t [GE]	R_t [GE]	a_t [GE]	R_t [GE]	x_t (ME)	a_t [GE]	R_t [GE]
t = 1	6.000	26.000	1.000	31.000	2.000	30.000	4.031	27.969	1.000	6.000	26.000
t = 2	6.000	20.000	3.500	27.500	4.000	26.000	4.838	23.131	1.200	7.200	18.800
t = 3	6.000	14.000	6.000	21.500	6.000	20.000	5.805	17.326	800	4.800	14.000
t = 4	6.000	8.000	8.500	13.000	8.000	12.000	6.966	10.360	900	5.400	8.600
t = 5	6.000	2.000	11.000	2.000	10.000	2.000	8.360	2.000	1.100	6.600	2.000
$\sum_{t=i}^{5} a_t$	30.000		30.000		30.000		30.000			30.000	
R	2.000		2.000		2.000		2.000			2.000	
A	32.000		32.000		32.000		32.000			32.000	

Alle fünf Zahlenbeispiele werden durch die folgenden Graphiken veranschaulicht. Es kommen jeweils die Verläufe der Abschreibungsbeträge und der Restwerte zur Darstellung.

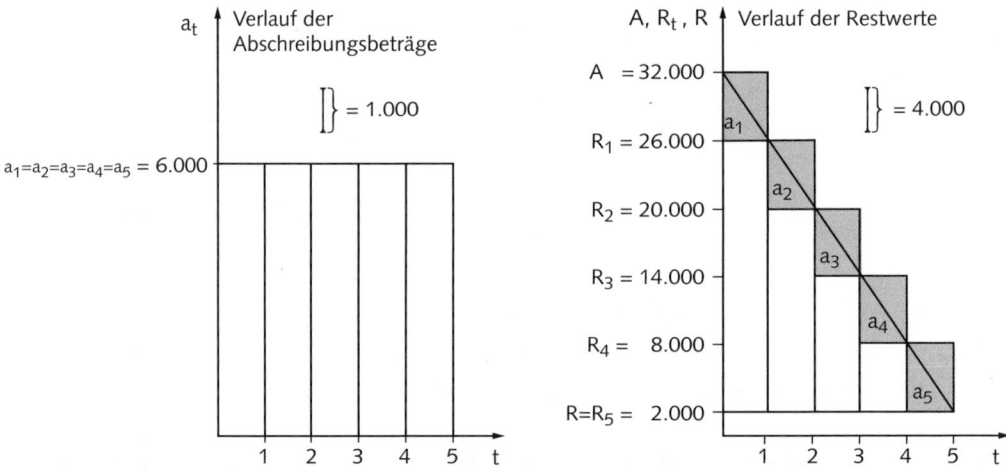

Abb. 39: Lineares Abschreibungsverfahren (a_t = 6.000 GE)

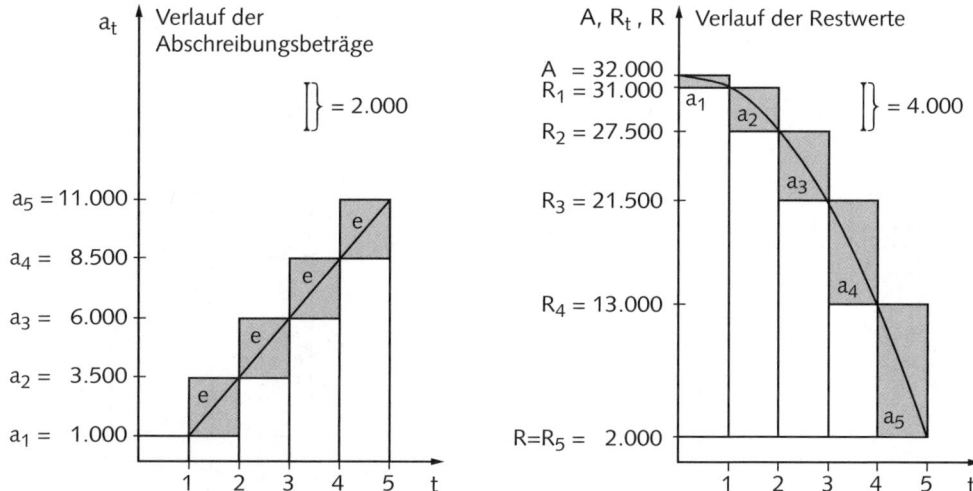

Abb. 40: Arithmetisch-progressives Abschreibungsverfahren (e = 2.500 GE)

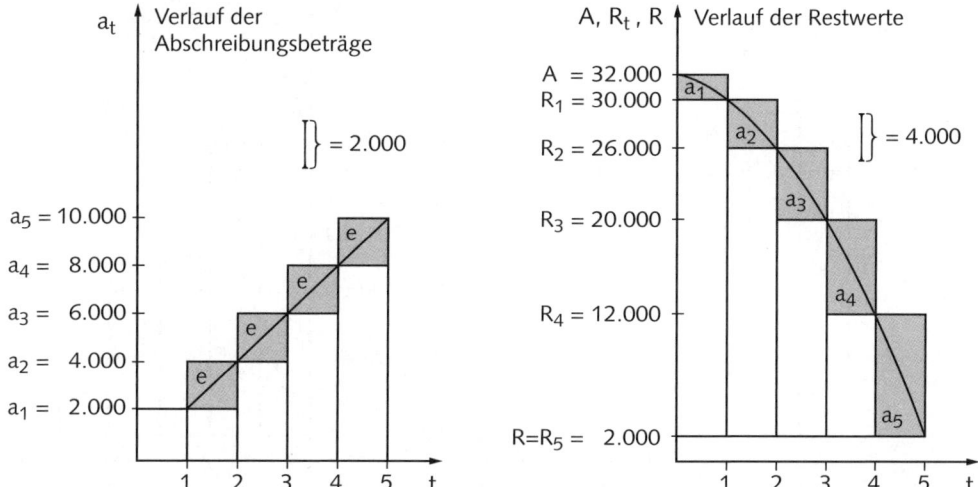

Abb. 41: Digital-progressives Abschreibungsverfahren (e = 2.000 GE)

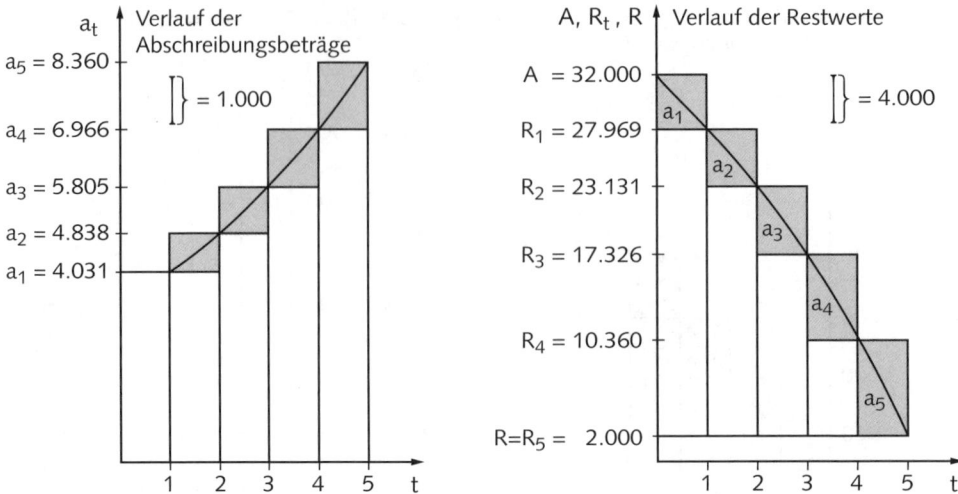

Abb. 42: Geometrisch-progressives Abschreibungsverfahren (β = 1,2)

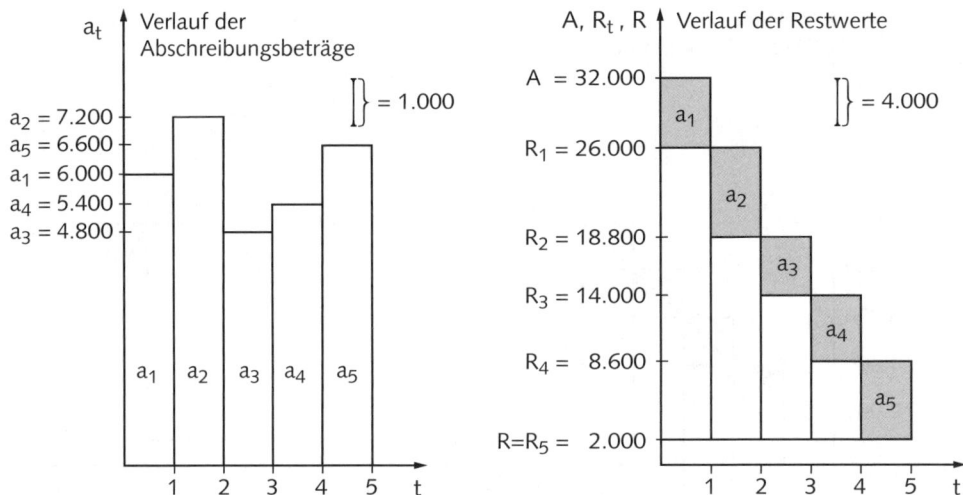

Abb. 43: Mengenorientiertes Abschreibungsverfahren

(5) Kombinationen verschiedener Abschreibungsverfahren

Geht man von der Hypothese aus, dass außer den zeitablaufbedingten Verzehrsursachen auch der Verbrauchs- oder Gebrauchsverschleiß das Ausmaß des Verzehrs determiniert, so bietet es sich an, Zeitabschreibungs- und mengenorientiertes Abschreibungsverfahren kombiniert anzuwenden. Für die Anwendung einer solchen Kombination ist die Abschreibungsbasis A – R in zwei Teilbeträge (mit γ als Anteilsfaktor) aufzuspalten, von denen der erste entsprechend den zeitablaufbedingten Verzehrsursachen und der zweite entsprechend dem Verbrauchs- oder Gebrauchsverschleiß abzuschreiben ist. Eines der möglichen Zeitabschreibungs- und das mengenorientierte Abschreibungsver-

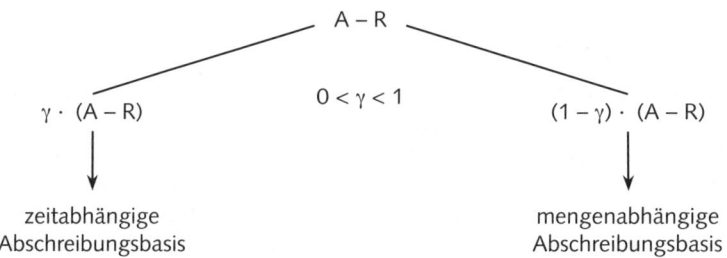

Abb. 44: Kombination von zeitabhängiger und mengenabhängiger Abschreibung

fahren werden dann jeweils auf die beiden Teilbeträge, also auf die Abschreibungsbasen $\gamma \cdot (A - R)$ und $(1 - \gamma) \cdot (A - R)$ mit $0 < \gamma < 1$, angewendet (vgl. Abbildung 44).

Andere Kombinationen von Abschreibungsverfahren, z.B. Kombinationen zwischen einzelnen Zeitabschreibungsverfahren, wie sie vielfach aus handels- oder steuerbilanzpolitischen Gründen üblich sind, etwa Kombination zwischen Buchwertabschreibung und anschließender linearer Abschreibung, haben für die Kostenrechnung keine große Bedeutung, sofern man nicht aus Vereinfachungsgründen in der Kostenrechnung stets von den gleichen Abschreibungsverfahren wie in der Bilanzrechnung ausgeht.

(6) Zur Wahl des Abschreibungsverfahrens

Die Wahl des Abschreibungsverfahrens hängt grundsätzlich von den güterspezifischen Hypothesen über den möglichen, letztlich nie messbaren Zusammenhang zwischen einzelnen Verzehrsursachen und dem daraus entstehenden Güterverzehr ab. Da jedoch bei Hypothesen, die von den zeitablaufbedingten Ursachen als Hauptverzehrseinflussgrößen ausgehen, nicht die Produktion, sondern allein der Kauf und der Zeitablauf den Verzehr bewirken, besteht weitgehend die Tendenz zur Anwendung des Durchschnittsprinzips mit der Nutzungszeit als Bezugsgröße der Abschreibungen und damit des linearen **Zeitabschreibungsverfahrens.** Die Wahl dieses Abschreibungsverfahrens basiert somit auf der Begründung, dass die Fertigung von Produkten im Rahmen des unternehmerischen Sachziels den Güterverzehr nicht verursacht (der Verzehr also auch ohne Fertigung eintritt) und somit kein überzeugender Grund vorliegt, einzelne Perioden mit unterschiedlich hohen Abschreibungskosten zu belasten. Infolgedessen ist das Durchschnittsprinzip anwendbar.

Überlegungen zur Anwendung des Durchschnittsprinzips können jedoch auch die Anwendung **degressiver Abschreibungsverfahren** begründen, sofern weiterhin die obige Hypothese, dass die zeitablaufbedingten Verzehrsursachen den Güterverzehr bewirken, als zutreffend unterstellt wird.

Bei Zusammenfassung der Kosten für Abschreibungen einerseits und Reparatur- sowie Instandhaltungskosten andererseits kann entsprechend dem Durchschnittsprinzip angenommen werden, die Summe dieser Kosten dürfe die verschiedenen Perioden nur gleichmäßig belasten. Infolgedessen sind dann auch degressive Abschreibungen mit dem Durchschnittsprinzip vereinbar, weil die Reparatur- und Instandhaltungskosten meist im Zeitablauf zunehmen und daher nur durch Anwendung degressiver Abschreibungsverfahren diese Kostensteigerungen (im Grenzfall genau) so kompensiert werden können, dass pro Periode der gleiche Kostenbetrag für Abschreibungen, Reparaturen und Instandhaltungen anzusetzen ist. Hierbei sind der Degressionsbetrag d oder der Abschreibungssatz α entsprechend den Schätzungen für das Wachsen der Reparatur- und Instandhaltungskosten zu bestimmen.

Die Wahl eines **progressiven Zeitabschreibungsverfahrens** dürfte aufgrund solcher Überlegungen zur Anwendung des Durchschnittsprinzips kaum in Frage kommen. Diese Abschreibungsverfahren sind also höchstens beim Vorliegen differenzierter Hypothesen über den Zusammenhang von zeitablaufbedingten Ursachen und dem Ausmaß des Güterverzehrs relevant. Ihre Anwendung bei solchen Betriebsmitteln, die erst nach längeren Anlaufzeiten und mit langsam wachsender Kapazitätsauslastung eingesetzt werden, muss im Gegensatz zur überwiegenden Literaturmeinung abgelehnt werden, da die Abschreibungsbeträge der progressiven Abschreibungsverfahren nutzungsunabhängig bestimmt werden. Ihre Anwendung in diesem Fall ist nur dadurch zu rechtfertigen, dass man progressive Abschreibungsverfahren als näherungsweise verwendete Ersatzverfahren für mengenorientierte Abschreibungsverfahren zulässt.

Bei Hypothesen, die auch den Verbrauchs- oder Gebrauchsverschleiß als Verzehrsursache ansehen, ist das **mengenorientierte Abschreibungsverfahren** anzuwenden, eventuell kombiniert mit einem Zeitabschreibungsverfahren.

Offenkundig können Abschreibungskosten keine „reinen" Istkosten sein. Die Höhe der Abschreibungskosten hängt nämlich außer von dem prinzipiell nicht messbaren Abnutzungsverlauf auch vom geschätzten Restwert am Ende der Nutzungszeit und von der prognostizierten Nutzungszeit bei Zeitabschreibungsverfahren sowie von der prognostizierten Totalkapazität während der Nutzungszeit beim mengenorientierten Abschreibungsverfahren ab. Von diesen die Abschreibungskosten bestimmenden Größen sind Restwert und Nutzungszeit bzw. Totalkapazität am Ende der Nutzungszeit überprüfbar, jedoch können die für die Höhe der Abschreibungskosten wesentlichen Hypothesen über den Zusammenhang zwischen Verzehrsursachen und dem Güterverzehr niemals überprüft werden. Eine exakte Kontrolle der Abschreibungskosten ist somit unmöglich.

Inwieweit die Abschreibungskosten kalkulatorische Kosten sind, hängt von den gewählten Abschreibungsverfahren in der Bilanzrechnung ab. Wählt man aus Vereinfachungsgründen in der Bilanz- und Kostenrechnung stets die gleichen Bestimmungsgrößen und Abschreibungsverfahren, dann sind die Abschreibungskosten stets Grundkosten.

c) Erfassung der Kosten von gemieteten Betriebsmitteln

Das Mieten von Anlagen oder Gebäuden sowie das Pachten von Grundstücken zwecks Realisation des unternehmerischen Sachziels führen zu **Miet-** und **Pachtkosten** als Betriebsmittelkosten. Diese Miet- oder Pachtkosten, die sich bei Anlagen anhand der abgeschlossenen Leasingverträge (Vermietungsverträge) (vgl. Mann 1986, S. 335 ff.), bei Gebäuden anhand der abgeschlossenen Mietverträge und bei Grundstücken anhand der abgeschlossenen Pachtverträge ermitteln lassen, fallen in der Regel periodisch und unabhängig vom erstellten sachzielorientierten Produktionsprogramm an. Infolgedessen werden diese Kosten allein schon durch die Bereitstellung solcher Güter bewirkt und sind mit den periodischen Miet- und Pachtaufwendungen identisch. Die Kosten für gemietete Betriebsmittel lassen sich also anhand der Finanzbuchhaltung ermitteln, wobei jedoch darauf zu achten ist, dass Miet- oder Pachtaufwendungen für diejenigen Betriebsmittel nicht in die Kostenartenrechnung übernommen werden dürfen, die nicht der Realisation des unternehmerischen Sachziels dienen (**sachzielorientierte Abgrenzung**). Sofern die Leasing-, Miet- und Pachtverträge Änderungen der Leasing-, Miet- und Pachtzahlungen im laufenden Wirtschaftsjahr enthalten (gegebenenfalls aufgrund möglicher Kündigungen), sind eventuell Verrechnungspreise in Anlehnung an das Durchschnittsprinzip (**zeitliche Abgrenzung**) anzusetzen.

In der Literatur werden meistens Kosten für Betriebsmittel, die ein Kaufmann oder die Gesellschafter einer Personengesellschaft aus dem Privatvermögen zur Verfügung stellen (z.B. privater PKW oder private Räume), als kalkulatorisch bezeichnet (Haberstock 2004, S. 100 f.). Bei einem Kaufmann kann dieser Fall nicht eintreten. Der Vermögensgegenstand, den ein Kaufmann betrieblich nutzt, gehört zum Bestandteil seines bilanzierungspflichtigen Vermögens (vgl. Baumbach/Hopt/Merkt 2003, S. 845). Damit entfällt der Ansatz kalkulatorischer Mietkosten. Als Mietkosten sind nämlich anschaffungspreisorientierte Aufwendungen, wie z.B. handelsrechtliche Abschreibungen, anzusetzen. Selbst wenn ein Wirtschaftsgut zum Privatvermögen gehört, „so sind die Aufwendungen einschließlich Absetzungen für Abnutzung, die durch die betriebliche Nutzung des Wirtschaftsgutes entstehen, Betriebsausgaben" (EStR 18 (1)). Bei einer Personengesellschaft werden normalerweise über einen Mietvertrag (vgl. zu möglichen Rechtsverhältnissen Baumbach/Hopt/Merkt 2003, S. 504 ff.) Zahlungen für die Nutzung privater Vermögensgegenstände vereinbart, die somit zu pagatorischen Mietkosten führen. Allein im Fall einer unentgeltlichen Nutzung privater Vermögensgegenstände, für die handelsrechtlich keine Aufwendungen bzw. steuerrechtlich keine Betriebsausgaben angesetzt werden, fallen kalkulatorische Mietkosten an. Darüber hinaus weicht der handelsrechtliche Mietaufwand nur dann von den Mietkosten ab, wenn der Kostenansatz auf spezifischen kostenrechnerischen Bewertungen, z.B. gemäß dem Opportunitätskostenprinzip, basiert. In der Regel sind daher Mietkosten Grundkosten, in Sonderfällen Anderskosten und nur in unrealistischen Ausnahmefällen Zusatzkosten.

d) Erfassung von Betriebsmittelwagniskosten

Da für Betriebsmittel die fertigungsabhängigen Wagnisse aufgrund von Katastrophen (fertigungsabhängiger Katastrophenverschleiß) selten regelmäßig pro Periode auftreten und außerdem nicht immer exakt von den bereitstellungsabhängigen Wagnissen (vom bereitstellungsbedingten Katastrophenverschleiß) abgegrenzt werden können, bietet es sich an, beide Wagnisarten zusammen, und zwar sowohl für eigene als auch für gemietete Güter, durch die **Betriebsmittelwagniskosten** zu erfassen. (Aus diesem Grunde wurde auf den gesonderten Ausweis fertigungsabhängiger Wagnisse infolge von Katastrophen in Abbildung 33 auf S. 83 verzichtet.) Ausgehend von den bisherigen Wagnisaufwendungen gemäß dem eingetretenen Katastrophenverschleiß (außerordentlicher Aufwand) lassen sich die über den Ansatz einer geschätzten Laufzeit näherungsweise durchschnittlich jeder Periode zuzurechnenden Wagnisausgaben als Wagniskosten der laufenden Periode ermitteln (zeitliche Abgrenzung).

Darüber hinaus sind in die Betriebsmittelwagniskosten auch die aufgrund unregelmäßig oder unerwartet auftretender Verschleißursachen hervorgerufenen Verbräuche von Betriebsmitteln einzubeziehen. Unregelmäßig oder unerwartet können insbesondere die wirtschaftlich bedingten Verschleißursachen anfallen. Treten technischer Fortschritt oder wirtschaftliche Überholung unregelmäßig oder unerwartet auf, dann werden ebenso wie bei zu groß geschätzten Nutzungszeiten, Restwerten und Totalkapazitäten zu geringe Abschreibungskosten anhand der dargestellten Abschreibungsverfahren in der Kostenrechnung angesetzt. Während nun in der Bilanzrechnung mithilfe von Sonderabschreibungen die zu geringen Abschreibungen nachgeholt werden können, verzichtet man in der Istkostenrechnung auf solche Sonderabschreibungen, um nicht die Aussagefähigkeit dieser Rechnungen durch zusätzliche Abschreibungskosten zu gefährden. Vielmehr versucht man durch den Ansatz von Wagniskosten für Betriebsmittel solche möglichen Fehlbeträge bei den Abschreibungen auszugleichen. Werden also Abschreibungen zu niedrig angesetzt, dann sind gegebenenfalls anhand der bisherigen Sonderabschreibungen (Aufwendungen) unter Eliminierung bilanzpolitischer Abschreibungsansätze durchschnittlich pro Periode anzusetzende Wagniskosten zu ermitteln, die die möglichen Fehlbeträge einschließlich derjenigen aufgrund des Katastrophenverschleißes weitgehend kompensieren.

Für Betriebsmittel, die schon vollständig abgeschrieben sind, aber weiter genutzt werden, fallen in der Kostenrechnung im Gegensatz zur Bilanzrechnung weitere Abschreibungen (gemäß Verursachungs- oder Beanspruchungsprinzip) an (vgl. auch Kilger 1992, S. 119). Solche Fälle von Abschreibungen über die Anschaffungskosten hinaus treten dann auf, wenn Nutzungszeit oder Totalkapazität zu gering prognostiziert werden. Abschreibungen über Anschaffungskosten hinaus wirken ähnlich wie Fehlbeträge bei den Abschreibungen (etwa aufgrund des plötzlichen Verlustes der Nutzungsfähigkeit einer Anlage infolge technischen Fortschritts) auf die Wagniskosten ein, nur mit umgekehrtem Vorzeichen. Während Fehlbeträge bei den Abschreibungen effektive Wagnisse darstellen und ihr Pendant in positiven normalisierten oder durchschnittlichen kalkulatorischen Wagniskosten finden, stellen Abschreibungen über Anschaffungskosten hinaus eine **Wagniskostenminderung** dar. Die **kalkulatorischen Wagniskosten** für Betriebsmittel können also bei die Anschaffungskosten insgesamt übersteigenden Abschreibungen so ermittelt werden, dass sie in einem genügend langen Zeitraum nur noch der Differenz aus Fehlbeträgen bei den Abschreibungen einerseits und Abschreibungen über Anschaffungskosten hinaus andererseits entsprechen.

Außer den Anlage- und Gebäudewagniskosten kann in einem Unternehmen eventuell auch der Ansatz von Grundstückwagniskosten (z.B. Wassereinbruch in Kiesgruben) erforderlich sein. Solche Wagniskosten sind analog zu den Anlagen- und Gebäudewagniskosten zu bestimmen.

e) Zur Gliederung der Betriebsmittelkosten in Einzel- und Gemeinkosten

Primäre Anlagen- und Gebäudekosten lassen sich anhand der angewendeten Abschreibungsverfahren ohne weiteres in Einzel- und Gemeinkosten sowie die Gemeinkosten in Kostenstelleneinzel- oder Kostenstellengemeinkosten gliedern. Bei Verwendung von Hypothesen, die zur Anwendung mengenorientierter Abschreibungsverfahren (in der Regel bei Anlagen) führen, können die Abschreibungen Einzelkosten der Fertigung sein. Die Zeitabschreibungsverfahren bedingen dagegen, dass die Abschreibungen meist als Gemeinkosten anzusetzen sind. (In den Fällen allerdings, in denen Abschreibungen für Werkzeuge, Vorrichtungen oder Modelle anfallen, welche jeweils nur für ein Produkt oder eine Produktart benötigt werden, können auch Zeitabschreibungen zu Einzelkosten – so genannten **Sondereinzelkosten der Fertigung** – führen.) Als Gemeinkosten sind Zeitabschreibungen immer dann zugleich Kostenstelleneinzelkosten, wenn sie für Betriebsmittel entstehen, die nur von einer Kostenstelle genutzt werden. Abschreibungen von Gebäuden dagegen, die verschiedene Kostenstellen beherbergen, zählen zu den Kostenstellengemeinkosten.

5 Zur Erfassung von Dienstleistungskosten

Dienstleistungskosten (Fremdleistungskosten) fallen für die Nutzung von Dienstleistungen anderer Unternehmen (Lieferanten, jedoch nicht des Staates) an. Zu solchen

Dienstleistungen zählen z.B. die Durchführung von Transporten, Wartungen, Reparaturen, Briefsendungen, Werbemaßnahmen, Forschungsaufgaben, Versicherungen und die Bereitstellung von Fernsprecheinrichtungen durch andere Unternehmen. Der vielfach in der Literatur üblichen Einbeziehung von Sachgütern anderer Unternehmen wie Strom, Gas, Wasser, Anlagen (Miete), Gebäude (Miete) und Grundstücke (Pacht) in die Dienstleistungen (vgl. z.B. Haberstock 1982, S. 70) soll hier nicht gefolgt werden, da der Verbrauch dieser Güter den Betriebsstoff- oder Betriebsmittelkosten zugerechnet wird.

Die durch die Dienstleistungen anderer Unternehmen anfallenden Kosten lassen sich ohne weiteres ermitteln, sofern auf eindeutige Aufzeichnungen der Finanzbuchhaltung, in denen die Aufträge, gegebenenfalls unter Angabe der Kostenstelle, Rechnungsbetrag (Anschaffungspreis) und Datum angegeben sind, zurückgegriffen werden kann. In der Regel können nach entsprechender sachzielorientierter Abgrenzung (nur Güterverzehr zur Realisation des unternehmerischen Sachzieles) die angefallenen Aufwendungen als Dienstleistungskosten angesetzt werden. Bei regelmäßig anfallenden Dienstleistungen, deren Wertkomponenten sich im Laufe eines Wirtschaftsjahres ändern, sind gegebenenfalls Verrechnungspreise zu verwenden. Anhand der vorliegenden Aufzeichnungen ist eine Aufspaltung dieser Kosten in Einzel- und Gemeinkosten durchführbar.

6 Zur Erfassung von Kapitalkosten

Zur Realisation des unternehmerischen Sachzieles setzen fast alle Unternehmen Vermögensgegenstände, etwa Grundstücke, Maschinen sowie Roh-, Hilfs- und Betriebsstoffe, ein. Das Kapital, welches zum Kauf dieser Vermögensgegenstände erforderlich ist (Geld für Investitionszwecke), wird den Unternehmen von Eignern und gegebenenfalls Gläubigern zur Verfügung gestellt. In die Berechnung der Kapitalkosten fließen lediglich jene Vermögensgegenstände ein, die zur Erreichung des Sachziels des Unternehmens notwendig sind. Hierbei spricht man vom **sachzielnotwendigen Vermögen** oder auch **betriebsnotwendigen Vermögen.** Für die Überlassung des Kapitals verlangen Eigner und Gläubiger eine Nutzungsgebühr, die als Zins bezeichnet wird. Die Nutzungsgebühr, die Eigner und Gläubiger für die Bereitstellung ihres Kapitals beanspruchen, wird in den handels- und steuerrechtlichen Gewinn- und Verlustrechnungen unterschiedlich behandelt – Fremdkapitalzinsen führen zu Aufwand, Eigenkapitalzinsen nicht. Dagegen gilt für die Kostenrechnung, dass jede Nutzung von in sachzielnotwendigen Vermögensgegenständen investiertem Kapital, sei es dem Unternehmen von Gläubigern oder von Eignern zur Verfügung gestellt worden, zu Kosten führen muss.

In der Kostenrechnung kann zur Erfassung der Kosten aus der Nutzung des einem Unternehmen für die Realisation des unternehmerischen Sachzieles zur Verfügung stehenden Kapitals **(sachzielnotwendiges Kapital)** meist einer der beiden folgenden Wege eingeschlagen werden.

Für die Nutzung des sachzielnotwendigen Fremdkapitals werden die effektiv an die Gläubiger in einer Abrechnungsperiode gezahlten Zinsen angesetzt. Diese Zinsen können aus der Finanzbuchhaltung übernommen werden. Um obendrein der Nutzung von sachzielnotwendigem Eigenkapital Rechnung zu tragen, wird das dem Unternehmen von den Eignern zur Verfügung gestellte sachzielnotwendige Eigenkapital mit einem zu kalkulierenden Zinssatz **(kalkulatorischer Zinssatz)** multipliziert. Effektiv anfallende **Fremdkapitalzinsen** und **kalkulatorische Eigenkapitalzinsen** (Zusatzkosten) des sachzielnotwendigen Kapitals bilden dann zusammen die Zinsen (Anderskosten), die in der Kostenrechnung anzusetzen sind.

Da in der Regel der Anteil von Fremd- und Eigenkapital am gesamten sachzielnotwendigen Kapital unbekannt ist, muss jedoch häufig ein anderer Weg zur Ermittlung der Zinskosten eingeschlagen werden. Ausgangspunkt dieser Ermittlung der Zinskosten ist das gesamte sachzielnotwendige Kapital. Die in der Kostenrechnung anzusetzenden Zinsen ergeben sich bei diesem zweiten und in der Kostenrechnung üblichen Verfahren dann durch Multiplikation des zu verzinsenden Kapitals mit einem kalkulatorischen Zinssatz. Die kalkulatorischen Zinskosten werden bei diesem Verfahren direkt als Anderskosten bestimmt.

a) Ermittlung des zu verzinsenden Kapitals

Die Ermittlung des sachzielnotwendigen Kapitals erfordert eine kalkulatorische Vermögens- und Kapitalrechnung. Aus Vereinfachungsgründen kann man zur Bestimmung des sachzielnotwendigen Vermögens auf die bilanzielle Vermögensrechnung zurückgreifen, indem man die Güter, die zum sachzielnotwendigen Vermögen zählen, aus der Bilanz unter entsprechend anzusetzenden (kalkulatorischen) Wertkomponenten der Kostenrechnung übernimmt.

Bilanzielle Güter, die zum sachzielnotwendigen Vermögen mit entsprechend anzusetzenden Wertkomponenten der Kostenrechnung gehören (wobei davon ausgegangen wird, dass meist Beteiligungen, Wertpapiere, langfristige Ausleihungen, eigene Aktien oder Anteile an einer herrschenden Gesellschaft nicht zum sachzielnotwendigen Vermögen zählen), umfassen:

> **Anlagevermögen**, soweit sachzielnotwendig (und es nicht vermietet oder verpachtet ist) wie:
> Grundstücke mit Geschäfts- und Fabrikbauten
> Grundstücke ohne Bauten (z.B. für die Lagerung von Vorräten)
> Maschinen und maschinelle Anlagen
> Betriebs- und Geschäftsausstattung
> Geleistete Anzahlungen für Gegenstände des Anlagevermögens
> Konzessionen, gewerbliche Schutzrechte und Lizenzen
> *(Bewertung: Anschaffungs-, Verrechnungspreise oder Herstellkosten abzüglich der [kalkulatorischen] Abschreibungskosten)*

> + **Umlaufvermögen**, soweit sachzielnotwendig wie:
> Roh-, Hilfs- und Betriebsstoffe
> Unfertige Erzeugnisse
> Fertige Erzeugnisse, Waren
> Geleistete Anzahlungen für Gegenstände des Umlaufvermögens
> Forderungen aus Lieferungen und Leistungen
> Kasse, Guthaben bei Kreditinstituten und sonstige Zahlungsmittel
> *(Bewertung: Anschaffungs-, Verrechnungspreise oder Herstellkosten)*
> = **sachzielnotwendiges Vermögen (SV)**

Auf das nicht sachzielnotwendige Vermögen entfällt dann z.B. (Coenenberg/Fischer/Günther 2007, S. 68): aktivierter derivativer Geschäftswert, ausstehende Einlagen auf das gezeichnete Kapital, Finanzanlagen, insbesondere nicht betriebsnotwendige Beteiligungen, ungenutzte bzw. fremd genutzte Grundstücke und Bauten, vermietete und verpachtete Anlagen, Anlagen im Bau, stillgelegte Anlagen, unbrauchbare oder überhöhte Bestände, eigene Aktien, Aktien von Obergesellschaften, überhöhte liquide Mittel und Rechnungsabgrenzungsposten.

Die in der Bilanz nicht ausgewiesenen gemieteten und gepachteten Güter können außer Ansatz bleiben, da wegen des Ansatzes von Miet- und Pachtkosten ihre Einbeziehung in die Ermittlung der Kapitalkosten nicht erforderlich ist. Die Zins- oder Kapitalkosten sind für Zwecke der kurzfristigen Erfolgsrechnung und Kostenkontrolle durch Ist-Ist-Vergleich als periodisch anfallende Durchschnittskosten zu ermitteln. Aus diesem Grunde ist mithilfe periodisch erstellter Bilanzen oder der Jahresbilanzen eines Unternehmens das durchschnittlich pro Periode anzusetzende sachzielnotwendige Vermögen zu bestimmen. Dieses pro Periode durchschnittlich vorhandene Vermögen DSV kann z.B. als Mittelwert des sachzielnotwendigen Vermögens zu Beginn ASV und am Ende ESV einer Periode abgeleitet werden:

$$DSV = \frac{ASV + ESV}{2},$$

oder feiner, z.B. auf Basis monatlicher Durchschnittswerte SV_t:

$$DSV = \frac{\sum_{t=1}^{12} SV_t}{12}.$$

Ist das durchschnittliche Vermögen bekannt, dann ist das sachzielnotwendige und daher auch das zu verzinsende Kapital wie folgt definiert:

sachzielnotwendiges Vermögen (periodische Durchschnittsgröße)
- **Abzugskapital** (periodische Durchschnittsgröße)

= **sachzielnotwendiges Kapital** oder **zu verzinsendes Kapital DSK**
(periodische Durchschnittsgröße als durchschnittliches sachzielorientiertes Nettokapital)

Unter **Abzugskapital** versteht man dem Unternehmen zinslos zur Verfügung stehendes Fremdkapital, in der Regel Anzahlungen von Kunden oder Zahlungsstundungen von Lieferanten oder Arbeitnehmern. Da beispielsweise solche Anzahlungen vielfach zusätzliche Güterverbräuche (z.B. ausgelöst durch termingerechte Lieferungen) oder Leistungsschmälerungen (z.B. Erlösschmälerungen durch Rabatte) bedingen, dürfen sie nicht obendrein in die Kapitalkostenermittlung einbezogen werden (andernfalls liegen z.B. Doppelerfassungen von bewerteten Güterverbräuchen vor).

b) Erfassung der (kalkulatorischen) Zinskosten

Die Ermittlung der Kapital- oder Zinskosten geht nun von dem zu verzinsenden Kapital als periodische Durchschnittsgröße aus, das mit einem festzulegenden (kalkulatorischen) Zinssatz verzinst wird und somit die Zinskosten ergibt:

kalkulatorische Zinskosten = kalkulatorischer Zinssatz · DSK.

Problematisch ist jedoch die Wahl des Zinssatzes, der die Höhe der Zinskosten wesentlich beeinflusst. Für Unternehmen, die ihre Investitionsentscheidungen auf der Basis eines gegebenen Kalkulationszinsfußes treffen, bietet sich dieser Zinssatz zur Ermittlung der Zinskosten an (nach dem Theorem von Lücke, vgl. Lücke 1965, S. 22 f.; Franke 1976, S. 191 ff.; Kloock 1981, S. 876 ff., führt nur der Ansatz des Kalkulationszinsfußes zu gleichen zahlungs- und leistungskostenorientierten Kapitalwerten, vgl. auch S. 217 ff.). Bei der Ermittlung des Kalkulationszinsfußes sind insbesondere die Zielvorstellungen der Unternehmensführung, die Kapitalmarktbedingungen bezüglich der Aufnahme von Eigen- und Fremdkapital sowie offen stehende Alternativanlagen zu berücksichtigen (vgl. Sieben u.a. 1976, Sp. 933 ff.).

Die **Zinskosten,** ermittelt durch die Multiplikation des zu verzinsenden Kapitals mit dem kalkulatorischen Zinssatz (Durchschnittsgrößen), sind wegen ihres Abweichens von den Zinsaufwendungen für Fremdkapitalnutzung kalkulatorische Kosten. Außerdem fallen sie unter die Gemeinkosten, da sie den absatzbestimmten Kostenträgern nicht direkt zurechenbar sind.

7 Zur Erfassung von Gebühren, Steuer- und Umweltschutzkosten

Unternehmensspezifische Güterbereitstellungen des Staates bedingen die Zahlung von Gebühren an staatliche Behörden, so dass der Verzehr dieser bereitgestellten Güter Istkosten in Höhe dieser Gebühren hervorrufen kann. Ebenso führen Steuerzahlungen zu Auszahlungen, die gegebenenfalls als Wertansätze für den Ver- oder Gebrauch der vom Staat bereitgestellten Güter (wie z.B. Infrastruktur oder Rechtsordnung) in der Istkostenrechnung zu berücksichtigen sind. Rechtlich fixierte oder freiwillige Auszahlungen für den Umweltschutz sind weiterhin Zahlungen, die der Staat oder die sonstige Öffentlichkeit fordern oder erwarten und die somit aufgrund des Verursachungs- oder Beanspruchungsprinzips in die Kostenrechnung eingehen müssen. Zur Erfassung solcher Zahlungen in der Kostenrechnung ist zunächst der **Kostencharakter von Gebühren, Steuer- und Umweltschutzzahlungen** festzustellen.

a) Zum Kostencharakter von Gebühren, einzelnen Steuer- und Umweltschutzzahlungen

Gebühren, die aufgrund spezifischer Beiträge der öffentlichen Hand zur Realisation des unternehmerischen Sachzieles anfallen (z.B. Straßenanliegergebühren, Müllabfuhrzahlungen), sind ohne Zweifel Kosten (Grundkosten) eines Unternehmens. Dagegen ist der Kostencharakter von Steuern nicht so eindeutig nachzuweisen. Von den einzelnen Steuerarten:

1. Ertragsteuern (z.B. Einkommensteuer, Körperschaftsteuer, Gewerbe[ertrag]steuer, Kirchensteuer, Solidaritätszuschlag),

2. Verkehrsteuern (z.B. Grunderwerbsteuer, Umsatzsteuer, Kraftfahrzeugsteuer, Versicherungsteuer),

3. Verbrauchsteuern (einschließlich Zölle) (z.B. Mineralölsteuer, Tabaksteuer),

4. Substanzsteuern (z.B. Grundsteuer)

werden in der Literatur die Ertragsteuern (mit Ausnahme der Gewerbeertragsteuer) als Gewinnsteuern angesehen und genau wie alle Steuern, die nicht durch die Realisation des unternehmerischen Sachzieles bewirkt werden, nicht zu den Kosten gerechnet. Beurteilt man jedoch den Kostencharakter von Steuern unter dem Aspekt, dass die Realisation des unternehmerischen Sachzieles ohne Steuerzahlungen nicht möglich ist und ein Güterverbrauch oder Gütergebrauch in der Nutzung der vom Staat bereitgestellten Güter (wie z.B. der Infrastruktur) vorliegt, so müssen alle Steuerzahlungen, soweit sie durch die Realisation des unternehmerischen Sachzieles bedingt sind, als Kosten berücksichtigt werden (bei Kapitalgesellschaften Grundkosten, da z.B. auch Ertragsteuern als Aufwand gemäß § 275 Abs. 2 Nr. 18 und Abs. 3 Nr. 17 HGB [vgl. dazu § 174 Abs. 2

(Position 5) AktG] behandelt werden und nach der Aufwandsdefinition [vgl. S. 28] auch Aufwand darstellen). Die Höhe der Ertragsteuern hängt nicht wie bei den Kostensteuern vom Gütergebrauch oder Güterverbrauch, sondern von einfachen messbaren Bemessungsgrundlagen, wie vom zu versteuernden Einkommen, ab. Im Gegensatz zur überwiegenden Literaturmeinung sind ebenfalls **Ertragsteuern, soweit sie sachzielbezogen sind,** als Kosten anzusetzen (vgl. zur Entscheidungsrelevanz dieser Kosten Rose 1992, S. 263; Wagner 1999, S. 662 ff.).

Der Kostencharakter der **Umsatzsteuer** wird bis auf spezielle Vorschriften des UStG sowohl für den positiven Unterschiedsbetrag (= von den Kunden eingezogene Umsatzsteuer – Vorsteuerabzug; diese Differenz ist an das Finanzamt abzuführen) als auch für die an die Lieferanten gezahlte Umsatzsteuer (Vorsteuer) in der Literatur vielfach bestritten.

Ihre Vernachlässigung als Kosten ist möglich, indem man die an die Lieferanten gezahlte Umsatzsteuer als Forderungen an das Finanzamt (Vorsteuerabzug) und die von den Kunden erhaltene Umsatzsteuer als Verbindlichkeiten gegenüber dem Finanzamt erfasst (Umsatzsteuer), wodurch die Kosten- und Leistungsrechnung von der Umsatzsteuer unberührt bleibt, weil man sie als durchlaufenden Posten (Durchlaufposten) behandelt. Sieht man sie nicht als Durchlaufposten an, dann führen die an die Lieferanten gezahlte Umsatzsteuer und der positive Unterschiedsbetrag zu Kosten, die über die Kostenarten- und Kostenstellenrechnung auf die absatzbestimmten Kostenträger zu überwälzen sind. Die von den Kunden erhaltene Umsatzsteuer und der negative Unterschiedsbetrag sind dann in die Leistungsrechnung als Erlösrechnung einzubeziehen. Die Umsatzsteuer umfasst also Kosten- und Erlösbestandteile, die, gegebenenfalls periodisiert und sachzielorientiert abgegrenzt, direkt in die Kosten- und Leistungsrechnung eingehen. Wirtschaftlichkeitsgründe sprechen gegen eine solche Behandlung der Umsatzsteuer. Zur Begründung, die Umsatzsteuer in der Kostenrechnung (und Leistungsrechnung) wie oben aufgezeigt zu vernachlässigen, kann daher auf das Wirtschaftlichkeitsprinzip zurückgegriffen werden, das ihre Behandlung als **Durchlaufposten** und damit ihre Vernachlässigung in der Kosten- und Leistungsrechnung empfiehlt.

Die sonstigen Verkehr-, die Verbrauch- und die Substanzsteuern sind als so genannte Kostensteuern stets dann als Kosten anzusetzen, wenn die der Steuerbemessung zugrunde liegenden Güter, wie z.B. Kraftfahrzeuge, Mineralöl als Betriebsstoff oder Grundstücke, der Realisation des unternehmerischen Sachziels dienen.

Die gesetzlich bedingten und freiwilligen bewerteten Güterverbräuche für den Umweltschutz sind als **Umweltschutzkosten** aufgrund des Verursachungs- oder Beanspruchungsprinzips anzusetzen. Allein die Realisation des unternehmerischen Sachziels macht in der Regel den Umweltschutz erforderlich und führt somit zu solchen Kosten.

b) Erfassung der Gebühren, Steuer- und Umweltschutzkosten

Zur Erfassung dieser primären Kosten kann auf die Daten der Finanzbuchhaltung zurückgegriffen werden. Es sind insbesondere zwei Probleme, die eine exakte Ermittlung dieser Kosten erschweren. Zunächst muss eine sachzielorientierte Abgrenzung der Gebühren, Steuer- und Umweltschutzaufwendungen vorgenommen werden, weil lediglich Aufwendungen, die durch die Realisation des unternehmerischen Sachzieles entstanden sind, in die Kostenrechnung als (Grund-)Kosten eingehen dürfen. Eine solche Abgrenzung dürfte insbesondere für Einkommen- und Körperschaftsteuern (und damit auch für die Kirchensteuern) nicht immer ganz einfach sein. Noch schwieriger ist jedoch die zeitliche Abgrenzung durchzuführen, da sie letztlich erfordert, dass pro Periode (z.B. je Monat) die entsprechenden steuerlichen Bemessungsgrundlagen der einzelnen Steuerarten ermittelt werden. Da eine solche Ermittlung der Steuern einen zu hohen Rechenaufwand bedingt, wird man in der Regel von den angesetzten Steuervorauszahlungen ausgehen, diese sachzielorientiert abgrenzen und dann den Perioden anteilig zuordnen. Gegebenenfalls sind anhand der Steuerbelastungen früherer Perioden diese Ansätze für Steuerkosten zu korrigieren.

Gebühren und Steuerkosten sind, von wenigen Ausnahmen (z.B. Branntweinsteuer) abgesehen, stets Gemeinkosten. Das gilt auch für die Ertragsteuern, da sie wegen des variablen sowie progressiven Steuersatzes bei der Einkommensteuer für die Eigner von Einzelunternehmen und Personengesellschaften und wegen der unbekannten periodischen (unterjährigen) Bemessungsgrundlagen aller Ertragsteuern nur als zeitlicher Durchschnittsbetrag in Ansatz gebracht werden können. Umweltschutzkosten sind gegebenenfalls auch Einzelkosten.

C Kostenstellenrechnung

Lernziel: *Die Kostenstellenrechnung schafft die Basis für die Zurechnung von (Gemein-)Kosten auf die Kostenträger und für die Kostenkontrolle in den Stellen. Sie sollen die Probleme der Kostenstellenstrukturierung, der Verteilung primärer (Gemein-)Kosten auf die Kostenstellen sowie der Verrechnung sekundärer (Gemein-)Kosten zwischen den Kostenstellen und die Lösung dieser Probleme kennen lernen.*

1 Grundlagen der Kostenstellenrechnung

a) Aufgaben der Kostenstellenrechnung

Während die Kostenartenrechnung aufzeigt, welche Kosten insgesamt in einer bestimmten Periode angefallen sind, gibt die Kostenstellenrechnung für einen Teil dieser Kosten (Gemeinkosten) oder für alle Kosten an, **wo,** in welchen Kostenstellen die jeweiligen Kosten angefallen sind. Da der Fall, dass **alle** primären Kosten mittels der Kostenstellenrechnung auf die Stellen verteilt werden, für die Kostenrechnung von geringerer Bedeutung ist, soll in diesem Kapitel nur der Fall betrachtet werden, bei dem man die **Gemeinkosten** dem Ort ihrer Entstehung zurechnet, während die in der Kostenartenrechnung erfassten Einzelkosten direkt den absatzbestimmten Kostenträgern angelastet werden, so dass sie in der Kostenstellenrechnung unberücksichtigt bleiben können. Diese Zuordnung der Gemeinkosten zu den Kostenstellen dient zwei wichtigen Aufgaben.

Erstens soll sie eine **differenzierte Zurechnung der angefallenen Gemeinkosten auf die Kostenträger** ermöglichen (**Kostenvermittlungsfunktion** zwischen Kostenarten und Kostenträgern). Fertigt ein Unternehmen verschiedene Produkte, welche verschiedene Stellen in unterschiedlichem Maße beanspruchen (z.B. ist ein Produkt von einem Kran und dessen Bedienungsmannschaft bei einem Gewicht von 50 Tonnen achtmal insgesamt über eine Strecke von 400 Metern, ein anderes etwa bei einem Gewicht von 20 Tonnen nur einmal über eine Strecke von 50 Metern zu befördern), kann eine Aufteilung der Gemeinkosten auf die Kostenträger proportional zu dem durch sie beanspruchten Werteverzehr nur dann stattfinden, wenn zunächst die Kosten für diese Kostenstelle (also für den Kran mit der zu seiner Bedienung notwendigen Mannschaft) und dann die Beanspruchung der Stelle durch die verschiedenen Kostenträger ermittelt werden. Die Erfassung der Gemeinkosten pro Kostenstelle bildet damit die Voraussetzung, diese Gemeinkosten den Kostenträgern nach Maßgabe ihrer jeweiligen Inanspruchnahme der Kostenstellen zuzurechnen.

Zweitens soll die Kostenstellenrechnung eine **Kontrolle der Wirtschaftlichkeit der sachzielbezogenen Gütererstellung** durch einen Vergleich der in den verschiedenen Kostenstellen jeweils angefallenen Kosten mit Maß- oder Sollkosten als Ausdruck sparsamen Wirtschaftens in den Kostenstellen ermöglichen **(Kostenkontrollfunktion).** Wie Sollkosten gefunden werden können, die den Betrag wiedergeben, der in der jeweiligen Kostenstelle bei sparsamstem Umgang mit den knappen Faktoren und bei der jeweils eingetretenen Produktionsbelastung anfallen darf, wird noch zu erörtern sein (vgl. S. 280 f.).

Da sich die Einzelkosten den Kostenträgern ohne Vermittlung durch die Kostenstellen zurechnen und auf der Basis von Stücklisten und Produktionszahlen einerseits sowie Entnahme- oder Lohnscheinen andererseits leicht und präzise kontrollieren lassen, können sie in der Kostenstellenrechnung unberücksichtigt bleiben. Ihre Vernachlässigung beeinträchtigt also nicht die Kostenvermittlungsfunktion einer Kostenstellenrechnung.

b) Kriterien zur Bildung von Kostenstellen

Nach Klärung der Aufgaben der Kostenstellenrechnung muss geprüft werden, nach welchen Prinzipien Kostenstellen gebildet werden sollen, damit die darauf aufgebaute Kostenstellenrechnung ihre Aufgaben möglichst gut erfüllen kann. Es bieten sich mehrere Gliederungsgesichtspunkte an. Die vier Wichtigsten seien erwähnt:

1. räumliche Gesichtspunkte,

2. funktionale Gesichtspunkte,

3. Gesichtspunkte des Verantwortungsbereichs,

4. rechnungstechnische Gesichtspunkte.

Bei der Kostenstellenbildung nach **räumlichen Gesichtspunkten** werden in einem jeweils vorgegebenen räumlichen Bereich befindliche produktive Einheiten zu einer Kostenstelle zusammengefasst (beispielsweise alle Maschinen in einer Halle und die zugehörigen Bedienungspersonen, die Halle und deren Einrichtung). Eine Gliederung der Kostenstellen lediglich nach räumlichen Gesichtspunkten kann jedoch für beide Aufgaben der Kostenstellenrechnung Nachteile bringen.

Wenn in dem zu einer Kostenstelle zusammengefassten Raum Mensch-Maschine-Kombinationen mit höchst unterschiedlicher Kostenstruktur arbeiten (teure und billige Maschinen; Maschinen, die hoch qualifiziertes, und Maschinen, die minder qualifiziertes Bedienungspersonal oder viel und wenig Bedienungspersonal beanspruchen), kann die Gemeinkostensumme vielfach nur ungenau den Kostenträgern zugerechnet werden, weil sich die unterschiedlichen Kosten der produktiven Kombinationen vermischen und somit in der Summe der Gemeinkosten verborgen bleiben.

Wenn sich darüber hinaus der Raum der Kostenstelle nicht mit einem Verantwortungsbereich deckt, werden Probleme bei der Kostenkontrolle entstehen. Bei der Kostenkontrolle aufgedeckte Abweichungen zwischen Soll und Ist reichen in der Regel zur Bestimmung der Ursachen für die Abweichungen nicht aus. Zur Suche nach den Ursachen muss meistens auf die Mitarbeit eines Arbeitnehmers zurückgegriffen werden, der die Verhältnisse in der Kostenstelle kennt, folglich die aufgedeckten Abweichungen auch erklären kann und sich für die Behebung vermeidbarer Abweichungsursachen einsetzt. Im Fall der Divergenz von Kostenstelle und Verantwortungsbereich besteht aber die Gefahr, dass sich Mitarbeiter nicht verantwortlich fühlen und sich somit Unwirtschaftlichkeiten kaum vermeiden lassen.

Der Kostenstellengliederung allein nach **Funktionen** drohen die gleichen Nachteile wie der Gliederung allein nach räumlichen Gesichtspunkten. Funktional gleiche Arbeitsgänge können gleichwohl höchst unterschiedliche Kosten hervorrufen. So gibt es neben Pressen großer Präzision und Kraft schwache und ungenau arbeitende Pressen. Im Fall divergierender Kostenstrukturen funktional gleicher Arbeitsgänge ist aber eine der Funktionsgliederung folgende Kostenstellenrechnung zur Kostenvermittlung ungeeignet. Schwierigkeiten bei der Kostenkontrolle werden zudem entstehen, wenn Kostenstellen und Verantwortungsbereiche nicht miteinander übereinstimmen.

Eine Kostenstellenbildung nach **Verantwortungsbereichen** achtet darauf, dass jede Kostenstelle sich mit einem Verantwortungsbereich jeweils eines Vorgesetzten deckt. Eine so aufgebaute Kostenstellenrechnung besitzt gute Voraussetzungen für die Lösung von Kontrollaufgaben. Für alle ermittelten Abweichungen ist jeweils ein bestimmter Mitarbeiter verantwortlich. Aus dieser Verantwortung heraus darf von ihm erwartet werden, dass er bei der Aufdeckung der Ursachen für eine in seinem Verantwortungsbereich auftretende Abweichung hilft und sich auch dafür einsetzt, diese Ursachen in Zukunft zu beseitigen. Diese Kostenstelleneinteilung eignet sich allerdings dann nicht für die Zurechnung von Gemeinkosten auf die Kostenträger, wenn in den Verantwortungsbereichen jeweils produktive Kombinationen mit unterschiedlichen Kostenstrukturen zusammengefasst werden.

Bei der Bildung von Kostenstellen nach **rechnungstechnischen Gesichtspunkten** werden unter dem Ziel einer Kostenüberwälzung, die der Beanspruchung eingesetzter Güter durch die Fertigung von Erzeugnissen möglichst weitgehend Rechnung trägt, nur produktive Einheiten mit zumindest fast gleichen Kostenstrukturen zu Kostenstellen zusammengefasst. Wenn ein Unternehmen lediglich produktive Einheiten mit unterschiedlichen Kostenstrukturen besitzt, muss jede produktive Einheit, wie etwa jede Mensch-Maschine-Kombination oder jeder Arbeitsplatz, in einer gesonderten Kostenstelle erfasst werden. Die Kostenvermittlungsfunktion wird von dieser Kostenstelleneinteilung sehr genau erfüllt. Allerdings erfordert diese Genauigkeit im Fall sehr **heterogener Kostenstrukturen** und daraus folgend einer sehr feinen Kostenstellenunterteilung oft einen hohen Rechenaufwand. Kostenstellen sollten unter rechnungstechnischen Gesichtspunkten also nur gebildet werden, indem die erwarteten Vorteile aus der durch zunehmende Verfeinerung der Unterteilung resultierenden Genauigkeit der Rechnung gegen die Nachteile aus dem steigenden Rechenaufwand abgewogen werden. Zur Kontrolle eignet sich diese Kostenstellenbildung lediglich, wenn für jede Kostenstelle ein Mitarbeiter Verantwortung trägt.

Die vier behandelten Kriterien widersprechen sich nicht in dem Sinne, dass eine unter räumlichen Gesichtspunkten gebildete Kostenstelle immer unterschiedliche Funktionen, mehrere Verantwortungsbereiche und produktive Einheiten mit unterschiedlicher Kostenstruktur umfassen muss. Eine nach räumlichen Gesichtspunkten gebildete Kostenstelle kann durchaus auch andere Kriterien erfüllen, sich also etwa aus produktiven Einheiten mit gleichen Funktionen zusammensetzen, die dem Verantwortungsbereich eines Mitarbeiters unterstehen. Die Funktionsfähigkeit der Kostenstellenrechnung hängt allerdings davon ab, welcher Gliederungsgesichtspunkt den Vorrang hat, wenn die vier möglichen Kriterien zu unterschiedlichen Einteilungen führen. Legt ein Unternehmen Wert auf eine wirksame Kontrolle, sollte es dem Gesichtspunkt des Verantwortungsbereichs Vorrang einräumen; wünscht es eine möglichst „genaue" Kostenüberwälzung, so sollte es sich – unter Berücksichtigung des Rechenaufwandes – an rechnungstechnischen Gesichtspunkten orientieren. Räumlichen und funktionalen Gesichtspunkten kommt damit in jedem Fall nur eine untergeordnete Bedeutung zu.

c) Gliederung der Kostenstellen

Die Kostenstellenrechnung setzt außer einer Einteilung in Kostenstellen auch eine zweckmäßige Gruppenbildung von Stellen voraus. Da die Lösung von Kontrollaufgaben keine Anforderung an die Gruppierung von Stellen bedingt, kann diese nach Maßgabe eines für die Kostenvermittlung wichtigen Kriteriums vorgenommen werden, das die Kostenstellen nach dem Ausmaß ihrer Beteiligung an der Realisation des unternehmerischen Sachziels – der Fertigung der absatzbestimmten Güter – in Haupt-, Neben- und Hilfskostenstellen gliedert (vielfach als produktionsorientiertes oder produktionstechnisches Gliederungskriterium bezeichnet).

Hilfskostenstellen geben ihre sämtlichen erstellten Güter an andere Kostenstellen ab. Sie dienen lediglich der Fertigung innerbetrieblicher Güter und sind somit **nur mittelbar** an der Erstellung absatzbestimmter sachzielbezogener Güter beteiligt (z.B. Gebäudeverwaltung, Stromerzeugung, Arbeitsbüro, Reparaturwerkstätten). Aufgrund ihrer nur mittelbaren Beteiligung an der Erstellung absatzbestimmter sachzielbezogener Güter werden ihre Kosten nicht auf die absatzbestimmten Kostenträger, sondern nur auf die von ihnen belieferten Kostenstellen überwälzt. Wegen ihrer nur mittelbaren Beteiligung an der Fertigung der absatzbestimmten Kostenträger heißen sie auch **Vorkostenstellen.**

Hauptkostenstellen dagegen sind **unmittelbar** an der Fertigung und gegebenenfalls am Vertrieb von absatzbestimmten sachzielbezogenen Produkten beteiligt (z.B. Gießerei, Dreherei, Schmiede, Härterei und Zusammenbau). Die unmittelbare Beteiligung an der Erstellung sachzielbezogener Absatzprodukte schließt freilich nicht aus, dass Hauptkostenstellen auch **teilweise** innerbetriebliche Güter für andere Kostenstellen fertigen. So kann beispielsweise der Zusammenbau unter Umständen auch nebenbei Reparaturarbeiten für andere Kostenstellen erbringen.

Die unmittelbare Beteiligung der Hauptkostenstellen an der Fertigung absatzbestimmter sachzielbezogener Güter erlaubt es, die Kosten solcher Stellen direkt auf diese Kostenträger zu überwälzen. Um diese Möglichkeit zur Kostenüberwälzung auf absatzbestimmte Kostenträger auszudrücken, werden sie auch **Endkostenstellen** genannt.

Obwohl bei den Verwaltungsstellen eines Unternehmens (Geschäftsleitung, Geschäftsbuchhaltung, Betriebsbuchhaltung und Statistik) und bei Vertriebsstellen (Werbe- und Musterabteilung, Expedition, Fertiglager, Fuhrpark, Abfuhr und Vertrieb) angenommen werden darf, dass zumindest einige dieser Stellen ausschließlich für andere Kostenstellen arbeiten, also an der Fertigung absatzbestimmter sachzielbezogener Güter nicht unmittelbar beteiligt sind, werden **Verwaltungs- und Vertriebsstellen** wie meist üblich als **Hauptkostenstellen** behandelt. Die Verwaltungs- und Vertriebsgemeinkosten werden auf die absatzbestimmten Kostenträger direkt überwälzt. Ebenfalls werden **Materialstellen** oft zu den Hauptkostenstellen gezählt. Letztlich sind Hilfs- und Hauptkostenstellen daher ausschließlich nach der Art ihrer Abrechnung zu unterscheiden. Das Kriterium der Beteiligung an der Erstellung absatzbestimmter Güter zeigt jedoch eine hohe Übereinstimmung mit der Art der Abrechnung (vgl. Haberstock 2004, S. 113).

Nebenkostenstellen sind ähnlich wie Hauptkostenstellen **unmittelbar** an der Erstellung absatzbestimmter sachzielbezogener Güter beteiligt, nur handelt es sich bei diesen Gütern um so genannte **Nebenprodukte.** In einem Hüttenwerk ist z.B. die Schlackenverwertung, in einer Brauerei z.B. die Abteilung, in der Eis auch zum Verkauf an Kunden erzeugt wird, eine Nebenkostenstelle (Gutenberg 1958, S. 137).

Kostenstellen werden meist unter dem Gesichtspunkt sachzielorientierter Produktionsbereiche in Fertigungs-, Material-, Verwaltungs-, Vertriebsstellen und in allgemeine Stellen zusammengefasst. Das führt in der Regel zu folgenden Kostenstellengruppen:

- **Allgemeine Hilfskostenstellen** (Hilfskostenstellen, die ihre gesamten erstellten Güter an alle anderen Kostenstellen abgeben) (Allg-KS)

- **Fertigungshauptstellen** (Hauptkostenstellen, in denen sich die eigentliche Produktion vollzieht) (F-KS)

- **Fertigungshilfsstellen** (Hilfskostenstellen, die ihre erstellten Güter nur an Stellen des Fertigungsbereiches – an Fertigungshauptstellen, selten auch an andere Fertigungshilfsstellen – liefern) (FH-KS)

- **Materialstellen** (Hauptkostenstellen, die dem Einkauf, der Werkstoff- oder Materialkontrolle, der Lagerung von Werkstoffen oder Materialien und der Werkstoff- oder Materialausgabe dienen) (M-KS)

- **Verwaltungsstellen** (Hauptkostenstellen, deren Aufgabe in der Erfassung und Steuerung des Unternehmensgeschehens besteht) (VW-KS)

- **Vertriebsstellen** (Hauptkostenstellen, die für den Absatz der absatzbestimmten Produkte eingerichtet sind) (VT-KS)

- **Forschungs- und Entwicklungsstellen** (Hilfs- oder Hauptkostenstellen, in denen Forschung und Entwicklung betrieben wird) (F-E-KS)

Aufgabe des Kostenstellenplanes eines Unternehmens ist es, die in einem Unternehmen konkret vorhandenen Kostenstellen in übersichtlicher Form festzuhalten. (Zu einem detaillierten Kostenstellenplan vgl. Haberstock 2004, S. 111 f.)

2 Zur Durchführung der Kostenstellenrechnung im Betriebsabrechnungsbogen (BAB)

Die Kostenstellenrechnung, die auch auf Konten vorgenommen werden kann, wird aus Gründen der Einfachheit und Übersichtlichkeit meist tabellarisch mithilfe des Betriebsabrechnungsbogens (BAB) durchgeführt.

Der **Betriebsabrechnungsbogen** (BAB) ist eine Kostenverrechnungstabelle, in der für jede Kostenstelle eine Spalte geführt wird (s. Tabelle 16). In den Zeilen zeigt der BAB zunächst die verschiedenen primären Gemeinkostenarten und – in den Spalten für die Kostenstellen – deren Verteilung auf die Kostenstellen des Unternehmens auf. Im Anschluss an die einzelnen Gemeinkostenarten weist er in einer Zeile die Summe der primären Gemeinkosten sowohl insgesamt als auch aufgeteilt auf die Kostenstellen aus. Die darauf folgenden Zeilen dienen der Sekundärkostenrechnung (innerbetrieblichen Leistungsrechnung). Sie geben die Entlastungsbeträge von Kostenstellen, die innerbe-

Tab. 16: Aufbau des Betriebsabrechnungsbogens (BAB)

Kostenarten \ Kostenstellen	Betrag	Schlüssel	Allg-KS KS_1, KS_2, …	M-KS KS_1, KS_2, …	FH-KS KS_1, KS_2, …	F-KS KS_1, KS_2, …	F-E-KS KS_1, KS_2, …	VT-KS KS_1, KS_2, …	VW-KS KS_1, KS_2, …
Gemeinkostenverteilung (zeilenweise je Kostenart)									
Primäre Kosten: Arbeitskosten, Gehälter, Löhne, Sachkosten, Werkstoffe, Betriebsmittel (Abschreibungen), Dienstleistungskosten, Kapitalkosten, Gebühren, Steuer- und Umweltschutzkosten									
Summe aller primären Gemeinkosten									
Sekundärkostenrechnung (innerbetriebliche Leistungsrechnung) (zeilenweise je liefernde Kostenstelle)									
Sekundäre Kosten: Umlage Allg-KS KS_1, Umlage Allg-KS KS_2 … Umlage FH-KS KS_1, Umlage FH-KS KS_2 …									
Endkosten			0		0				

triebliche Güter hervorbringen, und die Belastungsbeträge derjenigen Stellen, die diese innerbetrieblichen Güter empfangen, als sekundäre Kosten (Umlage) an. Abschließend werden in der letzten Zeile die Herstellkosten aller Stellen ausgewiesen, die als **Endkosten** in der anschließenden Kostenträgerrechnung auf die absatzbestimmten Produkte weiter zu verrechnen sind. Teilweise ist es üblich, den BAB noch um Informationen zur Durchführung der Kostenträgerrechnung zu ergänzen (vgl. Beispiel auf S. 158 f.).

Im Folgenden sollen die für die Aufstellung eines BAB wichtigen Prozesse der Verteilung der primären Gemeinkosten auf die Kostenstellen und der Sekundärkostenrechnung dargestellt werden.

3 Verteilung der primären Gemeinkosten auf die Kostenstellen

Den Kostenstellen sind zunächst diejenigen Gemeinkosten zuzurechnen, die sich nur aus dem **Verbrauch von Produktionsfaktoren (primäre Gemeinkosten)** ergeben, also **nicht** aus dem Verzehr innerbetrieblicher Güter stammen.

Die Zurechnung der primären Gemeinkosten auf die Kostenstellen kann auf verschiedenen Grundlagen basieren. Primäre Gemeinkosten als **Kostenstelleneinzelkosten,** die den verschiedenen Kostenstellen unmittelbar zurechenbar sind, können nach Maßgabe von **Aufzeichnungen** direkt den verschiedenen Kostenstellen zugeordnet werden. So lassen sich etwa Gemeinkostenlöhne mittels Lohn- oder Gehaltsdaten, welche die Angestellten mit den sie beschäftigenden Kostenstellen ausweisen, Hilfs- und Betriebsstoffe auf Basis von Entnahmedaten sowie Fremdreparaturen nach Maßgabe von Rechnungen den einzelnen Kostenstellen direkt anlasten. Andere primäre Gemeinkosten können ohne weitere Erhebungen deswegen genau einer Kostenstelle direkt zugeordnet werden, weil sie wie z.B. die Kosten für Absatzwerbung nur **spezifisch in einer Kostenstelle anfallen.**

Primäre Gemeinkosten als **Kostenstellengemeinkosten,** die den verschiedenen Kostenstellen nicht direkt zurechenbar sind (echte Stellengemeinkosten) oder die zwar direkt zurechenbar sind, bei denen aber von der Möglichkeit zur direkten Zurechnung aufgrund von Wirtschaftlichkeitsgesichtspunkten kein Gebrauch gemacht werden soll (unechte Stellengemeinkosten), können auf der Basis des Durchschnittsprinzips und somit lediglich auf dem Wege der Schlüsselung auf die Kostenstellen verteilt werden. Die Verteilung setzt also voraus, dass **Bezugs-** oder **Schlüsselgrößen** gefunden werden, die sich möglichst proportional zur Beanspruchung der in den Kostenstellen eingesetzten bzw. verzehrten Güter verhalten. In der Praxis gebräuchlich sind beispielsweise die Schlüsselgrößen: m² der Kostenstellen als Schlüssel für Mieten, Gebäudekosten, Grundsteuer und eventuell für Heizkosten, die Lohn- und Gehaltssummen der Kostenstellen als Schlüssel für gesetzliche oder freiwillige soziale Abgaben, für Urlaubs- und Feiertagslöhne sowie das in den Kostenstellen gebundene Vermögen als Schlüssel für die Zinskosten (Tabellen zur Gemeinkostenzurechnung finden sich bei Bussmann 1979, S. 209 ff. und Schönfeld/Möller 1995, S. 137, 139).

4 Sekundärkostenrechnung

a) Einleitung

Die Notwendigkeit einer **Sekundärkostenrechnung (innerbetrieblichen Leistungsrechnung)** resultiert daraus, dass in den Kostenstellen nicht nur Produktionsfaktoren verzehrt, sondern dass auch Güter in Anspruch genommen werden, die andere Kostenstellen erstellt haben. Die Verrechnungsprobleme der Sekundärkostenrechnung entstehen also aufgrund von Güterbeziehungen zwischen verschiedenen Kostenstellen eines Unternehmens.

Ausgehend von den auf die Kostenstellen verteilten primären Gemeinkosten sind bei Anwendung der Sekundärkostenrechnung die Kostenstellen zunächst zusätzlich mit den Kosten für die von anderen Kostenstellen erhaltenen innerbetrieblichen Güter zu belasten, die **sekundäre Kosten** oder **Sekundärkosten** heißen. Die Summe aus Primär- und Sekundärkosten je Stelle einer Periode ergibt unter der Annahme, dass alle erstellten innerbetrieblichen Güter in der gleichen Periode verzehrt werden (oder z.B. keine Lager für innerbetriebliche Güter existieren), die **Gesamtkosten einer Stelle** pro Periode. Wenn von den Gesamtkosten einer Kostenstelle dann die Kosten für die Güter abgezogen werden, die die Kostenstelle für andere Kostenstellen pro Periode erbracht hat, so erhält man als Differenz die **Endkosten einer Stelle** pro Periode. Diese Endkosten sind dann in der Kostenträgerrechnung auf die absatzbestimmten Kostenträger zu überwälzen, um die Kosten (Selbstkosten) der absatzbestimmten Produkte zu erhalten. Da Hilfskostenstellen nicht der Fertigung absatzbestimmter Produkte, sondern nur der innerbetrieblichen Gütererstellung dienen, sind bei ihnen die Endkosten stets gleich Null. Damit lässt sich ein BAB stets in die Grundstruktur der Tabelle 17 bringen.

Tab. 17: Grundstruktur eines BAB

Kostenarten \ Kostenstellen	Hilfskostenstellen		Hauptkostenstellen
Primäre Gemeinkosten	möglichst beanspruchungsgerechte Verteilung auf Kostenstellen		
Sekundäre Gemeinkosten	innerbetriebliche Leistungsverrechnung		
Endkosten	0	... 0	im Allgemeinen positive Endkosten
	gegebenenfalls Ermittlung von Kalkulationssätzen und Kostenkontrolle		

Unterschiedliche Strukturen der Lieferungen von innerbetrieblichen Gütern zwischen den Kostenstellen erfordern verschiedene Verfahren der Sekundärkostenrechnung zur Bestimmung von Gesamt- und Endkosten (vgl. zu solchen Verfahren auch Eisele 2002, S. 686 ff.). Aus diesem Grunde sollen im Folgenden solche möglichen Strukturen analysiert werden.

b) Strukturanalyse möglicher Kostenstellenbeziehungen

Zur Charakterisierung möglicher Kostenstellenbeziehungen aufgrund der Lieferungen von innerbetrieblichen Gütern zwischen den Stellen können grundsätzlich zwei Arten von Strukturen unterschieden werden. Bei **einfach zusammenhängenden Strukturen** lassen sich alle Kostenstellen eines Unternehmens in eine solche Reihenfolge (Anordnung) bringen, dass stets nur vorgeordnete an nachgeordnete Kostenstellen Güter liefern, aber niemals nachgeordnete an vorgeordnete Stellen. Wenn Kostenstellen durch Kreise und Kostenstellenbeziehungen durch Pfeile graphisch gekennzeichnet werden, so verdeutlicht Abbildung 45 auf S. 128 eine einfach zusammenhängende Struktur.

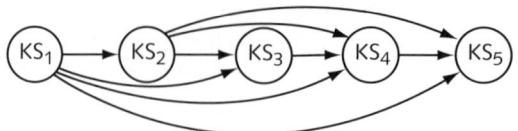

Abb. 45: Einfach zusammenhängende Kostenstellenstruktur

Innerhalb der einfach zusammenhängenden Strukturen kann noch ein besonderer Fall festgehalten werden, der dann vorliegt, wenn sich die Kostenstellen in zwei Gruppen teilen lassen, wobei die erste Gruppe nur Kostenstellen umfasst, die innerbetriebliche Güter an andere Kostenstellen liefern, selbst aber keine erhalten, während die Kostenstellen der zweiten Gruppe innerbetriebliche Güter empfangen, ihrerseits aber keine fertigen (siehe Abbildung 46).

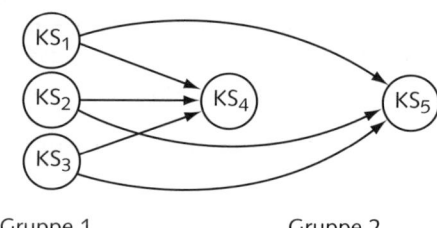

Gruppe 1 Gruppe 2

Abb. 46: Einfach zusammenhängende Kostenstellenstruktur ohne Leistungsbeziehungen zwischen Hilfskostenstellen

Bei einer **komplexen Struktur** liefert für **jede** Anordnung der Kostenstellen immer mindestens eine nachgeordnete Kostenstelle an eine vorgeordnete Kostenstelle innerbetriebliche Güter. Die Kostenstellen befinden sich also in gegenseitigen oder wechselseitigen Kostenstellenbeziehungen. Graphisch kann eine komplexe Struktur durch die Abbildung 47 charakterisiert werden.

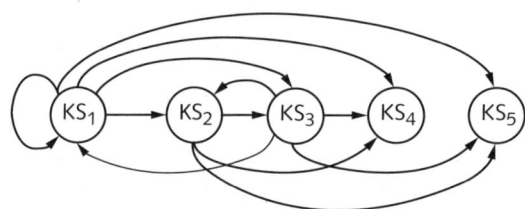

Abb. 47: Komplexe Kostenstellenstruktur

Es wird sich zeigen, dass die vorliegende Kostenstellenstruktur von entscheidender Bedeutung für die Durchführung der innerbetrieblichen Leistungsrechnung ist.

c) Kostenartenverfahren

Das **Kostenartenverfahren** basiert auf einer Gliederung der für die Fertigung innerbetrieblicher Güter angefallenen primären und sekundären Kosten in **Sekundäreinzel- und Sekundärgemeinkosten.** Mit „Sekundäreinzelkosten" bezeichnet man dabei die Kosten, die den innerbetrieblichen Gütern unmittelbar zurechenbar sind und zugerechnet werden, mit „Sekundärgemeinkosten" dagegen solche, die den innerbetrieblichen Gütern nicht direkt zurechenbar sind (echte) oder die, obwohl direkt zurechenbar, nicht direkt zugerechnet werden (unechte). Gemäß den Kostenstellenbeziehungen aufgrund der innerbetrieblichen Güterbeziehungen werden dann zur Entlastung der liefernden Kostenstelle und zur Belastung der empfangenden Kostenstelle **nur die Sekundäreinzelkosten für innerbetriebliche Güter** angesetzt. Die Sekundärgemeinkosten der innerbetrieblichen Güter verbleiben dagegen bei der liefernden Kostenstelle. Da die liefernde Kostenstelle alle ihr verbleibenden Kosten im Fall einer Hauptkostenstelle (Nebenkostenstelle) den in ihr bearbeiteten absatzbestimmten Gütern (Absatzprodukten) anlastet, erhalten diejenigen Absatzprodukte zu hohe Kosten, die in Hauptkostenstellen, welche auch innerbetriebliche Güter fertigen, jedoch selbst keine solchen Güter beziehen, bearbeitet oder gefertigt werden (wobei man davon ausgeht, dass die Sekundärgemeinkosten größer als Null sind). Bei Hilfskostenstellen würde dieses Verfahren dazu führen, dass ihre Endkosten größer als Null sein können (gleich den nicht weiterverrechneten Sekundärgemeinkosten). In solchen Fällen blieben primäre Kosten einer Periode auf einzelnen Hilfskostenstellen, so dass den absatzbestimmten Kostenträgern nicht alle primären Kosten einer Periode angelastet werden könnten. Sollen jedoch alle primären Kosten einer Periode den absatzbestimmten Kostenträgern zugerechnet werden (Ziel der Vollkostenrechnung), dann ist das Kostenartenverfahren nur anwendbar, wenn keine Hilfskostenstellen existieren. Für diesen Fall müssen produktive Einheiten, die nur innerbetriebliche Güter herstellen, mit produktiven Einheiten, die unmittelbar absatzbestimmte Güter fertigen, zu Hauptkostenstellen zusammengefasst werden, die somit teilweise innerbetriebliche Güter erstellen.

Das Kostenartenverfahren lässt sich um die Zurechnung der Sekundärgemeinkosten auf die innerbetriebliche Güter empfangenden Stellen (bei einfach zusammenhängender Kostenstellenstruktur) erweitern. Hierdurch kann man die vorhin aufgezeigten Nachteile des Kostenartenverfahrens in der Regel bei höheren Verwaltungskosten für die Durchführung der Kostenstellenrechnung vermeiden. Einem solchen Verfahren (**Kostenstellenzuschlagsverfahren**) liegt die Anwendung der Zuschlagsrechnung für die Sekundärkostenrechnung zugrunde. (Aus der Sicht einer Teilkostenrechnung, bei der nur Einzelkosten verrechnet werden, ist jedoch das Kostenartenverfahren mit dem Kostenstellenzuschlagsverfahren identisch.)

d) Verfahren auf Basis von Verrechnungssätzen

Im Folgenden sollen Verfahren der Sekundärkostenrechnung erläutert werden, die auf **Verrechnungssätzen** oder **Verrechnungspreisen** basieren.

(1) Gleichungsverfahren oder Kostenstellenausgleichsverfahren

Zunächst wird mit dem **Gleichungsverfahren** oder **Kostenstellenausgleichsverfahren** eine genaue Vorgehensweise beschrieben, bevor dann auf mögliche Vereinfachungen eingegangen wird.

Es liegt eine Situation mit I Kostenstellen vor, von denen J Hilfskostenstellen und (I - J) Hauptkostenstellen seien. Zur Vereinfachung wird von dem Fall ausgegangen, dass Güter von Hauptkostenstellen nicht in anderen Kostenstellen verbraucht werden. Außerdem soll jede Hilfskostenstelle nur eine einzige Güterart produzieren, andernfalls muss man für die unterschiedlichen Güter einer Kostenstelle eine einheitliche Maßgröße finden. Schließlich werde von der Möglichkeit der Lagerung innerbetrieblicher Güter abgesehen.

Zur weiteren Erläuterung kommen die folgenden Bezeichnungen zur Anwendung:

I: Anzahl aller Kostenstellen mit den Nummern $1, ..., I$

J: Anzahl der Hilfskostenstellen mit den Nummern $1, ..., J$

I-J: Anzahl der Hauptkostenstellen mit den Nummern $J + 1, ..., I$

PK_i: primäre Gemeinkosten der Kostenstelle i

SK_i: sekundäre Gemeinkosten der Kostenstelle i

K_i: Gesamtkosten der Kostenstelle i

E_i: Endkosten der Kostenstelle i

x_j: gesamte Güter- bzw. Leistungsmenge der Hilfskostenstelle j

x_{ji}: von Hilfskostenstelle j an Kostenstelle i abgegebene Güter- bzw. Leistungsmenge

q_j: Verrechnungssatz für eine Mengeneinheit der Güterart von Hilfskostenstelle j.

Im Rahmen der innerbetrieblichen Leistungsverrechnung sind die Verrechnungssätze (Verrechnungspreise) q_j so zu bestimmen, dass die bewertete Leistungserbringung $q_j \cdot x_j$ von Hilfskostenstelle j mit den Gesamtkosten K_j als Summe aus primären und sekundären Gemeinkosten übereinstimmt. Eine entsprechende Entlastung der Hilfskostenstellen mit den so bewerteten Leistungen führt dann für Hilfskostenstellen zu Endkosten von Null. Formal lassen sich die gewünschten Verrechnungspreise damit aus folgendem **linearen Gleichungssystem** ermitteln:

$$K_j = PK_j + SK_j = PK_j + \sum_{j=1}^{J} q_j \cdot x_{ji} = q_j \cdot x_j \text{ für } j = 1, ..., J \tag{5}$$

oder ausführlicher

$$
\begin{array}{ccccccccc}
PK_1 & + & q_1 \cdot x_{11} & + & q_2 \cdot x_{21} & + & \cdots & + & q_J \cdot x_{J1} & = & q_1 \cdot x_1 \\
PK_2 & + & q_1 \cdot x_{12} & + & q_2 \cdot x_{22} & + & \cdots & + & q_J \cdot x_{J2} & = & q_2 \cdot x_2 \\
\vdots & & \vdots & & \vdots & & \ddots & & \vdots & & \vdots \\
PK_J & + & q_1 \cdot x_{1J} & + & q_2 \cdot x_{2J} & + & \cdots & + & q_J \cdot x_{JJ} & = & q_J \cdot x_J.
\end{array}
\tag{6}
$$

Löst man dieses lineare Gleichungssystem, etwa mit dem **Gaußverfahren** (vgl. Sydsæter/Hammond 2006, S. 650 ff.), so erhält man damit Verrechnungssätze, die die gewünschte Entlastung der Hilfskostenstellen bewirken. Über die Verrechnungssätze lassen sich nun auch die Sekundärkosten der Hauptkostenstellen gemäß

$$SK_i = \sum_{j=1}^{J} q_j \cdot x_{ji} \text{ für } i = J + 1, ..., I$$

ermitteln. Unter der getroffenen Annahme, dass innerbetriebliche Güter nicht gelagert werden, so dass $x_j = \sum_{i=1}^{I} x_{ji}$ gilt, tragen die Hauptkostenstellen dabei gerade Sekundärkosten in Höhe der Primärkosten der Hilfskostenstellen:

$$\sum_{j=1}^{J} PK_j = \sum_{i=J+1}^{I} SK_i.$$

Dies sieht man ein, wenn man die Gleichungen in (6) geeignet auswertet, denn man erhält hieraus durch Addition der J Gleichungen:

$$\sum_{j=1}^{J} PK_j = \sum_{j=1}^{J} q_j \cdot x_j - \sum_{j=1}^{J} \sum_{i=1}^{J} q_j \cdot x_{ji} = \sum_{j=1}^{J} q_j \cdot x_j - \sum_{j=1}^{J} q_j \cdot \sum_{i=1}^{J} x_{ji}$$

$$= \sum_{j=1}^{J} q_j \cdot \left(x_j - \sum_{i=1}^{J} x_{ji} \right) = \sum_{j=1}^{J} q_j \cdot \left(\sum_{i=1}^{I} x_{ji} - \sum_{i=1}^{J} x_{ji} \right)$$

$$= \sum_{j=1}^{J} q_j \cdot \sum_{i=J+1}^{I} x_{ji} = \sum_{j=1}^{J} \sum_{i=J+1}^{I} q_j \cdot x_{ji} = \sum_{i=J+1}^{I} \sum_{j=1}^{J} q_j \cdot x_{ji} = \sum_{i=J+1}^{I} SK_i.$$

Folglich stimmt unter der hier getroffenen Annahme, dass die Hauptkostenstellen keine Güter an andere Kostenstellen abgeben, die Summe der Endkosten aller Kostenstellen mit der Summe der Primärkosten aller Kostenstellen überein:

$$\sum_{i=1}^{I} E_i = \sum_{i=J+1}^{I} E_i = \sum_{i=J+1}^{I} K_i = \sum_{i=J+1}^{I} \left(PK_i + SK_i \right)$$

$$= \sum_{i=J+1}^{I} PK_i + \sum_{i=J+1}^{I} SK_i = \sum_{i=J+1}^{I} PK_i + \sum_{j=1}^{J} PK_j = \sum_{i=1}^{I} PK_i.$$

Die Lösung des Systems (6) ist für jede realistische Kostenstellenzahl über entsprechende Computerprogramme zur Lösung linearer Gleichungssysteme problemlos zu bestimmen (vgl. Hoitsch/Lingnau 2007, S. 155). Das vorgestellte Verfahren stellt allerdings recht hohe Anforderungen an die Informationsbereitstellung in Bezug auf die innerbetrieblichen Leistungsbeziehungen zwischen Kostenstellen. Daher können vereinfachte Vorgehensweisen aus Wirtschaftlichkeitsgründen durchaus sinnvoll sein.

(2) Treppenverfahren oder Stufenleiterverfahren

Eine erste Möglichkeit besteht darin, die Hilfskostenstellen sukzessive, etwa wie im Folgenden gemäß ihrer Nummerierung, zu entlasten und dabei die Sekundärkosten aufgrund der Beanspruchung noch abzurechnender Hilfskostenstellen zu vernachlässigen. Damit müssen diese Güterbeziehungen auch nicht erhoben werden, was einen Vorteil wegen geringerer Informationskosten darstellt. Entsprechend wird bei Hilfskostenstelle j (vereinfachend) lediglich von einer Gesamtleistung in Höhe von

$$x_j - \sum_{i=1}^{j} x_{ji} \text{ für } j = 1, \ldots, J$$

ausgegangen.

Dies führt allerdings dazu, dass statt des exakten Gleichungssystems (6) das folgende vereinfachte, auf approximativen Informationen beruhende System gelöst wird:

$$PK_1 \qquad\qquad\qquad\qquad\qquad\qquad = q_1 \cdot (x_1 - x_{11})$$

$$PK_2 + q_1 \cdot x_{12} \qquad\qquad\qquad\qquad = q_2 \cdot (x_2 - x_{21} - x_{22})$$

$$PK_3 + q_1 \cdot x_{13} + q_2 \cdot x_{23} \qquad\qquad = q_3 \cdot (x_3 - x_{31} - x_{32} - x_{33})$$

$$\vdots \qquad\qquad \vdots \qquad\quad \vdots \qquad\qquad \ddots \qquad\qquad\qquad \vdots$$

$$PK_J + q_1 \cdot x_{1J} + q_2 \cdot x_{2J} + \dots + q_{J-1} \cdot x_{J-1,J} = q_J \cdot \left(x_J - \sum_{i=1}^{J} x_{Ji} \right).$$

Aufgrund der **Treppenform** dieses Gleichungssystems kann es einfach von oben nach unten gelöst werden. So erhält man aus der ersten Gleichung

$$q_1 = \frac{PK_1}{x_1 - x_{11}},$$

woraus sich dann über die zweite Gleichung

$$q_2 = \frac{PK_2 + q_1 \cdot x_{12}}{x_2 - x_{21} - x_{22}}$$

ergibt. Allgemein gilt

$$q_j = \frac{PK_j + \sum_{k=1}^{j-1} q_k \cdot x_{kj}}{x_j - \sum_{i=1}^{j} x_{ji}} \quad \text{für } j = 2,\dots,J.$$

Es bietet sich beim **Treppenverfahren (Stufenleiterverfahren)** an, die Abrechnungsreihenfolge so zu wählen, dass die Vernachlässigung eines Teils der innerbetrieblichen Leistungen möglichst wenig ins Gewicht fällt. Tendenziell sollten die Hilfskostenstellen daher so angeordnet werden, dass eine Hilfskostenstelle keine oder nur eine geringe Leistung an vorgelagerten Hilfskostenstellen (und sich selbst) erbringt. Aber nur, wenn sich tatsächlich eine Anordnung mit $x_{ji} = 0$ für alle $i \le j \le J$ und $i = 1,\dots,J$ finden lässt, wie es in Abbildung 45 auf S. 128 der Fall ist, führt das Treppenverfahren zu denselben (exakten) Verrechnungspreisen wie das Gleichungsverfahren.

Unabhängig davon bewirkt auch die Verwendung der Verrechnungssätze des Treppenverfahrens stets eine vollständige Entlastung der Hilfskostenstellen, und die Hauptkostenstellen werden genau mit den Primärkosten der Hilfskostenstellen belastet. Damit stimmt dann auch wiederum die Summe aller Endkosten mit der Summe der Primärkosten aller Kostenstellen überein.

(3) Anbau- oder Blockverfahren

Beim **Anbau-** oder **Blockverfahren** vernachlässigt man sogar sämtliche Leistungsbeziehungen zwischen Hilfskostenstellen.

Vereinfachend geht man daher von den Gesamtleistungen

$$x_j - \sum_{i=1}^{J} x_{ji} \quad \text{für } i = 1,\dots,J$$

aus und setzt sämtliche Sekundärkosten der Hilfskostenstellen auf Null. Damit wird das exakte Gleichungssystem (6) zu

$$PK_j = q_j \cdot \left(x_j - \sum_{i=1}^{J} x_{ji} \right) \text{ für } i = 1, \ldots, J$$

und für die (approximativen) Verrechnungssätze gilt:

$$q_j = \frac{PK_j}{x_j - \sum_{i=1}^{J} x_{ji}} \text{ für } i = 1, \ldots, J.$$

Diese einfache Vorgehensweise führt natürlich nur dann zu den exakten Verrechnungssätzen, wenn tatsächlich keine Leistungsbeziehungen zwischen Kostenstellen stattfinden (vgl. Abbildung 46 auf S. 128).

Dennoch gilt auch für das Anbauverfahren, dass die Sekundärkosten der Hauptkostenstellen mit den Primärkosten der Hilfskostenstellen übereinstimmen, was dann wieder die Übereinstimmung zwischen der Summe aller Endkosten und der Summe der Primärkosten aller Kostenstellen bewirkt.

Wir haben die innerbetriebliche Leistungsverrechnung hier zur Vereinfachung für den Fall vorgestellt, dass die Hauptkostenstellen nicht an andere Kostenstellen liefern. Liegt diese Situation jedoch nicht vor, und es liefert zumindest eine Hauptkostenstelle $i \geq J + 1$ auch intern an andere Kostenstellen, so lässt sich dies einfach berücksichtigen. Hierzu ist, wie oben dargestellt, auch für die Hauptkostenstelle i ein Verrechnungssatz q_i zu ermitteln. Dabei gehen die Primärkosten PK_i allerdings nur mit dem für die innerbetriebliche Leistungserstellung erforderlichen Anteil in die Berechnung ein. Dies kann man als Aufspaltung der Kostenstelle i in eine reine Hilfskostenstelle und eine reine Hauptkostenstelle interpretieren.

e) Beispiel zur Sekundärkostenrechnung

Ein Beispiel soll die Sekundärkostenrechnung und die drei oben dargestellten Verfahren veranschaulichen. Hierzu wird von I = 5 Kostenstellen ausgegangen, von denen J = 3 Hilfskostenstellen und I – J = 2 Hauptkostenstellen seien. Tabelle 18 zeigt die Bedeutung der einzelnen Kostenstellen, ihre Primärkosten PK_i sowie ihre gegenseitigen Leistungsbeziehungen x_{ji}.

Damit wird das Gleichungssystem (6) zur Bestimmung der exakten Verrechnungssätze zu:

$$
\begin{array}{llllll}
\text{KS 1:} & 29.200 & + & 800q_2 + & 80q_3 = & 120.000q_1 \\
\text{KS 2:} & 24.850 & + \ 12.000q_1 + & 600q_2 + & 20q_3 = & 7.100q_2 \\
\text{KS 3:} & 9.742 & + \ 24.000q_1 + 1.124q_2 & & = & 550q_3.
\end{array}
$$

Formt man dieses Gleichungssystem in einem ersten Schritt so um, dass alle von den Verrechnungssätzen abhängigen Terme auf der linken Seite des Gleichheitszeichens und alle anderen Terme auf der rechten Seite des Gleichheitszeichens stehen, erhält man:

Tab. 18: Kostenstellen, primäre Kosten und Leistungsbeziehungen im Beispiel

		leistende Kostenstelle [LE]				
		KS 1 (Kraftwerk)	KS 2 (Kantine)	KS 3 (Werkstatt)	KS 4 (Montage)	KS 5 (Lackiererei)
primäre Kosten PK$_i$		29.200 €	24.850 €	9.742 €	25.000 €	17.250 €
empfangende **Kostenstelle** **[LE]**	KS 1	0	800	80	0	0
	KS 2	12.000	600	20	0	0
	KS 3	24.000	1.124	0	0	0
	KS 4	38.500	2.000	250	0	0
	KS 5	45.500	2.576	200	0	0
Gesamtleistung der KS [LE]		120.000	7.100	550	0	0

$$
\begin{aligned}
\text{KS 1:} \quad & 120.000q_1 - 800q_2 - 80q_3 = 29.200 \\
\text{KS 2:} \quad & -12.000q_1 + 6.500q_2 - 20q_3 = 24.850 \\
\text{KS 3:} \quad & -24.000q_1 - 1.124q_2 + 550q_3 = 9.742.
\end{aligned}
$$

Hieraus ergibt sich folgende Ausgangsmatrix für die Anwendung des Gaußverfahrens:

$$
\begin{pmatrix}
120.000 & -800 & -80 & 29.200 \\
-12.000 & 6.500 & -20 & 24.850 \\
-24.000 & -1.124 & 550 & 9.742
\end{pmatrix}.
$$

Zunächst wird die zweite Zeile mit 10 multipliziert und anschließend die erste Zeile addiert. Das Fünffache der dritten wird zur ersten Zeile addiert. Es ergibt sich:

$$
\begin{pmatrix}
120.000 & -800 & -80 & 29.200 \\
0 & 64.200 & -280 & 277.700 \\
0 & -6.420 & 2.670 & 77.910
\end{pmatrix}.
$$

Anschließend wird die dritte Zeile mit 10 multipliziert, und es wird die zweite Zeile addiert. Dies führt zu:

$$
\begin{pmatrix}
120.000 & -800 & -80 & 29.200 \\
0 & 64.200 & -280 & 277.700 \\
0 & 0 & 26.420 & 1.056.800
\end{pmatrix}.
$$

Hieraus ergeben sich die Verrechnungspreise:

$$
q_3 = \frac{1.056.800}{26.420} = 40 \left[€/LE \right], \quad q_2 = \frac{277.700 + 280 \cdot 40}{64.200} = 4{,}5 \left[€/LE \right] \text{ und}
$$

$$
q_1 = \frac{29.200 + 80 \cdot 40 + 800 \cdot 4{,}5}{120.000} = 0{,}3 \left[€/LE \right].
$$

Für die Belastung der Hauptkostenstellen mit sekundären Gemeinkosten bedeutet dies

$$SK_4 = 38.500 \cdot 0,3 + 2.000 \cdot 4,5 + 250 \cdot 40 = 30.550 \text{ und}$$
$$SK_5 = 45.500 \cdot 0,3 + 2.576 \cdot 4,5 + 200 \cdot 40 = 33.242,$$

woraus sich Endkosten in Höhe von

$$E_4 = 25.000 + 30.550 = 55.550 \text{ und}$$
$$E_5 = 17.250 + 33.242 = 50.492$$

ergeben.

Die Summe der Endkosten stimmt mit der Summe der Primärkosten überein:

$$\sum_{i=1}^{5} E_i = E_4 + E_5 = PK_4 + SK_4 + PK_5 + SK_5 = \sum_{i=1}^{5} PK_i$$

$$= \underbrace{0}_{E_1} + \underbrace{0}_{E_2} + \underbrace{0}_{E_3} + \underbrace{55.550}_{E_4} + \underbrace{50.492}_{E_5} = \underbrace{25.000}_{PK_4} + \underbrace{30.550}_{SK_4} + \underbrace{17.250}_{PK_5} + \underbrace{33.242}_{SK_5}$$

$$= \underbrace{29.200}_{PK_1} + \underbrace{24.850}_{PK_2} + \underbrace{9.742}_{PK_3} + \underbrace{25.000}_{PK_4} + \underbrace{17.250}_{PK_5} = 106.042.$$

Für die Verrechnungssätze des Treppenverfahrens bei Abrechnung in der Nummerierungsreihenfolge gilt hingegen (es wurde jeweils mit allen Nachkommastellen weiter gerechnet):

$$q_1 = \frac{PK_1}{x_1 - x_{11}} = \frac{29.200}{120.000 - 0} = 0,2433,$$

$$q_2 = \frac{PK_2 + x_{12} \cdot q_1}{x_2 - x_{21} - x_{22}} = \frac{24.850 + 12.000 \cdot 0,2433}{7.100 - 800 - 600} = 4,8719 \text{ und}$$

$$q_3 = \frac{PK_3 + x_{13} \cdot q_1 + x_{23} \cdot q_2}{x_3 - x_{31} - x_{32} - x_{33}}$$

$$= \frac{9.742 + 24.000 \cdot 0,2433 + 1.124 \cdot 4,8719}{550 - 80 - 20 - 0} = 46,7957.$$

Dies führt zur Belastung

$$SK_4 = 38.500 \cdot 0,2433 + 2.000 \cdot 4,8719 + 250 \cdot 46,7957 = 30.811 \text{ und}$$
$$SK_5 = 45.500 \cdot 0,2433 + 2.576 \cdot 4,8719 + 200 \cdot 46,7957 = 32.981$$

der beiden Hauptkostenstellen. Die Belastung der KS 4 mit sekundären Kosten liegt somit um 261 € über der Belastung, die sich bei Anwendung der exakten Verrechnungspreise ergibt, während die Belastung der KS 5 im Vergleich zur exakten Vorgehensweise um denselben Betrag fällt. Dieser Unterschied kann unter Berücksichtigung der exakten Verrechnungspreise sowie der in Tabelle 19 angegebenen Werte wie folgt erklärt werden: Die Vernachlässigung der von KS 1 in Anspruch genommenen Leistungen der Hilfskostenstellen 2 und 3 bei der Ermittlung des Verrechnungspreises führt zu einem im Vergleich zur exakten Vorgehensweise zu niedrigen Verrechnungspreis für die Leistungen von KS 1. Gleichzeitig schlagen sich die im vorliegenden Fall verfahrensbedingt unvermeidbare Verzerrung der Leistungsbeziehungen zwischen den Hilfskostenstellen und die daraus folgend ebenfalls unvermeidbare Verzerrung bei den sekundären Kosten

Tab. 19: Änderung der Sekundärkosten der Hauptkostenstellen durch Anwendung des Stufenleiterverfahrens

	Belastung mit SK durch KS 1	Belastung mit SK durch KS 2	Belastung mit SK durch KS 3	SK gesamt
KS 4 nach Stufen-leiterverfahren	9.368	9.744	11.699	30.811
KS 4 nach Gleichungs-verfahren	11.550	9.000	10.000	30.550
Differenz	− 2.182	+ 744	+ 1.699	+ 261
KS 5 nach Stufen-leiterverfahren	11.072	12.550	9.359	32.981
KS 5 nach Gleichungs-verfahren	13.650	11.592	8.000	33.242
Differenz	− 2.578	+ 958	+ 1.359	− 261

der Hilfskostenstellen in zu hohen Verrechnungspreisen q_2 und q_3 nieder. Da KS 5 mehr Leistungseinheiten von KS 1 empfängt als KS 4, profitiert KS 5 – wie Tabelle 19 zeigt – in stärkerem Maße von dem zu niedrigen Verrechnungspreis als KS 4. Da KS 5 auch eine größere Menge der Leistungen von Hilfskostenstelle 2 in Anspruch nimmt als KS 4, wirkt sich auch der zu hohe Verrechnungspreis q_2 stärker auf die sekundären Kosten der KS 5 als auf die sekundären Kosten der KS 4 aus, allerdings mit umgekehrtem Vorzeichen. Im Gegensatz dazu nimmt KS 5 eine geringere Leistungsmenge von Hilfskostenstelle 3 in Anspruch als KS 4, so dass sich die Erhöhung von q_3 stärker auf die sekundären Kosten der KS 4 als auf die sekundären Kosten der KS 5 auswirkt. Es kann also festgehalten werden: KS 5 profitiert stärker als KS 4 von der Verringerung von q_1 und wird weniger stark durch die Preiserhöhung von q_3 belastet, während die Preiserhöhung bei q_2 zu einer stärkeren Belastung der KS 5 im Vergleich zur KS 4 führt. Insgesamt überwiegen bei KS 5 die im Vergleich zu KS 4 positiven Effekte der Verringerung von q_1 und der Erhöhung von q_3, so dass KS 5 aufgrund der Vernachlässigung eines Teils der zwischen den Hilfskostenstellen bestehenden Leistungsbeziehungen mit geringeren sekundären Kosten belastet wird als bei Verwendung der exakten Verrechnungspreise, während für KS 4 das Gegenteil gilt.

Tabelle 19 zeigt, dass sich insgesamt gesehen die Unterschiede in den sekundären Kosten der Hauptkostenstellen ausgleichen.

Das Blockverfahren führt schließlich zu den Verrechnungssätzen

$$q_1 = \frac{PK_1}{x_1 - \sum_{i=1}^{3} x_{1i}} = \frac{29.200}{120.000 - 0 - 12.000 - 24.000} = 0{,}3476,$$

$$q_2 = \frac{PK_2}{x_2 - \sum_{i=1}^{3} x_{2i}} = \frac{24.850}{7.100 - 800 - 600 - 1.124} = 5{,}4305 \text{ und}$$

$$q_3 = \frac{PK_3}{x_3 - \sum_{i=1}^{3} x_{3i}} = \frac{9.742}{550 - 80 - 20 - 0} = 21{,}6489 \, .$$

Damit erhält man

$$SK_4 = 38.500 \cdot 0{,}3476 + 2.000 \cdot 5{,}4305 + 250 \cdot 21{,}6488 = 29.657 \text{ und}$$
$$SK_5 = 45.500 \cdot 0{,}3476 + 2.576 \cdot 5{,}4305 + 200 \cdot 21{,}6488 = 34.135$$

als Belastung der Hauptkostenstellen mit sekundären Kosten. Bei Anwendung des Anbauverfahrens ist die Belastung der KS 4 mit sekundären Kosten um 893 € geringer als bei Anwendung des Gleichungsverfahrens, während die Belastung der KS 5 um denselben Betrag steigt. Analog zu oben gewählter Vorgehensweise wird dieser Unterschied wieder unter Berücksichtigung der exakten Verrechnungspreise und der in Tabelle 20 angegebenen Werte erklärt: Die vollständige Vernachlässigung der zwischen den Hilfskostenstellen bestehenden Leistungsbeziehungen führt in vorliegendem Beispiel dazu, dass die Verrechnungssätze q_1 und q_2 über den exakten Verrechnungssätzen liegen, während der Verrechnungssatz q_3 nur noch etwas mehr als die Hälfte des exakten Verrechnungssatzes beträgt. Das hat zur Folge, dass KS 5 durch den Anstieg von q_1 im Vergleich zur exakten Rechnung stärker benachteiligt wird als KS 4, weil KS 5 eine größere Menge der Leistung von Hilfskostenstelle 1 in Anspruch nimmt als KS 4. Gleiches gilt für die Belastung in Folge der Erhöhung von q_2. Die Verringerung von q_3 wirkt sich ebenfalls zu Gunsten von KS 4 aus, weil KS 4 im Vergleich zur KS 5 25 % mehr der von Hilfskostenstelle 3 erbrachten Leistung in Anspruch nimmt und entsprechend in deutlich größerem Ausmaß von der erheblichen Verringerung von q_3 profitiert als KS 5.

Vergleicht man schließlich die durch Anwendung des Stufenleiterverfahrens hervorgerufenen Veränderungen der Kostenbelastungen der Hauptkostenstellen gegenüber den sich bei Anwendung des Gleichungsverfahrens ergebenden Belastungen mit den entsprechenden Veränderungen, die durch Anwendung des Anbauverfahrens hervorgerufen wurden, kann Folgendes festgehalten werden: Unabhängig davon, wie viele der zwischen den Hilfskostenstellen bestehenden Leistungsbeziehungen vernachlässigt werden

Tab. 20: Änderung der Sekundärkosten der Hauptkostenstellen durch Anwendung des Anbauverfahrens

	Belastung mit SK durch KS 1	Belastung mit SK durch KS 2	Belastung mit SK durch KS 3	SK gesamt
KS 4 nach Anbauverfahren	13.384	10.861	5.412	29.657
KS 4 nach Gleichungsverfahren	11.550	9.000	10.000	30.550
Differenz	+ 1.834	+ 1.861	− 4.588	− 893
KS 5 nach Anbauverfahren	15.816	13.989	4.330	34.135
KS 5 nach Gleichungsverfahren	13.650	11.592	8.000	33.242
Differenz	+ 2.166	+ 2.397	− 3.670	+ 893

– also unabhängig davon, ob das Stufenleiter- oder das Anbauverfahren zur Ermittlung der Verrechnungspreise eingesetzt wird – ergibt sich im vorliegenden Beispiel für KS 5 eine höhere Belastung mit sekundären Kosten, während KS 4 im Vergleich zur exakten Vorgehensweise mit einem geringeren Kostenbetrag belastet wird. Die vollständige Vernachlässigung der Leistungsbeziehungen führt lediglich zu einer größeren Abweichung zwischen den bei Anwendung des vereinfachten Verfahrens zugerechneten sekundären Kosten und den sich bei Anwendung des exakten Verfahrens ergebenden sekundären Kosten. Die vollständige Vernachlässigung der zwischen den Hilfskostenstellen bestehenden Leistungsbeziehungen bei Anwendung des Anbauverfahrens führt gegenüber der nur teilweisen Vernachlässigung dieser Leistungsbeziehungen bei Anwendung des Stufenleiterverfahrens zu im Vergleich mit den exakten Verrechnungssätzen sehr viel ungenaueren Verrechnungssätzen als das Stufenleiterverfahren. Dies zeigt auch die folgende Gegenüberstellung:

$$q_1^{Gleichung} = 0,3 \qquad q_2^{Gleichung} = 4,5 \qquad q_3^{Gleichung} = 40$$

$$q_1^{Stufenleiter} = 0,2433 \qquad q_2^{Stufenleiter} = 4,8719 \qquad q_3^{Stufenleiter} = 46,7957$$

$$q_1^{Anbau} = 0,3476 \qquad q_2^{Anbau} = 5,4305 \qquad q_3^{Anbau} = 21,6489.$$

Die bei Anwendung der vereinfachten Verfahren resultierenden Verrechnungssätze weichen z.T. erheblich von den exakten Verrechnungssätzen ab und ziehen auch erhebliche Abweichungen bei den sekundären Kosten nach sich. Berücksichtigt man die Kontrollfunktion der Kostenrechnung, gelangt man vor diesem Hintergrund zu der Schlussfolgerung, dass der Verzicht auf die Anwendung eines exakten Verfahrens und damit auch ein Verzicht auf die Erhebung der verfahrensspezifisch nicht berücksichtigten Leistungsbeziehungen nur dann in Erwägung gezogen werden sollte, wenn die vernachlässigten Leistungsbeziehungen gering sind.

f) Zum Problem der „Aktivierung" (Lagerung) von innerbetrieblichen Gütern

Die Sekundärkostenrechnung basiert auf der Annahme, dass alle innerbetrieblichen Güter in derselben Periode erstellt und verbraucht werden (vgl. S. 126 f.). Da es aber auch innerbetriebliche Güter gibt, deren Verzehr nicht in die Periode ihrer Fertigung fällt, erfasst die bisher dargestellte Sekundärkostenrechnung die Erstellung und den Verzehr von innerbetrieblichen Gütern eines Unternehmens nicht vollständig. Zu solchen innerbetrieblichen Gütern sind z.B. selbst erstellte Gebäude, Maschinen, Werkzeuge, Modelle und Großreparaturen, gegebenenfalls auch sonstige gelagerte innerbetriebliche Güter zu zählen. Derartige innerbetriebliche Güter können in der Kostenrechnung wie absatzbestimmte Kostenträger behandelt werden. In diesem Fall gehen sie nicht in die Sekundärkostenrechnung ein, sondern ihnen werden in der Kostenträgerstückrechnung außer den für sie angefallenen Einzelkosten auch die angefallenen Gemeinkosten der Kostenstellen zugerechnet. Die in einer Periode erstellten, aber in der gleichen Periode nicht verbrauchten innerbetrieblichen Güter werden also wie absatzbestimmte Kostenträger kalkuliert. Mit den ihnen insgesamt zugerechneten Kosten gehen sie dann in die kalkulatorische Bestandsrechnung („Aktivierung") als Güter des Anlage- oder Vorratsvermögens ein. In den auf die Periode ihrer Fertigung folgenden Perioden ihres Verzehrs werden die bewerteten Verbräuche solcher innerbetrieblichen Güter entsprechend den bewerteten Verbräuchen von Produktionsfaktoren als **primäre Kosten** über die Kostenartenrechnung erfasst. Diese innerbetrieblichen Güter können infolgedessen in der Sekundärkostenrechnung unberücksichtigt bleiben (vgl. auch S. 72).

5 Spezifische Prozesstätigkeiten als Kalkulationsobjekte der Kostenstellenrechnung

Die traditionelle Kostenstellenrechnung ist auf die kostenmäßige Abbildung der originären betrieblichen Funktionen, wie der Beschaffung (Lagerhaltung), der Fertigung (Lagerhaltung), des Vertriebs, der Forschung und der Verwaltung ausgerichtet. Die im Rahmen dieser Funktionen erstellten (innerbetrieblichen, unfertigen und fertigen) und abgesetzten Güter der einzelnen Kostenstellen dienen als Kalkulationsobjekte, deren Kosten mithilfe der Kostenarten-, Kostenstellen- und Kostenträgerrechnung zu ermitteln sind. Eine solche Kostenrechnung, die im Folgenden weiter zur Diskussion steht, liefert die stückkostenbezogenen Basisinformationen der gesamten sachzielorientierten Gütererstellungsprozesse.

Darüber hinaus werden in zunehmendem Maße an eine Kostenrechnung Informationsanforderungen gestellt, die sich mit den Ansätzen der traditionellen, funktionsausgerichteten Kostenstellenrechnung allein nicht mehr erfüllen lassen. Es sind insbesondere funktionsspezifizierende und funktionsübergreifende Kosteninformationen, die einen Ausbau der Kostenstellen- und gegebenenfalls auch der Kostenträgerrechnung erfordern. Die Veränderung der Kosten innerhalb der betrieblichen Funktionen und die Zunahme der Kosten spezifischer **Prozesstätigkeiten** führen oft zu neuen Kalkulationsobjekten, deren Kosten zunächst in der Kostenstellenrechnung zu ermitteln und erfassen sind.

So sind im Vergleich zu den Einzelkosten die Gemeinkosten immer höher geworden, was zur Entwicklung von genaueren und aufwendigeren Verfahren der Kalkulation führte, die in späteren Abschnitten noch zu diskutieren sein werden. Innerhalb der Gemeinkosten an Bedeutung zugenommen haben vor allem die so genannten **„indirekten Dienstleistungsbereiche"**, bei denen sich nicht so leicht feststellen lässt, in welchem Umfang ihre Dienstleistungen zur Herstellung und zum Absatz der absatzbestimmten betrieblichen Produkte beitragen. Dabei kann es sich um **Hauptkostenstellen** wie Beschaffung, Forschung und Entwicklung, Verwaltung oder Vertrieb handeln. Abhilfe ist in diesen Fällen nur durch eine Verfeinerung der Kalkulationsverfahren möglich, etwa durch die Abkehr von der pauschalen Überwälzung solcher Gemeinkosten auf Basis wertmäßiger Schlüsselgrößen, wie Einzelmaterialkosten bzw. Herstellkosten.

Der „indirekte Dienstleistungsbereich" umfasst aber auch **Hilfskostenstellen,** wie z.B. Arbeitsvorbereitung oder innerbetrieblichen Transport, deren relative Bedeutung ebenfalls im Zuge der Innovationen im Fertigungsbereich gestiegen ist. **Flexible Fertigungssysteme** und **just-in-time-Produktion** beispielsweise bedürfen einer intensiveren Arbeitsvorbereitung. Wenn solche „indirekten Dienstleistungsbereiche" zudem von den verschiedenen Produkten in jeweils unterschiedlichem Umfang in Anspruch genommen werden – bei einem Großserienprodukt verteilen sich die Kosten der Arbeitsvorbereitung oder Transportleistungen auf viele Produkte, während einzelne Produkte oder kleine Serien je Produktart weit höhere Kosten auslösen können – und das Unternehmen mit seinen Produkten in hartem Wettbewerb steht, können die zuvor beschriebenen Verfahren der Sekundärkostenrechnung zu unbrauchbaren, weil zu ungenauen Ergebnissen führen. Die auf der Grundlage vereinfachender Schlüssel von den Hilfskostenstellen direkt oder indirekt über andere Hilfskostenstellen auf die Hauptkostenstellen überwälzten Gemeinkosten können von den Hauptkostenstellen im Rahmen der Kalkulation später nur zusammen mit anderen Gemeinkosten auf die Produkte weitergewälzt werden, wodurch beispielsweise die sachlich gebotene Differenzierung zwischen Klein- und

Großserienprodukten verloren geht. Kleinserienprodukte erscheinen gegebenenfalls vergleichsweise zu kostengünstig, und das kann das Unternehmen zu einer im Wettbewerb eventuell gefährlichen Überbetonung der Produktdifferenzierung verleiten.

Lindern lässt sich das Problem im Grunde nur dann, wenn auch im „indirekten Dienstleistungsbereich" versucht wird, die Kostenbeziehungen zwischen den Kostenstellen und den absatzbestimmten betrieblichen Produkten so gut wie möglich aufzudecken, damit die Kosten auch dieser Bereiche **möglichst beanspruchungsgerecht** den Produkten zugerechnet werden können. Dieser Weg wird im Rahmen der so genannten **Prozesskostenrechnung** (vgl. S. 166) eingeschlagen.

Bezogen auf das obige Beispiel müsste also analysiert werden, wie die bisherigen Hilfskostenstellen Arbeitsvorbereitung und innerbetrieblicher Transport von den verschiedenen betrieblichen Produkten in Anspruch genommen werden. Auch wenn solche Analysen aufwendig sind und nur zu ungenauen Ergebnissen führen, werden sie eher beanspruchungsgerechte Gemeinkostenzurechnungen ermöglichen als die vielfach pauschalen oder sogar wertmäßigen Schlüsselungen zwischen den Kostenstellen und von den Hauptkostenstellen auf die Produkte. Der höhere Aufwand für die genauere Kostenrechnung wird sich häufig lohnen, weil er möglichen Fehlentwicklungen – etwa zu große Produktdifferenzierung – aufzudecken verspricht und weil selbst ungenaue Informationen über den Bedarf von Dienstleistungen „indirekter" Bereiche für die verschiedenen Produkte wichtige Grundlagen für eine Kontrolle der „indirekten Dienstleistungsbereiche" liefern. Auf der Basis solcher Analysen lässt sich z.B. feststellen, wie umfangreich die Arbeitsvorbereitung sein muss, damit sie die aus dem aktuellen Produktionsprogramm zu erwartenden Aufgaben bewältigen kann.

Über die Verbesserung der Zurechnung von Gemeinkosten „indirekter Dienstleistungsbereiche" auf Produkte hinaus mag es vielfach interessant sein zu wissen, welche Kosten für **eine bestimmte Unternehmensfunktion** – etwa Logistik, Qualitätssicherung oder Umweltschutz – angefallen sind. Das kann für interne Planungsüberlegungen bedeutsam sein, um ein vorzugebendes Niveau an Logistik, Qualitätssicherung oder Umweltschutz letztlich möglichst kostengünstig erreichen zu können. Das kann aber auch für Zwecke der Rechenschaftslegung nach außen gewünscht werden, beispielsweise um im Dialog zwischen den gesellschaftlichen Gruppen die Kosten des Umweltschutzes konkretisieren zu können.

Ohne eine besondere funktionsspezifizierende Gliederung werden solche Kosten in der Regel nur unvollständig oder mit Kosten anderer Funktionen vermischt ausgewiesen. So können einzelne Kostenarten, wie z.B. die Gebühren für eine ordnungsgemäße Deponierung von Abfällen, oder die Kosten in einer Kostenstelle, wie etwa der Abwasseraufbereitung, ohne weiteres der betrieblichen Funktion Umweltschutz zugeordnet werden. Sie allein geben aber keinen Aufschluss über die gesamten Kosten des Umweltschutzes. Diese können sich nämlich auch anteilig etwa in den Werkstoffkosten (z.B. Mehrpreis für eine umweltfreundliche Werkstoffart), in den Fertigungslöhnen (Arbeitsmehreinsatz aus der Wiederverwendung bisheriger Abfallstoffe) oder in den Abschreibungen (z.B. Mehrabschreibung einer Maschine, weil sie mit Filtern zur Reinigung von Abluft und Abwasser ausgestattet ist) niederschlagen. Erst eine besondere Rechnung, die die verschiedenen Komponenten der Kosten für den Umweltschutz etwa aus Verbindungen mit funktionsfremden Kosten herausschält – wie die Abschreibungen aufgrund der Filtereinrichtungen aus den Gesamtabschreibungen – und die Komponenten anschließend zusammenführt, gibt einen Überblick über alle Kosten der jeweiligen

Funktion. Fasst man diese Überlegungen mit sonstigen Vorschlägen zur Erweiterung einer Kostenstellenrechnung um zusätzliche Kalkulationsobjekte zusammen, so erhält man folgenden Überblick über den möglichen Ausbau betrieblicher Kostenrechnungen:

a) für den Fall funktionsspezifizierender Kosteninformationen:

■ Kostenstellenrechnung mit zusätzlichen Bezugsgrößen der Kostenverursachung bezüglich der Fertigungstätigkeiten, die außer den erstellten Mengeneinheiten noch weitere Bezugsgrößen, wie z.b. die Umrüstzeiten einer Anlage, mit ihren jeweiligen Kosten erfassen gemäß der Grenz(plan)kostenrechnung in erweiterter Form (vgl. Kloock 1993, Sp. 1560; Dörner 1984, S. 284 ff.; Lackes 1989, S. 129 ff.)

■ Kostenstellenrechnung mit zusätzlichen Bezugsobjekten (Bezugsgrößen) der Kostenentstehung anhand des Identitätsprinzips aller sachzielorientierten Funktionen gemäß der relativen Einzelkostenrechnung (vgl. Riebel 1994)

■ Kostenstellenrechnung mit spezifischen Bezugsgrößen der Kostenverursachung bezüglich der Produktions- und Verwaltungstätigkeiten gemäß dem Activity-Based-Costing und der so genannten Prozesskostenrechnung (vgl. Horváth/Mayer 1989, S. 214 ff.; Cooper 1990, S. 210 ff.; Franz 1990, S. 111 ff.; Kloock 1992, S. 183 ff.; Kilger/Pampel/Vikas 2007; Dierkes 1998, S. 5 ff.; Homburg 2001, S. 241 ff.)

b) für den Fall funktionsübergreifender Kosteninformationen:

■ Kostenstellenrechnung mit zusätzlichen Bezugsgrößen der Transaktionstätigkeiten (wie z.B. Suche nach Marktpartnern, Vertragsanbahnung, Vertragsverhandlung, Vertragseinhaltung und Vertragsanpassung) gemäß der Transaktionskostenrechnung (vgl. Albach 1988, S. 1159 ff.)

■ Kostenstellenrechnung mit zusätzlichen Bezugsgrößen des Umweltschutzes gemäß der internen Umweltkostenrechnung (vgl. Kloock 1990 a, S. 139 ff.; 1990 b, S. 7 ff.; Städele-Vollmer 1990, S. 634 ff.)

■ Kostenstellenrechnung mit zusätzlichen Bezugsgrößen der Informationstechnologie (vgl. Stubben 1987; Städele-Vollmer 1990, S. 638 ff.)

■ Kostenstellenrechnung mit zusätzlichen Bezugsgrößen der Logistik (wie z.B. Güterbeschaffung, Güternachschub, Gütertransport) gemäß der Logistikkostenrechnung (vgl. Weber 2002; Pfohl 2004; Weber 1995, S. 79 ff.)

■ Kostenstellenrechnung mit zusätzlichen Bezugsgrößen der Koordination (wie z.B. Maßnahmen organisatorischer Abstimmungsprozesse) gemäß der Koordinationskostenrechnung (vgl. Albach 1988, S. 1163 ff.; Schmitz 1988)

■ Kostenstellenrechnung mit zusätzlichen Bezugsgrößen der Qualitätssicherung (vgl. Städele-Vollmer 1990, S. 642 f.)

■ Kostenstellenrechnung mit zusätzlichen Bezugsgrößen zur Erfassung externer Effekte (externer Leistungen und externer Kosten, die aus Einflüssen des Unternehmens auf seine Umwelt resultieren, aber nicht über Preise gesteuert werden, also den Unternehmen nicht als Leistungen zugerechnet oder als Kosten, wie z.B. für Umweltschäden, angelastet werden) (vgl. Albach 1988, S. 1157 ff.; externe Umweltkostenrechnung bei Kloock 1990 b, S. 22 ff.)

Funktionsspezifizierende Kosteninformationen lassen sich unmittelbar durch die Erweiterung von Bezugsgrößen in eine Kostenstellenrechnung integrieren. Die zusätzlichen Kalkulationsobjekte (Bezugsgrößen bzw. Bezugsobjekte) funktionsübergreifender Kosteninformationen mit ihren zugehörigen spezifischen **Prozesskosten** können in die Kostenstellenrechnung anhand von zwei unterschiedlichen Integrationsansätzen einbezogen werden. Bei einem Integrationsansatz mit unvollständigem Ausweis solcher spezifischen Prozesskosten werden diese Kosten nur dann als eigenständige Kostenkategorie erfasst, wenn sie entweder eine spezifische primäre Kostenart (wie z.B. Umweltschutzgebühren) darstellen oder als spezifische (sekundäre) Kostenart einer Kostenstelle (wie z.B. die gesamten Kosten einer Umweltschutzkostenstelle) auftreten. Der Anteil der übrigen primären Kostenarten an solchen Prozesskosten, wie z.B. der Anteil an primären Personal- und Materialkosten, bleibt beim unvollständigen Integrationsansatz unbekannt. Die vollständige Ermittlung spezifischer Prozesskosten erfordert dann Sonderrechnungen, mit deren Hilfe teilweise direkt und teilweise über gesonderte Kostenerfassungen die jeweiligen Prozesskosten abgebildet werden (vgl. hierzu z.B. Städele-Vollmer 1990, S. 634 ff.; Kloock 1990 b, S. 4 f.).

Bei einem Integrationsansatz mit vollständigem Ausweis der jeweiligen Prozesskosten stellen die möglichen **betrieblichen Prozesstätigkeiten** eigenständige Kalkulationsobjekte dar, deren Prozesskosten im Rahmen der Kostenstellenrechnung gesondert kalkuliert und ausgewiesen werden. Eine solche Kostenrechnung basiert auf der getrennten Erfassung, Darstellung und Verrechnung von spezifischen prozessbedingten und gütererstellungsbedingten Kosten. Sie erfordert analog zu den Kostenrechnungen mit funktionsspezifizierenden Kosteninformationen einen weiteren Ausbau der Kostenstellen- und gegebenenfalls auch Kostenträgerrechnung (vgl. für eine Umweltkostenrechnung z.B. Kloock 1990 a, S. 139 ff.; 1990 b, S. 9 ff. und für eine Logistikkostenrechnung Weber 1992, S. 31 ff.).

D Kostenträgerstückrechnung

Lernziel: *In der Kostenträgerstückrechnung werden die (gesamten) Kosten je Produkteinheit ermittelt. Sie sollen die Verfahren der Kostenkalkulation (Divisions- und Zuschlagskalkulation) kennen lernen.*

1 Einführung

An die Kostenarten- und Kostenstellenrechnung in Istkostenform schließt sich die Kostenträgerstückrechnung auf Istkostenbasis an. Mithilfe der **Kostenträgerstückrechnung** ermittelt man die Kosten, welche bei der Erstellung einer Einheit der (eventuell verschiedenen) absatzbestimmten, sachzielbezogenen, fertigen und unfertigen Güter jeweils angefallen sind. (In Ausnahmefällen kann statt der Bezugsbasis absatzbestimmter Kostenträger [Absatzprodukt] auch eine Einheit eines **Produktionsfaktors** – in Zuckerfabriken eine Mengeneinheit eingesetzter Zuckerrüben – oder eine **Zwischenprodukteinheit** gewählt werden – in Eisengießereien je 100 kg flüssigen Eisens [vgl. Mellerowicz 1974, S. 410; Schönfeld/Möller 1995, S. 167 f.].) Die im Folgenden darzustellenden Verfahren der Kostenträgerstückrechnung bauen auf den Ergebnissen der Kostenarten- und gegebenenfalls der Kostenstellenrechnung auf. Die Kostenträgerstückrechnung wird auch **Selbstkostenstückrechnung** oder **Kalkulation (Nachkalkulation** bei einer Kostenträgerstückrechnung auf Istkostenbasis) genannt (mit Selbstkosten als Summe **aller** für ein Produkt angefallenen Kosten des Materials, der Fertigung, der Verwaltung und des Vertriebs).

2 Grundformen der Kostenträgerstückrechnung und die Abhängigkeit ihrer Verwendung vom Fertigungsprogramm

Der Kostenträgerstückrechnung liegen verschiedene Verfahren zugrunde. Alle diese Verfahren sind Varianten zweier Grundformen der Kostenträgerstückrechnung, nämlich der Divisions- und der Zuschlagskalkulation.

Die eine Grundform, die **Divisionskalkulation,** geht als Divisionsrechnung von den angefallenen Gesamtkosten aus, ohne diese in Einzel- und Gemeinkosten aufzuteilen. Die Stückkosten ergeben sich dann unter Anwendung des Durchschnittsprinzips aufgrund der Division der Gesamtkosten durch eine Schlüssel- oder Bezugsgröße als Divisor, etwa die Zahl der hergestellten Produkteinheiten. Verfeinerte Verfahren der Divisionskalkulation basieren auf einer Gliederung der Gesamtkosten. Kriterium für die Aufteilung der Gesamtkosten ist dabei aber nicht die Unterteilung in Einzel- und Gemeinkosten, sondern beispielsweise die in einzelne Kostenartengruppen oder Kostenarten mit spezifischen Schlüsselgrößen. Divisionskalkulationen können unmittelbar an die Kostenartenrechnung anschließen (sie setzen dann eine Kostenstellenrechnung nicht unbedingt voraus).

Die zweite Grundform der Kostenträgerstückrechnung, die **Zuschlagskalkulation,** ist als Zuschlagsrechnung durch die Aufteilung der Kosten in Einzel- und Gemeinkosten charakterisiert. Während die **Einzelkosten** den absatzbestimmten Kostenträgern direkt zugerechnet werden, sind die verbleibenden **Gemeinkosten** mehr oder weniger differenziert auf der Basis des Durchschnittsprinzips mittels wertmäßiger (z.B. bestimmter Einzelkosten) oder mengenmäßiger Schlüsselgrößen (z.B. Bearbeitungszeiten) den absatzbestimmten Kostenträgern anzulasten. Bei der Überwälzung der Gemeinkosten auf die absatzbestimmten Kostenträger bedient man sich meist der Ergebnisse der Kostenstellenrechnung (Endkosten) und der Aufzeichnungen über die Inanspruchnahme der Hauptkostenstellen durch die verschiedenen absatzbestimmten Kostenträger. Einfache Formen der Zuschlagskalkulation können unmittelbar an die Kostenartenrechnung anschließen.

In der Praxis werden die beiden Grundformen teilweise kombiniert angewendet, wobei einem Kostenträger einige Kostenbeträge nach Einzel- und Gemeinkosten getrennt (Zuschlagskalkulation) und einige Beträge ohne Trennung in Einzel- und Gemeinkosten (Divisionskalkulation) zugerechnet werden. Solche Mischformen setzen voraus, dass Kostenarten- und Kostenstellenrechnung entsprechend ausgebaut sind.

Die Wahl des in einem Unternehmen anzuwendenden Verfahrens der Kostenträgerstückrechnung hängt vor allem vom Fertigungsprogramm ab. Ausgehend von der Art und Zusammensetzung der Güter sowie von der Wiederholung der Gütererstellung lassen sich in Industrieunternehmen folgende **Grundtypen** von Fertigungsprogrammen unterscheiden (vgl. Kosiol 1979, S. 121 ff.; Gutenberg 1983, S. 108 ff.):

Bei **Massenfertigung** besteht das zu fertigende Produktionsprogramm aus nur einer Produktart, die in großen Stückzahlen hergestellt wird (z.B. Strom in einem Elektrizitätswerk, Trinkwasser im Wasserwerk). Da das Erzeugnis meist über einen längeren Zeitraum nicht gegen ein anderes ausgewechselt wird, wiederholt sich die Erstellung laufend.

Die **Sortenfertigung** wird durch eine Massenfertigung von verschiedenen Produktarten innerhalb einer einheitlichen Erzeugnisgattung charakterisiert, wobei sich die meist unkompliziert aufgebauten Produkte nur nach Dimension und/oder Qualität unterscheiden (z.B. Bleche verschiedener Stärke, Drähte unterschiedlichen Durchmessers oder verschieden zusammengesetzte und gebrannte Ziegelsteine). Die verschiedenen „Sorten" der einheitlichen Erzeugnisgattung können simultan (gleichzeitig) oder sukzessive (nacheinander) hergestellt werden. Sorten bleiben in der Regel für längere Zeiträume im Produktionsprogramm. Das schließt nicht aus, dass eine Sorte vorübergehend von anderen Sorten aus der Produktion verdrängt werden kann.

Mit **Serienfertigung** bezeichnet man den Fall, in dem unterschiedliche Produktarten gleichzeitig oder sukzessive wiederholt hergestellt werden, meist eine komplizierte Zusammensetzung aufweisen sowie nach Ablauf einer bestimmten Zeit durch Produktarten einer neuen Serie endgültig verdrängt werden. Die grundsätzlich also beschränkte Stückzahl der Serie kann groß (**Großserienfertigung**, etwa in der Automobilindustrie die Serie von Massenautos eines bestimmten Typs und Jahrgangs) oder klein sein (**Kleinserienfertigung**, beispielsweise bei Automobilen exklusiven Baumusters).

Einzelfertigung liegt vor, wenn jedes Erzeugnis jeweils individuell und abweichend von den bisher erstellten Erzeugnissen gefertigt wird (z.B. Brücken, Walzstraßen, Großschiffe).

Außer den genannten vier Grundtypen von Fertigungsprogrammen besteht ein Sonderfall der Produktion darin, dass in einem Produktionsprozess zwangsläufig mehrere unterschiedliche Produktarten gleichzeitig anfallen (**Kuppelproduktion** oder **Komplementärproduktion**). Der Spezialfall der Kuppelproduktion macht die Anwendung besonderer Kalkulationsformen notwendig, die die spezifischen Probleme der Fertigung von Kuppelprodukten zu berücksichtigen versuchen.

Die folgende Abbildung 48 soll die Zuordnung von Kalkulationsverfahren zu den vier Grundtypen von Fertigungsprogrammen verdeutlichen. (Vgl. ähnliche Abbildungen bei Kosiol 1979, S. 123; Schönfeld/Möller 1995, S. 170.) Durchgezogene Linien kennzeichnen dabei die in der Praxis üblichen bzw. häufig angewendeten Verfahren und unterbrochene Linien die selten verwendeten Verfahren beim Vorliegen der einzelnen Grundtypen von Fertigungsprogrammen. Die verschiedenen Kalkulationsverfahren selbst werden in den folgenden Abschnitten erläutert.

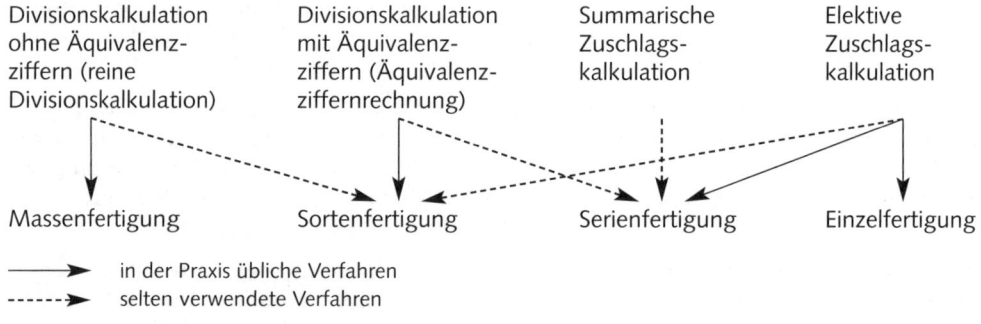

Abb. 48: Kalkulationsverfahren und Fertigungsprogramme

3 Divisionskalkulation

a) Reine Divisionskalkulation (ohne Äquivalenzziffern)

Divisionskalkulationen zeichnen sich dadurch aus, dass bei der Stückkostenermittlung die gesamte angefallene Kostensumme (oder einzelne Teilbeträge) ohne Trennung in Einzel- und Gemeinkosten durch eine geeignete Bezugsgröße (Divisor) geteilt wird. Für die **reine Divisionskalkulation** wählt man als Divisor stets die **Menge der absatzbestimmten Kostenträger,** für deren Erstellung die im Zähler auszuweisende Kostensumme angefallen ist. Bezugsgrößen als Divisoren sind in der reinen Divisionskalkulation also Stückzahlen, Gewichte oder Volumina der erstellten Produktarten. Die verschiedenen Verfahren der reinen Divisionskalkulation unterscheiden sich durch die Zurechnung der zu verteilenden Kostensumme. Entweder wird die gesamte Kostensumme eines Unternehmens einer betrachteten Periode nicht weiter aufgespalten, oder sie wird weiter aufgespalten und in einzelnen Teilbeträgen (für jeden Teilbetrag gesondert) den absatzbestimmten Kostenträgern zugerechnet.

(1) Einstufige Divisionskalkulation

Die **einstufige Divisionskalkulation** bildet die Grundlage aller Divisionskalkulationen. Bei ihrer Anwendung wird das Unternehmen für Kalkulationszwecke als eine Leistungseinheit angesehen, so dass die in einer Periode insgesamt angefallenen primären Kosten ohne weitere Untergliederung in Einzel- und Gemeinkosten oder in Kosten verschiedener Kostenstellen unmittelbar aus der Kostenartenrechnung übernommen und zusammengefasst werden können. (Eine Kostenstellenrechnung dient in einem Unternehmen bei Anwendung der einstufigen Divisionskalkulation nur der Kostenkontrolle, nicht der Kalkulation.) Die aus der Kostenartenrechnung übernommenen und zusammengefassten Primärkosten einer Periode sind durch die Menge der Produkteinheiten, die in der gleichen Periode erstellt werden, zu dividieren, um die Selbstkosten je Produkteinheit zu erhalten.

Wenn K die gesamten in einer Periode angefallenen primären Kosten und x die Menge der im gleichen Zeitraum gefertigten und abgesetzten Produkteinheiten bezeichnen, lassen sich die Selbstkosten je Produkteinheit k bei der einstufigen Divisionskalkulation durch folgende Formel berechnen:

$$k = \frac{K}{x} \cdot$$

Die einstufige Divisionskalkulation kann dann angewendet werden, wenn das Unternehmen **eine** einheitlich gefertigte (homogene) Produktart herstellt. Für den Fall, dass sich die Produktion dieser einheitlichen Produktart in mehreren Stufen vollzieht, dass es also unfertige Erzeugnisse mit unterschiedlichen Graden der Fertigstellung gibt, bleibt sie weiter anwendbar, sofern sich die **Lagerbestände der unfertigen Erzeugnisse nicht verändern.** Eine Änderung würde nämlich bedeuten, dass die gesamten Primärkosten einer Periode entweder Kostenbestandteile enthalten, die der Fertigung höherer Bestände an unfertigen Erzeugnissen dienen, oder dass in den gesamten Primärkosten einer Periode Kostenbestandteile fehlen, die aufgrund des Verbrauchs von in Vorperioden erstellten unfertigen Erzeugnissen angefallen sind. In beiden Fällen würde k falsch ermittelt. Schließlich darf sich auch der **Bestand an fertigen Erzeugnissen** im Zeitablauf nicht ändern, damit die einstufige Divisionskalkulation angewendet werden kann. Denn eine Änderung des Bestandes fertiger Erzeugnisse bedeutet, dass das Unternehmen in einer Periode einige Produkte hergestellt sowie abgesetzt und einige Produkte lediglich hergestellt (Bestandserhöhung) oder einige Produkte nur abgesetzt (Bestandsminderung) hat. In diesen Fällen sind die gesamten Primärkosten K nicht allein der Bezugsgröße x zuzurechnen. So müssen z. B. bei Bestandserhöhungen Teile der gesamten Primärkosten den lediglich hergestellten Produkten zugerechnet werden. Für die Anwendung der einstufigen Divisionskalkulation ist also stets vorauszusetzen, dass die produzierten mit den abgesetzten Mengen einer Periode übereinstimmen. Aufgrund dieser Voraussetzung kann die einstufige Divisionskalkulation nur selten – so etwa in Elektrizitäts- oder Wasserwerken ohne Speicher – angewendet werden.

(2) Mehrstufige Divisionskalkulation

Eine Anwendung der **mehrstufigen Divisionskalkulation** ist erforderlich, wenn der Produktionsprozess mehrere sukzessiv hintereinander geschaltete Stufen, in denen jeweils eine Produktart gefertigt wird, aufweist und/oder die Bestände an unfertigen sowie fertigen Erzeugnissen im Zeitablauf schwanken. Man erfasst daher außer den Stückkosten für abgesetzte fertige Erzeugnisse auch die Stückkosten für gelagerte unfertige und fertige Erzeugnisse. Um diese Aufgabe erfüllen zu können, basiert die mehrstufige Divisionskalkulation auf einer Aufteilung der Kosten auf die verschiedenen Produktionsstufen. In den Kosten dieser Produktionsstufen sind die insgesamt in einer Periode zur Erstellung der Erzeugnisse auf diesen Stufen angefallenen Kosten zusammenzufassen. Wenn sich die Kostenstellengliederung einer Kostenstellenrechnung mit den Produktionsstufen deckt, kann die mehrstufige Divisionskalkulation bezüglich der Gemeinkostenaufteilung auf der dargestellten Kostenstellenrechnung basieren. Zusätzlich müssen dann noch die Einzelkosten den verschiedenen Produktionsstufen zugerechnet werden. Dabei sind die Einzelkosten jeweils der Stufe zuzuordnen, auf der die durch die Einzelkosten erfassten Produktionsfaktoren in das Erzeugnis eingehen. (Bei einer Kostenstellenrechnung, bei der man die primären Kosten ohne Trennung in Einzel- und Gemeinkosten den Kostenstellen zuordnet, die den Produktionsstufen entsprechen, kann die mehrstufige Divisionskalkulation unmittelbar an die Kostenstellenrechnung [die Endkosten der Hauptkostenstellen] angeschlossen werden.)

Die Ermittlung der Kosten zur Bewertung der Bestände an fertigen und unfertigen Erzeugnissen (meist mit Kosten, die nur für das Material und die Fertigung angefallen sind – **Herstellkosten**) mithilfe der Gesamtkosten verschiedener Produktionsstufen kann durch folgende Formel allgemein beschrieben werden (vgl. auch Vormbaum 1975, Sp. 2051 f.):

$$k_i = \frac{w_{i-1} \cdot m_{i-1} + E_i^*}{x_i} \text{ für } i = 1,\dots,I \text{ mit } m_0 = w_0 = 0 \text{ und}$$

k_i: Kosten je Einheit der in der i-ten Stufe einschließlich bearbeiteten unfertigen (und speziell für i = I auch fertigen) Erzeugnisse (die Bearbeitungskosten in den der betrachteten i-ten Stufe vorgelagerten Stufen sind also in k_i enthalten)

w_{i-1}: Wertansatz für die in die i-te Stufe eingehenden unfertigen Erzeugnisse der (i – 1)-ten Stufe (übernimmt die i-te Stufe stets nur Vorprodukte, die in der gleichen Periode auf den jeweiligen Vorstufen hergestellt werden, so gilt $w_{i-1} = k_{i-1}$; andernfalls ist w_{i-1} anhand der für fremd bezogene Vorprodukte gezahlten Anschaffungspreise, der für Vorprodukte aus Vorperioden angefallenen Kosten und anhand von k_{i-1} als gewogener Durchschnittswert zu ermitteln)

x_i: die auf der i-ten Stufe bearbeiteten (erstellten) Mengeneinheiten

m_{i-1}: Menge der Güterart vom Typ unfertiger Erzeugnisse der (i – 1)-ten Stufe, die in der folgenden i-ten Stufe eingesetzt wird. (Der Bedarf an m_{i-1} ist durch das Fertigungsverfahren in der i-ten Stufe determiniert; meist setzt die Herstellung einer bestimmten Menge x_i eines fertigen oder unfertigen Erzeugnisses der i-ten Stufe eine durch x_i und einen verfahrensabhängigen Einsatzfaktor b_i [Produktionskoeffizient] determinierte Verbrauchsmenge von fremd bezogenen oder selbst erstellten Güterarten, wie sie auch in der (i – 1)-ten Stufe hergestellt werden, voraus, so dass gilt: $m_{i-1} = x_i \cdot b_i$)

E_i^*: primäre Kosten der i-ten Stufe, die zur Bearbeitung der Produkteinheiten auf allein dieser Stufe angefallen sind (einschließlich der der i-ten Stufe anzulastenden Einzelkosten) mit Ausnahme der primären Kosten für fremd bezogene Erzeugnisse, welche in $w_{i-1} \cdot m_{i-1}$ enthalten sind, die auf der i-ten Stufe eingesetzt werden.

Für die erste Stufe (i = 1) vereinfacht sich die Formel, da keine unfertigen Produkte einer Vorstufe des Unternehmens zu übernehmen sind, zu:

$$k_1 = \frac{E_1^*}{x_1}.$$

Die Formeln für die Bestimmung der Kosten je Einheit fertiger und unfertiger Erzeugnisse aus den Gesamtkosten von Produktionsstufen sollen anhand eines Beispiels erläutert werden. Gegeben sei ein Unternehmen, in dessen Produktionsstufen folgende Fertigungsprozesse einer Zementfabrik stattfinden und das nur die absatzbestimmte Produktart Zement fertigt (vgl. Müller 1950, S. 225 ff.; Kosiol 1972, S. 200 f.; Conrads/Kloock 1974, S. 4 f.):

1. 10.800 t Rohmaterial werden gefördert (Stufe 1: „Rohmaterial-Förderung"),

2. die in der gleichen Periode geförderten 10.800 t Rohmaterial werden in der Stufe 2 „Aufbereitung" eingesetzt, um daraus 10.000 t aufbereitetes Rohmehl zu erhalten,

3. von den 10.000 t aufbereiteten Rohmehls werden 7.500 t in die Öfen der Stufe 3 „Brennen" geleitet, was zu 5.000 t Klinker führt,

4. die 5.000 t Klinker der Vorstufe werden zusammen mit 700 t fremd bezogenem Klinker und 300 t Gips auf der Stufe 4 „Mahlen" zu 6.000 t Zement vermahlen,

5. auf der Stufe 5 „Verpacken" werden die in dieser Periode gefertigten 6.000 t Zement und 1.000 t Zement vom Lager verpackt.

Die „Stufeneinzelkosten" E_i^* (i = 1,..., 5) betragen:

Stufe 1	Rohmaterial-Förderkosten	21.600 €
Stufe 2	Aufbereitungskosten	25.000 €
Stufe 3	Brennkosten	75.000 €
Stufe 4	Zementmahl- und Gipskosten	30.000 €
Stufe 5	Verpackungskosten	14.000 €.

Der fremd bezogene Klinker kostet 22,07 € pro Tonne, und der gelagerte Zement wird mit 25,83 € pro Tonne bewertet.

Stufe 1 Rohmaterial-Förderung:

$$k_1 = \frac{E_1^*}{x_1} = \frac{21.600}{10.800} = 2 \; [€/t].$$

Stufe 2 Aufbereitung:

In der Stufe 2 werden nur unfertige Erzeugnisse der Stufe 1 aus der gleichen Periode eingesetzt, also gilt $w_1 = k_1$ und:

$$k_2 = \frac{k_1 \cdot m_1 + E_2^*}{x_2} = \frac{2 \cdot 10.800 + 25.000}{10.000} = 4,66 \; [€/t].$$

Stufe 3 Brennen:

Auch die Stufe 3 setzt nur unfertige Erzeugnisse der Vorstufe ein, die aus der gleichen Periode stammen, so dass $w_2 = k_2$ gilt und:

$$k_3 = \frac{k_2 \cdot m_2 + E_3^*}{x_3} = \frac{4,66 \cdot 7.500 + 75.000}{5.000} = 21,99 \; [€/t].$$

Stufe 4 Mahlen:

Zur Produktion von 6.000 t Zement werden 5.700 t Klinker benötigt, der zu einem Teil – 5.000 t – von der Vorstufe übernommen und mit k_3 bewertet wird. Die darüber hinaus benötigten 700 t Klinker sind mit dem Fremdbezugspreis zu bewerten. Daher muss zunächst w_3 als gewogener Durchschnittswert berechnet werden:

$$w_3 = \frac{21,99 \cdot 5.000 + 22,07 \cdot 700}{5.700} = 22,00 \; [€/t].$$

Dann ist:

$$k_4 = \frac{w_3 \cdot m_3 + E_4^*}{x_4} = \frac{22,00 \cdot 5.700 + 30.000}{6.000} = 25,90 \; [€/t].$$

Stufe 5 Verpacken:

In der Stufe 5 werden mehr unfertige Erzeugnisse von der Vorstufe bearbeitet, als dort in der gleichen Periode hergestellt worden sind; folglich wird nur der Teil, der von der Vorstufe übernommen wurde, mit k_4 bewertet; die restlichen Erzeugnisse sind mit dem Wert des gelagerten Zements anzusetzen, so dass gilt:

$$w_4 = \frac{6.000 \cdot 25,90 + 1.000 \cdot 25,83}{7.000} = 25,89 \; [€/t].$$

Dann ist:

$$k_5 = \frac{w_4 \cdot m_4 + E_5^*}{x_5} = \frac{25,89 \cdot 7.000 + 14.000}{7.000} = 27,89 \; [€/t].$$

Wie die Berechnungen von k_4 und k_5 zeigen, kann es notwendig sein, die Menge der zu übernehmenden unfertigen Erzeugnisse m_{i-1} in zwei (oder sogar noch mehr Teile) aufzuspalten und diese Teile jeweils unterschiedlich zu bewerten, um w_{i-1} zu ermitteln.

Wenn bei Anwendung der mehrstufigen Divisionskalkulation die Verwaltungsgemein- und Vertriebskosten nicht den verschiedenen Produktionsstufen zugerechnet werden, geben die in der dargestellten mehrstufigen Divisionskalkulation ermittelten Kosten k_i je Einheit fertiger und unfertiger Erzeugnisse nur die bei der Fertigung angefallenen Kosten wieder **(Herstellkosten)**. Zur Ermittlung der insgesamt pro Produkteinheit angefallenen Selbstkosten bedarf es folglich noch der Überwälzung von Verwaltungsgemein- und Vertriebskosten auf die Produkte.

Die Vertriebskosten lassen sich den fertigen und abgesetzten Produkten leicht und systemkonform dadurch zuordnen, dass eine **zusätzliche Stufe (Absatzstufe)** geschaffen wird. In dieser Stufe können anhand der abgesetzten Produkteinheiten sowie der angefallenen Herstell- und Vertriebskosten durch Divisionskalkulation die Herstellkosten zuzüglich Absatzkosten der Produkte pro Einheit ermittelt werden. Entsprechend lassen sich auch die Verwaltungsgemeinkosten auf die abgesetzten Produkteinheiten verteilen, so dass sich als Resultat die Selbstkosten der abgesetzten Produkte ergeben.

Wenn allerdings die Verwaltungsgemeinkosten einer betrachteten Periode nicht nur auf die abgesetzten fertigen Produkte, sondern auf alle in dieser Periode erstellten fertigen und unfertigen Erzeugnisse verteilt werden sollen (etwa in Anlehnung an die Bewertung fertiger und unfertiger Erzeugnisse, wie sie für die Handelsbilanz üblich und für die Steuerbilanz vorgeschrieben ist), liegt es nahe, Verwaltungsgemein- und auch Vertriebskosten anhand des anderen Kalkulationsverfahrens, nämlich mithilfe der in einem späteren Abschnitt noch zu beschreibenden Zuschlagskalkulation, den Erzeugnissen zuzuordnen. Dabei können die jeweiligen Herstellkosten die Basis bilden, auf der mittels der Zuschlagskalkulation fertigen und unfertigen Produkten anteilige Verwaltungsgemeinkosten sowie fertigen abgesetzten Produkten anteilige Vertriebsgemeinkosten zugerechnet werden. Sondereinzelkosten des Vertriebes, die beispielsweise aus der besonderen Verpackung, Versendung oder Versicherung bestimmter abgesetzter Produkte entstehen (einige Produkte werden nach Übersee geliefert und müssen zu diesem Zweck nicht nur seefest verpackt sowie besonders versichert werden, sondern auch die Transportkosten übersteigen das übliche Maß), können bei Anwendung der Zuschlagskalkulation den betreffenden Produkten direkt zugerechnet werden. Das so aus mehrstufiger Divisionskalkulation zur Bestimmung der Herstellkosten und aus darauf aufbauender Zuschlagskalkulation zur Bestimmung der Selbstkosten kombinierte Kalkulationsverfahren stellt zugleich eine mögliche **Mischform aus Divisions- und Zuschlagskalkulation** dar.

(3) Mehrfache (ein- oder mehrstufige) Divisionskalkulation

Während die bisher dargestellten Divisionskalkulationsverfahren Kalkulationsprobleme bei der Herstellung einer absatzbestimmten Produktart lösen (die mehrstufige Divisionskalkulation kann auch mehrere absatzbestimmte Produktarten in die Kalkulation einbeziehen, wenn z.B. Erzeugnisse verschiedener Stufen abgesetzt werden), wird die **mehrfache Divisionskalkulation** angewendet, wenn in einem Unternehmen mehrere absatzbestimmte **Erzeugnisarten** mittels verschiedener, **voneinander unabhängiger** Produktionsprozesse in **gleichzeitig arbeitenden** Teilbetrieben gefertigt werden. Die mehrfache Divisionskalkulation kann somit auf einer Kostenstellenrechnung aufbauen, welche es erlaubt, den verschiedenen, voneinander unabhängigen Produktionsprozessen jeweils die zur Fertigung der unterschiedlichen Produktarten angefallenen primären Kosten zuzuordnen. Für jeden Produktionsprozess werden dann die Herstellkosten der in ihm hergestellten Erzeugnisse mithilfe einer einstufigen oder mehrstufigen Divisionskalkulation ermittelt (vgl. Kosiol 1972, S. 198, Huch 1986, S. 112 ff.). Zur Ermittlung der Selbstkosten müssen noch anteilige Verwaltungsgemein- und Vertriebskosten den hergestellten bzw. abgesetzten Produkten angelastet werden.

b) Divisionskalkulation mit Äquivalenzziffern

Die **Divisionskalkulation mit Äquivalenzziffern** dient der Kalkulation von Herstell- oder Selbstkosten in Unternehmen, bei denen verschiedene Produktarten gleichzeitig hergestellt werden, wobei die Erzeugnisse im Wesentlichen die gleichen Fertigungsstellen durchlaufen (Sortenfertigung). Das Verfahren beruht darauf, die durch die unterschiedliche Bearbeitung und/oder durch den verschiedenen Werkstoffeinsatz zwischen den einzelnen Produktarten hervorgerufenen Kostenverhältnisse durch Bildung von Verhältniszahlen, den so genannten **Äquivalenzziffern,** zu erfassen. Zur Bestimmung solcher Äquivalenzziffern wird in der Regel ein Erzeugnis als **Einheitsprodukt** gewählt und mit der Äquivalenzziffer 1 belegt. Die Äquivalenzziffern der anderen Produkte ergeben sich dann jeweils aus den geschätzten Kostenverhältnissen (in der Regel Stückkostenverhältnissen) zwischen dem Einheitsprodukt und den übrigen Produktarten. So erhält ein Produkt, dessen Kosten beispielsweise aufgrund von fertigungstechnischen Analysen um 50 % höher geschätzt werden als die Kosten des Einheitsproduktes, die Äquivalenzziffer 1,5. Sind die Äquivalenzziffern einmal bestimmt, können sie so lange als konstant angenommen werden, bis Änderungen der Betriebsstruktur, der technischen Herstellungsverfahren oder der Faktorpreise gegebenenfalls eine Neubestimmung erfordern.

Wie die bisher beschriebenen Verfahren der Divisionskalkulation fußt auch die Divisionskalkulation mit Äquivalenzziffern auf den ermittelten primären Kosten des Materials und der Fertigung (Herstellkosten) oder den gesamten Primärkosten einer Periode (Selbstkosten). Diese Kosten werden aber nicht mehr durch die Menge der hergestellten Produkte, sondern durch die **Summe der Rechnungseinheiten** dividiert, die sich ergibt, wenn die Zahlen der in dieser Periode hergestellten Einheiten für alle Produktarten mit den zugehörigen Äquivalenzziffern multipliziert und anschließend addiert werden.

Das Vorgehen der Divisionskalkulation mit Äquivalenzziffern soll durch ein Beispiel veranschaulicht werden (vgl. Gutenberg 1958, S. 144). In einem Unternehmen werden 3 Sorten S_1, S_2 und S_3 eines einheitlichen Grunderzeugnisses hergestellt. Die Sorte S_1 sei das Einheitsprodukt (mit der Äquivalenzziffer $z_1 = 1$), mit dessen Hilfe sich die Stückkostenrelationen der zweiten und dritten Sorte S_2 und S_3 zur Sorte S_1 durch die Äquivalenzziffern $z_2 = 0,8$ und $z_3 = 1,5$ ausdrücken lassen; das heißt für $k_n =$ Stückkosten der n-ten Sorte, dass $k_1 : k_2 = z_1 : z_2$ und $k_1 : k_3 = z_1 : z_3$ ist. In einer Periode, in der Kosten in Höhe von $K = 4.545$ [€] anfallen, werden von den Produktarten S_1, S_2 und S_3 $x_1 = 400, x_2 = 200$ und $x_3 = 300$ Einheiten hergestellt. Gesucht sind die Herstell- oder Selbstkosten k_1, k_2 und k_3 je Produkteinheit von S_1, S_2 und S_3.

Die Ermittlung der Rechnungseinheiten kann durch Tabelle 21 gezeigt werden.

Die Division der Kosten K durch die Zahl der Rechnungseinheiten $\sum_{n=1}^{N} z_n \cdot x_n$ ergibt die Kosten pro Rechnungseinheit und damit die Kosten (Herstell- oder Selbstkosten) je Produkteinheit des Einheitsproduktes ($4.545 : 1.010 = 4,50 [€/ME] = k_1$).

Diese Ermittlung der Kosten je Produkteinheit für den Fall, dass die erste Sorte das Einheitsprodukt (mit Äquivalenzziffer $z_1 = 1$) ist, basiert auf folgenden Beziehungen.

Tab. 21: Äquivalenzziffernrechnung – Aufgabenstellung zum Beispiel

Sorte	Äquivalenzziffer	Zahl der hergestellten Produkteinheiten	Rechnungseinheiten
S_1	$z_1 = 1,0$	$x_1 = 400$	$z_1 \cdot x_1 = 400$
S_2	$z_2 = 0,8$	$x_2 = 200$	$z_2 \cdot x_2 = 160$
S_3	$z_3 = 1,5$	$x_3 = 300$	$z_3 \cdot x_3 = 450$
			$\sum\limits_{n=1}^{N=3} z_n \cdot x_n = 1.010$

Gegeben sind:

$$K = \sum_{n=1}^{N} k_n \cdot x_n \text{ und } k_1 : k_2 = z_1 : z_2, \ k_1 : k_3 = z_1 : z_3, ..., k_1 : k_N = z_1 : z_N.$$

Aus den Stückkostenrelationen folgen wegen $z_1 = 1$ die Stückkostenbeziehungen:

$$k_1 = k_1 \cdot z_1, \ k_2 = k_1 \cdot z_2, \ k_3 = k_1 \cdot z_3, ..., k_N = k_1 \cdot z_N \text{ und somit:}$$

$$K = \sum_{n=1}^{N} k_n \cdot x_n = \sum_{n=1}^{N} k_1 \cdot z_n \cdot x_n = k_1 \cdot \sum_{n=1}^{N} z_n \cdot x_n = K.$$

Löst man die letzte Gleichung nach k_1 auf, so ergibt sich:

$$k_1 = \frac{K}{\sum\limits_{n=1}^{N} z_n \cdot x_n} = \frac{4.545}{1.010} = 4,50 \, [\text{€/ME}].$$

Die gesuchten Kosten pro Einheit der hergestellten Produkte jeder Sorte können durch Multiplikation der Kosten pro Rechnungseinheit mit der jeweiligen Äquivalenzziffer der Sorte, also aus den Stückkostenbeziehungen: $k_1 = k_1 \cdot z_1, \ k_2 = k_1 \cdot z_2, ..., k_N = k_1 \cdot z_N$ berechnet werden (s. Tabelle 22).

Tab. 22: Äquivalenzziffernrechnung – Lösung zum Beispiel

Sorte	Kosten je Rechnungseinheit bzw. je Produkteinheit des Einheitsprodukts [€]	Äquivalenzziffer	Kosten je Produkteinheit [€]
S_1	$k_1 = 4,50$	$z_1 = 1,0$	$k_1 = k_1 \cdot z_1 = 4,50$
S_2	$k_1 = 4,50$	$z_2 = 0,8$	$k_2 = k_1 \cdot z_2 = 3,60$
S_3	$k_1 = 4,50$	$z_3 = 1,5$	$k_3 = k_1 \cdot z_3 = 6,75$

Diese Stückkosten der Tabelle 22 führen offensichtlich zu dem Ergebnis:

$$\sum_{n=1}^{3} k_n \cdot x_n = 4.545\ \text{€}.$$

Die Divisionskalkulation mit Äquivalenzziffern lässt sich dadurch verfeinern, dass statt nur einer Äquivalenzziffernreihe mehrere solcher Reihen aufgestellt werden, wobei sich dann jede dieser verschiedenen Äquivalenzziffernreihen auf unterschiedliche Teile der gesamten Herstell- oder Selbstkosten bezieht. Hat beispielsweise eine Untersuchung ergeben, dass die in einem Unternehmen hergestellten Sorten Werkstoffe in einem anderen Verhältnis beanspruchen als Arbeitskraft, so liegt eine Erfassung der gesamten Herstellkosten in mindestens zwei Teilen nahe, und zwar in einem Teil, der die aus dem Werkstoffverbrauch entstehenden Kosten (Werkstoffkosten), und in einem Teil, der die aus der Inanspruchnahme von Arbeitskraft erwachsenden Kosten (Arbeitskosten) wiedergibt. Für beide Teile der Herstellkosten wird dann je eine Äquivalenzziffernreihe gebildet, die der Verteilung der jeweiligen Kosten auf die Produkte dient. Die Divisionskalkulation mit Äquivalenzziffern kann insbesondere in Ziegeleien, Brauereien, Tapetenfabriken, Zementfabriken, Sägewerken, Walzwerken und in der chemischen Industrie angewendet werden (vgl. zum Aufbau einer mehrstufigen Divisionskalkulation mit Äquivalenzziffern Eisenführ 1991, S. 72 f.).

Abschließend sei zu allen Verfahren der Divisionskalkulation angemerkt, dass den Absatzprodukten stets fixe Kosten zugerechnet werden. Es liegt also in keinem Fall eine dem Verursachungsprinzip genügende Kostenrechnung vor. Vielmehr findet bei allen Verfahren eine Anwendung des Durchschnittsprinzips statt, das lediglich für einzelne unbekannt bleibende Kostenbestandteile (wie z.B. die unbekannten Einzelkosten) zu einer verursachungsgerechten Kostenverteilung führt.

c) Kalkulation von Kuppelprodukten

Das Problem der **Kalkulation von Kuppelprodukten** besteht in der Zuordnung von Kosten zu verschiedenen Produktarten, die gleichzeitig und zwangsläufig aus einem Produktionsprozess entstehen, wobei die Mengenverhältnisse, in denen diese **Kuppelprodukte** aus dem Produktionsprozess hervorgehen, fest vorgegeben oder in Grenzen variierbar sein können. Bei der Kalkulation von Kuppelprodukten treten besondere Schwierigkeiten der Kostenzurechnung auf, weil die verschiedenen Kuppelprodukte die Produktionsfaktoren gemeinsam verbrauchen und somit die daraus entstehenden Kosten für die Kuppelprodukte gemeinsam anfallen. Zurechnungen von Kosten zu den verschiedenen Produkten nach Maßgabe des **Verursachungsprinzips** (ein Teil der Kosten wurde nur durch die Fertigung eines Produktes verursacht, folglich sind diese Kosten auch nur diesem Produkt zuzuordnen) oder nach Maßgabe allein des **Beanspruchungsprinzips** (ein Teil des Faktorverzehrs hat sich nur im Rahmen der Fertigung eines Produktes ergeben, die daraus entstehenden Kosten sind also diesem Produkt zurechenbar) sind, von Folge- und Vertriebskosten abgesehen, grundsätzlich nicht möglich. Wegen der Nichtanwendbarkeit dieser beiden Prinzipien der Kostenzurechnung müssen sich die Verfahren der Kuppelproduktkalkulation völlig auf das **Durchschnittsprinzip** stützen.

Außer den nach Maßgabe des Durchschnittsprinzips auf die Kuppelprodukte zu verteilenden Kosten des Produktionsprozesses fallen in einem Unternehmen mit Kuppelproduktion häufig Kosten zur Weiterbearbeitung oder für den Absatz **einzelner** Kuppelproduktarten an. Diese **Folgekosten** oder Vertriebskosten können den einzelnen Kuppelprodukten unter Beachtung des Verursachungsprinzips oder des Beanspruchungsprinzips zugeordnet werden, weil sie jeweils nur für eine Produktart auftreten. Sie sollen – da sie keine Besonderheit der Kuppelproduktion darstellen – im Folgenden unberücksichtigt bleiben.

(1) Marktwertrechnung

Die **Marktwertrechnung** als ein Verfahren der Kuppelproduktkalkulation basiert auf dem Durchschnittsprinzip in Form des **Kostentragfähigkeitsprinzips** in dem Sinne, dass den Kuppelprodukten Herstellkosten proportional zu ihren Erlösen zugerechnet werden. Bei Anwendung der Marktwertrechnung wählt man also die Marktwerte oder Marktpreise (Erlöse pro Einheit) der verschiedenen Kuppelprodukte als Äquivalenzziffern und verteilt die Herstellkosten entsprechend dem Verhältnis dieser Erlöse auf die einzelnen Produkte. Die Marktwertrechnung setzt damit die Kenntnis der Marktpreise voraus und basiert infolgedessen auf einer Divisionsrechnung mit Äquivalenzziffern.

Das folgende Beispiel soll die Marktwertrechnung erläutern (zu dem Beispiel vgl. Bussmann 1979, S. 105). In einem Gaswerk, dessen Erzeugnisse Gas, Koks, Teer, Benzol und Ammoniak als Kuppelprodukte entstehen, sind in einer Periode insgesamt Herstellkosten von 720.000 € angefallen. Die Marktwerte oder Erlöse jeder Produktart (in dieser Periode angefallene Mengen der einzelnen Kuppelprodukte bewertet mit Marktpreisen) sind aus Tabelle 23 ersichtlich.

Tab. 23: Kuppelproduktkalkulation – Aufgabenstellung zum Beispiel

Produktart	Marktwert [€] (Menge × Preis bzw. Menge × Äquivalenzziffer)
Gas Koks Teer Benzol Ammoniak	400.000 250.000 70.000 60.000 20.000
Gesamtmarktwert	800.000

Die Division der Kosten von 720.000 € durch die Summe der Marktwerte der verschiedenen Produkte von 800.000 € führt zu den Kosten je € Marktwert (als Äquivalenzziffernrechnung interpretiert, sind die 800.000 € als Summe der Rechnungseinheiten anzusehen; Einheitsprodukt ist folglich ein Produkt von 1 € Marktwert):

$$\frac{720.000}{800.000} = 0{,}9 \ [€].$$

Die Multiplikation der Marktwerte der einzelnen Kuppelprodukte mit den so ermittelten Kosten je € Marktwert führt zur Aufschlüsselung der Herstellkosten auf die einzelnen Kuppelprodukte (s. Tabelle 24).

Sollen die Herstellkosten je Einheit der gefertigten Kuppelprodukte ermittelt werden, so sind die gesamten Herstellkosten je Produktart noch durch die jeweiligen Mengeneinheiten des Kuppelproduktes zu dividieren. Offensichtlich bewirkt die Marktwertrechnung, dass alle Kuppelprodukte eine identische Gewinnmarge (im Beispiel in Höhe

Tab. 24: Marktwertrechnung – Lösung zum Beispiel

Produkt	Marktwert [€]	Kosten je € Marktwert	Kosten je Kuppelproduktart [€]
Gas	400.000	0,9	360.000
Koks	250.000	0,9	225.000
Teer	70.000	0,9	63.000
Benzol	60.000	0,9	54.000
Ammoniak	20.000	0,9	18.000
Gesamte Herstellkosten			720.000

von $(800.000 - 720.000)/800.000 = 10\%)$ besitzen (vgl. hierzu auch die Ausführungen zum Kostentragfähigkeitsprinzip auf S. 66).

(2) Restwertrechnung

Auch die **Restwertrechnung** als Verfahren der Kuppelproduktkalkulation basiert auf dem **Kostentragfähigkeitsprinzip.** Zur Anwendung der Restwertrechnung werden die Kuppelprodukte in zwei unterschiedlich mit Kosten zu belastende Gruppen aufgeteilt. In der ersten Gruppe erfasst man nur **eine** Produktart, die entweder als besonders bedeutsam oder als die Kuppelproduktart angesehen wird, die das Unternehmen eigentlich herstellen will **(Hauptproduktart).** Alle übrigen, als weniger bedeutsam angesehenen oder nicht in erster Linie angestrebten Produktarten werden dagegen der Gruppe der **Neben-** oder **Abfallproduktarten** zugeordnet. Den Neben- oder Abfallprodukten werden Kosten entsprechend den Erlösen dieser Produkte zugerechnet. Müssen die Neben- oder Abfallprodukte nach ihrer Entstehung individuell noch weiter bearbeitet werden, so sind die Erlöse zuvor um die aus der Weiterverarbeitung entstehenden **Folgekosten** zu verringern. Neben- oder Abfallprodukte, die keine Erlöse erbringen und stattdessen Kosten zu ihrer Vernichtung erfordern, belasten die Kosten des Gesamtprozesses noch zusätzlich mit diesen **Vernichtungskosten.** Neben- oder Abfallprodukte, für die Erlöse anfallen, tragen bei der Restwertrechnung Kosten in voller Höhe dieser Erlöse und erwirtschaften weder Gewinne noch Verluste (für den Fall, dass die gesamten Kosten geringer als die gesamten Erlöse der Nebenprodukte sind, erfordert die Anwendung der Restwertrechnung weitere Annahmen). Die nach der Verteilung von Kosten auf die Neben- oder Abfallprodukte (in Höhe ihrer Erlöse) noch verbleibenden Kosten des Produktionsprozesses, aus dem alle Kuppelprodukte hervorgehen, werden dem Hauptprodukt zugerechnet. (Die Kosten des Hauptproduktes können größer, kleiner oder gleich den Erlösen aus diesem Produkt sein.) Auch die Restwertrechnung setzt somit die Kenntnis der Erlöse voraus, allerdings – anders als die Marktwertrechnung – nur für die Neben- oder Abfallprodukte.

Wenn in dem Beispiel aus dem vorangegangenen Abschnitt Gas als Hauptprodukt angesehen wird, die übrigen Produkte folglich Neben- oder Abfallprodukte darstellen, so werden auf das Hauptprodukt Kosten in Höhe von 720.000 – 400.000 = 320.000 € zugerechnet (400.000 = 250.000 + 70.000 + 60.000 + 20.000), während die anderen vier Produkte Kosten in Höhe ihrer Erlöse tragen (s. Tabelle 25).

Die Restwertrechnung lässt sich auch auf den Fall mehrerer Hauptproduktarten ausdehnen.

Tab. 25: Restwertrechnung – Lösung zum Beispiel

Produktart	Marktwert [€]	Kosten je Kuppelproduktart [€]
Gas	(400.000)	320.000
Koks	250.000	250.000
Teer	70.000	70.000
Benzol	60.000	60.000
Ammoniak	20.000	20.000
		720.000

(Für die Kostenverteilung ist die Kenntnis des Marktwertes des Gases nicht erforderlich, daher wurde die Zahl in Klammern angesetzt.)

(3) Rechnungen auf der Basis technischer Maßstäbe

Entstehen in einem Produktionsprozess mehrere Kuppelproduktarten, die in einer für sie charakteristischen technischen Eigenschaft übereinstimmen (die beispielsweise alle einen Heizwert besitzen), so können die Größen dieser technischen Eigenschaften der Produkte (Wärmeeinheiten pro Mengeneinheit) als Äquivalenzziffern zur Verteilung der Kosten auf die einzelnen Produktarten herangezogen werden. Bei diesem Verfahren verteilt man auf jede Einheit der technischen Maßgröße (jede Wärmeeinheit) Kosten in gleicher Höhe (**Durchschnittsprinzip** bezogen auf die technische Maßgröße).

4 Zuschlagskalkulation

Die Zuschlagskalkulation als zweite Grundform der Kalkulation findet bevorzugt in Unternehmen mit Serien- oder Einzelfertigung Anwendung. Im Gegensatz zur Divisionskalkulation beruht die Zuschlagskalkulation auf einer Trennung der Kosten in **Einzel-** und **Gemeinkosten.** Um vermeidbare Fehler bezüglich des Verursachungs- oder Beanspruchungsprinzips bei der Schlüsselung von Kosten auf die absatzbestimmten Kostenträger zu umgehen, werden diesen Kostenträgern zunächst – soweit unter dem Ziel der Wirtschaftlichkeit der Rechnung vertretbar – unmittelbar zurechenbare Kosten möglichst als Einzelkosten zugerechnet. Die restlichen Kosten (Gemeinkosten), nämlich die den absatzbestimmten Kostenträgern unmittelbar zurechenbaren, deren unmittelbare Zurechnung aus Gründen der Wirtschaftlichkeit aber nicht lohnt (unechte Gemeinkosten), und die diesen Kostenträgern nicht unmittelbar zurechenbaren (echten Gemeinkosten), werden den absatzbestimmten Kostenträgern mittelbar mithilfe von **Schlüsselgrößen** und **Zuschlagssätzen** angelastet. In der Regel werden jedoch als Schlüsselgrößen nicht wie bei der Divisionskalkulation die erstellten Produkteinheiten, sondern unterschiedliche Schlüssel- oder Bezugsgrößen gewählt. Die verschiedenen Verfahren der Zuschlagskalkulation unterscheiden sich durch Art und Zahl der verwendeten Schlüssel-, Bezugsgrößen oder Zuschlagsgrundlagen.

a) Summarische (kumulative) Zuschlagskalkulation

Bei Anwendung der **summarischen Zuschlagskalkulation** rechnet man die gesamten primären Gemeinkosten eines Unternehmens in einer Summe und auf der Basis einer Zuschlagsgrundlage den absatzbestimmten Kostenträgern zu. Eine Kostenstellenrechnung ist daher für die Kalkulation nach diesem Verfahren nicht erforderlich (höchstens für eine Kostenkontrolle). Als Zuschlagsgrundlagen dienen der summarischen Zuschlagskalkulation bestimmte Einzelkosten, wobei folgende drei Möglichkeiten offen stehen:

1. Summe der Einzellohnkosten (Fertigungslohn),

2. Summe der Einzelmaterialkosten (Fertigungsmaterial) und

3. Summe aus Fertigungslohn und Fertigungsmaterial.

Die Anwendung der summarischen Zuschlagskalkulation soll an einem Beispiel verdeutlicht werden, in dem die Summe aus Fertigungslohn und Fertigungsmaterial (gesamte Einzelkosten) als Zuschlagsgrundlage dient. Bei einer Summe aus Fertigungslohn und Fertigungsmaterial von 142.000 € in der Periode und bei primären Gemeinkosten von insgesamt 85.200 € in der gleichen Periode ergibt sich für die summarische Zuschlagskalkulation der Zuschlagssatz folgendermaßen:

$$\text{Zuschlagssatz [\%]} = \frac{\text{zu verteilende Summe der Gemeinkosten}}{\substack{\text{Summe der Schlüsseleinheiten} \\ \text{einer festgelegten Bezugsgröße}}} \cdot 100[\%]$$

$$= \frac{\text{Gemeinkosten}}{\text{Einzelkosten}} \cdot 100[\%],$$

also speziell für die im vorliegenden Beispiel geltenden Daten:

$$\text{Zuschlagssatz [\%]} = \frac{85.200}{142.000} \cdot 100[\%] = 60\,\%.$$

Der durch die obige Formel berechnete Zuschlagssatz von 60 % wird bei der Kalkulation jedes einzelnen der verschiedenen, in der betreffenden Periode hergestellten Produkte auf dessen jeweilige Einzelkosten als Gemeinkostenanteil zugeschlagen. Die Kalkulation eines Produktes A mit Einzelkosten (Summe aus Fertigungslohn und Fertigungsmaterial dieses Produktes) von 180 € lautet also beispielsweise:

Summe der Einzelkosten des Produktes A (zugleich Zuschlagsgrundlage) 180,00 €
+ 60 % (Zuschlagssatz) Gemeinkostenzuschlag auf die Zuschlagsgrundlage 108,00 €

= Selbstkosten des Produktes A   288,00 €

Bezüglich der Eignung von Einzelkosten als Zuschlagsgrundlagen bei der summarischen Zuschlagskalkulation sei auf den nächsten Abschnitt verwiesen (vgl. S. 160 f.). Sicherlich sind sie nicht geeignet für eine Zurechnung der gesamten primären Gemeinkosten eines Unternehmens. Infolgedessen ist die Anwendung des Verfahrens der summarischen Zuschlagskalkulation vor allem für solche Unternehmen akzeptabel, in denen verhältnismäßig **geringe** Gemeinkosten anfallen. Andernfalls sprechen nur Gründe der Einfachheit der Rechnung für dieses Verfahren.

b) Elektive (differenzierende) Zuschlagskalkulation

Im Gegensatz zur summarischen Zuschlagskalkulation, bei der die gesamten Gemeinkosten auf Basis einer Zuschlagsgrundlage den absatzbestimmten Kostenträgern zugerechnet werden, teilt man bei Anwendung der **elektiven Zuschlagskalkulation** die Gemeinkosten in **mehrere** Teilbeträge auf und lastet die verschiedenen Gemeinkostenbeträge den absatzbestimmten Kostenträgern nach Maßgabe unterschiedlicher Zuschlagsgrundlagen an. Ziel dieses Verfahrens ist es, die Gemeinkosten derart aufzuteilen und nach Maßgabe solcher Zuschlagsgrundlagen zuzurechnen, dass den Produkten letztlich die Kosten entsprechend dem Güterverzehr angelastet werden, den ihre Fertigung beansprucht hat.

Bei der Gliederung der Gemeinkosten in verschiedene Gruppen kann die elektive Zuschlagskalkulation gegebenenfalls auf den Ergebnissen (Endkosten) der Kostenstellenrechnung aufgebaut werden.

Die **elektive Zuschlagskalkulation ohne Rückgriff auf die Kostenstellenrechnung** basiert unmittelbar auf der Kostenartenrechnung und geht in der Regel von folgenden Gemeinkostengruppen aus:

1. materialkostenabhängige Gemeinkosten (Zuschlagsgrundlage: Fertigungsmaterial),

2. lohnabhängige Gemeinkosten (Zuschlagsgrundlage: Fertigungslohn),

3. sonstige wertabhängige Gemeinkosten (Zuschlagsgrundlage: Summe aus Fertigungsmaterial und Fertigungslohn oder gesamte, bisher angelastete Kosten einschließlich aufgeteilter Gemeinkosten).

Die Zuschlagssätze werden nach der gleichen Formel bestimmt wie bei der summarischen Zuschlagskalkulation, nur eben gesondert für jede Gemeinkostengruppe. Auch die Kalkulation der Produkte entspricht im Prinzip derjenigen der summarischen Zuschlagskalkulation. Allerdings werden bei den Produkten jeweils mehrere Zuschlagsgrundlagen mit jeweiligen Einzelkostenarten als Schlüsselgrößen unterschieden. Die verschiedenen Gemeinkostengruppen werden dann auf Basis der unterschiedlichen Zuschlagsgrundlagen den absatzbestimmten Kostenträgern zugerechnet. (Anstelle von wertabhängigen Schlüsselgrößen können eventuell Mengenschlüssel wie z.B. erstellte Produktmengen, Gewichte von Produkten oder Fertigungszeiten gewählt werden.)

Die **elektive Zuschlagskalkulation mit Rückgriff auf die Kostenstellenrechnung** übernimmt die Gemeinkostenaufteilung aus der Kostenstellenrechnung, sie knüpft also unmittelbar an die **Endkosten der verschiedenen Hauptkostenstellen** an. Für einige Kostenstellen werden die Gemeinkosten zwar stellenweise zusammengefasst – so in der Regel die Endkosten der verschiedenen Werkstoff- oder Materialstellen zu Gesamtgemeinkosten des Werkstoff- oder Materialbereichs **(Materialgemeinkosten)**, die Endkosten der verschiedenen Verwaltungsstellen zu **Verwaltungsgemeinkosten** und die Endkosten der verschiedenen Vertriebsstellen zu **Vertriebsgemeinkosten** –, jedoch wird meist die Aufteilung der Gemeinkosten auf die einzelnen Fertigungshauptstellen gemäß dem BAB beibehalten. Die Zurechnung der verschiedenen Gemeinkostengruppen auf die Kostenträger basiert dann auf verschiedenen Zuschlagsgrundlagen. Die Materialgemeinkosten werden z.B. auf Basis des Fertigungsmaterials (Einzelmaterialkosten), die Endkosten der verschiedenen Fertigungshauptstellen **(Fertigungsgemeinkosten)** z.B. auf Basis der in diesen Stellen jeweils für die Bearbeitung der unterschiedlichen Produkte angefallenen Fertigungslöhne sowie die Verwaltungs- und die Vertriebsgemeinkosten – mangels besserer Zuschlagsgrundlagen – auf Basis der Summe der dem Produkt angelasteten Material- und Fertigungskosten (Herstellkosten) auf die absatzbestimmten Kostenträger überwälzt. Bei Verwendung dieser Zuschlagsgrundlagen lässt sich die elektive Zuschlagskalkulation zur Ermittlung der Selbstkosten durch Tabelle 26 charakterisieren.

Tab. 26: Bestandteile von Herstellkosten und Selbstkosten

Fertigungsmaterial (Einzelkosten)	**Material-kosten**	**Herstell-kosten**	**Selbst-kosten**
Materialgemeinkosten (Zuschlagsbasis: Fertigungsmaterial)			
Fertigungslohn (Einzelkosten)	**Fertigungs-kosten**		
Fertigungsgemeinkosten (Zuschlagsbasis: Fertigungslohn, für jede Fertigungshauptstelle gesondert)			
Sondereinzelkosten der Fertigung (Einzelkosten)			
Verwaltungsgemeinkosten (Zuschlagsbasis: Herstellkosten)	**Verwaltungs- und Vertriebskosten**		
Vertriebsgemeinkosten (Zuschlagsbasis: Herstellkosten)			
Sondereinzelkosten des Vertriebs (Einzelkosten)			

Die im Schema aufgeführten Sondereinzelkosten umfassen Einzelkosten, die einigen Produkten unmittelbar zugerechnet werden können, die aber von den übrigen Einzelkosten getrennt werden, weil sie nicht bei allen Produkten anfallen. **Sondereinzelkosten der Fertigung** ergeben sich z.B. aus der Nutzung von speziell für ein Produkt angefertigten Werkzeugen, Modellen oder Vorrichtungen und gegebenenfalls aus der Nutzung besonderer Entwicklungsarbeiten. **Sondereinzelkosten des Vertriebs** umfassen besondere Kosten für Verpackung, Fracht, Verzollung und Versicherung von abgesetzten Produkten.

Ein Beispiel soll illustrieren, wie mittels der elektiven Zuschlagskalkulation anhand der Ergebnisse der Kostenstellenrechnung, also der Endkosten der Kostenstellen, die Zuschlagssätze berechnet und, basierend auf der Kenntnis der verschiedenen Einzelkosten von Absatzprodukten und der Zuschlagssätze, die Herstell- und Selbstkosten von Absatzprodukten kalkuliert werden können. Vorgegeben sind in dem Beispiel folglich die Endkosten der verschiedenen Hauptkostenstellen, die Einzelkosten, die insgesamt für die Absatzprodukte dieser Stellen angefallen sind (s. Tabelle 27, S. 159), und die Einzelkosten eines Produktes, das mehrere Produktionsstufen durchläuft und dessen Kalkulation gezeigt werden soll.

Die Kalkulation des Produktes führt unter Anwendung der aus den Ergebnissen der Kostenstellenrechnung ermittelten Zuschlagssätze auf die vorgegebenen Einzelkosten eines Absatzproduktes gemäß Tabelle 27 auf S. 159 zu folgenden Selbstkosten:

Tab. 27: Betriebsabrechnungsbogen (BAB) und Zuschlagssätze an einem Beispiel

Kostenarten	Summe	Allgemeine Hilfskostenstellen – Kraftzentrale	Allgemeine Hilfskostenstellen – Gebäudeverwaltung	Fertigungshilfsstelle – Arbeitsbüro	Fertigungsstellen / Fertigungshauptstellen – Gießerei	Schmiede	Dreherei	Montage	Materialstellen – Einkauf	Lager	Summe Material	Verwaltung	Vertrieb
1. Einzellöhne	27.680				4.250	10.300	5.530	7.600					
2. Einzelmaterial	200.000										200.000		
3. Gehälter	54.739	100	620	140	1.500	8.684	4.995	1.700	3.200	2.800	6.000	11.200	19.800
4. Löhne	35.350	200	500	380	–	–	–	–	3.070	5.200	8.270	9.800	16.200
5. Sozialkosten	15.640	120	180	160	810	1.800	1.100	1.140	980	1.300	2.280	2.450	5.600
6. Werkstoffe	6.710	–	310	–	200	1.300	1.350	230	120	700	820	1.650	850
7. Betriebsmittel	6.180	260	40	–	50	1.900	1.490	60	50	900	950	980	450
8. Kapitalkosten	6.489	140	550	10	800	800	1.300	659	130	1.100	1.230	200	800
9. Gebühren	1.732	30	140	2	150	150	280	150	20	–	20	310	500
10. Summe Gemeinkosten	126.840	850	2.340	692	3.510	14.634	10.515	3.939	7.570	12.000	19.570	26.590	44.200
11. Umlage Kraftzentrale		–850	90	–	20	150	220	200	80			–	90
12. Umlage Gebäudeverw.			–2.430	20	590	520	180	130	350			230	410
13. Umlage Arbeitsbüro				–712	130	146	145	291					
14. Endkosten		0	0	0	4.250	15.450	11.060	4.560	8.000	12.000	20.000	26.820	44.700
15. Zuschlagsbasis					4.250	10.300	5.530	7.600			200.000	298.000	298.000
16. Zuschlagssatz (%)					100%	150%	200%	60%			10%	9%	15%

(Spalten „Kostenstellen": Allgemeine Hilfskostenstellen, Fertigungshilfsstelle, Fertigungsstellen/Fertigungshauptstellen, Materialstellen. Zeilenbereich links = Kostenarten.)

Sondereinzelkosten der Fertigung 15.000 €
Sondereinzelkosten des Vertriebs 24.500 €

	Fertigungsmaterial (Einzelkosten)	370,00 €
+	Materialgemeinkosten (10 % auf Fertigungsmaterial)	37,00 €
+	Fertigungslohn Gießerei (Einzelkosten)	46,00 €
+	Fertigungsgemeinkosten (100 % auf Fertigungslohn Gießerei)	46,00 €
+	Fertigungslohn Schmiede (Einzelkosten)	62,00 €
+	Fertigungsgemeinkosten (150 % auf Fertigungslohn Schmiede)	93,00 €
+	Fertigungslohn Dreherei (Einzelkosten)	39,00 €
+	Fertigungsgemeinkosten (200 % auf Fertigungslohn Dreherei)	78,00 €
+	Fertigungslohn Montage (Einzelkosten)	85,00 €
+	Fertigungsgemeinkosten (60 % auf Fertigungslohn Montage)	51,00 €
+	Sondereinzelkosten der Fertigung	33,00 €
=	**Herstellkosten**	**940,00 €**
+	Verwaltungsgemeinkosten (9 % der Herstellkosten)	84,60 €
+	Vertriebsgemeinkosten (15 % der Herstellkosten)	141,00 €
+	Sondereinzelkosten des Vertriebs	17,30 €
=	**Selbstkosten des Produktes**	**1.182,90 €**

Unabhängig von der Wahl der Zuschlagsgrundlagen verstößt jede Zuschlagskalkulation als Vollkostenrechnung gegen das Verursachungsprinzip, sofern echte Gemeinkosten wie z. B. Gehälter, Hilfslöhne, zeitabhängige Abschreibungen oder Zinsen auf verschiedene Produktarten überwälzt werden. Die Suche nach verursachungsgerechten Schlüsseln muss sich daher auf Schlüssel für unechte Gemeinkosten beschränken. Da der überwiegende Teil der Gemeinkosten als echte Gemeinkosten nicht nach Maßgabe des Verursachungsprinzips auf die absatzbestimmten Kostenträger überwälzt werden kann, entfällt zugleich die Möglichkeit, die in der elektiven Zuschlagskalkulation verwendeten Schlüssel anhand dieses Prinzips zu beurteilen. Will man trotzdem auf eine Beurteilung nicht verzichten, dann ist ein Beurteilungskriterium für mögliche Schlüsselgrößen, die auf der Basis des Durchschnittsprinzips zur Belastung von absatzbestimmten Kostenträgern mit Gemeinkosten führen, erforderlich. Werden auf der Basis des Durchschnittsprinzips die absatzbestimmten Kostenträger mit (Kostenträger-)Gemeinkosten belastet, kann die Beurteilung dieser Zurechnung an der relativen Beanspruchung durch den jeweiligen Kostenträger ausgerichtet werden. Bei Wahl dieses Kriteriums ist zu untersuchen, inwieweit ein bestimmter Güterverzehr aufgrund der (relativen) Inanspruchnahme durch einen bestimmten Kostenträger eingetreten ist. Eine Beurteilung von Schlüsselgrößen der Gemeinkostenverrechnung nach der (relativen) Beanspruchung bietet sich z.B. bei den Potenzialfaktoren an. Schwierigkeiten bezüglich einer Beurteilung resultieren in erster Linie aus dem Problem der Bestimmung von geeigneten Maßstäben zur Messung der Beanspruchung. Zwar können für Arbeitskräfte und Maschinen Zeitmaßstäbe, für Lager Flächen- oder Volumenmaßstäbe kombiniert mit Zeitmaßstäben und für Kapital Wertmaßstäbe wie das gebundene Kapital kombiniert mit Zeitmaßstäben gewählt werden; welche Maßstäbe in konkreten Fällen aber jeweils am geeignetsten für die Messung der Beanspruchung sind, ist, von Sonderfällen abgesehen (vgl. S. 62 f.), nur schwierig zu entscheiden.

Die bei der elektiven Zuschlagskalkulation üblicherweise verwendeten wertmäßigen Zuschlagsgrundlagen – Einzelmaterialkosten, Fertigungslöhne der jeweiligen Fertigungshauptkostenstelle bzw. Herstellkosten – erfüllen die Forderung, geeignete Maßstäbe für die relative Beanspruchung der in den jeweiligen Hauptkostenstellen zu Gemeinkosten führenden Güterverbräuche zu sein, nur sehr bedingt. Angesichts des ständig wachsenden Anteils der Gemeinkosten an den Gesamtkosten der Unternehmen (vgl. Franz 1992, S. 606) wird diese **Schwäche der wertmäßigen Zuschlagsgrundlagen** zudem immer bedeutsamer.

Vergleichsweise geringe, aber dennoch gewichtige Bedenken bestehen bereits bei der Zuschlagsgrundlage Fertigungsmaterialkosten für die Materialgemeinkosten. Zumindest hinsichtlich der Höhe des gebundenen Kapitals ist das Fertigungsmaterial ein guter **Maßstab für die Kapitalbindung** und damit eine wichtige Komponente der Material-gemeinkosten. Schon die Dauer der Kapitalbindung, aber auch Größe und Qualität des benötigten Lagerraums sowie die Inanspruchnahme des Lagerpersonals für die Qua-litätskontrolle, Einlagerung, Überwachung und Ausgabe des Materials kommen in der Höhe der Materialeinzelkosten nicht verlässlich zum Ausdruck. Gleiches gilt für die Kos-ten der Materialbeschaffung, die somit auf der Grundlage des Fertigungsmaterials nur sehr pauschal auf die Produkte geschlüsselt werden.

Der gesamte Fertigungslohn einer Stelle kann nur unter sehr speziellen Annahmen als brauchbare Grundlage zur Schlüsselung der Fertigungsgemeinkosten auf die Kosten-trä-ger einer Stelle entsprechend ihrer Beanspruchung angesehen werden. Soweit auf die in den Fertigungsgemeinkosten enthaltenen besonders wichtigen Kosten für die Nut-zung von Maschinen (Abschreibungen, Zinsen, Werkzeugkosten, Kosten für den Raum, in dem die Maschine steht, Betriebsstoff- und Instandhaltungskosten) Bezug genommen wird, müssten sich die Fertigungslöhne der Produkte proportional zu den Bearbeitungs-zeiten der Kostenträger an den Maschinen verhalten. Das gilt in einer Kostenstelle etwa dann, wenn alle Löhne der Stelle der gleichen Lohngruppe entstammen, die zu Ferti-gungslöhnen führenden Fertigungszeiten bei allen Produkten mit den Bearbeitungszei-ten an den Maschinen übereinstimmen, alle Maschinen dieser Kostenstelle annähernd gleich ausgelastet sind und gleich hohe Kosten pro Zeiteinheit verursachen. Bezüglich der Hilfslöhne und der Gehälter für die in Kostenstellen tätigen Meister müssten die Fertigungslöhne proportional zu der Zeit verlaufen, mit der die Produkte die Hilfsarbei-ter und den Meister in Anspruch nehmen.

Die Beurteilung der Zurechnung von Verwaltungs- und Vertriebsgemeinkosten auf der Basis von Herstellkosten zu absatzbestimmten Kostenträgern kann sich kaum auf das Kri-terium der Beanspruchung von Verwaltung und Vertrieb durch die Kostenträger stützen. Als Zuschlagsgrundlage bieten sie sich daher kaum an. Nur bezüglich der Vertriebskos-ten ist festzuhalten, dass die Herstellkosten der in einer Periode gefertigten Produkte we-niger geeignet sind als die Herstellkosten der in einer Periode abgesetzten Produkte, weil nur der Absatz von Produkten den Vertriebsapparat eines Unternehmens beansprucht.

Unabhängig von der Wahl des Schlüssels ist die bisher nicht angesprochene Verteilung von Forschungs- und Entwicklungskosten einer Periode auf die Produkte der gleichen Periode mit dem Verursachungsprinzip sicher nicht vereinbar. Da Forschung und Ent-wicklung sich in der Regel auf Produkte erstrecken, die in künftigen Perioden herge-stellt werden sollen, wirkt der sich unter den Forschungs- und Entwicklungskosten ver-bergende Güterverzehr fast ausnahmslos auf Produkte künftiger Perioden ein. Soll dem Beanspruchungsprinzip gefolgt werden, müssen Forschungs- und Entwicklungskosten für künftige Produkte in Kostenrechnungen späterer Perioden verlagert und dann mög-lichst auf alle Produkte verteilt werden, für die diese Forschungen und Entwicklungen betrieben worden sind.

Analoge Probleme ergeben sich auch bei einem Teil der Vertriebskosten. So haben z.B. Werbungskosten, Kosten für Öffentlichkeitsarbeit (Public Relations) und der Verkaufsförderung (Sales Promotion) in der Regel Auswirkungen auch auf den Absatz zukünftiger Perioden.

c) Maschinenstundensatzkalkulation

Die **Maschinenstundensatzkalkulation** als Verfahren der Zuschlagskalkulation zeichnet sich gegenüber den bisher dargestellten Verfahren dadurch aus, dass sie auf einer sehr detaillierten Gliederung des Fertigungsbereichs bis zu einzelnen Maschinen und Arbeitsplätzen (Kostenplätzen) basiert und einen Großteil der Gemeinkosten nicht auf der Basis wertmäßiger Schlüssel (Einzelkosten, Herstellkosten), sondern auf Basis des **Mengenschlüssels** „Bearbeitungszeiten von Produkten an den jeweiligen Kostenplätzen" überwälzt.

Zu der sehr detaillierten Gliederung des Fertigungsbereichs greift man bei der Anwendung der Maschinenstundensatzkalkulation dann, wenn in den Kostenstellen Maschinen oder Fertigungsverfahren mit höchst unterschiedlichen Kosten zusammengefasst werden. Die Überwälzung der gesamten Gemeinkosten einer solchen Stelle auf die Kostenträger wird vielfach diejenigen Produkte zu hoch belasten, die z.B. nur die billigen Maschinen in Anspruch nehmen, und die Produkte zu wenig belasten, die auf den teuren Maschinen gefertigt werden. Solche möglichen Verrechnungsfehler sollen durch Anwendung der Maschinenstundensatzkalkulation vermieden werden.

Für die Wahl des Mengenschlüssels **(Bearbeitungszeit der Produkte an einer Maschine)** statt eines Wertschlüssels spricht die plausible Annahme, dass die mit der Maschinennutzung zusammenhängenden, zu Gemeinkosten führenden Güter durch einen Kostenträger desto mehr beansprucht werden, je länger dieser Kostenträger bearbeitet wird. Unter dem schon im vorangegangenen Abschnitt näher erläuterten **Kriterium der Beanspruchung** erweist sich die Maschinenlaufzeit als ein gegenüber wertabhängigen Schlüsseln (z.B. Einzelkosten) relativ geeigneter Verteilungsschlüssel. Wenn die Maschinenlaufzeit eine geeignete Schlüsselgröße ist, können Einzelkosten nur unter der Bedingung, dass sie proportional zur Bearbeitungszeit anfallen, genauso gute Zuschlagsgrundlagen sein. Wegen unterschiedlicher Tariflohngruppen oder Abweichungen zwischen Bearbeitungszeit durch den Menschen und durch die Maschine stimmt diese Bedingung aber häufig nicht.

Wie in der Begründung der Maschinenstundensatzkalkulation schon anklang, sammelt man bei ihrer Anwendung nach Einteilung des Unternehmens in Kostenplätze für jede Maschine oder jede Gruppe von Maschinen mit annähernd gleicher Kostenstruktur gesondert die **maschinenzeitabhängigen Gemeinkosten** pro Periode, unter denen den Abschreibungen, Zinsen, Versicherungsprämien, Raum-, Energie-, Werkzeug-, Schmiermittel- und Instandhaltungskosten die größte Bedeutung zukommt. Die Division einer solchen Gemeinkostensumme durch die Zahl der in der Periode an der entsprechenden Maschine oder Maschinengruppe geleisteten Maschinenstunden, Maschinenminuten oder Maschinensekunden ergibt den **Maschinenstundensatz,** den Gemeinkostenbetrag je Maschinenstunde, den Maschinenminuten- bzw. Maschinensekundensatz. Die verschiedenen absatzbestimmten Kostenträger werden dann nach Maßgabe ihrer Bearbeitungszeiten an den Maschinen mit Gemeinkosten belastet, die man aus der Multiplikation von Bearbeitungszeit an den Maschinen und zugehörigem Maschinenstundensatz erhält. (Bei Arbeitsplätzen werden entsprechende Rechnungen vorgenommen.) Die nicht maschinenzeitabhängigen, also auch nicht durch Maschinenstundensätze zu überwälzenden Gemeinkostenarten werden in der Maschinenstundensatzkalkulation gesondert erfasst und wie in der elektiven Zuschlagskalkulation auf der Basis von wertmäßigen Zuschlagsgrundlagen auf die absatzbestimmten Kostenträger überwälzt. Die Maschinenstundensatzkalkulation beruht also auf der Aufteilung der Gemeinkosten einer Kostenstelle in maschinenzeitabhängige Gemeinkosten und in nicht maschinenzeitabhängige Gemeinkosten. Bezogen auf die maschinenzeitunabhängigen Gemeinkosten gelten damit die kritischen Anmerkungen zur Gemeinkostenüberwälzung in der elektiven Zuschlagskalkulation auch für die Maschinenstundensatzkalkulation.

Das folgende einfache Zahlenbeispiel gemäß Tabelle 28 soll die Vorgehensweise bei der Maschinenstundensatzkalkulation verdeutlichen. Ausgegangen wird von den Endkosten der Hauptkostenstellen, die im Fertigungsbereich in die maschinenzeitabhängigen Kosten der verschiedenen Kostenplätze – der einzelnen Maschinengruppen (MG) – innerhalb der Stellen und in die restlichen, maschinenzeitunabhängigen Gemeinkosten aufgegliedert sind. Gegeben sind ferner die Maschinenlaufzeiten für die einzelnen Maschinengruppen, die Einzel- und Herstellkosten als Zuschlagsgrundlagen zur Bestimmung der jeweiligen Maschinenstunden- und Zuschlagssätze bzw. Gemeinkostensätze.

Zu kalkulieren sind die Selbstkosten eines Produktes mit folgenden Einzelkosten und Maschinenstunden:

Fertigungsmaterial	3.000 €
Fertigungslohn in Stelle 1	80 €
Fertigungslohn in Stelle 2	120 €
Fertigungslohn in Stelle 3	150 €
Bearbeitungszeit an Maschinengruppe A	1 Std.
Bearbeitungszeit an Maschinengruppe B	2 Std.
Bearbeitungszeit an Maschinengruppe C	1 Std.
Bearbeitungszeit an Maschinengruppe D	4 Std.
Bearbeitungszeit an Maschinengruppe E	1 Std.
Bearbeitungszeit an Maschinengruppe F	3 Std.
Bearbeitungszeit an Maschinengruppe G	1 Std.

Anders als in der elektiven Zuschlagskalkulation mit nur wertmäßigen Zuschlagsgrundlagen zeichnen sich die verschiedenen Erzeugnisse – im Beispiel repräsentiert durch ein ausgewähltes Erzeugnis – nicht mehr nur durch ihre Einzelkosten, sondern auch durch die **spezifischen Zeiten** aus, mit denen sie die verschiedenen Maschinengruppen jeweils in Anspruch nehmen. Die Herstellkosten eines Erzeugnisses setzen sich dementsprechend aus den Material- und Fertigungseinzelkosten, den auf dieser Basis zugerechneten Materialgemeinkosten bzw. maschinenzeitunabhängigen Fertigungsgemeinkosten sowie aus den maschinenzeitabhängigen Gemeinkosten zusammen, die sich jeweils aus der Multiplikation des zugehörigen Maschinenstundensatzes mit der zeitlichen Inanspruchnahme der Maschine durch das Produkt ergeben.

Das Beispiel für eine elektive Zuschlagskalkulation unter der Einbeziehung der Maschinenstundensatzkalkulation für eine vorgegebene Produktart führt zu folgendem Selbstkostenansatz:

Tab. 28: Maschinenstundensatzrechnung – Aufgabenstellung zum Beispiel und Zuschlagssätze

Kostenstellen (Kostenplätze) / Kostenarten	Fertigungsstellen							Material-stelle	Verwaltungsstelle	Vertriebsstelle
	Fertigungsstelle 1			Fertigungsstelle 2		Fertigungsstelle 3				
	MG A	MG B	MG C	MG D	MG E	MG F	MG G			
Verteilung der primären Gemeinkosten Sekundärkostenrechnung										
Endkosten										
■ maschinenzeitabhängige Gemeinkosten als Endkosten	12.000	6.800	25.000	44.965	18.000	15.500	22.000			
■ maschinenzeitunabhängige Gemeinkosten als Endkosten		18.000			9.500	12.000		30.000	42.760	74.830
Zuschlagsgrundlagen										
■ Maschinenstunden	1.000	800	1.250	1.700	600	1.000	800			
■ Einzelkosten der Stellen *		72.000			47.500	120.000		600.000		
■ Herstellkosten									1.069.000	1.069.000
Zuschlagssätze										
■ Maschinenstundensatz (€ je Std.)	12	8,50	20	26,45	30	15,50	27,50			
■ Fertigungsgemeinkostensatz		25 %			20 %	10 %				
■ Material-, Verwaltungs- bzw. Vertriebsgemeinkosten								5 %	4 %	7 %

* Kostenträgereinzelkosten, die im Rahmen der Bearbeitung in der jeweiligen Stelle angefallen sind, d.h. Fertigungsmaterial und -lohn. Diese Einzelkosten werden einer Stelle höchstens zu Kontrollzwecken zugerechnet.

Sondereinzelkosten der Fertigung: 15.735 €
Sondereinzelkosten des Vertriebs: 38.400 €

	Fertigungsmaterial (Einzelkosten)	3.000,00 €
+	Materialgemeinkosten (5 % auf Fertigungsmaterial)	150,00 €
=	**Materialkosten**	**3.150,00 €**
	Fertigungslohn (Einzelkosten) der Fertigungsstelle 1	80,00 €
+	Fertigungsgemeinkosten (25 %)	20,00 €
+	Gemeinkosten der	
	Maschinengruppe A (12,- €/Std. × 1 Std.)	12,00 €
	Maschinengruppe B (8,50 €/Std. × 2 Std.)	17,00 €
	Maschinengruppe C (20,- €/Std. × 1 Std.)	20,00 €
+	Fertigungslohn (Einzelkosten) der Fertigungsstelle 2	120,00 €
+	Fertigungsgemeinkosten (20 %)	24,00 €
+	Gemeinkosten der	
	Maschinengruppe D (26,45 €/Std. × 4 Std.)	105,80 €
	Maschinengruppe E (30,- €/Std. × 1 Std.)	30,00 €
+	Fertigungslohn (Einzelkosten) der Fertigungsstelle 3	150,00 €
+	Fertigungsgemeinkosten (10 %)	15,00 €
+	Gemeinkosten der	
	Maschinengruppe F (15,50 €/Std. × 3 Std.)	46,50 €
	Maschinengruppe G (27,50 €/Std. × 1 Std.)	27,50 €
+	Sondereinzelkosten der Fertigung	22,20 €
=	**Fertigungskosten**	**690,00 €**
=	**Herstellkosten (Material- + Fertigungskosten)**	**3.840,00 €**
+	Verwaltungsgemeinkosten (4 % der Herstellkosten)	153,60 €
+	Vertriebsgemeinkosten (7 % der Herstellkosten)	268,80 €
+	Sondereinzelkosten des Vertriebs	185,00 €
=	**Selbstkosten des Produktes**	**4.447,40 €**

d) Elektive Zuschlagskalkulation als Bezugsgrößenkalkulation

In der so genannten **Bezugsgrößenkalkulation** wird der Grundgedanke der Maschinenstundensatzkalkulation, die Gemeinkosten anhand einer geeignet erscheinenden Mengengröße auf die Erzeugnisse zu überwälzen, verallgemeinert. Es werden daher für möglichst viele Gemeinkosten mengenmäßige Zuschlagsgrundlagen gesucht und gewählt, so dass der Ansatz von wertmäßigen Schlüsselgrößen höchstens noch auf einzelne Fälle beschränkt bleibt. Als mögliche produktionstheoretisch begründete Schlüsselgrößen oder Bezugsgrößen einer Bezugsgrößenkalkulation kommen z.B. in Frage: Fertigungszeiten, Intensitätsgrößen, erstellte Produkteinheiten und Umrüstzeiten von Maschinen. Als Ergebnis einer detaillierten Kostenplanung zur Lösung operativer Planungs- und Kontrollaufgaben ist die Bezugsgrößenkalkulation vom Ansatz her für die Plankostenrechnung entwickelt worden. In der Istkostenrechnung lässt sie sich jedoch auch aufgrund der bei einer Kostenplanung aufgedeckten Zusammenhänge ohne weiteres einsetzen.

In der beschriebenen Form entspricht die Bezugsgrößenkalkulation der elektiven Zuschlagskalkulation mit Kostenstellenrechnung, wobei die Endkosten der Hauptkostenstellen nicht auf der Basis wertmäßiger Schlüsselgrößen, wie z.B. von Einzelkosten, sondern auf der Basis von mengenmäßigen Bezugsgrößen auf die absatzbestimmten Kostenträger verrechnet werden. Die mengenmäßigen Schlüssel- oder Bezugsgrößen dieser Verrechnung werden für jede Kostenstelle durch eine Analyse der kurzfristig variierbaren Einflussgrößen auf die Kosten spezifisch ermittelt.

e) Prozesskostenrechnung

Die seit Jahren aktuelle **Prozesskostenrechnung** (Johnson/Kaplan 1987, S. 227 ff.; Horváth/Mayer 1989; Cooper 1990; Coenenberg/Fischer 1991; Küting/Lorson 1991; Franz 1991; Kloock 1992; Dierkes 1998; Schiller/Lengsfeld 1998; Homburg 2001, S. 241 ff.; Schiller 2005, S. 569 ff.) unterscheidet sich – von der häufig attraktiven Präsentation einmal abgesehen – nur in einigen weniger bedeutsamen Details von einer **vollkostenorientierten Bezugsgrößenkalkulation.** So wird im Rahmen der Prozesskostenrechnung sehr plastisch von **„Kostentreibern" (cost drivers)** gesprochen, obwohl sich dahinter nichts anderes als Bezugsgrößen verbergen.

Die Grundgedanken der Prozesskostenrechnung lassen sich am besten durch ein Beispiel verdeutlichen, das von einem der Promotoren dieses neuen Kostenrechnungsansatzes übernommen wird (Cooper 1990, S. 210 ff.).

In einem Unternehmen werden vier Produktarten w, v, W und V hergestellt, die sich hinsichtlich zweier Kriterien voneinander unterscheiden,

■ nach der **Größe:** w und v sind klein, W und V dagegen groß, sowie

■ nach der **Produktionsmenge:** von w und W werden nur wenige (je 10), von v und V dagegen viele (je 100) Einheiten produziert.

Im Zusammenhang mit der Produktion der vier Produkte fallen verschiedene Kategorien von Kosten an. Die Einzelkosten als „direkt" zurechenbare Kosten (Einzelmaterial, Fertigungslohn und mithilfe des Maschinenstundensatzes zurechenbare maschinenlaufzeitabhängige Gemeinkosten) werden im oberen Teil der Tabelle 29 auf S. 168 den Produkten unmittelbar zugeordnet. Für die auf dieser Basis nicht direkt zurechenbaren Gemeinkosten werden zusätzlich die Ausprägungen der jeweiligen Bezugsgrößen (cost drivers), bezogen auf die in der Kopfzeile genannten Produktarten, angegeben.

Aus den Daten des oberen Tabellenteils werden im unteren Teil zunächst Vollkosten für die vier Produkte nach den Grundsätzen der summarischen Zuschlagskalkulation ermittelt. Das geschieht zunächst, indem alle Gemeinkosten in Höhe von 4.160 € ins Verhältnis zu den Einzelkosten von 5.764 € gesetzt werden. Der daraus resultierende Zuschlagssatz von 72,1721 % wird dann zur Verteilung der Gemeinkosten auf die Produkte herangezogen. (Alternativ hätten die Gemeinkosten auch elementweise auf die Produkte geschlüsselt werden können. Das Ergebnis wäre jedenfalls gleich geblieben, solange für alle Gemeinkostenarten die gleiche Grundlage an Einzelkosten gewählt wird. Unter den speziellen Bedingungen des Beispiels wäre das Ergebnis auch gleich geblieben, solange eine der vier möglichen Schlüsselgrundlagen Fertigungsmaterial, Fertigungslohn, maschinenlaufzeitabhängige Kosten oder Summe der Einzelkosten gewählt wird, weil diese vier Bezugsgrößen in einem festen Verhältnis zueinander stehen.)

Anschließend wird die **Prozesskostenrechnung** in der Variante des Activity-Based-Costing durchgeführt. Die Gemeinkosten werden jeweils auf den für sie maßgebenden „Kostentreiber" bezogen und dann nach Maßgabe der konkreten Ausprägungen der „Kostentreiber" bei den einzelnen Produktarten auf diese Produktarten überwälzt. Auf diese Weise werden die Kosten für alle Einheiten der jeweiligen Produktart bestimmt. Die Stückkosten lassen sich daraus ableiten, indem die Kosten für alle Einheiten einer Produktart durch die entsprechende Stückzahl dividiert werden.

Das Ergebnis darf nicht überraschen. Da die Gemeinkosten im Rahmen der summarischen Zuschlagskalkulation vergleichsweise pauschal auf die Produkte überwälzt werden, führt die Prozesskostenrechnung zu **beanspruchungsgerechteren Kosten** je Produktart und je Produkteinheit, sofern die „Kostentreiber" tatsächlich geeignete Maßgrößen für die Beanspruchung der verschiedenen Potenziale sind, die durch die Gemeinkosten geschaffen werden, oder wenn sie sogar die Höhe dieser Kosten ursächlich beeinflussen. Das Beispiel darf aber nicht darüber hinwegtäuschen, dass es praktisch äußerst schwierig ist und allenfalls näherungsweise gelingen kann, beanspruchungs- oder gar verursachungsgerechte Bezugsgrößen („Kostentreiber") zu finden, zumal im Rahmen der Prozesskostenrechnung stets variable und fixe Kosten zusammen auf die Produkte überwälzt werden. Aus diesem Grunde sollte sie korrekterweise als **Prozessvollkostenrechnung** bezeichnet werden (vgl. Kloock 1992, S. 187 ff.).

Bezugsgrößenkalkulation und Prozessvollkostenrechnung basieren beide auf der elektiven Zuschlagskalkulation unter Verwendung möglichst mengenmäßiger Schlüsselgrößen. Ihre grundsätzlichen Unterschiede liegen in den folgenden Bereichen.

Zumindest von der ursprünglichen Intention her ist die Bezugsgrößenkalkulation für eine Teilkostenrechnung auf Plankostenbasis entwickelt worden. Danach sollten nur die geplanten beschäftigungsabhängigen Gemeinkosten den Erzeugnissen zugerechnet werden. Wie im vorangegangenen Abschnitt II.D.4.d beschrieben wurde, lässt sich aber auch die Bezugsgrößenkalkulation als Vollkostenrechnung ausgestalten. Der Unterschied zur Prozesskostenrechnung, die nur als reine Vollkostenrechnung entwickelt wurde, liegt dann außer in der Einführung anderer, einprägsamerer Begriffe, wie „Kostentreiber", Prozesstätigkeiten und Prozesskosten, darin, dass die Bezugsgrößenkalkulation anders als die Prozessvollkostenrechnung beides abdecken kann, eine Rechnung nur mit beschäftigungsabhängigen Teilkosten und eine mit Vollkosten. Diese Kritik an der Prozessvollkostenrechnung hat inzwischen schon zu dem Vorschlag geführt, die Prozesskostenrechnung nur als Teilkostenrechnung auf- und auszubauen (vgl. Kloock 1992, S. 241 ff.).

Auch bei der Prozessvollkostenrechnung klaffen Wunsch und Wirklichkeit auseinander. Propagiert wurde sie von deutschen Autoren mit dem Ziel, die Einflussfaktoren auf die Höhe der Gemeinkosten in von der eigentlichen Fertigung getrennten indirekten Leistungsbereichen, wie Forschung und Entwicklung, Beschaffung, Logistik, Arbeitsvorbereitung oder Vertrieb beispielsweise, genau zu ermitteln. Diese Analysen sollten – genau wie in der Bezugsgrößenkalkulation – verlässliche Grundlagen für die Planung von Kosten als Maß der Wirtschaftlichkeit im Hinblick auf die Kostenkontrolle einerseits und für die beanspruchungsgerechte Gemeinkostenzurechnung im Rahmen der Vollkostenkalkulation andererseits liefern.

Die bisher in Deutschland veröffentlichten Beiträge zur Prozessvollkostenrechnung machen deutlich, dass die neuen „Kostentreiber" meist mit den schon bekannten Bezugsgrößen (Cooper 1990, S. 213; Kilger/Pampel/Vikas 2007, S. 252) übereinstimmen. Darüber hinaus werden die eigentlichen Problembereiche, wo schon die bisherigen Kostenrechnungsansätze auf wertmäßigen Schlüsselgrößen basierten (den so genannten indirekten Bezugsgrößen wie Herstellkosten oder Umsätzen), auch von der Prozessvollkostenrechnung nicht besser gelöst. So werden für die Verrechnung beschäftigungsfixer Personalgemeinkosten als Zuschlagsgrundlagen bzw. Bezugsgrößen der Verrechnung die beschäftigungsvariablen Personalkosten vorgeschlagen (vgl. Horváth/Mayer 1989; Coenenberg/Fischer 1991). Speziell in Amerika, wo die Zuschlagskalkula-

Tab. 29: Beispiel zur Prozesskostenrechnung

	Gesamt-kosten	Kosten für alle Einheiten der Produktart				Stückkosten			
		w	v	W	V	w	v	W	V
DATEN									
Produktionsmenge		10	100	10	100				
Einzelkosten:									
Fertigungsmaterial	264	6	60	18	180	0,6	0,6	1,8	1,8
Fertigungslohn	2.200	50	500	150	1.500	5	5	15	15
maschinenlaufzeitabhängige Kosten	3.300	75	750	225	2.250	7,5	7,5	22,5	22,5
Summe	5.764	131	1.310	393	3.930	13,1	13,1	39,3	39,3
Gemeinkosten		Cost drivers/Kostentreiber (Schlüssel- oder Bezugsgrößen)							
Rüstkosten[1]	960	1	3	1	3				
Bestellkosten[2]	1.000	1	3	1	3				
Teiletransportkosten[3]	200	1	3	1	3				
Teileverwaltungskosten[4]	2.000	1	1	1	1				
Summe	4.160								
LÖSUNG ZUSCHLAGSKALKULATION									
Einzelkosten	5.764	131	1.310	393	3.930	13,1	13,1	39,3	39,3
72,1721 % Zuschlag[5]	4.160	94,55	945,45	283,64	2.836,36	9,45	9,45	28,36	28,36
Summe	9.924	225,55	2.255,45	676,64	6.766,36	22,55	22,55	67,66	67,66
LÖSUNG PROZESSKOSTENRECHNUNG									
Einzelkosten	5.764	131	1.310	393	3.930	13,1	13,1	39,3	39,3
Rüstkosten[1]	960	120	360	120	360	12	3,6	12	3,6
Bestellkosten[2]	1.000	125	375	125	375	12,5	3,75	12,5	3,75
Teiletransportkosten[3]	200	25	75	25	75	2,5	0,75	2,5	0,75
Teileverwaltungskosten[4]	2.000	500	500	500	500	50	5	50	5
Summe	9.924	901	2.620	1.163	5.240	90,1	26,2	116,3	52,4

[1] Kostentreiber: Anzahl der Rüstvorgänge: 1 + 3 + 1 + 3 = 8; Zuschlagssatz: 960 : 8 = 120
[2] Kostentreiber: Anzahl der Bestellungen: 1 + 3 + 1 + 3 = 8; Zuschlagssatz: 1000 : 8 = 125
[3] Kostentreiber: Anzahl der Transporte: 1 + 3 + 1 + 3 = 8; Zuschlagssatz: 200 : 8 = 25
[4] Kostentreiber: Anzahl der Einzelteile: 1 + 1 + 1 + 1 = 4; Zuschlagssatz: 2000 : 4 = 500
[5] Zuschlagssatz: 4.160 : 5.764 = 0,721721 = 72,1721 % der summarischen Zuschlagskalkulation

tion auf Einzelkostenbasis noch vorherrschen dürfte, spricht außerdem vieles dafür, dass das Activity-Based-Costing als Variante der Prozessvollkostenrechnung hauptsächlich im eigentlichen Fertigungsbereich und nur in zweiter Linie in den indirekten Leistungsbereichen eingesetzt wird. Insoweit wird mithilfe der Prozessvollkostenrechnung auf breiterer praktischer Ebene nachvollzogen, was im Rahmen der Bezugsgrößenkalkulation bereits durchdacht worden ist, sich aber in der Praxis auf breiter Basis nicht hat durchsetzen lassen. Für einen möglichen Erfolg der Prozessvollkostenrechnung in der Praxis sprechen mehrere Umstände: die pragmatische, nicht auf komplexe Theorien gestützte Begründung, die Präsentation zum rechten Zeitpunkt, wo das von der Prozessvollkostenrechnung aufgegriffene Problem bei vielen Unternehmen akut als belastend empfunden wird, und die angebliche Rücksichtnahme auf die Wirtschaftlichkeit der Rechnung.

Im Blick auf die Wirtschaftlichkeit der Rechnung zielt die Prozessvollkostenrechnung anders als die Bezugsgrößenkalkulation nicht darauf ab, jeweils genau die bestmögliche Bezugsgröße für bestimmte Kosten zu finden. Im Rahmen eines zweiten Ziels soll zusätzlich erreicht werden, die **Zahl der „Kostentreiber"** möglichst gering zu halten (vgl. Homburg/Zimmer 1999). Das wiederum kann nur gelingen, wenn für verschiedene Gemeinkosten und verschiedene Kostenstellen der gleiche „Kostentreiber" als repräsentativ angenommen werden kann. Solche Kompromisse gehen grundsätzlich zu Lasten einer realitätsentsprechenden Abbildung der Beziehungen zwischen den Bezugsgrößen als „Kostentreibern" einerseits und zwischen den zu verrechnenden Gemeinkosten sowie den Bezugsgrößen andererseits (vgl. auch die Kritik hierzu bei Glaser 1992). Im Zahlenbeispiel zur Prozessvollkostenrechnung lässt sich diese Vereinfachung ohne weiteres realisieren; denn für die vier betrachteten Gemeinkostenarten können letztlich nur zwei „Kostentreiber" als repräsentativ angesehen werden, wobei ein „Kostentreiber" die drei ersten Gemeinkostenkategorien beanspruchungsgerecht zu überwälzen hat. Die Rechnung wird durch gemeinsame „Kostentreiber" insoweit vereinfacht, als die von einem „Kostentreiber" abhängigen Gemeinkosten nicht jeweils gesondert verteilt werden müssen. Im Zahlenbeispiel können allein aufgrund der gleich bleibenden Kostenanteilsverhältnisse für Rüstvorgänge, Bestellungen und Transporte die Rüst-, Bestell- und Teiletransportkosten zu einer Summe von 2.160 € zusammengefasst und nach Maßgabe der Ausprägungen des „Kostentreibers" im Verhältnis $1/8$ zu $3/8$ auf die Produktarten w, v, W und V aufgeschlüsselt werden.

E Leistungsrechnung

Lernziel: *Zum Teil stimmen Leistungs- und Kostenrechnung überein, wenn die erstellten Güter kostenorientiert bewertet werden. Für die Ermittlung von Erfolgen ist jedoch jede Kostenrechnung durch eine absatzorientierte Leistungsrechnung (Erlösrechnung) zu ergänzen. In diesem Abschnitt werden die Grundlagen und der Aufbau einer Erlösrechnung dargelegt.*

Während in der Literatur über Kosten- und Leistungsrechnungen die Probleme der Kostenrechnung stets ausführlich dargestellt werden, vernachlässigt man in der Regel die Leistungsrechnung, soweit sie nicht als Sekundärkosten- oder innerbetriebliche Leistungsrechnung im Rahmen der Kostenstellenrechnung Berücksichtigung findet. Wie jedoch die weiteren Ausführungen zeigen werden, bereiten die Erfassung, die zeitliche und die sachliche Abgrenzung von Leistungen (der Kostenrechnung verwandte) Verrechnungsprobleme, die vielfach eine detaillierte Analyse mittels einer Leistungsrechnung erfordern. Die grundlegenden Probleme der **Istleistungsrechnung** sollen daher im Folgenden eingehender als bisher in der Literatur üblich erörtert werden.

1 Gliederung der Leistungen eines Unternehmens

Istleistungen sind bewertete, sachzielorientierte (Ist-)Gütererstellungen eines Unternehmens. Entsprechend dem unternehmerischen Sachziel, das die Produktion absatzbestimmter Güterarten und deren Bereitstellung zur Bedarfsbefriedigung, also deren Absatz, beinhaltet, muss eine Gütererstellung erst dann als endgültig realisiert angesehen werden, wenn das Gut oder die Güterart abgesetzt worden ist. Infolgedessen lassen sich die Istleistungen und darauf aufbauend die erforderlichen Leistungsrechnungen eines Unternehmens unter Einbeziehung von absatzbestimmten und innerbetrieblichen sachzielbezogenen Gütern wie in der folgenden Abbildung 49 aufgeführt gliedern.

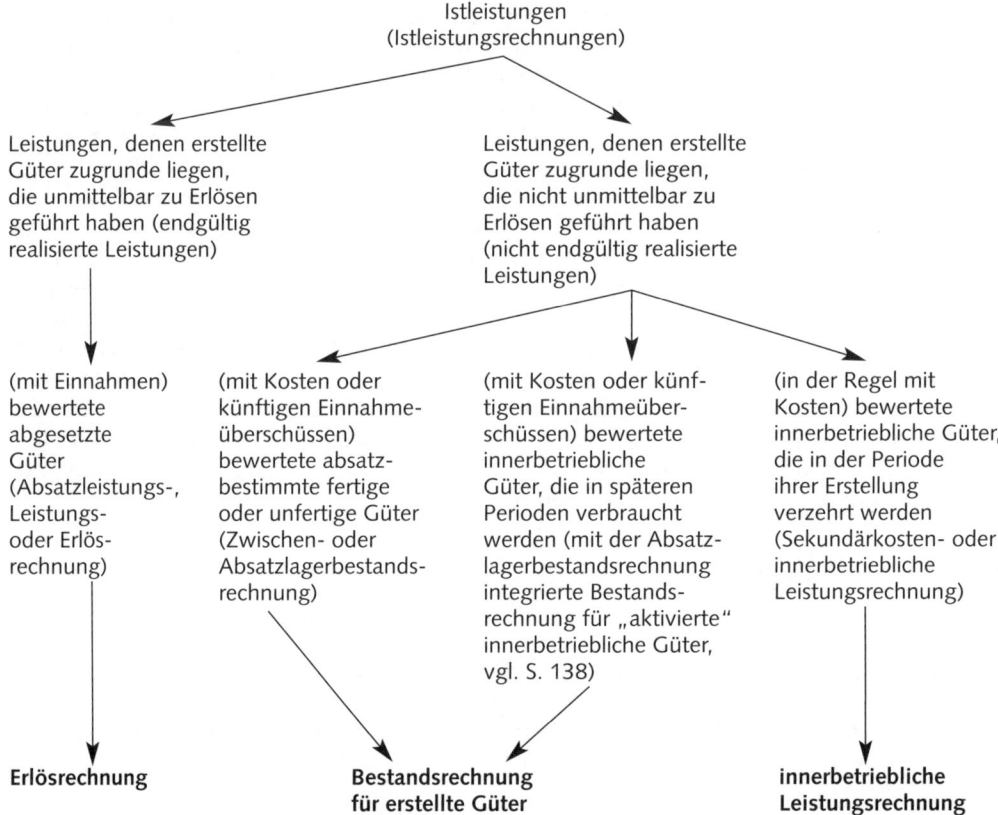

Abb. 49: Gliederung der Istleistungen

Entsprechend dieser Kategorisierung von Istleistungen (Istleistungsrechnungen) sind drei grundlegende Leistungsrechnungssysteme zu unterscheiden, die gleichzeitig eine Abgrenzung der Istkostenrechnung von Istleistungsrechnungen ermöglichen und die

Ergänzung der bisher dargestellten Istkostenrechnung um Leistungsrechnungen, die für Erfolgsrechnungskonzeptionen erforderlich sind, aufzeigen.

2 Istleistungsrechnung als innerbetriebliche Leistungsrechnung

Die Realisation des Sachzieles eines Unternehmens basiert in der Regel auf mehreren Produktionsprozessen, deren jeweils erstellte Güter in die Fertigung der absatzbestimmten sachzielbezogenen Güter (Absatzprodukte) eingehen. Infolgedessen umfassen die Leistungen eines Unternehmens auch die erstellten bewerteten nicht zu „aktivierenden" innerbetrieblichen Güter eines Produktionsprozesses. Bei Unterteilung des Unternehmens in einzelne Kostenstellen anhand produktionsorientierter Kriterien, die zu Hilfskosten-, Fertigungshaupt-, Material-, Verwaltungs- und Vertriebsstellen führen, lässt sich der enge Zusammenhang zwischen der Kosten- und Leistungsrechnung ohne weiteres offen legen. Die Fertigung eines innerbetrieblichen Gutes etwa in einer Hilfskostenstelle bewirkt den Verzehr von Güterarten und führt zu einer Leistung als bewertete Gütererstellung. Handelt es sich bei dieser Leistung um ein bewertetes innerbetriebliches Gut, dann verursacht sein Einsatz in einer nachgeordneten Kostenstelle einen Güterverzehr in Höhe der bereitgestellten (innerbetrieblichen) Leistung. Infolgedessen sind Erstellungen von innerbetrieblichen Gütern und deren Verbräuche aufeinander folgende Prozesse, die es erlauben, die in einer Periode sich vollziehenden innerbetrieblichen Güterflüsse zwischen den Kostenstellen bei gleichen Wertansätzen für Gütererstellung und Güterverzehr lediglich auf der Basis von Kosten zu erfassen. In der Istkostenstellenrechnung werden daher nicht die bewerteten Gütererstellungen von innerbetrieblichen Gütern als (innerbetriebliche) Leistungen, sondern deren bewertete Verbräuche in nachgeordneten Kostenstellen als (sekundäre) Kostenarten angesetzt und ausgewiesen.

Die Leistungen als bewertete innerbetriebliche Gütererstellungen sowie deren bewertete Verbräuche als sekundäre Kosten mit gleich hohen Wertansätzen je Mengeneinheit, also mit Leistungen gleich Kosten, eröffnen somit die Möglichkeit, solche (innerbetrieblichen) Leistungen durch die sekundären Kosten direkt zu berücksichtigen. Mit Recht kann daher die Istkostenstellenrechnung auch als eine (innerbetriebliche) Istleistungsrechnung bezeichnet werden.

3 Istleistungsrechnung als Bestandsrechnung für erstellte Güter

Bewertete Bestandserhöhungen von gelagerten unfertigen sowie fertigen Erzeugnissen und von zu „aktivierenden" innerbetrieblichen Gütern einer betrachteten Periode sind ebenfalls noch nicht endgültig realisierte **Leistungen** eines Unternehmens. Für eine Leistungsrechnung als Bestandsrechnung sind nur Bestandserhöhungen relevant, denn bewertete **Bestandsminderungen** gehen als **Kosten** in die Kostenrechnung ein. Zur Erfassung der Mengenkomponenten von Bestandserhöhungen kann auf folgende Verfahren zurückgegriffen werden (vgl. Verfahren der Werkstoffkostenerfassung auf S. 89):

1. Skontrationsrechnung,

2. Befundrechnung,

3. Schätzverfahren.

Bei Anwendung der Skontrationsrechnung werden die einzelnen Bestandszu- und Bestandsabgänge laufend erfasst, während in der Befundrechnung anhand einer periodischen Inventur (Ermittlung von Anfangsbestand bzw. Endbestand) die Bestandserhöhungen (und auch die nicht leistungswirksamen Bestandsminderungen) ermittelt werden. Die Bestandsänderung ergibt sich dann jeweils durch:

Bestandszugang – Bestandsabgang einer Periode

= Endbestand – Anfangsbestand

= Bestandserhöhung bei positiver Differenz (Bestandsabnahme bei negativer Differenz, die für die Leistungsrechnung nicht relevant ist).

Für geringwertige Güter eines Lagerbestandes können die periodischen Bestandserhöhungen auch durch Schätzungen ermittelt werden.

Zur Messung der Istleistungen eines Unternehmens anhand der Bestandserhöhungen von gelagerten unfertigen und fertigen Erzeugnissen sowie von zu „aktivierenden" innerbetrieblichen Gütern pro Periode sind diese Erhöhungen zweckentsprechend zu bewerten. Als mögliche Wertansätze kommen grundsätzlich in Frage:

1. Kostenorientierte Ansätze,

2. Einnahmeüberschüsse als Absatzpreise gegebenenfalls unter Abzug noch erforderlicher Fertigungs- und Absatzkosten der Produkte.

Bei der Bewertung von mengenmäßigen Bestandserhöhungen mit kostenorientierten Wertansätzen kann zur Erfassung von solchen Leistungen auf die Ergebnisse der Istkostenrechnung zurückgegriffen werden. In einer Istkostenrechnung, die Bestandsänderungen von unfertigen, fertigen Erzeugnissen und zu „aktivierenden" innerbetrieblichen Gütern berücksichtigen muss, werden auch die Herstellkosten, gegebenenfalls ergänzt um anteilige Verwaltungskosten, von Beständen kalkuliert (vgl. z.B. mehrstufige Divisionskalkulation auf S. 146 ff.). Eine solche Istkostenrechnung schließt daher nach Erfassung der periodischen Bestandserhöhungen eine Bestands- oder Leistungsbestandsrechnung für unfertige, fertige und zu „aktivierende" innerbetriebliche Güter ein.

Die Durchführung einer die Bestandsrechnung für unfertige, fertige und zu „aktivierende" innerbetriebliche Güter umfassenden Istkostenrechnung legt bei sich von Periode zu Periode ändernden Herstellkosten der Bestände aufgrund von Wirtschaftlichkeitsüberlegungen einen Ansatz von Verrechnungspreisen für die im Produktionsprozess einzusetzenden Bestände und somit auch für die Bewertung von Bestandserhöhungen nahe. Die Verrechnungspreise können gemäß den Bewertungsmethoden für den Werkstoffverbrauch (vgl. S. 91) beispielsweise anhand von gewogenen Durchschnittswerten der Herstellkosten oder anhand von Verbrauchsfolgeverfahren wie LIFO- oder FIFO-Methoden ermittelt werden.

Wenn eine Bestandsrechnung in die Kostenrechnung einbezogen wird, erübrigt sich insoweit eine spezielle Istleistungsrechnung für solche Gütererstellungen. Die Bestandsrechnung weicht jedoch dann von der Kostenrechnung ab, wenn die Bestandserhöhungen von gelagerten unfertigen, fertigen und zu „aktivierenden" innerbetrieblichen Gütern mit Absatzpreisen unter Abzug gegebenenfalls noch erforderlicher Fertigungs- und Absatzkosten bewertet werden. In solchen Fällen ist eine eigenständige Leistungsrechnung analog zur Erlösrechnung als Bestandsrechnung notwendig, die weitgehend unabhängig von einer Istkostenrechnung durchzuführen ist (von der Kostenrechnung benötigt diese Leistungsrechnung Angaben über die Höhe der noch zu erwartenden Fertigungs- und Absatzkosten).

Die bisher unberücksichtigt gebliebenen mengenmäßigen Bestandsabnahmen werden durch Güterverbräuche von gelagerten unfertigen und fertigen Erzeugnissen und von zu „aktivierenden" innerbetrieblichen Gütern hervorgerufen, die unter Einbeziehung einer Bestandsrechnung in der Istkostenrechnung als Istkosten der betrachteten Periode erfasst werden (vgl. das Beispiel zur mehrstufigen Divisionskalkulation auf S. 147 f. und die Ausführungen zur „Aktivierung" innerbetrieblicher Güter auf S. 138). Für sie ist daher erst recht eine Istleistungsbestandsrechnung erforderlich, die zum Bestandteil der Istkostenrechnung gehört.

4 Istleistungsrechnung als Erlösrechnung

In der Istleistungsrechnung als Erlösrechnung werden nur alle bewerteten abgesetzten Güter, also alle endgültig in der Umwelt des Unternehmens realisierten Gütererstellungen erfasst. Die Mengenkomponenten dieser Gütererstellungen sind die Absatzmengen der einzelnen Produktarten, während man als Wertkomponente die in der Umwelt des Unternehmens erzielten Absatzpreise (Einnahmen) wählt. Die Istleistung als Istabsatzpreis multipliziert mit der Istabsatzmenge wird vielfach als **Erlös, Umsatz** oder **Umsatzerlös** einer Produktart oder einer Periode bezeichnet. Istleistungsrechnungen für endgültig in der Umwelt des Unternehmens realisierte Gütererstellungen werden daher ebenfalls, wie es weitgehend in der Literatur üblich ist, **(Ist-)Erlösrechnungen** genannt. Zur Erfassung der Erlöse kann auf Belege der Finanzbuchhaltung bzw. auf Rechnungen des Unternehmens, die beim Absatz von sachzielorientierten Gütern des Unternehmens erstellt worden sind, zurückgegriffen werden. Die in den Rechnungen ausgewiesenen Mengen- und (Absatz-)Preiskomponenten sind dann entsprechend den mithilfe der Istleistungsrechnung oder Isterfolgsrechnung zu lösenden Aufgaben (wie die der kurzfristigen Erfolgsrechnung, der Leistungs- oder Erfolgskontrolle) für einzelne Erlöskategorien (wie z.B. einzelne Produktarten oder Produktgruppen) zusammenzufassen. Die in den Rechnungen gesondert ausgewiesene Umsatzsteuer wird meist nicht in die Erlösrechnung einbezogen. Entsprechend der Kostenrechnung empfiehlt es sich aus Wirtschaftlichkeitsgründen, die Umsatzsteuer in der Erlösrechnung zu vernachlässigen und sie stattdessen als Durchlaufposten zu behandeln (vgl. auch S. 118 f.).

Die Erlöse einer Produktart können sich aufgrund unterschiedlicher Preise, unterschiedlicher so genannter **Erlösminderungen,** wie z.B. verschiedener Rabatte für einzelne Kunden, und wechselkursbedingter Preisschwankungen im Exportgeschäft unterscheiden. Es bietet sich daher an, zur Erfassung der in Erfolgsrechnungen ausgewiesenen Erlöse analog zur Kostenrechnung zunächst eine **Erlösarten-** und **Erlösstellenrechnung** zu konzipieren, mit deren Hilfe sich dann die (Ist-)Stückerlöse im Rahmen einer **Erlösträgerstückrechnung** ermitteln lassen (vgl. Laßmann 1973, S. 10). Die Grundlagen einer Erlösarten-, Erlösstellen- und Erlösträgerstückrechnung zur Ermittlung der Stück- und Gesamterlöse aller abgesetzten Produkte einer Periode für eine Istleistungs- bzw. (Ist-)Erlösrechnung sollen daher im Folgenden kurz skizziert werden. Diese (Ist-)Erlösrechnung wird entsprechend der Istkostenrechnung als eine **Vollerlösrechnung** konzipiert.

a) Erlösartenrechnung

Unternehmen räumen den Kunden in der Regel für jeweils gleiche Absatzproduktarten unterschiedliche Absatzpreiskonditionen ein. Diese Absatzpreiskonditionen hängen im Wesentlichen von der Nachfrage sowie den Zahlungsbedingungen der Kunden ab und werden von den Unternehmen vielfach aus absatzpolitischen Gründen gewährt. Die aufgrund von Absatzpreiskonditionen und von unternehmerischen Produktions- oder

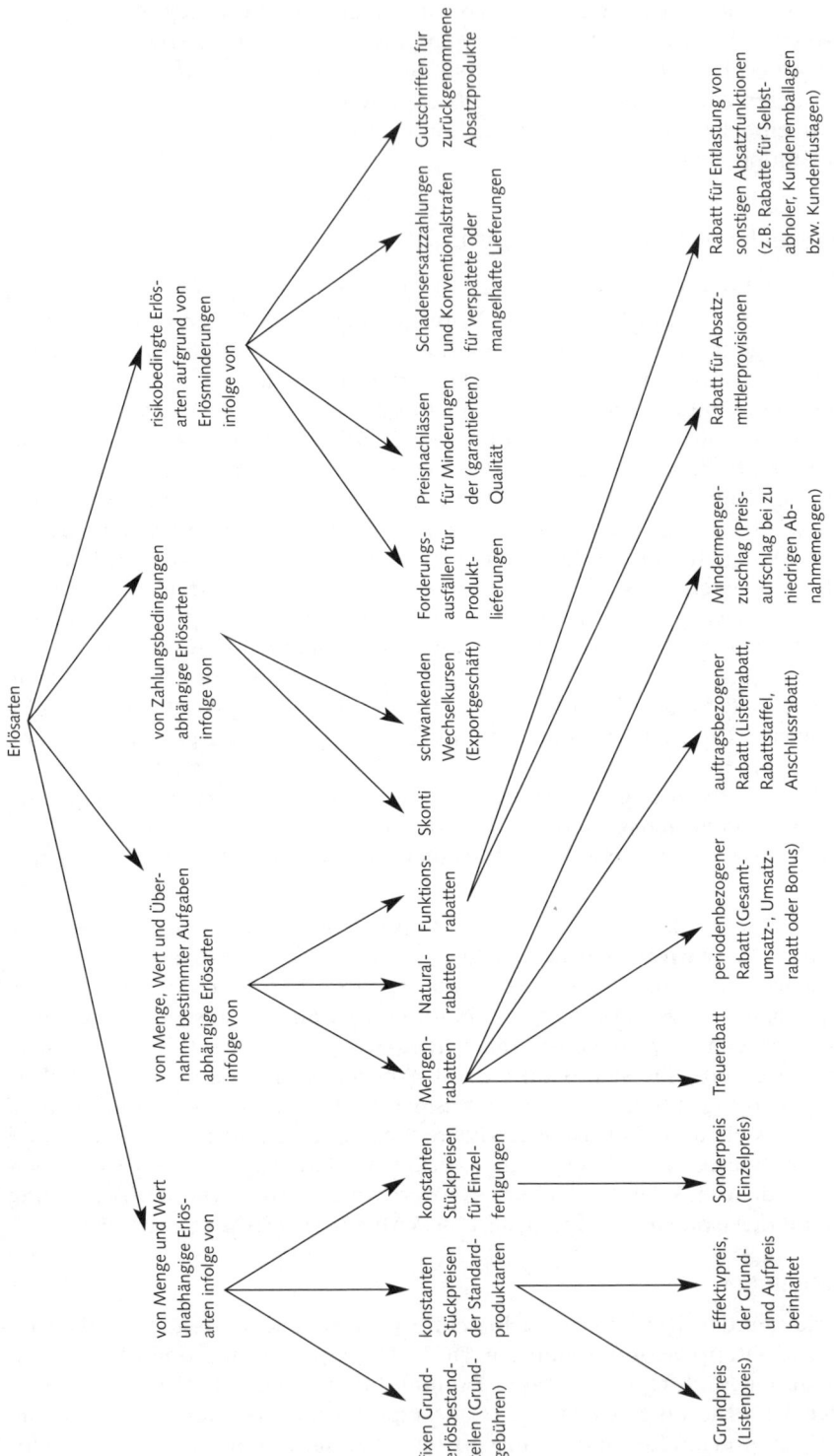

Abb. 50 Erlösarten einschließlich der Arten von Erlösminderungen

Absatzrisiken auftretenden unterschiedlichen Wertkomponenten der Erlöse für gleiche Absatzproduktarten implizieren eine größere Zahl von mengen- oder wertbedingten **Erlösarten,** die sich beispielsweise wie in Abbildung 50 auf S. 174 angegeben gliedern lassen (zu einer ähnlichen Übersicht vgl. auch Laßmann 1973, S. 9).

Diese Übersicht gibt sicherlich nicht alle in der Realität auftretenden Erlösarten wieder, macht jedoch die Notwendigkeit einer detaillierten Erfassung der in einem Unternehmen möglichen Erlösarten offenkundig. Denn je nachdem welche dieser Erlösarten allein oder kombiniert in einem Unternehmen realisiert sind, ergeben sich unterschiedliche Probleme der Stückerlösermittlung. Der **Erlösartenrechnung** kommt daher die Aufgabe zu, die einzelnen Erlösarten aufzuzeigen, zu klassifizieren und zu erfassen. Sieht man einmal vom Grund-, Effektiv-, Einzelpreis, fixen Grunderlösen und Mindermengenzuschlag als Erlösarten ab, dann führen bis auf die Wechselkursschwankungen die übrigen oben angeführten Erlösarten stets zu **Erlösschmälerungen** bzw. **Erlösminderungen** der zuerst genannten Erlösartengruppe. Die Hauptschwierigkeiten jeder Erlösrechnung bestehen darin, den abgesetzten Produkten Erlösschmälerungen, Mindermengenzuschläge und Wechselkursschwankungen nach der Erfassung von Grund- oder Effektivpreisen zuzurechnen.

Die vom Absatz (Menge, Wert) unabhängigen **Grundpreise** erhöhen sich eventuell um bestimmte Beträge in Abhängigkeit z.B. von gegenüber dem Standardprodukt höheren Qualitätseigenschaften bzw. zusätzlichen Verwendungsfunktionen **(Effektivpreise)** (beispielsweise in der Autobranche üblich, die für höhere Qualität oder zusätzlichen Komfort Aufpreise verlangt). Absatzmengen- und absatzwertabhängige Preisabschläge werden vielfach als **Mengenrabatte** bezeichnet. Solche Mengenrabatte kann ein Unternehmen Kunden, die regelmäßig Produkte nachfragen, als so genannte **Treuerabatte** gewähren. Weitaus gebräuchlicher sind jedoch perioden- und auftragsbezogene Rabatte. Bei **periodenbezogenen Rabatten** oder bei der Gewährung von **Boni** werden in Abhängigkeit vom Gesamtumsatz eines Kunden entweder der Vorperiode oder der laufenden Periode am Ende der Periode Preisvergünstigungen angeboten. Diese können in Form eines direkten Preisnachlasses auf Listenpreise vorgenommen werden oder in der Erteilung von Bonus-Gutschriften bestehen. Bei **auftragsbezogenen Rabatten** werden entsprechend den nachgefragten (in Auftrag gegebenen) Absatzmengen einer oder mehrerer Produktarten Preisnachlässe gewährt. Anstelle von Mengenrabatten sind auch **Naturalrabatte** möglich, bei denen in Abhängigkeit nachgefragter Absatzmengen Gratismengen (Zugaben) geliefert werden. Sie lassen sich ohne weiteres in entsprechende Preisnachlässe umrechnen (vgl. zu diesen Rabatten Männel 1974, S. 14 ff.). Oft werden auch für die Erfüllung bestimmter Absatzfunktionen (Handelsfunktionen) Rabatte **(Funktionsrabatte)** angeboten, weil hierdurch die Unternehmen von diesen Funktionen entlastet werden. Hierunter fällt z.B. der **Rabatt für Absatzmittlerfunktionen,** den Wiederverkäufer (etwa der Handel) für ihre Absatzbemühungen erhalten, und der Rabatt für die Übernahme von bestimmten Absatzkosten, wie etwa der Transportkosten von Absatzprodukten, der Kunden für die Entlastung von solchen Absatzkosten gewährt wird. Bei Einhaltung von vorgegebenen Zahlungsterminen bieten Unternehmen oft auch Preisnachlässe in Abhängigkeit vom jeweiligen Rechnungsbetrag **(Skonti)** an. Darüber hinaus bedingt auch das Exportgeschäft gegen fest vereinbarte ausländische Währungen als Zahlungsmittel von diesen **Zahlungsbedingungen abhängige Erlösarten,** weil vielfach die Wechselkurse schwanken. **Risikobedingte Erlösminderungen** können beim Ausfall von Forderungen, die aufgrund von Produktlieferungen bestehen, bei Qualitätsminderungen, die zu Preisnachlässen führen, bei verspäteten oder mangelhaften Lieferungen oder bei Gutschriften für zurückgenommene Absatzprodukte auftreten. Aus einer (beim Grundpreis) oder aus mehreren solcher Erlösarten setzt sich letztlich der Erlös für eine Produktart oder Produktgruppe zusammen, so dass zur (Ist-)Erlösermittlung jeweils die einzelnen Erlösarten mithilfe der Erlösartenrechnung erfasst werden müssen. Analog zur Kostenartenrechnung bietet es sich an, in der Erlösartenrechnung eine **Trennung in Einzel- und Gemeinerlöse** vorzunehmen. **Einzelerlöse** lassen sich den abgesetzten Produkten auf Basis des Verursachungsprinzips direkt zurechnen (wie z.B. Grund- oder Effektivpreise, die für eine Produktart anfallen), während **Gemeinerlöse** (wie z.B. Grund- oder Effektivpreise für Produktbündel, Boni, Funktionsrabatte für Produktbündel) den verschiedenen Produkten oft mithilfe des Durchschnittsprinzips und einer Erlösstellenrechnung zugeordnet werden können.

Zur Illustration der Erlösartenrechnung sei ein Unternehmen betrachtet, das innerhalb einer vorgegebenen Periode drei Produktarten A, B und C gefertigt hat, die an Groß-, Einzelhandelsunternehmen und Konsumenten abgesetzt wurden. Die Grundpreise der Produktarten betragen je Stück 20 € bei A, 25 € bei B und 30 € bei C. Diese Stückpreise führen in Verbindung mit den abgesetzten Mengeneinheiten zu Einzelerlösen der jeweiligen Produktarten A, B und C. An Gemeinerlösarten entstehen Funktions-, Auftragsrabatte und Skonti. Ein Funktionsrabatt wurde nur den Großhandelsunternehmen in Höhe von 20 % und den Einzelhandelsunternehmen in Höhe von 10 % auf den Grundpreis der Produkte, nicht jedoch den Konsumenten gewährt. Auftragsrabatte erhielten alle Kunden, deren jeweiliger Auftragsbruttoumsatz (= Bruttoumsatz – Funktionsrabatte) die folgenden Größenordnungen erreichte: zwischen 50.000 € und 100.000 € Auftragsbruttoumsatz 3 % Auftragsrabatt und über 100.000 € Auftragsbruttoumsatz 5 % (durchgerechneten) Auftragsrabatt. Außerdem wurden auf die Auftragsnettoumsätze (= Bruttoumsatz – Funktionsrabatte – Auftragsrabatte = Auftragsbruttoumsatz – Auftragsrabatte) bei Zahlung innerhalb von acht Tagen Skonto in Höhe von 2 % gewährt. Die Großhandelsunternehmen orderten stets Aufträge mit einem Auftragsbruttoumsatz über 100.000 €, wobei für 75 % des Nettoumsatzes Skonto gewährt wurde. Bei den Einzelhandelsunternehmen lagen die Auftragsbruttoumsätze stets zwischen 50.000 € und 100.000 €, wobei für 50 % des Nettoumsatzes Skonto gewährt wurde. Die Konsumenten vergaben nur Aufträge unter 50.000 € und erhielten für 25 % des Nettoumsatzes Skonto. Insgesamt setzte das Unternehmen in der betrachteten Periode 30.000 Stück von A, 24.000 Stück von B und 15.000 Stück von C ab. Tabelle 30 zeigt die Verteilung des Absatzes auf die einzelnen Kundengruppen.

Tab. 30: Verteilung der Absatzmengen

	Produkt A	Produkt B	Produkt C
Großhändler	15.000	9.600	4.500
Einzelhändler	9.000	7.200	3.000
Konsumenten	6.000	7.200	7.500
Gesamtabsatzmenge	30.000	24.000	15.000

Anhand dieser Angaben können zunächst die mit den einzelnen Produktarten erzielten Einzelerlöse als Bruttoumsätze ermittelt werden:

$$\underbrace{20 \cdot 30.000}_{\text{Produktart A}} + \underbrace{25 \cdot 24.000}_{\text{Produktart B}} + \underbrace{30 \cdot 15.000}_{\text{Produktart C}}$$

$$= \underbrace{600.000}_{\text{Produktart A}} + \underbrace{600.000}_{\text{Produktart B}} + \underbrace{450.000}_{\text{Produktart C}} = 1.650.000 \; [\text{€}].$$

Hierauf aufbauend können die den Groß- und Einzelhändlern gewährten Funktionsrabatte bestimmt werden:

$$\underbrace{\overbrace{(15.000 \cdot 20 + 9.600 \cdot 25 + 4.500 \cdot 30)}^{\text{mit den Großkunden erzielte Einzelerlöse}} \cdot 0,2}_{\text{den Großhändlern gewährter Funktionalrabatt}} + \underbrace{\overbrace{(9.000 \cdot 20 + 7.200 \cdot 25 + 3.000 \cdot 30)}^{\text{mit den Einzelhändlern erzielte Einzelerlöse}} \cdot 0,1}_{\text{den Einzelhändlern gewährter Funktionalrabatt}}$$

$$= 675.000 \cdot 0,2 + 450.000 \cdot 0,1$$

$$= \underbrace{135.000}_{\text{Großhändler}} + \underbrace{45.000}_{\text{Einzelhändler}} = 180.000 \; [\text{€}].$$

Da annahmegemäß die Großhändler stets Aufträge mit einem Auftragsbruttoumsatz von mehr als 100.000 € erteilen und der Auftragsbruttoumsatz der von den Einzelhändlern erteilten Aufträge stets zwischen 50.000 € und 100.000 € liegt, ergeben sich die den Kunden gewährten Auftragsrabatte zu:

$$\underbrace{\overbrace{(675.000 - 135.000)}^{\substack{\text{mit den Großkunden erzielter} \\ \text{Auftragsbruttoumsatz}}} \cdot 0,05}_{\text{den Großkunden gewährter Auftragsrabatt}} + \underbrace{\overbrace{(450.000 - 45.000)}^{\substack{\text{mit den Einzelhändlern erzielter} \\ \text{Auftragsbruttoumsatz}}} \cdot 0,03}_{\text{den Einzelhändlern gewährter Auftragsrabatt}}$$

$$= \underbrace{27.000}_{\text{Großkunden}} + \underbrace{12.150}_{\text{Einzelhändler}} = 39.150 \, [\text{€}].$$

Als letzte für das betrachtete Beispiel relevante Gemeinerlösart bleiben noch die gewährten Skonti zu ermitteln. Hierbei ist zum einen zu berücksichtigen, dass die Skonti nur für einen Teil der erzielten Nettoumsätze gewährt wurden. Zum anderen wurden den Konsumenten annahmegemäß weder Funktions- noch Auftragsrabatte gewährt, so dass die mit den Konsumenten erzielten Einzelerlöse, der mit den Konsumenten erzielte Auftragsbruttoumsatz und der mit dieser Kundengruppe erzielte Nettoumsatz identisch sind. Damit ergeben sich die gewährten Skonti zu:

$$\underbrace{\overbrace{(675.000 - 135.000 - 27.000)}^{\text{mit Großhändlern erzielter Nettoumsatz}} \cdot 0,75 \cdot 0,02}_{\text{den Großhändlern gewährtes Skonto}} + \underbrace{\overbrace{(450.000 - 45.000 - 12.150)}^{\text{mit Einzelhändlern erzielter Nettoumsatz}} \cdot 0,5 \cdot 0,02}_{\text{den Einzelhändlern gewährtes Skonto}}$$

$$+ \underbrace{\overbrace{(6.000 \cdot 20 + 7.200 \cdot 25 + 7.500 \cdot 30)}^{\text{mit Konsumenten erzielter Nettoumsatz}} \cdot 0,25 \cdot 0,02}_{\text{den Konsumenten gewährtes Skonto}} = \underbrace{7.965}_{\text{Großhändler}} + \underbrace{3.928,5}_{\text{Einzelhändler}} + \underbrace{2.625}_{\text{Konsumenten}}$$

$$= 14.248,50 \, [\text{€}].$$

Aus den ermittelten Einzel- und Gemeinerlösen ergibt sich für die Erlösartenrechnung folgendes Ergebnis:

Einzel-erlöse der drei Produkt-arten	Produktart A	600.000,00 €	Gemeinerlöse der drei Produktarten als Erlös-minderungen	Funktions-rabatte	180.000,00 €
	Produktart B	600.000,00 €		Auftrags-rabatte	39.150,00 €
	Produktart C	450.000,00 €		Skonti	14.248,50 €
		1.650.000,00 €			233.398,50 €

Gesamterlös: 1.650.000,00 € – 233.398,50 € = 1.416.601,50 €.

b) Erlösstellenrechnung

Während in der Erlösartenrechnung die angefallenen Erlösarten einer Periode erfasst werden, soll die **Erlösstellenrechnung** angeben, wo durch welche Absatzmarktkon-stellation (Ist-)Erlöse entstanden sind. Da die Erlösarten, wie z.B. Mengenrabatte oder Skonti, erst in Verbindung mit unterschiedlichen Absatzmarktkonstellationen, wie z.B. kundenspezifischen Absatzmengen und Zahlungsbedingungen, die Höhe der Erlöse bestimmen, ist eine Erlösstellenrechnung zur Ermittlung von Stückerlösen oder Gesamt-erlösen der Absatzprodukte vielfach erforderlich. Außer dieser **Erlösvermittlungs-funktion** kann eine Erlösstellenrechnung auch zur Erlöskontrolle eingesetzt werden, also **Erlöskontrollfunktionen** übernehmen.

Als Hauptstellen der Erlösentstehung sind die einzelnen **räumlich-geographischen Teilmärkte** anzusehen, auf denen die Absatzproduktarten eines Unternehmens ver-kauft werden. Da, wie bereits erläutert, die Höhe der Stückerlöse außer von den Erlösar-ten auch von den verschiedenen möglichen Absatzmarktkonstellationen abhängt, lassen sich gegebenenfalls entsprechend kundenspezifischen und absatzorganisatorischen Klassifikationskriterien weitere Differenzierungen der Haupterlösstellen vornehmen. **Kundenspezifische Gliederungskriterien** können einzelne Kunden oder Kunden-gruppen (z.B. Groß- und Kleinkunden) oder auch Kundengruppen des jeweils einge-setzten Verkaufspersonals sein. Bei absatzorganisatorischen Einteilungskriterien basiert die Klassifikation auf verschiedenen **Absatzwegen** (z.B. Groß- oder Einzelhandel [indi-rekten Absatzwegen], direkt an die Verbraucher [direkten Absatzwegen]) oder verschie-denen Absatzmethoden (wie z.B. Versandgeschäft, Verkauf über Automaten) (vgl. Knob-lich 1971, S. 85 ff.). Als die wichtigsten Kriterien für die Aufteilung in Stellen (Orte oder Quellen) der Erlösentstehung, also für die Bildung von Erlösstellen, können somit ange-sehen werden:

1. Die Produktarten und Produktartengruppen als eigentliche Erlösquellen eines Un-ternehmens,

2. die Marktsegmente oder Teilmärkte,

3. Kunden oder Kundengruppen bzw. Kundengruppen des jeweils eingesetzten Ver-kaufspersonals,

4. Absatzwege oder Absatzmethoden,

5. rechnungstechnische Gesichtspunkte, insbesondere im Hinblick auf die Zurech-nung von Erlösarten zu Erlösstellen.

Nach einer Gliederung in einzelne Erlösstellen besteht die Aufgabe der **(Ist-)Erlösstel-lenrechnung** darin, anhand der durch die jeweiligen Erlösstellen gekennzeichneten Istabsatzmengen und sonstigen Istabsatzmarktkonstellationen (z.B. gewährten Mengen-rabatten oder in Anspruch genommenen Skonti) mithilfe der Isterlösarten die (Ist-)Erlöse jeder Stelle zu ermitteln (gegebenenfalls unter direkter Einbeziehung der Einzelerlöse für die abgesetzten Produktarten einer Stelle). Bei der Zurechnung von Gemeinerlösarten zu Erlösstellen können sich für Stellengemeinerlöse, je nach der differenzierenden Segmentierung der Gesamtnachfrage durch Erlösstellen, schwierige Zurechnungsprobleme ergeben. Liegen z.B. keine spezifischen auftragsbezogenen Rabattstaffeln (Listenrabatte), sondern periodenbezogene Rabatte vor, so ist eine Zurechnung dieser Rabatte auf einzelne Produktarten, die eigentlichen Erlösquellen, verschiedener Stellen immer dann aus Sicht des Verursachungsprinzips problematisch, wenn an einen Kunden während einer Periode verschiedene Güterarten geliefert werden (vgl. Männel 1974, S. 39). Bei auftragsbezogenen Rabatten für Aufträge über mehrere Produktarten können ebenfalls derartige schwierige Zurechnungsprobleme für einzelne Absatzproduktarten entstehen. (Die in der [Ist-]Erlösstellenrechnung aufgrund von Erlösverbundenheiten auftretenden Zurechnungsprobleme lassen sich grundsätzlich entsprechend den in der Planerlösrechnung angewandten Zurechnungsverfahren oder entsprechend den in der Planerlösrechnung gewählten zusammengefassten Erlösquellen, die eine Zurechnung überflüssig machen, lösen [vgl. zu detaillierten Ausführungen bezüglich solcher Zurechnungen bzw. Zusammenfassungen im Rahmen der Planerlösrechnung Riebel 1994, S. 98 ff.; Männel 1974, S. 39 ff.].) Offensichtlich kann jedoch beim Vorliegen von Gemein- bzw. Stellengemeinerlösen die Zurechnung aller angefallenen Erlöse auf die abgesetzten Produktarten einer Periode nur auf Anwendung des Durchschnittsprinzips basieren, dessen Zuschlagsgrundlagen gegen das Verursachungsprinzip verstoßen (vgl. die Kritik an den Zuschlagsgrundlagen in der Kostenrechnung auf S. 160 f.).

Nach der Erfassung der Erlösarten für jede Erlösstelle (also der Zurechnung von Erlösarten zu Erlösstellen) ist die Erlösstellenrechnung abgeschlossen. Denn zwischen den Erlösstellen bestehen in der Regel keine Güterbeziehungen wie zwischen den Kostenstellen.

Zur Durchführung der Erlösstellenrechnung im Beispiel wird der gesamte Absatzmarkt zunächst gemäß den drei Kundengruppen in Großhändler, Einzelhändler und Konsumenten aufgeteilt. Jede dieser Kundengruppen wird entsprechend den drei Produktarten weiter gegliedert. Insgesamt erhält man die in der folgenden – analog zum BAB aufgebauten – Tabelle 31 ausgewiesene Hierarchie von Erlösstellen als Quellen der Erlösentstehung.

Ausgehend von den Absatzmengen und Grundpreisen der Einzelerlöse, die in der Tabelle 31 als Zusatzinformationen für die Durchführung der Erlösstellenrechnung angefügt worden sind, werden die Gemeinerlösarten entsprechend den angegebenen Schlüsseln und den in der Erlösartenrechnung beschriebenen Geschäftsvorfällen den einzelnen Erlösquellen, nämlich den Produktarten der jeweiligen Kundengruppe, zugerechnet. So erhielt z.B. ein Großhändler 20 % Preisnachlass als Funktionsrabatt, der für die Produktart A bei einem Grundpreis von 20 € und einer Absatzmenge von 15.000 Stück direkt erfassbare Erlösminderungen von 20 % auf 20 € · 15.000 = 4 € · 15.000 = 60.000 € hervorruft. Analog lassen sich die anderen Erlösminderungen aus Funktionsrabatten ermitteln. Einzelhändler erhielten stets 3 % des jeweiligen Auftragsbruttoumsatzes als Rabatt, also für jede Produktart im Durchschnitt 3 % als Preisnachlass. Für die Produktart A eines Einzelhändlers ergibt sich dann 3 % von (180.000 – 18.000) € = 4.860 € als durchschnittliche Erlösminderung aufgrund von Auftragsrabatten.

Tab. 31: Erlösstellenrechnung (Beispiel)

Erlösstellen / Gemeinerlöse	Erlösbetrag [€]	Schlüssel	Großhändler			Einzelhändler			Konsumenten		
			A	B	C	A	B	C	A	B	C
Funktionsrabatte	180.000	Prozentsatz der jeweiligen Kundengruppe (20 %, 10 %, 0 %)	60.000	48.000	27.000	18.000	18.000	9.000	0	0	0
Auftragsrabatte	39.150	Prozentsatz der jeweiligen Auftragsbruttoumsätze (5 %, 3 %, 0 %)	12.000	9.600	5.400	4.860	4.860	2.430	0	0	0
Skonti	14.248,50	Zahlungszeitpunkte der jeweiligen Kunden (2 %)	3.420	2.736	1.539	1.571,40	1.571,40	785,70	600	900	1.125
Summe	233.398,50		75.420	60.336	33.939	24.431,40	24.431,40	12.215,70	600	900	1.125

	Erlösbetrag [€]		Großhändler			Einzelhändler			Konsumenten		
			A	B	C	A	B	C	A	B	C
Absatzmengen (Stückzahl)			15.000	9.600	4.500	9.000	7.200	3.000	6.000	7.200	7.500
Grundpreise [€]			20	25	30	20	25	30	20	25	30
Einzelerlöse	1.650.000		300.000	240.000	135.000	180.000	180.000	90.000	120.000	180.000	225.000

Entsprechend lassen sich die übrigen Auftragsrabatte als durchschnittliche Erlösminderungen den einzelnen Erlösquellen zurechnen. Skonto erhielten beispielsweise die Einzelhändler in 50 % der Fälle. Das Skonto betrug 2 % vom Auftragsnettoumsatz. Im Durchschnitt ergibt sich damit etwa für die Produktart A eines Einzelhändlers als Erlösminderung durch 2 % Skonto auf 50 % von (180.000 – 18.000 – 4.860) € = 2 % von 78.570 € = 1.571,40 €. Analog lassen sich allen anderen Erlösquellen durchschnittliche Skonti zurechnen, wobei die Großhändler in 75 % und die Konsumenten in 25 % der Fälle Skonto erhielten. Mit den Ergebnissen der Tabelle 31 ist die Erlösstellenrechnung abgeschlossen.

c) Erlösträgerstückrechnung

Aufgabe der **Erlösträgerstückrechnung** ist es, die Stückerlöse für jede Produktart (eventuell nach weiteren Kriterien wie etwa nach einzelnen Märkten und Kunden spezifiziert) zu ermitteln. Bei Produktarten, für die nur Einzelerlöse anfallen, ergeben sich konstante Stückerlöse direkt aufgrund der in der Erlösartenrechnung erfassten Einzelerlöse oder durch proportionale Aufteilungen der gesamten Isteinzelerlöse einer Produktart auf ihre abgesetzten Mengeneinheiten einer Periode. Liegen für eine oder mehrere Produktarten einer Erlösstelle Einzel- und Gemeinerlöse vor, dann bieten sich Verfahren auf der Basis der Divisions- oder Zuschlagsrechnung analog zur Divisions- oder Zuschlagskalkulation an, um die Stückerlöse einzelner Produktarten zu bestimmen. Die Einzel- und Gemeinerlöse zusammengefasst können also entsprechend dem Durchschnittsprinzip auf die abgesetzten Mengeneinheiten der Produktarten einer Stelle (gegebenenfalls unter Verwendung von Rechnungseinheiten wie bei der Äquivalenzziffernrechnung) verteilt oder die Gemeinerlöse anhand spezieller Schlüsselgrößen (wie z.B. Einzelerlöse) den einzelnen Produktarten zugerechnet werden. Spezifische Zurechnungsprobleme der Erlösstückrechnung ergeben sich dann, wenn die Stückerlöse von (aus fertigungstechnischer Sicht) gleichen Produktarten, die jedoch aufgrund spezieller Erlösstellengliederungen in verschiedenen Erlösstellen als abgesetzte Produkte erfasst werden und unterschiedliche Erlösarten erbracht haben, zu errechnen sind. In solchen Fällen kann gemäß dem Durchschnittsprinzip ein einheitlicher Stückerlös auf der Basis einer gewogenen arithmetischen Mittelwertbildung der einzelnen erlösstellenspezifischen Stückerlöse einer Produktart ermittelt werden.

Nach der Bestimmung der (Ist-)Stückerlöse ergeben sich durch Multiplikation der Stückerlöse mit den Absatzmengen die (Ist-)Gesamterlöse jeder Produktart. Ihre Zusammenfassung über alle Produktarten führt zu den (Ist-)Gesamterlösen einer Periode.

Für das bisher durchgeführte Zahlenbeispiel folgt daher: Die Einzelerlöse der drei Produktarten A, B und C ergeben sich direkt aus den erzielten Grundpreisen und betragen jeweils 20 € für A, 25 € für B und 30 € für C pro Stück. Für die drei Produktarten sind aber auch Gemeinerlöse in unterschiedlicher Höhe, jedoch jeweils der gleichen Art, und zwar in Abhängigkeit von den einzelnen Erlösstellen, angefallen. Zur Ermittlung der Stückerlösminderungen, die sich aufgrund der angefallenen Gemeinerlösarten ergeben, kann z.B. folgendermaßen vorgegangen werden. Man fasst die in der Erlösstellenrechnung ausgewiesenen Gemeinerlöse jeder Produktart zusammen (für A ergibt sich 100.451,40 €, für B 85.667,40 € und für C 47.279,70 €) und dividiert sie durch die insgesamt abgesetzten Stückzahlen. Diese Rechnung führt zu folgenden Stückerlösen:

$$\text{Produktart A:} \quad 20\,€ - \frac{100.451,40}{30.000}\,€ = (20 - 3,3484)\,€$$
$$= 16,6516\,€ \approx 16,65\,€$$

$$\text{Produktart B:} \quad 25\,€ - \frac{85.667,40}{24.000}\,€ = (25 - 3,5695)\,€$$
$$= 21,4305\,€ \approx 21,43\,€$$

$$\text{Produktart C:} \quad 30\,€ - \frac{47.279,70}{15.000}\,€ = (30 - 3,1520)\,€$$
$$= 26,848\,€ \approx 26,85\,€$$

(mit $16,65162 \cdot 30.000 + 21,430525 \cdot 24.000 + 26,84802 \cdot 15.000 = 1.416.601,50$ € [Ist-] Gesamterlös der betrachteten Periode).

Durch die Anwendung der Zuschlagsrechnung, wie der summarischen und elektiven Zuschlagskalkulation, kann eine beanspruchungsgerechtere Zurechnung der Gemeinerlöse erreicht werden. Hierbei ist die Problematik wertmäßiger Schlüsselgrößen, wie Einzelerlöse, nicht so kritisch und ablehnend zu beurteilen wie in der Kostenrechnung, da die Höhe der Gemeinerlöse vielfach direkt von den Einzelerlösen abhängt; zu beachten bleibt jedoch, dass sich fixe Erlöse (wie z.B. die BahnCard-Gebühr bei der Deutsche Bahn AG) nie verursachungsgerecht den Absatzmengen als Erlösträger zurechnen lassen.

F Erfolgsrechnung auf der Basis von Kosten und Leistungen (kurzfristige Erfolgs- oder Kostenträgerzeitrechnung)

Lernziel: *Die Erfolgsrechnung auf der Basis von Kosten und Leistungen oder kurzfristige Erfolgsrechnung ist eine kombinierte Kosten- und Leistungsrechnung zum Zwecke der Ermittlung des periodischen, sachzielbezogenen Erfolges. Sie sollen die beiden wichtigsten Verfahren der kurzfristigen Erfolgsrechnung (Gesamt- und Umsatzkostenverfahren) kennen lernen.*

1 Einführung

Die **kurzfristige Erfolgsrechnung** oder **Kostenträgerzeitrechnung** (auch **Betriebsergebnisrechnung** genannt) verknüpft die Kosten- mit der Leistungsrechnung. Sie stellt Kosten und Leistungen des gesamten Unternehmens für einen Abrechnungszeitraum gegenüber, der in der Regel kürzer als ein Jahr ist. Durch diese Gegenüberstellung wird die Differenz aus allen Leistungen und allen Kosten, der **sachzielbezogene Periodenerfolg,** ermittelt. Darüber hinaus dient sie durch sinnvolle Untergliederung von Leistungen und Kosten dazu, die Herkunft des sachzielbezogenen Erfolges aus der Produktion sowie dem Absatz eines Produktes oder mehrerer Produkte und somit die Erfolgsquellen eines Unternehmens aufzudecken. Die Aufgabe der kurzfristigen Erfolgsrechnung liegt in der **laufenden Überwachung der Wirtschaftlichkeit des Unternehmens.** Diese Aufgabe macht die Wahl kurzer Abrechnungszeiträume und eine rasche Erfolgsermittlung erforderlich, damit eventuell aufgedeckten ungünstigen wirtschaftlichen Entwicklungen so früh wie möglich begegnet werden kann.

Von der Erfolgsrechnung auf der Basis von Aufwendungen und Erträgen, der Gewinn- und Verlustrechnung, unterscheidet sich die Erfolgsrechnung auf der Basis von Kosten und Leistungen durch folgende Merkmale (vgl. auch Kilger 1962, S. 27 f.). Im Gegensatz zur Gewinn- und Verlustrechnung, die in den meisten Unternehmen nur einmal im Jahr für den Abrechnungszeitraum eines Jahres oder bei börsennotierten Unternehmen halbjährig oder quartalsweise aufgestellt wird, führt man die kurzfristige Erfolgsrechnung mehrfach im Jahr für kürzere Abrechnungszeiträume durch. Da die kurzfristige Erfolgsrechnung auf Kosten und Leistungen basiert, ist sie im Gegensatz zur Gewinn- und Verlustrechnung frei von Einflüssen neutraler Aufwendungen sowie Erträge und unabhängig von speziellen handels- oder steuerrechtlichen Bewertungsansätzen, also auch von bilanzpolitisch motivierten Aufwands- und Ertragsmanipulationen. Anders als die Gewinn- und Verlustrechnung, die in das System der doppelten Buchhaltung eingebettet ist, kann die kurzfristige Erfolgsrechnung ebenfalls statistisch tabellarisch und unter Abstimmung mit der doppelten Buchhaltung durchgeführt werden, was die Rechnungsdurchführung beschleunigt. Diese Unterschiede gegenüber der Gewinn- und Verlustrechnung (kürzerer Abrechnungszeitraum, Unabhängigkeit von neutralen Aufwendungen und Erträgen, von handels- oder steuerrechtlichen Bewertungsansätzen und speziell von bilanzpolitisch motivierten Aufwands- und Ertragsmanipulationen sowie keine Bindung an die Form der doppelten Buchhaltung) steigern die Aussagefähigkeit der kurzfristigen Erfolgsrechnung für das Sachziel eines Unternehmens gegenüber der Gewinn- und Verlustrechnung.

2 Mangelnde Übereinstimmung von Produktions- mit Absatzmengen als Problem der kurzfristigen Erfolgsrechnung

Die Berechnung des Periodenerfolgs als kurzfristiger Erfolg bereitet keine Schwierigkeiten, wenn Lagerbestände für unfertige Erzeugnisse konstant bleiben, keine „zu aktivierenden" innerbetrieblichen Güter erstellt und die in einer Periode hergestellten fertigen Erzeugnisse in der gleichen Periode abgesetzt werden. In diesem Falle führt die Differenz aus den gesamten Leistungen bzw. Erlösen der abgesetzten Produkte und den gesamten primären Kosten der gleichen Periode zum sachzielbezogenen Periodenerfolg, gegebenenfalls differenziert nach einzelnen Produktarten.

In der Regel stimmen jedoch die Mengen hergestellter und abgesetzter fertiger Erzeugnisse einer Periode nicht überein. Da die primären Kosten einer Periode für die Herstellung der gefertigten Produktmengen einerseits und den Vertrieb der abgesetzten Produktmengen andererseits sowie die Leistungen als Erlöse nur für die abgesetzten Produktmengen einer Periode anfallen, sind unter den Bedingungen unterschiedlicher Produktions- und Absatzmengen primäre Kosten und Leistungen als Erlöse einer Periode nicht mehr unmittelbar vergleichbar. Der Erfolg beispielsweise eines Einprodukt-unternehmens, das in einer Periode 100 Produkteinheiten herstellt und in der gleichen Periode 150 Produkteinheiten absetzt, wobei 50 Produkteinheiten dem Lager an Fertigfabrikaten entnommen werden, ergibt sich nicht aus der Differenz der gesamten Leistungen als Erlöse und den gesamten primären Kosten dieser Periode. Von den gesamten Erlösen muss außer den gesamten primären Kosten noch der Wert der Bestandsabnahmen an fertigen Erzeugnissen als primäre Kosten früherer Perioden abgezogen werden. Bei Lagerbestandszunahmen sind als Leistungen einer Periode die Erlöse und der Wert der Bestandszunahmen anzusetzen, von denen die primären Kosten der Periode zur Ermittlung des Periodenerfolgs abgezogen werden müssen.

Die gleichen Probleme treten bei Lagerbestandsänderungen für unfertige Erzeugnisse auf. Werden „zu aktivierende" innerbetriebliche Güter hergestellt, so sind diese Bestandszugänge wie Lagerbestandszugänge bei fertigen und unfertigen Erzeugnissen in die Erfolgsrechnung einzubeziehen. (Man könnte daran denken, Minderungen bei den Beständen „aktivierter" innerbetrieblicher Güter in der Erfolgsrechnung gleich den Bestandsminderungen bei fertigen und unfertigen Erzeugnissen zu behandeln. Wenn Bestandsminderungen bei den „aktivierten" innerbetrieblichen Gütern durch **Verbrauch** oder **Gebrauch** dieser Güter entstehen, gehen sie über die primären Kosten in die Kostenrechnung ein [vgl. S. 138] und dürfen also nicht als Bestandsminderungen berücksichtigt werden. Bestandsminderungen durch den **Verkauf** zuvor „aktivierter" innerbetrieblicher Güter sollen nicht in die Erfolgsrechnung eingehen, weil der Verkauf solcher Güter einen Sonderfall darstellt, der grundsätzlich nicht zum Sachziel des Unternehmens gehört, weshalb auch der Erlös aus solchen Veräußerungen von der kurzfristigen Erfolgsrechnung nicht erfasst werden soll.) Bei allen Bestandsänderungen sind also im Fall von Bestandserhöhungen die Erlöse um **alle** bewerteten Bestandszunahmen zu ergänzen, um die gesamten Leistungen einer Periode zu erhalten, und im Fall von Bestandsabnahmen sind die primären Kosten um die bewerteten Bestandsabnahmen nur an fertigen und unfertigen Erzeugnissen zu ergänzen, um die gesamten Kosten einer Periode zu erhalten. Zwei Formen der kurzfristigen Erfolgsrechnung sind entwickelt worden, die die Ermittlung des gesamten sachzielbezogenen kurzfristigen Erfolges einer Periode ermöglichen.

3 Gesamtkostenverfahren

Das **Gesamtkostenverfahren,** historisch die ältere Form der kurzfristigen Erfolgsrechnung, basiert auf der Erfassung der gesamten Kosten eines Unternehmens während einer Periode, die – falls in Kontenform durchgeführt – nach Kostenarten gegliedert auf der Sollseite des Betriebsergebniskontos gesammelt werden. Bei unveränderter Übernahme der primären Kosten und Erlöse einer Periode müssen daher zur Ermittlung des kurzfristigen sachzielbezogenen Erfolges einer Periode die bewerteten Bestandsänderungen mitberücksichtigt werden.

Wird in einer Periode mehr produziert als verkauft, so haben sich die Bestände an unfertigen und/oder fertigen Erzeugnissen (gegebenenfalls „zu aktivierenden" innerbetrieblichen Gütern) erhöht. Außer den Erlösen sind auch die bewerteten Bestandszugänge, für deren Wertansatz die Herstellkosten gewählt werden (kostenorientierte Bewertung von Gütererstellungen), auf der Habenseite des Betriebsergebniskontos zur Erfassung der gesamten Leistungen einer Periode anzusetzen. Wird in einer Periode dagegen mehr abgesetzt als hergestellt, so sinken die Lagerbestände an unfertigen und/oder fertigen Erzeugnissen. Außer den gesamten primären Kosten einer Periode müssen diese bewerteten Lagerbestandsabgänge, für deren Wertansatz die Herstellkosten gewählt werden, auf der Sollseite des Betriebsergebniskontos zur Erfassung der gesamten Kosten einer Periode angesetzt werden.

Folgendes Schema gibt das Zusammenwirken der Größen wieder, die bei Anwendung des Gesamtkostenverfahrens zum sachzielbezogenen Erfolg einer Periode führen:

(Verkaufs-)Erlöse der Periode

+ Lagerbestandszunahme an unfertigen und fertigen
Erzeugnissen (gegebenenfalls Bestandszugänge an
„zu aktivierenden" innerbetrieblichen Gütern)
der Periode, bewertet mit Herstellkosten $\left.\rule{0pt}{4em}\right\}$ Gesamte Istleistungen
der Periode

– Lagerbestandsabnahme an unfertigen und
fertigen Erzeugnissen der Periode, bewertet
mit Herstellkosten $\left.\rule{0pt}{3em}\right\}$ Gesamte Istkosten
der Periode

– gesamte primäre Kosten der Periode

= **Sachzielbezogener Erfolg der Periode**

Formelmäßig lässt sich die Ermittlung des sachzielbezogenen Erfolges durch das Gesamtkostenverfahren unter der Annahme, dass keine „zu aktivierenden" innerbetrieblichen Güter hergestellt werden, folgendermaßen darstellen (vgl. Kilger 1962, S. 29):

G^G: sachzielbezogener Erfolg einer Periode nach dem Gesamtkostenverfahren

a_n: Absatzmenge der n-ten (fertigen) Erzeugnisart einer Periode ($n = 1, ..., N$)

x_n: Produktionsmenge der n-ten fertigen Erzeugnisart einer Periode ($n = 1, ..., N$)

b_n: verbrauchte Menge der n-ten unfertigen Erzeugnisart ($n = N + 1, ..., \bar{N}$)

y_n: Produktionsmenge der n-ten unfertigen Erzeugnisart ($n = N + 1, ..., \bar{N}$)

p_n: Stückerlös für das (fertige) Erzeugnis der n-ten Art einer Periode ($n = 1, ..., N$)

h_n: (gesamte) Herstellkosten pro Einheit von fertigen oder unfertigen Erzeugnissen der n-ten Art einer Periode ($n = 1, ..., N, N + 1, ..., \bar{N}$)

K_m: primäre Kostenartenbeträge der m-ten Art einer Periode ($m = 1, ..., M$)

M: Anzahl der primären Kostenarten

$\bar{N}$: Gesamtanzahl der Erzeugnisarten

N: Anzahl der fertigen Erzeugnisarten

$\bar{N} - N$: Anzahl der unfertigen Erzeugnisarten

$$G^G = \begin{pmatrix} \text{Verkaufs-} \\ \text{Erlöse} \end{pmatrix} + \begin{pmatrix} \text{Bestandsveränderungen an fertigen} \\ \text{und unfertigen Erzeugnissen} \\ \text{bewertet zu Herstellkosten} \end{pmatrix} - \begin{pmatrix} \text{gesamte primäre} \\ \text{Kosten} \end{pmatrix}$$

$$G^G = \sum_{n=1}^{N} p_n \cdot a_n + \sum_{n=1}^{N} (x_n - a_n) \cdot h_n + \sum_{n=N+1}^{\bar{N}} (y_n - b_n) \cdot h_n - \sum_{m=1}^{M} K_m.$$

Die wichtigsten Prämissen des hier dargestellten Gesamtkostenverfahrens lauten:

1. Bestandszunahmen werden auf der Basis kostenorientierter Wertansätze bewertet (nur in Höhe der Herstellkosten).

2. Herstellkosten der Vorperioden und der betrachteten Periode sind gleich. Sofern Prämisse 2. nicht gilt, sind die anzusetzenden Herstellkosten h_n aus dem gewogenen Durchschnitt der Herstellkosten früherer Perioden für Lagerentnahmen und der

Herstellkosten der betrachteten Periode zu ermitteln oder für Lagerentnahmen die jeweiligen Herstellkosten des Lagerabgangs anzusetzen.

Der Aufbau des Gesamtkostenverfahrens kann auch auf anderen Prämissen (Wertansätzen) basieren.

4 Umsatzkostenverfahren

Beim **Umsatzkostenverfahren** stellt man im Gegensatz zum Gesamtkostenverfahren den **Erlösen der abgesetzten Produktmengen** die **Selbstkosten der abgesetzten Produktmengen** einer Periode (Herstellkosten der in einer Periode abgesetzten Produkte zuzüglich der gesamten Verwaltungs- und Vertriebskosten dieser Periode) gegenüber, die auch „Umsatzkosten" genannt werden, um den sachzielbezogenen Periodenerfolg zu ermitteln. Die Einbeziehung der Selbstkosten und Erlöse abgesetzter Produkte in die Erfolgsrechnung verdeutlicht, dass das Umsatzkostenverfahren eine Kostenträgerstückrechnung zur Ermittlung der Selbstkosten und eine Erlösträgerstückrechnung zur Ermittlung der Erlöse voraussetzt, also der Kosten bzw. Erlöse, welche auf die abgesetzten Produktmengen entfallen.

Wenn genau wie für das Gesamtkostenverfahren unterstellt wird, dass auf Lager genommene unfertige sowie fertige Erzeugnisse (gegebenenfalls auch erstellte „zu aktivierende" innerbetriebliche Güter) mit den Herstellkosten zu bewerten sind, sie also keinerlei Verwaltungs- und Vertriebskosten tragen, dürfen die in einer Periode angefallenen Verwaltungs- und Vertriebskosten nur auf die in der betrachteten Periode abgesetzten Produkte verteilt werden. Die Selbstkosten der abgesetzten Produktmengen enthalten unter diesen Voraussetzungen außer den Herstellkosten der abgesetzten Produktmengen die gesamten Verwaltungs- und Vertriebskosten einer Periode. Die Ermittlung des sachzielbezogenen Erfolges mittels des Umsatzkostenverfahrens kann also durch folgendes Schema charakterisiert werden:

(Verkaufs-)Erlöse der Periode	Erlöse
– Herstellkosten der abgesetzten Produkte der Periode	} Selbstkosten der abgesetzten Produkte
– Verwaltungs- und Vertriebskosten der Periode	
= **Sachzielbezogener Erfolg der Periode**	

Auch die Ermittlung des sachzielbezogenen Erfolges durch das Umsatzkostenverfahren lässt sich formelmäßig ohne weiteres darstellen. Zu diesem Zweck wird gegenüber der Beschreibung des Gesamtkostenverfahrens auf folgende neue Symbole zurückgegriffen:

G^U: sachzielbezogener Erfolg einer Periode nach dem Umsatzkostenverfahren

s_n: Selbstkosten pro Einheit des Erzeugnisses der n-ten Art (n = 1,..., N)

$K_m^{V\&V}$:   primäre und gegebenenfalls sekundäre Kostenartenbeträge des Verwaltungs- und Vertriebsbereiches der m-ten Art (m = 1,...,M^*) einer Periode

M^*:   Anzahl der verschiedenen Verwaltungs und Vertriebskostenarten

$$G^U = \begin{pmatrix} \text{Verkaufs-} \\ \text{Erlöse} \end{pmatrix} - \underbrace{\left[\begin{pmatrix} \text{Herstellkosten} \\ \text{der abgesetzten Produkte} \end{pmatrix} + \begin{pmatrix} \text{gesamte Verwaltungs- und} \\ \text{Vertriebskosten einer Periode} \end{pmatrix} \right]}_{\text{Selbstkosten der abgesetzten Produkte}}$$

$$G^U = \sum_{n=1}^{N} p_n \cdot a_n - \left[\sum_{n=1}^{N} h_n \cdot a_n + \sum_{m=1}^{M^*} K_m^{V\&V} \right]$$

$$G^U = \sum_{n=1}^{N} p_n \cdot a_n - \sum_{n=1}^{N} s_n \cdot a_n = \sum_{n=1}^{N} (p_n - s_n) \cdot a_n.$$

Auch das hier dargestellte Umsatzkostenverfahren basiert auf den folgenden zwei wichtigen Prämissen:

1. Bestandszunahmen werden auf der Basis kostenorientierter Wertansätze bewertet (nur mit Herstellkosten, da die Verwaltungskosten der betrachteten Periode den abgesetzten Produkten zugerechnet werden),

2. Herstellkosten der Vorperioden und der betrachteten Periode sind gleich. Sofern Prämisse 2. nicht gilt, sind die anzusetzenden Herstellkosten h_n aus dem gewogenen Durchschnitt der Herstellkosten früherer Perioden für Lagerentnahmen und der Herstellkosten der betrachteten Periode zu ermitteln oder für Lagerentnahmen die jeweiligen Herstellkosten des Lagerabgangs anzusetzen.

Der Aufbau des Umsatzkostenverfahrens kann auch auf anderen Prämissen (Wertansätzen) basieren.

5 Vergleichende Beurteilung des Gesamtkosten- und Umsatzkostenverfahrens

Das **Gesamtkostenverfahren** zeichnet sich durch die Einfachheit seines rechnerischen Aufbaus aus. Es lässt sich leicht in das System der doppelten Buchhaltung einfügen und kann auch in statistisch tabellarischer Form ohne weiteres realisiert werden (vgl. Kilger 1962, S. 32). Demgegenüber ist der Einbau einer kurzfristigen Erfolgsrechnung nach dem **Umsatzkostenverfahren** in das System der doppelten Buchführung nicht einfach, und auch in der statistisch tabellarischen Form bereitet das Umsatzkostenverfahren Schwierigkeiten, was häufig Vereinfachungen nahe legt (vgl. Kilger 1962, S. 45 ff.).

Der einfache rechnerische Aufbau des Gesamtkostenverfahrens sollte allerdings nicht darüber hinwegtäuschen, dass auch das Gesamtkostenverfahren eine Kostenträgerstückrechnung voraussetzt, weil man ohne eine solche Rechnung die Bestandsveränderungen nicht bewerten kann. Insoweit bringt das Gesamtkostenverfahren keine rechnerischen Vorteile gegenüber dem Umsatzkostenverfahren, das die Kostenträgerstückrechnung zur Bestimmung der Selbstkosten benötigt.

Das **Gesamtkostenverfahren** erfordert **Inventuren,** weil bei diesem Verfahren die für die Erfolgsrechnung notwendigen Veränderungen an Bestandsmengen in der Regel nicht rechnerisch ermittelt werden. Derartige Inventuren bereiten in Unternehmen mit vielen verschiedenartigen Zwischen- und Absatzproduktarten nicht nur viel Arbeit, sie sind auch selten von Fehlern frei, was notwendigerweise die Erfolgsrechnung verfälscht (vgl. Kilger 1962, S. 33). Beim **Umsatzkostenverfahren** erhält man abrechnungsmäßig über die pro Periode fertig gestellten und die pro Periode abgesetzten Produktmengen die Lagerbestandsveränderungen sowie die Lagerbestände und scheint daher auf Inventuren verzichten zu können. Zur Kontrolle der errechneten Bestände ist jedoch auch dieses Verfahren um Inventuren zu ergänzen. Sie müssen freilich nicht in jeder Periode vorgenommen werden.

Der gravierende Nachteil des **Gesamtkostenverfahrens** gegenüber dem **Umsatzkostenverfahren** liegt in der geringeren **Aussagefähigkeit der Erfolgsrechnung.** Während sich in der Erfolgsrechnung bei Anwendung des Umsatzkostenverfahrens sowohl die Erlöse als auch die Selbstkosten der abgesetzten Produkte nach den verschiedenen Produkten und Produktgruppen, also den Erfolgsquellen eines Unternehmens, untergliedern lassen, werden in der Erfolgsrechnung bei Anwendung des Gesamtkostenverfahrens nur die Erlöse und die Bestandsveränderungen, nicht aber die Kosten den unterschiedlichen Produkten und Produktgruppen zugeordnet. Der Gesamterfolg kann somit nicht in Teilerfolge der Produkte und Produktgruppen aufgespalten werden. Dies schränkt die Brauchbarkeit einer kurzfristigen Erfolgsrechnung nach dem Gesamtkostenverfahren für Zwecke der Erfolgsanalyse und für Zwecke der Beurteilung von Produkten sowie ihrer Verkaufssteuerung stark ein (vgl. Kilger 1962, S. 33 und S. 44 f.). Darüber hinaus ermöglicht das Umsatzkostenverfahren, auch produktbezogene Erfolge anhand von Teilkosten und Teilleistungen (Teilerlösen) (z.B. nur variable Kosten und Erlöse) auszuweisen, um hiermit zu einer aussagefähigeren Erfolgsrechnung zu gelangen (vgl. Dellmann 1998, S. 633 ff.); ein Vorteil, der insbesondere für Plankosten- und Planleistungsrechnungen von grundlegender Bedeutung ist. Abschließend sei angemerkt, dass Gesamt- und Umsatzkostenverfahren unter Berücksichtigung der gleichen Prämissen bezüglich Kosten- und Leistungserfassung stets zum **gleichen Periodenerfolg** führen (vgl. S. 311).

G Kritik an der Istkosten- und Istleistungsrechnung

Lernziel: *Die Istkosten- und Istleistungsrechnung wurde als Instrument zur Lösung spezifischer Aufgaben konzipiert. Sie sollen erfahren, inwieweit sich die Istkosten- und Istleistungsrechnung zur Lösung der ihr vorgegebenen Aufgaben des allgemeinen Aufgabenkatalogs eignet.*

Nach der Darstellung der Aufgaben der Kosten- und Leistungsrechnung einerseits und der Istkosten- und Istleistungsrechnung andererseits erscheint es notwendig, kritisch zu untersuchen, ob die Istkosten- und Istleistungsrechnung die ihr gestellten Aufgaben erfüllen kann.

1 Eignung der Istkosten- und Istleistungsrechnung zur Lösung von Kontrollaufgaben

Für die Lösung von **Kontrollaufgaben** erfüllt die Istkosten- und Istleistungsrechnung wichtige Voraussetzungen, weil durch sie das zu kontrollierende **Ist,** beispielsweise die Gemeinkosten der Kostenstellen oder der sachzielbezogene Erfolg eines Unternehmens einer Periode, bereitgestellt wird.

Kontrolle kommt allerdings nicht ohne **Maß-** oder **Sollvorstellungen** aus, an denen die Istgrößen gemessen werden, um entscheiden zu können, ob sie sich noch in zulässigen Größenordnungen bewegen oder nicht. Diese für eine Kontrolle notwendigen Sollvorstellungen kann eine Istkosten- und Istleistungsrechnung nicht liefern. Weder zur Kostenkontrolle in den Kostenstellen noch zur Kontrolle der Entwicklung des sachzielbezogenen Erfolges eignen sich die Istzahlen aus Vorperioden als Sollkosten. Da die Kosten und Erfolge der Vorperioden von realen Gegebenheiten geprägt sein können, die von den aktuellen Gegebenheiten mehr oder weniger stark abweichen (das Produktionsprogramm hat sich verändert, die Produktionsmengen und Kapazitätsauslastungen weichen ab, die Faktorpreise und/oder Preise der Produkte haben sich geändert, alte Maschinen wurden durch neue, eventuell kostengünstigere, vielleicht auch höhere Fixkosten verursachende Maschinen ersetzt), sind die Istkosten aus den verschiedenen Perioden nicht miteinander vergleichbar. Infolgedessen erlauben Abweichungen zwischen Istzahlen der Vergangenheit und der Gegenwart keine Aussagen darüber, ob unter Berücksichtigung der veränderten Gegebenheiten die Wirtschaftlichkeit der Kostenstellen sich gebessert hat, sich verschlechtert hat oder ob sie gleich geblieben ist. Außerdem besitzen solche Aussagen einen recht zweifelhaften Wert, weil das absolute Maß der Wirtschaftlichkeit unbekannt bleibt. Hinter den Zahlen der Vergangenheit kann sich eine so große Unwirtschaftlichkeit verbergen, dass die Feststellung, die Wirtschaftlichkeit habe sich gebessert, zu Unrecht keine Maßnahmen zur Verbesserung der Wirtschaftlichkeit hervorruft, obwohl immer noch ein großer Spielraum zur Steigerung der Wirtschaftlichkeit besteht. Muss aber erwartet werden, dass sich hinter den Sollkosten Unwirtschaftlichkeit verbirgt, so kann der Vergleich zwischen Istkosten der Vorperiode als Sollkosten und den Istkosten der Periode nur als ein Vergleich von „Schlendrian mit Schlendrian" bezeichnet werden (Schmalenbach 1963, S. 447).

Auch Erfolgsabweichungen zwischen Isterfolgen verschiedener Perioden können stärker durch konjunkturelle Einflüsse als durch mehr oder weniger richtige Planungen und somit Entscheidungen bedingt sein, so dass weder Urteile über Verhaltensweisen in der Vergangenheit noch über zielentsprechende Verhaltensweisen in der Zukunft gefällt werden können.

Obwohl die Istkosten- und Istleistungsrechnung allein nicht geeignet ist, Kontrollaufgaben zu erfüllen, kann ihr nicht jegliche praktische Anwendbarkeit abgesprochen werden. So ist jede Kostenkontrolle auf Ist-Ist-Vergleichsbasis und jede Erfolgskontrolle mittels der kurzfristigen Erfolgsrechnung ebenfalls auf Ist-Ist-Vergleichsbasis dem Verzicht auf Kontrolle stets vorzuziehen. Diese Aussage gilt insbesondere dann, wenn man sich der Problematik solcher Kontrollen bewusst ist. Darüber hinaus kann auf eine Istkosten- und Istleistungsrechnung schon deswegen nicht verzichtet werden, da sie allein die für jegliche Kontrollen erforderlichen Istgrößen zur Verfügung stellt.

2 Eignung der Istkosten- und Istleistungsrechnung zur Lösung von Planungsaufgaben

Zu den möglichen Aufgaben der Istkosten- und Istleistungsrechnung zählt auch die Bereitstellung von Istkosten- und Istleistungsinformationen als Prognoseausgangs- oder Näherungsgrößen für künftig erwartete Kosten und Leistungen zur **Lösung von Planungsaufgaben.** Es ist jedoch zu beachten, dass Istkosten- und Istleistungsrechnungen zur Lösung von Planungsaufgaben streng genommen nicht verwendet werden können, wofür zwei Gründe maßgebend sind.

Zunächst eignen sie sich nicht für diese Aufgaben, weil sie das vergangene Wirtschaftsgeschehen abbilden, während speziell die Lösung von Planungsaufgaben Informationen über die **künftigen Konsequenzen** (Kosten und Leistungen) offen stehender Handlungsalternativen erfordert. Diese Informationen über künftige Entwicklungsmöglichkeiten können etwa mittels der Istkosten- und Istleistungsrechnung durch Trendextrapolation der Vergangenheitszahlen, jedoch nur unter der Gefahr möglicherweise beachtlicher Fehler gewonnen werden. Zwar scheint die Unabhängigkeit der Zahlen der Istkosten- und Istleistungsrechnung von bilanzpolitisch motivierten Eingriffen sowie von sachziel-, periodenfremden und außerordentlichen Güterverbräuchen und Gütererstellungen für solche Trendextrapolationen zu sprechen, es bleiben aber die Rechnungsergebnisse prägende Kosten- und Leistungseinflussgrößen übrig, die sich in der Realität diskontinuierlich verhalten, so dass eine trendmäßige Entwicklung der Realität unwahrscheinlich ist und jede Trendextrapolation zu falschen Plandaten führen kann. Außerdem bereitet insbesondere die Verrechnung von Forschungs- und Entwicklungskosten sowie von Kosten für die Werbung in der Istkosten- und Istleistungsrechnung weitere Probleme für die Anwendung dieser Rechnungssysteme im Planungsbereich. Wenn ein Unternehmen, das seine Anstrengungen und somit Kosten in den Bereichen der Werbung sowie der Forschung und Entwicklung einschränkt, wegen der so gesparten Kostenbeträge einerseits und wegen positiv wirkender Erfolgsbeiträge aufgrund von in der Vergangenheit erzielten Forschungs- und Entwicklungsergebnissen sowie durch Werbeanstrengungen gewonnener Marktpositionen andererseits entsprechend der Istkosten- und Istleistungsrechnung besonders günstige Erfolgsentwicklungen bei Planungsüberlegungen ansetzt, wird es von der wirklichen Erfolgsentwicklung enttäuscht werden müssen. Verminderte Anstrengungen auf den Gebieten der Werbung sowie der Forschung und Entwicklung, die mangels Berücksichtigung ihrer künftigen Auswirkungen in der Istkosten- und Istleistungsrechnung die Erfolgsentwicklung kurzfristig noch positiv beeinflussen, werden später insbesondere die Marktposition des Unternehmens schwächen und somit die künftigen Erfolge wesentlich beeinträchtigen.

Darüber hinaus verhindert der Ansatz von Vollkosten und Vollerlösen eine Anwendung der Istkosten- und Istleistungsrechnung für die **Lösung von Planungsaufgaben.** Denn die in der Istkosten- und Istleistungsrechnung zum Zwecke der vollständigen Kosten- und Leistungserfassung und der vollständigen Kosten- und Leistungsüberwälzung auf die absatzbestimmten Kostenträger anzutreffende Vernachlässigung des Verursachungsprinzips und damit die zwangsläufige Verwendung des Durchschnittsprinzip verwischt die Spuren von **Ursache und Wirkung** fast völlig. Selbst wenn sich in der Zukunft, verglichen mit der Vergangenheit, bis auf die Fertigungsmenge eines betrachteten Kostenträgers nichts ändert, darf aus den Kosten, die die Istkosten- und Istleistungsrechnung diesem Kostenträger zurechnet, nicht geschlossen werden, dass diese Kosten wegfallen, wenn der Kostenträger in Zukunft nicht mehr gefertigt wird. Bei einem unabhängig von anderen Produktarten aus einem Produktionsprogramm eliminierbaren Produkt werden Kosteneinsparungen durch den Verzicht auf die Fertigung einer Einheit dieser Produktart in der Regel weit unter dessen Istkosten liegen. So bleiben dem Unternehmen meist die anteilig von dieser Produkteinheit getragenen Abschreibungen, Zinsen, Gehälter, Steuern, Gebühren, Versicherungsprämien und häufig auch die Fertigungslöhne (im Fall einer fehlenden anderweitigen Nutzbarkeit der bereits beschafften Werkstoffe gegebenenfalls sogar die Fertigungsmaterialkosten) erhalten. Außerdem kann die Entscheidung für einen Verzicht auf eine Produkteinheit zugleich erlauben, eine durch diesen Verzicht frei werdende Kapazität abzubauen (Maschine veräußern oder Arbeitnehmer entlassen), was eventuell Kosteneinsparungen über die Istkosten dieser Produkteinheit hinaus bewirkt. Solche Kosteneinsparungen treten beispielsweise in einem Unternehmen auf, in dem in einer Kostenstelle mehrere gleichartige Maschinen genutzt und deren Gemeinkosten proportional zur zeitlichen Beanspruchung auf alle von diesen Maschinen bearbeiteten Produkte verteilt werden. Weiterhin wird unterstellt, dass das Unternehmen über Aufträge verfügt, die gerade noch den Einsatz aller Maschinen erfordern, wobei auf der zuletzt eingesetzten Maschine nur eine Produkteinheit pro Periode bearbeitet wird. Wenn in diesem Unternehmen der Auftrag für ein Produkt entfällt, kann die zuletzt eingesetzte Maschine stillgelegt werden. Beim Verkauf der jetzt nicht mehr benötigten Maschine werden die Gemeinkosten der betrachteten Kostenstelle um die Abschreibungskosten dieser Maschine sinken. Solche Kostensenkungen überschreiten meist die Istkosten einer Produkteinheit. In diesem Fall darf allerdings nicht übersehen werden, dass eigentlich zwei Entscheidungen zu treffen waren, wobei die Entscheidung zum Produktionsverzicht die Kapazitätsabbauentscheidung zwar ermöglichte, nicht aber erzwang. Bei Kuppelprodukten kann erst recht aus der Zuordnung von Kosten zu jeder einzelnen Produkteinheit durch die Istkosten- und Istleistungsrechnung nicht auf mögliche Kosteneinsparungen oder Kostensteigerungen durch Produktionsmengenänderungen geschlossen werden, weil bei festen Kuppelproduktverhältnissen für keine Produktart unter Aufrechterhaltung der Produktionsmengen der anderen Kuppelproduktarten eine Einheit mehr oder weniger hergestellt werden kann.

Eine Kosten- und Leistungsrechnung, durch die die Zusammenhänge zwischen Kostenverursachung und Kostenentstehung vernachlässigt und häufig sogar verwischt werden, trägt nicht zur Planung und somit Entscheidungsfindung bei und behindert darüber hinaus durch Hervorrufen falscher Assoziationen die Lösung von Planungsaufgaben. Bezüglich dieser Kritik ist jedoch zu beachten, dass ein Verzicht auf jegliche Planung mittels Kosten- und Leistungsgrößen vielfach noch wesentlich schwerwiegendere Nachteile für ein Unternehmen haben kann als die Lösung von Planungsaufgaben mittels der Istkosten- und Istleistungsrechnung, besonders dann, wenn die ermittelten Istkosten und Istleistungen in Erwartung bestimmter künftiger Entwicklungen korrigiert werden können (etwa durch konsequente Trennung fixer und variabler Istkosten bzw. Istleistungen). Insofern können Istkosten und Istleistungen näherungsweise als Plankosten bzw. Planleistungen angesetzt oder als Ausgangsgrößen für eine Plankosten- und Planleistungsrechnung herangezogen werden.

3 Eignung der Istkosten- und Istleistungsrechnung zur Lösung von Publikationsaufgaben

Bei der Erfüllung von **Publikationsaufgaben** kann die Istkosten- und Istleistungsrechnung zunächst für die Finanzbuchhaltung Hilfestellung bei der Bewertung fertiger und unfertiger Erzeugnisse im Umlaufvermögen sowie selbst errichteter bzw. gefertigter Gebäude, Maschinen oder Werkzeuge und aktivierungsfähiger oder aktivierungspflichtiger Großreparaturen im Anlagevermögen mit **Herstellungskosten** (Herstellungsaufwendungen) leisten. Folglich kann ihre Eignung zur Erfüllung dieses Teils der Publikationsaufgaben nur daran gemessen werden, ob die von der Istkostenrechnung ermittelten Werte den **gesetzlichen Auflagen,** den **handelsrechtlichen Auflagen** einerseits und den **steuerrechtlichen Auflagen** andererseits, entsprechen. Im Folgenden wird nicht auf die Besonderheiten bei der Ermittlung von Herstellungskosten nach internationalen Rechnungslegungsstandards wie IAS/IFRS und US-GAAP eingegangen.

Im **Handelsrecht** (§ 255 (2) und (3) HGB) sind die Herstellungskosten als die in diesem Zusammenhang relevanten Werte abgegrenzt worden. In der Literatur herrscht überwiegend die Auffassung, dass das Handelsrecht **Wahlrechte** bei der Bestimmung der Methoden zur Berechnung von Herstellungskosten einräumt, wobei als Herstellungskosten mindestens die Einzel„kosten" (herrschende Meinung, vgl. z.B. WP-Handbuch 2006, S. 343, genaue Auflistung der Bestandteile auf S. 345) oder die variablen „Kosten" der Herstellung, höchstens jedoch die Summe aus variablen und fixen „Kosten" der Herstellung pro Stück anzusetzen sind. Vertriebseinzel- oder -gemein„kosten" dürfen nicht (bezüglich Abgrenzungen vgl. Adler/Düring/Schmaltz 1995, § 255 Tz. 170, 193 und 211–216) und allgemeine Verwaltungs„kosten" brauchen nicht eingerechnet zu werden. Jedoch sind alle „Kosten" im Sinne von Aufwendungen auf der Basis von Ausgaben, also nur pagatorische Kosten als Grundkosten anzusetzen.

Gemessen an dieser Bewertungsnorm stellt die Kosten- und Leistungsrechnung dann keine zulässigen Wertansätze bereit, wenn ihre Wertbasis von derjenigen der Aufwands- und Ertragsrechnung abweicht. Um zulässige Wertansätze ermitteln zu können, sind folglich in den Wertansätzen der Istkosten- und Istleistungsrechnung Kosten etwa auf der Basis von Wiederbeschaffungspreisen durch solche auf der Basis von Anschaffungspreisen zu ersetzen. Außerdem müssen anteilige kalkulatorische Zusatzkosten (kalkulatorische Zinsen auf das Eigenkapital und kalkulatorischer Unternehmerlohn) ersatzlos gestrichen sowie anteilige kalkulatorische Anderskosten (kalkulatorische Abschreibungen, kalkulatorische Zinsen auf das Fremdkapital, kalkulatorische Wagnisse) gegen anteilige effektive Aufwendungen ausgetauscht werden.

Aber auch mit einer solchen an die Aufwands- und Ertragsrechnung angepassten Istkosten- und Istleistungsrechnung ermittelt man Herstellkosten oder Selbstkosten, die gegebenenfalls noch einer Korrektur bedürfen. Zumindest müssen die Selbstkosten um Vertriebseinzelkosten und -gemeinkosten vermindert werden. Außerdem sind Teile der anteiligen Fixkosten dann aus den Wertansätzen zu eliminieren, wenn das Unternehmen in der betreffenden Periode stark unterbeschäftigt war und die Fixkosten pro Stück weit über denen liegen, die sich bei Normalbeschäftigung ergeben hätten. Eine weitere Modifikation durch Verminderung um die restlichen anteiligen Fixkosten führt wegen des handelsrechtlichen Wahlrechts ebenfalls noch zu handelsrechtlich zulässigen Herstellungskosten (vgl. Adler/Düring/Schmaltz 1995, § 255 Tz. 115 ff., besonders Tz. 161–163).

Steuerrechtlich sind die Herstellungskosten in **R 33 EStR** relativ präzise definiert. Ohne die Einzelheiten dieser Definition wiederzugeben, die auch einzelne Kostenarten aufzählt, welche noch angesetzt werden müssen, angesetzt werden können oder nicht angesetzt werden dürfen, kann diese Herstellungskostendefinition folgendermaßen zusammengefasst werden. Sie verlangt, ähnlich wie die handelsrechtliche, eine an Ausgaben orientierte Bewertung der sachzielbezogenen (betrieblichen) Güterverbräuche und verbietet eine Einbeziehung von Fixkosten, soweit diese durch teilweise Stilllegung oder mangelnde Aufträge (Unterbeschäftigung) verursacht sind. Von den so ermittelten Kosten müssen die Fertigungsmaterial-, die Materialgemeinkosten, die Fertigungslöhne, die Fertigungsgemeinkosten und die Sondereinzelkosten der Fertigung – also die Herstellkosten – in vollem Umfang in die Herstellungskosten einbezogen werden. Verwaltungsgemeinkosten dürfen in die Herstellungskosten aufgenommen werden, Vertriebseinzel- und -gemeinkosten dagegen nicht.

Soll eine Istkosten- und Istleistungsrechnung der Finanzbuchhaltung für steuerliche Zwecke Hilfestellung leisten, müssen die Anpassung an die Aufwands- und Ertragsrechnung sowie die Eliminierung von „Kosten" der Unterbeschäftigung vollzogen werden. Die sich nach diesen Veränderungen aus der Istkostenrechnung ergebenden Herstellkosten bilden die Untergrenze der steuerlich zulässigen Herstellungskosten. Die entsprechende Obergrenze kann mittels der Istkostenrechnung ebenfalls leicht ermittelt werden, indem die Herstellkosten noch um anteilige Verwaltungsgemeinkosten erweitert werden.

Die eingehende Analyse beweist, dass nur aus einer Istkosten- und Istleistungsrechnung, deren Wertsätze nicht von denen der Aufwands- und Ertragsrechnung abweichen, Wertansätze für eine handels- und steuerrechtlich zulässige Bewertung direkt zu entnehmen sind. Istkosten- und Istleistungsrechnungen, deren Kosten sich von den Aufwendungen und Erträgen unterscheiden, sind erst nach mehr oder weniger umfangreichen Umbewertungen in der Lage, die Bewertung von Beständen für Handels- oder Steuerbilanz zu übernehmen. Das Ausmaß der Belastung durch die Umbewertung darf dabei allerdings nicht überschätzt werden, weil eine solche Umbewertung in der Regel nur einmal in jedem Jahr durchgeführt wird und meist mit Bewilligung der Steuerbehörden und der Wirtschaftsprüfer recht pauschal gehandhabt werden darf.

Wegen der **Durchbrechung des Verursachungsprinzips** eignen sich Istkosten- und Istleistungsrechnung besonders für die Lösung von Publikationsaufgaben, da sowohl das Handelsrecht als auch das Steuerrecht eine vollständige Kostenüberwälzung auf die Kostenträger gestatten bzw. verlangen, die auch dann als zulässig gilt, wenn diese Überwälzung nur auf Basis des Durchschnittsprinzips gelingt.

Zu den Publikationsaufgaben gehört auch die Aufgabe der Istkosten- und Istleistungsrechnung, **Selbstkostenpreise** anhand der **Leitsätze für die Preisermittlung aufgrund von Selbstkosten (LSP)** zu ermitteln. Zur Erfüllung dieser Aufgabe eignet sich die Istkosten- und Istleistungsrechnung deshalb, weil die in den Selbstkostenpreis einzubeziehenden Kostenkomponenten an der Selbstkostendefinition der Kostenrechnung orientiert sind (der Selbstkostenpreis enthält über die Selbstkosten hinaus nur noch einen Gewinnanteil). Die LSP erlauben also auch die Einbeziehung kalkulatorischer Kosten wie kalkulatorischer Zusatzkosten in den Selbstkostenpreis; sie setzen den Wertansätzen dieser Kosten freilich Grenzen (vgl. Budäus 1993, Sp. 210 f.; Vormbaum 1977, S. 135 ff.).

Die in diesem II. Kapitel dargestellte Istkosten- und Istleistungsrechnung basiert auf einem Vollkosten(Vollerlös)ansatz, nach dem alle Kosten (Erlöse), also auch fixe, den absatzbestimmten Produkten zugerechnet werden. Aus diesem Grunde kann sie allenfalls für die Lösung von Publikationsaufgaben adäquate und aufgabengerechte Kosten- und Leistungsdaten bereitstellen, während sie für die Lösung von Kontrollaufgaben höchstens eine Teilfunktion und für die Lösung von Planungsaufgaben nur in Sonderfällen ihre Funktion zufrieden stellend erfüllt. Um ein Kosten-Leistungsrechnungssystem zu erhalten, das für alle drei genannten Unternehmensführungsaufgaben geeignete Kosten- und Leistungsdaten bereitstellt, sind die bisher erörterten Istkosten- und Istleistungsrechnungen wie folgt zu verbessern und zu erweitern:

1. Aufbau und Durchführung einer Istkosten- und Istleistungsrechnung auf Teilkosten-(Teilerlös)basis, bei der nur die variablen Kosten und Erlöse den absatzbestimmten Produkten zugerechnet werden. Die fixen Kosten und Erlöse werden zwar auch erfasst, jedoch nur stellenspezifisch ausgewiesen und nicht weiterverrechnet. Arten-, Stellen- und Trägerrechnungen können für die zu verrechnenden variablen Kosten und Erlöse wie in diesem Kapitel II beschrieben durchgeführt werden. Der Vorteil des Teilkosten(Teilerlös)ansatzes besteht darin, dass für die jeweilige spezifische Publikationsaufgabe die gegebenenfalls erforderliche Fixkosten(Fixerlös)-Zurechnung individuell und sachgerecht erfolgen kann. Weiterhin würden für die zu lösenden Kontrollaufgaben genau die kurzfristig besonders kontrollbedürftigen variablen Istkosten und Isterlöse zur Verfügung gestellt.

2. Ergänzung der Istkosten- und Istleistungsrechnung auf Teilkosten(Teilerlös)basis um eine entsprechende Plankosten- und Planleistungsrechnung, die insbesondere die zur Lösung von Kontrollaufgaben notwendigen Sollkosten und Sollleistungen sowie die zur Lösung von Planungsaufgaben unverzichtbaren entscheidungsrelevanten Plankosten und Planleistungen abbildet.

Kontrollfragen

1. Stützt sich die Istkostenrechnung bei der Ermittlung der Istkosten immer auf effektiv verzehrte Mengen und auf effektiv dafür bezahlte Preise? (Begründen Sie Ihre Auffassung durch Beispiele.)
2. Nach welchen Kriterien werden Kosten in der Kostenartenrechnung gegliedert?
3. Wie lassen sich Wagnisse eines Unternehmens gliedern, und welches dieser Wagnisse findet in der Kostenrechnung explizit keine Berücksichtigung?
4. Auf welchen Wertansätzen basiert die Kostenartenrechnung im Rahmen der Istkostenrechnung?
5. Aus welchen Komponenten setzen sich Arbeitskosten zusammen?
6. Bei welchen Rechtsformen von Unternehmen kann der Unternehmerlohn nur kalkulatorisch angesetzt werden, weil er nicht zu den Aufwendungen gehört?
7. Mithilfe welcher Verfahren können verzehrte Gütermengen für die Erfassung von Werkstoffkosten bestimmt werden?
8. Nach welchen Verfahren können Abschreibungen berechnet werden?
9. Kann man eine Maschine richtig abschreiben?
10. Wie ermittelt man das zu verzinsende Kapital?
11. Welche Aufgaben kommen der Kostenstellenrechnung im Rahmen einer Istkostenrechnung zu?
12. Nach welchen Kriterien können Kostenstellen gebildet werden?
13. Wodurch unterscheiden sich Haupt-, Neben- und Hilfskostenstellen sowie Vor- und Endkostenstellen?
14. Was ist ein Betriebsabrechnungsbogen und welche Aufgaben hat er?
15. Was versteht man unter einer Sekundärkostenrechnung (innerbetrieblichen Leistungsrechnung)?
16. Welche Strukturarten von Kostenstellenbeziehungen kennen Sie und worin unterscheiden sie sich?
17. Wodurch unterscheiden sich Treppen- und Kostenstellenausgleichsverfahren? Lässt sich das Treppenverfahren auch unter Anwendung des Lösungsansatzes des Kostenstellenausgleichsverfahrens durchführen?
18. Welche Aufgabe hat die Kostenträgerstückrechnung im Rahmen einer Istkostenrechnung?
19. Welche Grundformen der Kalkulation in der Kostenträgerstückrechnung kennen Sie?
20. Wann ist für die Durchführung der Kostenträgerrechnung keine Kostenstellenrechnung erforderlich?
21. Welche Verfahren der Divisionskalkulation kennen Sie und wie unterscheiden sie sich?
22. Welche Verfahren der Kalkulation von Kuppelprodukten kennen Sie und wie sind sie aus der Sicht einer verursachungsgerechten Kostenzurechnung zu beurteilen?
23. Welche Verfahren der Zuschlagskalkulation kennen Sie?
24. Mit welchen Bezugsgrößen können die Endkosten von Fertigungshauptstellen den absatzbestimmten Kostenträgern bei Anwendung der Zuschlagskalkulation zugerechnet werden? Inwieweit entsprechen sie dem Verursachungsprinzip?
25. Welche Zusammenhänge bzw. welche Unterschiede bestehen zwischen den Material-, Fertigungs-, Herstell- und Selbstkosten?

26. Wodurch unterscheiden sich Divisions- und Zuschlagskalkulation? Welches Verfahren ziehen Sie aus welchen Gründen vor?
27. Welche Kategorien von Leistungsarten kennen Sie?
28. Welche Erlösarten kennen Sie?
29. Welche Aufgaben haben eine Erlösarten-, Erlösstellen- und Erlösträgerstückrechnung?
30. Aus welchen Gründen können Bestandsrechnungen für unfertige und fertige Erzeugnisse sowie für innerbetriebliche Güter im Rahmen der Leistungsrechnung vernachlässigt werden?
31. Wodurch unterscheiden sich Kostenträgerzeit- und Kostenträgerstückrechnung?
32. Wodurch unterscheidet sich die kurzfristige Erfolgsrechnung (Kostenträgerzeitrechnung) von einer Erfolgsrechnung auf der Basis von Aufwendungen und Erträgen (Gewinn- und Verlustrechnung)?
33. Welche wichtigen Prämissen liegen den dargestellten Gesamtkosten- und Umsatzkostenverfahren zugrunde?
34. Welche Informationen stellt das Betriebsergebniskonto bei Anwendung des Gesamtkosten- und bei Anwendung des Umsatzkostenverfahrens zur Verfügung?
35. Wie beurteilen Sie das Umsatzkostenverfahren verglichen mit dem Gesamtkostenverfahren?
36. Führen Umsatzkosten- und Gesamtkostenverfahren stets zum gleichen Erfolg? (Begründen Sie Ihre Antwort.)
37. Warum ist die Istkosten- und Istleistungsrechnung zur Lösung von Kontrollaufgaben allein nicht besonders geeignet?
38. Worin besteht die mangelnde Eignung der Istkosten- und Istleistungsrechnung zur Lösung von Planungsaufgaben?
39. Halten Sie die Istkosten- und Istleistungsrechnung zur Lösung von Publikationsaufgaben für geeignet? (Begründen Sie Ihre Antwort.)

Die Antworten zu den Kontrollfragen finden Sie auf den Seiten 303 ff.

III Einführung in die Plankosten- und Planleistungsrechnung

Aus historischer Sicht ist die Normalkosten- und Normalleistungsrechnung als erste Entwicklungsstufe einer Plankosten- und Planleistungsrechnung anzusehen. Aus diesem Grunde werden im Folgenden zunächst die Grundlagen der Normalkosten- und Normalleistungsrechnung kurz erörtert.

A Normalkosten- und Normalleistungsrechnung zur Vereinfachung und Beschleunigung der Istkosten- und Istleistungsrechnung

Lernziel: *Sie sollen die Normalkosten- und Normalleistungsrechnung einschließlich deren Abgrenzung von Ist- und Planrechnungssystemen auf der Basis von Kosten und Leistungen sowie die Einsatzmöglichkeiten der Normalkosten- und Normalleistungsrechnung kennen lernen.*

1 Einführung

Die **Normalkostenrechnung** dient vor allem dazu, die der Istkostenrechnung auf Vollkostenbasis anhaftende Zeitbeanspruchung für die Erfassung der Istgrößen und die anschließende Zurechnung von Gemeinkosten sowohl in der Sekundärkosten- als auch in der Kostenträgerstückrechnung zu überwinden. Zur Erreichung dieser Zwecke rechnet man statt mit effektiven Istkosten und Istleistungen mit normalisierten Kosten (Normalkosten) und Leistungen (Normalleistungen, vgl. hierzu S. 205 f.).

Mit **Normalkosten** werden **Durchschnittswerte aus einer größeren Anzahl von Istkostenbeträgen vergangener Abrechnungszeiträume** bezeichnet. Diese Durchschnittswerte können ohne Rücksicht auf erwartete Änderungen künftiger Kostenverhältnisse gegenüber denen in der Vergangenheit übernommen werden. Sie heißen dann **statische Mittelwerte.** Die Durchschnittswerte kann man aber auch erwarteten künftigen Änderungen dadurch anpassen (z.B. dann, wenn in den Perioden, aus denen die Werte der Durchschnittsbildung stammen, Unterbeschäftigung vorlag, während für die Zukunft Vollbeschäftigung zu erwarten ist), dass aus den Abrechnungsperioden der Vergangenheit gezielt solche ausgewählt und der Durchschnittsbildung zugrunde gelegt werden, in denen ähnliche Verhältnisse vorlagen, wie sie für die Zukunft erwartet werden. Solche Werte werden **aktualisierte Mittelwerte** genannt. Im Gegensatz zu anderen Darstellungen (vgl. Kilger/Pampel/Vikas 2007, S. 48 f.) werden in die Ermittlung der aktualisierten Mittelwerte hier keine Planelemente einbezogen, da Normalkosten- und Normalleistungsrechnungen streng von Plankosten- und Planleistungsrechnungen abgehoben werden sollen.

Da Normalkosten als Durchschnittswerte von Istkosten vergangener Abrechnungszeiträume bereits zu Beginn der jeweils aktuellen Abrechnungsperiode vorliegen können, erlauben sie die Durchführung der Sekundärkostenrechnung und die Kalkulation sachzielbezogener Produkte schon während der Abrechnungsperiode. Sie beschleunigen so zweifellos den Ablauf der Kostenrechnung.

Geringere Kosten für die Durchführung dieser Kostenrechnungen als bei Anwendung **nur einer Istkostenrechnung** ergeben sich zunächst nicht. Da man bei jeder Normalkostenrechnung die normalisierten Kosten durch Mittelung von Istkostenbeträgen gewinnt, muss sie von einer parallel aufgestellten Istkostenrechnung begleitet werden, welche die in die Durchschnitte einzubeziehenden Istkosten bereitstellt. Die Rechnung wird im Gegenteil sogar aufwendiger, weil die Normalkostenrechnung zusätzlich zu der weiterhin erforderlichen Istkostenrechnung durchgeführt wird. Eine Entlastung kann allerdings darin gesehen werden, dass die Istkostenrechnung nicht mehr unter Zeitdruck erstellt werden muss, da die Normalkostenrechnung die zeitlich möglichst früh erforderlichen Kostendaten zur Verfügung stellt. Darüber hinaus mindert eine Normalkostenrechnung die Zeitbeanspruchung zur Durchführung einer Kostenrechnung dann, wenn Sekundärkostenrechnung und Ermittlung von Zuschlagssätzen auf der Basis von Istkosten nicht so häufig, also für längere Abrechnungsperioden, als beim Verzicht auf eine Normalkostenrechnung durchgeführt werden. Bei längeren Abrechnungsperioden werden sich die (eventuell) unterschiedlichen Istkosten einzelner Teilperioden zwar zwangsläufig vermischen, der Zweck der Istkostenrechnung, Istkosten für eine Durchschnittsbildung bereitzustellen, wird durch die Verlängerung der Abrechnungsperioden indes nicht beeinträchtigt.

2 Sekundärkostenrechnung auf der Basis von Normalkosten

Das Ziel, die Sekundärkostenrechnung schon während einer Abrechnungsperiode durchzuführen, wird in der Normalkostenrechnung durch Bildung **fester, normalisierter Verrechnungssätze für innerbetriebliche Güter** erreicht.

Die Ermittlung solcher festen, normalisierten Verrechnungssätze für innerbetriebliche Güter ist an den Schlüsselgrößen (Bezugsgrundlagen der Kostenverteilung) der Istkostenrechnung auszurichten. Infolgedessen sind die dort verwendeten Schlüsselgrößen und Verfahren der Kostenrechnung auf der Basis der Divisionsrechnung (gegebenenfalls Zuschlagsrechnung) auch der Normalkostenrechnung zugrunde zu legen.

Nach der Festlegung von Schlüsselgrößen wird für einen Zeitraum der Vergangenheit (beispielsweise für ein Jahr) der Durchschnitt der in diesem Zeitraum pro Monat angefallenen Einheiten von Schlüsselgrößen berechnet (für eine Reparaturwerkstatt werden etwa die durchschnittlich pro Monat dieses Jahres erbrachten Arbeitsstunden bestimmt). Die Durchschnittsbildung kann etwa durch folgendes Verfahren erfolgen (statischer Mittelwert):

$$BzG_\emptyset = \frac{BzG_{Januar} + BzG_{Februar} + BzG_{März} + ... + BzG_{Dezember}}{12}$$

BzG: Schlüsselgröße (Bezugsgrundlage)
Ø: Durchschnittsgröße.

Außer der **durchschnittlichen Schlüsselgröße** werden auch die **durchschnittlichen Gesamtkosten** der Kostenstellen bei Anwendung der Divisionsrechnung in der Sekundärkostenrechnung benötigt. (Zu den Gesamtkosten als Summe aus den primären Kosten der Kostenstellen und den ihnen von anderen Kostenstellen belasteten Sekundärkosten vgl. S. 126 ff.)

$$K_{i\varnothing} = \frac{K_{i\ \text{Januar}} + K_{i\ \text{Februar}} + K_{i\ \text{März}} + ... + K_{i\ \text{Dezember}}}{12}$$

K_i: Gesamtkosten der i-ten Kostenstelle (i = 1,..., I).

Die Division der durchschnittlichen Gesamtkosten einer Stelle durch deren durchschnittliche Schlüsselgröße führt zu dem gesuchten **festen, normalisierten Verrechnungssatz für die innerbetrieblichen Güter** dieser Stelle. Mit diesem festen Verrechnungssatz können in der laufenden Periode die hergestellten innerbetrieblichen Güter einer Kostenstelle sukzessiv immer schon dann abgerechnet werden, wenn die Bereitstellung oder Lieferung gefertigter innerbetrieblicher Güter an andere Kostenstellen abgeschlossen ist. Die Abrechnung muss also nicht erst am Periodenende erfolgen. Nimmt beispielsweise eine Kostenstelle die Reparaturwerkstatt am Anfang einer Periode zehn Stunden in Anspruch, so kann sie schon zu Beginn der Periode unmittelbar nach Durchführung der Reparatur mit dem Zehnfachen des festen Verrechnungssatzes (Kosten je Stunde) belastet werden. Gleichzeitig wird die Reparaturwerkstatt in gleicher Höhe entlastet. Spätere Inanspruchnahmen der Reparaturwerkstatt durch die gleiche Kostenstelle in der gleichen Periode werden dann entsprechend abgerechnet.

Die Sekundärkostenrechnung auf Basis von Normalkosten soll anhand eines Beispiels mit 5 Kostenstellen erläutert werden (3 Hilfskostenstellen und 2 Hauptkostenstellen; zwischen den Hilfskostenstellen besteht eine wechselseitige Güterbeziehung, die Hauptkostenstellen erbringen keine innerbetrieblichen Güter).

Nach Festlegung der Schlüsselgrößen für die Hilfskostenstellen und Bestimmung der durchschnittlichen Schlüsselgrößen sowie durchschnittlichen Gesamtkosten seien für die Kostenstellen folgende Ergebnisse angefallen (s. folgende Tabelle 32).

Die in dieser Tabelle errechneten festen, normalisierten Verrechnungssätze sind die Basis, um laufend in einer Periode die Kostenstellen für empfangene innerbetriebliche Güter mit Sekundärkosten (als Verrechnungssatz multipliziert mit jeweils empfangenen Gütermengen) zu belasten und für abgegebene innerbetriebliche Güter mit Sekundärkosten zu entlasten.

Zur Ermittlung der Abweichungen zwischen Ist- und Normalkosten sind die **in der gesamten Periode** von den Kostenstellen erbrachten innerbetrieblichen Gütermengen

Tab. 32: Sekundärkostenrechnung auf Normalkostenbasis – Daten des Betriebsabrechnungsbogens (BAB) im Beispiel

	Hilfskostenstellen			Hauptkostenstellen	
	KS_1	KS_2	KS_3	KS_4	KS_5
durchschnittliche Gesamtkosten $K_{i\varnothing}$	684	1.174	840	entfällt, da diese Kostenstellen keine innerbetrieblichen Güter erbringen	
durchschnittliche Bezugsgrundlage $BzG_\varnothing$	1.200	5.870	280		
fester, normalisierter Verrechnungssatz $\frac{K_{i\varnothing}}{BzG_\varnothing}$	0,57	0,20	3,00		

in folgender Tabelle festgehalten. In ihr werden für jede im Tabellenkopf (Spalte) genannte Kostenstelle die von dieser Stelle an die in den jeweiligen Zeilen genannten Kostenstellen gelieferten innerbetrieblichen Güter angegeben. Dabei sind diese innerbetrieblichen Güter in Einheiten der jeweiligen Schlüsselgröße gemessen (s. Tabelle 33).

Tab. 33: Sekundärkostenrechnung auf Normalkostenbasis – Verflechtungstabelle im Beispiel

von an	KS_1	KS_2	KS_3	KS_4	KS_5
KS_1	0	0	28	0	0
KS_2	575	0	84	0	0
KS_3	345	1.100	0	0	0
KS_4	230	0	28	0	0
KS_5	0	4.400	140	0	0

Die in Tabelle 33 aufgeführten Zahlen stellen die Summen der insgesamt in einer Periode gelieferten und abgerechneten innerbetrieblichen Gütermengen dar. Diese gesamten innerbetrieblichen Güter einer Periode, gemessen in jeweiligen Schlüsselgrößen, sind ebenso wie die in der folgenden Tabelle ermittelten Abweichungen zwischen den in den Kostenstellen entstandenen Kosten (Istkosten) und den von ihnen in der Sekundärkostenrechnung verrechneten Kosten (Normalkosten) erst am Periodenende bekannt.

Wenn in den fünf Kostenstellen insgesamt pro Periode Primärkosten von 580 (KS_1), 510 (KS_2), 420 (KS_3), 7.030 (KS_4) und 6.000 (KS_5) angefallen sind und die innerbetrieblichen Güter mit den festen normalisierten Verrechnungssätzen abgerechnet wurden, ergibt sich am Periodenende folgende Übersicht für die Sekundärkostenrechnung (s. Tabelle 34).

Die Beträge in dieser Sekundärkostenrechnung sind Ergebnisse einer Multiplikation der Summe der jeweils von einer Kostenstelle an eine andere gelieferten innerbetrieblichen Güter pro Periode, gemessen in Einheiten der Schlüsselgröße, mit dem entsprechenden festen, normalisierten Verrechnungssatz. (In der ersten Zeile gilt beispielsweise 327,75 = 575 · 0,57.)

Da die innerbetrieblichen Güter mit festen, normalisierten Verrechnungssätzen und nicht mit Ist-Verrechnungssätzen abgerechnet werden, können nur in Ausnahmefällen die zur Entlastung von Hilfskostenstellen angesetzten Sekundärkosten gleich der Summe der in ihnen angefallenen Primärkosten und der ihnen von anderen Kostenstellen angelasteten Sekundärkosten (Gesamtkosten) sein. Zur Übereinstimmung dieser Beträge kommt es nämlich nur dann, wenn die festen, normalisierten Verrechnungssätze aller Kostenstellen jeweils gleich den Ist-Verrechnungssätzen sind, oder rein zufällig, wenn nicht alle Verrechnungssätze übereinstimmen. Die in der Regel auftretenden Abweichungen zwischen den Gesamtkosten und den von den Hilfskostenstellen verrechneten Sekundärkosten sind in der letzten Zeile der vorigen Tabelle ausgewiesen. Die mit positiven Vorzeichen versehenen **Überdeckungen** geben an, dass die entsprechenden Hilfskostenstellen (im Beispiel die Stellen KS_2 und KS_3) mehr Sekundärkosten verrechnet haben als ihnen in Form von Primär- und Sekundärkosten angelastet wurden. Die mit negativem Vorzeichen gekennzeichneten **Unterdeckungen** beschreiben demgegenüber den Fall, in dem eine Hilfskostenstelle weniger Sekundärkosten verrechnet hat,

Tab. 34: Sekundärkostenrechnung auf Normalkostenbasis – Lösung des Beispiels mit Unter- und Überdeckungen

	Hilfskostenstellen			Hauptkostenstellen	
	KS$_1$	KS$_2$	KS$_3$	KS$_4$	KS$_5$
Summe aller primären Gemeinkosten	580,00	510,00	420,00	7.030,00	6.000,00
Sekundär-kostenrechnung („–" Entlastung, „+" Belastung)	– 327,75 – 196,65 – 131,10 + 84,00	+ 327,75 – 220,00 – 880,00 + 252,00	+ 196,65 + 220,00 – 84,00 – 252,00 – 84,00 – 420,00	+ 131,10 + 84,00	+ 880,00 + 420,00
Gesamtkosten (bzw. Endkosten bei den Hauptkostenstellen)	664,00	1.089,75	836,65	7.245,10	7.300,00
anderen Stellen zugerechnete Kosten (Summe der Entlastungen)	655,50	1.100,00	840,00	entfällt, da Hauptkostenstellen, die keine innerbetrieblichen Güter herstellen, ihre Gesamtkosten auf die Kostenträger überwälzen	
Differenz aus zugerechneten Kosten und Gesamtkosten („+" Überdeckung, „–" Unterdeckung)	– 8,50	+ 10,25	+ 3,35		

als ihr in Form von Primär- und Sekundärkosten belastet wurden (im Beispiel die Stelle KS$_1$). Da Unter- und Überdeckungen am Monats- und Jahresende in die Betriebsergebnisrechnung übernommen werden (vgl. Kilger/Pampel/Vikas 2007, S. 48), markieren sie ein Charakteristikum der Normalkostenrechnung gegenüber der Istkostenrechnung. Während man in der Istkostenrechnung die Kosten vollständig überwälzt, tritt durch die systembedingt bewirkten Unter- und Überdeckungen eine **vollständige Überwälzung der Kosten** in der Normalkostenrechnung **nicht** ein.

Die bisher ermittelten Unter- und Überdeckungen stellen keine Differenzen zwischen effektiv entstandenen Istkosten und verrechneten (normalisierten) Sekundärkosten dar, denn in der Tabelle 34 enthalten die Gesamtkosten außer den Ist-Primärkosten die den jeweiligen Kostenstellen angelasteten Sekundärkosten, die sich aus der Bewertung der effektiv erhaltenen innerbetrieblichen Gütermengen mit festen, **normalisierten Verrechnungssätzen** für innerbetriebliche Güter ergeben. Um feststellen zu können, inwieweit die Sekundärkostenrechnung auf Normalkostenbasis von einer Ist-Sekundärkostenrechnung abweicht, muss diese Ist-Sekundärkostenrechnung noch durchgeführt werden. Auch diese Vergleichsrechnung ist erst am Periodenende möglich.

Da sich die Kostenstellen im vorliegenden Beispiel wechselseitig beliefern (so liefert KS$_1$ an KS$_3$ und KS$_3$ an KS$_1$), muss die Sekundärkostenrechnung mit dem **Kostenstellenausgleichsverfahren** durchgeführt werden, das anders als das Treppen- oder Anbauverfahren den wechselseitigen innerbetrieblichen Güterbeziehungen (komplexen Kostenstellenstrukturen) Rechnung tragen kann. Angewendet auf die im betrachteten Beispiel gegebenen Primärkosten und auf die von den Kostenstellen erbrachten innerbetrieblichen Güter führt das simultane Gleichungssystem zur Bestimmung der Gesamtkosten zu folgendem Ergebnis: 663,78 für KS_1; 1.093,22 für KS_2; 837,78 für KS_3; 7.246,54 für KS_4 und 7.293,47 für KS_5 (zu dem Gleichungssystem zur Bestimmung der Gesamtkosten vgl. S. 129 f.). Auf der Basis dieser Gesamtkostenbeträge zeigt die Tabelle 35 die Sekundärkostenrechnung mit Istkosten. Wie der Vergleich zwischen den Ist-Gesamtkosten und den auf der Basis fester, normalisierter Verrechnungssätze verrechneten Sekundärkosten (Normal-Gesamtkosten) zeigt, sind in diesem Beispiel die Abweichungen relativ unbedeutend.

Tab. 35: Vergleich zwischen den Sekundärkosten auf Ist- und Normalkostenbasis im Beispiel

| | Hilfskostenstellen | | | Hauptkostenstellen | |
	KS_1	KS_2	KS_3	KS_4	KS_5
Summe aller primären Gemeinkosten	580,00	510,00	420,00	7.030,00	6.000,00
Sekundär-kostenrechnung („–" Entlastung, „+" Belastung)	– 331,89 – 199,13 – 132,76 + 83,78	+ 331,89 – 218,64 – 874,58 + 251,33	 + 199,13 + 218,64 – 83,78 – 251,33 – 83,78 – 418,89	 + 132,76 + 83,78	 + 874,58 + 418,89
Gesamtkosten (bzw. Endkosten der Hauptkostenstellen)	663,78	1.093,22	837,77	7.246,54	7.293,47
anderen Stellen zugerechnete Kosten (Summe der Entlastungen) (Ist)	663,78	1.093,22	837,78		
Differenz (Rundungsfehler)			+ 0,01		
auf der Basis fester, normalisierter Verrechnungssätze zugerechnete Sekundärkosten	655,50	1.100,00	840,00	entfällt, da Hauptkostenstellen, die keine innerbetrieblichen Güter herstellen, ihre Gesamtkosten auf die Kostenträger überwälzen	
Differenz aus zugerechneten Sekundärkosten auf Normalkostenbasis und Gesamtkosten (Ist) (einschließlich Rundungsfehler) („+" Überdeckung, „–" Unterdeckung)	– 8,28	+ 6,78	+ 2,22		

3 Kostenträgerstückrechnung bei Zuschlagskalkulation auf der Basis von Normalkosten

Auch bei der Durchführung der Sekundärkostenrechnung mithilfe von festen, normalisierten Verrechnungssätzen für innerbetriebliche Güter muss mit der Kostenträgerstückrechnung bis zum Ende der Abrechnungsperiode gewartet werden. Denn erst nach Abschluss einer Periode lassen sich die **insgesamt** in einer Periode erbrachten innerbetrieblichen Gütermengen und somit auch die für die Kalkulation benötigten Endkosten der Hauptkostenstellen ermitteln. Um auch die Kostenträgerstückrechnung schon während der Abrechnungsperiode durchführen und damit beschleunigen zu können, liegt es nahe, das Rechnen mit festen, normalisierten Verrechnungssätzen ebenfalls für die Überwälzung von Gemeinkosten der Hauptkostenstellen (Endkosten) auf die Kostenträger (z.B. unter Anwendung der Zuschlagskalkulation) zu verwenden. Im Folgenden soll die Kostenträgerstückrechnung bei Zuschlagskalkulation auf der Basis von Normalkosten unabhängig von den Ergebnissen der Sekundärkostenrechnung auf Normalkostenbasis durchgeführt werden.

Die Überwälzung von Gemeinkosten auf die absatzbestimmten Kostenträger bei Zuschlagskalkulation mit Normalkosten setzt ähnlich wie in der Zuschlagskalkulation mit Istkosten die Wahl von **Zuschlagsgrundlagen** zur Schlüsselung der Gemeinkosten auf die Kostenträger voraus. Entsprechend der Istkostenrechnung werden bestimmte Einzelkosten oder die Herstellkosten als Zuschlagsgrundlagen gewählt.

Nach Festlegung der Zuschlagsgrundlagen müssen für einen Zeitraum der Vergangenheit (meist ein Jahr, um einen vollen Zyklus der häufig während eines Jahres zyklisch schwankenden Kosten in die Durchschnitte einzubeziehen) die durchschnittlichen Zuschlagsgrundlagen und die durchschnittlichen Gemeinkostenbeträge (Endkosten) der verschiedenen Hauptkostenstellen ermittelt werden. Diese Größen kann man nach dem gleichen Schema berechnen, das der Bestimmung der durchschnittlichen Bezugsgrundlagen und der durchschnittlichen Gesamtkostenbeträge der Kostenstellen bei der Sekundärkostenrechnung auf Basis von Normalkosten zugrunde liegt (vgl. S. 198 f.). Die Division der durchschnittlichen Gemeinkosten der Hauptkostenstellen durch die jeweils entsprechenden durchschnittlichen Zuschlagsgrundlagen führt zu den gesuchten **normalisierten Zuschlagssätzen der Hauptkostenstellen.**

Nach Ermittlung dieser aus Zahlen der Vergangenheit gewonnenen normalisierten Zuschlagssätze der Hauptkostenstellen können schon während der Abrechnungsperiode die absatzbestimmten Kostenträger kalkuliert werden. Unter Verwendung des Schemas der Zuschlagskalkulation (vgl. etwa das Beispiel auf S. 158 f.) und der schon bis zum Betrachtungszeitpunkt innerhalb einer Periode angefallenen sowie bekannten Einzelkosten der Kostenträger werden diesen die Gemeinkosten nach Maßgabe der normalisierten Zuschlagssätze angelastet.

Da ähnlich wie bei der Sekundärkostenrechnung die normalisierten Zuschlagssätze (bzw. Verrechnungssätze) nur zufällig mit den sich in einer Istkostenrechnung ergebenden Zuschlagssätzen (Verrechnungssätzen) übereinstimmen, kommt es auch im Rahmen der Kostenträgerstückrechnung mit Normalkosten zu Unterdeckungen und Überdeckungen. Die Entstehung dieser Abweichungen und die Interpretation, welche diese Abweichungen finden können, soll folgendes Beispiel verdeutlichen. In einem Unternehmen mit elektiver, auf der Kostenstellenrechnung aufbauender Zuschlagskalkulation seien aus den Zahlen des vergangenen Jahres folgende Durchschnitte errechnet worden (s. Tabelle 36).

Tab. 36: Zuschlagssätze auf Normalkostenbasis im Beispiel

| | Fertigungshauptstellen | | | Material-stelle | Verwal-tungsstelle | Vertriebs-stelle |
	KS_1	KS_2	KS_3	KS_4	KS_5	KS_6
1) durch-schnittliche Gemeinkosten (Endkosten)	30.000	50.000	20.000	5.000	63.000	30.000
2) durch-schnittliche Zuschlags-grundlage	(FL_1) 60.000	(FL_2) 75.000	(FL_3) 10.000	(FM) 50.000	(HK) 300.000	(HK) 300.000
3) normalisierter Zuschlagssatz [1) : 2)]	50 % auf FL_1	66,667 % auf FL_2	200 % auf FL_3	10 % auf FM	21 % auf HK	10 % auf HK

FL_i: Fertigungslohn der i-ten Fertigungshauptstelle (i = 1, 2, 3)
FM: Fertigungsmaterial
HK: Herstellkosten

Während der Abrechnungsperiode wird jeder Kostenträger nach Maßgabe seiner Zuschlagsgrundlagen (Fertigungslöhne in den verschiedenen Hauptkostenstellen der Fertigung, Fertigungsmaterial, Herstellkosten) und der entsprechenden normalisierten Zuschlagssätze mit Gemeinkosten belastet. Wie beabsichtigt, erfolgt die Kalkulation gefertigter Produkte also schon während der Periode. **Insgesamt** wird in der laufenden Periode für jede Kategorie der von den Kostenträgern zugerechneten Gemeinkosten jeweils der Betrag verrechnet, der der Summe der Zuschlagsgrundlagen aller Produkte (Ist-Zuschlagsgrundlage) multipliziert mit dem zugehörigen normalisierten Zuschlagssatz entspricht. Der Vergleich dieser auf sämtliche Kostenträger verrechneten Kosten mit den sich aus der nachträglichen Istkostenrechnung ergebenden Ist-Endkosten der Hauptkostenstellen führt zu Über- und Unterdeckungen. Da dieser Vergleich allerdings die Kenntnis der insgesamt angefallenen und der insgesamt verrechneten Kosten voraussetzt, kann er – anders als die Kalkulation der Produkte selbst – erst am Periodenende angestellt werden (s. Tabelle 37).

Die Herstellkosten (HK) als Zuschlagsgrundlagen umfassen allerdings außer Ist-Einzelkosten verrechnete normalisierte Gemeinkosten.

Überdeckungen drücken aus, dass von der zugehörigen Gemeinkostenkategorie mehr Normal-Gemeinkosten auf die Kostenträger verrechnet wurden als effektiv angefallen sind. Im Beispiel sind wegen des über dem Durchschnitt der Vergangenheit liegenden Fertigungsmaterials und der gleich bleibenden Materialgemeinkosten mehr Normal-Materialgemeinkosten verrechnet worden (6.000) als in der Periode effektiv anfielen (5.000). **Unterdeckungen** kennzeichnen demgegenüber die Fälle, in denen Normal-Gemeinkosten in einem Umfang auf die Kostenträger verrechnet wurden, der die angefallenen (Ist-)Gemeinkosten unterschreitet. So sind im Beispiel weniger Verwaltungsgemeinkosten auf die Kostenträger überwälzt worden als in dieser Periode effektiv anfielen.

Über- und Unterdeckungen, die man frühestens am Ende der Abrechnungsperiode bestimmen kann, werden nicht nachträglich auf die Kostenträger überwälzt, sondern direkt auf das Betriebsergebniskonto übernommen (vgl. Kilger/Pampel/Vikas 2007, S. 48).

Tab. 37: Vergleich zwischen effektiven und über normalisierte Zuschlagssätze zugerechneten Gemeinkosten im Beispiel

	Fertigungshauptstellen			Material-stelle KS$_4$	Verwal-tungsstelle KS$_5$	Vertriebs-stelle KS$_6$
	KS$_1$	KS$_2$	KS$_3$			
1) Ist-Zuschlags-grundlage	(FL$_1$) 62.000	(FL$_2$) 70.000	(FL$_3$) 15.000	(FM) 60.000	(HK) 320.667	(HK) 320.667
2) normalisierter Zuschlagssatz	50 %	66,667 %	200 %	10 %	21 %	10 %
3) gesamte zugerechnete (Normal-) Gemeinkosten [2) bezogen auf 1)]	31.000	46.667	30.000	6.000	67.340	32.067
4) Ist-Endkosten	31.000	50.000	33.000	5.000	70.000	29.000
5) Abweichun-gen [3)−4)] („+" Über-deckung, „−" Unterdeckung)		− 3.333	− 3.000	+ 1.000	− 2.660	+ 3.067

4 Zur Normalleistungsrechnung

Analog zur Normalkostenrechnung kann von einer Normalleistungsrechnung gesprochen werden, wenn als Leistungen einer Periode Durchschnittswerte aus einer größeren Anzahl von Istleistungsbeträgen vergangener Abrechnungszeiträume angesetzt werden. In einer Leistungsrechnung, die erstellte Güter mit Einnahmen bewertet, handelt es sich dann um durchschnittliche Erlöse vergangener Perioden und im Rahmen einer Leistungsrechnung, die erstellte Güter mit den für ihre Fertigung angefallenen Kosten bewertet, um durchschnittliche in der Vergangenheit angefallene Kosten. Wie in der Normalkostenrechnung können die durchschnittlichen Erlöse und Kosten ohne Rücksicht auf erwartete künftige Änderungen der bisherigen Erlös- bzw. Kostenverhältnisse gebildet sein **(statische Mittelwerte).** Man kann aber auch versuchen, erwartete künftige Änderungen etwa durch gezielte Wahl der in die Durchschnittsbildung einzubeziehenden Erlöse bzw. Kosten früherer Perioden zu berücksichtigen **(aktualisierte Mittelwerte).**

Die im vorangegangenen Abschnitt dargestellte Sekundärkostenrechnung auf der Basis von Normalkosten kann als Normalleistungsrechnung interpretiert werden, in der die innerbetrieblichen Güter auf der Basis kostenorientierter Wertansätze bewertet sind. Wie alle Leistungsrechnungen auf der Basis kostenorientierter Leistungen bedarf sie nach Darstellung der entsprechenden Kostenrechnung keiner weiteren Erläuterung (vgl. auch S. 169 ff.).

Den Normalleistungsrechnungen als Normalerlösrechnungen kommt zur Beschleunigung von Erlösrechnungen nicht die Bedeutung wie der Normalkostenrechnung zu. Die Aufgaben von Normalerlösrechnungen bestehen im Wesentlichen also darin, vor Kenntnis der effektiv erzielten Erlöse − etwa um Erlöse zu planen − anhand der durchschnittlich in der Vergangenheit erzielten Erlöse gegenwärtige oder künftige Erlösansätze zu erhalten. Zwar können solche Erlösrechnungen wie Normalkostenrechnungen über die Bestimmung von Abweichungen zwischen Ist- und Normalerlösen mit Isterlösrechnungen verknüpft werden, jedoch findet eine solche Verknüpfung in der Praxis kaum statt. Zu ihrer Beschreibung genügt der Hinweis, dass sie sich mit Ausnahme des abweichenden Mengen- und Wertansatzes nicht von Isterlösrechnungen unterscheiden.

5 Beurteilung der Normalkostenrechnung

Der Normalkostenrechnung werden häufig außer dem Vorzug der **Beschleunigung** von Sekundärkostenrechnungen und Kostenträgerstückrechnungen Vorteile zugeschrieben, die sich aus der **Konstanz** der Verrechnungssätze über einen längeren Zeitraum ergeben. Ergebnisse der Normalkostenrechnung verschiedener Perioden sollen durch die bei der Bildung von Normalkosten bewirkte Glättung von Istkosten **besser vergleichbar** werden. (Ähnliche Überlegungen liegen der Bildung von kalkulatorischen Kosten, besonders von kalkulatorischen Wagnissen zugrunde, vgl. S. 36 f.) Speziell die Kostenträgerstückrechnung profitiert von den konstanten Zuschlagssätzen, weil z.B. Produkte, deren Fertigstellung mehrere Monate in Anspruch nimmt, nicht mehr mit von Monat zu Monat unterschiedlichen Gemeinkostenzuschlägen belastet werden, wie das in der Istkostenrechnung möglich ist.

Dabei sind schwankende Zuschlagssätze besonders störend, wenn sie das Ergebnis zyklischer Bewegungen im Zeitablauf miterfassen (vgl. Kilger/Pampel/Vikas 2007, S. 48).

Ein Urteil über die Zweckmäßigkeit der Normalkostenrechnung kann allerdings nur im Vergleich mit der Istkostenrechnung und anhand der drei Aufgaben einer Kosten- und Leistungsrechnung (Kontrolle, Planung und Publikation) gefällt werden.

Zur **Kontrolle** eignet sich die **Normalkostenrechnung** nicht wesentlich besser als die Istkostenrechnung. Für die Begründung dieser Aussage wird davon ausgegangen, dass als Maß- oder Sollgrößen die Normalkosten einer Periode und als Istgrößen die Istkosten einer Periode angesetzt werden. Die insgesamt pro Periode verrechneten Gemeinkosten einer Normalkostenrechnung, bei der man in der Kostenträgerstückrechnung die Produkte mit normalisierten Zuschlagssätzen der Hauptkostenstellen kalkuliert, können als spezifische **Sollwerte** angesehen werden, an denen sich zwecks Kostenkontrolle die angefallenen Ist-Gemeinkosten der Kostenstellen messen lassen. Überdeckungen zeigen dann Wirtschaftlichkeit, Unterdeckungen dagegen Unwirtschaftlichkeit an. Unter strengen Maßstäben einer Sollbestimmung muss die Aussagefähigkeit eines solchen Soll-Ist-Kostenvergleichs bezweifelt werden. Diese Sollwerte spiegeln durchschnittliche Ist-Verhältnisse der Vergangenheit wider. Die realen Gegebenheiten in der Vergangenheit, welche die Sollgrößen geprägt haben, können sich inzwischen allerdings geändert haben (die Beschäftigung, die Ausstattung mit Personal und Maschinen sowie die Faktorpreise ändern sich meist im Zeitablauf), was genau wie in der Istkostenrechnung anhand eines Ist-Ist-Vergleichs den Kostenvergleich erschwert. Außerdem können durchschnittliche Kosten der Vergangenheit keine bessere Wirtschaftlichkeit repräsentieren als die Istkosten, die in die Durchschnittsbildung eingehen. Wenn sich hinter den Istkosten der Vergangenheit aber Unwirtschaftlichkeit verbirgt, dann sind Normalkosten Ausdruck für eine durchschnittliche Unwirtschaftlichkeit. Freilich vermag die Kostenkontrolle mittels einer Normalkostenrechnung einem Betriebsleiter, der die Betriebsveränderungen kennt und der zumindest grobe Vorstellungen über deren Auswirkungen auf die Kostenentwicklung besitzt, brauchbare Hinweise bei der Suche nach Ursachen für Unwirtschaftlichkeiten geben. Gemessen an weniger strengen Maßstäben kann also der Normalkostenrechnung eine gewisse Eignung zur Erfüllung von Kontrollaufgaben nicht abgesprochen werden.

Für **Planungsaufgaben** bringt die Normalkostenrechnung keine Verbesserungen, welche die gegen die Eignung der Istkostenrechnung und Istleistungsrechnung zur Erfüllung dieser Aufgaben geäußerten Bedenken überwinden. Genau wie die Istkostenrechnung wird die Normalkostenrechnung von den Verhältnissen in der **Vergangenheit** geprägt, und folglich gibt sie nur dann die künftigen Kosten richtig an, wenn die reale Entwicklung in der Zukunft ähnlich abläuft wie in der Vergangenheit. Weil man bei Anwendung der Normalkostenrechnung ebenfalls genau wie bei der Istkostenrechnung bestrebt ist, speziell den Kostenträgern direkt oder indirekt mittels Schlüsselung sämtliche Kosten zu überwälzen (die Summe der Über- und Unterdeckungen soll in der Normalkostenrechnung möglichst gering sein), ist auch sie nicht an den Beziehungen zwischen Kostenursache und Kostenhöhe ausgerichtet. Aus den Kosten, welche in der Normalkostenrechnung den Kostenträgern zugeordnet werden, darf also beispielsweise nicht geschlossen werden, dass diese Kosten entfallen, wenn man die Fertigung eines Produktes einstellt. Weil durch die Normalkostenrechnung als Vollkostenrechnung die Verbindungen zwischen Aktionsparametern und ihren Wirkungen auf Kosten und Leistungen verschleiert werden, eignet sie sich im Rahmen der Planungsaufgaben nicht zur Zuordnung von Kosten- oder Leistungskonsequenzen zu alternativen Handlungsmöglichkeiten. Nur Unternehmensleitungen, die auf der Basis gesonderter Überlegungen die Einflüsse offen stehender Aktionsparameter auf die Gesamtkosten und Gesamtleistungen analysieren, können anhand von Normalkostenrechnungen unter Einbeziehung von Planelementen zu brauchbaren Grundlagen für Entscheidungen kommen.

Für die Erfüllung von **Publikationsaufgaben** bringt die Normalkostenrechnung gute Voraussetzungen mit. Ähnlich wie in der Istkostenrechnung dürfen die durch eine Normalkostenrechnung ermittelten Herstellkosten nach Bereinigung um Differenzen zwischen kalkulatorischen Kosten und den entsprechenden bilanziellen Aufwendungen sowie nach Erweiterung um angemessene Teile der Verwaltungsgemeinkosten als Herstellungskosten bei der Bewertung fertiger und unfertiger Erzeugnisse sowie aktivierbarer innerbetrieblicher Güter in der **Handelsbilanz** verwendet werden. Die Ausrichtung der Normalkosten auf durchschnittliche Bezugsgrundlagen und damit auf eine durchschnittliche Auslastung der Kapazitäten (**Normalbeschäftigung**) verhindert ihre Brauchbarkeit für handelsrechtliche Bewertungszwecke dann nicht, wenn „der als Normalbeschäftigung festgelegte Beschäftigungsgrad vernünftigen kaufmännischen Überlegungen" entspricht und wenn „die tatsächlichen Kosten nicht darunter liegen" (Adler/Düring/Schmaltz 1995, § 255 Tz. 262).

Die Frage, inwieweit sich die Normalkostenrechnung zur Bewertung in der **Steuerbilanz** eignet, lässt sich nicht eindeutig beantworten. Speziell geht aus Gesetzgebung und Rechtsprechung nicht klar hervor, ob Normalkostenrechnungen wegen ihrer Abhängigkeit von einer durchschnittlichen Beschäftigung die Fähigkeit zur Bestimmung steuerlich zulässiger Wertansätze verlieren. So wird zwar eine nachträgliche Bereinigung der Istkosten von Kosten der Unterbeschäftigung nur bei gravierender Unterbeschäftigung (wegen teilweiser Stilllegung, mangelnder Aufträge oder bei Saisonbetrieben) erlaubt und insoweit am Ansatz effektiver Werte festgehalten, es finden sich aber keine Hinweise auf die Beurteilung von Fällen, in denen von vornherein mit Normalkosten gerechnet wird (vgl. Abschnitt 33 Abs. 8 EStR 1990, Urteil des Bundesfinanzhofes vom

15. 2. 1966, BStBl III, S. 468). Gleichwohl scheinen Wertansätze auf der Basis von Normalkosten, in denen kalkulatorische Kosten durch bilanzielle Aufwendungen bezüglich der gleichen Güterart ersetzt werden, zumindest dann zulässig, wenn aus der Wahl der Verfahren zur Bestimmung der durchschnittlichen Kosten und der durchschnittlichen Beschäftigung geschlossen werden darf, dass die daraus resultierenden Kosten nicht stark von den Istkosten abweichen.

Gemäß den **LSP** sollen die Kosten aus Menge und Wert der für die „Leistungserstellung" (effektiv) verbrauchten Güter ermittelt werden (Nr. 4 Abs. 1 LSP). Mit dieser Bestimmung werden die gesuchten Wertansätze grundsätzlich an eine Istkostenrechnung gebunden. Von Istkostenrechnungen abweichende Kostenrechnungssysteme werden allerdings dann als Basis der Wertbestimmung zugelassen, wenn die zunächst in diesen Rechnungen ermittelten Wertansätze durch nachträgliche Berücksichtigung der Abweichungen zwischen Wertansätzen dieser Rechnungen und der Istkostenrechnung den Wertansätzen der Istkostenrechnung angeglichen werden. Bei nachträglicher Überwälzung von Unter- und Überdeckungen auf die absatzbestimmten Kostenträger eignen sich also auch Normalkostenrechnungen für Publikationsaufgaben im Rahmen der LSP (vgl. Nr. 4 Abs. 4 LSP).

Zusammenfassend muss festgestellt werden, dass, ebenso wie eine Istkosten- und Istleistungsrechnung besser ist als gar keine Kosten- und Leistungsrechnung, auch eine Normalkosten- und Normalleistungsrechnung jeglichem Verzicht auf eine Kosten- und Leistungsrechnung vorzuziehen ist. Für die Lösung von Kontroll- und Planungsaufgaben müssen jedoch Istkosten- und Istleistungsrechnungen sowie Normalkosten- und Normalleistungsrechnungen als gar nicht oder nur wenig geeignet angesehen werden. Solche Aufgaben können daher im Grunde genommen nur von einer Plankosten- und Planleistungsrechnung gelöst werden.

B Grundlagen der Plankosten- und Leistungsrechnung

Lernziel: *Plankosten basieren auf Vorstellungen darüber, welche Faktoren Kosten verursachen und in welchem Umfang (Ursache-Wirkungs-Beziehungen). Sie sollen diese Basis und die Vereinfachungen, die die Kostenrechnung in diesem Zusammenhang kennzeichnen, kennen lernen.*

1 Der Ursache-Wirkungs-Bezug als Kern der Plankostenrechnung

Die Plankostenrechnung zeichnet sich dadurch aus, dass sie Kosten als das Ergebnis von Faktoren (Kosteneinflussfaktoren) begreift, die Kosten hervorrufen und die Höhe der Kosten prägen. Anders als in der Ist- und Normalkostenrechnung, wo vorgegebene Kosten nur registriert und gemessen werden, stehen in einer Plankostenrechnung Ursache-Wirkungs-Beziehungen zwischen Kosteneinflussfaktoren einerseits und den durch sie hervorgerufenen Kosten andererseits im Mittelpunkt.

Jede für die Zukunft in Erwägung gezogene Handlungsmöglichkeit ist durch eine spezifische Kombination von Kosteneinflussfaktoren gekennzeichnet, die der Entscheidungsträger teilweise nur langfristig (z.B. Abbau personeller Überkapazitäten), teilweise aber auch kurzfristig variieren kann. Die kurzfristig veränderbaren sind für die Kostenrechnung besonders relevant. Darüber hinaus wirken Faktoren auf die Höhe der Kosten ein, auf die der Entscheidungsträger selbst keinen Einfluss hat – wie etwa die Außentemperatur auf die Heizkosten. Mögliche Handlungsalternativen stellen sich somit als spezifische Kombinationen von Kosteneinflussfaktoren dar, wobei freilich einige dieser Einflussfaktoren kurzfristig unveränderlich und andere von der Umwelt auf der Basis „höherer Gewalt" vorgegeben sind. Eine Plankostenrechnung, die systematisch auf die Zusammenhänge zwischen Kosteneinflussfaktoren und Kosten (Ursache-Wirkungs-Beziehungen) gestützt wird, müsste die Auswirkungen jedweder Kombination von Kosteneinflussfaktoren auf die zu erwartenden Kosten anzugeben erlauben und Kostenplanung so auf eine solide, nachprüfbare Grundlage stellen. Zeit alleine allerdings ist – von Sonderfällen wie Zinsen einmal abgesehen – kein Kosteneinflussfaktor. Eine aus der Vergangenheit extrapolierte Ist- oder Normalkostenrechnung zählt somit nicht zu den Plankostenrechnungen, wie sie hier verstanden werden.

Damit Kosten auf dem angedeuteten Wege praktisch planbar werden, müssen die abstrakten Vorstellungen von Ursache-Wirkungs-Beziehungen zunächst konkretisiert werden. Soweit Kosten als Produkte aus Verbrauchsmengen und Preisen verstanden werden, kann die Plankostenrechnung bezüglich dieser Konkretisierung auf Vorarbeiten zurückgreifen. Die Beziehungen zwischen dem Verbrauch an Produktionsfaktoren und den Einflussfaktoren, welche diesen Verbrauch hervorrufen und seine Höhe bestimmen, werden von der Produktionstheorie untersucht. Den teilweise verbundenen Auswirkungen von Faktorverbrauch und Faktorpreis auf die Kosten geht die Kostentheorie nach. Gestützt auf die Ergebnisse der Produktions- und Kostentheorie bietet sich also die Aussicht auf einen sowohl theoretisch als auch praktisch brauchbaren Planungsansatz für Kosten.

2 Der Modellcharakter der Plankostenrechnung

Das angedeutete Ideal hat allerdings einen bedeutenden Nachteil. Die Zahl der Faktoren, die Kosten hervorrufen und beeinflussen, ist erheblich und die Art, wie sie – häufig zudem noch interdependent mit anderen Faktoren – auf die Höhe der Kosten einwirken, äußerst vielfältig und verschlungen. Eine grobe Vorstellung von der Vielfalt und der Komplexität der Zusammenhänge soll folgende Übersicht vermitteln, in der an dem wahrscheinlich eher einfachen Beispiel eines Copyshops einige Kosteneinflussgrößen benannt werden, ohne dass genauer auf die Art und Weise eingegangen wird, wie sie die Höhe der Kosten beeinflussen. Gestützt auf Erfahrungen mit der Istkostenrechnung und grober Kenntnis der Produktions- und Kostentheorie kann sich der Leser mit etwas Phantasie die möglichen Kostenverläufe vorstellen, die aus den meisten dieser Faktoren resultieren werden.

Kosteneinflussgrößen

Beispiel: die Kosten des Müller-Copyshops

1. Entscheidungen über den Aufbau zeitungebundener Nutzungspotenziale
- Wahl des Sachziels (hier: Copyshop)
- Wahl der Rechtsform
- Wahl der Finanzierungsformen
- Wahl etwa des Stromtarifs

2. Entscheidungen über zu installierende Verfahren

- Kauf/Miete eines Ladenlokals und Festlegung der Lage
- Ausstattung des Ladens, z.B. mit Theke, Zählern
- Kauf/Miete von Kopierern, Festlegung der Typen und des Vertragstyps
- Beschäftigung von festen Mitarbeitern oder Teilzeitjobs
- Kopien durch Mitarbeiter oder die Kunden selbst
- Instandhaltungspolitik/Ersatzpolitik
- Verhältnis Kalendertage zu Arbeitstage (vorgegeben!)

3. Entscheidungen über die Kapazitäten betrieblicher Teilbereiche

- Größe des Ladenlokals
- Zahl der Kopierer
- Zahl der Mitarbeiter
- Öffnungszeiten und Besetzung

4. Entscheidungen über die Ausbringungen betrieblicher Teilbereiche („Beschäftigung")

- Zahl der Kopien (legen die Kunden fest!)
- Verteilung der Aufträge auf die Kopierertypen

5. Entscheidungen über andere kurzfristig variierbare Kosteneinflussfaktoren

- Politik des Papiernachfüllens
- Beschaffungspolitik bezüglich Papiermengen, Papierqualitäten, Toner
- Politik hinsichtlich der Begleichung von Rechnungen
- Festlegung der absatzpolitischen Parameter Werbung, Kulanz, Zahlungsbedingungen, Komplementärangebot
- Festlegung der Raumtemperatur
- Festlegung der Betriebsbereitschaft der Kopierer (stand-by)

6. Faktorpreise

- z.B. Preise für Ladenlokal, Personal, Kopierer, Papier, Toner, Energie, Kapital, Steuern
- Preisstaffel abhängig von der Menge

7. Unwirtschaftlichkeit (Schlendrian)

- Papiermehrverbrauch und Maschinenausfall durch falsches Papiernachfüllen
- Verschwendung von Wärmeenergie durch schlechte Isolierung des Eingangsbereichs

Eine Plankostenrechnung, die den Ursache-Wirkungs-Beziehungen in ihrer ganzen Vielfalt Rechnung tragen möchte, wäre sehr komplex und praktisch kaum handhabbar. Aus dem Ziel der Praktikabilität heraus muss Plankostenrechnung folglich stets vereinfachen. Erst als vereinfachtes Modell der Realität wird sie brauchbar und daher wertvoll. Vereinfachung wird in den verschiedenen Plankostenrechnungen in unterschiedlichen Maßen und auf verschiedenen Wegen angestrebt.

Aus der unabsehbaren Fülle von Einflussfaktoren werden überhaupt nur bestimmte Faktoren näher betrachtet. Teilweise geschieht das erkennbar dadurch, dass eine ganze Gruppe von Einflussfaktoren vereinfachend in einem pauschalen Faktor wie „Entscheidungen über den Aufbau zeitungebundener Nutzungspotenziale" oder „Beschäftigung" beispielsweise abgebildet wird. Teilweise werden aber auch einfach nur bestimmte Faktoren explizit beachtet und andere verschwiegen. Die Reduktion der Zahl der Einflussfaktoren macht die Planung auf den ersten Blick einfacher, weil weniger Faktoren sowie weniger Beziehungen zwischen diesen Faktoren und den Kosten zu berücksichtigen sind. Sie verursacht allerdings auch gravierende Probleme. Die Kosten für die Herstellung von Kfz-Rohmotorhauben auf einer Pressstraße beispielsweise hängen unter anderem von der Anzahl der für die verschiedenen PKW-Typen hergestellten Motorhauben und – wegen der Kosten des Umrüstens der Pressstraße – von den Losgrößen ab, in denen die Motorhauben jeweils gefertigt werden. Wird dieser Zusammenhang vereinfachend dadurch abgebildet, dass nur ein Faktor – im Beispiel nur die Ausbringungsmenge als Maß der Beschäftigung – explizit berücksichtigt wird, so gibt es nur dann eine eindeutige Beziehung zwischen dem Einflussfaktor Ausbringungsmenge und den Kosten, wenn der Einfluss der übrigen Faktoren in einer ganz bestimmten Form zugrunde gelegt wird – im Beispiel wäre das eine bestimmte Kombination der Anzahl von hergestellten Motorhauben der verschiedenen Typen (etwa von jedem PKW-Typ gleich viele) und jeweils eine bestimmte Standard-Losgröße (von jeder Haube werden jeweils 100 Stück gepresst und dann wird zum anderen Typ gewechselt). Ohne eine derartige Fixierung der nicht explizit beachteten Faktoren in jeweils einer bestimmten Ausprägung ließen sich keine Kosten in Abhängigkeit von der Ausbringungsmenge angeben. Die Einflüsse von Variationen der übrigen, nicht explizit betrachteten Faktoren auf die Kosten bleiben zudem im Dunkeln. Die vereinfachte Betrachtung mit der Ausbringungsmenge als alleiniger Einflussgröße erlaubt also keine Aussagen über die Auswirkungen der Variationen von Produktmischung und/oder Losgröße auf die Kosten.

Hinsichtlich der Art, wie sich bei Variation der Einflussgrößen die Kosten verändern, kann auch mehr oder weniger stark vereinfacht werden. Das geschieht dadurch, dass entweder ganz pauschal von einem linearen Kostenverlauf mit absolut fixen und bei Variation der betrachteten Einflussgröße rein proportional verlaufenden Kosten ausgegangen wird oder indem zwar nichtlineare Kosten als gegeben akzeptiert, aber durch gegebenenfalls abschnittsweise lineare Kostenfunktionen approximiert werden. Ansätze von Plankostenrechnungen, in denen nichtlineare Kostenfunktionen unmittelbar berücksichtigt werden, sollen hier nur ausnahmsweise betrachtet werden (vgl. z.B. die Erfahrungskurve auf S. 215 f.).

Kosten hängen nicht nur von Faktoren ab, auf die der Entscheidungsträger kurz- oder langfristig Einfluss nehmen kann. Wie zuvor schon angesprochen, hängen sie auch von Faktoren ab, die der Entscheidungsträger nicht beeinflussen kann, die aber in Zukunft in unterschiedlicher Höhe eintreten und damit auch verschieden hohe Kosten bewirken können. Die künftige Ausprägung dieser Faktoren kann vorhersehbar sein, wie die Zahlen der Arbeitstage in den Wochen des kommenden Jahres. Sie kann aber auch unsicher sein, wie etwa die bereits erwähnten Außentemperaturen, die Ausfälle von Arbeitnehmern durch Krankheit oder von Maschinen durch Störungen. Obwohl die betriebswirtschaftliche Entscheidungstheorie Ansätze zur Bewältigung von Planungsproblemen bei fehlender Sicherheit bereitstellt und obwohl – auch dank der häufig relativ drastischen Vereinfachungen bei den bereits angesprochenen Problemfeldern – es durchaus möglich wäre, der nicht sicheren Umwelt in Kostenrechnungsmodellen explizit Rechnung zu tragen, soll hier aufgrund kurzer, maximal ein Jahr umfassender Planungsperioden von Sicherheit der Daten und Umweltzustände ausgegangen werden.

3 Zu Ursache-Wirkungs-Überlegungen bei der Planleistungsrechnung

Die für die Plankostenrechnung beschriebenen Grundgedanken der auf Ursache-Wirkungs-Beziehungen gestützten Planung von Kosten eröffnen eine Perspektive auch für eine Planleistungsrechnung. Dort müsste man analog vorgehen. Zunächst werden jene Faktoren gesucht, die die Leistung über Absatzmenge und Absatzpreis beeinflussen, damit anschließend für jede Kombination aus derartigen Parametern, welche die Leistung bestimmen, der Umfang der zugehörigen Leistung nach Menge und Wert berechnet werden kann. Zumindest in der Literatur zur Kosten- und Leistungsrechnung hat sich dieser Weg aber bisher als nicht erfolgsversprechend erwiesen, weil über die Ursache-Wirkungs-Beziehungen im Leistungsbereich (Laßmann 1973, S. 9, spricht von „Erlösabhängigkeiten") wenig bekannt ist, eine der Produktions- und Kostentheorie vergleichbare Theorie der Leistung also fehlt.

Im hier dargestellten Sinne gibt es Planleistungsrechnungen damit noch nicht. Leistungsrechnungen verbleiben noch auf dem Stand von mehr oder weniger tief untergliederten Umsatz- und Absatzstatistiken.

4 Der Zielbezug der Plankostenrechnung

Eine Rechnung, die die aus möglichen Handlungsweisen in Zukunft resultierenden Kosten als bewertete Güterverzehre aufzuzeigen beabsichtigt, liefert demjenigen Informationen, der sich für betriebliche Gewinne als Differenzen aus Erlösen und Kosten interessiert. Damit konzentriert sich die Plankostenrechnung auf das Gewinnziel.

Das heißt nicht, dass sie für andere Ziele nicht hilfreich sein kann, soweit diese Ziele mit dem Gewinnziel verträglich sind. Das Umweltschutzziel beispielsweise steht regelmäßig in Konkurrenz zum Gewinnziel, denn meistens kostet Umweltschutz Geld. Umweltschonende Produktion verursacht aus der Sicht des Produzenten in der Regel höhere Kosten als umweltbelastende Produktion. Wenn es aber gelingt, Umweltverschmutzung nur demjenigen zu erlauben, der sich beispielsweise Verschmutzungsrechte in Form besonderer Zertifikate gekauft hat, so führt die Verschmutzung zum Verbrauch des im Zertifikat verbrieften Rechts zur Freisetzung einer bestimmten Menge eines näher definierten Schadstoffes und damit zu Kosten. Das natürliche Streben nach Gewinn tritt dann mithilfe der Plankostenrechnung in den Dienst des Umweltschutzziels, denn die Plankostenrechnung zeigt in diesem Fall auch die Kosten der Umweltverschmutzung auf und regt den Entscheidungsträger an, Vorgehensweisen zu wählen, mit denen er Kosten der Umweltverschmutzung verringern kann. Eine ohne Kosten der Umweltverschmutzung unattraktive, weil kostenintensive, aber umweltschonende Produktionsweise wird unter Einschluss der Kosten für die Umweltverschmutzung vorziehenswürdig, wenn die zusätzlichen Kosten für das Unternehmen aus der Umweltverschmutzung höher ausfallen als die Mehrkosten der umweltschonenden gegenüber der umweltverschmutzenden Produktionsweise.

Die Plankostenrechnung ließe sich auch auf andere Ziele ausweiten, indem der Kostenbegriff allgemeiner gefasst wird, so dass Kosten im Extremfall alles das einschließen, was der Entscheidungsträger negativ bewertet und zu vermeiden trachtet. (So die Kosten I bei Ewert/Wagenhofer 2008, S. 38). Neben Gewinnminderungen könnten Umweltverschmutzung, Lärm, Abhängigkeit von fremden Kapitalgebern oder die Notwendigkeit, im Unternehmen zu arbeiten, unmittelbar als „Kosten in diesem weiteren Sinne" erfasst werden, sobald es gelingt, diese Ziele zu operationalisieren und damit messbar zu machen sowie die relative Bedeutung der Ziele im Vergleich zueinander zu definieren.

Dieser auf den ersten Blick attraktiv erscheinende Weg ist bei genauerer Analyse wenig nützlich. Während das Gewinnziel bzw. das Streben nach Zahlungsüberschüssen, das über das Gewinnziel der kurzfristigen Kostenrechnung gesichert werden soll, grundsätzlich auf alle Menschen passt („Nach Golde drängt, am Golde hängt doch alles. Ach wir Armen!" Johann Wolfgang von Goethe: Faust. Der Tragödie erster Teil, Zeilen 2802–2804.), müssten die anderen Ziele sehr selektiv auf die verschiedenen Individuen zugeschnitten werden. Aussagen mit einer gewissen Allgemeingültigkeit ließen sich nicht mehr machen, und die Kostenrechnung wäre nicht länger in der Lage, wesentlich mehr auszusagen als das, was schon das allgemeine Grundmodell der Entscheidungstheorie bietet. Außerdem würde die Komplexität einer alle möglichen Ziele einschließenden Kostenrechnung gewaltig zunehmen. Ursache-Wirkungs-Beziehungen würden nicht nur für die Kosten im engen Sinne, sondern für alle anderen möglichen Zielinhalte benötigt. Die Kostenrechnung würde mit Problemen der Zieloperationalisierung und der Zielgewichtung konfrontiert, die sich – wenn überhaupt – nur aus der Perspektive eines Individuums bewältigen lassen und bezogen auf Gruppen von Individuen (etwa mehrere Gesellschafter eines Unternehmens) schon theoretisch nicht befriedigend lösbar sind.

Auch wenn die Allgemeingültigkeit eingeschränkt erscheint, tut die Kostenrechnung gut daran, ihre Betrachtung auf das Gewinnziel zu beschränken, zumal bei geeigneten Rahmenbedingungen das Gewinnstreben zur Erreichung auch anderer Ziele, wie Bedarfsdeckung oder – im Beispiel oben – Umweltschutz, führt.

5 Der Zeitbezug der Plankostenrechnung

Gemessen an dem Streben nach Zahlungsüberschüssen für Konsumzwecke, für welches das Gewinnziel nur stellvertretend steht, haben die Handlungen eines Entscheidungsträgers fast immer Auswirkungen in mehr als einem Zeitpunkt. Dabei liegen die Zeitpunkte, in denen Auswirkungen eintreten, so weit auseinander, dass die Auswirkungen entweder als Ergebnisse in verschiedenen Zeitpunkten behandelt werden müssen oder dass es besonderer Rechentechniken bedarf, damit die Ergebnisse als in einem Zeitpunkt eintretend angesehen werden können.

Diese Behauptung wird überraschen. Üblicherweise wird angenommen, dass sich betriebliche Entscheidungen in solche mit langfristigen, verschiedene Zeitpunkte innerhalb eines mehrjährigen Zeitraums abdeckenden Konsequenzen (so genannte Investitionsentscheidungen) und solche mit kurzfristigen Konsequenzen (auf Basis der Kostenrechnung zu treffende Entscheidungen) einteilen lassen, wobei die Ergebnisse zwar nicht genau alle in einem Zeitpunkt eintreten, die zeitlichen Unterschiede aber als so gering eingestuft werden, dass man getrost über derart unbedeutende Differenzen hinwegsehen kann. Dazwischen mag es „Grautöne" geben, die aber notfalls den Investitionsentscheidungen zugeordnet werden.

Das hier kurz skizzierte Weltbild lässt sich leicht als problematisch entlarven, wenn als typisch kurzfristig geltende und üblicherweise auf der Basis von Kostenrechnungsinformationen gefällte Entscheidungen genauer betrachtet werden (Schildbach 1993, S. 347). Als Beispiele mögen die Bestimmung des kurzfristigen Produktionsprogramms einschließlich der Wahl zwischen Eigenfertigung und Fremdbezug und die Entscheidung zwischen mehreren verfügbaren Fertigungsverfahren dienen.

Wenn sich ein Unternehmen entschließt, bestimmte Produkte herzustellen oder bestimmte Maschinen zu nutzen, so werden die Zahlungen, die mit dieser Entscheidung zusammenhängen, auch nicht näherungsweise in einem Zeitpunkt eintreten. Hinsichtlich der Ausgaben für die Beschaffung der Anlagen bedarf diese Aussage keiner näheren Erläuterung. Allerdings lässt sich diesbezüglich einwenden, die Anschaffungsausgaben für die maschinellen Anlagen und Gebäude seien im Zeitpunkt der kurzfristigen Entscheidung praktisch irrelevant und müssten von einer entscheidungsorientierten (Teil-) Kostenrechnung nicht mehr berücksichtigt werden. Für kurzfristige Entscheidungen seien diese historischen Vorgänge daher zu vernachlässigen. Dieses Schlupfloch steht bei den allgemein als variabel angenommenen Ausgaben für den Faktor Arbeit und bei den Ausgaben für Material nicht offen. Nur bei fertigungssynchroner Anlieferung wird Material praktisch zeitgleich und parallel zur Produktion beschafft. Bei Lagerhaltung dagegen fallen schon Zugang und Verbrauch auseinander. Weitere Verwerfungen werden aus dem regelmäßig erheblichen Auseinanderfallen zwischen Güterzugang (Ausgabe) und Liquiditätsabfluss (Auszahlung) hervorgerufen. Der Barkauf „Ware gegen Geld" ist eher der Ausnahmefall. Noch stärkere Diskrepanzen zwischen Faktornutzung und Zahlung für diese Nutzung treten im Bereich des Faktors Arbeit bei dem Entgeltbestandteil Altersversorgung auf. Hier liegen Jahrzehnte zwischen Faktoreinsatz und Zahlung. Allerdings lassen sich die Rentenzahlungen selbst teilweise schwerlich bestimmten Arbeitseinsätzen eines Arbeitnehmers zuordnen.

Die bisher aufgezeigten Ursachen für eine nicht selten sehr breite zeitliche Streuung der von angeblich kurzfristigen Entscheidungen ausgelösten Konsequenzen lassen sich durch einen für die Kostenrechnung typischen Kunstgriff überdecken, so dass die Konsequenzen als in einem Zeitpunkt anfallend erscheinen. Statt im Zeitpunkt von Auszahlung oder Ausgabe werden Kosten als in dem Zeitpunkt entstanden angesehen, in dem die Produktionsfaktoren verbraucht werden (vgl. auch Ewert/Wagenhofer 2008, S. 61 f.).

Für diesen im Kostenbegriff (bewerteter, sachzielbezogener Güterverzehr einer Periode, vgl. S. 30) angelegten Kunstgriff muss natürlich ein Preis bezahlt werden. Der Gewinn als Differenz zwischen Leistung und Kosten kann das eigentliche Ziel, einen möglichst umfangreichen konsumbestimmten Zahlungsstrom zu erzielen, nur näherungsweise wiedergeben. Die zeitlichen Verwerfungen zwischen Zahlungen einerseits und Kosten andererseits werden zwar theoretisch durch Ansatz eines kalkulatorischen Zinses genau ausgeglichen – diese Möglichkeit ist der Inhalt des so genannten Lücke-Theorems (Lücke 1965, Kloock 1981) –, dieser Ausgleich führt aber die Vereinfachung, die in der Nutzung der Kosten liegt, ad absurdum; denn exakt gelingt der Ausgleich nur dann, wenn die wirkliche zeitliche Verteilung der Zahlungsergebnisse im Detail bekannt ist. Bei Kenntnis der genauen zeitlichen Verteilung der Zahlungsergebnisse kann direkt die Investitionsrechnung zur Fundierung der Entscheidung herangezogen werden. Die Verwendung der vereinfachenden Kostenrechnung hat dann keinen spezifischen Vorteil mehr.

Tatsächlich ist der Kunstgriff der Kostenrechnung, statt an die Zahlungen zu ganz verschiedenen Zeitpunkten einfach an den Güterverzehr anzuknüpfen, von ganz enormem praktischen Wert, weil er eine vergleichsweise sehr einfache Berechnung von Vorteilhaftigkeitsmaßen ermöglicht, die natürlich auch Schwächen haben, weil sie auf Vereinfachungen beruhen.

Nicht alle zeitlichen Verwerfungen lassen sich allerdings mithilfe des für die Kostenrechnung typischen Kunstgriffs „Anknüpfen an die Faktorverbräuche" lösen. Die verbleibenden Probleme sind sogar äußerst zahlreich.

Wenn sich ein Unternehmen im Rahmen seiner Produktionsprogrammplanung entschließt, ein Produkt X aus dem Programm zu streichen, so beeinflusst es meist seinen Handlungsspielraum in der nächsten Periode. Das nicht mehr angebotene Produkt X kann in vielen Fällen in der Folgeperiode nicht mehr verkauft werden, weil es beispielsweise von den Bestelllisten der Supermarktketten gestrichen wurde oder weil sich die Kunden inzwischen an ein Ersatzprodukt gewöhnt haben. Die Entscheidung für Fremdbezug ist häufig mit der Übertragung von Know-how an den Lieferanten verbunden. Dies kann ihn später in die Lage versetzen, dem Unternehmen Konkurrenz bei seinen Produkten zu machen, also die künftigen Einzahlungen oder Leistungen zu schmälern. Ähnlich negative Auswirkungen auf die künftigen Leistungen und Erlöse sind häufig mit der Annahme eines Zusatzauftrags zu Sonderkonditionen verbunden. Wenn sich herumspricht, dass ein anderer Kunde vergleichbare Produkte zu besonders günstigen Bedingungen erwerben konnte, sinkt die Bereitschaft der anderen Kunden, in Zukunft die alten und schlechteren Konditionen zu akzeptieren.

Wird aus zwei möglichen ein Verfahren gewählt, so führt diese Entscheidung nicht nur zu Betriebsstoffverzehr bei dem gewählten Verfahren in der jeweils betrachteten Periode. Die Nutzung in einer Periode fördert auch den Verschleiß der Anlage und verändert den Betriebsstoffverbrauch je Leistungseinheit geringfügig, der in Zukunft bei Nutzung dieser Anlage zu erwarten ist (Verschleißeffekt; Ewert/Wagenhofer 2008, S. 162 ff.). Umgekehrt sprechen Erfahrungen aus vielen Jahren dafür, dass die Ausweitung der Produktion eines Produktes mit einer Senkung der Stückkosten verbunden ist. Mit jeder Verdoppelung der kumulierten Produktionsmenge sinken die auf die Wertschöpfung bezogenen, inflationsbereinigten (realen) Stückkosten potenziell um einen konstanten Prozentsatz, z.B. 20 % bis 30 % (vgl. Kloock u.a. 1987, S. 3 ff.; Coenenberg/Fischer/Günther 2007, S. 398 unter Berufung auf Henderson 1984, S. 19; dieser konstante Prozentsatz wird Lern- oder Erfahrungskurven-Effekt genannt). In dem folgenden Schaubild sind die Kostenreduktionen auf Basis von Lerneffekten mit 20 % bzw. 30 % dargestellt.

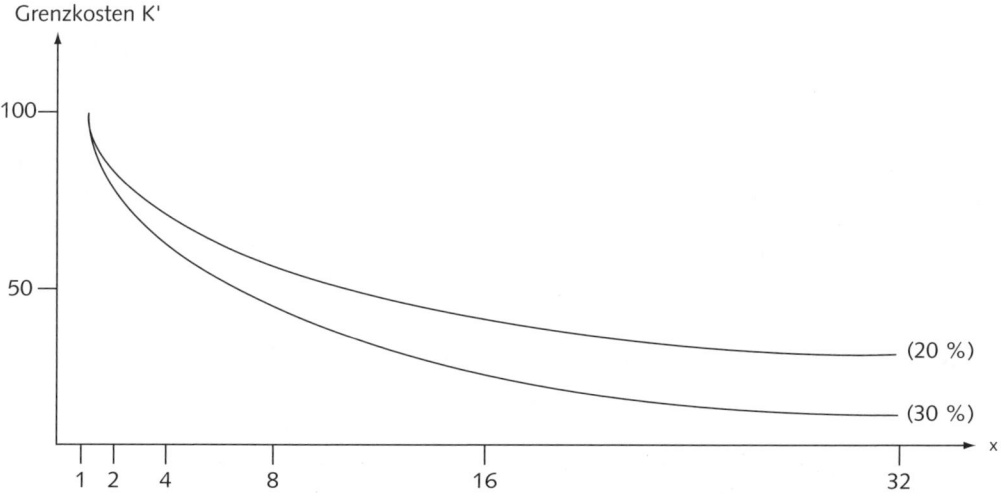

Abb. 51: Grenzkosten bei einem Lerneffekt von 20 % bzw. 30 %

Bei einem Lerneffekt von α % betragen die Grenzkosten der x-ten Produkteinheit in Relation zu den Grenzkosten der ersten Produkteinheit $K'(1)$:

$$K'(x) = K'(1) \cdot (1 - \alpha)^z.$$

Dabei markiert Z die Anzahl der Verdopplungen der Produktionsmenge ausgehend von der ersten Produkteinheit, also gilt:

$$2^Z = x \text{ oder } Z \cdot \log 2 = \log x \text{ oder } Z = \frac{\log x}{\log 2}.$$

Werden beide Seiten dieser Formel mit dem Faktor $\log(1 - \alpha)$ erweitert und KE als Quotient aus $\log(1 - \alpha)$ und $\log 2$ definiert, so gilt:

$$Z \cdot \log(1 - \alpha) = \log x \cdot \frac{\log(1 - \alpha)}{\log 2}$$

$$Z \cdot \log(1 - \alpha) = \log x \cdot KE \text{ oder } (1 - \alpha)^Z = x^{KE}.$$

Auf der Basis dieses Zusammenhangs lässt sich die Formel für $K'(x)$ neu fassen:

$$K'(x) = K'(1) \cdot x^{KE}.$$

An einem einfachen Beispiel lässt sich verdeutlichen, dass die so gefundene Formel praktisch sehr nützlich wird. Zu ermitteln seien die durchschnittlichen Grenzkosten k der ersten 20 Produkte bei einem Lerneffekt von (nur) 15 %, wenn die Grenzkosten der ersten Produkteinheit 1 betragen. Es folgt dann:

$$KE = \frac{\log 0{,}85}{\log 2} = -0{,}234465254 \text{ mit } -KE = 0{,}234465254$$

als so genannter Degressions- oder Erfahrungsfaktor (Kostenelastizität)

$$k(\text{Produkt 1 bis 20}) = \frac{\sum_{x=1}^{20} K'(1) \cdot x^{-0{,}234465254}}{20} = 0{,}62.$$

Die hier aufgezeigten zeitlichen Effekte zeigen Grenzen einer kurzfristig von Ergebnissen in nur einem Zeitpunkt ausgehenden Kostenrechnung auf. Wer etwa Lern- oder Verschleißeffekten in seinen Entscheidungen Rechnung tragen möchte, benötigt mehrperiodige Entscheidungsmodelle der Investitionsrechnung. (Solche Modelle finden sich bei Sabel/Kloock 1995, S. 390 ff.; Ewert/Wagenhofer 2008, S. 165 f.).

6 Zeitbezug und investitionstheoretische Kostenrechnung

Eine auf den traditionellen Kostenbegriff vom bewerteten, sachzielorientierten Güterverzehr gestützte Plankostenrechnung meidet zwar eine Vielzahl von Problemen aus der Abschätzung und Berücksichtigung der verschiedensten Folgewirkungen in späteren Perioden, sie bezahlt für diese Vereinfachung aber auch einen hohen Preis. Da sie die Realität nur stark vereinfacht abbildet, kann sie zu falschen Schlussfolgerungen führen. So werden bei Vernachlässigung des Verschleißeffekts die optimalen Produktionsmengen regelmäßig zu hoch, bei Vernachlässigung des Erfahrungskurveneffekts regelmäßig zu niedrig angegeben.

Angesichts dieser Nachteile wird in den letzten Jahren ein anderer Ausweg für die Kostenrechnung gesucht. Mit dem investitionstheoretischen Kostenbegriff werden Kostenrechnung und Investitionsrechnung auf die gleichen Rechengrößen ausgerichtet, nämlich auf die aus den Handlungsmöglichkeiten in Zukunft resultierenden Ströme von Zahlungsüberschüssen. Im Fall eines vollkommenen Kapitalmarkts werden solche Zahlungsströme in der Investitionsrechnung unabhängig von den zeitlichen Konsumvorstellungen des Entscheidungsträgers zutreffend im Kapitalwert als Vorteilhaftigkeitsmaß abgebildet. An dieses Vorteilhaftigkeitsmaß der Investitionsrechnung knüpft der investitionstheoretische Kostenbegriff reibungslos an, indem er Kosten als Änderungen des Kapitalwerts begreift. Mathematisch werden diese Änderungen als Differential- oder Differenzenquotient bezogen auf die Zeit erfasst. Es wird unterstellt, dass (z.B. über die Investitionsrechnung) ein längerfristiger Plan mit zugehörigen Ein- und Auszahlungen festgelegt ist. Aufgabe der Kostenrechnung ist es, die Konkretisierung dieses Plans im Hinblick auf das mehrperiodige Erfolgsziel zu steuern und/oder Anpassungen an unerwartete Datenänderungen, die von kurzer Dauer sind, vorzunehmen. Der Anwendungsbereich der Kostenrechnung wird also auf die kurzfristige Betrachtung eingeschränkt. Es wird vorausgesetzt, dass nach den kurzfristigen Vollzugs- oder Anpassungsentscheidungen der längerfristige Plan weitergeführt wird. Andernfalls sind neue längerfristige Planungen durchzuführen, deren Erfolgswirkungen mit der Investitionsrechnung zu bestimmen sind (Schweitzer/Küpper 2003, S. 237 ff.).

Bisher wurde dieser investitionstheoretische Kostenbegriff in erster Linie genutzt, um genauer zu untersuchen, unter welchen Bedingungen Kosten nach traditioneller, verbrauchsorientierter Definition mit den theoretisch sauberen, unmittelbar am Konsumziel orientierten Kosten exakt oder zumindest näherungsweise übereinstimmen. Die praktische Nutzbarkeit dieses theoretischen Konzepts muss sich erst noch erweisen. Dem Vorteil des theoretisch konsequenten Ansatzes stehen erhebliche Nachteile gegenüber. Die investitionstheoretischen Kosten setzen eine mehrperiodige Investitionsrechnung auf der Basis von Ein- und Auszahlungen mit einer Vielzahl zu prognostizierender Größen voraus. Mithilfe dieser Rechnung muss eine optimale langfristige Politik bestimmt worden sein. Erst auf dieser Basis, die mit einem gewaltigen Informationsbedarf verbunden ist und die – weil diese Informationen in der Praxis schwerlich beschafft werden können – vielfach doch wieder auf Vereinfachungen gestützt wird, was sich vor allem in der drastisch vereinfachenden Annahme eines vollkommenen Kapitalmarkts zeigt, wird investitionstheoretische Kostenrechnung als Rechnung in Differenzen oder Differentialquotienten möglich. Mit der einfachen Erfassung von Verbräuchen in einer Periode und deren Bewertung ist es nicht mehr getan.

Im Folgenden wird dieser Ansatz nicht näher betrachtet.

7 Exkurs: Lücke-Theorem und kalkulatorische Zinsen

Das Theorem von Lücke setzt die drei folgenden Bedingungen voraus:

- Das gebundene Kapital muss der Differenz zwischen den kumulierten Überschüssen der Leistungen über die Kosten im Zeitablauf einerseits und den kumulierten Überschüssen der Einzahlungen über die Auszahlungen im Zeitablauf andererseits entsprechen.

- Das gebundene Kapital vor Beginn der Investition in t_0 muss gleich Null sein.

- Die Totalerfolge im System der Kosten- und Leistungsrechnung müssen mit denen im System der Auszahlungs- und Einzahlungsrechnung übereinstimmen.

Sind diese drei Bedingungen sämtlich erfüllt, so ist der Kapitalwert einer Investition auf Basis von Kosten und Leistungen dann genau so groß wie der Kapitalwert dieser Investition auf der Basis von Auszahlungen und Einzahlungen, wenn die Zinsen auf das in der Vorperiode gebundene Kapital in die Kosten bzw. Leistungen einbezogen werden.

An einem einfachen Beispiel lässt sich diese vom Lücke-Theorem behauptete Gleichheit der Kapitalwerte sehr leicht verdeutlichen.

Ein Unternehmen beschaffe und bezahle im Zeitpunkt t_0 Rohstoffe im Wert von 3.000 €, verarbeite diese nach einem Jahr in t_1 bei zahlungswirksamen Lohnkosten von 5.000 € zu Produkten, die auch in t_1 verkauft werden, deren Erlöse von 10.000 € aber erst ein Jahr später in t_2 tatsächlich zufließen. Vereinfachend wird ein vollkommener Kapitalmarkt mit einem Zins von 10 % angenommen.

In einer Zahlungsrechnung, vgl. Tabelle 38, wäre das Geschehen folgendermaßen abzubilden:

Tab. 38: Zahlungen im Beispiel zum Lücke-Theorem

	t_0	t_1	t_2
Material Löhne Erlöse	– 3.000	– 5.000	+ 10.000
Zahlungsstrom	– 3.000	– 5.000	+ 10.000
Zahlungsstrom kumuliert	– 3.000	– 8.000	+ 2.000

Auf Basis des Zinses von 10 % auf dem vollkommenen Kapitalmarkt ergeben sich die Kapitalwerte in t_0 von $-3.000 - \dfrac{5.000}{1,1} + \dfrac{10.000}{1,1^2} = 719,01$ und – eine Periode aufgezinst – in t_1 von 790,91.

In der Kostenrechnung wird das beschriebene Geschehen vollständig in den Zeitpunkt t_1 projiziert. Vor Berücksichtigung der Zinsen auf das gebundene Kapital ergeben sich folgende Zahlen gemäß dem Umsatzkostenverfahren:

Tab. 39: Kostenrechnung vor Zinsen im Beispiel zum Lücke-Theorem

	t_0	t_1	t_2
Material Löhne Erlöse		– 3.000 – 5.000 + 10.000	
Erlöse ·/. Kosten	0	+ 2.000	0
Erlöse ·/. Kosten kumuliert	0	+ 2.000	+ 2.000

Das gebundene Kapital als Differenz zwischen den kumulierten Überschüssen der Leistungen über die Kosten und den kumulierten Überschüssen der Einzahlungen über die Auszahlungen ergibt sich dann folgendermaßen (vgl. Tabelle 40):

Tab. 40: Gebundenes Kapital, Zinsen und Kosten nach Zinsen im Beispiel zum Lücke-Theorem

	t_0	t_1	t_2
gebundenes Kapital	0 – (– 3.000) = 3.000	2.000 – (– 8.000) = 10.000	2.000 – 2.000 = 0
Zins auf geb. Kapital der Vorperiode	–	0,1 · 3.000 = 300	0,1 · 10.000 = 1.000
Erlöse ·/. Kosten nach Zinsen	0	(2.000 – 300) = 1.700	(0 – 1.000) = – 1.000

Der Kapitalwert der periodischen Erlöse abzüglich der Kosten nach Berücksichtigung der Zinsen auf die gebundenen Kapitalien aus den jeweiligen Vorjahren beträgt beim Zins von 10 % in t_0 $0 + \dfrac{1.700}{1,1} - \dfrac{1.000}{1,1^2} = 719{,}01$ und ein Jahr später in t_1 790,91. Wie vom Lücke-Theorem behauptet, stimmen also die Kapitalwerte auf Zahlungs- und Kosten- und Leistungsbasis überein (vgl. zu weiteren Problemen des Theorems Kloock 1997, S. 69 ff.).

Der Kapitalwert von 790,91 ließe sich im Zahlenbeispiel für t_1 leicht erzeugen, indem auf die Vorleistung von 3.000 für das Material der volle Zins von 0,1 · 3.000 = 300 und auf den späteren Erlöszugang nur der „abgezinste" Zins auf den Erlös $\left(0{,}1 \cdot 10.000 \cdot \dfrac{1}{1,1} = 909{,}09 \right)$ einbezogen wird – abgezinst deshalb, weil er erst das folgende Jahr t_2 voll treffen würde.

Erlöse	10.000,00 €
– Kosten für Material	3.000,00 €
– Lohnkosten	5.000,00 €
– Zinsen auf in Material gebundenes Kapital	300,00 €
– Zinsen auf Erlösverzögerung	909,09 €
= **kalkulatorischer Erfolg nach Zinsen**	**790,91 €**

C Die Periodenerfolgsrechnung von Gert Laßmann

Lernziel: *Die Periodenerfolgsrechnung von Gert Laßmann entspricht einer möglichst unverzerrt auf Ursache-Wirkungs-Beziehungen gestützten Plankostenrechnung. Am Beispiel der Periodenerfolgsrechnung sollen Sie daher einen Eindruck von den Möglichkeiten und Problemen konsequenter Plankostenrechnung für Entscheidungs- und Kontrollzwecke gewinnen.*

1 Grundgedanken der Periodenerfolgsrechnung

Die Periodenerfolgsrechnung von Gert Laßmann knüpft unmittelbar an bewährte ökonomische Grundmodelle – der Gutenbergschen Produktionstheorie, den Input/Output-Modellen von Leontief und den Betriebsmatrizen von Pichler (Laßmann 1980, S. 117) – an, um diese für die Kostenrechnung auf Grundlage von Überlegungen nutzbar zu machen, wie sie hier vorgestellt wurden.

Laßmann stellt sich der Tatsache, dass die Höhe der Kosten eines Unternehmens in einer Periode von zahlreichen Kosteneinflussfaktoren abhängt. Dabei trennt er konsequent zwischen Mengen- und Wertkomponente der Kosten und konzentriert sich zunächst und vor allem auf die Zusammenhänge zwischen Einflussfaktoren und Faktoreinsatzmengen. Die diesbezüglich ins Gewicht fallenden Faktoren werden in primäre, vom Unternehmen unmittelbar beeinflussbare (disponible), primäre vom Unternehmen nicht beeinflussbare und in sekundäre, aus den primären Faktoren abgeleitete Einflussfaktoren untergliedert.

Im Rahmen der primären disponiblen Faktoren können zunächst die gewünschten Produktionsmengen der verschiedenen vom Unternehmen erzeugten End- und Vorprodukte (das geplante Produktions-„Programm") explizit oder – wenn möglich – auch vereinfacht nach Zusammenfassung zu bestimmten Produktgruppen erfasst werden. Ferner zählen zu diesen Faktoren die vom Unternehmen wählbaren „Produktionsbedingungen" wie Roh- und Betriebsstoffmischungen, einzusetzende Herstellungsverfahren oder Produktionswege, Prozessbedingungen wie Kombinationen von Druck, Temperatur und Zeit, Bedienungsrelationen, Losgrößen und Losreihenfolgen. Unter die „Produktionsbedingungen" können aber ebenso bereits vom Unternehmen unbeeinflussbare primäre Faktoren – wie Außentemperatur oder Länge des lichten Tages – fallen wie unter die als „Periodenzahl" erfassten Faktoren. Letztere umfassen nicht vom Unternehmen disponible Faktoren wie Zahl der Arbeitstage im Planungsmonat, Zahlen der Samstage, Sonntage und Feiertage sowie partiell disponible Faktoren wie Zahl der kalten Schichten, Ruhezeiten und Aufheizzeiten.

Die aufgeführten primären, vom Unternehmen disponierbaren oder nicht disponierbaren Faktoren wirken auf den Einsatz von Produktionsfaktoren des Unternehmens ein, der seinerseits ebenfalls in drei Gruppen aufgeteilt wird. Die erste Gruppe umfasst den Bedarf an Fertigungsmaterialien („Erzeugnisstoffbedarf"), in einem Stahlwerk also beispielsweise den Bedarf an Einsatzmengen von Schrott, Roheisen, Zuschlägen, Zusätzen und Reststoffen. Die zweite Gruppe von Faktoreinsätzen, auf die die primären Kosteneinflussfaktoren einwirken, besteht aus den „Fertigungszeitbedarfen der Potenzialfaktoren", also den Zeiten, in denen die verschiedenen Produktionsanlagen in den verschiedenen Nutzungsformen in Anspruch genommen werden. In der dritten Gruppe „Kostengüterbedarf" wird die große Zahl der verbleibenden Einsätze von Produktionsfaktoren erfasst, also der Bedarf an Arbeitskräfteeinsätzen der verschiedenen Qualifikationen sowie die Verbräuche an diversen Hilfs- und Betriebsstoffen einschließlich der unterschiedlichen Energieformen, Inanspruchnahmen externer Dienstleistungen oder gebührenpflichtiger, fremder Leistungen.

Die von den primären Kosteneinflussfaktoren abhängigen Faktoreinsatzmengen der ersten Gruppe „Erzeugnisstoffbedarf" und der zweiten Gruppe „Fertigungszeitbedarf der Potenzialfaktoren" werden auch als sekundäre Kosteneinflussfaktoren angesehen, so dass in der nächsten Stufe der Einfluss des Erzeugnisstoffbedarfs auf den Fertigungszeitbedarf der Potenzialfaktoren und auf den Kostengüterbedarf sowie schließlich der Einfluss des Fertigungszeitbedarfs der Potenzialfaktoren auf den Kostengüterbedarf erfasst wird.

In der Strukturmatrix für Betriebsmodelle (Tabelle 41 auf S. 222) wird dieses Zusammenspiel plastisch. In der Vorspalte erscheinen untereinander die verschiedenen Produktionsfaktoren, gegliedert in die drei oben erläuterten Gruppen, deren Einsatzmengen in Abhängigkeit von den in der Kopfzeile im Detail aufgeführten primären und sekundären Kosteneinflussfaktoren ermittelt werden soll. In der Kopfzeile erscheinen folglich anfangs die drei Gruppen der primären und anschließend die beiden Gruppen der sekundären Kosteneinflussfaktoren.

Die eigentlich relevanten Zusammenhänge zwischen den unabhängigen Variablen in der Kopfzeile und den abhängigen Variablen in der Vorspalte werden durch Koeffizienten in den Matrixfeldern hergestellt. Dabei wird mit konstanten Koeffizienten gearbeitet, was lineare Beziehungszusammenhänge impliziert. „Soweit diese Beziehungszusammenhänge nicht linearer Natur sind, werden sie linear angenähert" (Laßmann 1980, S. 119), wodurch gegebenenfalls Aufteilungen in Teilmengen eines Faktors und zusätzliche, abschnittsweise Restriktionen erforderlich werden.

Jede Zeile der Matrix stellt dann den auf die verschiedenen relevanten Kosteneinflussfaktoren zurückgehenden und sich somit aus Teilverbrauchsverhältnissen zusammensetzenden Gesamtverbrauch eines Einsatzfaktors dar. (Wenn nichtlineare Zusammenhänge linear approximiert werden, stellt auch die Zeile nur Teilverbräuche dar, nämlich diejenigen, die über einen bestimmten linearen Abschnitt der Funktion mit der unabhängigen Variablen in der Kopfzeile verbunden sind.) Das Betriebsmodell bildet insoweit also nur Mengenbeziehungen ab. Diese ermöglichen einen Vergleich zwischen den auf die gewählten Kosteneinflussfaktoren zurückgehenden Faktoreinsatzbedarfen einerseits und den verfügbaren oder bereitstellbaren Faktoreinsatzmengen bzw. den technologisch realisierbaren Nutzungszeiten der Anlagen (Restriktionen) andererseits. Werden die Restriktionen verletzt, muss eine realisierbare Kombination von disponiblen Kosteneinflussfaktoren gesucht werden.

Die Bewertung des Verzehrs von Produktionsfaktoren erfolgt erst auf der letzten Stufe der Rechnung, was dieses Modell stark von anderen Kostenrechnungen unterscheidet. Die berechneten Bedarfe an „Erzeugnisstoffen" und an „Kostengütern" müssen zu diesem Zweck nur mit ihren jeweiligen (gegebenenfalls auch verbrauchsmengenabhängigen) Preisen multipliziert und die Beträge dann aufsummiert werden, um die Kosten der Periode zu erhalten.

Diese späte Kostenbewertung macht es sehr einfach, die Folgen von veränderten Faktorpreisen auf die Kosten zu zeigen (Laßmann 1973, S. 7), wenn vernachlässigt wird, dass Verschiebungen bei den Faktorpreisen Substitutionsvorgänge auslösen. Sollen Sub-

Tab. 41: Strukturmatrix für Betriebsmodelle (Laßmann 1980, S. 121)

| | Primäre Einflussgrößen (Vorgaben) | | | Sekundäre Einflussgrößen | | Restriktionen (Absatzhöchstmengen, Beschaffungs- und Kapazitätsgrenzen) |
| | A | B | C | D | E | |
	Programm	Produktionsbedingungen	Periodenzahl	Erzeugnisstoffbedarf	Fertigungszeitbedarf der Potenzialfaktoren	
I — Erzeugnisstoffbedarf	Programmbedingte Bedarfskoeffizienten der Erzeugnisstoffe	Vollzugsbedingte Bedarfskoeffizienten der Erzeugnisstoffe	Periodenbedingte Bedarfskoeffizienten der Erzeugnisstoffe			
II — Fertigungszeitbedarf der Potenzialfaktoren	Programmbedingte Zeitbedarfskoeffizienten	Vollzugsbedingte Zeitbedarfskoeffizienten	Periodenbedingte Zeitbedarfskoeffizienten	Erzeugnisstoffbedingte Zeitbedarfskoeffizienten		
III — Kostengüterbedarf der Arbeitssysteme	Programmbedingte Kostengüterbedarfskoeffizienten der Arbeitssysteme	Vollzugsbedingte Kostengüterbedarfskoeffizienten der Arbeitssysteme	Periodenbedingte Kostengüterbedarfskoeffizienten der Arbeitssysteme	Erzeugnisstoffbedingte Kostengüterbedarfskoeffizienten der Arbeitssysteme	Fertigungszeitbedingte Kostengüterbedarfskoeffizienten der Arbeitssysteme	
Schlupfgrößen ungenutzter Kapazitäten						

stitutionsvorgänge berücksichtigt werden, müssen die disponiblen Kosteneinflussfaktoren – wie insbesondere Roh- und Betriebsstoffmischung – zwecks Einsparung bei dem relativ verteuerten Produktionsfaktor variiert und neue Verbrauchsmengen errechnet sowie bewertet werden.

Laßmann wünscht sich eine analoge ursachenorientierte Berechnung von Erlösen, um aus der Kombination von Erlösen und Kosten zum Periodenerfolg optimale Entscheidungen ableiten zu können, sieht aber noch zu wenig Wissen über Erlösabhängigkeiten, um eine Erlösrechnung ähnlicher Struktur zu erarbeiten. Mangels besserer Grundlagen stützt er sich auf statistische Erfahrungen über die verschiedenen Aufpreisarten, Zusatzleistungen und Erlösminderungen aus der Vergangenheit, um die aus dem im Rahmen der disponiblen Kosteneinflussfaktoren festgelegten Produktionsprogramm zu erwartenden Periodenerlöse zu bestimmen.

Die Periodenerfolgsrechnung von Laßmann ist – wie der Name schon sagt – eine reine Periodenrechnung. Kosten und Erlöse aus dem gesamten Produktionsprogramm werden unter Berücksichtigung zahlreicher Kosteneinflussfaktoren berechnet und saldiert. Stückkosten dagegen sind im Grunde Fremdkörper des Systems. Sie können aber immer dann aus dem System abgeleitet werden, wenn ausgehend von einem bestimmten, die Restriktionen nicht erschöpfenden „Produktionsprogramm" und vorgegebenen „Produktionsbedingungen" bei einer angenommenen „Periodenzahl" die Produktion eines Produktes ausgeweitet und die Mehrkosten auf die Mehrprodukte bezogen werden. Nach Verteilungsverfahren, wie sie die Istkostenrechnung kennt, können zusätzlich auf der Basis von Überwälzungsannahmen auch kurzfristig unbeeinflussbare Fixkosten auf die Produkte zugerechnet werden.

2 Prämissen der Periodenerfolgsrechnung

Der Periodenerfolgsrechnung liegen demnach folgende Prämissen zugrunde:

1. Primär ist die Periodenerfolgsrechnung auf das Ziel eines möglichst großen Periodengewinns (Gewinnziel) ausgerichtet. Soweit andere Ziele in Nebenbedingungen eingebracht werden – wie etwa eine Mindestbeschäftigung bestimmter Arbeitnehmer oder eine Begrenzung des Einsatzes eines umweltverschmutzenden Verfahrens – können sie ebenfalls berücksichtigt werden.

2. Die Rechnung ist einperiodig und zeigt nur Konsequenzen in einem Zeitpunkt auf. „Nachwirkungen" müssen vernachlässigt oder antizipiert werden. Zeitübergreifende Vorgänge, wie Lagerung von Produkten zum Zweck einer besseren Verwertung in der Folgeperiode werden explizit nicht erfasst.

3. Die Rechnung basiert in der Regel auf der Annahme der Sicherheit. Die für verschiedene Bedingungen geplanten Konsequenzen sind jeweils eindeutig.

4. Die Wertkomponenten der Kosten bestehen grundsätzlich aus jeweils festen einwertigen Preisen. Da die Bewertung aber erst in der letzten Stufe der Rechnung erfolgt, kann Preisänderungen oder mengenabhängigen Preisen Rechnung getragen werden.

5. Bei der Planung der Kosten wird eine Fülle von disponiblen und nichtdisponiblen, primären und sekundären Kosteneinflussfaktoren berücksichtigt, deren Auswirkungen auf die Höhe der Kosten im Einzelnen erfasst werden.

6. Trotzdem bleiben die betrachteten Einflussfaktoren auf kurzfristig veränderbare „Kosteneinflussfaktoren" beschränkt. Die Folgen von

- Entscheidungen über den Aufbau zeitungebundener Nutzungspotenziale (z.B. Wahl der Rechtsform, Entwicklung von Know-how),

- Entscheidungen über zu installierende Verfahren betrieblicher Teilbereiche und

- Entscheidungen über die Kapazitäten betrieblicher Teilbereiche

werden nicht untersucht.

Vielmehr werden die durch solche Entscheidungen geschaffenen Bedingungen in den Restriktionen als gegeben akzeptiert.

7. In Abhängigkeit von den betrachteten primären und sekundären Kosteneinflussfaktoren werden vor allem proportionalvariable Faktorverbräuche und Kosten betrachtet. Durch geeignete Parameterwahl lassen sich allerdings sprungfixe Kosten durchaus abbilden.

8. Geplant werden nur die von den betrachteten Kosteneinflussfaktoren abhängigen Kosten, was allerdings bei Betrachtung entsprechender Parameter und Kostenabhängigkeiten fixe Kosten einschließen kann.

9. Es werden nur einstufige Produktionsbeziehungen betrachtet.

3 Planung auf der Basis der Periodenerfolgsrechnung

Aus den Grundgedanken der Periodenerfolgsrechnung ergibt sich schon, dass diese Rechnung ihre Aufgabe darin sieht, möglichen Kombinationen von kurzfristig variierbaren, für die Kostenrechnung relevanten Handlungsparametern ihre Konsequenzen in Form der Gesamtkosten der Periode bzw. des Periodenerfolgs zuzurechnen.

Einem Entscheidungsträger, der vor der Wahl zwischen mehreren konkreten Aktionen steht, von denen jede ihrerseits eine spezifische Kombination von Kosteneinflussgrößen ist, hilft dieser Ansatz unmittelbar weiter. Jeder Aktion können mithilfe der Periodenerfolgsrechnung ihre Periodenkosten oder ihr Periodenerfolg zugeordnet werden. Die Aktion mit den niedrigsten Kosten bzw. dem höchsten Erfolg ist dann, gemessen an den im Modell erfassten Zusammenhängen, die vorziehenswürdigste.

Häufig kennen die Entscheidungsträger ihren Aktionsraum allerdings nicht explizit als eine Menge möglicher Aktionen, sondern nur implizit als Kombinationen von verschiedenen Parametern, wie Produktionsmengen verschiedener Produkte, Rohstoffmischungen oder Losgrößen, wobei sich jeder dieser Parameter kontinuierlich, ganzzahlig oder in vordefinierten Schritten innerhalb mehr oder weniger enger Grenzen variieren lässt. Um zu optimalen Entscheidungen kommen zu können, wird in diesen Fällen auch Hilfe bei der gezielten Bildung von Aktionen aus den verschiedenen Handlungsparametern benötigt. Da in der Praxis die Periodenerfolgsrechnung angesichts der großen Zahl von Beziehungen zwischen Variablen ohnehin auf EDV-Anlagen installiert werden muss, können diese Anlagen auch eingesetzt werden, um bei der Bildung von Aktionen im interaktiven Dialogverkehr behilflich zu sein.

4 Kostenkontrolle auf der Basis der Periodenerfolgsrechnung

Die Periodenerfolgsrechnung eignet sich auch dafür, die nach Ablauf einer Periode angefallenen effektiven Istkosten genau zu untersuchen, aus welchen Gründen sie von den geplanten Periodenkosten abweichen und wie groß die auf die verschiedenen Ursachen zurückgehenden Teilabweichungen sind. Solche Analysen sind wichtig, weil der

Unterschied zwischen den effektiven und den geplanten Periodenkosten auf viele Ursachen zurückgeht und nur ein Teil der Abweichung auf Unwirtschaftlichkeit beruht, deren Ursachen gegebenenfalls vor Ort gefunden und für die Zukunft abgestellt werden müssen. Abweichungsanalyse und Ursachenforschung lohnen natürlich nur dann, wenn die zu erwartenden Einsparungen aus Vermeidung von Unwirtschaftlichkeit die Kosten der Kontrolle übersteigen.

Nach Ablauf der Periode, wenn die zu kontrollierenden Istkosten vorliegen, sind auch die tatsächlichen Ausprägungen der verschiedenen Kosteneinflussfaktoren bekannt, die die Istkosten in der abgelaufenen Periode bestimmt haben. Damit ist es möglich, zunächst die Auswirkungen von Preisänderungen etwa dadurch zu bestimmen, dass die effektiv verbrauchten Istmengen einmal mit Istpreisen (das sind die angefallenen Istkosten) und einmal mit Planpreisen (das sind Istkosten zu Planpreisen) bewertet und dann voneinander subtrahiert werden (Preisabweichung). Diesen Istkosten zu Planpreisen können aber die ursprünglich geplanten Kosten nicht gegenübergestellt werden, weil bei der Planung noch von anderen Kosteneinflussgrößen ausgegangen wurde als denjenigen, die später tatsächlich realisiert wurden. Indem entweder unmittelbar eine erneute Planung auf der Basis der effektiv realisierten Kosteneinflussgrößen oder indem sukzessive eine Einflussgröße nach der anderen in einer festgelegten Reihenfolge von der geplanten in die tatsächlich realisierte Ausprägung überführt wird, ergibt sich die gesamte entscheidungsbedingte Abweichung bzw. eine Abfolge von entscheidungsbedingten Abweichungen (z.B. Programmabweichungen, Verfahrensabweichungen, Betriebszeitabweichungen, Mischungsabweichungen), die allenfalls denen anzulasten ist, welche für die Übergänge vom ursprünglichen Plan zur realisierten Kombination von Kosteneinflussfaktoren verantwortlich sind. Die Differenz zwischen den Istkosten zu Planpreisen und den auf der Basis aller effektiv realisierten Kosteneinflussgrößen geplanten Kosten (so genannte Sollkosten) wird als ausführungsbedingte Abweichung bezeichnet. Wenn der Planung vertraut werden darf, ist die ausführungsbedingte Abweichung ein Maß für Unwirtschaftlichkeit.

5 Ein Beispiel für eine Periodenerfolgsrechnung

a) Die Strukturmatrix des Betriebsmodells

Ein Unternehmen sei in der Lage, mithilfe von drei Fertigungsverfahren drei verschiedene Produkte 1, 2 und 3 herzustellen. Bei Einsatz des Basisfertigungsverfahrens können die erforderlichen Einsatzmengen der drei relevanten Rohstoffe w_1, w_2 und w_3 durch ein Produkt aus einer Koeffizientenmatrix mit dem Vektor der Produktionsmengen x_1, x_2 und x_3 beschrieben werden.

$$\mathbf{w} = \begin{pmatrix} w_1 \\ w_2 \\ w_3 \end{pmatrix} = \begin{pmatrix} 1 & 0 & 2 \\ 0 & 0{,}5 & 3 \\ 2 & 0 & 1 \end{pmatrix} \cdot \begin{pmatrix} x_1 \\ x_2 \\ x_3 \end{pmatrix}$$

Bei den beiden anderen Produktionsverfahren kann zusätzlich der Einsatz der Rohstoffe 1 und 2 auf Kosten eines Mehreinsatzes des Rohstoffs 3 reduziert werden. Das Verfahren für y_1 läuft auf einen Mehrverbrauch von 1,5 Einheiten des dritten Rohstoffs je eingesparter Einheit des ersten und das Verfahren für y_2 läuft auf einen Mehrverbrauch von 2 Einheiten des dritten Rohstoffs je eingesparter Einheit des zweiten Rohstoffs hinaus. Unter Beachtung auch dieser Verfahrensalternativen gilt somit:

$$\mathbf{w} = \begin{pmatrix} w_1 \\ w_2 \\ w_3 \end{pmatrix} = \begin{pmatrix} 1 & 0 & 2 \\ 0 & 0,5 & 3 \\ 2 & 0 & 1 \end{pmatrix} \cdot \begin{pmatrix} x_1 \\ x_2 \\ x_3 \end{pmatrix} + \begin{pmatrix} -1 & 0 \\ 0 & -1 \\ 1,5 & 2 \end{pmatrix} \cdot \begin{pmatrix} y_1 \\ y_2 \end{pmatrix} \text{ mit}$$

y_1 (y_2): zu substituierende Mengeneinheiten des ersten (zweiten) Rohstoffs.

Der Fertigungszeitbedarf $\mathbf{t}^T = (t_1 \; t_2)$ an den zwei Anlagen sei abhängig vom Produktionsprogramm und – etwa aufgrund verschiedenartiger Verarbeitungseigenschaften – von den Mengen der eingesetzten Rohstoffe w. Periodenfixe Rüstzeiten und Ähnliches sollen nicht anfallen. Der Fertigungszeitbedarf lässt sich dann beschreiben durch:

$$\mathbf{t} = \begin{pmatrix} t_1 \\ t_2 \end{pmatrix} = \begin{pmatrix} 0 & 1,5 & 0,2 \\ 1,5 & 0 & 0,5 \end{pmatrix} \cdot \begin{pmatrix} x_1 \\ x_2 \\ x_3 \end{pmatrix} + \begin{pmatrix} 0 & 0,1 & 0 \\ 0,1 & 0 & 0,1 \end{pmatrix} \cdot \begin{pmatrix} w_1 \\ w_2 \\ w_3 \end{pmatrix}.$$

Neben den Rohstoffkosten fallen noch Lohnkosten bei der Maschinenbedienung (v_1) und periodenfixe Betriebsstoffkosten (v_2) immer dann an, wenn im Unternehmen überhaupt produziert wird. (In diesem Fall ist der Kosteneinflussfaktor d gleich 1 sonst gleich 0.)

$$\mathbf{v} = \begin{pmatrix} v_1 \\ v_2 \end{pmatrix} = \begin{pmatrix} 2 & 3 \\ 0 & 0 \end{pmatrix} \begin{pmatrix} t_1 \\ t_2 \end{pmatrix} + \begin{pmatrix} 0 \\ 100 \end{pmatrix} \cdot d.$$

Zusammenfassen lassen sich diese Informationen in der folgenden Strukturmatrix für das Betriebsmodell:

Tab. 42: Strukturmatrix für das Betriebsmodell im Beispiel

		A			B		C	D			E	
		x_1	x_2	x_3	y_1	y_2	d	w_1	w_2	w_3	t_1	t_2
I	w_1	1	0	2	−1	0						
	w_2	0	0,5	3	0	−1						
	w_3	2	0	1	1,5	2						
II	t_1	0	1,5	0,2				0	0,1	0		
	t_2	1,5	0	0,5				0,1	0	0,1		
III	v_1										2	3
	v_2						100				0	0

Vorgegeben sei schließlich der Vektor c der Planpreise für die Kostengüter w_1, w_2, w_3, v_1 und v_2:

$$\mathbf{c} = \begin{pmatrix} c_{w1} & c_{w2} & c_{w3} & c_{v1} & c_{v2} \end{pmatrix} = \begin{pmatrix} 1,5 & 2 & 1 & 15 & 1 \end{pmatrix}.$$

b) Planung im Beispiel

Zunächst sei verlangt, die Kosten zu planen, die sich ergeben, wenn mithilfe des Basis-fertigungsverfahrens (y_1 und y_2 sind also Null und d ist 1, denn es wird produziert) die Produktmengen $(x_1 \; x_2 \; x_3) = (100 \; 200 \; 300)$ hergestellt werden.

$$\mathbf{w} = \begin{pmatrix} w_1 \\ w_2 \\ w_3 \end{pmatrix} = \begin{pmatrix} 1 & 0 & 2 \\ 0 & 0,5 & 3 \\ 2 & 0 & 1 \end{pmatrix} \cdot \begin{pmatrix} 100 \\ 200 \\ 300 \end{pmatrix} = \begin{pmatrix} 700 \\ 1.000 \\ 500 \end{pmatrix}$$

$$\mathbf{t} = \begin{pmatrix} t_1 \\ t_2 \end{pmatrix} = \begin{pmatrix} 0 & 1,5 & 0,2 \\ 1,5 & 0 & 0,5 \end{pmatrix} \cdot \begin{pmatrix} 100 \\ 200 \\ 300 \end{pmatrix} + \begin{pmatrix} 0 & 0,1 & 0 \\ 0,1 & 0 & 0,1 \end{pmatrix} \cdot \begin{pmatrix} 700 \\ 1.000 \\ 500 \end{pmatrix} = \begin{pmatrix} 460 \\ 420 \end{pmatrix}$$

$$\mathbf{v} = \begin{pmatrix} v_1 \\ v_2 \end{pmatrix} = \begin{pmatrix} 2 & 3 \\ 0 & 0 \end{pmatrix} \begin{pmatrix} 460 \\ 420 \end{pmatrix} + \begin{pmatrix} 0 \\ 100 \end{pmatrix} \cdot 1 = \begin{pmatrix} 2.180 \\ 100 \end{pmatrix}$$

$$K = \begin{pmatrix} c_{w1} & c_{w2} & c_{w3} & c_{v1} & c_{v2} \end{pmatrix} \cdot \begin{pmatrix} w_1 \\ w_2 \\ w_3 \\ v_1 \\ v_2 \end{pmatrix} = \begin{pmatrix} 1,5 & 2 & 1 & 15 & 1 \end{pmatrix} \cdot \begin{pmatrix} 700 \\ 1.000 \\ 500 \\ 2.180 \\ 100 \end{pmatrix} = 36.350.$$

Außerdem soll geprüft werden, ob es sich lohnt, 100 Einheiten des Rohstoffs 1 ($y_1 = 100$) bzw. 100 Einheiten des Rohstoffs 2 ($y_2 = 100$) durch Rohstoff 3 zu substituieren.

Für $x_1 = 100, x_2 = 200, x_3 = 300, y_1 = 100, y_2 = 0$ und d = 1 gilt:

$$\mathbf{w} = \begin{pmatrix} w_1 \\ w_2 \\ w_3 \end{pmatrix} = \begin{pmatrix} 1 & 0 & 2 \\ 0 & 0,5 & 3 \\ 2 & 0 & 1 \end{pmatrix} \cdot \begin{pmatrix} 100 \\ 200 \\ 300 \end{pmatrix} + \begin{pmatrix} -1 & 0 \\ 0 & -1 \\ 1,5 & 2 \end{pmatrix} \cdot \begin{pmatrix} 100 \\ 0 \end{pmatrix} = \begin{pmatrix} 600 \\ 1.000 \\ 650 \end{pmatrix}$$

$$\mathbf{t} = \begin{pmatrix} t_1 \\ t_2 \end{pmatrix} = \begin{pmatrix} 0 & 1,5 & 0,2 \\ 1,5 & 0 & 0,5 \end{pmatrix} \cdot \begin{pmatrix} 100 \\ 200 \\ 300 \end{pmatrix} + \begin{pmatrix} 0 & 0,1 & 0 \\ 0,1 & 0 & 0,1 \end{pmatrix} \cdot \begin{pmatrix} 600 \\ 1.000 \\ 650 \end{pmatrix} = \begin{pmatrix} 460 \\ 425 \end{pmatrix}$$

$$\mathbf{v} = \begin{pmatrix} v_1 \\ v_2 \end{pmatrix} = \begin{pmatrix} 2 & 3 \\ 0 & 0 \end{pmatrix} \cdot \begin{pmatrix} 460 \\ 425 \end{pmatrix} + \begin{pmatrix} 0 \\ 100 \end{pmatrix} \cdot 1 = \begin{pmatrix} 2.195 \\ 100 \end{pmatrix}$$

$$K = \begin{pmatrix} 1{,}5 & 2 & 1 & 15 & 1 \end{pmatrix} \cdot \begin{pmatrix} 600 \\ 1.000 \\ 650 \\ 2.195 \\ 100 \end{pmatrix} = 36.575 \ .$$

Für $x_1 = 100, x_2 = 200, x_3 = 300, y_1 = 0, y_2 = 100$ und $d = 1$ gilt:

$$\mathbf{w} = \begin{pmatrix} w_1 \\ w_2 \\ w_3 \end{pmatrix} = \begin{pmatrix} 1 & 0 & 2 \\ 0 & 0{,}5 & 3 \\ 2 & 0 & 1 \end{pmatrix} \begin{pmatrix} 100 \\ 200 \\ 300 \end{pmatrix} + \begin{pmatrix} -1 & 0 \\ 0 & -1 \\ 1{,}5 & 2 \end{pmatrix} \begin{pmatrix} 0 \\ 100 \end{pmatrix} = \begin{pmatrix} 700 \\ 900 \\ 700 \end{pmatrix}$$

$$\mathbf{t} = \begin{pmatrix} t_1 \\ t_2 \end{pmatrix} = \begin{pmatrix} 0 & 1{,}5 & 0{,}2 \\ 1{,}5 & 0 & 0{,}5 \end{pmatrix} \begin{pmatrix} 100 \\ 200 \\ 300 \end{pmatrix} + \begin{pmatrix} 0 & 0{,}1 & 0 \\ 0{,}1 & 0 & 0{,}1 \end{pmatrix} \begin{pmatrix} 700 \\ 900 \\ 700 \end{pmatrix} = \begin{pmatrix} 450 \\ 440 \end{pmatrix}$$

$$\mathbf{v} = \begin{pmatrix} v_1 \\ v_2 \end{pmatrix} = \begin{pmatrix} 2 & 3 \\ 0 & 0 \end{pmatrix} \begin{pmatrix} 450 \\ 440 \end{pmatrix} + \begin{pmatrix} 0 \\ 100 \end{pmatrix} \cdot 1 = \begin{pmatrix} 2.220 \\ 100 \end{pmatrix}$$

$$K = \begin{pmatrix} 1{,}5 & 2 & 1 & 15 & 1 \end{pmatrix} \cdot \begin{pmatrix} 700 \\ 900 \\ 700 \\ 2.220 \\ 100 \end{pmatrix} = 36.950 \ .$$

Da beide Alternativen höhere Kosten verursachen als die ursprüngliche Handlungsmöglichkeit, lohnen sie sich nicht.

c) Kontrolle im Beispiel

Nach Ablauf der Periode wird festgestellt, dass Kosten von 38.490 € angefallen sind, obwohl auf das günstigere Basisfertigungsverfahren zurückgegriffen wurde. Bei der Suche nach Ursachen für die Mehrkosten hat sich ergeben,

- dass der Preis von w_1 bei 1,75 statt 1,5 lag und
- dass von x_1 120 statt 100 Einheiten erzeugt wurden.

Verbraucht wurden 720 Einheiten von w_1, 1.000 Einheiten von w_2 und 540 Einheiten von w_3. Die erste Maschine war 460, die zweite 462 Stunden belegt, und es fielen insgesamt 2.306 Lohnstunden an.

Da die Gesamtabweichung von 38.490 – 36.350 = 2.140 offensichtlich auf verschiedenen Ursachen beruht, muss sie in Teilabweichungen mit jeweils spezifischen Ursachen aufgespalten werden.

Zunächst müssen den Kosten der ursprünglichen Planung (PLAN-Kosten) die Kosten gegenüber gestellt werden, die sich planmäßig aus den effektiv realisierten Kosteneinflussfaktoren ergeben (SOLL-Kosten). Zu diesem Zweck muss die Planung mithilfe der Strukturmatrix des Betriebsmodells auf Basis der ex post bekannten Kosteneinflussfaktoren erneut durchgerechnet werden. Im Beispiel ist das besonders einfach, weil nur ein Kosteneinflussfaktor, die Produktionsmenge x_1, verändert wurde. Wären mehrere Faktoren verändert worden, könnten die Wirkungen der verschiedenen Faktoren trotzdem näherungsweise dadurch isoliert werden, dass mehrfach neu geplant wird, wobei zunächst nur ein Einflussfaktor, dann zwei, dann drei und schließlich alle in der effektiv gewählten Ausprägung statt der geplanten Ausprägung angesetzt werden.

Die SOLL-Kosten im Beispiel ergeben sich als:

$$
\mathbf{w} = \begin{pmatrix} w_1 \\ w_2 \\ w_3 \end{pmatrix} = \begin{pmatrix} 1 & 0 & 2 \\ 0 & 0{,}5 & 3 \\ 2 & 0 & 1 \end{pmatrix} \cdot \begin{pmatrix} 120 \\ 200 \\ 300 \end{pmatrix} = \begin{pmatrix} 720 \\ 1.000 \\ 540 \end{pmatrix}
$$

$$
\mathbf{t} = \begin{pmatrix} t_1 \\ t_2 \end{pmatrix} = \begin{pmatrix} 0 & 1{,}5 & 0{,}2 \\ 1{,}5 & 0 & 0{,}5 \end{pmatrix} \cdot \begin{pmatrix} 120 \\ 200 \\ 300 \end{pmatrix} + \begin{pmatrix} 0 & 0{,}1 & 0 \\ 0{,}1 & 0 & 0{,}1 \end{pmatrix} \cdot \begin{pmatrix} 720 \\ 1.000 \\ 540 \end{pmatrix} = \begin{pmatrix} 460 \\ 456 \end{pmatrix}
$$

$$
\mathbf{v} = \begin{pmatrix} v_1 \\ v_2 \end{pmatrix} = \begin{pmatrix} 2 & 3 \\ 0 & 0 \end{pmatrix} \cdot \begin{pmatrix} 460 \\ 456 \end{pmatrix} + \begin{pmatrix} 0 \\ 100 \end{pmatrix} \cdot 1 = \begin{pmatrix} 2.288 \\ 100 \end{pmatrix}
$$

$$
K = \begin{pmatrix} 1{,}5 & 2 & 1 & 15 & 1 \end{pmatrix} \cdot \begin{pmatrix} 720 \\ 1.000 \\ 540 \\ 2.288 \\ 100 \end{pmatrix} = 38.040.
$$

Verglichen mit den PLAN-Kosten von 36.350 € liegen die SOLL-Kosten von 38.040 € um 1.690 € höher, was auf die Mehrproduktion von 20 x_1 zurückzuführen ist (Produktionsprogrammabweichung). (Diese Abweichung von 20 ME erlaubt Rückschlüsse auf die für die Bestandsbewertung etwa in der Bilanz benötigten Stückkosten von 1.690 : 20 = 84,5 für eine Einheit x_1.)

Die Preisabweichung auf der anderen Seite ergibt sich, wenn die effektiv verbrauchten Faktormengen einmal zu Ist-Preisen und einmal zu Plan-Preisen bewertet werden. Erstere – die effektiven IST-Kosten – sind als 38.490 bekannt. Letztere – die IST-Kosten zu Planpreisen – ergeben sich aus folgenden Berechnungen (w und t sind wie im Plan):

$$
\mathbf{v} = \begin{pmatrix} v_1 \\ v_2 \end{pmatrix} = \begin{pmatrix} 2 & 3 \\ 0 & 0 \end{pmatrix} \cdot \begin{pmatrix} 460 \\ 462 \end{pmatrix} + \begin{pmatrix} 0 \\ 100 \end{pmatrix} \cdot 1 = \begin{pmatrix} 2.306 \\ 100 \end{pmatrix}
$$

$$K = \begin{pmatrix} 1,5 & 2 & 1 & 15 & 1 \end{pmatrix} \cdot \begin{pmatrix} 720 \\ 1.000 \\ 540 \\ 2.306 \\ 100 \end{pmatrix} = 38.310.$$

Die Preisabweichung als Differenz zwischen den Istverbrauchsmengen zu Istpreisen und zu Planpreisen beträgt 38.490 – 38.310 = 180, was genau dem Mehrpreis von w_1 multipliziert mit der Verbrauchsmenge von w_1 (0,25 · 720 = 180) entspricht.

Die Abweichung zwischen den IST-Kosten zu Planpreisen (38.310 €) und den SOLL-Kosten, ebenfalls auf der Basis von Planpreisen (38.040 €), spiegelt den bewerteten Mehrverbrauch über das hinaus wider, was sich aus den geplanten Kosteneinflussfaktoren, dem Planungsmodell und den Faktorpreisen ergibt, deren Einfluss durch Bewertung zu Planpreisen in beiden verglichenen Größen eliminiert wurde. Diese Abweichung von 270 € ist offensichtlich darauf zurückzuführen, dass Maschine 2 statt der erforderlichen 456 SOLL-Stunden 6 Stunden länger genutzt wurde, wodurch 3 · 6 = 18 Arbeitsstunden v_1 mehr gebraucht wurden, welche – auf Planpreisbasis – mit 18 · 15 = 270 mehr zu Buche schlugen. Die Ursache könnte darin liegen, dass das Betriebsmodell die Ursache-Wirkungs-Zusammenhänge falsch beschreibt. Die längere Maschinennutzung wäre dann zumindest partiell berechtigt und die Abweichung insoweit auf fehlerhafte Kostenplanung zurückzuführen. Wenn dagegen das Betriebsmodell die Ursache-Wirkungs-Zusammenhänge weitestgehend richtig erfasst, wäre der längere Maschineneinsatz überflüssig gewesen. Die Abweichung wäre ein Maß für die Unwirtschaftlichkeit und zugleich Ansporn, die Gründe für den Mehreinsatz der Maschine genauer aufzuspüren und diesen Gründen für die Zukunft entgegenzutreten. Erst wenn die Kontrolle dazu beigetragen hat, dass in Zukunft weniger Kosten anfallen, hat sie wirtschaftlich Vorteile gebracht. Diese Vorteile – etwa als Kapitalwerte eingesparter Kosten – müssen aber noch die Kontrollkosten übersteigen, damit sich Kontrolle wirtschaftlich lohnt.

D Die flexible Plankosten- und Deckungsbeitragsrechnung

Lernziel: *Am stärksten verbreitet sind Plankostenrechnungen, die in Deutschland als flexible Plankosten- und Deckungsbeitragsrechnungen bezeichnet werden. Sie sollen sich mit den vereinfachenden Grundannahmen und praktischen Techniken dieses Rechnungssystems vertraut machen.*

1 Grundgedanken der flexiblen Plankostenrechnung

Die in zahlreichen Varianten bekannte flexible Plankostenrechnung wird in Deutschland auf produktions- und kostentheoretische Grundlagen gestützt (Kilger/Pampel/Vikas 2007, S. 109). Von den äußerst zahlreichen Kosteneinflussfaktoren, die – wie anfänglich bei den Ursache-Wirkungs-Beziehungen der Plankostenrechnung beschrieben – auf die Höhe der Kosten einwirken, werden im Rahmen der flexiblen Plankostenrechnung als kurzfristig unveränderbar und damit gegeben angesehen:

■ der Aufbau zeitungebundener Nutzungspotenziale und

■ die Kapazitäten betrieblicher Teilbereiche.

Die Auswirkungen der Faktorpreise auf die Kosten werden nicht geleugnet, sie werden aber dadurch eliminiert, dass im Rahmen der Planung die Plankosten und im Rahmen der Kontrolle auch die Istkosten auf der Basis von Planpreisen oder festen Verrechnungspreisen ermittelt werden.

Die in der Planung explizit beachtete Ursache-Wirkungs-Beziehung betrachtet Kosten als abhängig von den „Ausbringungen betrieblicher Teilbereiche". Ein solches Vorgehen setzt zunächst voraus, dass das Unternehmen derart in betriebliche Teilbereiche (Kostenstellen, Kostenplätze) untergliedert wird, dass sich einigermaßen brauchbare Aussagen über Ausbringungsmengen dieser Bereiche und die mit diesen Ausbringungsmengen verbundenen Kosten treffen lassen. Basis ist also eine geeignete Einteilung des Unternehmens in Kostenstellen. Analog zur Zuschlagskalkulation bzw. Bezugsgrößenrechnung in der Istkostenrechnung ist die Kostenstellenrechnung aber nur die Grundlage für eine spätere Kostenträgerrechnung. Anders als bei Laßmann werden nicht nur Periodenkosten, sondern nach Abrechnung der Hilfskostenstellen untereinander und mit den Hauptkostenstellen Kosten je Produkteinheit auf der Basis von Einzel- und Gemeinkosten gesucht (vgl. zu den Unterschieden beider Rechnungssysteme Dörner 1984).

Nur in dem Ausnahmefall, in dem eine Kostenstelle eine homogene Leistungsart unter konstanten Verfahrens- und Prozessbedingungen hervorbringt, lässt sich ihre „Ausbringung" oder Beschäftigung einfach in einer Maßgröße für die Beschäftigung messen. Dieser Fall liegt vor

■ wenn die Leistungsarten einer Kostenstelle entweder nur eine völlig gleichartige Leistung umfassen (etwa die Kilowattstunden einer innerbetrieblichen Kraftstation) oder bei äußerlich ungleichen Leistungen (verschiedene Teile, die z.B. auf einer Drehbank bearbeitet werden) nur ein Kosteneinflussfaktor nennenswert auf die Höhe der Kosten einwirkt (nur etwa die benötigte Bearbeitungszeit auf der Drehbank) oder bei mehreren Kosteneinflussfaktoren (z.B. Bearbeitungszeit und Gewicht) die verschiedenen Einflussfaktoren bei allen Leistungen in dem gleichen Verhältnis stehen und

■ wenn bei den Verfahrens- und Prozessbedingungen zur Bearbeitung der Produkte in einer Kostenstelle keinerlei Wahlmöglichkeiten relevant werden (Kilger/Pampel/Vikas 2007, S. 115 f.).

Letzteres bedeutet unter anderem, dass für die Bearbeitung nur eine Fertigungsintensität, nur eine Rohstoffmischung, nur eine Bedienungsrelation, nur eine Kombination von Prozessbedingungen etwa aus Temperatur und Druck sowie eine vorgegebene Losgröße bei vorgegebener Sortenreihenfolge offen steht bzw. in Betracht kommt.

In diesem Sonderfall **homogener Kostenverursachung** in einer Kostenstelle kann deren Beschäftigung durch genau eine Maßgröße gemessen werden. Wenn nur ein Faktor auf die Höhe der Kosten einwirkt, wird dieser Faktor – im Beispiel ist es die Bearbeitungszeit auf der Drehbank – zum Beschäftigungsmaß, und die effektive Beschäftigung der Kostenstelle in einer Periode wäre die Summe der auf der Drehbank benötigten Bearbeitungszeiten aller in der Betrachtungsperiode bearbeiteten Leistungseinheiten. Gibt es mehrere Kosteneinflussfaktoren, müssen diese im Sonderfall homogener Kostenverursachung bei allen Leistungen in dem gleichen Verhältnis stehen. Damit gilt das „Gesetz der Austauschbarkeit der Maßgrößen" von K. Rummel (Rummel 1967, S. 5), und jeder Kosteneinflussfaktor kann als Maßgröße der Beschäftigung herangezogen werden. Die klar und eindeutig definierbare Beschäftigung bietet zugleich eine ideale Basis, um die Kosten in Abhängigkeit von diesem, alle relevanten Kosteneinflussgrößen widerspiegelnden Beschäftigungsmaß zu beschreiben und zu planen.

Homogene Kostenverursachung stellt allerdings den Ausnahmefall dar. Meist gibt es **produktbedingte Heterogenität** – die von einer Kostenstelle erbrachten Leistungen unterscheiden sich im Hinblick auf mehrere relevante Kosteneinflussgrößen, und diese Kosteneinflussgrößen stehen bei den verschiedenen Produkten auch nicht im stets gleichen Größenverhältnis – und/oder **verfahrensbedingte Heterogenität.** Letztere liegt vor, wenn die Leistungen einer Kostenstelle mit verschiedenen Fertigungsintensitäten, Rohstoffmischungen, Bedienungsrelationen, Prozessbedingungen, Losgrößen und Sortenreihenfolgen erzeugt werden können. Bei produkt- und/oder verfahrensbedingter Heterogenität (heterogener Kostenverursachung) hängen die Gemeinkosten einer Kostenstelle von mehreren Kosteneinflussfaktoren ab. Dem kann Rechnung getragen werden, indem für die Kostenstelle mehrere Kostensätze in Abhängigkeit von den verschiedenen Kosteneinflussfaktoren bestimmt werden, etwa bearbeitungszeit- und gewichtabhängige Kostensätze, Kostensätze für verschiedene Fertigungsintensitäten, für verschiedene Rohstoffmischungen, Bedienungsrelationen oder Prozessbedingungen sowie Kostensätze für Rüstzeiten und Ausführungszeiten. Bei heterogener Kostenverursachung wird Kostenplanung also erheblich aufwendiger, auch wenn es gelingt, durch geschickte Kombination der Bezugsgrößen die Zahl der relevanten unabhängigen Variablen zu reduzieren.

„Theoretisch ist in nahezu allen Kostenstellen der Tatbestand der heterogenen Kostenverursachung erfüllt, da qualitative Eigenschaften der erstellten Leistungen und Maßnahmen des Produktionsvollzugs die beschäftigungsabhängigen Kosten beeinflussen. Durch eine entsprechend große Anzahl von Bezugsgrößen ist es theoretisch zwar in allen Fällen möglich, sämtliche relevanten Kosteneinflüsse richtig zu erfassen, die Plankostenrechnung ist aber nicht nur ein kostentheoretisches System, sondern ein Verfahren der Kostenrechnung, das in der Praxis funktionieren muss. Hieraus folgt, dass eine zu weitgehende Bezugsgrößendifferenzierung zu vermeiden ist, weil sonst die Erfassung der Istbezugsgrößen zu schwierig wird und die Erfassungskosten in keinem wirtschaftlichen Verhältnis mehr zur Erhöhung der Genauigkeit einer Plankostenrechnung stehen." (Kilger/Pampel/Vikas 2007, S. 253).

Im Interesse der Praktikabilität der flexiblen Plankosten- und Deckungsbeitragsrechnung sind zwei Arten von Vereinfachungen üblich. Wenn die Unterschiede zwischen den Produkten oder den Verfahren nicht allzu groß sind oder wenn sich – bei verfahrensbedingter Heterogenität – etwa infolge freier Kapazitäten optimale Intensitäten, Rohstoffmischungen, Bedienungsrelationen, Prozessbedingungen und Losgrößen voraussichtlich werden realisieren lassen, kann auf der Basis einer festen (optimalen) Ausprägung dieser Faktoren geplant werden. Vereinfachend wird dann also von nur einer Bezugsgröße, einem Beschäftigungsmaß je Kostenstelle ausgegangen. Zweitens wird grundsätzlich ein linearer Kostenverlauf in Abhängigkeit von der betrachteten Bezugsgröße unterstellt, notfalls auch als bloße Näherung an einen nichtlinearen, gegebenenfalls sogar treppenförmigen Verlauf intervallfixer Kosten.

2 Prämissen der flexiblen Plankostenrechnung auf Vollkostenbasis

Der flexiblen Plankostenrechnung auf Vollkosten liegen damit folgende Prämissen zugrunde:

1. Primär ist die flexible Plankostenrechnung auf Vollkosten auf das Ziel eines möglichst großen Periodengewinns (Gewinnziel) als Näherungslösung für das Streben nach möglichst umfangreichen konsumbestimmten Zahlungsüberschüssen ausgerichtet. Andere Ziele können mitbeachtet werden, soweit sie entweder in Nebenbedingungen formuliert oder mit dem Gewinnziel in Einklang gebracht werden (Umweltverschmutzung verursacht hohe Kosten).

2. Die Rechnung ist einperiodig und zeigt nur Konsequenzen in einem Zeitpunkt auf. „Nachwirkungen" müssen vernachlässigt oder antizipiert werden. Zeitübergreifende Vorgänge, wie Lagerung von Produkten zum Zweck einer besseren Verwertung in der Folgeperiode werden explizit nicht erfasst.

3. Die Rechnungen basieren in der Regel auf der Annahme der Sicherheit. Die für verschiedene Bedingungen geplanten Konsequenzen sind jeweils eindeutig.

4. Die Wertkomponenten der Kosten bestehen aus jeweils festen (einwertigen) Planpreisen. Tatsächliche Veränderungen der Marktpreise oder mengenabhängige Preise schlagen sich nicht direkt in der Rechnung nieder.

5. Bei der Planung der Kosten wird von fest vorgegebenen Ausprägungen der nur langfristig veränderbaren Kosteneinflussfaktoren ausgegangen. Speziell als fest vorgegeben werden gesehen:

   ■ die Entscheidungen über den Aufbau zeitungebundener Nutzungspotenziale (z.B. Wahl der Rechtsform, Know-how),

   ■ die Entscheidungen über zu installierende Verfahren betrieblicher Teilbereiche und

   ■ die Entscheidungen über die Kapazitäten betrieblicher Teilbereiche.

6. Auch im Blick auf die kurzfristig veränderbaren Kosteneinflussgrößen wird vereinfacht. Meist wird unterstellt, dass es für die zu planenden Gemeinkosten einer Kostenstelle jeweils **nur einen Faktor** gibt, welcher die Kostenhöhe planmäßig beeinflusst. Dieser Faktor wird „Beschäftigung" oder „Bezugsgröße" genannt. Die Vereinfachung kann mehr oder weniger differenziert erfolgen. Es ist möglich, die Gemeinkostenlöhne beispielsweise in Teilkomponenten aufzuspalten, bei denen die produzierte Menge, die Zahl der Lose bzw. die Zahl der Rüstvorgänge jeweils das Maß der Beschäftigung bilden. Meist aber werden nur Ausbringungsmengen auf der Basis von Standardlosgrößen und Standardrüstnotwendigkeiten betrachtet.

7. In Abhängigkeit von dem variablen Faktor „Beschäftigung" oder „Bezugsgröße" gibt es nur absolut fixe und proportionalvariable Kosten (linearer Kostenverlauf). Probleme sprungfixer Kosten werden ebenso wenig betrachtet wie Fixkostenabbaubarkeiten.

8. Alle Kosten, fixe und proportionalvariable, werden geplant (Ansatz von Vollkosten). Sofern die beiden Komponenten getrennt geplant werden, erlaubt die flexible Plankostenrechnung eine Doppelstrategie: zusätzlich zur Vollkostenrechnung lässt sich leicht eine Grenzkostenrechnung ergänzend erstellen.

3 Kostenplanung im Rahmen der flexiblen Plankostenrechnung

a) Planung der Einzelkosten

(1) Planung der Einzelmaterialkosten (Fertigungsmaterial)

Das Fertigungsmaterial umfasst zum einen alle Werkstoffe, die den absatzbestimmten Kostenträgern (Produkten) nach dem Verursachungsprinzip zugerechnet werden. Weiterhin umfasst es im Sinne der weiteren Definition von Einzelkosten auch solche Werkstoffe, die genau einem Kostenträger direkt nach dem Beanspruchungsprinzip zugeordnet werden.

Die Mengenplanung der Einzelmaterialkosten knüpft an die Ergebnisse der Konstruktion der Produkte (Konstruktionszeichnungen, Stücklisten, Rezepturen) an. Hier werden regelmäßig die in ein Produkt von einem bestimmten Werkstoff eingehenden Netto-Planeinzelmaterialmengen erfasst. Das sind die „Einzelmaterialmengen, die bei planmäßiger Produktgestaltung, planmäßigen Materialeigenschaften und planmäßigem Fertigungsablauf effektiv in einer fertig gestellten Kostenträgereinheit enthalten sind" (Kilger/Pampel/Vikas 2007, S. 193). In der Form und Ausprägung, in der die Werkstoffe in die Produkte eingehen, lassen sie sich in der Regel nicht beschaffen. Aus großen rechteckigen Blechen beispielsweise müssen bei der Konservendosenproduktion kreisförmige Dosendeckel und Dosenböden herausgestanzt werden, wobei Abfälle entstehen, die aus den runden Formen und eventuell aus den Maßen der gelieferten Bleche resultieren, wenn diese Maße kein Vielfaches der Deckeldurchmesser sind. Bei spanabhebender Fertigung werden Gewicht und Volumen der Werkstoffe planmäßig reduziert. Weitere Abfälle resultieren aus zufälligen Fehlbearbeitungen oder Ausschuss. Die um die verschiedenen Abfallmengen erweiterten Brutto-Planeinzelmaterialmengen bilden die eigentliche Basis der Planung von Einzelmaterialkosten. Geht ein Werkstoff – beispielsweise ein Blech bestimmter Stärke und Qualität – auf verschiedenen Produktionsstufen direkt und indirekt über Vorprodukte in ein Produkt ein, müssen die Brutto-Planeinzelmaterialmengen über die verschiedenen Stufen aggregiert werden (vgl. Schiller 2005, S. 551 f.).

Durch Multiplikationen der aggregierten Brutto-Planeinzelmaterialmengen der verschiedenen Einzelmaterialarten mit den jeweils zugehörigen Planpreisen dieser Einzelmaterialarten und durch Zusammenfassung über alle Einzelmaterialien ergeben sich die geplanten Einzelmaterialkosten.

(2) Planung der Einzellohnkosten (Fertigungslohn)

Als Einzellohnkosten werden zum einen die Kosten für alle Arbeitsleistungen angesehen, die den absatzbestimmten Kostenträgern nach dem Verursachungsprinzip zugerechnet werden. Weiterhin umfassen die Einzellohnkosten nach der weiten Definition von Einzel- und Gemeinkosten solche Kosten, die nach dem Beanspruchungsprinzip unmittelbar einem Kalkulationsobjekt zugerechnet werden.

Grundlage der Mengenplanung für Einzellohnkosten sind einerseits die aus der Produktkonstruktion folgenden, technisch erforderlichen Arbeitsgänge am Produkt und andererseits die ermittelten Zeitbedarfe für diese verschiedenen Arbeitsgänge.

Die Zeitbedarfe für einzelne Arbeitsgänge können auf unterschiedlichen Wegen und mit verschieden großer Genauigkeit ermittelt werden. Zwei Ansätze, analytische und synthetische Verfahren der Vorgabezeitermittlung, führen zu relativ exakten Werten für die Zeitbedarfe, die bei „Normalleistung" benötigt werden, einer Leistung, die „von jedem in erforderlichem Maße geeigneten, geübten und voll eingearbeiteten Arbeiter auf die Dauer und im Mittel der Schichtzeit erbracht werden (kann), sofern er die für persönliche Bedürfnisse und gegebenenfalls auch für Erholung vorgeschriebenen Zeiten einhält und die freie Entfaltung seiner Fähigkeiten nicht behindert wird" (Kilger/Pampel/Vikas 2007, S. 205 f., gestützt auf REFA).

Beim REFA-Verfahren als Beispiel für ein analytisches Verfahren der Vorgabezeitermittlung werden, nachdem sich ein Arbeitnehmer in einen Arbeitsgang einarbeiten konnte (die erste Phase des Lerneffekts also abgeschlossen ist), per Zeitmessung effektive Istarbeitszeiten für diesen Arbeitsgang erfasst, und es wird geschätzt, welcher Ist-Leistungsgrad im Vergleich zur Normalleistung den gemessenen Istarbeitszeiten zugrunde gelegen hat. Wurden beispielsweise durchschnittlich 5 Minuten Bearbeitungszeit für den Arbeitsgang gemessen und wurde der Ist-Leistungsgrad im Durchschnitt auf 120 % geschätzt, so ergibt sich eine Vorgabezeit bei Normalleistung von 6 Minuten (5 · 1,2). Der Nachteil des Verfahrens liegt natürlich in der erforderlichen Schätzung des Ist-Leistungsgrades.

Bei den synthetischen Verfahren der Vorgabezeitermittlung wird jeder Arbeitsgang in seine elementaren Grundbestandteile (etwa Hinlangen, Greifen, Bringen, Fügen) zerlegt. Zu den Grundbestandteilen werden Gewichte in Abhängigkeit beispielsweise von der Länge des zu bewältigenden Weges und/oder vom Gewicht des zu bewegenden Gutes gesucht. Für die einzelnen Grundbestandteile werden in Abhängigkeit von den Gewichten aus verfahrensspezifischen Tabellen vorbestimmte Arbeitszeiten abgelesen. Schließlich werden diese vorbestimmten Arbeitszeiten über alle elementaren Grundbestandteile des Arbeitsgangs addiert, um die Vorgabezeit für den Arbeitsgang zu erhalten. Die „Normalleistung" steckt bei den synthetischen Verfahren in den vorbestimmten Arbeitszeiten der Tabellen. Probleme liegen hier also in den Zeitangaben der Tabellen und in der Annahme, Zeitbedarfe für komplexe Arbeitsgänge könnten additiv aus Zeitbedarfen für die Grundbestandteile der Arbeitsgänge gewonnen werden. Offensichtlich werden diese Schwierigkeiten, wenn die Vorgabezeit für einen Arbeitsgang nach den verschiedenen Tabellenwerken der unterschiedlichen, am Markt angebotenen synthetischen Verfahren ermittelt wird. Die Vorgabezeiten unterscheiden sich. Zeitbedarfe für Arbeitsgänge können aber auch gröber geschätzt werden.

Die weitere Planung der Einzellohnkosten hängt von der **Art der Entlohnung** – Zeitlohn, Akkordlohn oder Prämienlohn – ab. Beim **Zeitlohn** heißt die Vorgabezeit Standardzeit. Erweitert um Zuschläge etwa für Wartezeiten, Erholungszeiten und Verteilzeiten markiert die Standardzeit den Zeitbedarf, der für einen Arbeitsgang erforderlich ist. Werden die Zeitbedarfe für alle Arbeitsgänge an einem Produkt aufsummiert, die von Arbeitnehmern einer bestimmten Qualifikationsstufe erbracht werden, die Gesamtzeiten mit dem Planlohnsatz für Arbeitnehmer dieser Qualifikation multipliziert und diese Ergebnisse über alle Qualifikationsstufen addiert, so erhält man den Einzelzeitlohn für ein Produkt. Bei dieser Vorgehensweise werden Zeitlöhne, allerdings ausgehend vom Beanspruchungsprinzip, wie variable Kosten behandelt. Tatsächlich haben im Zeitlohn Beschäftigte Anspruch auf ihre Vergütung unabhängig davon, ob sie in der Produktion eingesetzt werden können oder nicht (Ewert/Wagenhofer 2008, S. 655).

Auch beim **Akkordlohn** wird die Vorgabezeit um Zuschläge für Wartezeiten, Erholungszeiten und Verteilzeiten erweitert. Der Tatsache, dass Akkordlohnempfänger regelmäßig Anspruch auf einen garantierten Mindestlohn besitzen, auch wenn sie mangels geeigneter Aufträge nicht in der Produktion beschäftigt werden können, wird häufig pauschal und nicht den Ursache-Wirkungs-Beziehungen entsprechend Rechnung getragen. Über einen längeren Zeitraum wird das Verhältnis zwischen genutzter und nicht genutzter, mithilfe so genannter „Zusatzlohnscheine" den Akkordlöhnen vergüteter Arbeitszeit ermittelt. Der durchschnittliche Bedarf an Zusatzlohn wird dann ebenfalls auf die Vorgabezeit aufgeschlagen. Die so erweiterten Vorgabezeiten für die verschiedenen, im Akkord zu verrichtenden Arbeitsgänge an einem Produkt müssen für die verschiedenen Qualifikationsstufen zusammengefasst, mit dem jeweils zugehörigen Planlohnsatz für Akkordlöhne der betreffenden Qualifikation multipliziert und die daraus resultierenden Ergebnisse über alle Qualifikationsstufen aufaddiert werden, um die Einzellöhne aus Akkordlohn für das betreffende Produkt zu bekommen.

Anders als beim Zeitlohn wird beim Akkordlohn der tatsächliche Zeitbedarf systematisch von dem für die Planung der Lohnkosten maßgebenden Zeitbedarf bei Normalleistung abweichen, weil dem Arbeitnehmer der Vorteil aus geringerem Zeitbedarf zufließt. Der Mitarbeiter bekommt 6 Minuten pro Stück vergütet, auch wenn er beispielsweise nur 5 Minuten benötigt. Das regt ihn an, möglichst rasch zu arbeiten. Für die Planung der vorhandenen Kapazität und die auf dieser Kapazität herstellbaren Produktmengen muss daher der Zeitbedarf bei Normalleistung durch den für die Zukunft erwarteten voraussichtlichen Ist-Leistungsgrad dividiert werden.

Beim **Prämienlohn** wird meist ein Zeitlohn – in Ausnahmefällen auch ein Akkordlohn – mit einer oder mehreren Prämien für die Ausbringungsmenge, die Qualität der erbrachten Leistungen, die Sparsamkeit im Umgang mit anderen Faktoren oder die Auslastung der Betriebsmittel durch vorausschauende Planung vor Ort und deren geschickten Einsatz kombiniert (Kilger/Pampel/Vikas 2007, S. 204 f.). Hinsichtlich der Zeitlohn- oder eventuell der Akkordlohnkomponente stimmt die Planung bei Prämienlohn mit den für diese Lohnformen bereits dargestellten Planungen überein. Zusätzlich muss allerdings die zu erwartende Prämie oder müssen die zu erwartenden Prämien geplant werden. Meist auf Basis von Erfahrungen aus der Vergangenheit wird geplant, welche Prämienbemessungsgrundlagen sich bei einem Produkt voraussichtlich ergeben werden. Diese Prämienbemessungsgrundlagen müssen dann nur noch mit dem Prämiensatz bewertet werden.

Bei der Planung der Lohnsätze kann auf tariflich festgelegte oder übertariflich vereinbarte Basisdaten zurückgegriffen werden, die zu ergänzen sind

- eventuell um die zu erwartenden Tariferhöhungen der nächsten Tarifrunde,
- beim Akkordlohn um einen Akkordzuschlag,
- bei Überstunden, Sonntags-, Feiertags- oder Nachtarbeit um entsprechende Zuschläge,
- um die gesetzlichen Sozialkosten aus Urlaubs-, Feiertagslohn, Arbeitgeberanteile zu Kranken-, Renten- und Arbeitslosenversicherung, Lohnfortzahlung im Krankheitsfall, Urlaubsgeld, Pensionen und Renten, Weihnachtsgeld, tarifliche Vermögensbildung und Unfallversicherung sowie
- um die freiwilligen Sozialkosten etwa für Fahrgelder oder Essenszuschüsse.

(3) Planung von Sondereinzelkosten

Soweit sich Sondereinzelkosten als Stücklizenzen oder besondere Verpackungen und Versicherungen unmittelbar produktabhängig ergeben, bereitet ihre Planung keine Probleme. Sondereinzelkosten aus der Nutzung von pauschal oder für einen vereinbarten Zeitraum abgegoltenen Lizenzen, aus der Nutzung spezieller Werkzeuge, Modelle oder Vorrichtungen dagegen lassen sich einem Produkt nur auf Basis des Durchschnittsprinzips zurechnen, das Ursache-Wirkungs-Beziehungen vollkommen negiert (Ewert/Wagenhofer 2008, S. 655 f.). Es muss die Gesamtzahl der auf Basis der Lizenz, der mit dem Werkzeug, dem Modell oder der Vorrichtung voraussichtlich erstellten Produkte geschätzt und die Ausgabe für Lizenz, Werkzeug, Modell oder Vorrichtung durch diese Zahl dividiert werden, um „Einzelkosten" je Produkteinheit zu erhalten.

(4) Planung der Einzelkosten und Grundgedanken der Plankostenrechnung

Bei der Planung von Zeitlöhnen, Akkordlöhnen und nicht unmittelbar produktabhängigen Sondereinzelkosten macht die flexible Plankostenrechnung erhebliche Konzessionen an die Praktikabilität zu Lasten der tatsächlichen Ursache-Wirkungs-Beziehungen, denen sie sich vom Grundgedanken her verpflichtet sieht. Zeitlöhne führen nicht zu proportionalvariablen Kosten, ihre Betrachtung als Einzelkosten verfälscht daher wichtige Zusammenhänge mit eventuell fatalen Folgen für unreflektiert aus den Zahlen abgeleitete Entscheidungen oder Abweichungen für Kontrollzwecke. Gleiches gilt für die Behandlung von Akkordlöhnen insbesondere im Hinblick auf durchschnittlich aufgeschlagene Zusatzlöhne und für nicht unmittelbar produktabhängige Sondereinzelkosten. Bei den Fertigungsmaterialien treten ähnliche Probleme dann auf, wenn Materialien nicht in beliebig teilbaren Mengen beschafft werden können – beispielsweise nur behälterweise – und die kleinsten Beschaffungseinheiten relativ zur insgesamt gebrauchten Menge sehr groß sind.

Schon der Wunsch, mit proportionalen Einzelkosten arbeiten zu können und dabei die gewichtigen Lohnkosten nicht aussparen zu müssen, hat also einen sehr hohen Preis (Schildbach 1993, S. 349 f.).

b) Planung der Gemeinkosten

(1) Die Bildung von Kostenstellen

Hinsichtlich der Bildung von Kostenstellen muss nur bekräftigt und näher präzisiert werden, was schon für die Kostenstellenrechnung im Rahmen der Istkostenrechnung ausgeführt wurde.

Zur Kostenstellenabgrenzung sind insbesondere rechentechnische Gesichtspunkte und die Forderung relevant, dass für die Kostenstelle letztlich nur eine Person die Verantwortung zu tragen hat (ebenso Kilger/Pampel/Vikas 2007, S. 249; Ewert/Wagenhofer 2008, S. 657 f.).

Ohne Berücksichtigung rechentechnischer Gesichtspunkte lassen sich Kosten nicht planen und sinnvoll kontrollieren. Bei der Darstellung der Grundlagen und Prämissen der flexiblen Plankostenrechnung wurde erläutert, dass Kosten bei diesem System der Kostenrechnung als ausschließlich abhängig von den „Ausbringungen betrieblicher Teilbereiche" angesehen werden. Werden in einer Kostenstelle produktive Kombinationen mit unterschiedlichen Kostenstrukturen zusammengefasst, bei denen aus einer bestimmten Variation der Bezugsgröße als Maß der Beschäftigung und Ausbringung unterschiedliche Veränderungen der Kosten resultieren, so gibt es keine eindeutige Kostenfunktion in Abhängigkeit von der Beschäftigung mehr. Am Beispiel lässt sich das leicht verdeutlichen. In einem Fuhrpark, in dem Mittelklasse-PKW und große LKW jeweils eines Typs genutzt werden, gibt es kein Beschäftigungsmaß (gefahrene Kilometer, geleistete Tonnenkilometer, Fahrstunden z.B.), das einer für beide Fahrzeugtypen gemeinsamen Kostenfunktion etwa für Betriebsstoffkosten zugrunde gelegt werden könnte – pro Stunde, pro Kilometer oder pro Tonnenkilometer sind die Verbräuche von Kraftstoff beispielsweise bei den beiden Fahrzeugtypen unterschiedlich. Sinnvolle Kostenfunktionen sind allenfalls dann denkbar, wenn aufgrund rechentechnischer Gesichtspunkte – nämlich ihrer unterschiedlichen Kostenstrukturen – PKW und LKW in verschiedenen Kostenstellen erfasst werden.

Diese Vorgehensweise hat Nachteile. Zunächst führt sie im Prinzip zu einer sehr tiefen Aufgliederung des Unternehmens in „kleine" Kostenstellen bzw. einzelne Mensch-Maschine-Kombinationen (Kostenplätze), was die Kosten der Planung und Rechnung erheblich ansteigen lässt. Wirtschaftlichkeitsüberlegungen lassen daher – selbst auf Kosten einer geringeren Genauigkeit – weniger weitgehende Untergliederungen mit nur in Grenzen verlässlichen Kostenfunktionen ratsam erscheinen. Außerdem bleibt auch bei tiefster Untergliederung – etwa für jeden LKW eine eigene Stelle – das erörterte Problem heterogener Kostenverursachung erhalten. Im Blick auf die ausgelösten Kosten sind gefahrene Kilometer nicht gleichartig; im Stadt-, Landstraßen- und Autobahnverkehr entstehen unterschiedliche Kosten, die zudem noch von der transportierten Last abhängen. Auch die Verfahrens- und Prozessbedingungen sind variabel und haben Einfluss auf die Kosten. So sind die Kosten für den LKW abhängig von der gefahrenen Geschwindigkeit (Fertigungsintensität), dem eingelegten Gang (Prozessbedingung) und – im Blick auf Langstreckenfahrten – der Zahl der Fahrer im Führerhaus (Bedienungsrelation). Exakte Planung erfordert eine weitgehende Bezugsgrößendifferenzierung in Stadt-, Landstraßen- und Autobahnkilometer, Fahrten mit verschiedenen Graden der Belastung und zumindest Fahrten mit einem oder zwei Fahrern. Eine solche Differenzierung erscheint aber ebenfalls vielfach zu aufwendig, so dass auf Kosten der Genauigkeit vereinfacht wird.

In jeder Kostenstelle sollte zudem eine Person die Verantwortung für das übernehmen, was in der Kostenstelle geschieht. Diese Person ist für die Kostenplanung schon dann der Ansprechpartner, wenn geprüft wird, von welchen Bezugsgrößen die Kosten in der Stelle abhängen, wie man die Zahl der Bezugsgrößen für die Rechnung sinnvollerweise reduzieren könnte und auf welche. Damit Kostenkontrolle fruchtbar werden und zu Einsparungen führen kann, wird der für die Kostenstelle Verantwortliche vor allem aber benötigt, um die Ursachen in der Kostenstelle zu finden, die den auf das Verhalten in der Kostenstelle zurückzuführenden Teil der Abweichung zwischen effektiven und geplanten Kosten hervorgerufen haben. Erst wenn die Ursachen für Mehrkosten lokalisiert worden sind, können diese Ursachen abgestellt und die Mehrkosten in Zukunft eventuell eingespart werden. Diese Ursachen kann nur finden, wer sich in der Kostenstelle auskennt. Und um das Auffinden der Ursachen wird er sich nur bemühen, wenn er die Verantwortung trägt.

(2) Die Wahl der Bezugsgröße(n)

Wenn gestützt auf Ursache-Wirkungs-Beziehungen die Gemeinkosten in den Kostenstellen nur in Abhängigkeit von den in der Kostenstelle wirksamen Kosteneinflussfaktoren geplant werden können, müssen für jede Kostenstelle

■ die spezifischen Kosteneinflussfaktoren gesucht werden, die die Höhe der Kosten dort bestimmen, und

■ diejenigen Kosteneinflussfaktoren ausgewählt und in einer bestimmten Ausprägung festgelegt werden, die der Planung nur in dieser vorgegebenen Form zugrunde gelegt werden sollen. Gemäß den Prämissen der flexiblen Plankostenrechnung zählen zu diesen „festen" Kosteneinflussfaktoren stets die Entscheidung über den Aufbau zeitungebundener Nutzungspotenziale, die Entscheidungen über die Kapazitäten betrieblicher Teilbereiche, die Entscheidungen über die Verfahren betrieblicher Teilbereiche und die Faktorpreise. Fest vorgegeben werden darüber hinaus regelmäßig auch viele der kurzfristig beeinflussbaren, unter der Bezeichnung „Beschäftigung" zusammenzufassenden Kosteneinflussfaktoren – wie Bedienungsrelation, Losgröße oder Sortenfolge –, um die Planung zu vereinfachen.

Welche Faktoren auf die Gemeinkosten in einer Kostenstelle einwirken, lässt sich durch statistische Analysen einer großen Zahl von um Einflüsse aus der Unwirtschaftlichkeit bereinigten und mit festen Preisen bewerteten Istkosten und den zugehörigen Istwerten der verschiedenen möglichen Kosteneinflussfaktoren herausarbeiten, indem die Korrelationen zwischen den Größen ermittelt werden (Kilger/Pampel/Vikas 2007, S. 252 f.). Theoretisch überzeugender erscheint der analytische Weg der Bezugsgrößenwahl, bei dem auf der Basis einer „technisch kostenwirtschaftlichen Einflussgrößenanalyse" nach den in der Kostenstelle kurzfristig beeinflussbaren und den auf der Grundlage „höherer Gewalt" (Außentemperatur, Länge des lichten Tages) festgelegten Faktoren gesucht wird, welche den ökonomisch notwendigen Einsatz an Produktionsfaktoren in dieser Kostenstelle prägen (Kilger/Pampel/Vikas 2007, S. 252). Bei der Suche nach den Faktoren, welche die Höhe der Kosten beeinflussen (Kostenbestimmungsfaktoren, Bezugsgrößen), treten verschiedene Probleme auf.

Besonders in solchen Kostenstellen, in denen in erster Linie kreative, dispositive Leistungen (z.B. Unternehmensleitung, Forschung und Entwicklung) oder in denen eine Vielzahl der unterschiedlichsten und daher als Ist-Bezugsgröße praktisch nicht messbaren Leistungen (beispielsweise Sekretariat, medizinische Betreuung) erbracht werden, lassen sich mit vertretbarem Aufwand keine praktisch brauchbaren direkten Bezugsgrößen finden. Um die Beschäftigung zumindest näherungsweise in Planung und Kontrolle einbringen zu können, werden in diesen Fällen indirekte Bezugsgrößen als grobe Anhaltspunkte für die Beschäftigung genutzt – etwa die Herstellkosten der produzierten bzw. abgesetzten Produkte oder Teile daraus (Einzelmaterial, Fertigungslohn) oder die Zahl der Mitarbeiter. Da indirekte Bezugsgrößen die Beschäftigung nur sehr global widerspiegeln, sind Planung und Kontrolle, die sich auf solche indirekten Bezugsgrößen stützen, ebenfalls nur begrenzt aussagefähig.

Erfolg bei der Suche nach Bezugsgrößen als Faktoren, welche die Höhe der Gemeinkosten in den Kostenstellen bestimmen, bedeutet nicht zwingend, dass zugleich Größen gefunden werden, mit deren Hilfe sich die Gemeinkosten überzeugend auf die Kostenträger zurechnen lassen. Natürlich gibt es Bezugsgrößen, die beiden Ansprüchen genügen. So eignen sich etwa die Bearbeitungszeiten auf einer Maschine der Kostenstelle oder die Volumina des erhitzten und zur Schmelze gebrachten Materials sowohl zur Erklärung der in einer Kostenstelle entstehenden Gemeinkosten (Kosteneinflussfaktor) als auch zur beanspruchungsgerechten Überwälzung der Gemeinkosten auf die Kostenträger. Proportional zur Bearbeitungszeit an der Maschine bzw. proportional zum Volumen des enthaltenen Materials muss dann jedes Produkt die entsprechenden Gemeinkosten der Kostenstelle tragen. Rüstzeiten als Bezugsgrößen und Kosteneinflussfaktoren für die von Rüstvorgängen abhängigen Gemeinkosten erlauben eine beanspruchungsgerechte Zuordnung dieser (Rüst-)Gemeinkosten allenfalls auf alle Produkte eines Fertigungsloses. Die Schlüsselung der (Rüst-)Gemeinkosten auf die einzelnen Produkte dieses Loses dagegen ist nicht mehr beanspruchungsgerecht, sondern höchstens gemäß dem Durchschnittsprinzip möglich (Ewert/Wagenhofer 2008, S. 662). Soweit die Kosten von Einflussfaktoren abhängen, die nicht vom Unternehmen, sondern durch „höhere Gewalt" bestimmt werden (Außentemperatur, Länge des lichten Tages), versagt jegliche beanspruchungsgerechte Kostenzurechnung auf Produkte.

Der zweite große Problemkreis bei der Bezugsgrößenwahl – die Einteilung der Bezugsgrößen in solche, die der Planung nur in einer fest vorgegebenen Ausprägung zugrunde gelegt werden sollen, obwohl verschiedene Ausprägungen möglich wären, und solche, bei denen die Kosten in Abhängigkeit von unterschiedlichen Ausprägungen der Bezugsgröße geplant werden sollen – läuft häufig im Kern auf einen Kompromiss zwischen dem Streben nach einer ursachengemäßen Planung und Kontrolle einerseits sowie dem Ziel der Wirtschaftlichkeit der Rechnung für Planung und Kontrolle andererseits hinaus. Dabei ist eine den Naturwissenschaften vergleichbare Exaktheit bei der Beschreibung der Zusammenhänge zwischen Kosteneinflussfaktoren und Kostenhöhe ohnehin nur teilweise erreichbar. Auch das Problem, dass geeignete Kosteneinflussfaktoren in vielen Fällen weder eine verursachungs- noch eine beanspruchungsgerechte Gemeinkostenüberwälzung auf die Kostenträger ermöglichen, spricht gegen eine sehr tiefe Untergliederung der Kosteneinflussfaktoren. Die konkrete Gestalt des Kompromisses in einem Unternehmen hängt letztlich von den individuellen Präferenzen und Erwartungen der für die Gestaltung der Kostenrechnung Verantwortlichen, aber auch von den Vorbildern ab, die diesen etwa von gängigen Lehrbüchern oder von Beratern nahe gelegt werden.

(3) Die Bestimmung der Planbeschäftigung (Planbezugsgrößen)

Dass bei „festen" Kosteneinflussfaktoren, die der Planung in einer fest vorgegebenen Ausprägung zugrunde gelegt werden sollen, diese Ausprägung vorgegeben werden muss, versteht sich von alleine. Auf den ersten Blick aber leuchtet kaum ein, dass auch für solche Bezugsgrößen, bei denen die Planung später Kosten in Abhängigkeit von unterschiedlichen Ausprägungen dieser Bezugsgrößen angeben soll, zunächst eine spezifische Ausprägung als Planungsgrundlage benötigt wird. Die Kombination dieser der Planung zunächst zugrunde zu legenden Ausprägungen aller Bezugsgrößen heißt Planbeschäftigung. Die speziellen Ausprägungen der Bezugsgrößen sind die Planbezugsgrößen. Bei den zuletzt genannten „flexiblen" Bezugsgrößen ist eine spezifische Vorgabe von Planbezugsgrößen im Rahmen der Planbeschäftigung aus zwei Gründen erforderlich:

Die flexible Plankostenrechnung geht vereinfachend von linearen Kostenverläufen aus. Eine lineare Kostenfunktion liegt fest, wenn zwei Punkte dieser Funktion ermittelt wurden, etwa die Kosten bei der der Planung zugrunde zu legenden spezifischen Planbeschäftigung (Plankosten bei Planbeschäftigung) und diejenigen Kosten innerhalb dieser Kosten, die kurzfristig auch dann unvermeidbar anfielen, wenn die Beschäftigung auf Null reduziert, die Betriebsbereitschaft aber beibehalten würde (Fixkosten innerhalb der Plankosten bei Planbeschäftigung). Tatsächlich sprechen etwa Lerneffekte, Überstundenzuschläge, nichtlineare Verbrauchsfunktionen und vielfältige Ursachen für Fixkostensprünge dafür, dass Kostenfunktionen in der Realität nicht unbedingt linear verlaufen. Mit der Planbeschäftigung wird dann aber ein konkreter Punkt aus einer nichtlinearen Kostenfunktion herausgegriffen und zum Angelpunkt der Kostenplanung gemacht. Aus anderen Planbeschäftigungen würden dementsprechend bei Anwendung dieses Planungsverfahrens regelmäßig andere lineare Kostenfunktionen resultieren.

Im Rahmen der flexiblen Plankostenrechnung werden die Gemeinkosten in den Kostenstellen nicht nur geplant, um Maßstäbe für Wirtschaftlichkeit bei der Gemeinkostenkontrolle zu erhalten. Die Planung der Gemeinkosten soll vielmehr auch eine Basis für die Zurechnung dieser Gemeinkosten auf die Kostenträger sein. Wenn die Gemeinkosten nur von einer Bezugsgröße abhängen (homogene Kostenverursachung), diese Bezugsgröße zugleich eine beanspruchungsgerechte Gemeinkostenüberwälzung ermöglicht und es keine fixen Kosten gibt, hat die Wahl der Bezugsgröße nur den gerade beschriebenen Effekt, dass sie über den Punkt auf einer nichtlinearen Kostenfunktion entscheidet, welcher der vereinfachenden Linearisierung der Kostenfunktion und der streng bezugsgrößenproportionalen Gemeinkostenzurechnung zugrunde gelegt wird. Umfassen die Gemeinkosten aber beschäftigungsfixe Bestandteile und werden im Rahmen einer Vollkostenrechnung auch diese Bestandteile nach Maßgabe der Bezugsgröße auf die Kostenträger zugerechnet, so entscheidet die Planbezugsgröße darüber, wie hoch die fixen Kosten je Einheit der Bezugsgröße sind. Je höher die Planbezugsgröße gewählt wird, desto geringer sind die fixen Kosten je Einheit der Bezugsgröße. Beanspruchungs- oder verursachungsgerecht erfolgt diese Zurechnung natürlich nicht. Eine ähnliche Bedeutung hat die Wahl der Planbezugsgröße immer dann, wenn sie eine von mehreren Bezugsgrößen in der Kostenstelle ist (heterogene Kostenverursachung) und zugleich keine beanspruchungsgerechte Gemeinkostenüberwälzung ermöglicht, wie etwa die Rüstzeit. Durch die Wahl der Planbezugsgröße – der geplanten Rüstzeit – wird die Höhe der geplanten Rüstkosten bestimmt, die dann auf der Basis der Stückzahl oder der Bearbeitungszeiten der Produkte auf der Maschine beispielsweise nach dem Durchschnittsprinzip den Produkten zugerechnet werden. Die Planbezugsgröße bei den Rüstkosten entscheidet also über den Umfang der auf die Produkte zu schlüsselnden Gemeinkosten.

Bei der somit bedeutsamen Wahl von Planbeschäftigungen können unterschiedliche Leitlinien verfolgt werden.

Die Kapazitätsplanung legt Planbezugsgrößen nahe, die sich entweder an der technischen Maximalkapazität, der kostenoptimalen Kapazität oder einer so genannten „Normalkapazität" orientieren. Alle diese Ansätze sind mit gravierenden Problemen verbunden, so dass sie wenig erfolgversprechend erscheinen. Die technische Maximalkapazität ist weder exakt messbar noch im Regelfall auch nur näherungsweise erreichbar, weil sie einen Maschineneinsatz über 30 Tage im Monat bei 24 Stunden am Tag impliziert, der aufgrund der rechtlichen Rahmenbedingungen in Deutschland relativ selten anzutreffen ist. Im Modell linearer Kostenverläufe gibt es allenfalls an der Kapazitätsgrenze eine kostenoptimale Kapazität. Soll also das Konzept kostenoptimaler Kapazität für die flexible Plankostenrechnung fruchtbar gemacht werden, müsste für die anfängliche Aufgabe der Bestimmung von Planbezugsgrößen zunächst von nichtlinearen Kostenverläufen ausgegangen werden. Konsequent wäre diese widersprüchliche Vorgehensweise nicht. Die „Normalkapazität" ist schon als Begriff problematisch, denn „normal" im Sinne eines Durchschnitts der Vergangenheit beispielsweise kann allenfalls die Kapazitätsauslastung, nicht aber die Kapazität als solche sein (Kilger/Pampel/Vikas 2007, S. 272).

Die Engpassplanung bettet – und das ist ihre Stärke – die Bestimmung der Planbezugsgrößen in die Gesamtplanung des Unternehmens ein. Unter Berücksichtigung der verschiedenen an den Produkten zu vollbringenden Produktionsschritte, der Kapazitätsengpässe, die dabei auftreten können, sowie der Beschaffungs- und Absatzmöglichkeiten werden Planbezugsgrößen so festgelegt, dass sie den Engpässen der Planung Rechnung tragen und zugleich den Zielen des Unternehmens entsprechen, in Zukunft also erreichbar und zugleich wünschenswert sind. Aber auch die in Theorie und Praxis meist bevorzugte Engpassplanung hat einen Nachteil. Engpassbezogene Planbezugsgrößen müssten nämlich sowohl Ergebnis der Optimalplanung als auch die Basis sein können, auf welche die Kostenplanung zur Bestimmung dieses Optimums gestützt wird. Da das eine das andere ausschließt, kann eine Engpassplanung nicht auf eine Optimalplanung im strengen Sinne, sondern nur auf gröbere Planungsansätze gestützt werden.

(4) Die Planung der Kosten bei Planbeschäftigung

Nachdem die Kostenstellen gebildet und für jede Kostenstelle Planbezugsgrößen im Blick auf die verschiedenen Gemeinkostenarten vorgegeben wurden, müssen im nächsten Schritt die Verbräuche an Produktionsfaktoren mit Gemeinkostencharakter geplant werden, die bei Planbeschäftigung („variabler" und „fixer" Faktorverzehr bei Planbeschäftigung) und kurzfristig bei Rückgang der Beschäftigung auf Null und gleichzeitiger Beibehaltung der Betriebsbereitschaft („fixer" Faktorverzehr) zu erwarten sind. Nach Bewertung mit den Planpreisen ergeben sich daraus die Plan(gemein)kosten bei Planbeschäftigung bzw. die fixen Plan(gemein)kosten.

Bei dieser Gemeinkostenplanung können unterschiedliche Ziele der Planung verfolgt und verschiedene Methoden der Planung eingesetzt werden.

Hinsichtlich der Ziele der Planung kann zwischen dem Wunsch unterschieden werden, diejenigen Faktorverbräuche zu planen, die in Zukunft voraussichtlich wirklich eintreten werden – einschließlich der trotz eventueller Kontrolle zu erwartenden Mehrverbräuche aus Unachtsamkeit, Schlamperei und Verschwendung (so genannte Prognosekosten) – oder die in Zukunft bei sparsamem Umgang mit den Faktoren entstehen dürfen (so genannte Standardkosten) (Schweitzer/Küpper 2003, S. 268 ff. und 657 ff.). Die Prognosekosten dürften sich für Planungs- und Entscheidungsaufgaben am besten eignen, weil sie die tatsächlich zu erwartenden Faktorverzehre und damit die voraussichtlichen Konsequenzen der ins Auge gefassten Handlungsalternativen widerspiegeln. Standardkosten dagegen erscheinen für Kontrollaufgaben erforderlich, damit die Istkosten mit den Maßkosten verglichen werden können, die völlig frei sind von Einflüssen eines „Schlendrians", so dass Abweichungen zwischen Maß- und Istkosten die Auswirkungen dieses Schlendrians voll umfassen. Damit besteht die Chance, den Schlendrian in seinem ganzen Ausmaß zu erkennen, die Ursachen für den Schlendrian zu finden und abzustellen. Im Blick auf die unmittelbare Motivationswirkung der Kontrolle entsteht aber auch das Risiko, die Mitarbeiter an gegebenenfalls unmenschlichen wirtschaftlichen Maßstäben zu messen, so dass diese von vornherein resignieren, weil sie derart sparsam mit den Faktoren praktisch nicht umgehen können, jedes Bemühen also zwangsläufig zum Scheitern verurteilt ist. Aus Sicht der Motivation wäre somit ein Kompromiss aus Prognose- und Standardkosten zu erwägen, wobei gerade so viel Wirtschaftlichkeit zugrunde gelegt wird, dass der Anreiz zur Sparsamkeit besonders groß ausfällt.

Bei den Methoden der Gemeinkostenplanung werden die statistische und die analytische Methode unterschieden (Kilger/Pampel/Vikas 2007, S. 276 ff.; Ewert/Wagenhofer 2008, S. 667 ff.).

Die statistische Methode der Gemeinkostenplanung knüpft an Erfahrungen über Istkosten-Istbezugsgrößen-Kombinationen aus der Vergangenheit an. Da die Istkosten dieser Kombinationen vom effektiven Schlendrian abgelaufener Perioden mitgeprägt sind, muss dieser in einem ersten Schritt entweder vollständig (Standardkosten) oder zumindest so weit eliminiert werden, wie er in Zukunft wahrscheinlich vermeidbar sein wird (Prognosekostenrechnung). Diese Istkostenbereinigung ist vergleichsweise schwierig, denn sie setzt Vorstellungen darüber voraus, welche Verbräuche bei wirtschaftlichem Umgang mit den Faktoren unvermeidlich (Standardkosten) und welche Teile des Mehrverbrauchs in Zukunft vermeidbar sind (Prognosekosten). In jedem Fall sind die Istkosten von der Istpreisbewertung auf eine Planpreisbewertung umzustellen. Die Zusammenhänge zwischen den bereinigten und auf Planpreisbewertung umgestellten Istkosten der Vergangenheit einerseits und den effektiven Istbezugsgrößen andererseits, die den Istkosten zugrunde gelegen haben, können auf verschiedenen Wegen aufgespürt werden. Der praktisch bedeutsamste dürfte die lineare Regressionsanalyse sein, bei der eine lineare Funktion gesucht wird, indem man die Summe der quadrierten Abweichungen zwischen den tatsächlichen bereinigten Istkosten mit Istbezugsgrößen einerseits sowie mit den Istbezugsgrößen korrespondierenden Punkten auf der zu bestimmenden Kostenfunktion andererseits minimiert. Die auf diesem Weg ermittelte Funktion wird der künftigen Planung zugrunde gelegt. Schwächen dieser Vorgehensweise liegen außer in der Notwendigkeit zur Istkostenbereinigung in der Abhängigkeit von Erfahrungen in der Vergangenheit – ohne Istkosten-Istbezugsgrößen-Kombinationen als Erfahrungsschatz mit dem der Planung zugrunde liegenden und unverändert beizubehaltenden Produktionsverfahren ist die statistische Methode nicht einsetzbar – und in der Notwendigkeit, dass die Erfahrungen der Vergangenheit ein breites Spektrum an Istbezugsgrößen abdecken. Liegen die Istbezugsgrößen im Erfahrungsschatz sehr eng beisammen, leidet die Leistungsfähigkeit der Regressionsanalyse.

Bei der analytischen Kostenplanung werden die zu erwartenden Faktorverbräuche mithilfe technisch-kostenwirtschaftlicher Zusammenhänge aus der Produktionstheorie geplant. Soweit technische Berechnungen zu den eingesetzten Maschinen und Werkzeugen oder zu den im Betrieb erzeugten Produkten vorliegen, werden diese genutzt. Ansonsten müssen die Beziehungen gemessen oder – wenn auch das nicht möglich ist – unter Rückgriff auf eigene Erfahrungen oder Berichte anderer Unternehmen geschätzt werden. Die analytische Kostenplanung stützt sich somit auf die produktionstheoretischen Ursache-Wirkungs-Beziehungen, die am Anfang des Abschnitts zur Plankostenrechnung als für diese typisch bezeichnet wurden.

Am Beispiel der Planung der Kosten aus der Nutzung eines bei Gebrauch abstumpfenden, aber mehrfach nachschleifbaren Werkzeugs (Kilger/Pampel/Vikas 2007, S. 308 f.), lässt sich die Logik dieser analytischen Kostenplanung verdeutlichen, obwohl die Vorgehensweise im Detail in fast jedem Einzelfall wieder etwas anders sein wird.

Zu planen seien die Kosten für einen bei spanabhebender Fertigung eingesetzten Werkzeugstahl, wobei auf der Basis optimaler Schnittgeschwindigkeit gilt:

- Preis des neuen und „scharfen" Werkzeugs 428,50 € pro Stück,

- Standzeit (Nutzungszeit, bis das Werkzeug stumpf ist und nachgeschliffen werden muss) 375 Maschinenminuten,

- Anzahl der möglichen Nachschliffe (zum Schärfen) 40,

- benötigte Zeit zum Nachschleifen je Nachschliff 15 Minuten,

- Planverrechnungssatz der Schleiferei 1,20 € pro Minute und

- Planbezugsgröße 60.000 Maschinenminuten.

Bei einer Planbeschäftigung von 60.000 Maschinenminuten wird 60.000 : 375 = 160-mal ein neues oder nachgeschliffenes Werkzeug benötigt. Da jedes Werkzeug 40-mal nachgeschliffen werden kann und anfangs „scharf" geliefert wird, werden für 160 Werkzeugeinsätze 160 : (40 + 1) = 3,9 neue Werkzeuge benötigt, die Anschaffungskosten von 428,50 € · 3,9 = 1.671,15 € verursachen. Die Zahl der benötigten Nachschliffe ergibt sich aus der Zahl der Werkzeugeinsätze vermindert um die durch neue Werkzeuge abgedeckten Werkzeugeinsätze, im Beispiel also 160 – 3,9 ≈ 156. 156 Nachschliffe führen zu einer Nachschleifzeit von 156 · 15 = 2.340, und dies führt zu Nachschleifkosten von 2.340 · 1,20 = 2.808. Die Werkzeugkosten betragen folglich 1.671,15 + 2.808 = 4.479,15 €.

Die so geplanten Kosten bei Planbeschäftigung müssen noch darauf untersucht werden, welche Teile kurzfristig auch dann noch anfallen, wenn die Beschäftigung auf Null reduziert, die Betriebsbereitschaft aber beibehalten wird. Die hier gesuchten und offensichtlich von Entscheidungen über die konkrete Form der Beschäftigungsreduktion auf Null abhängigen Kosten markieren die als fix angesehenen Kosten. Im Beispiel der Werkzeugkosten sind die fixen Kosten Null, da die geplanten Kosten im vollen Umfang beschäftigungsabhängig erscheinen, obwohl sich hinter dem Planverrechnungssatz der Schleiferei möglicherweise anteilige und künstlich proportionalisierte Fixkosten verbergen können.

(5) Innerbetriebliche Leistungsrechnung

Im Rahmen der flexiblen Plankostenrechnung werden Gemeinkosten nicht nur für Hauptkostenstellen, sondern auch für Hilfskostenstellen geplant. Insoweit wird dem verständlichen Wunsch der Prozesskostenrechnung, kundenferne (indirekte) Hilfskostenstellen möglichst zu vermeiden und stattdessen nur (direkte) Hauptkostenstellen zu bilden, nicht entsprochen. Das geschieht wahrscheinlich weniger aus Gründen mangelnder Sympathie für dieses Ziel als aus der Einsicht heraus, dass sich manche Aufgaben bedauerlicherweise nur in Hilfskostenstellen erfüllen lassen.

Soweit die Kostenstellenrechnung nicht nur der Kostenkontrolle, sondern auch als Grundlage der Produktkalkulation dienen soll, müssen die variablen oder vollen Gemeinkosten der Hilfskostenstellen auf die Hauptkostenstellen überwälzt werden, weil nur die Hauptkostenstellen diese Kosten eventuell beanspruchungsgerecht auf die Produkte weiterwälzen können. Versuche, die Kosten etwa einer innerbetrieblichen Kraftstation direkt auf die Produkte zu überwälzen, können zwar auch zu brauchbaren Ergebnissen führen, soweit aber heterogene Produkte in mehrstufigen Produktionsprozessen mit höchst unterschiedlichen Energiebedarfen erzeugt werden, müssten bei dieser direkten Zurechnung der Stromkosten auf die Produkte die differenzierten Produktionsbedingungen in den verschiedenen Stufen abermals berücksichtigt werden, so dass dieser Weg sehr aufwendig wäre.

Zur eigentlichen Zurechnung der variablen Gemeinkosten der Hilfskostenstellen (Teilkostenrechnung) oder aller Gemeinkosten der Hilfskostenstellen (Vollkostenrechnung) auf andere Hilfskosten- und letztlich auf die Hauptkostenstellen werden im Rahmen der Plankostenrechnung die gleichen Verfahren eingesetzt wie in der Istkostenrechnung. Da es innerhalb dieser Verfahren immer solche gibt, die den jeweiligen Leistungsbeziehungen unverzerrt Rechnung tragen können – bei den denkbar komplexesten Beziehungen ist es das Kostenstellenausgleichsverfahren –, liegen die Probleme weniger in den Rechenverfahren als in der Suche nach geeigneten Maßen für die zwischen Kostenstellen erbrachten Leistungen. Hier sind drei Schwierigkeiten zu meistern.

Auch in Hilfskostenstellen hängen die entstehenden Gemeinkosten allenfalls ausnahmsweise von nur einem Kosteneinflussfaktor ab. Meist – wie im Beispiel vom Fuhrpark – herrscht heterogene Kostenverursachung. Wird darauf mit mehreren Bezugsgrößen reagiert, müssen auch die innerbetrieblichen Leistungen mehrdimensional gemessen und die jeweiligen Gemeinkosten müssen getreu dieser verschiedenen Maße verrechnet werden. Das ist aufwendig und besonders dann problematisch, wenn auch fixe Kosten auf der Basis dieser Maße verteilt werden sollen. Aus Vereinfachungsgründen wird daher auch hier von homogener Kostenverursachung ausgegangen. Die aktuelle Diskussion über die Prozesskostenrechnung nährt allerdings Zweifel daran, dass derartige Vereinfachungen grundsätzlich gerechtfertigt sind.

Teilweise lässt sich zwar sagen, welche Kosteneinflussfaktoren die Höhe der Gemeinkosten in den Hilfskostenstellen im Wesentlichen beeinflussen – bei der innerbetrieblichen Kraftstation die abgerufenen Kilowattstunden Strom, bei der Heizung die beanspruchten

Kilowatt Wärmeenergie –, es ist aber schwierig und vor allem sehr teuer, genau zu messen, welche Leistungen in die einzelnen Abteilungen oder an die einzelnen Maschinen geflossen sind. Dazu müssten im Beispiel teure Stromzähler oder Wärmeverbrauchsmessgeräte installiert und immer wieder aufwendig abgelesen werden. Da diese Kosten der Erfassung der Ist-Leistungsbeziehungen gescheut werden, müssen die Leistungen häufig auf der Basis mehr oder weniger grober Näherungsmaße für die Leistungsbeziehungen abgerechnet werden – im Beispiel auf der Basis der in der Kostenstelle installierten Kilowatt bzw. der Raumgröße in m² oder m³. Je stärker allerdings diese Näherungsmaße unabhängig sind vom eigentlichen Kosteneinflussfaktor, desto mehr Anreize zur Unwirtschaftlichkeit gehen von solchen Näherungen aus. Die Abrechnung der Heizkosten auf der Basis der Raumgrößen beispielsweise reizt zur Verschwendung von Heizenergie, weil die Kostenstelle nur für den Teil ihrer Verschwendung aufkommen muss, der dem Anteil ihrer Raumgröße an der Summe der Raumgrößen im Betrieb entspricht.

Werden im Rahmen der innerbetrieblichen Leistungsrechnung variable, pseudovariable (wie etwa die Lohnkosten) und fixe Kosten gleichermaßen einbezogen, so können falsche Vorstellungen genährt werden. Die Verrechnungssätze – variable und pseudovariable Kosten bei Planbeschäftigung je Einheit Planbeschäftigung im Fall der Teilkostenrechnung bzw. variable, pseudovariable und fixe Kosten bei Planbeschäftigung je Einheit Planbeschäftigung im Fall der Vollkostenrechnung – vermitteln den Eindruck, sekundäre Kosten seien variabel. Dieser Eindruck ist falsch; er wird aber dadurch vermieden, dass im Rahmen von flexiblen Plankostenrechnungen auf Vollkostenbasis die fixen Gemeinkosten der Hilfskostenstellen gesondert auf die übrigen Kostenstellen überwälzt werden. Soweit sich hinter den variablen Kosten dann tatsächlich nur variable Kosten verbergen, ist der Ausweg akzeptabel.

c) Planung der Kosten je Kostenträger (Plankalkulation)

(1) Flexible Plankostenrechnung und das Nebeneinander von Voll- und Teilkostenrechnung

Die flexible Plankostenrechnung auf Vollkostenbasis ermöglicht verschiedene Ansätze in der Kostenträgerrechnung. Da alle Gemeinkosten bei Planbeschäftigung auf der Basis der Annahme linearer Kostenverläufe in zwei Komponenten geplant werden – den fixen und den proportionalvariablen Kosten bei Planbeschäftigung, wobei es natürlich auch rein fixe und rein proportionalvariable Kosten gibt – stehen für die Kalkulation zwei Alternativen offen. Die den Kostenträgern direkt zugerechneten Einzelkosten können entweder

- nur um die auf das jeweilige Produkt entfallenden proportionalvariablen Gemeinkosten in den Kostenstellen (Teilkostenrechnung) oder

- um die auf das jeweilige Produkt entfallenden proportionalvariablen und fixen Gemeinkosten in den Kostenstellen (Vollkostenrechnung)

erweitert werden, weil nicht nur die einzelnen Gemeinkostenkomponenten, sondern auch die Endkosten der Hauptkostenstellen in ihre fixen und variablen Bestandteile gemäß den häufig vereinfachenden Annahmen aufgegliedert werden können. Bei heterogener Kostenverursachung gibt es natürlich entsprechend der Zahl der Bezugsgrößen mehrere variable und eventuell auch fixe Endkosten einer Kostenstelle, wobei die Aufteilung der fixen Kosten einer Kostenstelle auf die verschiedenen Bezugsgrößen allerdings meist einer gewissen Willkür bedarf.

(2) Plankalkulation als Bezugsgrößenrechnung

Die proportionalvariablen und gegebenenfalls auch die fixen Endkosten einer Hauptkostenstelle werden regelmäßig auf der Basis derjenigen Bezugsgröße bzw. Bezugsgrößen auf die Produkte überwälzt, welche der Gemeinkostenplanung zugrunde liegt bzw. liegen.

Im Fall homogener Kostenverursachung, wo zugleich alle Gemeinkostenarten jeweils einer Hauptkostenstelle auf der Basis der gleichen Bezugsgröße geplant wurden, ist die Überwälzung der Gemeinkosten auf das Produkt besonders einfach. Die proportionalvariablen bzw. vollen Plankosten bei Planbeschäftigung werden durch die Planbeschäftigung dividiert, und es ergibt sich ein Plangemeinkostenverrechnungssatz auf Teil- bzw. Vollkostenbasis. Nach Maßgabe der für die betreffende Kostenstelle relevanten Bezugsgrößeneinheiten, welche die einzelnen Produkte jeweils beanspruchen (beispielsweise ihre Bearbeitungszeit, ihr Gewicht oder ihr Flächenbedarf) werden dann die Gemeinkosten zugeordnet, indem die Zahl der vom Produkt beanspruchten Bezugsgrößeneinheiten mit dem Plangemeinkostenverrechnungssatz multipliziert wird.

Bei heterogener Kostenverursachung gibt es in einer Kostenstelle mehrere Bezugsgrößen und mehrere Plankosten bei planmäßiger Ausprägung der Bezugsgrößen (Planbezugsgrößen), die zudem jeweils noch Teil- oder Vollkosten umfassen können, eine Unterscheidung, der aus Vereinfachungsgründen in diesem Absatz nicht erneut nachgegangen wird. In einer Kostenstelle existieren dann beispielsweise nebeneinander Plan-Fertigungskosten auf der Basis einer Planbezugsgröße für die Fertigungszeit und Plan-Rüstkosten auf der Basis einer Planbezugsgröße für die Rüstzeit oder mehrere Plan-Fertigungskosten bei verschiedenen Bedienungsrelationen, Prozessbedingungen oder Fertigungsintensitäten, wobei für jede dieser Bedienungsrelationen, Prozessbedingungen bzw. Fertigungsintensitäten eine eigene Planbezugsgröße vorgegeben wird. Sofern diese Differenzierung nicht nur für die Gemeinkostenkontrolle in den Kostenstellen, sondern auch für die Kalkulation vorgenommen wird, werden die einzelnen Plankosten auf der Basis ihrer jeweiligen Bezugsgröße überwälzt. Das geschieht bei Bezugsgrößen, die sich zur Gemeinkostenüberwälzung auf Kostenträger eignen, nach der bei homograder Kostenverursachung beschriebenen Vorgehensweise. Rüstkosten, bei denen sich die Bezugsgröße Rüstzeit nicht zur Überwälzung auf die Produkte eignet, können zunächst nur auf alle Produkte eines bestimmten Loses zugerechnet und dann nach dem Durchschnittsprinzip auf die Produkteinheiten verteilt werden. Wird dagegen die Differenzierung in mehrere Bezugsgrößen für die Kalkulation nicht übernommen, so werden die Rüstkosten etwa auf der Basis einer festen Relation von Fertigungs- und Rüstzeit zusammen mit den fertigungszeitabhängigen Gemeinkosten proportional zur Fertigungszeit der Produkte in der Kostenstelle auf diese Produkte überwälzt. Kommt also beispielsweise im langfristigen Durchschnitt einer bestimmten Stelle auf 10 Fertigungsminuten eine Rüstminute, so werden je Fertigungsminute einem Produkt der Fertigungsgemeinkostensatz dieser Stelle pro Minute und ein Zehntel des Gemeinkostensatzes je Rüstminute in dieser Stelle überwälzt. Eine solche Pauschalisierung ist natürlich problematisch.

Wenn nicht alle Gemeinkostenarten in einer Kostenstelle auf der Basis der gleichen Bezugsgröße geplant werden – ein Teil der Gemeinkosten etwa auf der Basis der Maschinenlaufzeiten und ein anderer Teil auf der Basis der Fertigungszeiten der Arbeitnehmer –, entsteht ein heterogener Kostenverursachung vergleichbares Problem, das auch ähnlich zu lösen ist.

Auch im Rahmen der Plankalkulation besteht die Gefahr einer Fehlinterpretation der Verrechnungssätze. Obwohl Vollkostensätze proportional zur Inanspruchnahme der Kostenstellen durch die Produkte überwälzt werden, verbergen sich hinter ihnen teilweise fixe Kosten, die nur künstlich proportionalisiert wurden. Selbst Teilkostenansätze mit angeblich rein variablen Kosten enthalten häufig pseudovariable Kosten – etwa proportionalisierte Kostensprünge oder als variabel angesehene Gemeinkostenlöhne.

E Plankostenrechnung und kurzfristige Entscheidungen auf der Basis der vollständigen Kenntnis des Entscheidungsfeldes

Lernziel: *Plankostenrechnungen sollen vor allem Hilfestellung bei kurzfristigen Entscheidungen leisten. Sie sollen erfahren, für welche Entscheidungen genau Hilfe erwartet wird, unter welchen Bedingungen sowie auf welchem Wege die Plankostenrechnung bei vollständiger Kenntnis des Entscheidungsfeldes dieser Aufgabe nachkommt und inwiefern die ideal anmutenden Problemlösungen gleichwohl problematisch sind.*

1 Annahmen über das Entscheidungsproblem

In diesem Abschnitt sollen entscheidungslogisch begründete Lösungen für Entscheidungsprobleme gesucht werden, die in den derzeit gängigen Lehrbüchern häufig in Verbindung mit der Kosten- und Leistungsrechnung gebracht werden. Es geht nicht zuletzt darum, die Bedingungen genau herauszuarbeiten, unter denen diese Probleme mithilfe einer Kostenrechnung lösbar sind, um später prüfen zu können, ob diese Bedingungen realistisch sind und ob die flexible Plankostenrechnung die erforderlichen Kosteninformationen exakt liefert.

Mit der Kostenrechnung in Verbindung gebracht werden und mit Informationen aus der Kosten- und Leistungsrechnung lösbar sollen vor allem folgende betriebliche Entscheidungsprobleme sein:

- Bestimmung des optimalen Produktionsprogramms,
- Wahl eines Fertigungsverfahrens aus mehreren möglichen,
- Entscheidung über Eigenfertigung oder Fremdbezug und
- Festlegung eines Mindestpreises für ein Produkt.

Allgemeine Lösungsansätze für die genannten Probleme gibt es nicht und erst recht nicht solche, die sich nur auf Kostenrechnungsinformationen stützen. Lösungsansätze lassen sich erst beschreiben, wenn die Entscheidungsprobleme speziell im Blick auf die Kostenrechnung näher eingegrenzt werden.

(1) Der Entscheidungsträger, für den eine optimale Entscheidung gesucht wird, muss sich entweder ausschließlich für Gewinne interessieren und diese in möglichst großem Umfang anstreben oder – sofern kalkulatorische Zinsen in Anlehnung an das Lücke-Theorem berücksichtigt werden – nach möglichst umfangreichen Zahlungen für Konsumzwecke streben. Für Entscheidungsträger mit anderen Zielen sind die nachfolgenden Überlegungen nur dann relevant, wenn diese anderen Ziele mit dem Gewinnziel vollständig harmonieren.

(2) Der Entscheidungsträger kennt sein Entscheidungsfeld umfassend und mit Sicherheit, seine Aktionsmöglichkeiten allerdings nicht unbedingt explizit.

■ Er weiß sicher, wie viele Einheiten seiner Produkte er zu welchem Preis verkaufen kann.

■ Er weiß, welche Kapazitäten auf der Basis der kurzfristig nicht beeinflussbaren langfristigen Entscheidungen verfügbar sind und wie sie von den verschiedenen Produkten jeweils beansprucht werden.

■ Sein Aktionsraum umfasst häufig eine Vielzahl möglicher Aktionen, nämlich alle Kombinationen von Produktionsmengen der verschiedenen Produkte, die sich auf den verfügbaren Anlagen herstellen und in der betrachteten Periode auch absetzen lassen. Wegen der großen Zahl möglicher Aktionen sei es dann unzweckmäßig, alle Aktionen explizit aufzuzählen, jeder ihre Konsequenzen zuzuordnen und schließlich die beste auszuwählen. Vielmehr sei es erforderlich, nur bestimmte Aktionen näher zu betrachten und durch gezielte Verbesserung von einer betrachteten Aktion zur nächsten selektiv so lange Aktionen explizit zu bilden und zu bewerten, bis eine weitere Erhöhung der Zielerreichung nicht mehr möglich ist.

(3) Die anstehenden Entscheidungen haben nur Konsequenzen in der im Entscheidungsmodell betrachteten Periode. Insoweit werden keine Produkte auf Lager produziert oder vom Lager verkauft. Die Streichung eines Produktes aus dem kurzfristigen Programm verändert seine künftigen Absatzchancen nicht. Durch die Wahl eines Produktionsverfahrens wird auch etwa der Betriebsstoffverzehr für die Zukunft nicht verändert (kein Verschleißeffekt). Schließlich seien aus Entscheidungen für Fremdbezug mit Know-how-Transfer oder einem Verkauf von Produkten zu besonders günstigen Konditionen in Zukunft keine nachteiligen Folgewirkungen zu erwarten.

(4) Hinsichtlich der aus den möglichen Entscheidungen resultierenden Kosten gilt, dass diese sich klar in proportional zu den jeweiligen Ausbringungsmengen der verschiedenen Produkte variierende – wobei die variablen Kosten pro Stück noch vom Fertigungsverfahren abhängen können – und in fixe Kosten aufteilen lassen. Erstere sind kurzfristig entscheidungsrelevant, letztere nicht.

2 Kurzfristige Entscheidungen bei einem kleinen, explizit bekannten Aktionsraum

Für einen Entscheidungsträger, der nur zwischen wenigen, ihm explizit bekannten Aktionen wählen kann, ist bei Gültigkeit der in Abschnitt III.E.1 beschriebenen Annahmen die Lösung relativ einfach. Er muss den wenigen Handlungsalternativen nur die mit ihnen verbundenen Kosten und – soweit bei den verschiedenen Handlungsalternativen unterschiedlich – Erlöse zuordnen und dann die Alternative mit den geringsten Kosten bzw. mit dem größten Gewinn wählen.

Bei der Wahl des optimalen Produktionsprogramms aus wenigen Alternativen sind Erlöse relevant. Folglich werden für jede Alternative die Mengen der verschiedenen Produkte mit ihren Stückerlösen und mit ihren variablen Kosten multipliziert, die Erlöse und variablen Kosten über alle Produktarten zusammengefasst und schließlich von den Erlösen die variablen oder die variablen und die fixen Kosten abgezogen. Die Alternative mit dem größten Deckungsbeitrag als Differenz aus Erlösen und variablen Kosten oder die mit dem größten Gewinn als Differenz aus Erlösen und sämtlichen Kosten ist optimal. Beide Wege führen stets zu dem gleichen Ergebnis, weil die fixen Kosten bei allen Alternativen gleich groß sind. Statt die für die zur Auswahl stehenden Programme charakteristischen Mengen der verschiedenen Produkte mit Stückerlösen und variablen Kosten zu multiplizieren, können vereinfachend die Deckungsbeiträge pro Stück als Differenzen zwischen Stückerlösen und proportionalen Stückkosten herangezogen werden.

Soweit die Verfahrenswahl und die Entscheidung über Eigenfertigung oder Fremdbezug nicht bloße Bestandteile einer Programmentscheidung sind – zu wählen ist zwischen wenigen Produktionsprogrammen, wobei zusätzlich Teile einzelner Produkte selbst erstellt oder fremd bezogen bzw. nach dem Verfahren A oder B hergestellt werden können –, lassen sie sich auf der Basis allein der Kosten treffen. Um zu entscheiden, ob eine vorgegebene Aufgabe besser durch Eigenfertigung oder durch Fremdbezug, durch Verfahren A oder Verfahren B bewältigt wird, reicht ein Vergleich der mit den Alternativen verbundenen variablen Kosten aus. Ein Vergleich der Vollkosten der verschiedenen Alternativen führt zu der gleichen Rangfolge der Vorziehenswürdigkeit, sofern bei den verschiedenen Alternativen stets sämtliche fixen Kosten und nicht nur die scheinbar alternativenspezifischen Fixkosten berücksichtigt werden. Soll also auf Basis von Vollkosten über die Fertigung eines Bauteils mithilfe des Verfahrens A oder des Verfahrens B oder über einen Fremdbezug dieses Bauteils entschieden werden, so müssen bei allen drei Alternativen zusätzlich zu den spezifischen variablen Kosten stets sämtliche Fixkosten aus den im Unternehmen installierten Verfahren A und B betrachtet werden.

3 Kurzfristige Entscheidungen bei einem großen, nur implizit bekannten Aktionsraum

a) Impliziter Aktionsraum und die Aufgabe, Aktionen explizit zu formulieren

Speziell den auf Informationen aus der Kosten- und Leistungsrechnung zu stützenden Entscheidungen über das zu wählende Produktionsprogramm liegen regelmäßig so große Aktionsräume als Mengen möglicher Handlungsalternativen zugrunde, dass es praktisch unzweckmäßig ist, diese Aktionsräume explizit durch Aufzählung der Aktionen zu beschreiben. Die Menge möglicher Handlungsalternativen in Form unterschiedlicher Produktionsprogramme wird daher meist implizit beschrieben. Dabei werden einerseits die verschiedenen produktionsreif entwickelten Produkte mit den für die Programmplanung relevanten Eigenschaften – wie lange beanspruchen sie die verschiedenen in dem Unternehmen verfügbaren Kapazitäten zu ihrer Bearbeitung, welche Mengen an Arbeitsleistungen, Roh-, Hilfs- und/oder Betriebsstoffen benötigen sie – und andererseits die Kapazitäten bzw. Restriktionen im Beschaffungs-, Produktions- sowie Absatzbereich des betrachteten Unternehmens angegeben, welche die Menge möglicher Alternativen beschränken. Durch die Kombination von Produkteigenschaften und Kapazitäten oder Restriktionen lassen sich begrenzte Beschaffungsmöglichkeiten von bestimmten Faktoren, begrenzte Produktionsmöglichkeiten aufgrund gegebener Kapazitäten und begrenzter Absatzmöglichkeiten modellieren.

Bei einer solchen impliziten Darstellung des Aktionsraums kommen der Kosten- und Leistungsrechnung zwei Aufgaben zu. Um deren Vorteilhaftigkeit beurteilen zu können, muss sie den betrachteten Handlungsalternativen geeignete Erlöse und Kosten zurechnen. Zusätzlich muss sie gezielt zumindest eine Handlungsalternative – die optimale – oder einige Handlungsalternativen explizit formulieren, damit entsprechend der diesen zugeordneten Erlöse und Kosten die vorteilhafteste ausgewählt werden kann. Da sich der Gewinn aus der Differenz zwischen Erlösen (Preis mal Absatzmenge) und Kosten – proportionalvariablen (proportionalvariable Kosten pro Stück mal Absatzmenge) sowie fixen Kosten – ergibt und da die fixen Kosten als unbeeinflussbar durch die für die Kostenrechnung relevanten Aktionsparameter eines Unternehmers gelten, werden bei vollständiger Kenntnis des Entscheidungsfeldes nur die proportionalen Stückerlöse und die proportionalvariablen Stückkosten oder die Differenz aus beiden – der absolute Deckungsbeitrag – als relevant angesehen.

b) Wirksame und nicht wirksame Einprodukt- und Mehrproduktrestriktionen

Für die Formulierung expliziter Handlungsalternativen und für die Suche nach dem optimalen Programm müssen die Restriktionen streng danach unterschieden werden,

■ ob sie sich nur auf eine Produktart auswirken, weil sie die maximal mögliche Absatzmenge oder Produktionsmenge nur dieser einen Produktart beschränken (Einproduktrestriktion), oder

■ ob sie sich auf mehr als eine Produktart auswirken, also die maximal möglichen Absatzmengen oder Produktionsmengen mehrerer Produkte derart eingrenzen, dass die von einem Produkt maximal absetzbaren oder produzierbaren Mengen von den geplanten Mengen der anderen Produkte abhängen (Mehrproduktrestriktion). Der Wunsch nach Mehrabsatz oder Mehrproduktion eines Produktes lässt sich bei Ausschöpfung dieser Mehrproduktrestriktion nur erreichen, wenn zugleich bei anderen Produkten weniger abgesetzt bzw. weniger produziert wird. Mehrproduktrestriktionen entstehen, wenn die Kunden entweder Produkt A oder Produkt B des Unternehmens kaufen und wenn die Produkte im Rahmen der Herstellung den gleichen, begrenzt verfügbaren Faktor in Anspruch nehmen müssen, wobei es sich um Arbeitsleistungen, Werkstoffe oder Betriebsmittelkapazitäten handeln kann.

Der Aufwand bei Aktionenbildung und Problemlösung hängt davon ab, ob in dem gesuchten Optimum des Produktionsprogramms keine Mehrproduktrestriktion, eine oder mehrere Mehrproduktrestriktionen ausgeschöpft wird bzw. werden. Daher ist es regelmäßig sinnvoll, auf der Basis der absoluten Produktdeckungsbeiträge sowie der verschiedenen Restriktionen zunächst zu prüfen, ob Mehrproduktrestriktionen überhaupt wirksam werden und – wenn ja – ob mehr als eine wirksam wird. Wirksamkeit der Mehrproduktrestriktion bedeutet dabei, dass die Mehrproduktrestriktion im Optimum voll ausgeschöpft wird und damit den maximalen Deckungsbeitrag tatsächlich beschränkt.

c) Deckungsbeitragsrechnung für eine kurzfristige Produktionsprogrammplanung bei fehlenden wirksamen Mehrproduktrestriktionen

Wird bei vollständiger Kenntnis des Entscheidungsfeldes mithilfe von Deckungsbeiträgen das optimale Produktionsprogramm in Fällen gesucht, in denen keine Mehrproduktrestriktionen wirksam werden, die verschiedenen Produktarten also nicht um knappe Produktionsfaktoren konkurrieren, so sind alle diejenigen Produkte in möglichst großen Mengen in das Produktionsprogramm aufzunehmen, die einen positiven Stückdeckungsbeitrag aufweisen. Diese Produkte tragen dazu bei, dass der Gesamtdeckungsbeitrag möglichst groß wird. Infolgedessen sollte man die Produktarten in zwei Gruppen aufteilen, und zwar in die mit einem positiven Stückdeckungsbeitrag und in die mit einem nichtpositiven Stückdeckungsbeitrag. Das optimale Produktionsprogramm umfasst dann die gemäß den Einproduktrestriktionen maximal herstellbaren und absetzbaren Mengen aller Produkte mit positivem Stückdeckungsbeitrag. Dieses Produktionsprogramm ist sowohl zulässig – denn es werden die Einproduktrestriktionen beachtet, während die Mehrproduktrestriktionen, falls vorhanden, sich nicht restriktiv auswirken – als auch optimal, weil kein anderes Programm existiert, das einen höheren Gesamtdeckungsbeitrag aufweist. Eine weitere Aufnahme von Produkten mit positiven Stückdeckungsbeiträgen scheidet aus, da alle Produkte mit dieser Eigenschaft schon bis zur Grenze ihrer Produktions- oder Absatzmöglichkeiten im optimalen Programm enthalten sind. Die Ausweitung des Programms um Produkte mit negativen Stückdeckungsbeiträgen oder die Einschränkung der Fertigung von Produkten mit positiven Stückdeckungsbeiträgen würde den Gesamtdeckungsbeitrag nur senken und somit zu schlechteren Lösungen führen. Die Fertigung von Produkten mit Stückdeckungsbeiträgen in Höhe von Null führt zu weiteren optimalen Produktionsprogrammen, die jedoch keine höheren Gesamtdeckungsbeiträge erwirtschaften.

Das beschriebene Vorgehen der Deckungsbeitragsrechnung auf der Basis der Grenzplankostenrechnung soll anhand eines Beispiels verdeutlicht werden, das die Bedingungen der in diesem Abschnitt zu behandelnden Produktionsplanungsaufgaben (keine wirksamen Mehrproduktrestriktionen) erfüllt.

Ein Unternehmen kann fünf Produktarten herstellen, welche zu den in der Tabelle 43 ausgewiesenen Kosten und Erlösen führen, die den in der gleichen Tabelle beschriebenen Absatzbeschränkungen unterliegen und die von einer Maschine, einer Presse, in der angegebenen Zeit zu bearbeiten sind.

Tab. 43: Daten für das Beispiel zur Deckungsbeitragsrechnung, Basis

Produktarten　　Daten	A	B	C	D	E
Stückerlöse [€]	30	12	27	32	15
proportionale Stückkosten [€]	15	12	11	45	3
Deckungsbeitrag je Stück [€]	+ 15	0	+ 16	– 13	+ 12
maximal pro Periode absetzbare Menge [ME]	50	100	30	400	800
Bearbeitungszeit auf der Presse [Sek.]	10	5	8	4	3

Die fünf Produktarten werden bis auf eine Mehrproduktrestriktion unabhängig voneinander gefertigt. Nur eine Produktionskapazität, die Presse, nehmen sie gemeinsam in Anspruch. Da die Presse pro Periode 8 Stunden – bei Mehrschichtbetrieb sogar länger – arbeiten kann, während die maximal absetzbaren Produktmengen sie insgesamt nur 1 Stunde 27 Minuten und 20 Sekunden (1 Std. 27 Min. 20 Sek. = 5.240 Sek. = $50 \cdot 10$ Sek. + $100 \cdot 5$ Sek. + $30 \cdot 8$ Sek. + $400 \cdot 4$ Sek. + $800 \cdot 3$ Sek.) beanspruchen, wird diese Mehrproduktrestriktion nicht wirksam. Die Fertigung von E erfordert außerdem je Produkteinheit 1 kg eines nur beschränkt beschaffbaren (750 kg pro Periode) Rohstoffes.

Um das für ein Unternehmen mit den im Beispiel beschriebenen Bedingungen optimale Produktionsprogramm bestimmen zu können, werden zunächst die Produkte mit einem positiven Stückdeckungsbeitrag festgestellt. Unter den gegebenen Bedingungen zählen dazu die Produkte A, C und E. Ein optimales Produktionsprogramm wird diese Produkte auf jeden Fall enthalten. Die Mengen, mit denen diese Produkte in das optimale Produktionsprogramm eingehen können, ergeben sich aus den Einproduktrestriktionen. Da die Produkte A und C nur je einer wirksamen Beschränkung unterliegen, ergeben sich die optimalen Produktionsmengen 50 (A) bzw. 30 (C) Mengeneinheiten. Für das Produkt E gelten dagegen zwei Einproduktrestriktionen. Durch die auf 750 kg pro Periode begrenzte Beschaffungsmöglichkeit des Rohstoffes, von dem je Produkteinheit E 1 kg erforderlich ist, wird die Produktionsmenge auf 750 und durch die Absatzrestriktion der Absatz auf 800 Einheiten beschränkt. Da die Beschaffungsrestriktion eine engere Grenze zieht, ist nur sie für das Produkt E relevant, während die Absatzbeschränkung unwirksam bleibt. Mit der Bestimmung der maximal produzierbaren Menge von E liegt das optimale Produktionsprogramm fest. Es umfasst 50 Einheiten A, 30 Einheiten C und 750 Einheiten E. Der Gesamtdeckungsbeitrag dieses Programms beträgt 10.230 € ($50 \cdot 15 + 30 \cdot 16 + 750 \cdot 12$).

Da das Produkt B einen Stückdeckungsbeitrag von Null erwirtschaftet, kann es in beliebigen (allerdings 100 Einheiten nicht überschreitenden) Mengen in das optimale Produktionsprogramm aufgenommen werden, ohne dass diese Aufnahme den optimalen Gesamtdeckungsbeitrag verändert. Derart erweiterte Produktionsprogramme sind also ebenfalls optimal.

Die Wahl eines geeigneten Produktionsverfahrens aus mehreren möglichen und die Entscheidung über Eigenfertigung oder Fremdbezug etwa eines Bauteils können als Sonderfragen der Produktionsprogrammplanung angesehen werden, wobei ein mit unterschiedlichen Verfahren herstellbares Produkt bzw. ein Produkt, bei dem ein bestimmtes Bauteil durch Eigenfertigung oder durch Fremdbezug hergestellt werden kann, als Wahlmöglichkeit zwischen mehreren Produkten interpretiert wird. In dem hier relevanten Fall, in dem keinerlei Mehrproduktrestriktionen wirksam werden, lassen sich auch diese Entscheidungen einfach treffen. Von den verschiedenen Produktionsverfahren kommt dasjenige in Betracht, welches zu den niedrigsten variablen Kosten des Produktes führt und damit den größten absoluten Deckungsbeitrag auslösen würde. In das Produktionsprogramm aufgenommen wird das betreffende Produkt mit dem relativ günstigsten Verfahren aber nur, wenn diese niedrigsten variablen Kosten kleiner als die Erlöse pro Stück sind, der absolute Deckungsbeitrag pro Stück auf der Basis der variablen Kosten des günstigsten Produktionsverfahrens also positiv ist. Bezogen auf die Entscheidung zwischen Eigenfertigung und Fremdbezug bei Fehlen wirksamer Mehrproduktrestriktionen bedeutet das, dass die variablen Kosten bei Eigenfertigung mit den Fremdbezugskosten zu vergleichen sind und das Vorteilhaftere von beiden nur in Betracht kommt, wenn die daraus resultierenden variablen Kosten eines Produktes geringer als sein Verkaufserlös sind.

Die kurzfristige, kostenorientierte Preisuntergrenze für ein Produkt liegt im Fall fehlender wirksamer Mehrproduktrestriktionen bei den variablen Kosten für das Produkt. Sofern es mehrere Fertigungsverfahren gibt, sind die variablen Kosten des vorteilhaftesten Verfahrens relevant.

d) Deckungsbeitragsrechnung für eine kurzfristige Produktionsprogrammplanung bei genau einer wirksamen Mehrproduktrestriktion

Sind optimale Produktionsprogramme in Fällen mit genau einer von Anfang an bekannten wirksamen Mehrproduktrestriktion zu bestimmen, bei denen also die Produkte des

Unternehmens um genau einen knappen Produktionsfaktor konkurrieren, so werden diejenigen Produkte für das optimale Programm ausgewählt, die pro Einheit der wirksamen Mehrproduktrestriktion die höchsten positiven Deckungsbeiträge erwirtschaften. Diese Produkte werden so lange sukzessive in das Programm aufgenommen, bis der knappe Faktor (die wirksame Mehrproduktrestriktion) von ihnen voll ausgelastet ist.

Es sind also zunächst die Produkte mit positiven Stückdeckungsbeiträgen festzustellen. Da von diesen Produkten, die die wirksame Mehrproduktrestriktion beanspruchen, gemessen werden kann, in welchem Ausmaß sie die Restriktion in Anspruch nehmen (wie lange sie etwa auf einer knappen Maschine bearbeitet werden oder wie viele der knappen verfügbaren Rohstoffeinheiten sie benötigen), können die positiven Stückdeckungsbeiträge dieser Produkte in Deckungsbeiträge je Einheit des einen knappen Faktors oder je Engpasseinheit der Mehrproduktrestriktion aufgrund ihrer Beanspruchung umgerechnet werden. Man bezeichnet diese Deckungsbeiträge als **engpassbezogene** oder **spezifische Deckungsbeiträge** und die bisherigen nicht engpassbezogenen Stückdeckungsbeiträge als **absolute Stückdeckungsbeiträge.** Zur Ermittlung engpassbezogener Deckungsbeiträge müssen die absoluten Stückdeckungsbeiträge der einzelnen Absatzprodukte durch die Zahl der Einheiten des einen knappen Faktors dividiert werden, die die Fertigung einer Einheit des jeweiligen Produktes in Anspruch nimmt (Produktionskoeffizient). Wird beispielsweise ein knapper Faktor von einem Produkt beansprucht, das einen positiven absoluten (Stück-)Deckungsbeitrag von 10 € je Mengeneinheit erwirtschaftet, und erfordert die Fertigung dieses Produktes je Einheit 2 Einheiten des knappen Faktors, so beträgt der engpassbezogene Deckungsbeitrag (10 : 2 =) 5 € je Einheit des knappen Faktors bei Belegung mit diesem Produkt.

Nach der Bestimmung der engpassbezogenen Deckungsbeiträge aller Produkte mit positivem absolutem Stückdeckungsbeitrag, welche die wirksame Mehrproduktrestriktion betreffen, sind zunächst die Produkte mit positiven absoluten Stückdeckungsbeiträgen, die die wirksame Mehrproduktrestriktion nicht in Anspruch nehmen, nach Maßgabe der Einproduktrestriktionen in das optimale Produktionsprogramm aufzunehmen. Von den die wirksame Mehrproduktrestriktion beanspruchenden Produkten nutzt das mit dem höchsten engpassbezogenen Deckungsbeitrag diese Restriktion im Hinblick auf das Streben nach maximalen Gesamtdeckungsbeiträgen am besten aus. Infolgedessen ist das Produkt zusätzlich für das optimale Produktionsprogramm auszuwählen, das den größten engpassbezogenen Deckungsbeitrag erwirtschaftet. Die Menge, mit der dieses Produkt ins Programm aufgenommen wird, hängt von der wirksamen Mehrproduktrestriktion und den Einproduktrestriktionen dieses Produktes ab. Wird es durch keine weitere Einproduktrestriktion beschränkt oder erlaubt die sich auf dieses Produkt auswirkende Einproduktrestriktion eine Fertigungs- bzw. Absatzmenge, die größer als die Menge ist, die die wirksame Mehrproduktrestriktion zulässt, so bleibt dieses Produkt außer den die Mehrproduktrestriktion nicht beanspruchenden Produkten einziges Produkt im optimalen Programm. Es wird in der Menge gefertigt, welche die wirksame Mehrproduktrestriktion gerade noch zulässt. Unterliegt das Produkt jedoch einer gegenüber der Mehrproduktrestriktion strengeren Einproduktrestriktion, so wird es in der nach der Einproduktrestriktion maximal zulässigen Menge hergestellt. Das optimale Produktionsprogramm ist dann jedoch noch nicht vollständig ermittelt. In dem zuletzt beschriebenen Fall wird die wirksame Mehrproduktrestriktion nicht voll ausgelastet. Es ist folglich das Produkt mit dem zweitgrößten engpassbezogenen Deckungsbeitrag ins Programm aufzunehmen, da es von allen bisher noch nicht in das Produktionsprogramm aufgenommenen Produkten den höchsten Deckungsbeitrag je Engpasseinheit beisteuert. Wieder wird geprüft, ob das Produkt aufgrund anderer Einproduktrestriktionen die bei der wirksamen Mehrproduktrestriktion noch verfügbare Kapazität ausfüllen kann oder nicht. Bei positiver Antwort ist das optimale Produktionsprogramm bestimmt. Fällt die Antwort negativ aus, wird das Produkt zusätzlich in das Programm aufgenommen, das den nächsthöchsten engpassbezogenen Deckungsbeitrag besitzt. Derartige Prüfungen werden so lange fortgesetzt, bis die wirksame Mehrproduktrestriktion voll ausgefüllt und so das optimale Produktionsprogramm gefunden ist.

Die Suche nach einem optimalen Produktionsprogramm soll auch unter den Bedingungen einer von Anfang an bekannten wirksamen Mehrproduktrestriktion durch ein Beispiel verdeutlicht werden. Zu diesem Zweck wird das Beispiel aus dem vorangegangenen Abschnitt aufgegriffen und nur dahingehend abgewandelt, dass sich die Einproduktrestriktionen, also die maximal pro Periode absetzbaren Mengen und die beschränkte Beschaffungsmenge des Rohstoffes, auf das 30-fache ausweiten. Die Absatzrestriktionen der Produktarten lauten jetzt:

Tab. 44: Daten für das Beispiel zur Deckungsbeitragsrechnung, alternative Absatzhöchstmengen

Produktarten Daten	A	B	C	D	E
maximal pro Periode absetzbare Menge [ME]	1.500	3.000	900	12.000	24.000

Von dem Rohstoff, von dem je Mengeneinheit des Produktes E 1 kg erforderlich ist, können nun 22.500 kg pro Periode beschafft werden.

Unter diesen derart veränderten Einproduktrestriktionen weiten sich die diesen Restriktionen entsprechend herstellbaren und absetzbaren Produktmengen so stark aus, dass die Fertigung der maximal absetzbaren Mengen der Produktarten mit positiven Stückdeckungsbeiträgen die Presse derart beansprucht, dass sie selbst bei einem Betrieb in drei Schichten solche Mengen nicht bewältigen kann. Eine 24-Stunden-Periode besitzt 86.400 Sekunden. Diese Produktarten (A, C und E) stellen aber unter Berücksichtigung allein der Absatzrestriktionen Zeitanforderungen in Höhe von 94.200 Sekunden ($1.500 \cdot 10 + 900 \cdot 8 + 24.000 \cdot 3$) und bei der sich auf Produkt E auswirkenden beschränkten Beschaffungsmöglichkeit des Rohstoffes (die dazu führt, dass 1.500 Mengeneinheiten weniger hergestellt als abgesetzt werden können) noch Zeitanforderungen in Höhe von 89.700 Sekunden ($94.200 - 1.500 \cdot 3$). Die veränderten Einproduktrestriktionen machen also die Mehrproduktrestriktion wirksam.

Bei der Suche nach dem optimalen Produktionsprogramm unter der Bedingung einer von Anfang an bekannten wirksamen Mehrproduktrestriktion werden zunächst die Produkte mit positiven Stückdeckungsbeiträgen, im Beispiel die Produkte A, C und E, festgestellt. Zur Bestimmung der engpassbezogenen Deckungsbeiträge dieser Produkte werden deren Stückdeckungsbeiträge durch die Zeiteinheiten dividiert, die die Fertigung dieser Produkte pro Stück auf der Presse in Anspruch nimmt (s. folgende Tabelle 45).

Tab. 45: Daten für das Beispiel zur Deckungsbeitragsrechnung, spezifischer Deckungsbeitrag

Produktarten / Daten	A	C	E
Deckungsbeitrag pro ME [€]	+ 15	+ 16	+ 12
Bearbeitungszeit auf der Presse [Sek.] (Produktionskoeffizient)	10	8	3
engpassbezogener Deckungsbeitrag [€/Sek.]	1,50	2	4

Da Produkt E den größten engpassbezogenen Deckungsbeitrag erwirtschaftet, wird es als Erstes in das zu bestimmende optimale Produktionsprogramm aufgenommen. Seine maximal herstellbare Menge gemäß der strengsten Einproduktrestriktion (Rohstoffbeschaffung) beansprucht die Presse 67.500 Sekunden (22.500 · 3). Diese Inanspruchnahme lastet die Presse nicht voll aus. Die verbleibende Kapazität von 18.900 Sekunden (86.400 – 67.500) erlaubt die Produktion des Produktes mit dem zweithöchsten engpassbezogenen Deckungsbeitrag, also des Produktes C. Produkt C erfordert zu seiner Fertigung der von ihm maximal absetzbaren Menge 7.200 Sekunden (900 · 8) an Zeit auf der Presse. Auch nach Übernahme der Fertigung von Produkt C wird die Presse noch nicht voll ausgelastet. Die verbleibende Zeit von 11.700 Sekunden (18.900 – 7.200) kann zur Herstellung des Produktes mit dem drittgrößten engpassbezogenen Deckungsbeitrag eingesetzt werden. Da die maximal absetzbare Menge dieses Produktes A jedoch 15.000 Sekunden (1.500 · 10) Bearbeitungszeit auf der Presse benötigt, können nicht alle absetzbaren Einheiten von A in das Produktionsprogramm aufgenommen werden. Im optimalen Produktionsprogramm erscheinen also außer 22.500 Einheiten E und 900 Einheiten C nur 1.170 Einheiten des Produktes A (11.700 : 10). Dieses Programm lastet die Kapazität der Presse (Mehrproduktrestriktion) voll aus und bringt unter den gegebenen Bedingungen den maximalen Gesamtdeckungsbeitrag. Anders als im Fall fehlender wirksamer Mehrproduktrestriktionen können Produkte mit absoluten Stückdeckungsbeiträgen von Null nicht mehr in dieses optimale Produktionsprogramm aufgenommen werden, sofern sie – wie im Beispiel das Produkt B – die knappe Mehrproduktrestriktion beanspruchen. Unter den veränderten Bedingungen kann nämlich ein solches Produkt nur in das Produktionsprogramm aufgenommen werden, wenn ein anderes, das positive absolute Stückdeckungsbeiträge erwirtschaftet, aus dem Programm ausscheidet.

Gäbe es im Beispiel ein weiteres Produkt mit einem positiven absoluten Stückdeckungsbeitrag, das die wirksame Mehrproduktrestriktion aber nicht beansprucht (von der Presse nicht zu bearbeiten ist), so wäre dieses Produkt mit der in Abhängigkeit von seinen wirksamen Einproduktrestriktionen ermittelten maximal möglichen Menge in das optimale Produktionsprogramm aufzunehmen.

Wird wiederum die Wahl eines geeigneten Produktionsverfahrens aus mehreren möglich und die Entscheidung über Eigenfertigung oder Fremdbezug etwa eines Bauteils als Spezialproblem der Produktionsprogrammplanung angesehen, so können die bisher erarbeiteten Ergebnisse – leicht modifiziert – auch auf diese Probleme übertragen werden. Das lässt sich anhand des geringfügig modifizierten Beispiels zeigen. Das im vergangenen Beispiel betrachtete Unternehmen, bei dem verschiedene Produkte um eine vorab bekannte Mehrproduktrestriktion (Presse) konkurrieren, kann eines dieser Produkte – das Produkt C – auch mit einem anderen Verfahren herstellen, welches annahmegemäß nicht zu einer zusätzlichen wirksamen Mehrproduktrestriktion führt. Die variablen Kosten für das Produkt C liegen bei diesem anderen Verfahren höher als bei Nutzung der Mehrproduktrestriktion, allerdings führen diese höheren variablen Kosten nicht dazu, dass mit dem Produkt C ein negativer Deckungsbeitrag erwirtschaftet wird; auch bei Herstellung mit dem anderen Verfahren ist Produkt C im Prinzip vorteilhaft. Unter den so gesetzten Bedingungen wirkt die Wahl des Produktionsverfahrens zur Herstellung von C auf die Belegung der Mehrproduktrestriktion ein. Zur Lösung des modifizierten Problems können die spezifischen Deckungsbeiträge der neben C vorteilhaften Produkte A und E weiterhin verwendet werden. Für C muss aber ein neuer spezifischer Deckungsbeitrag errechnet werden, der sich aus der Differenz zwischen den variablen Kosten pro Stück bei Nutzung des knappen und bei Nutzung des anderen Produktionsverfahrens für die Herstellung von C und bei Division des so ermittelten neuen absoluten Deckungsbeitrags durch die Zahl der Einheiten knapper Kapazität berechnen lässt, die eine Einheit C an der wirksamen Mehrproduktrestriktion beansprucht – im Beispiel 8 Kapazitätseinheiten. Dieser neue engpassbezogene „Deckungsbeitrag" von C bezeichnet genau den Betrag, der dem Unternehmen entgeht, wenn es für eine Zeiteinheit das Produkt C ersatzlos von der Mehrproduktrestriktion verdrängt und stattdessen C mit dem anderen Verfahren herstellt. Sofern die Produkte mit mindestens so großen engpassbezogenen Deckungsbeiträgen wie C die wirksame Mehrproduktrestriktion aufgrund von Einproduktrestriktionen nicht voll belegen können, ist es vorteilhaft, das Produkt C vollständig oder bis zur Grenze der Mehrproduktrestriktion mit dem ersten Verfahren herzustellen und das optimale Produktionsprogramm unter Berücksichtigung des anderen Verfahrens und der sonstigen Produktarten zu bilden.

Wird davon ausgegangen, dass die variablen Kosten für eine Einheit von C bei Verwendung des anderen Verfahrens 21 € (statt 11 € bei Nutzung der knappen Presse) betragen, so sinkt der für die Mehrproduktrestriktion relevante absolute Deckungsbeitrag des Produktes C von bisher 16 auf 10 € (der Differenz zwischen den variablen Kosten der beiden Verfahren, also 21 - 11 = 10). Der neue spezifische Deckungsbeitrag für C beläuft sich dann auf 10 : 8 = 1,25. Aus dem neuen spezifischen Deckungsbeitrag für C ergibt sich eine neue Rangfolge der Vorziehenswürdigkeit der Produkte, wobei E an der ersten, A an der zweiten und C an der dritten und letzten Stelle rangiert. E und A schöpfen mit 22.500 · 3 + 1.500 · 10 = 67.500 + 15.000 = 82.500 Sekunden die verfügbare Kapazität von 86.400 nicht voll aus. Die verbleibende Restkapazität von 3.900 Sekunden kann folglich genutzt werden, um zumindest einen Teil der Produkte C mit dem günstigeren Verfahren auf der knappen Mehrproduktrestriktion zu fertigen, nämlich 3.900 : 8 = 487,5 Einheiten von C. Die darüber hinaus mit Erfolg absetzbaren 900 - 487,5 = 412,5 Einheiten werden mit dem kostenintensiveren anderen Verfahren produziert.

Die zur Verfahrenswahl angestellten Überlegungen lassen sich auf die Entscheidung Eigenfertigung oder Fremdbezug übertragen, wenn das bei der Verfahrenswahl angesprochene andere Verfahren der Fremdbezug ist, der der Eigenfertigung auf der knappen Mehrproduktrestriktion als Alternative gegenübersteht.

Der bei einer knappen Mehrproduktrestriktion zu fordernde Mindestpreis für ein kurzfristig ins Programm aufzunehmendes Produkt setzt sich aus den variablen Kosten dieses Produktes und den bei Aufnahme ins Programm verdrängten Deckungsbeiträgen derjenigen Produkte zusammen, die als Folge der Aufnahme des neuen Produktes weichen müssen. Wird bei einer Fortführung des obigen (modifizierten) Beispiels geprüft, welche Preise für verschiedene Mengen eines Produkts F verlangt werden müssten, welches variable Kosten von 40 € verursacht und pro Stück 100 Sekunden an der knappen Mehrproduktrestriktion zu bearbeiten wäre, so ergäbe sich folgendes Bild. Bei Annahme eines Auftrags, F zu produzieren, würde rationalerweise zunächst das Produkt C verdrängt, was maximal 3.900 Sekunden freisetzt. Danach würde A mit maximal 15.000 Sekunden und schließlich E mit maximal 67.500 Sekunden verdrängt. Bei C entginge ein Deckungsbeitrag von 1,25 €/Sekunde, bei A von 1,5 €/Sekunde und bei E von 4 €/Sekunde. Daraus folgt die nachstehende Preisstaffel für F:

1.–39. Einheit:	Stückpreis: $40 + 100 \cdot 1{,}25 = 165$ €
40.–189. Einheit (39 + 150 = 189):	Stückpreis: $40 + 100 \cdot 1{,}5 = 190$ €
190.–864. Einheit (39 + 150 + 675 = 864):	Stückpreis: $40 + 100 \cdot 4 = 440$ €.

Mehr als 864 Einheiten von F können nicht produziert werden.

e) Deckungsbeitragsrechnung für eine kurzfristige Produktionsprogrammplanung bei mehr als einer wirksamen Mehrproduktrestriktion

Lösungen für kurzfristige Produktionsplanungsprobleme, bei denen mehr als eine Mehrproduktrestriktion wirksam werden kann, lassen sich nur mithilfe eines simultanen Planungsansatzes finden. Da anders als in den vorangegangenen Fällen die Fertigung und eventuell auch der Absatz der Produkte von mindestens zwei Mehrproduktrestriktionen beschränkt werden, die bei der Suche nach dem optimalen Produktionsprogramm simultan zu berücksichtigen sind, scheiden die einfachen sukzessiven Lösungsverfahren der vorangegangenen Abschnitte aus. Sofern sich die Einprodukt- und Mehrproduktrestriktionen, welche Fertigung und Absatz einschränken, durch lineare Ungleichungen oder Gleichungen abbilden lassen, was meist unterstellt wird (die in den vorangegangenen Beispielen angeführten Restriktionen sind z.B. durch lineare Gleichungen oder Ungleichungen erfassbar), **können Lösungsverfahren der linearen Programmierung** (mathematische Methoden zur Ermittlung des Maximums [Minimums] einer linearen Funktion unter Beachtung linearer Nebenbedingungen) zur Bestimmung des optimalen Produktionsprogramms eingesetzt werden. Die für die Anwendung solcher Lösungsverfahren außer den Restriktionen erforderliche Zielfunktion muss somit auch linear sein, die auf S. 248 in Abschnitt III.E.1 unter (4) gesetzten Prämissen stellen allerdings sicher, dass diese Voraussetzung stets erfüllt ist (proportionale Stückerlöse, Trennung der Kosten nur in fixe und proportionale, wobei die fixen Kosten unberücksichtigt bleiben).

Im Folgenden wird angenommen, dass alle zur Anwendung der linearen Programmierung notwendigen Voraussetzungen erfüllt seien. Der angestrebte maximale Deckungsbeitrag – die Zielfunktion des Produktionsplanungsproblems – ergibt sich aus den mithilfe der Kosten- und Leistungsrechnung zu bestimmenden Differenzen zwischen Erlösen und variablen Kosten je Einheit der verschiedenen Erzeugnisse, indem diese absoluten Deckungsbeiträge der Erzeugnisse jeweils mit einer Variablen für die gesuchte Erzeugungsmenge multipliziert und diese Multiplikationsergebnisse aus Menge und Stückdeckungsbeitrag über alle Erzeugnisarten aufsummiert werden. Jede Einprodukt- und jede Mehrproduktrestriktion wird daneben durch je eine lineare Ungleichung (möglicherweise Gleichung) erfasst. Diese Ungleichungen bilden die Inanspruchnahme von Restriktionen durch eine Summe aus Produktmengen der verschiedenen sie beanspruchenden Produkte multipliziert mit den von ihnen jeweils pro Einheit erforderlichen Mengeneinheiten einer Restriktion sowie die vorhandenen Restriktionsgrenzen ab. Diese Restriktionsgrenzen stellen Höchst- oder Mindest- oder genau einzuhaltende Grenzen dar (die in den bisherigen Beispielen unerwähnten Mindest- oder genau zu erreichenden Grenzen können sich etwa bei Mindestlieferverpflichtungen oder bei genau einzuhaltenden Lieferverpflichtungen ergeben). Daneben erfordert das lineare Programm Nichtnegativitätsbedingungen. Sie stellen sicher, dass das optimale Produktionsprogramm keine Produkte mit negativen Produktionsmengen ausweist. Das so formulierte, ein reales Produktionsprogrammplanungsproblem abbildende lineare Programm wird mithilfe geeigneter Lösungsverfahren der linearen Programmierung – z.B. mithilfe des Simplex-Algorithmus – gelöst.

Die unter den Bedingungen von mindestens zwei wirksamen Mehrproduktrestriktionen zur Lösung erforderliche Abbildung eines Produktionsprogrammplanungsproblems durch ein lineares Programm und seine graphische Darstellung sollen anhand eines Zahlenbeispiels demonstriert werden.

Ein Unternehmen kann zwei Produktarten herstellen und absetzen, die Produktart A und die Produktart B. Der Absatz beider Produktarten ist jeweils durch eine Einproduktrestriktion beschränkt, vom ersten Produkt (A) können maximal 20 Einheiten und vom zweiten (B) maximal 30 Einheiten am Markt abgesetzt werden. Daneben unterliegen die Produkte mehreren Mehrproduktrestriktionen, deren konkrete Bedingungen genau wie die Kosten und Erlöse (Leistungen) der Produkte der Tabelle 46 entnommen werden können.

Tab. 46: Daten für das Beispiel zur Deckungsbeitragsrechnung mit drei knappen Mehrproduktrestriktionen

Daten		Produkt A	Produkt B	pro Periode beschaffbare Maximalmengen der Rohstoffe R, S und T [kg]
Erlöse pro Einheit einer Periode [€]		88	64	
Proportionale Kosten pro Einheit einer Periode [€]		56	42	
absoluter Deckungsbeitrag pro Einheit einer Periode [€]		32	22	
benötigte Menge der knappen Rohstoffe R, S und T [kg]	R	10	10	120
	S	6	9	90
	T	8	4	80

Als zu maximierende Zielfunktion des linearen Programms ist die Definitionsgleichung des Gesamtdeckungsbeitrags anzusetzen. Wenn x_1 die Produktionsmenge der Produktart A und x_2 die Produktionsmenge der Produktart B bezeichnet, ist der Gesamtdeckungsbeitrag (GDB) des Beispiels definiert als:

Zielfunktion:

$$(88-56) \cdot x_1 + (64-42) \cdot x_2 = 32 \cdot x_1 + 22 \cdot x_2 = \text{GDB} \rightarrow \text{Maximum}$$

Die für die Anwendung der linearen Programmierung notwendige Erfassung der Restriktionen durch Ungleichungen ergibt sich unmittelbar aus den verbalen Angaben bzw. aus der Tabelle 46:

$$x_1 \leq 20 \quad \text{(Absatz von Produkt A)}$$
$$x_2 \leq 30 \quad \text{(Absatz von Produkt B)}$$
$$10 \cdot x_1 + 10 \cdot x_2 \leq 120 \quad \text{(Rohstoff R)}$$
$$6 \cdot x_1 + 9 \cdot x_2 \leq 90 \quad \text{(Rohstoff S)}$$
$$8 \cdot x_1 + 4 \cdot x_2 \leq 80 \quad \text{(Rohstoff T)}$$
$$x_1 \geq 0 \quad \text{(Nichtnegativität für A)}$$
$$x_2 \geq 0 \quad \text{(Nichtnegativität für B).}$$

Da das Beispiel ein Produktionsprogrammplanungsproblem mit nur zwei Produktarten beschreibt, lassen sich das lineare Programm und dessen optimale Lösung in einem zweidimensionalen Koordinatensystem aufzeigen. Zu diesem Zweck werden auf der Abszisse dieses Koordinatensystems die Produktionsmengen x_1 der Produktart A und auf der Ordinate die Produktionsmengen x_2 der Produktart B abgetragen. In dem so bezeichneten Koordinatensystem definiert jede Restriktion jeweils eine Halbebene von für sie zulässigen Produktionsprogrammen. So sind beispielsweise gemäß der ersten Nichtnegativitätsbedingung nur alle Punkte rechts der Ordinate (im 1. und 4. Quadranten des Koordinatensystems) und gemäß der zweiten Nichtnegativitätsbedingung nur alle Punkte oberhalb der Abszisse (im 1. und 2. Quadranten des Koordinatensystems) zulässig. Beide zusammen schränken die möglichen Lösungen also schon auf den 1. Quadranten ein. Auch die anderen Restriktionen definieren Halbebenen, deren Grenzen teilweise parallel zu den Koordinatenachsen verlaufen (Einproduktrestriktionen wie die Absatzbeschränkungen) und teilweise beide Koordinatenachsen schneiden (Mehrproduktrestriktionen wie die Beschränkungen der Rohstoffbeschaffungsmöglichkeiten). Alle Punkte, die die gesamten Restriktionen erfüllen, geben den zulässigen Bereich an, in dem der optimale Lösungspunkt liegen muss. In der folgenden Abbildung 52 ist der Bereich (die Fläche) der entsprechend allen Restriktionen zulässigen Lösungen durch Schraffierung gekennzeichnet.

Zur Bestimmung der optimalen Lösung aus der Menge der zulässigen Lösungen wird die Zielfunktion benötigt. In der Abbildung soll sie durch mehrere Geraden gekennzeichnet werden, wobei jede Gerade jeweils alle Punkte gleicher Zielerfüllung, gleichen Gesamtdeckungsbeitragsniveaus, wiedergibt, die Zielerfüllung von Gerade zu Gerade aber differiert. Eine solche Gerade gleicher Zielerfüllung (Indifferenzkurve) erhält man folgendermaßen: Zunächst werden ein bestimmter Gesamtdeckungsbeitrag, etwa der von 176, vorgegeben und die Mengen des Produktes A einerseits und des Produktes B andererseits bestimmt, die diesen Gesamtdeckungsbeitrag jeweils allein erwirtschaften können. Bei einem Gesamtdeckungsbeitrag von 176 gilt das z.B. für $x_1 = 5,5$ ($x_2 = 0$) und $x_2 = 8$ ($x_1 = 0$). Die Gerade, die diese beiden auf den Koordinatenachsen liegenden Punkte verbindet, beschreibt dann alle Produktionsprogramme, die einen Gesamtdeckungsbeitrag von 176 erbringen. Indifferenzkurven anderer Zielerfüllung verlaufen parallel zu der zuerst bestimmten Indifferenzkurve. Sie sind jedoch desto weiter vom Koordinatenursprung entfernt, je größer der Gesamtdeckungsbeitrag ausfällt, den die von den Punkten dieser Geraden repräsentierten Produktionsprogramme erwirtschaften. Das Streben nach maximalem Gesamtdeckungsbeitrag bei gleichzeitiger Berücksichtigung der Restriktionen ist bezogen auf die Abbildung 52 als Suche derjenigen Indifferenzkurve zu interpretieren, die am weitesten vom Koordinatenursprung entfernt ist, zugleich aber noch zumindest einen Punkt mit dem Raum zulässiger Lösungen gemein-

Graphische Lösung:

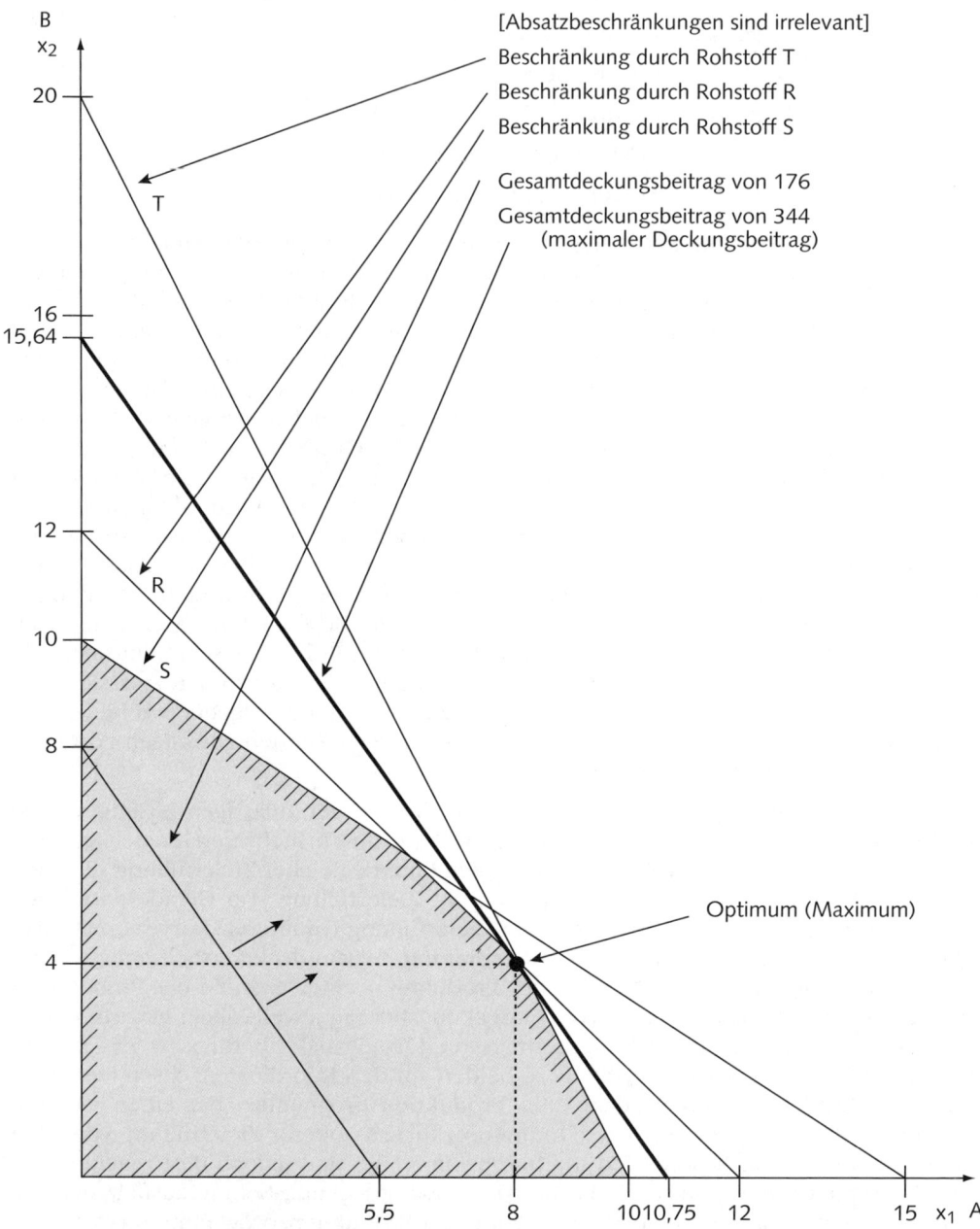

Abb. 52: Optimales Produktionsprogramm bei zwei Produktarten und mehr als einer wirksamen Mehrproduktrestriktion: $x_1 = 8$; $x_2 = 4$

sam hat. Dieser Punkt bezeichnet dann die optimale Lösung, das optimale Produktionsprogramm.

Analytisch-rechnerisch wird das Problem mithilfe des Simplex-Algorithmus der linearen Programmierung gelöst (vgl. hierzu Münstermann 1969, S. 188 ff.; Müller-Merbach 1973, S. 88 ff.; Hax 1974, S. 113 ff.; Kern 1987, S. 40 ff.; Domschke/Drexl 2007, S. 21 ff.). Zu diesem Zweck werden zunächst die als Ungleichungen formulierten Nebenbedingungen, die keine Nichtnegativitätsbedingungen sind, durch Einfügen jeweils einer Schlupfvariablen zu Gleichungen umgeformt. Da im Beispiel die Einproduktrestriktionen weit weniger streng als die Mehrproduktrestriktionen sind, können sie vernachlässigt werden, was die Darstellung von „Ballast" befreit. In die Zielfunktion werden diese Schlupfvariablen mit dem Koeffizienten Null einbezogen, da sie zur Zielerreichung zunächst nicht beitragen. Damit gilt

$$\text{Rohstoff R} \quad 10 \cdot x_1 + 10 \cdot x_2 + x_3 \qquad\qquad = 120$$

$$\text{Rohstoff S} \quad 6 \cdot x_1 + 9 \cdot x_2 \qquad + x_4 \qquad = 90$$

$$\text{Rohstoff T} \quad 8 \cdot x_1 + 4 \cdot x_2 \qquad\qquad + x_5 = 80$$

$$\text{Zielfunktion } 32 \cdot x_1 + 22 \cdot x_2 + 0 \cdot x_3 + 0 \cdot x_4 + 0 \cdot x_5 = \text{GDB} \rightarrow \text{Maximum.}$$

Leicht umgeformt ergibt sich hieraus das erste Simplex-Tableau:

1. Tableau	A x_1	B x_2	R x_3	S x_4	T x_5	Restriktion
R	10	10	1	0	0	120
S	6	9	0	1	0	90
T	8	4	0	0	1	80
Zielfunktion	−32	−22	0	0	0	0

Wenn jeweils in der Spalte ein Einheitsvektor erzeugt werden soll, in der der größte Zielerreichungszuwachs winkt (absolut größter Wert in der Zielfunktionszeile, sofern er ein negatives Vorzeichen hat), und wenn die strengste Nebenbedingung beachtet wird bei der Auswahl der Zeile, in der die 1 des Einheitsvektors stehen soll, folgen die nachstehenden Tableaus aus dem obigen ersten Tableau, wobei das 3. Tableau die optimale Lösung beinhaltet – eine weitere Verbesserung ist nicht mehr möglich, denn alle Werte in der Zielfunktionszeile sind positiv und signalisieren nur Möglichkeiten zur Senkung des Deckungsbeitrags.

2. Tableau	A x_1	B x_2	R x_3	S x_4	T x_5	Restriktion
R	0	5	1	0	−1,25	20
S	0	6	0	1	−0,75	30
A	1	0,5	0	0	0,125	10
Zielfunktion	0	−6	0	0	4	320

3. Tableau	A x_1	B x_2	R x_3	S x_4	T x_5	Restriktion
B	0	1	0,2	0	−0,25	4
S	0	0	−1,2	1	0,75	6
A	1	0	−0,1	0	0,25	8
Zielfunktion	0	0	1,2	0	2,5	344

Aus dem dritten Tableau lässt sich auch die optimale Lösung ablesen. Sie lautet:

$$x_1(A) = 8 \quad \left(\text{Produktionsmenge von Produkt A } (x_1)\right)$$

$$x_2(B) = 4 \quad \left(\text{Produktionsmenge von Produkt B } (x_2)\right)$$

$$x_3(R) = 0 \quad \left(\text{Restmenge, die von R übrig ist}\right)$$

$$x_4(S) = 6 \quad \left(\text{Restmenge, die von S übrig ist}\right)$$

$$x_5(T) = 0 \quad \left(\text{Restmenge, die von T übrig ist}\right)$$

$$\text{GDB} = 344 \quad \left(\text{maximal erzielbarer Deckungsbeitrag}\right)$$

Restmengen und Gesamtdeckungsbeitrag können überprüft werden:

$$R: \quad 120 - 10 \cdot 8 - 10 \cdot 4 = 120 - 80 - 40 = 0$$

$$S: \quad 90 - 6 \cdot 8 - 9 \cdot 4 = 90 - 48 - 36 = 6$$

$$T: \quad 80 - 8 \cdot 8 - 4 \cdot 4 = 80 - 64 - 16 = 0$$

$$\text{GDB}: \quad 8 \cdot 32 + 4 \cdot 22 = 256 + 88 = 344$$

Von besonderem Interesse sind die positiven Koeffizienten in den Spalten der Schlupfvariablen für die knappen Rohstoffe R und T der Zielfunktionszeile des letzten und zugleich optimalen Tableaus. Diese Koeffizienten (inputorientierte Opportunitätskosten) von 1,2 für R und 2,5 für T geben an, um welchen Betrag der Deckungsbeitrag steigen würde, falls eine zusätzliche Einheit des knappen Faktors zur Verfügung stünde. Bei der Kalkulation der beiden Produkte A und B müssen zusätzlich zu den variablen Kosten diese „entgangenen" Deckungsbeiträge als Opportunitätskosten berücksichtigt werden. Werden nämlich von den Deckungsbeiträgen der beiden Produkte A und B ihre jeweiligen outputorientierten Opportunitätskosten abgezogen, die sich aus den inputorientierten Opportunitätskosten der knappen Rohstoffe durch Multiplikation mit dem jeweiligen Rohstoffbedarf je Produkteinheit ergeben und die somit den Wert der in einer Produkteinheit gebundenen knappen Faktormenge repräsentieren, so sinken die Deckungsbeiträge der Produkte A und B gerade auf Null. A und B können also gerade die um ihre jeweiligen outputorientierten Opportunitätskosten erweiterten Kosten decken.

$$A: \quad 32 - 10 \cdot 1,2 - 8 \cdot 2,5 = 32 - 12 - 20 = 0$$

$$B: \quad 22 - 10 \cdot 1,2 - 4 \cdot 2,5 = 22 - 12 - 10 = 0$$

Die „Werte" der knappen Faktoren über ihre (eventuellen) variablen Kosten hinaus (inputbezogene Opportunitätskosten, Schattenpreise) sind also ein Indikator für den zusätzlichen Deckungsbeitrag, der erzielbar wäre, wenn eine Einheit des knappen Faktors mehr zur Verfügung stünde. Für die Suche nach dem optimalen Produktionsprogramm ist es unter den hier gesetzten Bedingungen aber nicht sinnvoll, zunächst nach diesen „Werten" zu suchen.

- Exakt bekannt sind diese Werte erst, wenn das optimale Produktionsprogramm mithilfe der linearen Programmierung bereits gefunden ist, denn die „Werte" sind „Abfallprodukte" der Optimierung. In diesem Stadium werden die Werte aber nicht mehr benötigt, um das Optimum zu suchen – es ist schon bekannt.

- Die Werte gelten nur lokal im Optimum. Wenn in der Nähe des gefundenen Optimums eine andere Basislösung (in der Graphik ein anderer Eckpunkt) angesiedelt ist, wobei die modellierte Problemstellung diese andere Basislösung beliebig nahe am Optimum platzieren kann, gelten dort – also in beliebig kleiner Umgebung um das Optimum – diese Werte nicht mehr.

- Die Werte alleine liefern im Beispiel nicht die optimale Lösung. Sie machen es nur möglich, die Produkte in produktionswürdige mit einem Deckungsbeitrag von mindestens Null und in nichtproduktionswürdige mit einem negativen Deckungsbeitrag zu trennen. In welchen Mengen die verschiedenen produktionswürdigen Produkte erzeugt werden sollten, um den Deckungsbeitrag zu maximieren, lässt sich im Beispiel erst sagen, wenn zumindest die Restriktionen R und T explizit beachtet werden.

Probleme der Verfahrenswahl oder der Wahl zwischen Eigenfertigung und Fremdbezug bei mehreren wirksamen Mehrproduktrestriktionen vermischen sich regelmäßig mit Problemen der kurzfristigen Optimierung des Produktionsprogramms. Die Programmplanung wird nur insoweit schwieriger, als einzelne oder alle vom Unternehmen herstellbaren Produkte auf einer oder mehreren Produktionsstufen mit jeweils unterschiedlichen Verfahren erzeugt und – bei Eigenfertigung oder Fremdbezug – auch partiell von außen bezogen werden können (Bauteile werden fremd bezogen oder Produktionsschritte von Externen vorgenommen). Damit vergrößert sich der Aktionsraum beträchtlich. Im linearen Programm kann den verschiedenen Fertigungsverfahren und Fremdbezugsmöglichkeiten dadurch Rechnung getragen werden, dass die verschiedenen Kombinationen aus Fertigungsverfahren und eventuell Fremdbezugsmöglichkeiten, in denen ein Produkt erzeugt werden kann, jeweils als eigene „Unterprodukte" angesehen werden. Jedes von ihnen beansprucht spezifische Kapazitäten in einer charakteristischen Weise und mit jedem sind in der Regel auch individuelle variable Kosten verbunden, die zu jeweils eigenständigen Deckungsbeiträgen führen. Bei der Alternativkalkulation wird der Deckungsbeitrag über alle „Unterprodukte" sämtlicher ursprünglicher Produkte maximiert und zusätzlich darauf geachtet, dass die Summe der Produktionsmengen über alle „Unterprodukte" einer ursprünglichen Produktart nicht größer als die von diesem ursprünglichen Produkt maximal zum vorgegebenen Preis absetzbare Menge ist. Darüber hinaus aber ergeben sich keine Besonderheiten im Vergleich zur Bestimmung des kurzfristig optimalen Produktionsprogramms. Weiterhin kann die optimale Lösung nur mithilfe der linearen Programmierung gefunden werden.

Da die in der Zielfunktion des optimalen Tableaus der Programmplanung ausgewiesenen „Werte", inputorientierten Opportunitätskosten oder Schattenpreise (die Begriffe werden als Synonyme verstanden) nur lokale Aussagekraft besitzen, lassen sie sich anders als die spezifischen Deckungsbeiträge nicht verlässlich zur Berechnung von Mindestpreisen für Zusatzaufträge nutzen. Die Annahme des Zusatzauftrags kann wegen der spezifischen Inanspruchnahme der Kapazitäten durch den Zusatzauftrag zu einer anderen optimalen Lösung führen als diejenige, aus der die „Werte" abgeleitet wurden. Der

Mindestpreis ergibt sich verlässlich nur aus einem Vergleich der Deckungsbeiträge, die sich ergeben, wenn der Zusatzauftrag nicht berücksichtigt wird (Optimum ohne Zusatzauftrag) und wenn die für die Produktion benötigten Kapazitätseinheiten vorab abgezogen wurden (Optimum bei Annahme des Zusatzauftrags). Diese Deckungsbeitragsdifferenz muss der Zusatzauftrag mindestens erbringen.

4 Zur Eignung der flexiblen Plankostenrechnung für kurzfristige Entscheidungen auf der Basis der vollständigen Kenntnis des Entscheidungsfeldes

Die in den vorangegangenen Abschnitten abgeleiteten Entscheidungen sind nur dann optimal, wenn die im einleitenden Abschnitt III.E.1 gesetzten Prämissen gelten. Bezogen auf die von der Kosten- und Leistungsrechnung zu liefernden Daten müssen insbesondere

- die Erlöse pro Einheit aller Produkte konstant und in der Erlösrechnung zutreffend erfasst sein,

- die variablen Kosten pro Einheit aller Produkte konstant und von der Kostenrechnung zutreffend erfasst sein sowie

- die fixen Kosten durch kurzfristig beeinflussbare Aktionsparameter unbeeinflussbar sein.

Alle diese Prämissen gelten allenfalls näherungsweise, so dass die Kosten- und Leistungsinformationen einer flexiblen Plankostenrechnung nur grobe Orientierungspunkte für die in dem vorangegangenen Abschnitt beschriebenen Entscheidungen liefern. Die von der Leistungsrechnung bereitgestellten konstanten Stückerlöse werden regelmäßig nur aus Erfahrungen der Vergangenheit auf der Basis durchschnittlicher Erlöse pro Stück, durchschnittlicher Rabatte, Skonti und anderer durchschnittlicher Erlösminderungen ermittelt. Obwohl sich Erlöse und vor allem Boni nicht unbedingt einzelnen Produkten unabhängig von anderen Produkten zuordnen lassen, werden solche Kombinationseffekte regelmäßig vereinfachend vernachlässigt. Den in der Preis-Absatz-Funktion erfassten Wirkungen, wonach der Preis mit steigender Ausbringungsmenge sinkt, wird allenfalls durch die Beschränkung der zu dem angenommenen Preis maximal absetzbaren Menge Rechnung getragen.

Bei der Ermittlung der variablen Kosten werden die Zusammenhänge zwischen der Vielzahl von Kosteneinfluss- oder Bezugsgrößen einerseits und den Kosten andererseits an vielen Stellen vereinfachend erfasst. Schon um ihre Zahl in Grenzen zu halten, werden Kostenstellengrenzen aus Wirtschaftlichkeitsgründen immer wieder weiter gezogen, als es erforderlich wäre, um eindeutige Beziehungen zwischen Faktorverzehr und Ausbringungsmenge zu erhalten, weil innerhalb der weit gezogenen Grenzen heterogene Leistungen erbracht werden. Auf die Höhe der Kosten in einer Kostenstelle wirken außer im Sonderfall homogener Kostenverursachung eine Vielzahl von Faktoren ein. Aus Gründen der Praktikabilität und der Wirtschaftlichkeit der Rechnung ist die Praxis der flexiblen Plankostenrechnung trotzdem bemüht, „eine zu weitgehende Bezugsgrößendifferenzierung zu vermeiden" (Kilger/Pampel/Vikas 2007, S. 253). Pro Gemeinkostenart, meist sogar pro Kostenstelle für alle ihre Gemeinkostenarten, wird nur eine Bezugsgröße als unabhängige Variable der proportionalen Kosten und als Mittler der variablen Stellengemeinkosten auf die Kostenträger verwendet. Diese Vorgehensweise ist immer ungenau, wenn es mehrere Leistungen einer Stelle mit unterschiedlichen Eigenschaften, mehrere mögliche Fertigungsintensitäten, verschiedene Rohstoffmischungen, Bedienungsrelationen, Prozessbedingungen, Losgrößen und Losreihenfolgen gibt. Darüber hinaus wird insbesondere bei den Fertigungslöhnen deren komplexer Charakter mit überwiegender Fixkosteneigenschaft ebenso wenig beachtet wie der klare Fixkostencharakter vieler Sondereinzelkosten der Fertigung. Die flexible Plankostenrechnung behandelt alle Einzelkosten als variabel und trägt auf diese Weise erhebliche Verzerrungen in die Kosteninformationen.

Fixkosten bilden in der Realität keinen homogenen festen Block, sondern bestehen aus einer Vielzahl von Einzelkomponenten, die durch verschiedene Handlungsparameter in mehr oder weniger engen Grenzen beeinflusst werden können. Teilweise stehen diese Einflussnahmemöglichkeiten auch kurzfristig offen, wie die quantitative Anpassung bei Gutenberg verdeutlicht. Stilllegungs- und Wiederanlaufkosten widerlegen das Bild vom homogenen Fixkostenblock, lassen sich allerdings auch ohne allzu große Schwierigkeiten in erweiterten Entscheidungsrechnungen berücksichtigen. Die flexible Plankostenrechnung und übliche Leistungsrechnung liefern also nur näherungsweise die Kosten- und Leistungsinformationen, die für die in diesem Abschnitt behandelten kurzfristigen Entscheidungen bei vollständiger Kenntnis des Entscheidungsfeldes benötigt werden. Selbst Entscheidungsträgern, die nur nach Gewinn streben, werden daher lediglich grobe Orientierungspunkte für ihre Entscheidungen bereitgestellt.

F Plankostenrechnung und kurzfristige Entscheidungen bei unvollständiger Kenntnis des Entscheidungsfeldes

Lernziel: *Vor dem Hintergrund der Tatsache, dass Entscheidungen meist bei unvollständiger Kenntnis des Entscheidungsfeldes getroffen werden müssen, soll Ihr Verständnis für Näherungslösungen geweckt werden. Vor allem aber sollen Sie verstehen, unter welchen Bedingungen wertmäßige Kosten und die von der Praxis bevorzugten Vollkosten Schätzungshilfen für Planungsprobleme bei unvollständiger Kenntnis des Entscheidungsfeldes liefern – nicht zuletzt auch in Kombination mit der von der Theorie vorgezogenen Grenzkostenrechnung.*

1 Annahmen über das Entscheidungsproblem

Im vorangegangenen Abschnitt wurde davon ausgegangen, dass der Entscheidungsträger explizit oder implizit alle Handlungsmöglichkeiten kennt, die ihm offen stehen. Seine Wahl für eine bestimmte Handlungsalternative kann er somit aus der ihm zumindest implizit bekannten Fülle von Handlungsmöglichkeiten treffen.

Die vollständige Kenntnis des Entscheidungsfeldes markiert einen eher theoretischen Spezialfall. In der Realität muss regelmäßig über die Annahme oder Ablehnung von Aufträgen entschieden werden, ohne dass der Entscheidungsträger weiß, welche Aufträge ihm noch für die Planungsperiode angeboten werden. Anders als bei den in Abschnitt III.E betrachteten kurzfristigen Entscheidungsproblemen kennt der Entscheidungsträger gegebenenfalls bisher abgelehnte und angenommene Aufträge und er weiß, wie groß seine diversen Kapazitäten sind sowie in welchem Umfang diese durch bisher angenommene Aufträge belegt wurden. Über die Details der Aufträge, die ihm für die Planungsperiode noch angeboten werden, speziell die Erlöse, die variablen Kosten und die Ausmaße, in denen diese künftigen Produkte die verbliebenen Kapazitäten in Anspruch nehmen werden, hegt der Entscheidungsträger allenfalls Erwartungen.

Die anderen in Abschnitt III.E.1 getroffenen Annahmen werden auch in diesem Abschnitt beibehalten. Der Entscheidungsträger interessiert sich nur für Gewinn bzw. Konsum (1), seine Entscheidungen haben nur in der Betrachtungsperiode Konsequenzen (3), und die Kosten lassen sich in fixe und proportionalvariable aufteilen (4).

2 Ansätze zur Lösung von kurzfristigen Programmplanungsproblemen bei unvollständiger Kenntnis des Entscheidungsfeldes

a) Prognose der erwarteten Aufträge

Wie die Untersuchungen im Fall vollständiger Kenntnis des Entscheidungsfeldes gezeigt haben, hängen optimale Produktionsprogramme von den Erlösen und den variablen Kosten aller produzierbaren und absetzbaren Produkte, den Beanspruchungen der verschiedenen Kapazitäten durch diese Produkte sowie von den verfügbaren Kapazitäten ab. Wenn ein Entscheidungsträger nur von einem Teil der möglichen Produkte Erlöse, variable Kosten und Beanspruchungen der verschiedenen Kapazitäten kennt, kann er zur Lösung seines Problems versuchen, die Charakteristika der Aufträge zu schätzen, die ihm noch für die Planungsperiode angeboten werden. Für das so durch subjektive Erwartungen vervollständigte Entscheidungsproblem kann er anschließend mithilfe der in Abschnitt III.E dargestellten Methoden optimale Entscheidungen ableiten. Sobald ihm dann die von ihm erwarteten Aufträge angeboten werden, wählt er entsprechend dem Ergebnis seiner Programmoptimierung aus.

Der hier skizzierte Lösungsansatz verspricht allerdings wenig Erfolg in der Praxis. Der Ansatz setzt die genaue Prognose einer Vielzahl von Detailgrößen voraus, die in dieser Differenzierung praktisch nicht nur zu aufwendig, sondern sogar unmöglich sein dürfte. Wenn die Charakteristika der Aufträge nicht in vorangegangenen Verhandlungen bereits abgesprochen oder auf der Basis etwa von Traditionen üblicherweise immer wieder in gleicher Form festgelegt werden, dürfte es allenfalls zufällig gelingen, diese genau zu prognostizieren. Auch wird sich der Informationsstand über das Entscheidungsfeld im Planungszeitraum verbessern. So gehen in der Planungsperiode sukzessive und zufällig einzelne Auftragsangebote ein, die nicht nur den Informationsstand des Entscheidungsträgers zu für ihn unvorhersehbaren Zeitpunkten nach und nach erhöhen, sondern die ihn häufig auch nötigen, über die Annahme der Angebote zu entscheiden, bevor er die Eigenschaften des nächsten Auftragsangebots genau kennt und nachdem er über die früheren Angebote bereits verbindlich entschieden hat. Die Planung des optimalen Produktionsprogramms unter den beschriebenen Bedingungen läuft auf ein Problem der dynamischen Programmierung hinaus, das sich unter vereinfachenden Annahmen zwar theoretisch lösen lässt (siehe etwa Schildbach/Ewert 1989), das aber schwerlich eine Grundlage bietet, auf der sich Praktiker mit der Programmplanung auseinander zu setzen bereit sein werden.

b) Ansatz wertmäßiger Kosten

Um die im Fall der Produktionsprogrammplanung bei unvollkommener Kenntnis des Entscheidungsfeldes immer wieder anstehenden Entscheidungen treffen zu können, ob ein angebotener Auftrag angenommen werden sollte oder nicht, reicht es bei vielen kleinen und heterogenen Aufträgen aus zu prüfen, ob die Erlöse des Auftrags seine entscheidungsbezogenen „vollen" Kosten abdecken oder nicht. Die „vollen" Kosten umfassen dabei die variablen Kosten und die outputorientierten Opportunitätskosten des Produkts. Letztere sind die Produkte aus den Grenzerfolgen der knappen Kapazitäten (ihren inputorientierten Opportunitätskosten oder „Schattenpreisen") und den Koeffizienten, welche die Beanspruchung der jeweiligen Kapazität durch das Produkt zum Ausdruck bringen.

Dieser Ansatz zur Problemlösung läuft auf genau das heraus, was Schmalenbach mit seinen wertmäßigen Kosten angestrebt hat. Während diese Größen nach Lösung des Produktionsplanungsproblems auf der Basis eines vollständig bekannten Entscheidungsfeldes keinerlei Informationsgehalt mehr besitzen, können sie bei unvollständiger Kenntnis des Entscheidungsfeldes durchaus hilfreich sein. Die Anzahl der Größen, über die der Entscheidungsträger Erwartungen bilden muss, ist weit geringer als bei der detaillierten Prognose der erwarteten Aufträge. Insoweit ist es möglich, seine Erwartungen kompakter und globaler auszudrücken, was dem Detaillierungsgrad der über die Zukunft verfügbaren Informationen meist eher entsprechen dürfte. Natürlich bleibt es auch bei unvollkommener Information dabei, dass die Opportunitätskosten von den Charakteristiken aller möglichen Aufträge der Periode und von den verfügbaren Kapazitäten abhängen, aber durch einen anderen Lösungsansatz lassen sich die Probleme nicht vereinfachen, die Suche nach wertmäßigen Kosten beschreibt das Problem nur in einer Form, wie es sich praktisch viel leichter handhaben lässt.

Über die variablen Kosten hinausgehende Opportunitätskosten sind den Produkten nur zuzurechnen,

- soweit sie knappe Faktoren nutzen, bei denen es eine erkennbare Grenze ihrer Belastbarkeit gibt, die auch erreicht werden wird,

- wobei sowohl Produktionskapazitäten oder Rohstoffeinsatzmengen als auch mehreren Produkten gemeinsame Absatzmöglichkeiten knapp sein können (die Opportunitätskosten knapper Einprodukt-Absatzrestriktionen dagegen brauchen für die Suche nach dem Optimum nicht geschätzt zu werden),

- und in dem Umfang, wie die Produkte diese knappen Faktoren in Anspruch nehmen.

Die zuletzt genannte Bedingung ist erfüllt, wenn zur Zurechnung der Opportunitätskosten die Koeffizienten herangezogen werden, die auch bei der Optimierung im Rahmen der linearen Planung die Beanspruchung der Kapazitäten durch die Produkte zum Ausdruck bringen. Eine solche Zurechnung ist, bezogen auf die Zurechnungsgrundlage (nicht bezogen auf die zugerechneten Kosten), mit der Vorgehensweise Beanspruchungsprinzip vergleichbar.

In einem Zahlenbeispiel zur Programmwahl bei mehreren wirksamen Mehrproduktrestriktionen und vollständig bekanntem Entscheidungsfeld haben sich Opportunitätskosten als nicht mehr erforderlich herausgestellt, das optimale Produktionsprogramm zu bestimmen. Zu suchen war ein Produktionsprogramm aus zwei möglichen Produktarten, wobei beide Produkte ihre Kosten einschließlich der Opportunitätskosten gerade noch decken konnten und damit produktionswürdig erschienen. Von beiden Produkten konnte aber viel mehr abgesetzt als produziert werden, so dass sich aus der Produktionswürdigkeit allein ohne explizite Berücksichtigung der Produktionsrestriktionen kein optimales Produktionsprogramm ergibt. Die im Beispiel aufgetretenen Probleme werden vermieden oder stark abgeschwächt, wenn ein Programm aus einer großen Zahl von verschiedenen Produktarten gesucht wird, wobei sich diese Produkte alle durch ihre Beanspruchung der möglicherweise knappen Kapazitäten und durch ihre Deckungsbeiträge unterscheiden und wobei die Produkte auch allenfalls in kleinen Mengen abgesetzt werden können, und wenn die eventuellen Opportunitätskosten von Einprodukt-Absatzrestriktionen unberücksichtigt bleiben. Von einem solchen Programm vieler verschiedener Auftragsangebote mit jeweils relativ kleinen Volumina wird im hier betrachteten Fall unvollständiger Kenntnis des Entscheidungsfeldes ausgegangen.

c) Ansatz traditioneller Vollkosten als Basis

Der Ansatz wertmäßiger Kosten stellt an den Entscheidungsträger hohe Anforderungen. Er muss die Wirkungen der ihm zum Teil noch nicht bekannten Auftragsangebote auf die begrenzten Kapazitäten in Form von Knappheitspreisen (inputorientierten Opportunitätskosten, Schattenpreisen) abschätzen.

Eine derart schwierige Aufgabe legt es nahe, nach Wegen zu suchen, wie sie eventuell einfacher und unter Nutzung möglicherweise vorhandener Planungen bewältigt werden kann.

Von rational geleiteten und nach Zahlungsüberschüssen strebenden Unternehmen werden die der Kostenrechnung vorgegebenen Kapazitäten nur geschaffen, wenn sie sich, gemessen an einem geeigneten Kriterium – etwa dem Kapitalwert der zusätzlich ausgelösten Ein- und Auszahlungen –, als vorteilhaft erweisen. Wenn somit unter Inkaufnahme von Auszahlungen Kapazitäten in rational geleiteten Unternehmen geschaffen werden, muss es Planungen geben, in denen Erwartungen Niederschlag finden, wonach die Einzahlungen aus den auf den geschaffenen Kapazitäten produzierbaren Produkten neben deren variablen Produktionsauszahlungen auch die Investitionen für die Kapazitäten und die Kapitalkosten aufgrund des gebundenen Kapitals wenigstens abdecken.

Solange weder präzisere Informationen verfügbar sind, welche etwa aufgrund eines besonders großen Kapitalwerts einer Einzelinvestition auf die außergewöhnliche Knappheit der von ihr bereitgestellten Kapazität hindeuten, noch Erwartungsänderungen dahingehend eingetreten sind, dass die früher getätigte Investition inzwischen nicht mehr vorteilhaft erscheint, bietet sich als Basis eine sehr einfache Rechnung an. Die Inanspruchnahme der Kapazitäten wird anteilig mit den Investitionsauszahlungen bewertet und auf das jeweils noch gebundene Kapital wird ein Zins berechnet. Soweit diese Werte den Produkten nach Maßgabe des Beanspruchungsprinzips zugerechnet werden, erhält man einen ersten Anhaltspunkt dafür, wie hoch die Erlöse aus einem Auftrag sein müssen, damit dieser Auftrag Mindesterwartungen aus der langfristigen Planung dergestalt erfüllt, dass die Kapitalwerte der im Rahmen der langfristigen Planung befürworteten Investitionen gerade Null sind (vgl. zur Theorie solcher Ansätze Kloock 1997, S. 94 ff.).

Die Annahme, wonach keinerlei Anzeichen auf besondere Knappheiten vorhandener Kapazitäten hindeuten und wonach auch keine der getätigten Investitionen inzwischen unvorteilhaft erscheint, ist nicht unbedingt realistisch. Es gibt erkennbar knappe Kapazitäten, und meist ändern sich die Erwartungen im Ablauf der Zeit. Selbst unter Berücksichtigung dieser Umstände kann es aber vorteilhaft sein, bei der Suche nach wertmäßigen Kosten von einer beanspruchungsgerechten, an historische Ausgaben anknüpfenden Vollkostenrechnung als Anhaltspunkt oder als Orientierungshilfe auszugehen. Die Vollkosten müssen nur zusätzlich dort nach unten oder oben korrigiert werden, wo die Knappheit der Kapazitäten geringer bzw. größer ist als das im Rahmen der

Vollkostenrechnung vereinfachend unterstellt wurde. Der wertmäßige Kostenbegriff, der die Bewertung der sachzielbezogenen Güterverzehre völlig offen lässt, gewährt für derartige von historischen Ausgaben abweichende Bewertungen alle erforderlichen Freiheiten.

Für die Abschätzung des Umfangs der erforderlichen Abweichung von den Vollkosten kann eine zusätzliche Grenzkostenrechnung hilfreich sein, die die entscheidungsrelevanten Kosten dann richtig widerspiegelt, wenn keine der Mehrproduktrestriktionen und damit keine der Kapazitäten knapp ist. Fälle zwischen völligem Fehlen von Knappheit und derjenigen Knappheit, welche die Kapitalwerte der Investitionen geradezu Null werden lässt, können durch Interpolation zwischen Grenz- und Vollkosten angenähert werden. Knappheiten über das Maß hinaus, das der Vollkostenrechnung zugrunde liegt, müssen durch Extrapolation über die Vollkosten hinaus zu erfassen versucht werden.

Derartige Schätzungen sind höchst unvollkommen und allenfalls grob möglich. Allerdings ist auch anzunehmen, dass die Werte der Kapazitäten eines Unternehmens im Sinne der Preise, welche die Kunden für die Produkte dieser Kapazitäten über die variablen Kosten der Produkte zu zahlen bereit sind, im Zeitablauf ähnlich schwanken wie die Kurse für Wertpapiere an der Börse. Kostenrechnungen können derartigen Schwankungen nicht Rechnung tragen, schon weil es völlig exakte entscheidungsorientierte Rechnungen nicht gibt, und sie sollen es wahrscheinlich auch nicht. Um zur Verwirrung der Kunden Aufträge mit ähnlichen Konditionen nicht an einem Tag vorteilhaft und am nächsten Tag unvorteilhaft zu finden, würde selbst bei der Möglichkeit zu exakter Rechnung ein längerfristiger Durchschnitt interessieren. Ein derartiger Durchschnitt aber lässt sich noch am ehesten anhand der beiden Orientierungspunkte Voll- und Grenzkosten abschätzen.

G Flexible Plankostenrechnung und Kostenkontrolle

Lernziel: *Sie sollen einen Einblick in die verschiedenen Aufgaben und Sichtweisen der Kontrolle erhalten, um nicht zuletzt die speziellen Aspekte einordnen zu können, unter denen Kontrolle in diesem Buch betrachtet wird. Im Rahmen der für die flexible Plankostenrechnung typischen Kontrollperspektive werden Ihnen Grundprobleme der Abweichungsinterdependenz, ihrer möglichen Lösung und ihrer spezifischen Lösung bei flexibler Plankostenrechnung auf Vollkostenbasis nahe gebracht.*

1 Aufgaben und Aspekte der Kostenkontrolle

Unter **Kontrolle** wird ein Vergleich einer tatsächlich eingetretenen Größe – beispielsweise der effektiven Istkosten – mit einer erwarteten oder wünschenswerten Sollgröße verstanden, wobei aus der dabei aufgedeckten Abweichung oder einigen der dabei aufgedeckten Abweichungen zwischen Ist und Soll Schlussfolgerungen für künftige Entscheidungen gezogen werden. Obwohl Kontrolle somit einen einfachen Informationsprozess darzustellen scheint, verbergen sich hinter ihr unterschiedliche Aufgaben und Aspekte (vgl. Ewert/Wagenhofer 2008, S. 310 ff.), denen in den nachfolgenden Abschnitten zum Teil näher nachgegangen werden soll.

Zunächst hat Kontrolle etwas mit der Aufdeckung von Abweichungen zwischen Ist und Soll zu tun. Die Kenntnis dieser Abweichungen wird für künftige Entscheidungen dann nützlich, wenn aus den Abweichungen auf deren Ursachen geschlossen werden kann, diese Ursachen ohne Eingriff weiter bestehen und für den Entscheidungsträger auch in Zukunft relevant bleiben. Die Kontrolle erlaubt dann zumindest in Zukunft bessere Planungen. Die zu erwartenden Konsequenzen ähnlicher Handlungen lassen sich künftig zuverlässiger angeben. Auch wird es möglich, die optimale Handlungsweise in Zukunft auf der Basis der verbesserten Kenntnis der Handlungskonsequenzen zu wählen. Dabei kann optimales Handeln kurz- und mittelfristig darauf hinauslaufen, nur die schlimmsten Folgen der Ursachen für die Abweichung zu beseitigen. Kontrolle dient insoweit der Verbesserung eigener Entscheidungen **(Entscheidungsfunktion).**

Weichen beispielsweise die Ist- von den Sollkosten einer Spinnerei bei einer Produktart aufgrund einer über den Erwartungen liegenden großen Quote von Fadenbrüchen mit Maschinenstillstand ab, so kann dieser Kostenabweichung kurzfristig gegebenenfalls durch eine Verringerung der Produktionsgeschwindigkeit oder durch eine Erhöhung der Bedienungsrelationen gegengesteuert werden, bis das vorhandene Material verbraucht wurde oder die übernommenen Aufträge erfüllt sind. Längerfristig wäre auf der Basis der gewonnenen Erfahrungen zu prüfen, ob sich die Verarbeitung einer solchen Qualität mit den vorhandenen Anlagen noch lohnt oder ob eventuell die Ursachen für die unerwartet häufigen Fadenbrüche durch Modifikationen der Anlagen beseitigt werden können.

Kontrolle kann aber auch im Voraus Abweichungen der Ist- von der erwarteten oder wünschenswerten Sollgröße zu verhindern versuchen. Soweit sich der Entscheidungsträger nicht eigene Ziele in Form von Anspruchsniveaus setzt, zielt Kontrolle dann auf das Verhalten anderer Personen ab, die durch geeignete Anreize und durch Drohung mit späteren Soll-Ist-Vergleichen sowie Sanktionen zu einem bestimmten, vom Kontrollierenden gewünschten Verhalten angeregt werden sollen. Je nach dem Gewicht, das Anreizen einerseits und Soll-Ist-Vergleichen mit Sanktionen andererseits zukommt, erhält Kontrolle zur Beeinflussung fremden Verhaltens **(Verhaltenssteuerungsfunktion)** einen unterschiedlichen Charakter.

Der Soll-Ist-Vergleich mit Sanktionen steht dann im Mittelpunkt, wenn unterstellt wird, die kontrollierende Zentrale könne die von den Mitarbeitern zu erbringende Leistung und die dafür zulässigen Kosten letztlich besser überblicken als die Mitarbeiter vor Ort. Darum werden die in den verschiedenen Kostenstellen zu erbringenden Aufgaben nach Abstimmung mit den Mitarbeitern zentral geplant, daraus die zur Erfüllung der Aufgaben erforderlichen Kosten (Sollkosten) abgeleitet und später mit den effektiven Istkosten verglichen. Soweit Kostenüberschreitungen von den Kostenstellenleitern zu vertreten sind, werden die Kostenüberschreitungen aus dieser „Kutscherperspektive" einer verhaltenssteuernden Kontrolle mit Sanktionen verbunden, die letztlich die genaue Einhaltung der Vorgaben bezwecken.

Tatsächlich kennen Mitarbeiter vor Ort die spezifischen Probleme ihrer Arbeitsbereiche häufig aber besser als die Zentrale, und sie brauchen Entscheidungsfreiräume, um im Interesse der Zentrale unmittelbar und sinnvoll auf rasch wechselnde Marktbedürfnisse reagieren zu können. Aus einer „Multiunternehmer-Perspektive" stützt sich verhaltensbeeinflussende Kontrolle vor allem auf finanzielle Anreize. Diese sind so zu vereinbaren, dass die ihre eigenen Ziele verfolgenden Mitarbeiter nicht zum Schaden anderer Bereiche im Unternehmen handeln, sondern ihre Kreativität und ihr Spezialwissen möglichst weitgehend zum Wohle der Zentrale einsetzen. Als Anreize spielen Vergütungsvereinbarungen und Regeln zur Bestimmung von Verrechnungspreisen eine große Rolle. Der Soll-Ist-Vergleich mit Sanktion kann ergänzend eingesetzt werden, um den Verhaltensspielraum einzugrenzen.

Bei den folgenden Betrachtungen zur Kostenkontrolle im Rahmen der flexiblen Plankostenrechnung wird nur auf die Entscheidungsfunktion der Kontrolle und ihre Verhaltenssteuerungsfunktion aus der „Kutscherperspektive" eingegangen. Die „Multiunternehmer-Perspektive" der verhaltenssteuernden Kostenkontrolle wirft schwierige Probleme auf, die zwar im Fall der Verrechnungspreisproblematik beispielsweise starke Bezüge zur Plankostenrechnung für kurzfristige Entscheidungen bei unvollständiger Kenntnis des Entscheidungsfeldes (Abschnitt III.F) aufweisen, die aber eindeutig den Rahmen eines grundlegenden Lehrbuchs sprengen. (Auf solche Probleme gehen ein Ewert/Wagenhofer 2008, S. 366 ff.)

Eine verhaltenssteuernde Kostenkontrolle auf der Basis von Soll-Ist-Vergleichen mit Sanktionen (aus der „Kutscherperspektive") kann die im Unternehmen bestehenden Produktionsstrukturen mehr oder weniger akzeptieren. Im Folgenden werden nur Kostenkontrollen betrachtet, bei denen die im Rahmen gegebener Produktionsstrukturen wirtschaftlich vertretbaren Kosten als Sollgrößen vorgegeben und auf ihre Einhaltung überwacht werden. Nicht näher eingegangen wird dagegen auf weitergehende Ansätze, die derzeit überwiegend unter der Überschrift „Kostenmanagement" diskutiert werden. Diese Ansätze zielen darauf ab, die Produktionsstrukturen mit dem Ziel erheblicher Kostensenkungen zu verändern, indem beispielsweise entweder – wie beim Gemeinkostenmanagement – so lange Aufgaben in den Kostenstellen abgebaut werden, bis ein vorgegebenes Maß an Kostensenkung erreicht ist oder – wie beim Target Costing – aus den am Markt in Zukunft voraussichtlich erzielbaren Erlösen und aus der notwendigen Gewinnspanne abgeleitet wird, was ein Produkt kosten darf. „Kostenmanagement" durch die angesprochenen Ansätze führt aus der auf die Betrachtung kurzfristig veränderbarer Einflussfaktoren beschränkten Kostenrechnung heraus und sprengt den hier gesetzten Rahmen der Kostenrechnung.

2 Abweichungsanalyse im Rahmen der Kostenkontrolle

a) Gründe für die Abweichungsanalyse

Kosten hängen, wie in den Grundlagen der Plankosten- und Leistungsrechnung (Abschnitt III.B) genauer beschrieben wurde, von einer Vielzahl von Kosteneinflussgrößen ab. Für die Planung von Kosten, mit denen die Istkosten später im Rahmen der Kontrolle verglichen werden sollen, müssen diese Kosteneinflussgrößen in jeweils einer bestimmten erwarteten oder wünschenswerten Ausprägung zugrunde gelegt werden. Die Ausprägungen dieser Kosteneinflussgrößen, welche der Planung zugrunde liegen, stimmen in der Regel nicht mit den effektiv realisierten Kosteneinflussgrößen überein. Vielmehr weichen Ist- und Plan-Kosteneinflussgrößen voneinander ab, und das bedauerlicherweise meist hinsichtlich mehrerer Kosteneinflussgrößen. Für die Abweichung zwischen Istkosten und Plankosten sind dann mehrere Unterschiede bei den Einflussfaktoren verantwortlich. Solche auf mehreren Unterschieden beruhende Abweichungen eignen sich nur selten für die angestrebten Kontrollzwecke.

Im Rahmen der Entscheidungsfunktion lässt sich aus solchen Abweichungen schwerlich auf die Ursachen zurückschließen, weil mehrere Unterschiede zusammenwirken.

Besonders deutlich wird das in dem Sonderfall, in dem sich die Wirkungen der zwei möglichen Unterschiede genau kompensieren – der Mehrverbrauch wird beispielsweise durch den gesunkenen Preis zufällig exakt aufgehoben –, so dass Plan- und Istkosten genau übereinstimmen. Da in diesem Sonderfall beim bloßen Vergleich von Plan und Ist keine Abweichung in Erscheinung tritt, wird nicht nach Ursachen gesucht mit der Folge, dass auf die möglichen Gründe für Mehrverbrauch und Preissenkung in Zukunft nicht sinnvoll reagiert werden kann, die Kontrolle also kein Lernen ermöglicht. Erst nach Aufspaltung in Teilabweichungen werden in dem angenommenen Sonderfall Abweichungen sichtbar, und es eröffnen sich Chancen, Ursachen dafür zu finden sowie die Entscheidungen in Zukunft zu verbessern.

Für die Verhaltenssteuerungsfunktion sind Abweichungen, die auf mehreren Unterschieden beruhen, ebenfalls unbrauchbar. Die einzelnen Unterschiede, welche die Abweichung zwischen Plan und Ist gemeinsam hervorgerufen haben, sind vielfach verschiedenen Verantwortungsbereichen zuzurechnen. Wird einer der Verantwortlichen mit der Gesamtabweichung konfrontiert, wird er geneigt sein, die Ursache für die Abweichung nicht in seinem Verantwortungsbereich, sondern in den Verantwortungsbereichen der anderen zu vermuten. Auf diese Weise erspart er sich nicht nur die Mühe bei der Suche nach der Ursache im Detail, sondern er kann auch hoffen, den Sanktionen aus der Abweichung zu entgehen. Erst wenn es gelingt, aus einer auf mehreren Unterschieden beruhenden Abweichung eine Teilabweichung zu isolieren, die nur noch auf dem Unterschied beruht, der im Verantwortungsbereich desjenigen liegt, der mit der Teilabweichung konfrontiert wird, erscheinen Sanktionen gegen den Verantwortlichen gerechtfertigt. Erst dann wird der Verantwortliche auch nach den Ursachen für die Teilabweichung im Detail suchen, nicht zuletzt, um sich eventuell entlasten zu können, wenn diese Ursachen außerhalb seiner Beherrschungsmöglichkeiten lagen. Kam es beispielsweise in einem Fuhrpark zu Mehrkosten aus Betriebsstoffverbräuchen (Dieselöl), wird der Leiter des Fuhrparks die Verantwortung dafür ablehnen, sofern die Abweichung auch auf höheren Preisen und auf einer im Vergleich zum Plan größeren Istbeschäftigung beruht (es wurden mehr als die geplanten Kilometer gefahren). Wird ihm dann eine Abweichung vorgelegt, die nur noch aus einem nach Berücksichtigung des Beschäftigungseinflusses verbleibenden Mehrverbrauch resultiert, wird er Belege für Einflüsse aus höherer Gewalt – wie außerordentlich häufige und lange Stauungen in der Urlaubszeit – suchen, damit der Mehrverbrauch aufgrund mangelhafter Wartung der Fahrzeuge, die er zu verantworten hat, zumindest nicht klar erkannt wird.

Die Aufspaltung einer auf mehreren Unterschieden beruhenden Gesamtabweichung in mehrere Teilabweichungen, die jeweils möglichst nur noch einem Unterschied Rechnung tragen, wirft allerdings unangenehme Probleme auf, weil die Abweichungen zusammenhängen. So erhöhen sich die Kosten durch einen Mehrverbrauch aufgrund von Schlamperei zusätzlich, wenn zugleich der Preis für den verschwenderisch eingesetzten Faktor gestiegen ist. Es stellt sich die Frage, wem die Abweichung als Folge von Mehrverbrauch und Preissteigerung (Abweichung zweiter Ordnung) zuzurechnen ist: der Verbrauchsabweichung, der Preisabweichung, jeder von beiden hälftig oder keiner von beiden, weil das Bild nicht „verzerrt" werden soll bzw. ein gesonderter Ausweis für erforderlich gehalten wird.

b) Die differenziert kumulative Abweichungsanalyse

Die Probleme und möglichen Vorgehensweisen sollen an dem einfachen Beispiel einer rein proportionalvariablen Kostenart verdeutlicht werden. Dabei wird, um die Schwierigkeiten möglichst gering zu halten, von Folgendem ausgegangen (zu dem Rahmen vgl. Ewert/Wagenhofer 2008, S. 330 ff.):

1. Die Kosten der proportionalvariablen Kostenart ergeben sich als Produkt aus dem Verbrauch des Faktors m je Einheit des Beschäftigungsmaßes in der Stelle i (v_{mi} als Produktionskoeffizient), der Beschäftigung in der Stelle i (x_i) und dem Einstandspreis des Faktors m (q_m). Dabei wird unterstellt, durch x_i werde die Beschäftigung zutreffend gemessen. Da sich die Kosten aus drei Faktoren ergeben, wird von einem dreidimensionalen Kostenvergleich gesprochen.

2. Plangrößen werden mit dem Kennzeichen p, Istgrößen mit dem Kennzeichen r versehen, so dass sich die Istkosten K^r als $q_m^r \cdot v_{mi}^r \cdot x_i^r$ und die Plankosten K^p als $q_m^p \cdot v_{mi}^p \cdot x_i^p$ darstellen lassen.

3. Es wird von einem Ist-Plan-Vergleich in dem Sinne ausgegangen, dass die Gesamtabweichung ΔK die Differenz zwischen Ist- und Plankosten darstellt: $\Delta K = K^r - K^p$. Diese Definition impliziert, dass z.B. Effektivverbräuche oder Istpreise über die Plangrößen hinaus als positive Abweichungen ausgewiesen werden.

4. Alle Istgrößen sollen größer sein als die Plangrößen, damit es nur positive Abweichungen gibt. Diese Annahme ist eine erhebliche Vereinfachung und nicht unbedingt realistisch, sie macht aber die Beachtung der Vorzeichen von Abweichungen im Detail überflüssig und verhindert, dass sich Abweichungen kompensieren können (vgl. Wilms 1988, S. 100 ff.).

5. Bei den unterstellten Größenverhältnissen liegt ein Vergleich auf Plangrößenbasis nahe, bei dem jede Istgröße als um ein spezifisches und positives Delta größer beschrieben wird als die entsprechende Plangröße:

- $q_m^r = q_m^p + \Delta q_m$
- $v_{mi}^r = v_{mi}^p + \Delta v_{mi}$
- $x_i^r = x_i^p + \Delta x_i$.

6. Im Rahmen dieses Abschnitts b) sollen alle Elemente der Gesamtabweichung gesondert ausgewiesen werden (detaillierte Analyse der differenziert kumulativen Abweichungsanalyse mit Einzelausweis jeder Abweichung höherer Ordnung). Zusätzlich werden am Ende dieses Abschnitts die Abweichungen höherer Ordnung zusammengefasst (differenziert kumulative Abweichungsanalyse mit Blockausweis der Abweichungen höherer Ordnung nach Kloock/Bommes 1982, S. 229; Kloock 1994, S. 621 ff.).

Die Gesamtabweichung zwischen Istkosten und Plankosten lässt sich auf der Grundlage der beschriebenen Annahmen bei detaillierter Betrachtung in sieben, ausnahmslos positive Teilabweichungen aufspalten, von denen drei Abweichungen erster Ordnung (je ein Faktor ist eine Deltagröße), drei Abweichungen zweiter Ordnung (je zwei Faktoren sind Deltagrößen) und eine Abweichung dritter Ordnung sind (alle drei Faktoren sind Deltagrößen). (Abweichungen erster Ordnung gründen somit auf einem Unterschied, Abweichungen zweiter und dritter Ordnung auf zwei bzw. drei Unterschieden.) Im Rahmen der differenziert kumulativen Abweichungsanalyse mit Blockausweis der Abweichungen höherer Ordnung wird die Gesamtabweichung in die drei Abweichungen erster Ordnung und eine Restabweichung aufgespalten, die sämtliche Abweichungen höherer Ordnung beinhaltet.

Bei detaillierter Abweichungsanalyse gilt somit:

$$\Delta K = K^r - K^P = \left(q_m^P + \Delta q_m\right) \cdot \left(v_{mi}^P + \Delta v_{mi}\right) \cdot \left(x_i^P + \Delta x_i\right) - q_m^P \cdot v_{mi}^P \cdot x_i^P$$

$$\Delta K = \Delta q_m \cdot v_{mi}^P \cdot x_i^P + \Delta v_{mi} \cdot q_m^P \cdot x_i^P + \Delta x_i \cdot q_m^P \cdot v_{mi}^P$$

$$+ \Delta q_m \cdot \Delta v_{mi} \cdot x_i^P + \Delta q_m \cdot \Delta x_i \cdot v_{mi}^P + \Delta v_{mi} \cdot \Delta x_i \cdot q_m^P$$

$$+ \Delta q_m \cdot \Delta v_{mi} \cdot \Delta x_i.$$

Die ersten drei Abweichungen sind Abweichungen erster Ordnung, wobei die erste auf der Preisdifferenz Δq_m beruht und Plangrößen als Basen besitzt (hier v_{mi}^P und x_i^P), also eine reine Preisabweichung darstellt. Analog ist die zweite eine reine Verbrauchsabweichung auf Plangrößenbasis und die dritte eine reine Beschäftigungsabweichung auf Plangrößenbasis. Die nächsten drei Abweichungen sind Abweichungen zweiter Ordnung auf Plangrößenbasis – die erste von ihnen eine kombinierte Preis- und Verbrauchsabweichung, die zweite eine kombinierte Preis- und Beschäftigungsabweichung und die dritte eine kombinierte Verbrauchs- und Beschäftigungsabweichung. Die letzte Abweichung schließlich ist eine Abweichung dritter Ordnung, eine kombinierte Preis-, Verbrauchs- und Beschäftigungsabweichung.

In der folgenden Übersicht (Abbildung 53 auf S. 275) sollen die sieben Abweichungen graphisch verdeutlicht werden. Der gesamte Quader stellt die Istkosten dar, die sich aus drei Faktoren – Preis, Produktionskoeffizient und Beschäftigung – ergeben. Bei jedem dieser Faktoren weicht die Istgröße durch eine positive Deltakomponente von der Plangröße ab. Damit verbergen sich die Plankosten aus dieser Perspektive von außen unsichtbar hinten und unten im Istkostenquader. Zumindest partiell sichtbar sind die sieben Abweichungen. Sie wurden nach ihrer Reihenfolge in der Gleichung ΔK und anschließender verbaler Beschreibung durch die Zahlen 1 bis 7 gekennzeichnet.

Diese detaillierte Abweichungsanalyse hat neben ihren Vorzügen – alle Abweichungen basieren einheitlich auf der gleichen Basis (im Beispiel sind es stets Plangrößen), sie liefert Daten über alle Einzelabweichungen und die Summe ihrer Teilabweichungen entspricht stets der Gesamtabweichung – einen schwerwiegenden Nachteil. Obwohl nur bei drei Kosteneinflussgrößen (Preis, Verbrauch und Beschäftigung) Unterschiede auftreten können, entstehen sieben verschiedene Abweichungen, von denen lediglich drei nur einem Unterschied Rechnung tragen. Die übrigen Abweichungen resultieren aus mehr als einem Unterschied und eignen sich daher zur Suche nach ihren letztlichen Ursachen oder zur Verhaltenssteuerung nur in Sonderfällen (vgl. Kloock 1994, S. 635 f.). Von den zahlreichen Abweichungen im Rahmen der detaillierten Kontrolle ist vielfach nur ein kleinerer Teil aussagefähig. Gemessen an den Aufgaben der Kontrolle geht diese detaillierte Abweichungsanalyse dann zu weit.

Um die Nachteile abzuschwächen, werden im Rahmen der differenziert kumulativen Methode mit Blockausweis der Abweichungen höherer Ordnung sämtliche Abweichungen höherer Ordnung zusammengefasst („zu einem Block kumuliert"), so dass den aussagefähigen reinen Abweichungen erster Ordnung nur noch eine Abweichung gegenübersteht, die nicht auf einer Ursache allein beruht. Der Vorteil, die Zahl der mehrdeutigen Abweichungen zu reduzieren, wird allerdings durch die Zusammenfassung der verschiedenen Abweichungen höheren Grades erkauft. Dafür bleibt der in der Literatur hoch eingeschätzte Vorteil erhalten, dass alle Abweichungen auf die gleichen Basisgrößen – hier Plangrößen – gestützt werden.

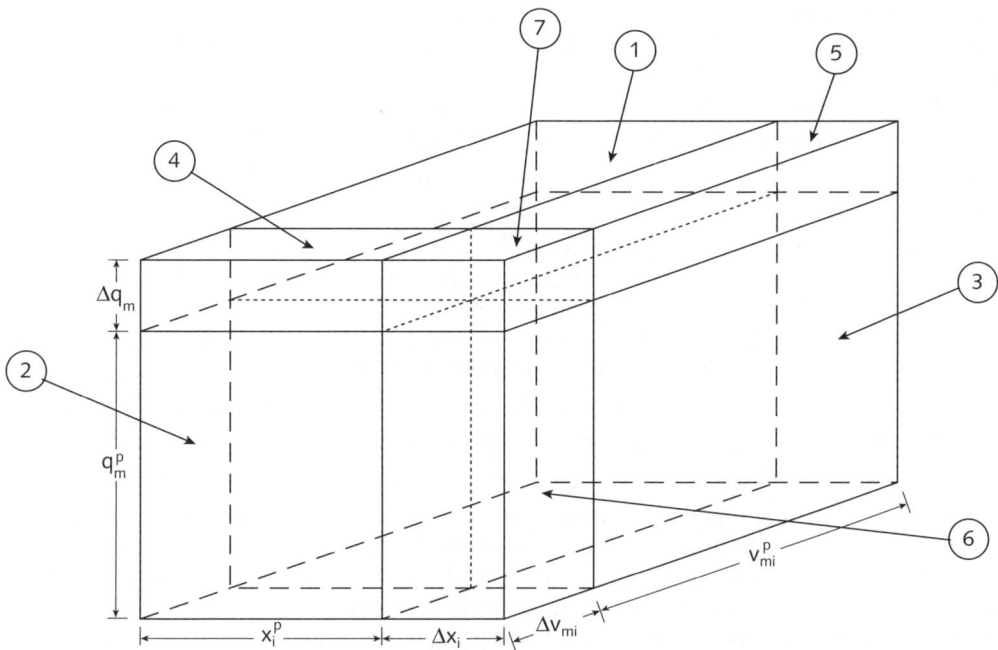

① reine Preisabweichung auf Plangrößenbasis
② reine Verbrauchsabweichung auf Plangrößenbasis
③ reine Beschäftigungsabweichung auf Plangrößenbasis
④ kombinierte Preis- und Verbrauchsabweichung auf Plangrößenbasis
⑤ kombinierte Preis- und Beschäftigungsabweichung auf Plangrößenbasis
⑥ kombinierte Verbrauchs- und Beschäftigungsabweichung auf Plangrößenbasis
⑦ kombinierte Preis-, Verbrauchs- und Beschäftigungsabweichung

Abb. 53: Dreidimensionaler Ist-Plan-Kostenvergleich auf Plangrößenbasis

c) Die alternative Abweichungsanalyse

Die Probleme der detaillierten Abweichungsanalyse legen den Gedanken nahe, sich bei der Analyse nur auf die drei aussagefähig erscheinenden Teilabweichungen der detaillierten Abweichungsanalyse zu beschränken, nämlich

$$\Delta q_m \cdot v_{mi}^P \cdot x_i^P, \ \Delta v_{mi} \cdot q_m^P \cdot x_i^P \text{ und } \Delta x_i \cdot q_m^P \cdot v_{mi}^P.$$

Die Abweichungsanalyse, die sich auf die drei Abweichungen erster Ordnung beschränkt – wie die übrigen Faktoren deutlich zeigen, geschieht das hier auf der Basis von Plangrößen bei den übrigen Faktoren –, nennt man alternative Abweichungsanalyse (vgl. Kilger/Pampel/Vikas 2007, S. 146). Auch sie hat Vor- und Nachteile. Die Vorteile liegen in der Beschränkung der Analyse auf genau so viele Teilabweichungen, wie es Faktoren im Rahmen der Kostenermittlung und damit Unterschiede bei diesen Faktoren geben kann. Außerdem werden die Teilabweichungen hinsichtlich der übrigen, in ihnen enthaltenen Nicht-Deltagrößen einheitlich geprägt. Alle Nicht-Deltagrößen, die als Faktoren die Teilabweichungen prägen, sind übereinstimmend Plangrößen – wie in den obigen Definitionen –, können aber auch sämtlich Istgrößen sein, sofern das für aussagefähiger gehalten wird. Der entscheidende Nachteil der alternativen Abweichungsanalyse liegt darin, dass die Summe der Teilabweichungen allenfalls zufällig der Gesamtabweichung entspricht – nämlich dann, wenn die Abweichungen höheren Grades teilweise negativ sind und sich insgesamt gerade zu Null ergänzen.

Regelmäßig und speziell unter den hier gesetzten Annahmen stimmt die Summe der Teilabweichungen nicht mit der Gesamtabweichung überein.

Die Teilabweichungen auf Plangrößenbasis bei Größenverhältnissen, wie sie hier bisher betrachtet wurden, sind zusammen kleiner als die Gesamtabweichung. Wie die Aufspaltung der Gesamtabweichung im Rahmen der detaillierten Abweichungsanalyse zeigt, ist die Summe der drei Teilabweichungen erster Ordnung um die Summe der vier positiven Teilabweichungen höherer Ordnung kleiner als die Gesamtabweichung.

Werden dagegen alle Nicht-Deltagrößen, die als Faktoren die Teilabweichung prägen, in ihrer Istausprägung zugrunde gelegt (alternative Abweichungsanalyse auf Istgrößenbasis mit den Abweichungen $\Delta q_m \cdot v_{mi}^r \cdot x_i^r$, $\Delta v_{mi} \cdot q_m^r \cdot x_i^r$, $\Delta x_i \cdot q_m^r \cdot v_{mi}^r$), stimmt unter den hier gesetzten Bedingungen die Summe der Teilabweichungen ebenfalls nicht mit der Gesamtabweichung überein. Da gemäß Annahme 4 alle Istgrößen die entsprechenden Plangrößen übersteigen sollen, müssen die Deltagrößen gemessen an den Istgrößen sämtlich negativ sein. (Die Abweichung einer beliebigen Plangröße gemessen an ihrer entsprechenden Istgröße ist unter den Bedingungen der Annahme 4 stets negativ.) Der Ist-Preis q_m^r, der Ist-Produktionskoeffizient v_{mi}^r und die Ist-Beschäftigung x_i^r dagegen sind sämtlich positiv, so dass alle drei Teilabweichungen negativ ausfallen. Bei Betrachtung des Istkostenquaders wird deutlich, dass die Preisabweichung auf Istgrößenbasis die ganze „obere Scheibe" des Quaders umfasst, also aus den Teilabweichungen 1, 4, 5 und 7 besteht, dass die Verbrauchsabweichung auf Istgrößenbasis die ganze „vordere Scheibe" des Quaders umfasst, also aus den Teilabweichungen 2, 4, 6 und 7 besteht, sowie dass die Beschäftigungsabweichung auf Istgrößenbasis die ganze „rechte Scheibe" des Quaders umfasst, also aus den Teilabweichungen 3, 5, 6 und 7 besteht. Werden die drei Abweichungen auf Istgrößenbasis zusammengenommen und von den Istkosten abgezogen, so werden die Abweichungen zweiter Ordnung 4, 5 und 6 je einmal zu viel und die Abweichung dritter Ordnung 7 sogar zweimal zu viel abgezogen. Die Summe der Teilabweichungen bei alternativer Abweichungsanalyse auf Istgrößenbasis ist also bei den hier unterstellten Größenverhältnissen um die Abweichungen höherer Ordnung – teilweise mehrfach – zu groß, und sie stimmt auch bei anderen Größenverhältnissen allenfalls zufällig mit der Gesamtabweichung überein.

d) Die kumulative Abweichungsanalyse

Die kumulative Abweichungsanalyse verbindet die beiden wichtigen, vorteilhaften Eigenschaften der zuvor beschriebenen Vorgehensweisen bei der Abweichungsanalyse. Wie bei der detaillierten und der differenziert kumulativen Abweichungsanalyse entspricht die Summe der Teilabweichungen der Gesamtabweichung. Wie bei der alternativen Abweichungsanalyse werden außerdem nur so viele Teilabweichungen unterschieden, wie Einflussfaktoren auf die Kosten betrachtet werden. Im hier zugrunde gelegten Fall eines dreidimensionalen Kostenvergleichs werden also genau drei Abweichungen ermittelt.

Die beiden vorteilhaften Eigenschaften lassen sich allerdings nur erzielen, wenn an anderer Stelle Abstriche gemacht werden. Während bei den bisher betrachteten Verfahren der Abweichungsanalyse stets sämtliche Abweichungen erster Ordnung auf der Grundlage von Nicht-Deltagrößen oder Basisgrößen mit gleichem Charakter ermittelt werden – in den vorausgegangenen Abschnitten wurden meist Analysen ausschließlich auf Basis von Plangrößen als Basisgrößen, bei der alternativen Abweichungsanalyse wurden am Schluss auch Analysen auf Basis nur von Istgrößen als Basisgrößen erörtert –, beruhen die Teilabweichungen der kumulativen Abweichungsanalyse auf unterschiedlichen Basisgrößen (Nicht-Deltagrößen). Im Beispielfall eines dreidimensionalen Kostenvergleichs führt die kumulative Abweichungsanalyse zu einer Abweichung, die nur auf Istgrößen gründet, einer zweiten Abweichung, die auf einer Plan- und einer Istgröße basiert, und zu einer dritten Abweichung, die auf zwei Plangrößen als Basisgrößen beruht. Wenn beispielsweise die Reihenfolge Preisabweichung, Verbrauchsabweichung und Beschäftigungsabweichung im Rahmen des hier unterstellten Ist-Plan-Vergleichs angenommen wird, ergeben sich auf Basis der kumulativen Abweichungsanalyse folgende Abweichungen – die Aufspaltung der Gesamtabweichung in Teilabweichungen erfolgt durch Einfügung geeigneter Zwischengrößen mit positivem und negativem Vorzeichen so, dass die Gleichung nicht aufgehoben und zugleich die gewünschte Aufspaltung erreicht wird – (vgl. Kilger/Pampel/Vikas 2007, S. 148 ff.):

$$\Delta K = K^r - K^p = q_m^r \cdot v_{mi}^r \cdot x_i^r - q_m^p \cdot v_{mi}^p \cdot x_i^p$$

$$\Delta K = q_m^r \cdot v_{mi}^r \cdot x_i^r - q_m^p \cdot v_{mi}^r \cdot x_i^r \quad \text{(Preisabweichung)}$$

$$+ \ q_m^p \cdot v_{mi}^r \cdot x_i^r - q_m^p \cdot v_{mi}^p \cdot x_i^r \quad \text{(Verbrauchsabweichung)}$$

$$+ \ q_m^p \cdot v_{mi}^p \cdot x_i^r - q_m^p \cdot v_{mi}^p \cdot x_i^p \quad \text{(echte Beschäftigungsabweichung)}$$

$$\text{oder}$$

$$\Delta K = \Delta q \cdot v_{mi}^r \cdot x_i^r + \Delta v_{mi} \cdot q_m^p \cdot x_i^r + \Delta x_i \cdot q_m^p \cdot v_{mi}^p$$

Der Zusammenhang zwischen den Teilabweichungen der kumulativen Abweichungsanalyse in der soeben dargestellten Form – zuerst eine Preisabweichung auf Istgrößenbasis, dann eine Verbrauchsabweichung auf Basis von Plan-Preis und Ist-Beschäftigung sowie endlich eine Beschäftigungsabweichung auf Plangrößenbasis – und der detaillierten Abweichungsanalyse auf Plangrößenbasis lässt sich am einfachsten anhand des Istkostenquaders verdeutlichen. Die Preisabweichung auf Istgrößenbasis entspricht in der Graphik der ganzen oberen Scheibe des Quaders, umfasst also, wenn Plangrößen als Basis der Definition von Abweichungen herangezogen werden, die reine Preisabweichung 1, die gemischte Preis- und Verbrauchsabweichung 4, die gemischte Preis- und Beschäftigungsabweichung 5 sowie die Abweichung dritter Ordnung 7. Die Verbrauchsabweichung der kumulativen Abweichungsanalyse entspricht bei der gewählten Vorgehensweise (gemischte Basisgrößen) der nach Abtrennung der „oberen Scheibe" verbleibenden „vorderen Scheibe" des Quaders, verbindet also die reine Verbrauchsabweichung auf Plangrößenbasis 2 mit der gemischten Beschäftigungs- und Verbrauchsabweichung auf Plangrößenbasis 6. Der gewählten Reihenfolge entsprechend umfasst die Beschäftigungsabweichung im Rahmen der kumulativen Abweichungsanalyse nur noch die reine Beschäftigungsabweichung auf Plangrößenbasis 3. Da alle Detailabweichungen in den Abweichungen der kumulativen Abweichungsanalyse genau einmal enthalten sind, bestätigt sich die Übereinstimmung zwischen der Summe der Teilabweichungen und der Gesamtabweichung. Allerdings verstößt die kumulative Abweichungsanalyse gegen das Invarianzprinzip, wonach die Höhe der Teilabweichungen nicht von der Reihenfolge ihrer Berechnung bzw. ihres Ausweises abhängen darf. Bei der kumulativen Abweichungsanalyse ändert sich die Höhe der Teilabweichungen bei einer Berechnung in der geänderten Reihenfolge echte Beschäftigungsabweichung, Preisabweichung und Verbrauchsabweichung wie folgt:

$$\Delta K = K^r - K^p = q_m^r \cdot v_{mi}^r \cdot x_i^r - q_m^p \cdot v_{mi}^p \cdot x_i^p$$

$$\Delta K = q_m^r \cdot v_{mi}^r \cdot x_i^r - q_m^r \cdot v_{mi}^r \cdot x_i^p \quad \text{(echte Beschäftigungsabweichung)}$$

$$+ \; q_m^r \cdot v_{mi}^r \cdot x_i^p - q_m^p \cdot v_{mi}^r \cdot x_i^p \quad \text{(Preisabweichung)}$$

$$+ \; q_m^p \cdot v_{mi}^r \cdot x_i^p - q_m^p \cdot v_{mi}^p \cdot x_i^p \quad \text{(Verbrauchsabweichung)}.$$

Gemäß der zuerst durchgeführten Aufspaltung lautet die (z.B. positive) Verbrauchsabweichung:

$$q_m^p \cdot v_{mi}^r \cdot x_i^r - q_m^p \cdot v_{mi}^p \cdot x_i^r = q_m^p \cdot \Delta v_{mi} \cdot x_i^r;$$

nach dem letzten Ansatz ergibt sich jedoch:

$$q_m^p \cdot v_{mi}^r \cdot x_i^p - q_m^p \cdot v_{mi}^p \cdot x_i^p = q_m^p \cdot \Delta v_{mi} \cdot x_i^p,$$

also eine Teilabweichung, die für $x_i^p \neq x_i^r$ nicht mit dem zuerst berechneten Verbrauchsabweichungsbetrag übereinstimmen kann.

e) Die symmetrische Abweichungsanalyse

Bei der symmetrischen Abweichungsanalyse sollen die Ziele der kumulativen Abweichungsanalyse – Zahl der Abweichungen gleich Zahl der betrachteten Kosteneinflussfaktoren und Summe der Teilabweichungen gleich Gesamtabweichung – auf einem anderen Weg erreicht werden. Die Abweichungen höherer Ordnung werden den „beteiligten" Deltagrößen und den ihnen zugeordneten Abweichungen erster Ordnung jeweils zu gleichen Anteilen zugeordnet, Abweichungen zweiter Ordnung, wie 4, 5 und 6, also hälftig auf die „benachbarten" Abweichungen erster Ordnung und Abweichungen dritter Ordnung, wie 7, zu je einem Drittel auf die drei betrachteten Abweichungen erster Ordnung.

Die auf den ersten Blick „gerecht" erscheinende Lösung beugt allerdings im Rahmen der Verhaltenssteuerungsfunktion nicht dem Einwand einer zur Verantwortung gezogenen Person vor, sie werde auf eine besonders undurchsichtige Weise für Mehrkosten verantwortlich gemacht, für die aus ihrer Sicht andere die Verantwortung tragen. Dieser Einwand ist zudem bei jeder Teilabweichung möglich. Im Blick auf die Entscheidungsfunktion wird die Suche nach den Ursachen wahrscheinlich eher verstellt als gefördert, wenn Teilabweichungen derart aufwendig berechnet werden. Da überdies der Rechenaufwand besonders groß ist, sprechen sachliche Argumente eher gegen als für die symmetrische Abweichungsanalyse (vgl. auch Kloock 1988, S. 423 ff.).

f) Zur Beurteilung der Verfahren der Abweichungsanalyse

Bei der Beurteilung der Verfahren der Abweichungsanalyse gibt es eine weitgehende Übereinstimmung dahingehend, dass sowohl die alternative als auch die symmetrische Abweichungsanalyse weniger gut geeignet sind. Beim Vergleich zwischen der differenziert kumulativen Abweichungsanalyse einerseits und der kumulativen Abweichungsanalyse andererseits lassen sich verschiedene Standpunkte einnehmen.

In der wissenschaftlichen Literatur wird der differenziert kumulativen Abweichungsanalyse mit Blockausweis der Abweichungen höherer Ordnung der Vorzug gegeben. Bei dieser Vorgehensweise (Ewert/Wagenhofer 2008, S. 334 ff.; vgl. auch Kloock 1994, S. 628 ff. und S. 638 f.; zur Übertragung auf mehrstufige Prozesse vgl. Kloock/Dörner 1988, S. 129 ff.; Kloock 1994, S. 639 f.; Lengsfeld 1999, S. 96 ff.)

- ergänzen sich die Einzelabweichungen zur Gesamtabweichung (Vollständigkeit),

- hängt die Größe der einzelnen Abweichungen nicht von der Reihenfolge ab, in der die Abweichungen ermittelt werden (Invarianz),

- wird für jeden der betrachteten Kosteneinflussfaktoren eine Abweichung erster Ordnung ermittelt, die – gemessen an den als geeignet angesehenen Basisgrößen – keine Abweichung höherer Ordnung einschließt und damit die Personen, die für die Abweichung verantwortlich gemacht werden, davor schützt, dass ihnen Abweichungen zugerechnet werden, die sie nicht beeinflussen können (Willkürfreiheit) und

- übersteigt die Zahl der Abweichungen die Zahl der betrachteten Kosteneinflussfaktoren nur um eins.

In der Praxis überwiegt bisher allerdings die kumulative Abweichungsanalyse (Kilger/Pampel/Vikas 2007, S. 149; Ewert/Wagenhofer 2008, S. 339 f.). Das mag an der Einfachheit der Vorgehensweise liegen oder an der Tatsache, dass eine eventuell umfangreiche Restabweichung vermieden wird, für die niemand verantwortlich gemacht werden kann. Das kann aber auch gute Gründe haben. Die Frage, ob eine Abweichung auf der Grundlage von Basisgrößen (Nicht-Deltagrößen) mit stets gleichem Charakter – alle sind Plangrößen oder alle sind Istgrößen – eine Abweichung erster Ordnung oder eine Abweichung ist, die zugleich eine große Zahl von Abweichungen höherer Ordnung umfasst, hängt davon ab, ob Plan- oder Istgrößen die zur Kontrolle geeigneten Basisgrößen sind. Die Literatur geht offensichtlich davon aus, dass der Zweck der Kontrolle über die Eignung von Plan- oder Istgrößen als Basisgrößen entscheiden kann. Kloock 1994, S. 635 f., hält Istgrößen für die geeignete Basis, wenn es um die Entscheidungsfunktion der Kontrolle geht, und Plangrößen für geeignet, wenn eine Verhaltensbeeinflussung angestrebt wird (vgl. auch Küpper 2005, S. 209).

Ob es die „richtige" Basisgröße gibt, soll hier offen bleiben. Im Folgenden wird von der These ausgegangen, dass im Blick auf die Verbrauchsabweichung beim Preis die Plangröße, bei der Beschäftigung aber die Istgröße der Kontrolle zur Verhaltenssteuerung aus der Kutscherperspektive dienen können.

Für den Istpreis als Basisgröße spricht, dass nur Abweichungen auf Istpreisbasis Auskunft darüber zu geben versprechen, welche Mehrkosten effektiv eingetreten sind, weil Mehrverbräuche auf der Basis von Unwirtschaftlichkeiten oder von Beschäftigungsausweitungen etwa angefallen sind (vgl. Kloock 1994, S. 635 f., der solche Mehrkosten als Kostenänderungspotenziale bezeichnet). Für den Planpreis spricht, dass er im Grunde die Spielregel im arbeitsteiligen Unternehmen darstellt (Kilger/Pampel/Vikas 2007, S. 149). Wenn die einzelnen Kostenstellenleiter die Beobachtung der Marktpreise und die möglichst günstige Beschaffung dem Einkauf überlassen, können sie selbst sich auf den sparsamen Umgang mit den Faktoren konzentrieren, wobei sie ihre Bemühungen nach Maßgabe der Planpreise der Faktoren differenzieren. Je höher der Planpreis eines Faktors ist, desto mehr Aufmerksamkeit verdient er. Würden die Kostenstellenleiter in ihren Wirtschaftlichkeitsbemühungen an den effektiven Istpreisen gemessen, müsste das Beschaffungs-Controlling vor Beginn ihrer Tätigkeit zuerst die aktuellen Marktpreise bereitstellen, bevor sie ihre Anstrengungen auf den wirtschaftlichen Umgang mit den verschiedenen Faktoren ausrichten können. Geht man von einer simultanen gleichzeitigen Kontrolle der Beschaffungs-, Produktions- und Absatzbereiche aus, so stehen diese Beschaffungspreise der Produktion noch nicht zur Verfügung. Soweit der Planpreis den langfristigen Durchschnitt der zu erwartenden Istpreise bildet, steigert er zudem die Vergleichbarkeit der Abweichungen. Am Beispiel des Benzinpreises wird deutlich, wie problematisch eine Abweichungsberechnung auf Basis der „zappelnden" Benzinpreise wäre. Unter Abwägung dieser Argumente spricht folglich mehr für den Planpreis als Basisgröße der Kontrolle des Verbrauchs.

Bei der Beschäftigung ist das Bild differenzierter. Soweit die Beschäftigung als Grundlage einer Preisabweichung herangezogen wird, liegt die Wahl einer Plan-Beschäftigung als Basisgröße nahe, wenn die Beschaffungspolitik etwa wegen eines langen Vorlaufs auf die Planbeschäftigung gestützt werden musste. Soweit die Beschäftigung aber Grundlage einer Verbrauchsabweichung ist, gibt es keine sinnvolle Alternative zur Istbeschäftigung als Basisgröße, obwohl damit das Vertrauen der Kostenstellenleiter nicht geschützt wird. Verbrauch und Beschäftigung sind vergleichbar der Krafteinteilung und der Länge eines Langstreckenlaufs. Den Kostenstellenleitern wird die Beschäftigung und damit die Länge des zu absolvierenden Laufs vorgegeben. Entsprechend dieser Vorgabe wählen sie ihre Strategie sparsamen Verhaltens – teilen sich also im gewählten Bild ihre Kräfte ein. Nichterreichen der Planbeschäftigung heißt, dass das Rennen vorzeitig beendet wird. Auch wenn sich die Kostenstellenleiter auf eine andere Beschäftigung (Lauflänge) eingerichtet hatten, können sie nur auf Basis ihrer Leistungen auf der verkürzten Strecke beurteilt werden. Welche Ergebnisse sie erzielt hätten, wenn die Planbeschäftigung erreicht worden wäre, lässt sich nicht ermitteln und damit der Kontrolle nicht zugrunde legen. Wenn die Istbeschäftigung die Planbeschäftigung überschreitet, ist das zwar theoretisch anders – die Kontrolle könnte am tatsächlichen Verbrauch anknüpfen, wie er bei Erreichen der Planbeschäftigung vor Periodenende realisiert war –, da dies aber Istkostenrechnungen für stets variierende Teilperioden voraussetzt (die Teilperioden, in denen die Planbeschäftigung genau erreicht wurde), scheidet dieses Vorgehen aus praktischen Gründen aus. Zudem würde jedwede Verschwendung nach Erreichen der Planbeschäftigung unbeachtet bleiben.

Sofern die obige Argumentation schlüssig ist, relativieren sich die Vorbehalte gegen die kumulative Abweichungsanalyse allgemein und insbesondere gegen eine Verbrauchsabweichung, welche auf dem Planpreis und der Istbeschäftigung beruht. Das Invarianzproblem ist mit dieser Vorgabe auch behoben, weil die zu betrachtenden Teilabweichungen stets in der vorgegebenen Reihenfolge: Preisabweichung, Verbrauchsabweichung und dann echte Beschäftigungsabweichung gemäß der kumulativen Abweichungsanalysemethode berechnet bzw. ausgewiesen werden müssen.

3 Prognose- versus Standardkosten für Kontrollzwecke

Im Rahmen der Kostenplanung war in Abschnitt III.D.3.b) (4), S. 242, bereits auf die beiden Pole eingegangen worden, die die möglichen Zielrichtungen bei der konkreten Kostenplanung bestimmen. Die Kostenplanung kann einerseits darauf abzielen, die in Zukunft voraussichtlich eintretenden „Prognosekosten" und andererseits die im Rahmen der gegebenen Produktionsstrukturen bei sparsamstem Umgang mit den Faktoren erreichbaren „Standardkosten" zu erfassen.

Prognosekosten, die sich als Grundlage kurzfristiger Entscheidungen in besonderem Maße eignen, weil sie die voraussichtlichen Konsequenzen der möglichen Handlungen widerspiegeln, müssen aus der Sicht der Kontrollaufgaben zurückhaltender beurteilt werden. Der Entscheidungsfunktion der Kontrolle dienen sie schwerlich, denn die Abweichungen zwischen Istkosten und Prognosekosten tragen zwei höchst unterschiedlichen Gruppen von Einflussfaktoren Rechnung. Einerseits kann die Abweichung auf Ungenauigkeiten bei den angenommenen Beziehungen zwischen produktionstheoretischen Kosteneinflussfaktoren und Kosten beruhen, andererseits liegen Abweichungen wahrscheinlich auch in der Unfähigkeit begründet, das Ausmaß des künftigen Schlendrians genau vorherzusagen. Von derart unterschiedlichen Einflussgrößen geprägte Abweichungen erlauben kaum Rückschlüsse auf die Abweichungsursachen im Detail – besonders nicht auf solche, deren Kenntnis für künftige Entscheidungen Vorteile verspricht. Auch die Eignung der Prognosekosten zur Verhaltenssteuerung aus der Kutscherperspektive ist fraglich. Im Rahmen der Verhaltenssteuerung aus der Kutscherperspektive wird davon ausgegangen, dass das Verhalten der Mitarbeiter positiv beeinflusst werden kann, wenn Kosten vorgegeben und Abweichungen von diesen Kosten bestraft bzw. belohnt werden. Dass gerade die Vorgabe der Kosten in der Höhe, in der sie unter Berücksichtigung der Kontrollwirkung für die Zukunft erwartet werden, der Verhaltenssteuerung am meisten dient, erscheint eher unwahrscheinlich, da keine Gründe erkennbar sind, die für eine Übereinstimmung von optimalen Vorgabekosten und später tatsächlich realisierten Kosten sprechen. Im Gegenteil gibt es Gründe zu der Annahme, dass durch eine Vorgabe von Kosten unterhalb der später realisierten Kosten die Leistungsbereitschaft zumindest in Grenzen weiter gesteigert werden kann (Coenenberg 1970). Um im Bild des „Kutschers" zu bleiben, wird also behauptet, dass die Leistung steigt, wenn die Mohrrübe nicht so nahe vor das Maul des Pferdes gehalten wird, dass das Pferd die Möhre erreicht. Vielmehr gilt es, den Abstand zu finden, welcher den größten Leistungsanreiz verspricht. Auch werden sich Prognosekosten nicht leicht ermitteln lassen, weil dabei das Ergebnis, das die Kontrolle auf ihrer Basis voraussichtlich entfalten wird, bereits vollständig antizipiert werden müsste.

Standardkosten dagegen liefern für die Suche nach Abweichungsursachen mit Blick auf den Wunsch, die Ursache-Wirkungs-Beziehungen bei den Kosten genauer kennen zu lernen (Entscheidungsfunktion), gute Grundlagen, da „Verhaltenssteuerung" in den Dienst der Verbesserung des Wissens über Ursache-Wirkungs-Beziehungen gestellt werden kann. Standardkosten beschreiben diejenigen Kosten, die im Rahmen gegebener Produktionsstrukturen zu erwarten sind, wenn allein den produktions- und kostentheoretischen Ursache-Wirkungs-Beziehungen Rechnung getragen wird, die sich nach Ansicht der Planer am besten bewährt haben, soweit nicht Wirtschaftlichkeitsaspekte Vereinfachungen nahe legten. Werden die Verantwortlichen vor Ort mit Standardkosten oder gezielt mit Teilabweichungen der Istkosten von den Standardkosten auf Basis nur desjenigen Einflussfaktors konfrontiert, der ihrer Kontrolle unterliegt, so kommen sie unter einen Rechtfertigungsdruck. Um ihre eigene Verantwortung für die Abweichung zu relativieren, werden die Verantwortlichen vor Ort ihre Detailkenntnis nutzen, um die den Standardkosten zugrunde liegenden Ursache-Wirkungs-Beziehungen eingehend zu prüfen. Soweit die Kostenkontrolle die Einflüsse vereinfachender Annahmen über Ursache-Wirkungs-Beziehungen nicht bereits eliminiert hat, bevor sie die Verantwortlichen mit den für sie relevanten Abweichungen konfrontiert, werden diese Verantwortlichen solche Vereinfachungen aufdecken und einen Teil der Abweichung auf diese Vereinfachungen zurückführen. Natürlich werden sie sich auch bemühen, andere Unstimmigkeiten bei den Ursache-Wirkungs-Beziehungen aufzudecken, welche der Berechnung von Standardkosten zugrunde liegen. Diese Bemühungen, die sich auf mehr Detailkenntnisse stützen als die Planungsabteilung besitzt, können für künftige Planungen nützlich sein. Von der Erörterung der Planungsprämissen profitiert aber nicht allein die Entscheidungsfunktion der Kontrolle, auch für die Verhaltenssteuerung ist es vorteilhaft, wenn die möglichen Gründe für eine Abweichung transparent werden, damit die Verantwortlichkeiten besser abgeschätzt werden können. Allerdings darf speziell aufgrund der aus Wirtschaftlichkeitsgründen gewählten vereinfachenden Annahmen über die Ursache-Wirkungs-Beziehungen nicht der Eindruck oberflächlicher Planung entstehen. Die kontrollierten Fachabteilungen würden dann die Kontrolle nicht mehr ernst nehmen und sich vor allem auch nicht mehr bemühen, an der Aufdeckung genauerer Ursache-Wirkungs-Beziehungen mitzuwirken.

Die Gefahr, dass Standardkosten mit ihrem kompromisslos strengen Wirtschaftlichkeitsmaß im Rahmen der Verhaltenssteuerung die Mitarbeiter demotivieren können, weil ein solches Maß an Wirtschaftlichkeit praktisch kaum zu erreichen ist, spricht allerdings gegen diesen Planungsansatz aus Sicht der Verhaltenssteuerungsfunktion der Kontrolle.

4 Kontrolle der Fertigungsmaterialkosten bei flexibler Plankostenrechnung

Unter die in diesem Abschnitt betrachteten Kontrollaufgaben lässt sich aus der Kontrolle der beiden wichtigen Einzelkostenkomponenten nur diejenige des Fertigungsmaterials sinnvoll einordnen.

Einzellohnkontrollen führen im Fall des Akkordlohns allenfalls zur Aufdeckung von Abweichungen aufgrund vereinfachender Annahmen etwa über Rüstprozesse, über Zusatzlöhne oder über die Zusammensetzung der Lohngruppen bei den in der Fertigung beschäftigten Personen. Die zur Herstellung der Produkte erforderlichen Akkordlöhne lassen sich nur dann einwertig planen, wenn eine feste Seriengröße (und damit eine feste Relation von Rüst- und Fertigungszeit) sowie eine bestimmte Zusammensetzung der Lohngruppen zugrunde gelegt wird. Diese Annahmen aber werden sich später schwerlich genau so bestätigen. Dass dies so war, kann die Kontrolle später aufdecken – und nicht mehr –, das ist allerdings wenig aufschlussreich aus der Sicht der Kontrollaufgaben.

Im Fall von Zeitlöhnen kann lediglich nach Grundsätzen wie beim Akkordlohn eine Planarbeitszeit für das bearbeitete Produktionsprogramm errechnet und mit der im Zeitlohn zu erbringenden Arbeitszeit verglichen werden. Die Abweichungen zwischen beiden beruhen dann aber einerseits auf Überschreitungen der Planarbeitszeit, für die die Arbeitnehmer zum Teil verantwortlich sein können, zum Teil aber auch nicht, wenn nämlich zufällig die Produkteigenschaften zu besonders intensiver Bearbeitung zwangen, und andererseits auf mangelnder Auslastung der Kostenstelle, die den Arbeitnehmern nicht anzulasten ist. Einzellohnkontrollen versprechen somit keine fruchtbaren Resultate aus der Sicht der betrachteten Kontrollaufgaben.

Im Fall des Fertigungsmaterials ist die Kontrolle von Einzelkosten üblich (Kilger/Pampel/Vikas 2007, S. 196 ff.). Auch wenn Fertigungsmaterial als Einzelkosten dem Produkt meist direkt zugerechnet wird, so wird doch in den einzelnen Kostenstellen über den mehr oder weniger sparsamen Umgang mit Einzelmaterial entschieden. Insoweit kann durch Kontrolle der für den Verbrauch Verantwortlichen sowohl das Wissen über Ursache-Wirkungs-Beziehungen verbessert (Entscheidungsfunktion) als auch Einfluss auf das Verhalten genommen werden. Dabei fällt Fertigungsmaterial relativ zu den Gesamtkosten bei manchen Unternehmen derart ins Gewicht, dass es widersinnig wäre, Gemeinkosten in Kostenstellen, nicht aber Fertigungsmaterialkosten zu kontrollieren. Im Rahmen der Kostenplanung zur Kontrolle des Fertigungsmaterials werden zunächst aus den bei planmäßiger Produktgestaltung, planmäßigen Materialeigenschaften und planmäßigem Fertigungsablauf konstruktiv erforderlichen „Netto-Planeinzelmaterialmengen" durch detaillierte Berücksichtigung der verschiedenen Abfallursachen die „Brutto-Planeinzelmaterialmengen" gesondert für jede Fertigungsmaterialart (m) und für jedes Produkt (n) errechnet. Da es sich dabei im Kern um Produktionskoeffizienten handelt, sollen sie auf Basis der erörterten Grundlagen durch v_{mn}^p symbolisiert werden. Auf der Basis dieser „Brutto-Planeinzelmaterialmengen" werden Ist- und Plankosten anschließend unvollständig – nämlich ohne Beschäftigungsabweichung – miteinander verglichen (Kilger/Pampel/Vikas 2007, S. 196 ff.).

Im Rahmen dieses Vergleichs wird ausgehend von den Istkosten in einem ersten Schritt eine Preisabweichung abgespalten, aber meist aus Produktionssicht nicht näher untersucht. Da sich im Mehrproduktunternehmen die Ist-Fertigungsmaterialkosten einer Einzelmaterialart m verlässlich nur in ihre Mengenkomponente VM_m^r, und ihre Preiskomponente q_m^r aufspalten lassen – ein Rückgriff bis auf Ist-Produktionskoeffizienten der verschiedenen Produkte ist schwerlich möglich –, stellt sich die Preisabweichung bei den Fertigungsmaterialkosten der Materialart m folgendermaßen dar:

$$\Delta q_m^{FM} = VM_m^r \cdot q_m^r - VM_m^r \cdot q_m^p = \left(q_m^r - q_m^p \right) \cdot VM_m^r.$$

Zur Ermittlung der für die Analyse besonders wichtigen Verbrauchsabweichung können keine Verbräuche auf der Basis von Ist-Produktionskoeffizienten bei Planbeschäftigung ermittelt werden. Umgekehrt ist es aber möglich, auf Istbeschäftigung angepasste Plankosten (Sollkosten) zu bestimmen, indem die „Brutto-Planeinzelmaterialmengen" der Faktorart m jeweils mit den Ist-Produktionszahlen der verschiedenen Produktarten n im Programm multipliziert, über alle Produktarten n aufsummiert und dann mit dem Planpreis für die Faktorart m multipliziert werden. Aus dem Vergleich der Ist-Fertigungsmaterialkosten bewertet zum Planpreis mit diesen Sollkosten ergibt sich eine Verbrauchsabweichung (streng erster Ordnung, wenn $q_m^p \approx q_m^r$), da sich hinter VM_m^r die gleichen Ist-Produktionszahlen x_n^r verbergen, wie sie die Sollkosten prägen, so dass die Abweichung nur aus Unterschieden beim Einsatz von Fertigungsmaterial pro Produktart herrühren kann:

$$\Delta v_m^{FM} = VM_m^r \cdot q_m^p - \left(\sum_n v_{mn}^p \cdot x_n^r \right) \cdot q_m^p.$$

Auf der Basis der Brutto-Planeinzelmaterialmengen v_{mn}^p ließe sich in einem dritten Schritt auch eine Beschäftigungsabweichung berechnen; hierauf soll im Folgenden verzichtet werden.

Vielmehr wird wegen der Bedeutung der Verbrauchsabweichung allenfalls versucht, diese tiefer aufzuspalten in auftragsbedingte, materialbedingte und mischungsbedingte Einzelmaterial-Verbrauchsabweichungen einerseits und Einzelmaterial-Verbrauchsabweichungen infolge innerbetrieblicher Unwirtschaftlichkeit andererseits (Kilger/Pampel/Vikas 2007, S. 198 ff.). Derartige Aufspaltungen der Verbrauchsabweichung gründen alle auf dem gleichen Grundgedanken. Die Folgen konstruktiver Änderungen bei den Produkten, veränderter Materialeigenschaften mit Auswirkungen etwa auf die verschiedenen Abfall- und Ausschussursachen oder veränderter Mischungen des Fertigungsmaterialeinsatzes etwa als Konsequenz von Änderungen der Preisstruktur oder von Beschaffungsengpässen auf die Brutto-Planeinzelmaterialmengen lassen sich nach Ablauf der Kontrollperiode ohne große Schwierigkeiten planen. Sie schlagen sich in entsprechend veränderten Brutto-Planeinzelmaterialmengen nieder. Damit lässt sich ein Mehrverbrauch, der sich aus konstruktiven Änderungen, veränderten Materialeigenschaften oder einer modifizierten Materialmischung ergibt, aus der Verbrauchsabweichung abspalten, indem die Sollkosten auf der Basis der ursprünglich geplanten Brutto-Planeinzelmaterialmengen erforderlichenfalls sukzessive mit Sollkosten auf der Basis der neu geplanten, veränderten Brutto-Planeinzelmaterialmengen verglichen werden. Nur derjenige Mehrverbrauch, der sich auf der Basis der veränderten Planung nicht erklären lässt, wird der innerbetrieblichen Unwirtschaftlichkeit angelastet.

An einem Beispiel soll vor allem die Aufspaltung der Verbrauchsabweichung verdeutlicht werden.

Bei der Rational OHG wurden im abgelaufenen Monat 286,4 t des Rohstoffs R verbraucht, der als Fertigungsmaterial in die drei Produkte der Rational nach Maßgabe folgender Informationen über das Produktionsprogramm und über die Brutto-Planeinzelmaterialmengen (BPEM) eingeht:

Tab. 47: Produktionsdaten im Beispiel

	Produkt 1	Produkt 2	Produkt 3
Produktionsmenge [ME] Plan	8.000	5.000	1.000
Produktionsmenge [ME] Ist	10.000	4.000	700
BPEM [kg/ME] ursprüngliche Planung	12	20	100
BPEM [kg/ME] nach Umkonstruktion	12	18	110
BPEM [kg/ME] nach Umkonstruktion und auf Basis veränderter Materialeigenschaften	12,2	18,6	112

Der Planpreis pro Tonne beträgt 100,00 €, der Istpreis 106,50 €.

■ Die Preisabweichung beträgt im Beispiel $\Delta q_m^{FM} = (106{,}5 - 100) \cdot 286{,}4 = 1.861{,}60$.

■ Die gesamte Verbrauchsabweichung ergibt sich bei Beachtung der Tatsache, dass der Planpreis von 100 € auf 1.000 kg bezogen ist, als

$$\Delta v_m^{FM} = 286{,}4 \cdot 100 - (12 \cdot 10.000 + 20 \cdot 4.000 + 100 \cdot 700) \cdot \frac{100}{1.000}$$

$$= 28.640 - 27.000 = 1.640.$$

Diese Verbrauchsabweichung von 28.640 - 27.000 = 1.640 lässt sich entsprechend den Detailangaben des unteren Teils der vorangegangenen Tabelle in drei Komponenten aufspalten:

■ Durch die Umkonstruktion ergaben sich folgende Minderkosten:

$$(12 \cdot 10.000 + 18 \cdot 4.000 + 110 \cdot 700) \cdot \frac{100}{1.000} - 27.000 = 26.900 - 27.000 = -100.$$

■ Aufgrund der veränderten Materialeigenschaften ergaben sich folgende Mehrkosten:

$$(12{,}2 \cdot 10.000 + 18{,}6 \cdot 4.000 + 112 \cdot 700) \cdot \frac{100}{1.000} - 26.900 = 27.480 - 26.900 = 580.$$

■ Auf Unwirtschaftlichkeit beruht der Rest, also 28.640 – 27.480 = 1.160

(Probe: – 100 + 580 + 1.160 = 1.640).

5 Kontrolle der Gemeinkosten in den Kostenstellen bei flexibler Plankostenrechnung auf Vollkostenbasis

a) Grundlagen

Die Kontrolle der Gemeinkosten im Rahmen der flexiblen Plankostenrechnung auf Voll-kostenbasis stützt sich auf die im Abschnitt III.D.3.b dargestellte Planung der Gemein-kosten in den verschiedenen Kostenstellen, speziell auf

■ die Bildung von Kostenstellen nach Verantwortungsbereichen und nach rechentech-nischen Gesichtspunkten, um klare Zuständigkeiten vor allem für die wichtige Ver-brauchsabweichung zu erhalten und um Beschäftigung mithilfe möglichst nur einer Bezugsgröße ausreichend genau messen zu können,

■ die Trennung der Bezugsgrößen, die der Planung in jeweils einer festen Ausprägung und als unabhängige Variable der Kostenfunktion und damit als Maß der Beschäfti-gung zugrunde gelegt werden,

■ die Wahl der Planbeschäftigung, welche die Kosten bei dieser Beschäftigung als kon-kret zu planen vorgibt und zugleich die Basis für die Überwälzung der geplanten Kos-ten auf andere Kostenstellen, vor allem aber die Kostenträger bildet,

■ sowie die konkret bei Planbeschäftigung geplanten Gemeinkosten mit ihren beiden Komponenten, den proportional mit der Bezugsgröße (Beschäftigung) variierenden und den absolut fixen Kosten.

Wie bei der Planung wird auch bei der Kontrolle jede Gemeinkostenart in jeder Kosten-stelle gesondert betrachtet. Die Stromkosten in der Dreherei werden also getrennt von den Stromkosten der Schmiede und von den Kosten für Hilfslöhne der Dreherei geplant und kontrolliert.

b) Preis-, Verbrauchs- und Beschäftigungsabweichung im Rahmen der Gemeinkostenkontrolle

(1) Gemeinsamkeiten mit dem und Unterschiede zum dreidimensionalen Kostenvergleich im allgemeinen Abschnitt über Abweichungsanalyse

Wie in dem einführenden, allgemeinen Abschnitt über Abweichungsanalyse am Beispiel eines dreidimensionalen Kostenvergleichs erläutert, werden bei der Gemeinkostenkon-trolle im Rahmen der flexiblen Plankostenrechnung ebenfalls je eine Abweichung für jede der drei als relevant angesehenen Kosteneinflussfaktoren betrachtet: eine Preis-, eine Verbrauchsabweichung (als Ausdruck des Einflussfaktors Unwirtschaftlichkeit) und eine Beschäftigungsabweichung. Diese drei Abweichungen werden, ausgehend von den effektiven Istkosten nach Maßgabe der kumulativen Analyse, in der Reihenfolge Preis-, Verbrauchs- und Beschäftigungsabweichung ermittelt. Anders als im allgemeinen Abschnitt über die Abweichungsanalyse wird allerdings im Rahmen der Gemeinkostenkontrolle in den Kostenstellen versucht, beide Aufgaben der Kostenstellenrechnung – Kostenvermittlungs- und Kostenkontrollfunktion – zu berücksichtigen.

Wenn wir vereinfachend vom Fall homogener Kostenverursachung ausgehen, also einer Bezugsgröße je Kostenstelle, so werden die geplanten Gemeinkosten der Hauptkostenstellen einschließlich der Sekundärkosten (die Endkosten) nach Maßgabe der jeweiligen Bezugsgröße auf die Produkte überwälzt. Die Endkosten bei Planbeschäftigung werden durch die Planbezugsgröße dividiert, und der so errechnete „Plangemeinkostenverrechnungssatz" ist die Grundlage der Gemeinkostenüberwälzung auf die Produkte. Abhängig von der Beschäftigung, gemessen in Einheiten der Bezugsgrößen, welche die Produkte in den Kostenstellen auslösen, werden die Produkte mit Gemeinkosten belastet. Alle in einer Periode bearbeiteten Produkte zusammen haben dann in der Kostenstelle die Istbeschäftigung verursacht. Dementsprechend wurden Gemeinkosten in Höhe der verrechneten Plankosten bei Istbeschäftigung überwälzt, die sich aus der Multiplikation des Plangemeinkostenverrechnungssatzes mit der Istbezugsgröße ergeben.

Die auf der Basis dieser Überlegungen von jeder Gemeinkostenart in jeder Kostenstelle auf die Produkte verrechneten Plankosten bei Istbeschäftigung bilden im Rahmen der Kontrolle der Gemeinkosten in den Kostenstellen den Gegenpol zu den Istkosten. In der Sekundärkostenrechnung werden auf der Basis ähnlicher Überlegungen die Gemeinkosten der liefernden auf die empfangenden Kostenstellen überwälzt. Die Gesamtabweichung ergibt sich aus den effektiven Istkosten nicht im Vergleich mit den Plankosten bei Planbeschäftigung, sondern mit den verrechneten Plankosten bei Istbeschäftigung. Damit spiegelt die Gesamtabweichung nicht den Unterschied zwischen den effektiv eingetretenen Gemeinkosten und den geplanten Gemeinkosten wider. Sie umfasst vielmehr den Unterschied zwischen den effektiv eingetretenen und den in die nächste Stufe (empfangende Kostenstellen, vor allem aber auf die Kostenträger) überwälzten Kosten. Dieser Gesamtunterschied wird in drei Teilabweichungen aufgespalten.

(2) Die Preisabweichung

Die effektiven Ist-Gemeinkosten einer Gemeinkostenart in einer Kostenstelle ergeben sich im einfachsten Fall, in dem die Gemeinkostenart den Verbrauch nur eines Faktors (beispielsweise den Arbeitseinsatz einer Qualifikationsstufe) umfasst, aus dem Produkt der effektiven Verzehrsmenge dieses Faktors in der Kostenstelle in der abgelaufenen Periode und dem tatsächlich für den Faktor bezahlten Preis. Die Preisabweichung ergibt sich dann dadurch, dass die soeben beschriebene Menge alternativ mit dem Planpreis für den Faktor bewertet und von den effektiven Ist-Gemeinkosten der betrachteten Gemeinkostenart in der Kostenstelle abgezogen wird (VM^r_{mi} bezeichne die vom Faktor m in der Stelle i verbrauchte Menge, q^r_m den Ist- und q^p_m den Planpreis dieses Faktors):

$$\Delta q^{GK}_{mi} = VM^r_{mi} \cdot q^r_m - VM^r_{mi} \cdot q^p_m = VM^r_{mi} \cdot \left(q^r_m - q^p_m \right).$$

Die Berechnung der Preisabweichung ist aufwendiger, wenn sich hinter der Gemeinkostenart der Verbrauch mehrerer Faktoren mit unterschiedlichen Preisen verbirgt – wie etwa bei Hilfslöhnen mehrere spezifische Arbeitseinsätze unterschiedlicher Qualifikation und Vergütung. Istkosten zu Istpreisen und Istkosten zu Planpreisen, aus denen sich die Preisabweichung als Differenz ergibt, müssen dann jeweils als Summen über die Produkte aus den verschiedenen Istverbrauchsmengen multipliziert mit ihren jeweiligen Ist- bzw. Planpreisen aller Faktoren errechnet werden, die zu dieser Gemeinkostenart gehören. (Details zeigen sich im Beispiel unter (7) auf S. 290.)

Wie bei der Kontrolle der Kosten für Fertigungsmaterial wird auch im Rahmen der Gemeinkostenkontrolle der Preisabweichung aus Produktionssicht keine große Aussagekraft beigemessen. Sie wird daher in der Regel nur abgespalten aber nicht näher analysiert.

(3) Die Verbrauchsabweichung

Um die auf Unwirtschaftlichkeit beruhende Verbrauchsabweichung zu bestimmen, werden den durch Planpreisbewertung bereinigten Istkosten geplante Kosten gegenübergestellt, die entsprechend den Prämissen der Planung bei der eingetretenen Istbeschäftigung hätten anfallen dürfen (Sollkosten). Da im Fall homogener Kostenverursachung (eine Bezugsgröße) die flexible Plankostenrechnung auf Vollkostenbasis auf der Prämisse eines linearen Kostenverlaufs in Abhängigkeit von der einen Bezugsgröße als Beschäftigungsmaß basiert, fallen ausgehend von den fixen und variablen Gemeinkosten bei Planbeschäftigung die fixen Kosten vollständig und die variablen Kosten entsprechend dem Verhältnis von Istbeschäftigung zur Planbeschäftigung an. Werden die mit Planpreisen bewerteten Plangemeinkosten der Gemeinkostenart m in der Kostenstelle i in ihren fixen $\left(KF_{mi}^{\,p}\right)$ und variablen Bestandteil $\left(KV_{mi}^{\,p}\right)$ aufgespalten, so gilt für die Sollkosten bei Istbeschäftigung und für die Verbrauchsabweichung:

$$K_{mi}^{Soll} = KF_{mi}^{\,p} + KV_{mi}^{\,p} \cdot \frac{x_i^{\,r}}{x_i^{\,p}}$$

$$\Delta v_{mi}^{GK} = VM_{mi}^{\,r} \cdot q_m^{\,p} - \left(KF_{mi}^{\,p} + KV_{mi}^{\,p} \cdot \frac{x_i^{\,r}}{x_i^{\,p}} \right).$$

Bei heterogener Kostenverursachung gibt es zusätzlich zu den fixen Gemeinkosten einer Gemeinkostenart in einer Kostenstelle für jede der Bezugsgrößen noch variable Gemeinkosten bezogen auf ihre jeweilige Planbeschäftigung. Wird also beispielsweise die Beschäftigung in einer Kostenstelle mithilfe der beiden Bezugsgrößen Fertigungs- und Rüststunden gemessen, so setzen sich – bezogen auf die Gemeinkostenart Hilfslöhne – die Plankosten bei Planbeschäftigung in dieser Kostenstelle zusammen aus den fixen Hilfslöhnen (etwa für die Reinigung der Stelle), den fertigungszeitabhängigen Hilfslöhnen bei der geplanten Fertigungszeit und den rüstzeitabhängigen Hilfslöhnen bei der geplanten Rüstzeit. Um die zur Istbeschäftigung passenden Sollkosten zu erhalten, müssen folglich die fixen Gemeinkosten und die verschiedenen variablen Gemeinkosten bei zugehöriger Planbeschäftigung multipliziert mit den jeweiligen Quotienten aus Ist- und Planbeschäftigung zusammengefasst werden. Im Beispiel der Hilfslöhne in der Stelle i umfassen die Sollkosten dann

- die fixen Hilfslöhne in der Stelle i,

- die fertigungszeitabhängigen Hilfslöhne bei der geplanten Fertigungszeit multipliziert mit dem Quotienten aus Ist- und Planbezugsgröße bei der Fertigungszeit in der Stelle i sowie

- die rüstzeitabhängigen Hilfslöhne bei der geplanten Rüstzeit multipliziert mit dem Quotienten aus Ist- und Planbezugsgröße bei der Rüstzeit in der Stelle i.

Die Verbrauchsabweichung ergibt sich erneut als Differenz zwischen den zu Planpreisen bewerteten Istkosten und den Sollkosten bei Istbeschäftigung.

(4) Die Beschäftigungsabweichung

Wie bereits erläutert, erfasst die Beschäftigungsabweichung im Rahmen der Gemein-kostenkontrolle bei flexibler Plankostenrechnung auf Vollkostenbasis nicht den Unter-schied zwischen den für die Istbeschäftigung geplanten Sollkosten und den Plankosten bei Planbeschäftigung, sondern zwischen den für die Istbeschäftigung geplanten Soll-kosten und den auf die nächste Stufe – vor allem die Produkte – überwälzten (verrech-neten) Plankosten.

Soweit die Gemeinkosten bei Planbeschäftigung proportional mit der Bezugsgröße vari-ieren, werden sie genau in dem Umfang verrechnet, wie sie auch in die Sollkosten einge-hen. Bei rein variablen Gemeinkosten tritt folglich keine Beschäftigungsabweichung auf. Das gilt bei homogener wie heterogener Kostenverursachung. Soweit die Gemeinkosten bei Planbeschäftigung aber fix sind, werden sie für die Verrechnung speziell auf die Pro-dukte künstlich proportionalisiert. Die fixen Gemeinkosten werden durch eine Planbe-zugsgröße dividiert und dann nach Maßgabe der Istausprägungen dieser Bezugsgröße auf die Produkte überwälzt. Insgesamt verrechnet werden dann fixe Gemeinkosten mul-tipliziert mit dem Quotient aus Ist- und Planbeschäftigung. (Bei heterogener Kostenver-ursachung muss entweder eine der Bezugsgrößen zum alleinigen Beschäftigungsmaß erhoben, aus den verschiedenen Bezugsgrößen eine „durchschnittliche" Beschäftigung berechnet oder eine Aufteilung der Fixkosten in Beträge für jede der Bezugsgrößen vor-gesehen werden, um die Fixkosten auf die Produkte zu überwälzen.)

Ein Unterschied zwischen den für die Istbeschäftigung geplanten Sollkosten und den verrechneten Plankosten entsteht somit nur bei den fixen Gemeinkosten. Dieser Unter-schied wird als so genannte Beschäftigungsabweichung festgehalten:

$$\Delta x_{mi}^{GK} = KF_{mi}^{p} - KF_{mi}^{p} \cdot \frac{x_i^r}{x_i^p} = KF_{mi}^{p} \cdot \left(1 - \frac{x_i^r}{x_i^p} \right).$$

Werden entsprechend einer traditionellen Terminologie (etwa Gutenberg 1958, S. 70) die Fixkosten auf der Basis der Planbeschäftigung in künstlich proportionalisierte Nutz-kosten, die bei Planbeschäftigung gerade den Fixkosten entsprechen, und in Leerkosten geteilt, welche die Differenz zwischen Nutzkosten und Fixkosten bezeichnen, so gleicht die so genannte Beschäftigungsabweichung den Leerkosten (vgl. zu analogen Analysen auch Kloock/Dierkes 1996, S. 16 ff.).

(5) Graphische Veranschaulichung im Standarddiagramm

Die Abweichungen bei der Gemeinkostenkontrolle im Rahmen der flexiblen Plankos-tenrechnung auf Vollkostenbasis werden üblicherweise in einem Koordinatensystem verdeutlicht, bei dem – ausgehend von homogener Kostenverursachung – auf der Ab-szisse die Bezugsgröße mit Planbezugsgröße (Planbeschäftigung) und nachträglich gemessener Istbezugsgröße (Istbeschäftigung) und auf der Ordinate die Kosten abgetra-gen werden. Aus den Plankosten bei Planbeschäftigung mit ihren fixen und proportio-nalen Bestandteilen ergeben sich die Sollkosten, indem dem beschäftigungsunabhängi-gen Charakter der Fixkosten Rechnung getragen wird. Die verrechneten Plankosten dagegen unterstellen volle Proportionalität aller Plankosten bei Planbeschäftigung und zeigen, in welchem Umfang jeweils Plankosten bei Planbeschäftigung mit zunehmender tatsächlicher Beschäftigung auf die Produkte überwälzt werden. Der Plangemeinkosten-verrechnungssatz gibt die zu überwälzenden Plangemeinkosten je Bezugsgrößeneinheit an und zeigt sich in der Abbildung 54 als Tangens des Winkels α.

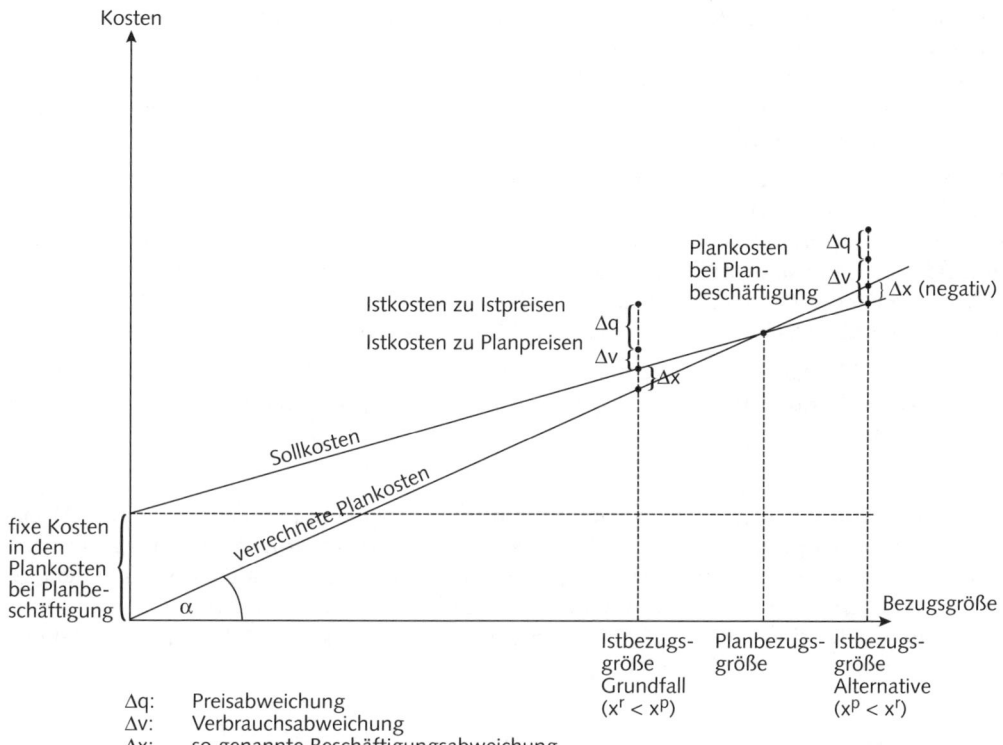

Abb. 54: Abweichungen bei Gemeinkostenanalyse im Standarddiagramm mit positiver Preisabweichung

Verrechnete Plankosten und Sollkosten in der Graphik beruhen auf geplanten Verbräuchen, die mit Planpreisen bewertet werden. Die zu kontrollierenden Istkosten bei der mithilfe der Bezugsgröße zu messenden Istbeschäftigung dagegen ergeben sich aus Istverbrauchsmengen und Istpreisen. Werden zur Eliminierung der Preisabweichung diese Istverbrauchsmengen mit Planpreisen bewertet, so lassen sich für die Istbeschäftigung Ist- und Sollkosten unmittelbar vergleichen (Verbrauchsabweichung). Die Differenz zwischen den Sollkosten bei Istbeschäftigung und den verrechneten Plankosten bei Istbeschäftigung dagegen stellt die Beschäftigungsabweichung dar. Bei einer Istbeschäftigung unterhalb der Planbeschäftigung ist sie positiv, bei einer Istbeschäftigung oberhalb der Planbeschäftigung dagegen negativ. Die Preisabweichung lässt sich in der Graphik ebenfalls darstellen (sie wird vereinfachend als positiv angenommen; Istpreis > Planpreis), sie beruht aber auf einem Unterschied, der im Grunde außerhalb der Graphik in der Preisdimension liegt.

(6) Graphische Veranschaulichung im Menge-Preis-Diagramm

Im Standarddiagramm bleiben die Probleme verborgen, die aus der Mehrdimensionalität der Abweichungen stammen. Sie lassen sich, soweit sie bei der Gemeinkostenkontrolle wegen der so genannten Beschäftigungsabweichung noch erhalten sind, in einer anderen Graphik zeigen. Dabei wird neben homogener Kostenverursachung unterstellt, dass im Rahmen der betrachteten Gemeinkostenart nur ein Faktor verzehrt wird, so dass sich Ist-, Soll- und Plan-Gemeinkosten als Produkte von Verzehrsmenge und Preis darstellen lassen. Ein Teil des Faktorverzehrs sei beschäftigungsunabhängig. Dargestellt werden nur die Verzehrsmengen bei Istbeschäftigung. Damit werden nur in den Dimensionen Verzehrsmenge und Preis, nicht aber in der Dimension Beschäftigung verschiedene Größenausprägungen betrachtet.

In beiden Varianten des Diagramms in Abbildung 55 auf S. 291 wird von einem über dem Planpreis liegenden Istpreis ausgegangen. In der ersten Variante wird der Fall der Unterbeschäftigung ($x^r < x^P$) und in der zweiten Variante derjenige der Überbeschäftigung ($x^P < x^r$) betrachtet. Wenn zugleich – wie bei der Alternative im Standarddiagramm – der Istverbrauch stets größer als die Soll- und die verrechnete Planmenge ist, zeigen sich nur bei der zweiten Variante kleine Probleme der Abweichungsinterpretation.

Die volle Problematik wird absehbar, wenn bei Überbeschäftigung ein Istverbrauch zwischen (verrechneter) Plan- und Sollmenge und ein Istpreis unterhalb des Planpreises unterstellt wird.

(7) Beispiel

Ausgehend von einer Planbeschäftigung von 6.000 Maschinenstunden in einem Monat wurden der Fertigungsstelle III für Betriebsstoffe Plankosten von 780 € vorgegeben, wobei 200 € dieser Plankosten unabhängig von der Beschäftigung anfallen. Im abgelaufenen Monat erbrachte die Fertigungsstelle III nur 4.800 Maschinenstunden. Dabei wurden folgende Betriebsstoffe in den in der Tabelle 48 angegebenen Mengen verbraucht. Ist- und Planpreise sind ebenfalls angegeben.

Tab. 48: Daten für die Betriebsstoffe im Beispiel

	verbrauchte Menge	Planpreis [€/ME]	Istpreis [€/ME]
Stoff 1	20	18,00	20,10
Stoff 2	12	10,00	8,00
Stoff 3	50	4,00	5,00

Da Betriebsstoffe im Beispiel mehrere Stoffe umfassen, ergibt sich die Preisabweichung aus folgendem Vergleich:

$$20 \cdot 20,10 + 12 \cdot 8 + 50 \cdot 5 - 20 \cdot 18 - 12 \cdot 10 - 50 \cdot 4 = 748 - 680 = 68.$$

Um die Verbrauchsabweichung zu ermitteln, müssen den zu Planpreisen bewerteten Istkosten die Sollkosten bei Istbeschäftigung gegenübergestellt werden. Diese ergeben sich aus den fixen (200) und proportionalvariablen (780 – 200 = 580) Plankosten bei

Planbeschäftigung als $200 + 580 \cdot \dfrac{4.800}{6.000} = 200 + 464 = 664$, so dass die Verbrauchsabweichung folgender Differenz entspricht: 680 – 664 = 16.

Die so genannte Beschäftigungsabweichung kann auf zwei Wegen ermittelt werden. Aus dem Plangemeinkostenverrechnungssatz (780 : 6.000 = 0,13) und den verrechneten Plankosten bei Istbeschäftigung (0,13 · 4.800 = 624) folgt die so genannte Beschäftigungsabweichung als Differenz zwischen Sollkosten bei Istbeschäftigung und verrechneten Plankosten, also 664 – 624 = 40. Diese Leerkosten als so genannte Beschäftigungs-

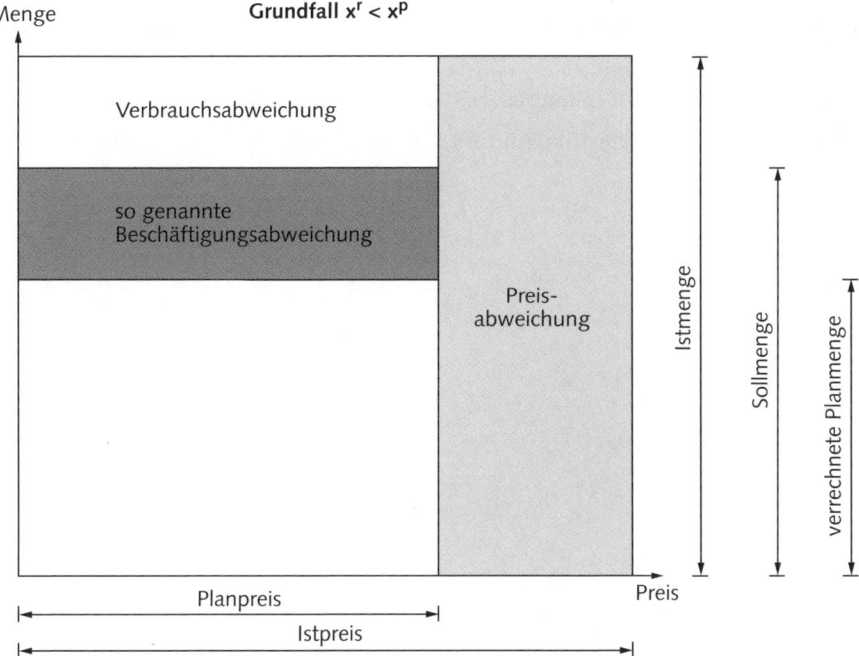

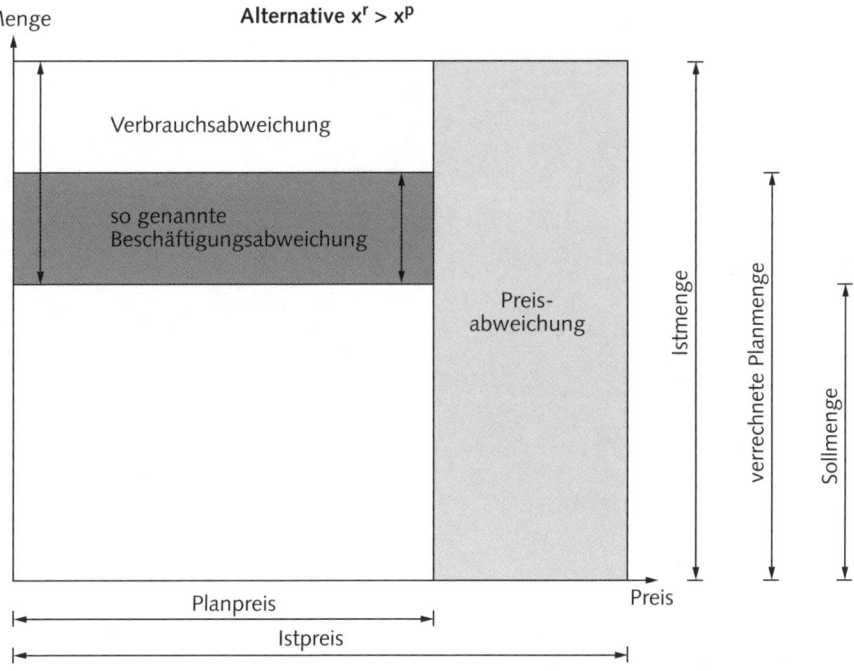

Abb. 55: Abweichungen bei Gemeinkostenanalyse einer Faktorart im Menge-Preis-Diagramm mit positiver Preisabweichung

abweichung ergeben sich aber auch aus der Unterbeschäftigung $\left(1 - \dfrac{4.800}{6.000} = 0,2\right)$ und

aus den fixen Plankosten bei Planbeschäftigung (200) als $0,2 \cdot 200 = 40$.

Das Beispiel kann im Standarddiagramm (Abbildung 56) veranschaulicht werden.

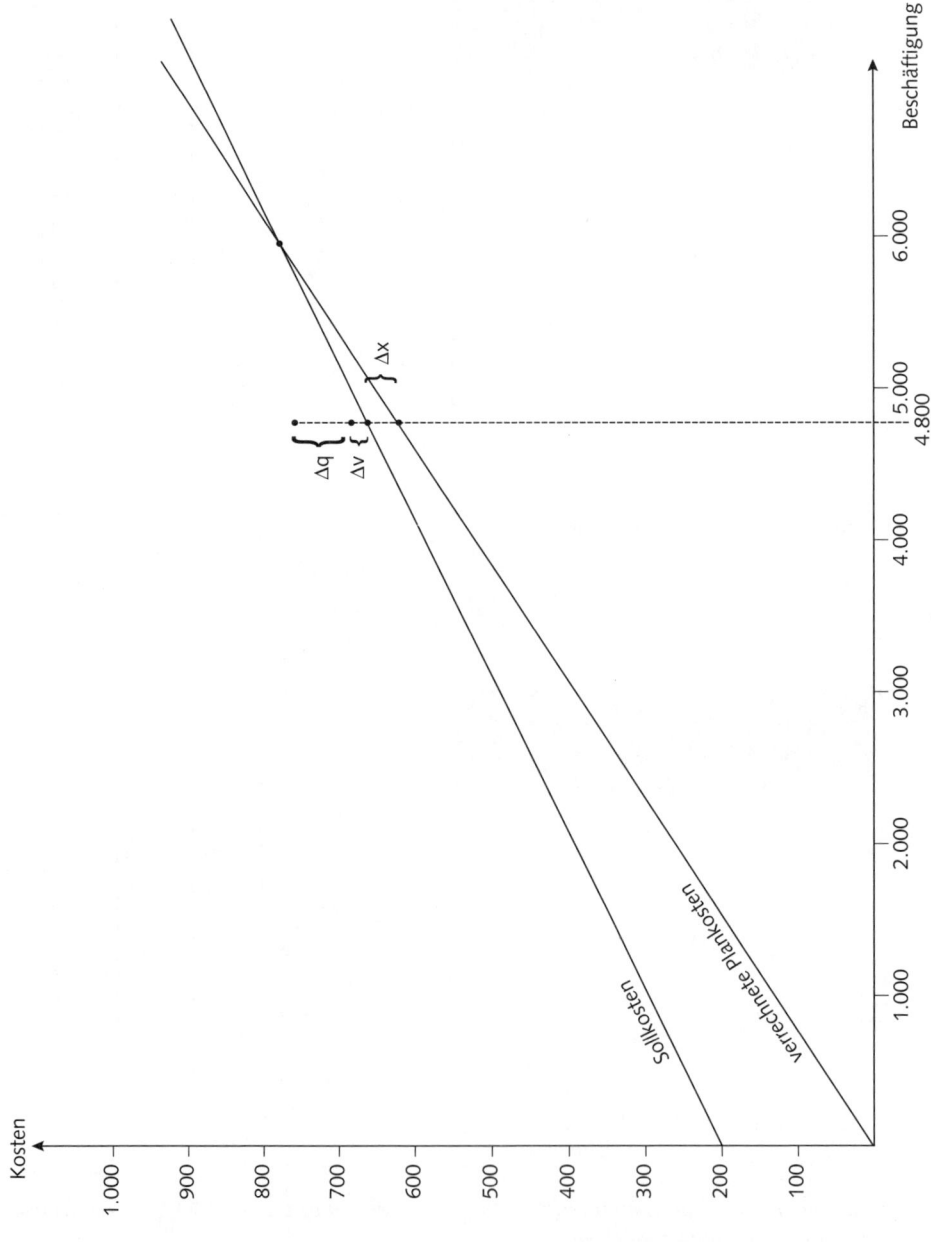

Abb. 56: Standarddiagramm zum Beispiel

Im Menge-Preis-Diagramm dagegen lässt sich das Beispiel nicht darstellen, weil die Betriebsstoffkosten mehrere Mengen und Preise umfassen und nur für jeden Stoff gesondert ein Diagramm erstellt werden könnte. Für die einzelnen Stoffe aber liegen keine Angaben über Plankosten bei Planbeschäftigung vor.

Wird angenommen, dass nur die Kosten aus dem Stoff 1 im Menge-Preis-Diagramm näher untersucht werden sollen und dass von diesem Stoff bei Planbeschäftigung 23 Einheiten hätten verbraucht werden dürfen – davon 3 Einheiten beschäftigungsunabhängig –, so hat das Menge-Preis-Diagramm für den Betriebsstoff 1 im Beispiel folgendes Aussehen (Abbildung 57) (Sollmenge: $20 \cdot 0,8 + 3 = 19$; verrechnete Planmenge: $23 \cdot 0,8 = 18,4$).

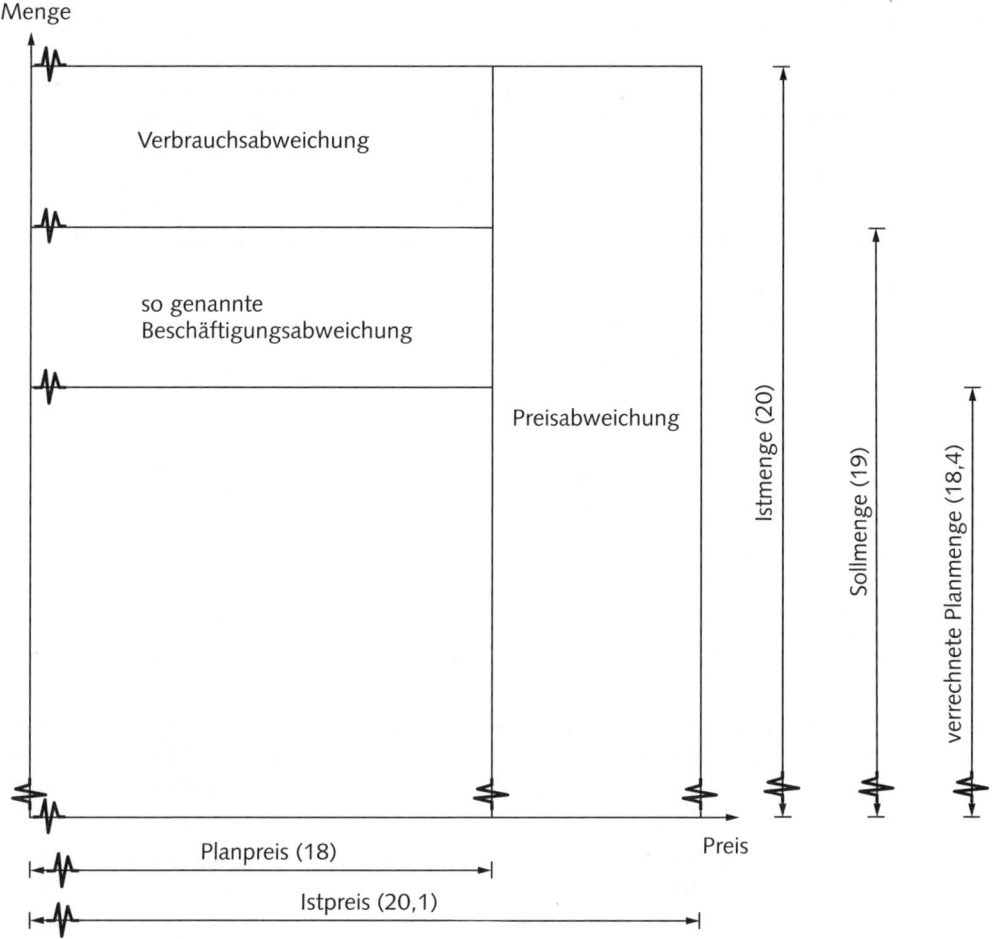

Abb. 57: Menge-Preis-Diagramm für Stoff 1 im Beispiel

c) Kostenstellenbezogene Kostenpläne und Soll-Ist-Kostenvergleiche als praktische Erscheinungsformen der Gemeinkostenkontrolle im Rahmen der flexiblen Plankostenrechnung auf Vollkostenbasis

Die zuvor aufgezeigten Zusammenhänge bei Gemeinkostenplanung und -kontrolle sind zwar wichtig, können aber als bekannt vorausgesetzt werden, wenn die Gemeinkosten in den Kostenstellen laufend kontrolliert werden. Bei der Praxis der Gemeinkostenplanung und -kontrolle geht es vor allem darum, die zentralen Daten aus Planung und Kontrolle möglichst einfach und übersichtlich für diejenigen darzustellen, die die Zusammenhänge und den Hintergrund kennen.

Zu diesem Zweck wird die Gemeinkostenplanung pro Kostenstelle übersichtlich in einem Kostenplan zusammengefasst. Dabei wird regelmäßig – obwohl das problematisch ist – aus Vereinfachungsgründen davon ausgegangen, dass es für alle Gemeinkosten einer Kostenstelle nur eine Bezugsgröße als Beschäftigungsmaß und damit auch nur eine Planbezugsgröße gibt. Der Kostenplan weist zusätzlich zur Planbezugsgröße in der Vorspalte die relevanten Gemeinkostenarten in der Kostenstelle, in der Kopfzeile vor allem die gesamten, variablen und fixen Plankosten bei Planbeschäftigung sowie im Kernbereich die jeweils zugehörigen Zahlen aus. Im folgenden Beispiel (s. Tabelle 49) wird vereinfachend von nur drei Gemeinkostenarten (Hilfslöhne, Hilfs- und Betriebsstoffe sowie Abschreibungen) ausgegangen (zum Aufbau vgl. Kilger/Pampel/Vikas 2007, S. 340 f.).

Tab. 49: Einfacher Kostenplan für die Gemeinkosten einer Stelle

Kostenplan der Kostenstelle i		Planbezugsgröße: 4.000 Fertigungsstunden	
Kostenart	gesamt	Plankosten bei Planbeschäftigung	
		proportional	fix
Hilfslöhne	8.000	6.000	2.000
Betriebsstoffe	10.000	10.000	
Abschreibungen	20.000		20.000
Summe	38.000	16.000	22.000
Kalkulationssätze (verrechnete Plankosten)	9,5	4	5,5

Kostenpläne werden üblicherweise für einen durchschnittlichen Monat in dem auf die Planung folgenden Jahr erstellt, müssen aber vorzeitig überarbeitet werden, wenn sich die zugrunde gelegten Produktionsbedingungen – etwa die installierten Maschinen oder Technologien – ändern.

Mit der Kostenkontrolle durch einen „Soll-Ist-Kostenvergleich nach Kostenarten" kann begonnen werden, wenn die zu kontrollierende Abrechnungsperiode (meist ein Monat) abgelaufen ist und die Informationen über die Istkosten sowie die Istbeschäftigung in der zu kontrollierenden Kostenstelle beschaffbar sind. Letztere lässt sich übrigens meist nicht leicht messen. Da nicht genau Buch darüber geführt werden kann, wie lange genau die Mitarbeiter mit Fertigungsarbeiten beschäftigt waren, werden die Istfertigungszeiten häufig aus dem im abgelaufenen Monat bewältigten Produktionsprogramm und den geplanten Arbeitszeiten für jedes Produkt in der betrachteten Stelle näherungsweise geschätzt (vgl. Kilger/Pampel/Vikas 2007, S. 356).

Die Istkosten bei Istbeschäftigung auf Istpreisbasis eignen sich nicht unmittelbar zum Vergleich mit den Kosten im Kostenplan, weil diese auf einer Bewertung mit Planpreisen beruhen. Für Kontrollzwecke werden daher Istkosten auch auf Planpreisbasis ermittelt und zunächst in dieser Form in die Kontrolle eingebracht. Die bei dieser Vorgehensweise implizit aufgedeckte Preisabweichung wird im Rahmen des dargestellten „Soll-Ist-Kostenvergleichs nach Kostenarten" nur am Schluss global über alle Gemeinkosten der Stelle ausgewiesen.

Der „Soll-Ist-Kostenvergleich nach Kostenarten" (im Grunde handelt es sich um einen Ist-Soll-Kostenvergleich) in der Stelle i geschieht wiederum in einer normierten Tabelle, die im Kopf Betrieb, Kostenstelle, genaue Kontrollperiode und Istbeschäftigung in der zu kontrollierenden Abrechnungsperiode ausweist (s. Tabelle 50). Die Vorspalte der Tabelle führt genau wie im Kostenplan die relevanten Gemeinkostenarten in der Kostenstelle auf. In der Kopfzeile erscheinen die Istkosten, die an die Istbeschäftigung angepassten Sollkosten, die Verbrauchsabweichungen als Differenz zwischen Ist- und Sollkosten absolut und in Prozent der Sollkosten sowie – vom zweiten Kontrollmonat an – die kumulierte Verbrauchsabweichung seit Jahresbeginn ebenfalls absolut und in Prozent der Sollkosten. Im Kernbereich der Tabelle werden die zugehörigen Zahlen konkret geliefert (zum Aufbau vgl. Kilger/Pampel/Vikas 2007, S. 496 f.).

Tab. 50: Soll-Ist-Kostenvergleich nach Kostenarten zu dem einfachen Kostenplan

Beispiel GmbH		Kostenstelle i		Zeitraum März 2005	
Soll-Ist-Kostenvergleich nach Kostenarten		Istbezugsgröße 3.800 Fertigungsstunden			
Kostenart	Istkosten	Sollkosten	Verbrauchsabweichung im Monat		seit Jahresbeginn	
			absolut	in %	absolut	in %
Hilfslöhne	8.100	7.700	400	5,2	700	3
Betriebsstoffe	11.000	9.500	1.500	15,8	3.700	13
Abschreibungen	20.000	20.000	0	0	0	0
Summe	39.100	37.200	1.900	5,1	4.400	3,9
Preisabweichung	1.050		1.050		1.880	
Summe (mit Preisabweichung)	40.150	37.200	2.950		6.280	

d) Zum Zeitpunkt der Kontrolle und zur Auswertungsentscheidung

Die Kontrolle setzt möglichst kurzfristig nach Ablauf der zu kontrollierenden Periode von meist einem Monat an. Eine enge Abfolge von Realisation und Kontrolle ist – auch wenn sie die Kontrollkosten steigern sollte – wichtig, weil die für die Aufdeckung der Abweichungsursachen im Detail notwendige Erinnerung an das konkrete Geschehen in den Kostenstellen im Zeitablauf verblasst und weil Chancen verstreichen, die gesuchten Mehrinformationen über Ursache-Wirkungs-Beziehungen bei den analysierten Kosten in verbesserte Entscheidungen umsetzen zu können. Soweit die Kosten nicht innerhalb der Periode auf der Basis grober Schätzungen der anteiligen Sollkosten schon ganz offensichtlich „aus dem Ruder laufen", muss mit der Kontrolle bis zum Ablauf der zu kontrollierenden Periode gewartet werden, weil die Ist-Gemeinkosten und die Ist-Beschäftigung in der Periode erst dann feststehen.

Auch muss zwischen zwei Stufen der Kontrolle unterschieden werden, wobei die zweite Stufe nicht immer auf die erste folgt. Die erste Stufe, die Ermittlung der Abweichungen für jede Gemeinkostenart in jeder Kostenstelle, schlägt sich meist in dem soeben beschriebenen Soll-Ist-Kostenvergleich nach Kostenarten nieder. Wenn die Kostenpläne für die verschiedenen Kostenstellen und für einen durchschnittlichen Monat des nachfolgenden Jahres erstellt sind, müssen zur Abweichungsanalyse nur noch die Istkosten ermittelt, auf Planpreisbasis umbewertet und die Istbeschäftigungen in den Kostenstellen bestimmt werden. Der Rest ist, wie der „Soll-Ist-Kostenvergleich nach Kostenarten" zeigt, einfache Routine.

Erst im zweiten Schritt der Kontrolle werden die aufgedeckten Abweichungen im Detail auf ihre Ursachen hin analysiert. Dieser zweite Schritt ist sehr aufwendig. Er beinhaltet nicht zuletzt auch eine sorgfältige Überprüfung der Planungsprämissen und der zugrunde gelegten Istgrößen auf zutreffende Ermittlung, um der Suche nach Phantomen vorzubeugen. Um die hohen Analysekosten nur dann hinnehmen zu müssen, wenn die Aussicht besteht, diese Analysekosten durch künftige Vorteile aus der Analyse speziell über verbessertes Wissen um die Ursache-Wirkungs-Beziehungen zumindest ausgleichen zu können, kann der zweite Kontrollschritt vom Ergebnis des ersten Kontrollschritts abhängig gemacht werden. Abweichungen werden dann beispielsweise erst näher analysiert, wenn sie einen Mindestabweichungsbetrag überschreiten. Dahinter steht die Erwartung, dass der künftig mögliche Nutzen einer Analyse mit zunehmender betraglicher Größe der Abweichung ansteigt, während die Analysekosten unabhängig von der Größe der Abweichung gleich bleiben. Da positive Abweichungen (Istkosten größer als Sollkosten) mehr künftige Vorteile versprechen als negative, kann der Mindestbetrag, von dem an eine nähere Analyse für sinnvoll gehalten wird, bei negativen Abweichungen höher angesetzt werden als bei positiven (vgl. Lüder 1970).

6 Grenzen entscheidungsorientierter und verhaltenssteuernder Kontrolle aus der Kutscherperspektive

Die dargestellten Kontrollüberlegungen basieren auf Vorstellungen von Unternehmen, die sich nicht immer mit der Realität vereinbaren lassen.

■ Kostenplanung und -kontrolle beruhen auf bekannten Technologien, deren Ursache-Wirkungs-Beziehungen bezüglich der Kosten für die Planung nicht nur gut bekannt sind, sondern bei denen auch mit einem längeren weiteren Einsatz gerechnet wird, weil sich sonst die erhofften verbesserten Kenntnisse über Ursache-Wirkungs-Beziehungen nicht mehr auszahlen.

■ Die Mitarbeiter führen bestenfalls die ihnen übertragenen Aufgaben aus. Jedenfalls können sie alleine die dabei anfallenden Kosten nicht unter Kontrolle halten, oder ihnen fehlen die erforderlichen Anreize dazu. Allein die Zentrale kann die zur Eindämmung der Kosten erforderlichen Informationen bündeln und die Wirtschaftlichkeit der Produktion sichern.

Tatsächlich wechseln die Technologien immer rascher, und immer häufiger muss über den Einsatz von Technologien entschieden werden, die im Detail noch nicht bekannt sind. Immer mehr Informationen stehen nur den Mitarbeitern vor Ort zur Verfügung, die rasch entscheiden müssen und deren Einsatz als bloß ausführende Organe sich für das Unternehmen angesichts steigender Lohnkosten immer weniger auszahlt. So werden nicht nur wertvolle Fähigkeiten der Mitarbeiter ungenutzt gelassen und sogar unterdrückt, es wird auch ein Bedarf an teuerer Koordination durch die zentrale Verwaltung erzeugt, der sich erübrigen würde, wenn die Verantwortung für die Kosten über wirksame Anreize auf die Mitarbeiter vor Ort überwälzt werden könnte.

Dass Kosten unter Kontrolle bleiben müssen und dass dazu Abweichungen ermittelt, in Teilabweichungen aufgespalten und gegebenenfalls analysiert werden müssen, dürfte weiterhin unverändert bleiben. Ob das allerdings in der Form der Fremdkontrolle auf der Basis der Verhaltenssteuerung aus der Kutscherperspektive geschieht, hängt wesentlich von den organisatorischen und personellen Führungsprinzipien eines Unternehmens ab.

Kontrollfragen

1. Welchen Zwecken dient in der Regel eine Normalkosten- und Normalleistungsrechnung?
2. Wodurch unterscheidet sich eine Sekundärkostenrechnung auf der Basis von Normalkosten von einer Sekundärkostenrechnung auf der Basis von Istkosten?
3. Wodurch unterscheidet sich eine Kostenträgerstückrechnung in Form der Zuschlagskalkulation auf der Basis von Normalkosten von einer Kostenträgerstückrechnung in Form der Zuschlagskalkulation auf der Basis von Istkosten?
4. Auf welche Ursache-Wirkungs-Beziehungen stützt sich eine Plankostenrechnung?
5. Inwiefern werden Ursache-Wirkungs-Beziehungen in einer Plankostenrechnung vereinfacht berücksichtigt?
6. Auf welches Ziel ist die Plankostenrechnung ausgerichtet?
7. Auch angeblich kurzfristige Entscheidungen haben Konsequenzen in einem breiten Spektrum von Zeitpunkten. Wie erreicht die Kostenrechnung, dass alle diese Konsequenzen in einem Zeitpunkt einzutreten scheinen?
8. Von welchen primären und sekundären Einflussgrößen hängen die Faktoreinsatzmengen in der Periodenerfolgsrechnung von Gert Laßmann ab?
9. Welche Beziehungen zwischen unabhängigen und abhängigen Variablen werden in der Periodenerfolgsrechnung unterstellt?
10. Wann erfolgt die Bewertung der Faktorverzehre im Rahmen der Periodenerfolgsrechnung?
11. Welche Kosteneinflussfaktoren werden in der flexiblen Plankostenrechnung als kurzfristig unveränderbar angesehen?
12. Unter welchen Bedingungen kommt es in einer Kostenstelle zu homogener Kostenverursachung und welche Vorteile hat das?
13. Wie wird sichergestellt, dass Vorgabezeiten einer „Normalleistung" entsprechen?
14. Inwieweit wird bei der Einzelkostenplanung im Rahmen der flexiblen Plankostenrechnung im Interesse der Praktikabilität gegen tatsächliche Ursache-Wirkungs-Beziehungen verstoßen?
15. Welche zwei Aufgaben hat eine Bezugsgröße?
16. Aus welchen Überlegungen ergibt sich die Planbeschäftigung auf der Basis der Engpassplanung, und inwieweit beinhalten diese einen Zirkelschluss?
17. Inwiefern unterscheiden sich Standard- und Prognosekosten?
18. Welche beiden Kalkulationsalternativen eröffnet die flexible Plankostenrechnung auf Vollkostenbasis?
19. Welche Entscheidungen werden typischerweise mit der Kostenrechnung in Verbindung gebracht?
20. Wo liegt die kurzfristige, kostenorientierte Preisuntergrenze für ein Produkt im Fall fehlender wirksamer Mehrproduktrestriktionen?

21. Was ist der spezifische Deckungsbeitrag und welche Bedeutung kommt ihm für die kurzfristige Produktionsprogrammplanung bei genau einer wirksamen Mehrproduktrestriktion zu?

22. Warum ist es bei vollständiger Kenntnis des Entscheidungsfeldes und mehr als einer wirksamen Mehrproduktrestriktion nicht sinnvoll, das optimale Produktionsprogramm mithilfe der Werte der Faktoren (variable Kosten je Faktoreinheit zuzüglich der inputorientierten Opportunitätskosten) suchen zu wollen?

23. Wenn Vollkosten bei unvollständiger Kenntnis des Entscheidungsfeldes als Schätzungen angesehen werden, die die Werte der von einem Produkt beanspruchten Produktionsfaktoren zusammenfassen, welche Schätzungen der Werte liegen dann den Vollkosten zugrunde?

24. Welchen Aufgaben dient die Kostenkontrolle?

25. Was sind Abweichungen erster und höherer Ordnung?

26. Wie sind die in der Vorspalte genannten Verfahren der Abweichungsanalyse gemessen an den Kriterien

   (a) Summe der Teilabweichungen gleich (=) oder ungleich (≠) der Gesamtabweichung,

   (b) Zahl der Abweichungen gleich (=) oder größer als (>) die Zahl der betrachteten Kosteneinflussfaktoren und

   (c) die Basis-Bezugsgrößen, die als Nicht-Delta-Größen die Teilabweichungen prägen, sind für alle Teilabweichungen gleich (=) oder ungleich (≠)

   zu beurteilen?

	(a)	(b)	(c)
Detaillierte Abweichungsanalyse			
Alternative Abweichungsanalyse			
Kumulative Abweichungsanalyse			
Symmetrische Abweichungsanalyse			

27. Welche Abweichungen werden bei der Kontrolle des Fertigungsmaterials unterschieden?

28. Welche Besonderheit zeichnet die so genannte Beschäftigungsabweichung im Rahmen der Gemeinkostenkontrolle bei flexibler Plankostenrechnung auf Vollkostenbasis aus?

29. Welche Stufen der Kontrolle bei den Gemeinkosten lassen sich unterscheiden?

Die Antworten zu den Kontrollfragen finden Sie auf den Seiten 312 ff.

Antworten zu den Kontrollfragen

Kapitel I Grundlagen der Kosten- und Leistungsrechnung

Frage I-1:	Unternehmen dienen den an ihnen Beteiligten (Personen oder anderen Unternehmen) zur Realisation wirtschaftlicher Ziele. Durch welche Anreize und Beiträge sind Unternehmen mit diesen Stakeholdern verbunden?

Vergleichen Sie zur Beantwortung der Frage Tabelle 1 auf S. 2 f.

Frage I-2:	Wie lassen sich Güter im Hinblick auf ihre Herkunft und Bestimmung aus der Sicht eines Unternehmens gliedern?

Güter (Nominalgüter, Realgüter)

Produktionsfaktoren

(von Quellen außerhalb des Unternehmens bezogen und noch nicht umgeformt, werden weiter umgeformt, gehen direkt oder indirekt in absatzbestimmte Güter ein)

innerbetriebliche Güter

(durch Umformung aus Produktionsfaktoren gewonnen, werden weiter umgeformt, gehen nur indirekt in absatzbestimmte Güter ein)

unfertige Erzeugnisse

(durch Umformung aus Produktionsfaktoren gewonnen, werden weiter umgeformt, gehen direkt in absatzbestimmte Güter ein)

fertige absatzbestimmte Erzeugnisse

(durch Umformung aus Produktionsfaktoren gewonnen, werden nicht weiter umgeformt, sondern abgesetzt)

Frage I-3:	Was versteht man unter dem Begriff Rechnungswesen?

Das Rechnungswesen als institutionalisiertes Informationssystem kann als die Gesamtheit aller wirtschaftlich auswertbaren und sich auf Datenträgern niederschlagenden Akte der Informationsgewinnung und Informationsverarbeitung eines Unternehmens definiert werden (Coenenberg 1980, Sp. 1996).

Frage I-4:	In welche Rechnungssysteme lässt sich das Rechnungswesen gliedern?

Das Rechnungswesen umfasst Rechnungen mit Mengen und Rechnungen mit zahlungsorientierten Wertgrößen. Innerhalb der Rechnungen mit zahlungsorientierten Wertgrößen werden meist Rechnungen mit Auszahlungen und Einzahlungen, Rechnungen mit Ausgaben und Einnahmen, Rechnungen mit Aufwendungen und Erträgen sowie Rechnungen mit Kosten und Leistungen einschließlich zugehöriger Bestandsrechnungen unterschieden.

Frage I-5:	Für welche Aufgaben können die verschiedenen Rechnungssysteme des Rechnungswesens eingesetzt werden?

a) Rechnungen mit Auszahlungen und Einzahlungen dienen der Planung und Kontrolle der Liquidität sowie der Beurteilung und Kontrolle der Wirtschaftlichkeit von Investitionen oder sonstigen langfristig wirksamen Entscheidungen.

b) Rechnungen mit Aufwendungen und Erträgen dienen der Bemessung von ausschüttbaren Beträgen (Dividenden an die Eigner, gewinnabhängige Steuern an den Fiskus) und der Information der Beteiligten.

c) Rechnungen mit Kosten und Leistungen dienen drei Aufgaben:

- Kontrollaufgaben (kurzfristige Kontrolle der Wirtschaftlichkeit der Gütererstellung in den Kostenstellen und kurzfristige Erfolgskontrolle),
- Planungsaufgaben (Erstellung von Unterlagen zur Lösung kurzfristiger Entscheidungsprobleme),
- Publikationsaufgaben (Hilfestellung zur Bestimmung von Herstellungskosten für Handels- und Steuerbilanz, Ermittlung von Selbstkosten im Rahmen der LSP und KHBV, Bestimmung von Werten für sonstige extern orientierte Rechnungen).

Frage I-6:   **Wie lässt sich**
a) die beschaffungsmarktorientierte Bewertung und
b) die absatzmarktorientierte Bewertung von Gütern charakterisieren?

---

a) Bei beschaffungsmarktorientierter Bewertung werden Produktionsfaktoren mit Beschaffungspreisen bzw. sonstige Güter mit der Summe der Beschaffungspreise der zu ihrer Herstellung direkt oder indirekt verbrauchten Produktionsfaktoren bewertet.

b) Bei absatzmarktorientierter Bewertung bewertet man abgesetzte Güter mit ihren Preisen auf dem Absatzmarkt ([rein] absatzmarktorientierte Bewertung) und die übrigen Güter (Produktionsfaktoren, unfertige und fertige, aber noch nicht abgesetzte Produkte) mit der Differenz zwischen dem Absatzpreis für das aus dem betreffenden Gut zu fertigende Produkt einerseits und der Summe der mit Beschaffungspreisen bewerteten Produktionsfaktoren andererseits, die mit dem betreffenden Gut noch kombiniert werden müssen, um aus diesem Gut das zu fertigende Produkt zu erstellen und abzusetzen.

Frage I-7:   **Wodurch unterscheiden sich Auszahlungen und Einzahlungen von Ausgaben und Einnahmen?**

Ausgaben und Einnahmen unterscheiden sich durch die Einbeziehung von Kreditvorgängen von Aus- und Einzahlungen. So umfassen Ausgaben neben Auszahlungen auch Schuldenzunahmen und Forderungsabnahmen. Einnahmen setzen sich analog aus Einzahlungen sowie Schuldenabnahmen und Forderungszunahmen zusammen.

Frage I-8:   **Wie sind Kosten definiert?**

Kosten bezeichnen die bewerteten, sachzielbezogenen Güterverbräuche einer Periode. Sie können sich dabei hinsichtlich des zur Bewertung herangezogenen Wertansatzes unterscheiden. Bei wertmäßigen Kosten bewertet man die sachzielbezogenen Güterverbräuche mit monetären Grenznutzen, bei pagatorischen Kosten bewertet man sie mit Preisen des Beschaffungsmarktes (Ausgaben).

Frage I-9:   **Welche Bedingungen muss der Güterverzehr in einem Unternehmen erfüllen, damit er zu Kosten führt (damit er kostenwirksam ist)?**

Jeder Güterverzehr, der zu Kosten führen soll, muss drei Bedingungen genügen. Er muss sowohl periodenbezogen als auch sachzielbezogen (betriebsbedingt) und ordentlich sein.

Frage I-10: **Was sind kalkulatorische Kosten und wie lassen sie sich unter Berücksichtigung ihres Verhältnisses zum Aufwand gliedern?**

Kalkulatorische Kosten umfassen solche Kosten, die nicht zugleich Aufwand sind. Einem Teil der kalkulatorischen Kosten, den Anderskosten, stehen noch Aufwendungen gegenüber. Diese Aufwendungen basieren aber auf einem anderen Mengengerüst (z.B. Wagnisse) oder auf einem anderen Wertansatz (z.B. kalkulatorische Zinsen auf das Fremdkapital). Dem anderen Teil der kalkulatorischen Kosten stehen keine Aufwendungen gegenüber (Zusatzkosten wie z.B. kalkulatorische Zinsen auf das Eigenkapital).

Frage I-11: **Was sind Leistungen?**

Leistungen sind bewertete sachzielbezogene Gütererstellungen einer Periode, wobei verschiedene Wertansätze zur Bewertung dieser sachzielbezogenen Gütererstellungen gewählt werden können. Die Bewertung kann sich einerseits auf die Preise stützen, die für betriebliche Produkte auf dem Absatzmarkt gezahlt werden. Derart bewertete Absatzgüter werden auch Erlöse genannt. Die Bewertung vermag andererseits auf die Kosten zurückzugreifen, die in Zusammenhang mit der Erstellung der zu bewertenden, sachzielbezogenen Güter angefallen sind. Im Rahmen dieser kostenorientierten Bewertung von Gütern lassen sich wieder zwei Fälle unterscheiden, nämlich erstens die Bewertung mit pagatorischen Kosten und zweitens die Bewertung mit wertmäßigen Kosten.

Frage I-12: **Wie unterscheiden sich Leistung und Ertrag?**

Zunächst gibt es Erträge, die nicht Leistungen sind (neutrale Erträge). Diese neutralen Erträge umfassen sowohl Erträge aufgrund von nicht sachzielbezogenen Gütererstellungen (beispielsweise Erträge aus Wohnungsvermietungen einer Bank, deren Geschäftsgebäude einige Wohnungen einschließt) als auch solche bewertete Gütererstellungen, die im Rahmen der Ertragsrechnung anders bewertet werden als im Rahmen der Leistungsrechnung. (Beispielsweise führen fertige, nicht abgesetzte Güter dann zu neutralen Erträgen, wenn sie in der Leistungsrechnung mit anderen Wertansätzen als den handels- bzw. steuerrechtlich vorgeschriebenen Herstellungskosten bewertet werden.)

Auch die Leistungen, die nicht Erträge sind (kalkulatorische Leistungen), gliedern sich in 2 Gruppen. Die erste Gruppe umfasst Andersleistungen als solche bewertete Gütererstellungen, die in der Leistungsrechnung anders bewertet werden als in der Ertragsrechnung. (Die oben bereits erwähnten fertigen, nicht abgesetzten Güter, die nicht mit Herstellungskosten bewertet sind, führen zu Andersleistungen.) Die zweite Gruppe enthält Gütererstellungen, die keine Erträge hervorrufen – auch bei anderer Bewertung nicht. (In diese Gruppe fällt z.B. ein selbst geschaffenes, nicht abgesetztes Patent.)

Frage I-13: **Welche Fälle sind zu unterscheiden, wenn man Kosten nach ihrem Verhalten bei Beschäftigungsänderungen gliedert, und wie können sich die Gesamtkosten sowie die Stückkosten in diesen Fällen entwickeln, wenn die Beschäftigung zunimmt?**

Bei einer Gliederung der Kosten nach ihrem Verhalten bei Beschäftigungsänderungen sind folgende Fälle zu unterscheiden:

a) fixe Kosten (Gesamtkosten bleiben konstant, Stückkosten fallen),
b) proportionale Kosten (Gesamtkosten steigen proportional, Stückkosten bleiben konstant),
c) progressive Kosten (Gesamtkosten steigen überproportional, Stückkosten steigen),
d) degressive Kosten (Gesamtkosten steigen unterproportional, Stückkosten sinken).

Frage I-14: **Müssen sich Erlöse immer proportional zur Menge abgesetzter Produkte verhalten?**

Erlöse müssen sich nicht immer proportional zur Menge abgesetzter Produkte verhalten. Sie können auch unabhängig von der Absatzmenge anfallen (fixe Erlöse, z. B. Telefongrundgebühr) oder unterproportional steigen (z.B. Erlöse, die durch Rabatte oder Boni vermindert sind).

Frage I-15: **Welche Bedingungen muss ein Güterverzehr erfüllen, damit die daraus entstehenden Kosten gemäß dem Beanspruchungsprinzip einem Objekt zugerechnet werden können?**

Nach dem Beanspruchungsprinzip kann man einem Objekt, beispielsweise einem Produkt, alle diejenigen Kosten zuordnen, bei denen der zugrunde liegende Güterverzehr im Rahmen der Entstehung des Objektes beansprucht wurde. Dabei können die betreffenden Kosten auch ohne das Objekt anfallen.

Frage I-16: **Welche Kosten und welche Erlöse dürfen nach dem Verursachungsprinzip einem Kostenträger zugerechnet werden?**

Nach dem Verursachungsprinzip kann man einem Kostenträger nur diejenigen Kosten und Erlöse zurechnen, die Fertigung und Absatz dieses Kostenträgers ursächlich hervorgerufen haben, die also nicht entstanden wären, hätte man auf Fertigung und Absatz dieses Produktes verzichtet.

Frage I-17: **Was sind**
a) Einzelkosten,
b) unechte Gemeinkosten,
c) (echte) Gemeinkosten?

a) Einzelkosten umfassen alle diejenigen Kosten, die einem absatzbestimmten Kostenträger direkt zurechenbar sind sowie auch direkt als dessen Kosten erfasst und somit direkt zugerechnet werden.
b) Unechte Gemeinkosten umfassen alle diejenigen Kosten, die einem absatzbestimmten Kostenträger zwar direkt zurechenbar sind, die aber nicht direkt als Einzelkosten erfasst und daher nicht direkt zugerechnet werden.
c) (Echte) Gemeinkosten umfassen alle diejenigen Kosten, die einem absatzbestimmten Kostenträger nicht direkt zugerechnet werden können.

Frage I-18: **Wodurch unterscheiden sich Divisions- und Zuschlagsrechnung?**

Während mittels der Zuschlagsrechnung einem Bezugsobjekt (Kostenstelle oder Kostenträger) zunächst die ihm direkt zurechenbaren Kosten (Erlöse) direkt zugeordnet (Einzelkosten, Einzelerlöse) und nur die restlichen nicht direkt zurechenbaren Kosten (Erlöse) nach Maßgabe des Durchschnittsprinzips auf das Bezugsobjekt überwälzt werden, verzichtet man bei Anwendung der Divisionsrechnung auf eine Trennung in Einzelkosten (Einzelerlöse) und Gemeinkosten (Gemeinerlöse) und rechnet alle Kosten (Erlöse) nach Maßgabe des Durchschnittsprinzips den Bezugsobjekten zu.

Frage I-19: **Wie lassen sich Kosten unter Berücksichtigung der Herkunft der ihnen zugrunde liegenden verbrauchten Gütermengen gliedern?**

Kosten, die durch den Verbrauch solcher Güter entstehen, die das Unternehmen aus Quellen außerhalb des Unternehmens bezogen hat, sind primäre Kosten. In den Fällen, in denen selbst erstellte Güter wie fremd bezogene in die Kostenrechnung einbezogen werden (ein Automobilunternehmen beispielsweise übernimmt ein Fahrzeug aus eigener Fertigung ins Anlagevermögen, weil es im Fuhrpark des Unternehmens genutzt werden soll, und behandelt – „aktiviert" – dieses Fahrzeug wie ein fremd bezogenes), führt auch der Verzehr selbst erstellter Güter zu primären Kosten. Sekundäre Kosten entstehen aus dem Verbrauch von innerbetrieblichen Gütern, die das Unternehmen selbst hergestellt hat.

Kapitel II Istkosten- und Istleistungsrechnung

Frage II-1: **Stützt sich die Istkostenrechnung bei der Ermittlung der Istkosten immer auf effektiv verzehrte Mengen und auf effektiv dafür bezahlte Preise? (Begründen Sie Ihre Auffassung durch Beispiele.)**

Die Istkostenrechnung stützt sich bei der Ermittlung der Istkosten nicht immer auf effektiv verbrauchte Mengen und auf effektiv dafür bezahlte Preise. Sieht man abnutzbare Anlagen als Potenzialfaktoren an, die dem Unternehmen ein Potenzial von Nutzungsmöglichkeiten zur Verfügung stellen, und betrachtet den Verzehr dieses Potenzials von Nutzungsmöglichkeiten als Mengenkomponente der Abschreibungskosten, so kann die Mengenkomponente der Abschreibungskosten nicht am effektiv stattfindenden Güterverzehr orientiert werden. Denn der effektive Verzehr der Nutzungsmöglichkeiten einer Anlage kann nicht gemessen werden. Bei einer Anlage ist weder während der Nutzungszeit festzustellen, welcher Teil der Nutzungsmöglichkeit bisher verzehrt wurde und welcher Teil somit vorhanden ist, noch ist selbst beim Ausscheiden abgenutzter Anlagen angebbar, wie sich der Abnutzungsverlauf in der Vergangenheit entwickelt hat. Abnutzungsverläufe von Anlagen lassen sich folglich nur durch Planungs- oder Normalisierungsansätze gewinnen. Bei gleichartigen Gütern des Vorratsvermögens, die wiederholt vom Unternehmen zu meist unterschiedlichen Preisen gekauft und die unabhängig vom Beschaffungspreis aus Gründen der Wirtschaftlichkeit der Lagerhaltung gemeinsam gelagert werden, kann man für die Kostenrechnung die Verbräuche nicht mit effektiv gezahlten Preisen bewerten. Als Werte kommen nur Durchschnittswerte aufgrund von Entnahmefiktionen (z.B. FIFO oder LIFO) in Frage (vgl. zu diesen Entnahmefiktionen S. 91 ff.).

Außer in Fällen, in denen die Istkostenrechnung mangels Information über effektiv angefallene Verbrauchsmengen und Preise auf durchschnittlichen, fiktiven oder geplanten Größen basiert, gibt es Fälle, in denen sie beispielsweise auf normalisierte Größen ausgerichtet wird, obwohl effektiv angefallene Verzehrsmengen und Preise feststellbar sind. So werden kalkulatorische Wagnisse anhand durchschnittlicher Verzehrsmengen ermittelt.

Frage II-2: **Nach welchen Kriterien werden Kosten in der Kostenartenrechnung gegliedert?**

In der Kostenartenrechnung werden die Kosten nach folgenden Kriterien gegliedert:
a) nach der Übereinstimmung der Kosten mit dem Aufwand in Grundkosten und kalkulatorische Kosten,
b) nach den den Kosten zugrunde liegenden Güterverzehrsarten etwa in Arbeitskosten, Werkstoffkosten, Betriebsmittelkosten, Dienstleistungskosten, Kapitalkosten sowie Gebühren, Steuer- und Umweltschutzkosten,

c) nach der Zurechnung der Kosten zu Kostenträgern in Einzelkosten und Gemeinkosten,
d) nach der Veränderung der Kosten bei Beschäftigungsänderungen in fixe und variable Kosten.

Frage II-3: **Wie lassen sich Wagnisse eines Unternehmens gliedern, und welches dieser Wagnisse findet in der Kostenrechnung explizit keine Berücksichtigung?**

Wagnisse eines Unternehmens lassen sich folgendermaßen gliedern:

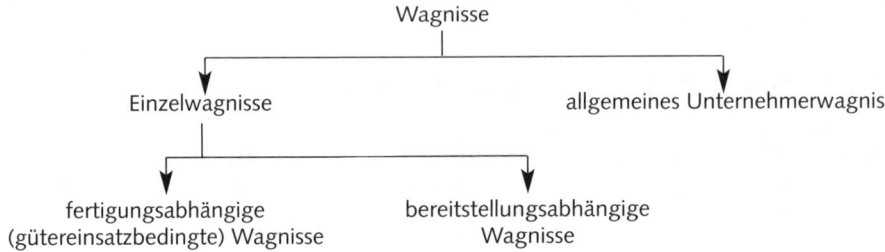

Das allgemeine Unternehmerwagnis wird in der Kostenrechnung nicht explizit berücksichtigt.

Frage II-4: **Auf welchen Wertansätzen basiert die Kostenartenrechnung im Rahmen der Istkostenrechnung?**

Der Kostenartenrechnung im Rahmen einer Istkostenrechnung liegen meist historische Anschaffungspreise als Wertansätze zugrunde. Vor allem in Fällen, in denen solche Anschaffungspreise für jedes einzelne verzehrte Gut schwer zu ermitteln sind und wo die Preise für Produktionsfaktoren im Zeitablauf schwanken, werden auch anschaffungspreisorientierte Verrechnungspreise (meist Durchschnittspreise) verwendet. Als Reaktion auf Preissteigerungen werden auch Wiederbeschaffungspreise in die Istkostenrechnung einbezogen. Das kann direkt oder durch Orientierung der Verrechnungspreise an Wiederbeschaffungspreisen geschehen.

Frage II-5: **Aus welchen Komponenten setzen sich Arbeitskosten zusammen?**

Arbeitskosten umfassen alle Kosten, die dem Unternehmen als Folge des Verzehrs von zur Verfügung gestellter Arbeitskraft entstehen. Damit umfassen Arbeitskosten außer allen Löhnen (einschließlich Urlaubs- sowie Feiertagslöhnen) und Gehältern (einschließlich des kalkulatorischen Unternehmerlohnes) auch sämtliche für Arbeiter und Angestellte zu erbringenden gesetzlichen und freiwilligen Sozialabgaben, wie Arbeitslosen-, Angestellten-, Arbeiterrenten-, Kranken- sowie Unfallversicherungsbeiträge, betriebliche Ausbildungsbeihilfen, Weihnachtsgratifikationen, persönliche Essenszuschüsse und Beiträge zur Vermögensbildung.

Frage II-6: **Bei welchen Rechtsformen von Unternehmen kann der Unternehmerlohn nur kalkulatorisch angesetzt werden, weil er nicht zu den Aufwendungen gehört?**

Bei Einzelunternehmen und Personengesellschaften darf der Arbeitseinsatz von Eignern nicht durch Aufwendungen erfasst werden. Soll dieser Arbeitseinsatz in der Kostenrechnung berücksichtigt werden, so muss das durch den Ansatz eines kalkulatorischen Unternehmerlohns geschehen.

Frage II-7: **Mithilfe welcher Verfahren können verzehrte Gütermengen für die Erfassung von Werkstoffkosten bestimmt werden?**

Wenn Werkstoffe vom Unternehmen unmittelbar nach ihrer Lieferung verzehrt werden, wie beispielsweise Strom, Gas und Wasser, ergeben sich die Verbrauchsmengen aus den periodischen Rechnungen. Stimmen Abrechnungsperioden des Unternehmens und der Werkstoffrechnungen nicht überein, sind noch zeitliche Abgrenzungen erforderlich, die etwa von der Unterstellung ausgehen können, der Verbrauch habe gleichmäßig über die Zeit stattgefunden.

Wenn Werkstoffe im Unternehmen gelagert werden, stehen zur Erfassung der Verzehrmengen folgende Verfahren zur Verfügung:
a) Skontrationsrechnung,
b) Befundrechnung,
c) Rückrechnung,
d) Schätzverfahren.

Frage II-8: **Nach welchen Verfahren können Abschreibungen berechnet werden?**

Die möglichen Abschreibungsverfahren lassen sich folgendermaßen gliedern:
a) degressive Zeitabschreibungsverfahren:
  ■ arithmetisch-degressive Abschreibungsverfahren (mit dem Spezialfall des digitalen Abschreibungsverfahrens),
  ■ geometrisch-degressive Abschreibungsverfahren (mit dem Spezialfall der Buchwertabschreibung),
b) lineares Zeitabschreibungsverfahren,
c) progressive Zeitabschreibungsverfahren:
  ■ arithmetisch-progressive Abschreibungsverfahren (mit dem Spezialfall eines progressiv-digitalen Abschreibungsverfahrens),
  ■ geometrisch-progressives Abschreibungsverfahren,
d) mengenorientiertes Abschreibungsverfahren,
e) Kombinationen verschiedener Abschreibungsverfahren.

Frage II-9: **Kann man eine Maschine richtig abschreiben?**

Der Aufgabe, eine Maschine richtig abzuschreiben, stellen sich während der Nutzungszeit der Maschine schwierige Prognoseprobleme entgegen. Außer dem Abschreibungsverlauf müssen Nutzungsdauer und Restwert prognostiziert werden. Prognosen von Nutzungsdauer und Restwert sind speziell in Zeiten raschen technischen Wandels und häufiger Bedarfsverlagerungen mit großen Unsicherheiten behaftet, was dazu führt, dass sich Abschreibungspläne nicht selten als falsch herausstellen und daher aufgrund neuer Erkenntnisse revidiert werden müssen. Der richtige Abschreibungsverlauf als richtige Verteilung des Verzehrs des Nutzungspotenzials auf die Perioden der Nutzung kann auch nach Ausscheiden des Wirtschaftsgutes und damit bei Kenntnis der gesamten Nutzungszeit einer Anlage nicht bestimmt werden, weil er prinzipiell unbestimmbar ist.

Frage II-10: **Wie ermittelt man das zu verzinsende Kapital?**

Das zu verzinsende Kapital erhält man aus der Differenz von sachzielnotwendigem Vermögen (Kapital) und dem Abzugskapital. Dabei wird das sachzielnotwendige Vermögen aus dem gesamten Vermögen eines Unternehmens durch Abzug der Werte für alle diejenigen Vermögensgegenstände berechnet, die für den Betriebsablauf und damit die Erreichung des unternehmerischen Sachziels nicht erforderlich sind (z.B. Wert eines nicht dem Sachziel dienenden Grundstücks oder Gebäudes,

Wert festverzinslicher Wertpapiere bei einem Industrieunternehmen). Das Abzugskapital umfasst alle dem Unternehmen zinslos gewährten Kredite (z.B. Anzahlungen).

Frage II-11: **Welche Aufgaben kommen der Kostenstellenrechnung im Rahmen einer Istkostenrechnung zu?**

Der Kostenstellenrechnung kommen im Rahmen der Istkostenrechnung zwei grundlegende Aufgaben zu. Sie soll zum einen eine differenzierte Zurechnung angefallener Gemeinkosten (oder aller Kosten) auf die absatzbestimmten Kostenträger (Kostenvermittlungsfunktion zwischen Kostenarten und Kostenträger) und zum anderen eine Kontrolle der Wirtschaftlichkeit sachzielbezogener Gütererstellungen ermöglichen (Kostenkontrollfunktion).

Frage II-12: **Nach welchen Kriterien können Kostenstellen gebildet werden?**

Kostenstellen können nach folgenden Kriterien gebildet werden:
a) nach räumlichen Gesichtspunkten,
b) nach funktionalen Gesichtspunkten,
c) nach Gesichtspunkten des Verantwortungsbereiches,
d) nach rechnungstechnischen Gesichtspunkten.

Frage II-13: **Wodurch unterscheiden sich Haupt-, Neben- und Hilfskostenstellen sowie Vor- und Endkostenstellen?**

Hilfskostenstellen sind nur mittelbar an der Fertigung absatzbestimmter Güter beteiligt. Sie dienen lediglich der Erstellung von innerbetrieblichen Gütern, die sie im Verlauf des Produktionsprozesses an andere Kostenstellen weitergeben.
Dagegen sind Hauptkostenstellen unmittelbar an der Fertigung und gegebenenfalls am Vertrieb von absatzbestimmten Gütern beteiligt. Sie können jedoch auch innerbetriebliche Güter für andere Kostenstellen bereitstellen.
Nebenkostenstellen sind wie die Hauptkostenstellen an der Fertigung absatzbestimmter Güter unmittelbar beteiligt. Sie unterscheiden sich von den Hauptkostenstellen dadurch, dass in ihnen so genannte Nebenprodukte erzeugt werden.
Alle Kostenstellen, die nur innerbetriebliche Güter erstellen, heißen Vorkostenstellen (alle Hilfskostenstellen) und alle Kostenstellen, in denen auch absatzbestimmte Produkte gefertigt werden, Endkostenstellen (Hauptkosten- und Nebenkostenstellen).

Frage II-14: **Was ist ein Betriebsabrechnungsbogen und welche Aufgaben hat er?**

Der Betriebsabrechnungsbogen ist eine Tabelle, die die Zurechnung primärer Kosten (in der Regel Gemeinkosten) auf die Kostenstellen und die gegenseitige Verrechnung von sekundären Kosten aufgrund von innerbetrieblichen Güterflüssen zwischen den Kostenstellen erfasst. Gegebenenfalls wird er ergänzt um Informationen für die Durchführung der Kostenträgerrechnung, wie z.B. über mögliche Zuschlagsgrundlagen bei Anwendung der Zuschlagskalkulation, oder um Kostenüber- oder Kostenunterdeckungen bei Anwendung der Normalkostenrechnung. Seine Aufgabe besteht in erster Linie darin, eine Sekundärkostenrechnung (innerbetriebliche Leistungsrechnung) und eine Zuschlagskalkulation auf der Basis von Endkosten der Hauptkostenstellen in tabellarischer Form zu ermöglichen.

Frage II-15: Was versteht man unter einer Sekundärkostenrechnung (innerbetrieblichen Leistungsrechnung)?

Die Sekundärkostenrechnung dient dazu, die für gelieferte und empfangene innerbetriebliche Güter anzusetzenden (sekundären) Kosten zu ermitteln sowie die jeweiligen Kostenstellen für gelieferte innerbetriebliche Güter zu entlasten und für empfangene zu belasten.

Frage II-16: Welche Strukturarten von Kostenstellenbeziehungen kennen Sie, und worin unterscheiden sie sich?

Insgesamt können folgende grundlegende Strukturen anhand der innerbetrieblichen Güterflüsse zwischen den Kostenstellen unterschieden werden:
a) Nullstrukturen, sofern keine innerbetrieblichen Güterflüsse stattfinden,
b) einfach zusammenhängende Strukturen, sofern mindestens eine Anordnung für alle Kostenstellen eines Unternehmens existiert, in der von allen Kostenstellen höchstens nur an nachgeordnete Stellen innerbetriebliche Güter geliefert werden,
c) komplexe Strukturen, sofern für jede Anordnung der Kostenstellen mindestens eine nachgeordnete Stelle an eine in der Anordnung vor ihr stehende Stelle innerbetriebliche Güter liefert.

Frage II-17: Wodurch unterscheiden sich Treppen- und Kostenstellenausgleichsverfahren? Lässt sich das Treppenverfahren auch unter Anwendung des Lösungsansatzes des Kostenstellenausgleichsverfahrens durchführen?

Das Treppenverfahren basiert auf einer Anordnung der Kostenstellen mit einfach zusammenhängender Struktur der innerbetrieblichen Güterflüsse. Andernfalls wäre eine sukzessive Kostenent- und Kostenbelastung der Stellen für gelieferte und empfangene innerbetriebliche Güter nicht möglich. Das Kostenstellenausgleichsverfahren ist speziell für komplexe Strukturen konzipiert worden, da bei komplexer Struktur Gesamt- und Endkosten aller Stellen simultan ermittelt werden müssen. Offensichtlich lässt sich das Treppenverfahren auch unter Anwendung des (simultanen) Lösungsansatzes des Kostenstellenausgleichsverfahrens durchführen.

Frage II-18: Welche Aufgabe hat die Kostenträgerstückrechnung im Rahmen einer Istkostenrechnung?

Die Aufgabe der Kostenträgerstückrechnung besteht darin, ausgehend von den Endkosten der Hauptkostenstellen, die für die Erstellung einer Einheit unfertiger und fertiger Erzeugnisse (absatzbestimmter Kostenträger) angefallenen Kosten zu kalkulieren (Nachkalkulation oder Kalkulation).

Frage II-19: Welche Grundformen der Kalkulation in der Kostenträgerstückrechnung kennen Sie?

Alle Kalkulationsverfahren der Kostenträgerstückrechnung lassen sich auf die Grundformen Divisions- und Zuschlagskalkulation zurückführen.

Frage II-20: Wann ist für die Durchführung der Kostenträgerrechnung keine Kostenstellenrechnung erforderlich?

Um eine möglichst dem Verursachungsprinzip entsprechende Kostenzurechnung auf die absatzbestimmten Kostenträger zu erreichen (soweit dies eben für eine Vollkostenrechnung möglich ist), bietet sich eine mehr oder weniger differenzierte kostenstellenweise Erfassung von Gemeinkosten (oder primären Kosten) in Abhängigkeit vom Fertigungsprozess an. Auf eine Kostenstellenrechnung im Fertigungsbereich als Vorstufe der Kostenträgerrechnung kann verzichtet werden, wenn nur eine Produktart (Massenfertigung) oder mehrere Produktarten innerhalb einer einheitlichen Erzeugnisgattung (Sortenfertigung) hergestellt werden.

Frage II-21: **Welche Verfahren der Divisionskalkulation kennen Sie und wie unterscheiden sie sich?**

Die verschiedenen Verfahren der Divisionskalkulation und deren Unterschiede ergeben sich aus folgender Übersicht (vgl. auch Schweitzer/Küpper 2003, S. 161):

Zahl der Produktarten / Zahl der Produktionsstufen	Eine homogene Produktart	Mindestens zwei homogene Produktarten (bei unabhängiger Fertigung)	Mindestens zwei Produktarten einer Erzeugnisgattung (Sortenfertigung)
eine Stufe	Einfache, einstufige Divisionskalkulation	Mehrfache, einstufige Divisionskalkulation	Einstufige Divisionskalkulation mit Äquivalenzziffern
mindestens zwei Stufen	Einfache, mehrstufige Divisionskalkulation	Mehrfache, mehrstufige Divisionskalkulation	Mehrstufige Divisionskalkulation mit Äquivalenzziffern

---

Frage II-22: **Welche Verfahren der Kalkulation von Kuppelprodukten kennen Sie und wie sind sie aus der Sicht einer verursachungsgerechten Kostenzurechnung zu beurteilen?**

Es können folgende Verfahren der Kalkulation von Kuppelprodukten unterschieden werden: Marktwert-, Restwertrechnung und Rechnung auf der Basis technischer Maßstäbe. Diese Verfahren müssen sich zwangsläufig auf das Durchschnitts- und Kostentragfähigkeitsprinzip stützen, weil eine verursachungsgerechte Kostenzurechnung, von Ausnahmen abgesehen (wie z.B. bei Vertriebs- oder Folgekosten), nicht möglich ist.

Frage II-23: **Welche Verfahren der Zuschlagskalkulation kennen Sie?**

Es können folgende Verfahren der Zuschlagskalkulation unterschieden werden: summarische (kumulative), elektive (differenzierende) Zuschlagskalkulation, die Maschinenstundensatzkalkulation, Bezugsgrößenkalkulation und Zuschlagskalkulation gemäß der Prozesskostenrechnung.

Frage II-24: **Mit welchen Bezugsgrößen können die Endkosten von Fertigungshauptstellen den absatzbestimmten Kostenträgern bei Anwendung der Zuschlagskalkulation zugerechnet werden? Inwieweit entsprechen sie dem Verursachungsprinzip?**

Bei Anwendung der summarischen Zuschlagskalkulation verwendet man als Bezugsgrößen Fertigungslöhne (Einzellohnkosten), Fertigungsmaterial (Einzelmaterialkosten) oder die Summe aus diesen Einzelkosten. Die elektive Zuschlagskalkulation basiert auf den gleichen Bezugsgrößen, gegebenenfalls noch ergänzt um andere wertabhängige Bezugsgrößen wie z.B. die Herstellkosten. Bis auf die Fertigungszeiten als Bezugsgrößen der Maschinenstundensatzkalkulation werden Mengenschlüssel wie z.B. erstellte Mengeneinheiten oder Gewichte von Produkten bei Anwendung der Zuschlagskalkulation selten verwendet. Da die Aufgabe der Zuschlagskalkulation in der Zurechnung von Gemeinkosten, also von nicht direkt auf der Basis des Verursachungsprinzips zurechenbaren Kosten, auf die absatzbestimmten Kostenträger besteht, ist eine diesem Prinzip entsprechende Zurechnung nicht möglich bzw. nicht überprüfbar. Das Beanspruchungsprinzip eröffnet jedoch die Möglichkeit, die Eignung von Bezugsgrößen annähernd zu beurteilen.

Frage II-25: **Welche Zusammenhänge bzw. welche Unterschiede bestehen zwischen den Material-, Fertigungs-, Herstell- und Selbstkosten?**

Zur Beantwortung dieser Frage vgl. Tabelle 26 auf S. 158.

Frage II-26: **Wodurch unterscheiden sich Divisions- und Zuschlagskalkulation? Welches Verfahren ziehen Sie aus welchen Gründen vor?**

Der grundlegende Unterschied zwischen Divisions- und Zuschlagskalkulation besteht darin, dass die mittels der Zuschlagskalkulation zu verteilenden Kosten in Einzel- und Gemeinkosten aufgespalten und nur die Gemeinkosten indirekt mittels Bezugsgrößen absatzbestimmten Kostenträgern zugerechnet werden, während die Divisionskalkulation auf diese Trennung verzichtet. Das bedeutet für die Divisionskalkulation nicht zwingend die Zurechnung von Kosten in einem Schritt; denn auch bei dieser Kalkulationsform können die Kosten (z.B. in einzelne Kostenblöcke) aufgespalten werden, nur erfolgt keine Trennung in Einzel- und Gemeinkosten. Legt man auf eine so weit wie möglich dem Verursachungsprinzip entsprechende Kostenzurechnung Wert, dürfte immer dann, wenn eine Trennung von Kosten in Einzel- und Gemeinkosten möglich ist, die Zuschlagskalkulation zu besseren Ergebnissen im Sinne dieses Prinzips führen, falls Zuschlags- und Divisionskalkulation auf der gleichen Zahl unterschiedlicher Bezugsgrößenarten basieren.

Frage II-27: **Welche Kategorien von Leistungsarten kennen Sie?**

Alle Leistungen eines Unternehmens lassen sich analog den Istleistungen in vier Hauptgruppen unterteilen: Leistungen aufgrund von abgesetzten (oder abzusetzenden) Gütern; Leistungen aufgrund von absatzbestimmten, auf Lager befindlichen (oder zu lagernden) Gütern; Leistungen aufgrund von „aktivierten" (oder zu „aktivierenden") innerbetrieblichen Gütern und Leistungen aufgrund von verzehrten (oder zu verzehrenden) innerbetrieblichen Gütern.

Frage II-28: **Welche Erlösarten kennen Sie?**

Vergleichen Sie zur Beantwortung dieser Frage Abbildung 50 auf S. 174.

Frage II-29: **Welche Aufgaben haben eine Erlösarten-, Erlösstellen- und Erlösträgerstückrechnung?**

Da in der Regel für die Absatzprodukte eines Unternehmens nicht nur Einzelerlöse anfallen, sondern auch Gemeinerlöse, kommt der Erlösarten-, Erlösstellen- und Erlösträgerstückrechnung analog der Kostenrechnung die grundlegende Aufgabe zu, die Stückerlöse von Absatzprodukten zu ermitteln.

Frage II-30: **Aus welchen Gründen können Bestandsrechnungen für unfertige und fertige Erzeugnisse sowie für innerbetriebliche Güter im Rahmen der Leistungsrechnung vernachlässigt werden?**

Beim kostenorientierten Wertansatz für erstellte Güter oder bei Anwendung der kostenorientierten Leistungsdefinition werden schon in der Kostenrechnung diese Gütererstellungen aufgrund der für sie angefallenen Kosten erfasst. Für innerbetriebliche, in der gleichen Periode verzehrte Güter geschieht das in der Sekundärkostenrechnung. Bestandsrechnungen für unfertige und fertige Erzeugnisse sowie für innerbetriebliche Güter können im Rahmen der Leistungsrechnung vernachlässigt werden, weil Bestände meist kostenorientiert bewertet und derartige Wertansätze bereits in der Kostenrechnung ermittelt werden (vgl. das Beispiel zur mehrstufigen Divisionskalkulation).

Frage II-31: **Wodurch unterscheiden sich Kostenträgerzeit- und Kostenträgerstückrechnung?**

Die Kostenträgerzeitrechnung ist eine (kurzfristige) Erfolgsrechnung, also eine kombinierte Kosten- und Leistungsrechnung, während die Kostenträgerstückrechnung eine Kostenrechnung zur Kalkulation der Stückkosten absatzbestimmter Produkte ist. Für kurzfristige Erfolgsrechnungen, insbesondere auf der Basis des Umsatzkostenverfahrens, ist die Durchführung der Kostenträgerstückrechnung eine notwendige Voraussetzung.

Frage II-32: **Wodurch unterscheidet sich die kurzfristige Erfolgsrechnung (Kostenträgerzeitrechnung) von einer Erfolgsrechnung auf der Basis von Aufwendungen und Erträgen (Gewinn- und Verlustrechnung)?**

Die wesentlichen Unterschiede einer kurzfristigen Erfolgsrechnung gegenüber einer Erfolgsrechnung auf der Basis von Aufwendungen und Erträgen bestehen in:
a) einem kürzeren Abrechnungszeitraum,
b) der Unabhängigkeit von neutralen Aufwendungen und Erträgen sowie von bilanzpolitisch motivierten Aufwands- und Ertragsmanipulationen,
c) der nicht notwendigen Bindung an die Form der doppelten Buchführung,
d) dem durch das Umsatzkostenverfahren realisierten Ziel, die Erfolgsquellen des unternehmerischen Sachzielprogramms je Produktart oder Produktgruppe aufzudecken.

Frage II-33: **Welche wichtigen Prämissen liegen den dargestellten Gesamtkosten- und Umsatzkostenverfahren zugrunde?**

Die beiden wichtigsten Prämissen dieser Verfahren der kurzfristigen Erfolgsrechnung lauten:
a) Bestandszunahmen werden auf der Basis kostenorientierter Wertansätze bewertet (Ansatz von Herstellkosten),
b) Herstellkosten der Vorperioden und der betrachteten Periode sind gleich, es sei denn, man setzt unter Einbeziehung der Herstellkosten früherer und der betrachteten Periode durchschnittlich angefallene Herstellkosten an.
Zur Aufhebung der Prämisse b) vgl. S. 186 f.

Frage II-34: Welche Informationen stellt das Betriebsergebniskonto bei Anwendung des Gesamtkosten- und bei Anwendung des Umsatzkostenverfahrens zur Verfügung?

Anwendung des Gesamtkostenverfahrens: Betriebsergebniskonto		Anwendung des Umsatzkostenverfahrens: Betriebsergebniskonto	
S	H	S	H
Primäre Gesamtkosten	Erlöse der Absatzproduktarten	Herstellkosten der abgesetzten Produktarten	Erlöse der abgesetzten Produktarten
Bestandsabnahmen	Bestandszunahmen	Verwaltungs- und Vertriebskosten	
positiver Erfolg (kalkulatorischer Gewinn)	negativer Erfolg (kalkulatorischer Verlust)	positiver Erfolg (kalkulatorischer Gewinn)	negativer Erfolg (kalkulatorischer Verlust)

Frage II-35: Wie beurteilen Sie das Umsatzkostenverfahren verglichen mit dem Gesamtkostenverfahren?

Die wichtigsten Unterschiede des Umsatzkostenverfahrens gegenüber dem Gesamtkostenverfahren bestehen darin, dass das Umsatzkostenverfahren
a) rechnerisch aufwendiger ist,
b) höhere Aussagefähigkeit besitzt, weil die Erfolgsquellen aufgedeckt werden,
c) auch zur Ermittlung von produktbezogenen Erfolgen anhand von Teilkosten- und Teilleistungsrechnungen anwendbar ist.

Frage II-36: Führen Umsatzkosten- und Gesamtkostenverfahren stets zum gleichen Erfolg? (Begründen Sie Ihre Antwort.)

Unter Berücksichtigung der gleichen Prämissen bezüglich Kosten- und Erlöserfassung gilt:

$$\sum_{m=1}^{M} K_m = \sum_{n=1}^{N} x_n \cdot h_n - \sum_{n=N+1}^{\bar{N}} b_n \cdot h_n + \sum_{n=N+1}^{\bar{N}} y_n \cdot h_n + \sum_{m=1}^{M^*} K_m^{V\&V}$$

und daher:

$$G^G = \sum_{n=1}^{N} a_n \cdot p_n + \sum_{n=1}^{N} (x_n - a_n) \cdot h_n + \sum_{n=N+1}^{\bar{N}} (y_n - b_n) \cdot h_n - \sum_{m=1}^{M} K_m$$

$$= \sum_{n=1}^{N} (p_n - h_n) \cdot a_n + \sum_{n=1}^{N} x_n \cdot h_n + \sum_{n=N+1}^{\bar{N}} (y_n - b_n) \cdot h_n - \sum_{m=1}^{M} K_m$$

$$= \sum_{n=1}^{N} (p_n - h_n) \cdot a_n - \sum_{m=1}^{M^*} K_m^{V\&V} = G^U.$$

Frage II-37: Warum ist die Istkosten- und Istleistungsrechnung zur Lösung von Kontrollaufgaben allein nicht besonders geeignet?

Kontrollen mithilfe der Istkosten- und Istleistungsrechnung sind nur auf Basis eines Vergleichs von Istgrößen vergangener Perioden als Maß- oder Sollgrößen mit den Istgrößen der betrachteten Periode möglich. Istgrößen als Maßgrößen können jedoch bedeuten, dass man, wie Schmalenbach es ausgedrückt hat, Schlendrian mit Schlendrian vergleicht.

Frage II-38: **Worin besteht die mangelnde Eignung der Istkosten- und Istleistungsrechnung zur Lösung von Planungsaufgaben?**

Istkosten- und Istleistungsrechnungen basieren
a) weitgehend auf dem Ansatz von Istmengenkomponenten abgelaufener Perioden,
b) auf der Zurechnung von Vollkosten und Vollleistungen (Vollerlösen) auf die absatzbestimmten Kostenträger.
Die Lösung von Planungsaufgaben erfordert die Prognose künftig zu erwartender Kosten und Leistungen, die nur rein zufällig mit den Kosten und Leistungen abgelaufener Perioden übereinstimmen können und von unterschiedlichen Einflussgrößen abhängen, deren Auswirkungen auf die Kosten und Leistungen anhand der Istkosten und Istleistungen nicht feststellbar sind.

Frage II-39: **Halten Sie die Istkosten- und Istleistungsrechnung zur Lösung von Publikationsaufgaben für geeignet? (Begründen Sie Ihre Antwort.)**

Istkosten- und Istleistungsrechnung sind für die Lösung von Publikationsaufgaben durchaus geeignet. Sie müssen zwar für die Ermittlung von Herstellungskosten gemäß Handels- und Steuerrecht um rechtlich nicht zulässige Ansätze (kalkulatorische Kosten) korrigiert werden, stellen jedoch insbesondere für die Steuerbilanz wegen der Überwälzung aller Kosten auf die Absatzprodukte (Vollkostenrechnung) ein geeignetes Instrument zur Lösung dieser Aufgabe dar. Für die Selbstkostenermittlung nach LSP ist die Istkostenrechnung das einzige Kostenrechnungssystem des betrieblichen Rechnungswesens, das die Aufgaben entsprechend den gesetzlichen Vorschriften zu erfüllen vermag. Insgesamt sind bezüglich der Eignung der Istkosten- und Istleistungsrechnung zur Lösung von Publikationsaufgaben höchstens unter dem Aspekt der oft zu pauschalen Zurechnung von Fixkosten Einschränkungen zu machen.

Kapitel III Einführung in die Plankosten- und Planleistungsrechnung

Frage III-1: **Welchen Zwecken dient in der Regel eine Normalkosten- und Normalleistungsrechnung?**

Außer den Aufgaben aller Systeme von Kosten- und Leistungsrechnungen (Kontrolle, Planung, Publikation) dient die Normalkosten- und Normalleistungsrechnung dem Zweck, die Schwerfälligkeit zu überwinden, welche der Istkosten- und Istleistungsrechnung zur Lösung von Kontroll-, Planungs- und Publikationsaufgaben anhaftet.

Frage III-2: **Wodurch unterscheidet sich eine Sekundärkostenrechnung auf der Basis von Normalkosten von einer Sekundärkostenrechnung auf der Basis von Istkosten?**

Bei einer Sekundärkostenrechnung auf der Basis von Normalkosten werden die innerbetrieblichen Güter, die eine Kostenstelle an die andere liefert, schon während der Periode auf der Basis eines aus Istkosten früherer Perioden durch Mittelung gewonnenen festen, normalisierten Verrechnungssatzes für innerbetriebliche Güter abgerechnet. Anders als in der Istkostenrechnung muss mit der Abrechnung nicht bis zum Periodenende gewartet werden. Allerdings können in der Normalkostenrechnung mehr oder weniger Kosten auf andere Stellen verrechnet werden, als in den liefernden Stellen effektiv anfallen.

Frage III-3: **Wodurch unterscheidet sich eine Kostenträgerstückrechnung in Form der Zuschlagskalkulation auf der Basis von Normalkosten von einer Kostenträgerstückrechnung in Form der Zuschlagskalkulation auf der Basis von Istkosten?**

Bei einer Kostenträgerstückrechnung in Form der Zuschlagskalkulation auf der Basis von Normalkosten werden den Kostenträgern auch die Gemeinkosten schon während der Abrechnungsperiode zugerechnet. Das geschieht mithilfe von festen, normalisierten Zuschlagssätzen der Hauptkostenstellen, die durch Mittelung von Endkosten und Zuschlagsgrundlagen vergangener Abrechnungszeiträume bestimmt werden. Anders als in der Istkostenrechnung muss mit der Kalkulation zwar nicht bis zum Periodenende gewartet werden, es werden aber nicht immer genau die Endkosten auf die Kostenträger verteilt, die in der jeweiligen Periode effektiv angefallen sind.

Frage III-4: **Auf welche Ursache-Wirkungs-Beziehungen stützt sich eine Plankostenrechnung?**

Eine Plankostenrechnung stützt sich auf die Beziehungen zwischen den Kosteneinflussfaktoren, welche die Kosten hervorrufen und ihre Höhe beeinflussen einerseits, und den Kosten als Wirkungen dieser Ursachen andererseits.

Frage III-5: **Inwiefern werden Ursache-Wirkungs-Beziehungen in einer Plankostenrechnung vereinfacht berücksichtigt?**

Aus der Fülle der Einflussfaktoren wird nur ein Teil explizit betrachtet, etwa dadurch, dass pauschale Einflussfaktoren, wie Beschäftigung, geschaffen werden, die stellvertretend für mehrere Faktoren stehen. Ein großer Teil der Faktoren – besonders solche, die sich nur durch langfristige (Investitions-)Entscheidungen verändern lassen oder die vom Zufall bestimmt werden (Außentemperatur z.B.) – werden als fest vorgegeben unterstellt. Schließlich werden in der Regel vereinfachend lineare Beziehungen zwischen Einflussfaktoren und Kosten angenommen.

Frage III-6: **Auf welches Ziel ist die Plankostenrechnung ausgerichtet?**

Die Plankostenrechnung konzentriert sich auf das Gewinnziel.

Frage III-7: **Auch angeblich kurzfristige Entscheidungen haben Konsequenzen in einem breiten Spektrum von Zeitpunkten. Wie erreicht die Kostenrechnung, dass alle diese Konsequenzen in einem Zeitpunkt einzutreten scheinen?**

In der Kostenrechnung scheinen die Konsequenzen der betrachteten Entscheidungen in einem Zeitpunkt einzutreten, weil die Kostenrechnung nicht an die Zeitpunkte von Auszahlung oder Ausgabe, sondern an den Zeitpunkt des Verbrauchs anknüpft.

Frage III-8: **Von welchen primären und sekundären Einflussgrößen hängen die Faktoreinsatzmengen in der Periodenerfolgsrechnung von Gert Laßmann ab?**

In der Periodenerfolgsrechnung von Gert Laßmann hängen die Faktoreinsatzmengen ab von den primären Einflussgrößen
■ Produktionsprogramm im Sinne der gewünschten Produktionsmengen bei den vom Unternehmen herstellbaren Vor- und Endprodukten,

- Produktionsbedingungen, wie Rohstoffmischung, Herstellungsverfahren, Prozessbedingungen, Bedienungsrelationen, Losgrößen, Losreihenfolgen, aber auch Außentemperatur und Länge des lichten Tages, und
- Periodenzahl, hinter der sich die Zahl der Arbeitstage im Planungsmonat oder die Zahl kalter Schichten z.B. verbirgt,

sowie von den sekundären Einflussfaktoren

- Erzeugnisstoffbedarf als Bedarf an Rohstoffen, der aus den primären Einsatzfaktoren resultiert, und
- Fertigungszeitbedarf der Potenzialfaktoren als Zeiten, in denen aufgrund der bisher genannten Einflussfaktoren die Produktionsanlagen in Anspruch genommen werden.

Frage III-9: **Welche Beziehungen zwischen unabhängigen und abhängigen Variablen werden in der Periodenerfolgsrechnung unterstellt?**

In der Periodenerfolgsrechnung werden die Beziehungen zwischen unabhängigen und abhängigen Variablen durch konstante Koeffizienten gekennzeichnet, so dass lineare Beziehungen unterstellt werden. Tatsächlich nichtlineare Beziehungen können abschnittsweise linear approximiert werden.

Frage III-10: **Wann erfolgt die Bewertung der Faktorverzehre im Rahmen der Periodenerfolgsrechnung?**

Im Rahmen der Periodenerfolgsrechnung werden Verbräuche nicht am Anfang bewertet, so dass nicht mit „Kosten" gerechnet wird. Die Periodenerfolgsrechnung ist weitgehend eine reine Mengenrechnung. Erst auf der letzten Stufe, wenn die Rechnung auf Mengenbasis vollständig abgeschlossen ist, werden diese Mengen bewertet.

Frage III-11: **Welche Kosteneinflussfaktoren werden in der flexiblen Plankostenrechnung als kurzfristig unveränderbar angesehen?**

Als kurzfristig unveränderbar werden in der flexiblen Plankostenrechnung angesehen:
- die Entscheidungen über den Aufbau zeitungebundener Nutzungspotenziale (Wahl der Rechtsform, Entwicklung von Know-how z.B.),
- die Entscheidungen über zu installierende Verfahren betrieblicher Teilbereiche und
- die Entscheidungen über die Kapazitäten betrieblicher Teilbereiche.

Frage III-12: **Unter welchen Bedingungen kommt es in einer Kostenstelle zu homogener Kostenverursachung und welche Vorteile hat das?**

Zu homogener Kostenverursachung in einer Kostenstelle kommt es, wenn eine völlig gleichartige Leistung oder verschiedene Leistungen erzeugt werden, auf die aber entweder nur ein Kosteneinflussfaktor einwirkt oder mehrere Kosteneinflussfaktoren in einem konstanten Verhältnis einwirken, und wenn es keine Wahlmöglichkeiten bei Prozess- oder Verfahrensbedingungen gibt. Der Vorteil liegt darin, dass die Beschäftigung in einer solchen Kostenstelle mithilfe nur einer Bezugsgröße gemessen werden kann.

Frage III-13: Wie wird sichergestellt, dass Vorgabezeiten einer „Normalleistung" entsprechen?

Beim REFA-Verfahren wird die gemessene Ist-Arbeitszeit mit dem geschätzten Ist-Leistungsgrad multipliziert. Bei synthetischen Verfahren ist die „Normalleistung" den vorbestimmten Arbeitszeiten der verfahrensspezifischen Tabellen zugrunde gelegt worden.

Frage III-14: Inwieweit wird bei der Einzelkostenplanung im Rahmen der flexiblen Plankostenrechnung im Interesse der Praktikabilität gegen tatsächliche Ursache-Wirkungs-Beziehungen verstoßen?

Zeitlöhne, Zusatzlöhne aus der Akkordentlohnung bei Unterbeschäftigung und ein Großteil der Sondereinzelkosten der Fertigung (Werkzeuge, Modelle) führen nicht zu proportionalvariablen Kosten. Aus Vereinfachungsgründen werden sie in der flexiblen Plankostenrechnung aber wie proportionalvariable Kosten behandelt.

Frage III-15: Welche zwei Aufgaben hat eine Bezugsgröße?

Eine Bezugsgröße ist zunächst ein Kosteneinflussfaktor, der die Höhe der Gemeinkosten und – bei einer variablen Bezugsgröße – auch die Veränderung der Gemeinkosten erklären soll. Der Begriff „Kostentreiber" aus der Prozesskostenrechnung macht diese Aufgabe deutlich. Eine Bezugsgröße soll darüber hinaus eine überzeugende Grundlage liefern, um Gemeinkosten auf die nächste Stufe hinzuzurechnen – vor allem auf Produkte, aber auch auf andere Kostenstellen. In der Bezugsgrößenkalkulation kommt diese zweite Aufgabe zum Ausdruck.

Frage III-16: Aus welchen Überlegungen ergibt sich die Planbeschäftigung auf der Basis der Engpassplanung, und inwieweit beinhalten diese einen Zirkelschluss?

Bei der Engpassplanung ergibt sich die Planbeschäftigung einer Kostenstelle als diejenige Beschäftigung, die unter Berücksichtigung der an den Produkten zu erbringenden Produktionsschritte, der Kapazitäts- und Absatzengpässe in der Kostenstelle voraussichtlich realisiert wird, wenn das Unternehmen das beste erreichbare Produktionsprogramm wählt. Ein Zirkelschluss liegt darin insoweit, als die Planbeschäftigung bei tatsächlich nicht proportionalvariablen Kosten darüber entscheidet, in welcher Höhe variable Kosten in die Planung eingehen und wie damit das optimale Produktionsprogramm aussieht, welches der Engpassplanung zugrunde liegt.

Frage III-17: Inwiefern unterscheiden sich Standard- und Prognosekosten?

Standardkosten beruhen auf denjenigen Faktorverbräuchen, die bei sparsamstem Umgang mit den Faktoren unvermeidlich entstehen müssen, um eine vorgegebene Aufgabe zu bewältigen (ohne Schlendrian). Prognosekosten basieren auf denjenigen Faktorverbräuchen, die bei der Erfüllung der Aufgabe in Zukunft voraussichtlich anfallen werden – einschließlich des zu erwartenden Schlendrians. Erstere sind damit ein absolutes Maß der Wirtschaftlichkeit, letztere der Versuch, die bewerteten Verbräuche in der Zukunft möglichst genau vorherzusagen.

Frage III-18: Welche beiden Kalkulationsalternativen eröffnet die flexible Plankostenrechnung auf Vollkostenbasis?

Da im Rahmen der flexiblen Plankostenrechnung auf Vollkostenbasis alle Gemeinkosten in ihre fixen und variablen Bestandteile aufgeteilt werden können, ist es möglich, entweder nur die variablen Gemeinkosten (Teilkostenrechnung) oder die variablen und die fixen Gemeinkosten zu den Einzelkosten der Produkte hinzuzunehmen (Vollkostenrechnung).

Frage III-19: Welche Entscheidungen werden typischerweise mit der Kostenrechnung in Verbindung gebracht?

Mit der Kostenrechnung typischerweise in Verbindung gebracht werden die Entscheidungen:
- Bestimmung des optimalen Produktionsprogramms,
- Wahl eines Fertigungsverfahrens aus mehreren möglichen,
- Entscheidung über Eigenfertigung oder Fremdbezug und
- Festlegung eines Mindestpreises für ein Produkt.

Frage III-20: Wo liegt die kurzfristige, kostenorientierte Preisuntergrenze für ein Produkt im Fall fehlender wirksamer Mehrproduktrestriktionen?

Die Untergrenze liegt in diesem Fall bei den variablen Kosten.

Frage III-21: Was ist der spezifische Deckungsbeitrag und welche Bedeutung kommt ihm für die kurzfristige Produktionsprogrammplanung bei genau einer wirksamen Mehrproduktrestriktion zu?

Der spezifische Deckungsbeitrag eines Produktes ist der Deckungsbeitrag, der pro Einheit der allein wirksamen Mehrproduktrestriktion erwirtschaftet wird, wenn diese Restriktion von dem betrachteten Produkt in Anspruch genommen wird (absoluter Deckungsbeitrag des Produktes, dividiert durch die Einheiten der Kapazität knapper Mehrproduktrestriktion, die je Einheit dieses Produktes benötigt werden). Das optimale Produktionsprogramm lässt sich bei genau einer wirksamen Mehrproduktrestriktion auf der Basis der spezifischen Deckungsbeiträge der Produkte leicht ermitteln, indem die Produkte entsprechend der Größe ihrer spezifischen Deckungsbeiträge geordnet und nach dieser Ordnung solange in das Produktionsprogramm aufgenommen werden, bis unter Beachtung der jeweiligen Einproduktrestriktionen die Kapazität der knappen Mehrproduktrestriktion erschöpft ist.

Frage III-22: Warum ist es bei vollständiger Kenntnis des Entscheidungsfeldes und mehr als einer wirksamen Mehrproduktrestriktion nicht sinnvoll, das optimale Produktionsprogramm mithilfe der Werte der Faktoren (variable Kosten je Faktoreinheit zuzüglich der inputorientierten Opportunitätskosten) suchen zu wollen?

Unter den in der Frage beschriebenen Bedingungen macht es wenig Sinn, das optimale Produktionsprogramm mithilfe der Werte der Faktoren suchen zu wollen,
- weil diese Werte erst dann exakt bekannt sind, wenn das optimale Produktionsprogramm mithilfe der linearen Programmierung bereits gefunden wurde,
- weil diese Werte nur lokal im Optimum sicher gelten, sich also nicht unbedingt auf andere Bereiche außerhalb dieser optimalen Lösung extrapolieren lassen und

■ weil diese Werte allein nicht unbedingt zur optimalen Lösung führen und damit die explizite Beachtung der Restriktionen nicht überflüssig machen.

Frage III-23: **Wenn Vollkosten bei unvollständiger Kenntnis des Entscheidungsfeldes als Schätzungen angesehen werden, die die Werte der von einem Produkt beanspruchten Produktionsfaktoren zusammenfassen, welche Schätzungen der Werte liegen dann den Vollkosten zugrunde?**

Die Vollkosten eines Produktes umfassen die variablen Kosten, welche sich mit der Herstellung des Produktes erhöht haben und die auch in der Grenzkostenrechnung dem Produkt zugerechnet werden, sowie die anteiligen Fixkosten. Letztere entsprechen den Ausgaben für betriebliche Potenzialfaktoren und den Zinsen auf das gebundene Kapital, nach Möglichkeit beanspruchungsgerecht verteilt auf die Produkte, welche diese Potenzialfaktoren in Anspruch genommen haben.

Potenzialfaktoren werden rationalerweise nur beschafft, wenn sie nach Maßgabe einer Investitionsrechnung – beispielsweise auf der Basis des Kapitalwertkriteriums – vorteilhaft erscheinen. Die Grenze der Vorteilhaftigkeit liegt bei der Annahme solcher Erlöse aus dem Verkauf der auf den Potenzialfaktoren herstellbaren Produkte, die den Kapitalwert aus Erlösen der Produkte, variablen Kosten der Produkte und Ausgaben für die Potenzialfaktoren genau zu Null werden lassen. Der Vollkostenrechnung liegt damit die Schätzung zugrunde, dass das Unternehmen alternativ zu den Aufträgen, über deren Annahme entschieden oder deren Preisuntergrenze gesucht wird, Erlöse mit den soeben beschriebenen Eigenschaften für ihre Produkte erzielen könnte. Der augenblickliche Wert der Potenzialfaktoren, gemessen an den Deckungsbeiträgen der mit ihrer Hilfe herstellbaren Produkte, soll also gerade den anteiligen Anschaffungsausgaben und Zinsen entsprechen.

Frage III-24: **Welchen Aufgaben dient die Kostenkontrolle?**

Die Kostenkontrolle hat eine Entscheidungs- und eine Verhaltenssteuerungsfunktion. Bei der Entscheidungsfunktion geht es um die Aufdeckung der Ursachen für die Abweichungen zwischen Ist und Soll, damit künftige Planungen und Entscheidungen auf bessere Kenntnisse der Ursache-Wirkungs-Beziehungen über Kosten gestützt werden können. Im Rahmen der Verhaltenssteuerungsfunktion zielt die Kontrolle darauf ab, das Verhalten anderer Personen durch Vorgabe von Sollgrößen, durch geeignete Anreize und durch Drohung mit späteren Soll-Ist-Vergleichen im Sinne des Kontrollierenden zu beeinflussen.

Frage III-25: **Was sind Abweichungen erster und höherer Ordnung?**

Kosten sind das Ergebnis mehrerer Faktoren, zumindest der Faktoren Menge und Preis. Zwischen den geplanten Ausprägungen dieser Faktoren und den effektiv realisierten Ausprägungen werden in aller Regel Unterschiede bestehen, weil der Mensch nicht sicher in die Zukunft schauen kann oder seiner Planung eine strenge Wirtschaftlichkeit zugrunde legt. Abweichungen zwischen Istkosten und Plankosten können auf solche Teilabweichungen zurückgeführt werden, die nur auf der Preisänderung multipliziert mit einer der beiden möglichen Mengen (Planmenge oder Istmenge) oder nur auf der Mengenänderung multipliziert mit einem der beiden möglichen Preise (Planpreis oder Istpreis) beruhen. Solche nur auf einer Deltagröße beruhenden Abweichungen sind Abweichungen erster Ordnung. Daneben gibt es Abweichungen, die auf Preis- und Mengenänderung beruhen. Sie sind Abweichungen höherer Ordnung - da im Beispiel nur zwei Faktoren betrachtet werden, sind es Abweichungen zweiter Ordnung.

Frage III-26: Wie sind die in der Vorspalte genannten Verfahren der Abweichungsanalyse gemessen an den Kriterien
   a) Summe der Teilabweichungen gleich (=) oder ungleich (≠) der Gesamtabweichung
   b) Zahl der Abweichungen gleich (=) oder größer als (>) die Zahl der betrachteten Kosteneinflussfaktoren und
   c) die Basis-Bezugsgrößen, die als Nicht-Delta-Größen die Teilabweichungen prägen, sind für alle Teilabweichungen gleich (=) oder ungleich (≠) zu beurteilen?

	(a)	(b)	(c)
Detaillierte Abweichungsanalyse	=	>	=
Alternative Abweichungsanalyse	≠	=	=
Kumulative Abweichungsanalyse	=	=	≠
Symmetrische Abweichungsanalyse	=	=	≠

Frage III-27: Welche Abweichungen werden bei der Kontrolle des Fertigungsmaterials unterschieden?

Bei der Kontrolle des Fertigungsmaterials wird eine Preisabweichung und eine Verbrauchsabweichung unterschieden, wobei letztere noch tiefer in eine auftragsbedingte, eine materialbedingte, eine mischungsbedingte und unwirtschaftlichkeitsbedingte Verbrauchsabweichung aufgespalten werden kann.

Frage III-28: Welche Besonderheit zeichnet die so genannte Beschäftigungsabweichung im Rahmen der Gemeinkostenkontrolle bei flexibler Plankostenrechnung auf Vollkostenbasis aus?

Die so genannte Beschäftigungsabweichung im Rahmen der Gemeinkostenkontrolle bei flexibler Plankostenrechnung auf Vollkostenbasis entspricht den zu wenig (Unterbeschäftigung) oder zu viel (Überbeschäftigung) auf die nächste Stufe (insbesondere die Produkte) überwälzten fixen Gemeinkosten, wenn Ist- und Planbeschäftigung auseinander fallen.

Frage III-29: Welche Stufen der Kontrolle bei den Gemeinkosten lassen sich unterscheiden?

Auf der ersten Kontrollstufe wird auf der Basis der Kostenpläne, der Istkosten und der Istbeschäftigung die Gesamtabweichung ermittelt. Ferner werden aus der Gesamtabweichung die als möglicherweise aussagekräftig angesehenen Teilabweichungen isoliert. Auf der zweiten Kontrollstufe werden solche Teilabweichungen im Detail auf ihre Ursachen hin analysiert, bei denen – etwa wegen ihrer betraglichen Größe – damit gerechnet wird, dass sich der hohe Aufwand einer solchen Detailanalyse durch künftig zu erhoffende Einsparungen lohnen wird.

Literaturverzeichnis

Adam 1970: *Adam, Dietrich:* Entscheidungsorientierte Kostenbewertung, Wiesbaden 1970

Adler/Düring/Schmaltz 1995: *Adler/Düring/Schmaltz:* Rechnungslegung und Prüfung der Unternehmen, Kommentar zum HGB, AktG, GmbHG, PublG nach den Vorschriften des Bilanzrichtlinien-Gesetzes, 6. Auflage, neu bearbeitet von K.-H. Forster, R. Goerdeler, J. Lanfermann, H.-P. Müller, G. Siepe, K. Stolberg, Stuttgart ab 1995

Albach 1988: *Albach, Horst:* Kosten, Transaktionen und externe Effekte im betrieblichen Rechnungswesen, in: Zeitschrift für Betriebswirtschaft, 58. Jg., 1988, S. 1143–1170

Angermann 1975: *Angermann, Adolf:* Industrie-Kontenrahmen (IKR). Mit einer Darstellung der Vollkosten- und Deckungsbeitragsrechnung im IKR, 2., überarbeitete und erweiterte Auflage, Berlin 1975

Baumbach/Hopt/Merkt 2003: *Baumbach, Adolf/Hopt, Klaus/Merkt, Hanno:* Handelsgesetzbuch mit GmbH & Co., Handelsklauseln, Bank- und Börsenrecht, Transportrecht (ohne Seerecht), 31., neu bearbeitete und erweiterte Auflage, München 2003

Betz 1988: *Betz, Stefan:* Investitionstheoretische Bestimmungen der Abschreibungen für eine entscheidungsorientierte Kostenrechnung, Diss., Paderborn 1988

BDI 1986: *Bundesverband der Deutschen Industrie e.V.:* Industriekontenrahmen (IKR), Neufassung 1986 in Anpassung an das Bilanzrichtlinien-Gesetz (BiRiLiG), 3. Auflage, Köln 1986

Budäus 1993: *Budäus, Dietrich:* Aufträge, öffentliche, in: Handwörterbuch der Betriebswirtschaft, Bd. I/1, 5., völlig neu gestaltete Auflage, hrsg. von W. Wittmann u.a., Stuttgart 1993, Sp. 204–213

Busse von Colbe/Laßmann 1991: *Busse von Colbe, Walther/Laßmann, Gert:* Betriebswirtschaftstheorie, Band 1: Grundlagen, Produktions- und Kostentheorie, 5., durchgesehene Auflage, Berlin, Heidelberg, New York 1991

Bussmann 1979: *Bussmann, Karl-Ferdinand:* Industrielles Rechnungswesen, 2., neu bearbeitete Auflage, Stuttgart 1979

Coenenberg 1970: *Coenenberg, Adolf Gerhard:* Zur Bedeutung der Anspruchsniveau-Theorie für die Ermittlung von Vorgabekosten, in: Der Betrieb, 23. Jg., 1970, S. 1137–1141

Coenenberg 1980: *Coenenberg, Adolf Gerhard:* Rechnungswesen, Organisation des, in: Handwörterbuch der Organisation, 2., völlig neu gestaltete Auflage, hrsg. von E. Grochla, Stuttgart 1980, Sp. 1996–2006

Coenenberg/Fischer/Günther 2007: *Coenenberg, Adolf Gerhard/Fischer, Thomas M./Günther, Thomas:* Kostenrechnung und Kostenanalyse, 6., überarbeitete und erweiterte Auflage, Stuttgart 2007

Coenenberg 2005: *Coenenberg, Adolf Gerhard:* Jahresabschluss und Jahresabschlussanalyse. Betriebswirtschaftliche, handelsrechtliche, steuerrechtliche und internationale Grundsätze – HGB, IFRS und US-GAAP, 20., überarbeitete Auflage, Stuttgart 2005

Coenenberg/Fischer 1991: *Coenenberg, Adolf Gerhard/Fischer, Thomas M.:* Prozeßkostenrechnung – Strategische Neuorientierung in der Kostenrechnung, in: Die Betriebswirtschaft, 51. Jg., 1991, S. 21–38

Conrads/Kloock 1973: *Conrads, Michael/Kloock, Josef:* Grundzüge der Kostenstellenrechnung, in: Das Wirtschaftsstudium, 2. Jg., 1973, S. 405–409 und S. 455–461

Conrads/Kloock 1974: *Conrads, Michael/Kloock, Josef:* Grundzüge der Kostenstellen- und Kostenträgerrechnung absatzbestimmter Produkte, in: Das Wirtschaftsstudium, 3. Jg., 1974, S. 1–6 und S. 51–57

Cooper 1990: *Cooper, Robin:* Activity-Based-Costing – Was ist ein Activity-Based-Costing-System? (Teil 1) – Wann brauche ich ein Activity-Based-Costing-System und welche Kostentreiber sind notwendig? (Teil 2) – Einführung von Systemen des Activity-Based-Costing (Teil 3), in: Kostenrechnungspraxis, 1990, S. 210–220, 271–279, 345–351

Dellmann 1998: *Dellmann, Klaus:* Kosten- und Leistungsrechnungen, in: Vahlens Kompendium der Betriebswirtschaftslehre, Band 1, hrsg. von M. Bitz u.a., 4. Auflage, München 1998, S. 587–676

Dierkes 1998: *Dierkes, Stefan:* Planung und Kontrolle von Prozeßkosten: Kostenmanagement im indirekten Leistungsbereich, Wiesbaden 1998

Domschke/Drexl 2007: *Domschke, Wolfgang/Drexl, Andreas:* Einführung in Operations-Research, 7., überarbeitete Auflage, Berlin, Heidelberg, New York 2007

Dörner 1984: *Dörner, Erich:* Plankostenrechnung aus produktionstheoretischer Sicht, Bergisch Gladbach 1984

Eisele 2002: *Eisele, Wolfgang:* Technik des betrieblichen Rechnungswesens, 7., vollständig überarbeitete und erweiterte Auflage, München 2002

Eisenführ 1991: *Eisenführ, Franz:* Kosten- und Leistungsrechnung, Aachen 1991

Ewert/Wagenhofer 2008: *Ewert, Ralf/Wagenhofer, Alfred*: Interne Unternehmensrechnung, 7., überarbeitete Auflage, Berlin, Heidelberg, New York 2008

Fandel et al. 2004: *Fandel, Günter/Fey, Andrea/Heuft, Birgit/Pitz, Thomas:* Kostenrechnung, 2., neu bearbeitete und erweiterte Auflage, Berlin u.a. 2004

Franke 1976: *Franke, Günter:* Kalkulatorische Kosten: Ein funktionsgerechter Bestandteil der Kostenrechnung, in: Die Wirtschaftsprüfung, 29. Jg., 1976, S. 185–194

Franz 1990: *Franz, Klaus-Peter:* Die Prozeßkostenrechnung, Darstellung und Vergleich mit der Plankosten- und Deckungsbeitragsrechnung, in: Finanz- und Rechnungswesen als Führungsinstrument, hrsg. von D. Ahlert u.a., H. Vormbaum zum 65. Geburtstag, Wiesbaden 1990, S. 111–136

Franz 1991: *Franz, Klaus-Peter:* Prozeßkostenrechnung – Renaissance der Vollkostenidee?, in: Die Betriebswirtschaft, 51. Jg., 1991, S. 536–540

Franz 1992: *Franz, Klaus-Peter:* Die Prozeßkostenrechnung – Entstehungsgründe, Aufbau und Abgrenzung von anderen Kostenrechnungssystemen, in: Wirtschaftswissenschaftliches Studium, 12. Jg., 1992, S. 605–610

Glaser 1992: *Glaser, Horst:* Prozeßkostenrechnung – Darstellung und Kritik, in: Zeitschrift für betriebswirtschaftliche Forschung, 44. Jg., 1992, S. 275–288

Gutenberg 1958: *Gutenberg, Erich:* Einführung in die Betriebswirtschaftslehre, Wiesbaden 1958

Gutenberg 1983: *Gutenberg, Erich:* Grundlagen der Betriebswirtschaftslehre, 1. Band, Die Produktion, 24., unveränderte Auflage, Berlin, Heidelberg, New York 1983

Gutenberg 1984: *Gutenberg, Erich:* Grundlagen der Betriebswirtschaftslehre, 2. Band, Der Absatz, 17. Auflage, Berlin, Heidelberg, New York 1984

Haberstock 1982: *Haberstock, Lothar:* Grundzüge der Kosten- und Erfolgsrechnung, 3., verbesserte Auflage, München 1982

Haberstock 2004: *Haberstock, Lothar:* Kostenrechnung I. Einführung mit Fragen, Aufgaben, einer Fallstudie und Lösungen, 12., unveränderte Auflage, Hamburg 2004

Hax 1965: *Hax, Herbert:* Kostenbewertung mit Hilfe der mathematischen Programmierung, in: Zeitschrift für Betriebswirtschaft, 35. Jg., 1965, S. 197–210

Hax 1974: *Hax, Herbert:* Entscheidungsmodelle in der Unternehmung/Einführung in Operations Research, Reinbek bei Hamburg 1974

Heinen 1983: *Heinen, Edmund:* Betriebswirtschaftliche Kostenlehre, Kostentheorie und Kostenentscheidungen, 6., verbesserte und erweiterte Auflage, Wiesbaden 1983

Henderson 1984: *Henderson, Bruce D.:* Die Erfahrungskurve in der Unternehmensstrategie, 2., überarbeitete Auflage, Frankfurt, New York 1984

Herrmann/Heuer/Raupach 2004: *Herrmann, Carl/Heuer, Gerhard/Raupach, Arndt:* Einkommensteuer und Körperschaftsteuergesetz, Kommentar, 21. Auflage, Köln 2004 (Stand Juli 2004)

Hoitsch/Lingnau 2007: *Hoitsch, Hans-Jörg/Lingnau, Volker:* Kosten- und Erlösrechnung: Eine controllingorientierte Einführung, 6., überarbeitete Auflage, Berlin u. a. 2007

Homburg 2001: *Homburg, Carsten:* Hierarchische Controllingkonzeption: Theoretische Fundierung eines koordinationsorientierten Controlling, Heidelberg 2001

Homburg 2002: *Homburg, Carsten:* Kostenbegriffe, in: Handwörterbuch Unternehmensrechnung und Controlling, 4. Auflage, hrsg. von H.-U. Küpper, A. Wagenhofer, Stuttgart 2002, Sp. 1051–1060

Homburg/Zimmer 1999: *Homburg, Carsten/Zimmer, Kirstin:* Optimale Auswahl von Kostentreibern in der Prozesskostenrechnung, in: Zeitschrift für betriebswirtschaftliche Forschung, 51. Jg., 1999, S. 1042–1055

Horváth/Mayer 1989: *Horváth, Peter/Mayer, Reinhold:* Prozeßkostenrechnung. Der neue Weg zu mehr Kostentransparenz und wirkungsvolleren Unternehmensstrategien, in: Controlling, 1989, S. 214–219

Huch 1986: *Huch, Burkhard:* Einführung in die Kostenrechnung, 8., unveränderte Auflage, Würzburg, Wien 1986

Hummel/Männel 1999: *Hummel, Siegfried/Männel, Wolfgang:* Kostenrechnung 1, Grundlagen, Aufbau und Anwendung, 4. Auflage (unveränderter Nachdruck), Wiesbaden 1999

Johnson/Kaplan 1987: *Johnson, H. Thomas/Kaplan, Robert S.:* Relevance Lost: The Rise and Fall of Management Accounting, Boston, Mass. 1987

Kern 1987: *Kern, Werner:* Operations Research. Einführung und Überblick, 6., völlig überarbeitete und erweiterte Auflage, Stuttgart 1987

Kilger 1962: *Kilger, Wolfgang:* Kurzfristige Erfolgsrechnung, Wiesbaden 1962

Kilger 1992: *Kilger, Wolfgang:* Einführung in die Kostenrechnung, 3., durchgesehene Auflage, Nachdruck, Wiesbaden 1992

Kilger/Pampel/Vikas 2007: *Kilger, Wolfgang/Pampel, Jochen/Vikas, Kurt:* Flexible Plankostenrechnung und Deckungsbeitragsrechnung, 12., vollständig überarbeitete Auflage, Wiesbaden 2007

Kloock 1969: *Kloock, Josef:* Zur gegenwärtigen Diskussion der betriebswirtschaftlichen Produktionstheorie und Kostentheorie, in: Zeitschrift für Betriebswirtschaft, 39. Jg., 1969, 1. Ergänzungsheft, S. 49–82

Kloock 1978: *Kloock, Josef:* Aufgaben und Systeme der Unternehmensrechnung, in: Betriebswirtschaftliche Forschung und Praxis, 30. Jg., 1978, S. 493–510

Kloock 1981: *Kloock, Josef:* Mehrperiodige Investitionsrechnungen auf der Basis kalkulatorischer und handelsrechtlicher Erfolgsrechnungen, in: Zeitschrift für betriebswirtschaftliche Forschung, 33. Jg., 1981, S. 873–890

Kloock 1988: *Kloock, Josef:* Erfolgskontrolle mit der differenziert-kumulativen Abweichungsanalyse, in: Zeitschrift für Betriebswirtschaft, 58. Jg., 1988, S. 423–434

Kloock 1990 a: *Kloock, Josef:* Umweltkostenrechnung, in: Rechnungswesen und EDV: Wandel der Kalkulationsobjekte, hrsg. von A.-W. Scheer, Heidelberg 1990, S. 129–154

Kloock 1990 b: *Kloock, Josef:* Ökologieorientierte Kostenrechnung als Umweltkostenrechnung, in der Reihe: Diskussionsbeiträge zum Rechnungswesen, Universität zu Köln, Nr. 2, Köln 1990

Kloock 1992: *Kloock, Josef:* Prozeßkostenrechnung als Rückschritt und Fortschritt der Kostenrechnung (Teil 1 und Teil 2), in: Kostenrechnungspraxis, 1992, S. 183–193, 237–245

Kloock 1993: *Kloock, Josef:* Plankostenrechnung, in: Handwörterbuch des Rechnungswesens, 3. Auflage, hrsg. von K. Chmielewicz, M. Schweitzer, Stuttgart 1993, Sp. 1551–1568

Kloock 1994: *Kloock, Josef:* Neuere Entwicklungen des Kostenkontrollmanagements, in: Neuere Entwicklungen im Kostenmanagement, hrsg. von K. Dellmann, K. P. Franz, Bern, Stuttgart, Wien 1994, S. 607–644

Kloock 1996: *Kloock, Josef:* Bilanz- und Erfolgsrechnung, 3., überarbeitete und erweiterte Auflage, Düsseldorf 1996

Kloock 1997: *Kloock, Josef:* Betriebliches Rechnungswesen, 2., überarbeitete Auflage, Lohmar/ Köln 1997

Kloock 1998: *Kloock, Josef:* Produktion, in: Vahlens Kompendium der Betriebswirtschaftslehre, Band 1, hrsg. von M. Bitz u.a., 4. Auflage, München 1998, S. 275-328

Kloock/Bommes 1982: *Kloock, Josef/Bommes, Wolfgang:* Methoden der Kostenabweichungsanalyse, in: Kostenrechnungspraxis, 1982, S. 225-237

Kloock/Dierkes 1996: *Kloock, Josef/Dierkes, Stefan:* Prozesskontrolle, in: Beiträge der Wirtschaftswissenschaftlichen Fakultät der Martin-Luther-Universität Halle-Wittenberg, Nr. 02, Halle 1996

Kloock/Dörner 1988: *Kloock, Josef/Dörner, Erich:* Kostenkontrolle bei mehrstufigen Produktionsprozessen, in: OR-Spektrum, 10. Jg., 1988, S. 129-143

Kloock u.a. 1987: *Kloock, Josef/Sabel, Hermann/Schuhmann, Werner:* Die Erfahrungskurve in der Unternehmenspolitik, in: Zeitschrift für Betriebswirtschaft, 2. Ergänzungsheft, 57. Jg., 1987, S. 3-51

Knoblich 1971: *Knoblich, Hans:* Ertragsarten, in: Beiträge zur betriebswirtschaftlichen Ertragslehre, Festschrift für Erich Schäfer, hrsg. von P. Riebel, Opladen 1971, S. 64-97

Koch 1966: *Koch, Helmut:* Grundprobleme der Kostenrechnung, Köln und Opladen 1966

Kosiol 1972: *Kosiol, Erich:* Kostenrechnung und Kalkulation, 2., überarbeitete Auflage, Berlin, New York 1972

Kosiol 1979: *Kosiol, Erich:* Kostenrechnung der Unternehmung, 2., überarbeitete und ergänzte Auflage, Wiesbaden 1979

Küpper 2005: *Küpper, Hans-Ulrich:* Controlling: Konzeption, Aufgaben und Instrumente, 4., überarbeitete Auflage, Stuttgart 2005

Küting/Lorson 1991: *Küting, Karlheinz/Lorson, Peter:* Grenzplankostenrechnung versus Prozeßkostenrechnung, in: Betriebs-Berater, 46. Jg., 1991, S. 1421-1433

Lackes 1989: *Lackes, Richard:* EDV-orientiertes Kosteninformationssystem. Flexible Plankostenrechnung und neue Technologien, Wiesbaden 1989

Laßmann 1973: *Laßmann, Gert:* Gestaltungsformen der Kosten- und Erlösrechnung im Hinblick auf Planungs- und Kontrollaufgaben, in: Die Wirtschaftsprüfung, 26. Jg., 1973, S. 4-17

Laßmann 1980: *Laßmann, Gert:* Plankostenrechnung auf der Basis von Betriebsmodellen, in: Plankosten und Deckungsbeitragsrechnung in der Praxis, hrsg. von W. Kilger und A.-W. Scheer, Würzburg, Wien 1980, S. 117-135

Lengsfeld 1999: *Lengsfeld, Stephan:* Kostenkontrolle und Kostenänderungspotenziale, Wiesbaden 1999, zugl. Diss., Köln 1998

Löcherbach 1975: *Löcherbach, Gerhard:* Bewertung von Faktoren. Ein Beitrag zur Theorie entscheidungsorientierter Kostenwerte, Band 24 der Schriftenreihe „Betriebswirtschaftliche Beiträge", hrsg. von H. Münstermann, W. Busse von Colbe, A. G. Coenenberg, K. D. Haase, J. Kloock und G. Sieben, Wiesbaden 1975

Lücke 1965: *Lücke, Wolfgang:* Die kalkulatorischen Zinsen im betrieblichen Rechnungswesen, in: Zeitschrift für Betriebswirtschaft, Ergänzungsheft, 35. Jg., 1965, S. 3-28

Lüder 1970: *Lüder, Klaus:* Ein entscheidungstheoretischer Ansatz zur Bestimmung auszuwertender Plan-Ist-Abweichungen, in: Schmalenbachs Zeitschrift für betriebswirtschaftliche Forschung, 22. Jg., 1970, S. 632-649

Mann 1986: *Mann, Gerhard:* Finanzierungsleasing als kostenrechnerisches Problem, in: Zukunftsaspekte der anwendungsorientierten Betriebswirtschaftslehre, Erwin Grochla zum 65. Geburtstag gewidmet, hrsg. von Eduard Gaugler, Norbert Thom und Hans-Günther Meissner, Stuttgart 1986, S. 335-348

Männel 1974: *Männel, Wolfgang:* Mengenrabatte in der entscheidungsorientierten Erlösrechnung, Opladen 1974

Mellerowicz 1973: *Mellerowicz, Konrad:* Kosten und Kostenrechnung, Band I, Theorie der Kosten, 5., durchgesehene und veränderte Auflage, Berlin, New York 1973

Mellerowicz 1974: *Mellerowicz, Konrad:* Kosten und Kostenrechnung, Band II, Verfahren, Erster Teil: Allgemeine Fragen der Kostenrechnung und Betriebsabrechnung, 5., durchgesehene Auflage, Berlin, New York 1974

Menrad 1978: *Menrad, Siegfried:* Rechnungswesen, Göttingen 1978

Müller 1950: *Müller, Walter:* Die Kostenrechnung der Zementindustrie, in: Zeitschrift für Betriebswirtschaft, 20. Jg., 1950, S. 221–228

Müller-Merbach 1973: *Müller-Merbach, Heiner:* Operations Research, Methoden und Modelle der Optimalplanung, 3., durchgesehene Auflage, München 1973

Münstermann 1969: *Münstermann, Hans:* Unternehmungsrechnung, Band 2 der Schriftenreihe „Betriebswirtschaftliche Beiträge", hrsg. von H. Münstermann, Wiesbaden 1969

Pfohl 2004: *Pfohl, Hans-Christian:* Logistiksysteme, 7., korrigierte und aktualisierte Auflage, Berlin, Heidelberg, New York 2004

Riebel 1974: *Riebel, Paul:* Systemimmanente und anwendungsbedingte Gefahren von Differenzkosten- und Deckungsbeitragsrechnungen, in: Betriebswirtschaftliche Forschung und Praxis, 26. Jg., 1974, S. 493–529

Riebel 1994: *Riebel, Paul:* Einzelkosten- und Deckungsbeitragsrechnung. Grundfragen einer markt- und entscheidungsorientierten Unternehmensrechnung, 7., überarbeitete und wesentlich erweiterte Auflage, Wiesbaden 1994

Rose 1992: *Rose, Gerd:* Betriebswirtschaftliche Steuerlehre, 3., vollständig überarbeitete und aktualisierte Auflage, Wiesbaden 1992

Rummel 1967: *Rummel, Kurt:* Einheitliche Kostenrechnung auf der Grundlage einer vorausgesetzten Proportionalität der Kosten zu betrieblichen Größen, 3. Auflage (unveränderter Nachdruck), Düsseldorf 1967

Sabel/Kloock 1995: *Sabel, Hermann/Kloock, Josef:* Statische und dynamische Dimensionierungen – Konsequenzen aus der Erfahrungskurve, in: Dimensionierung des Unternehmens, hrsg. von R. Bühner u.a., Stuttgart 1995, S. 377–403

Scheffler 1991: *Scheffler, Wolfram:* Erfassung der betrieblichen Altersversorgung in der Kostenrechnung, in: Kostenrechnungspraxis, 1991, S. 241–248

Schildbach 1975: *Schildbach, Thomas:* Analyse des betrieblichen Rechnungswesens aus der Sicht der Unternehmensbeteiligten. Dargestellt am Beispiel der Aktiengesellschaft, Band 22 der Schriftenreihe „Betriebswirtschaftliche Beiträge", hrsg. von H. Münstermann, W. Busse von Colbe, A. G. Coenenberg, K. D. Haase, J. Kloock und G. Sieben, Wiesbaden 1975

Schildbach 1993: *Schildbach, Thomas:* Vollkostenrechnung als Orientierungshilfe, in: Die Betriebswirtschaft, 53. Jg., 1993, S. 345–359

Schildbach 2004: *Schildbach, Thomas:* Der handelsrechtliche Jahresabschluss, 7. Auflage, Herne, Berlin 2004

Schildbach/Ewert 1989: *Schildbach, Thomas/Ewert, Ralf:* Preisuntergrenzen in sequentiellen Entscheidungsprozessen, in: Zeitaspekte in betriebswirtschaftlicher Theorie und Praxis, 50. wissenschaftliche Jahrestagung des Verbandes der Hochschullehrer für Betriebswirtschaft e.V., hrsg. von H. Hax, W. Kern, H.-H. Schröder, Stuttgart 1989, S. 231–244

Schiller 2005: *Schiller, Ulf:* Kostenrechnung, in: Vahlens Kompendium der Betriebswirtschaftslehre, Band 1, hrsg. von M. Bitz u.a., 5. Auflage, München 2005, S. 537–596

Schiller/Lengsfeld 1998: *Schiller, Ulf/Lengsfeld, Stefan:* Strategische und operative Planung mit der Prozeßkostenrechnung, in: Zeitschrift für Betriebswirtschaft, 68. Jg., 1998, S. 525–547

Schmalenbach 1963: *Schmalenbach, Eugen:* Kostenrechnung und Preispolitik, 8., erweiterte und verbesserte Auflage, bearbeitet von R. Bauer, Köln, Opladen 1963

Schmitz 1988: *Schmitz, Rudolf:* Kapitaleigentum, Unternehmensführung und Interne Organisation, Diss., Bonn 1988

Schmolke/Deitermann 2002: *Schmolke, Siegfried/Deitermann, Manfred:* Industrielles Rechnungswesen IKR, 30. Auflage, Darmstadt 2002

Schneider 1989: *Schneider, Dieter:* Erste Schritte zu einer Theorie der Bilanzanalyse, in: Die Wirtschaftsprüfung, 42. Jg., 1989, S. 633–642

Schönfeld/Möller 1995: *Schönfeld, Hanns-Martin/Möller, Peter:* Kostenrechnung, 8., vollständig überarbeitete und aktualisierte Auflage, Stuttgart 1995

Schweitzer/Küpper 1997: *Schweitzer, Marcell/Küpper, Hans-Ulrich:* Produktions- und Kostentheorie: Grundlagen – Anwendungen, 2., vollständig überarbeitete Auflage, Wiesbaden 1997

Schweitzer/Küpper 1998: *Schweitzer, Marcell/Küpper, Hans-Ulrich:* Systeme der Kosten- und Erlösrechnung, 7. Auflage, München 1998

Schweitzer/Küpper 2003: *Schweitzer, Marcell/Küpper, Hans-Ulrich:* Systeme der Kosten- und Erlösrechnung, 8., überarbeitete und erweiterte Auflage, München 2003

Sieben 1986: *Sieben, Günter:* Krankenhaus-Controlling. Entwicklung eines integrierten Konzeptes für die betriebswirtschaftliche Planung und Kontrolle von Krankenhäusern unter Verwendung des kaufmännischen Rechnungswesens, Leitfaden und Forschungsbericht, Band 2 der GEBERA-Schriften zur Krankenhausbetriebswirtschaft, Köln 1986

Sieben u.a. 1976: *Sieben, Günter/Bretzke, Wolf-Rüdiger/Löcherbach, Gerhard/Matschke, Manfred Jürgen/Schildbach, Thomas:* Kalkulationszinsfuß, in: Handwörterbuch der Finanzwirtschaft, hrsg. von H.-E. Büschgen, Stuttgart 1976, Sp. 925–936

Städele-Vollmer 1990: *Städele-Vollmer, E.:* Querschnittsinformationen – Überwindung der Grenzen traditioneller Kostenrechnung, in: Rechnungswesen und EDV: Wandel der Kalkulationsobjekte, hrsg. von A.-W. Scheer, Heidelberg 1990, S. 631–644

Stubben 1987: *Stubben, Frank:* Informationskostenrechnung, Diss., Bonn 1987

Sydsæter/Hammond 2006: *Sydsæter, Knut/Hammond, Peter:* Mathematik für Wirtschaftswissenschaftler: Basiswissen mit Praxisbezug, 2., aktualisierte Auflage, München, Boston 2006

Szyperski 1981: *Szyperski, Norbert:* Rechnungswesen als Informationsinstrument, in: Handwörterbuch des Rechnungswesens, hrsg. von E. Kosiol, 2., völlig neu gestaltete Auflage, Stuttgart 1981, Sp. 1425–1439

Vormbaum 1975: *Vormbaum, Herbert:* Kalkulationsarten und Kalkulationsverfahren, in: Handwörterbuch der Betriebswirtschaft, Band I/2, 4., völlig neu gestaltete Auflage, hrsg. von E. Grochla, W. Wittmann, Stuttgart 1975, Sp. 2041–2059

Vormbaum 1977: *Vormbaum, Herbert:* Kalkulationsarten und Kalkulationsverfahren, 4., überarbeitete und erweiterte Auflage, Stuttgart 1977

Wagner 1999: *Wagner, Franz W.:* Ertragssteuern in der Kosten- und Erlösrechnung – Ein Beitrag zur Theorie des Partialkalküls, in: Zeitschrift für betriebswirtschaftliche Forschung, 51. Jg., 1992, S. 662–676

Weber/Rogler 2004: *Weber, Helmut Kurt/Rogler, Silvia:* Betriebswirtschaftliches Rechnungswesen, Band 1: Bilanz sowie Gewinn- und Verlustrechnung, 5., vollständig überarbeitete und erweiterte Auflage, München 2004

Weber 1992: *Weber, Jürgen:* Kalkulation von Logistikkosten, in: Kostenrechnungspraxis, Sonderheft 1, 1992, hrsg. von W. Männel, S. 29–36

Weber 1995: *Weber, Jürgen:* Logistik-Controlling: Leistungen – Prozeßkosten – Kennzahlen, 4., überarbeitete Auflage, Stuttgart 1995

Weber 2002: *Weber, Jürgen:* Logistikkostenrechnung: Kosten-, Leistungs- und Erlösinformationen zur erfolgsorientierten Steuerung der Logistik, 2., gänzlich überarbeitete und erweiterte Auflage, Berlin, Heidelberg, New York 2002

Wilms 1988: *Wilms, Stefan:* Abweichungsanalysemethoden der Kostenkontrolle, Bergisch Gladbach 1988

WP-Handbuch 2006: *Wirtschaftsprüfer-Handbuch* 2006, Bd. I, 13., vollständig überarbeitete und aktualisierte Auflage, hrsg. vom Institut der Wirtschaftsprüfer in Deutschland e.V., Düsseldorf 2006

Stichwortverzeichnis

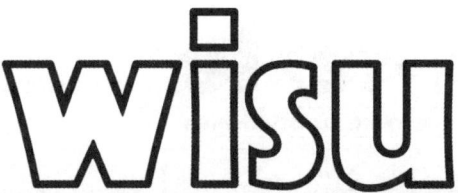

in der UTB-Reihe

Lehrbücher für den Wirtschaftsstudenten

Betriebswirtschaft

Koppelmann
Marketing
Einführung in die
Entscheidungsprobleme
des Absatzes
und der Beschaffung
8. Aufl, 2006
212 S., kt. 19,90 €
ISBN 978-3-8252-8320-9

v. Wysocki/Wohlgemuth
**Konzernrechnungs-
legung**
5. Aufl. 2008
in Vorbereitung

Kloock/Kuhner
**Bilanz- und
Erfolgsrechnung**
4. Aufl. 2008
in Vorbereitung

Schildbach/Homburg
**Kosten- und
Leistungsrechnung**
10. Aufl. 2008
563 S., kt. 32,90 €
ISBN 978-3-8252-8312-4

Homburg/Bonenkamp/
Lorenz
**Übungsbuch Kosten-
und Leistungsrechnung**
2008
283 S., kt. 25,90 €
ISBN 978-3-8252-8384-1

Nicolai
Personalmanagement
2006
325 S., kt. 25,90 €
ISBN 978-3-8252-8323-0

Günther
**Ökologieorientiertes
Management**
2008
407 S., kt. 29,90 €
ISBN 978-3-8252-8383-4

Volkswirtschaft

Görgens/Ruckriegel/Seitz
Europäische Geldpolitik
5. Aufl. 2008
622 S., Ln. 39,90 €
ISBN 978-3-8252-8285-1

Görgens/Ruckriegel
Makroökonomik
10. Aufl. 2007
325 S., kt. 24,90 €
ISBN 978-3-8252-8350-6

Hoyer/Rettig/Eibner
**Grundlagen der mikro-
ökonomischen Theorie**
4. Aufl. 2008
in Vorbereitung

Kirsch
**Neue Politische
Ökonomie**
5. Aufl. 2004
446 S., kt. 32,90 €
ISBN 978-3-8252-8272-1

Funk/Voggenreiter/
Wesselmann
Makroökonomik
8. Aufl. 2008
372 S., kt. 28,90 €
ISBN 978-3-8252-8352-0

Koch/Czogalla/Ehret
**Grundlagen der
Wirtschaftspolitik**
3. Aufl. 2008
516 S., kt. 28,90 €
ISBN 978-3-8252-8265-3

Streit
**Theorie der
Wirtschaftspolitik**
6. Aufl. 2005
457 S., kt. 34,90 €
ISBN 978-3-8252-8298-1

Wagner/Jahn
**Neue Arbeitsmarkt-
theorien**
2. Aufl. 2004
432 S., kt. 29,90 €
ISBN 978-3-8252-8258-5

Rechtswissenschaft

Weimar/Schimikowski
Bürgerliches Recht (I-III)
5. Aufl. 2008
in Vorbereitung

Diederichsen/Tietze
**Grundkurs im BGB
in Fällen und Fragen**
5. Aufl. 2007
130 S., kt. 15,90 €
ISBN 978-3-8252-8322-3

 *Stuttgart*

Grundwissen der Ökonomik BWL

Herausgegeben von Franz X. Bea und Marcell Schweitzer

Bea/Schweitzer
Allgemeine BWL
Band 1: Grundfragen
9. A. 2004. € 19,90
(UTB 1081)

Bea/Schweitzer
Allgemeine BWL
Band 2: Führung
9. A. 2005. € 23,90
(UTB 1082)

Bea/Schweitzer
Allgemeine BWL
Band 3: Leistungsprozeß
9. A. 2006. € 22,90
(UTB 1083)

Bea/Göbel
Organisation
3. A. 2006. € 28,90
(UTB 2077)

Bea/Haas
Strategisches Management
4. A. 2005. € 25,90
(UTB 1458)

Bea/Scheurer/Hesselmann
Projektmanagement
2008. € 29,90
(UTB 2388)

Böcker/Helm
Marketing
7. A. 2003. € 25,90
(UTB 919)

Brockhoff
Produktpolitik
4. A. 1999. € 7,90
(UTB 1079)

Büschgen/Börner
Bankbetriebslehre
4. A. 2003. € 24,90
(UTB 917)

Coello Arias
Espanol para economistas
2002. m. 2 Audio-CD. € 9,90
(UTB 2352)

Drukarczyk
Finanzierung
9. A. 2003. € 29,90
(UTB 1229)

Friedl
Controlling
2002. € 28,90
(UTB 2117)

Friedl
Kostenmanagement
2008. ca. € 24,90
(UTB 2706)

Göbel
Neue Institutionenökonomik
2002. € 21,90
(UTB 2235)

Hansen/Neumann
Arbeitsbuch Wirtschaftsinformatik
7. A. 2007. € 23,90
(UTB 1281)

Hansen/Neumann
Wirtschaftsinformatik 1
Grundlagen und Anwendungen
9. A. 2005. € 19,90
(UTB 2669)

 *Stuttgart*

Grundwissen der Ökonomik BWL

Herausgegeben von Franz X. Bea und Marcell Schweitzer

Hansen/Neumann
Wirtschaftsinformatik 2
Informationstechnik
9. A. 2005. € 21,90
(UTB 2670)

Heinhold
Kosten- und Erfolgsrechnung
4. Aufl. 2007. € 22,90
(UTB 1974)

Helm/Gierl
Marketing Arbeitsbuch
4. A. 2005. € 15,90
(UTB 1801)

Heyd
Internationale Rechnungslegung
2003. € 39,90
(UTB 2451)

Klimecki/Gmür
Personalmanagement
3. A. 2005. € 24,90
(UTB 2025)

Kuhnle
Bilanzen
2004. € 22,90
(UTB 2119)

Kuß/Tomczak
Käuferverhalten
4. A. 2007. € 19,90
(UTB 1604)

Pechtl
Preispolitik
2005. € 24,90
(UTB 2643)

Perlitz
Internationales Management
5. A. 2004. € 29,90
(UTB 1560)

Schünemann
Wirtschaftsprivatrecht
5. A. 2006. € 29,90
(UTB 1584)

Schwarz/Gebicke
Wörterbuch Wirtschaft
für Studium und Praxis
Deutsch-Russisch/Russisch-Deutsch
2004. € 24,90
(UTB 2624)

Schweiger/Schrattenecker
Werbung
6. A. 2005. € 19,90
(UTB 1370)

Spremann/Gantenbein
Kapitalmärkte
2005. € 18,90
(UTB 2517)

Troßmann
Investition
1998. € 25,90
(UTB 2013)

Troßmann/Werkmeister
Arbeitsbuch Investition
2001. € 16,90
(UTB 2205)

Zahn/Schmid
Produktionswirtschaft I
Grundlagen und operatives
Produktionsmanagement
1996. € 31,90
(UTB 8126)

LUCIUS
& LUCIUS *Stuttgart*